"十一五"国家重点图书　俄罗斯数学教材选译

经典力学的数学方法

— 第4版 —

□ B. И. 阿诺尔德 著

□ 齐民友 译

中国教育出版传媒集团
高等教育出版社 · 北京

出版者的话

自 2006 年至今,《俄罗斯数学教材选译》系列图书已出版了 50 余种, 涵盖了代数、几何、分析、方程、拓扑、概率、动力系统等主要数学分支, 包括了 A. H. 柯尔莫戈洛夫、Л. С. 庞特里亚金、В. И. 阿诺尔德、Г. М. 菲赫金哥尔茨、В. А. 卓里奇、Б. П. 吉米多维奇等数学大家和教学名师的经典著作, 深受理工科专业师生和广大数学爱好者喜爱.

为了方便学生学习和教师教学参考, 本系列一直采用平装的形式出版, 此举虽然为读者提供了一定便利, 但对于喜爱收藏大师名著精品的读者来说不能不说是一种遗憾.

为了弥补这一缺憾, 我们将精心遴选系列中具有代表性、经久不衰的教材佳作, 陆续出版它们的精装典藏版, 以飨读者. 在这一版中, 我们将根据近些年来多方收集到的读者意见, 对部分图书中的错误和不妥之处进行修改; 在装帧设计和印刷方面, 除了重新设计典雅大气的封面并采用精装形式之外, 我们还精心选择正文用纸, 力求最大限度地使其更加完美.

我们希望精装典藏版能成为既适合阅读又适合收藏的数学精品文献, 也真诚期待各界读者继续提出宝贵的意见和建议.

高等教育出版社

2025 年 1 月

《俄罗斯数学教材选译》序

从 20 世纪 50 年代初起, 在当时全面学习苏联的大背景下, 国内的高等学校大量采用了翻译过来的苏联数学教材. 这些教材体系严密, 论证严谨, 有效地帮助了青年学子打好扎实的数学基础, 培养了一大批优秀的数学人才. 到了 60 年代, 国内开始编纂出版的大学数学教材逐步代替了原先采用的苏联教材, 但还在很大程度上保留着苏联教材的影响, 同时, 一些苏联教材仍被广大教师和学生作为主要参考书或课外读物继续发挥着作用. 客观地说, 从新中国成立初期一直到 "文化大革命" 前夕, 苏联数学教材在培养我国高级专门人才中发挥了重要的作用, 产生了不可忽略的影响, 是功不可没的.

改革开放以来, 通过接触并引进在体系及风格上各有特色的欧美数学教材, 大家眼界为之一新, 并得到了很大的启发和教益. 但在很长一段时间中, 尽管苏联的数学教学也在进行积极的探索与改革, 引进却基本中断, 更没有及时地进行跟踪, 能看懂俄文数学教材原著的人也越来越少, 事实上已造成了很大的隔膜, 不能不说是一个很大的缺憾.

事情终于出现了一个转折的契机. 今年初, 在由中国数学会、中国工业与应用数学学会及国家自然科学基金委员会数学天元基金联合组织的迎春茶话会上, 有数学家提出, 莫斯科大学为庆祝成立 250 周年计划推出一批优秀教材, 建议将其中的一些数学教材组织翻译出版. 这一建议在会上得到广泛支持, 并得到高等教育出版社的高度重视. 会后高等教育出版社和数学天元基金一起邀请熟悉俄罗斯数学教材情况的专家座谈讨论, 大家一致认为: 在当前着力引进俄罗斯的数学教材, 有助于扩大视野, 开拓思路, 对提高数学教学质量、促进数学教材改革均十分必要.《俄罗斯数学教材选译》系列正是在这样的情况下, 经数学天元基金资助, 由高等教育出版社组织出版的.

经过认真遴选并精心翻译校订, 本系列中所列入的教材, 以莫斯科大学的教材为主, 也包括俄罗斯其他一些著名大学的教材; 有大学基础课程的教材, 也有适合大学高年级学生及研究生使用的教学用书. 有些教材虽曾翻译出版, 但经多次修订重版, 内容已有较大变化, 至今仍广泛采用、深受欢迎, 反映出俄罗斯在出版经典教材方面所作的不懈努力, 对我们也是一个有益的借鉴. 这一教材系列的出版, 将中俄数学教学之间中断多年的链条重新连接起来, 对推动我国数学课程设置和教学内容的改革, 对提高数学素养、培养更多优秀的数学人才, 可望发挥积极的作用, 并产生深远的影响, 这无疑值得庆贺, 特为之序.

李大潜
2005 年 10 月

第四版序言

本书的主要部分写于 1968 年. 这一段时间中作为本书基础的辛几何的思想和方法在数学物理和其他应用领域, 以及在数学本身中, 都得到了很多应用. 特别应该提到的是短波渐近及其在光学、波动理论、声学、光谱学甚至在化学中的迅猛发展, 还有拉格朗日和勒让德奇性和流形的同时发展, 这也就是聚焦面和波前, 它们的拓扑学与转换的理论.

哈密顿动力学的可积问题的研究有了异常深远的推进. 找到的可积动力系统, 为数之多出乎预料, 研究这些系统还找到了它们与困难的代数几何和数学物理问题的意想不到的、互相受益的联系.

辛拓扑在 20 世纪 70、80 年代得到了很大的成功. 这里首先要提到 1983 年 C. Conley 和 E. Zehnder 得到的关于辛微分同胚不动点定理的证明, 推广了庞加莱的 "几何定理" (见附录 9). 紧随着这个证明则有 M. Chaperon, A. Weinstein, J-K. Sikcrava, M. Gromov, Ю. Чеканов, Floer, Viterbo, Hofer 等人的工作. 我预计在这个很热门的领域中很快会得到更大的进展, 证明辛拓扑与接触拓扑 —— 这是由力学和光学问题催生的新数学领域 —— 中已经提出的和新发现的定理.

本书第三版即已增加了三个新的附录 (即下文的附录 13~15). 它们反映了以下领域中的新进展: 射线族的几何学 (即聚焦面与波前的奇性与变化的理论, 这与反射所成的群的理论有关); 可积系统理论 (即适用于无穷维推广的椭球坐标的几何理论); 以及泊松构造理论 (这是辛构造在数学物理中时常遇到的推广, 其特殊之处在于其泊松括弧是蜕化的).

在本版中改正了以前各版中的错误和细心的读者指出的错误.

关于摄动理论的更详细的叙述, 读者可参考 В. И. Арнольда, А. И. Нейштадта и В. В. Козлова, Математические аспекты классической и небесной механики (增订第二版, M. УРСС, 2000). 读者也可阅读百科套书系列 Современные проблемы математики. Фундаментальные направления (Итоги науки и техники. М.:ВИНИТИ, 1985)[1)], 其中包含了辛几何现代状况的综述 (作者 В. И. Арнольд, А. Б. Гивенталь), А. А. Кириллов关于几何量子化的论文, 以及 С. П. Новиков 等作者关于可积系统理论发展的总结, 这在本书中只略有涉及.

射线族的几何问题在两卷本的 Arnold V. I., Varchenko A. N., Gusein-Zade S. M. [1] 中, 以及在 В. И. Арнольд, Теория катастроф (第三版. М.: Наука, 1990)[2)] 和 В. И. Арнольд, Особенности каустик и Волновых фронтов (М.: Фазис, 1996) 中有详细讨论, 并有丰富的文献.

在 Boubaki 讨论班上 D. Bennequin 的报告[①] 以及一系列文章中可以找到辛几何和接触几何应用的总结. 这些文章有

В. И. Арнольд. Первые шаги симплектической топологии. УМН. 1986. Т.41, №.6. 3~18.

В. И. Арнольд. Особенности систем дучей. УМН. 1983. Т.38, №.2. 77~147.

В. И. Арнольд. Особенности в вариационном исчислении. Современные проблемы математики. 1983. 3~55.

О. П. Щербак, Волновые фронты и группы отражений. УМН. 1988. Т.43, №.3. 125~160.

Современные проблемы математики 丛书的 22 与 33 卷中关于辛几何和接触几何在变分问题研究 (从而也在力学、光学与最优控制理论等方面的研究) 有广泛的补充材料.

分枝理论与摄动理论 (不仅是关于哈密顿系统的, 而且是关于一般动力系统的) 在教科书 Arnold V. I., [17], [18] 中有讨论. 新的材料可见 1888 年在 Grenoble 召开的第十二届国际理论与应用力学大会上关于分枝理论及其在数学与力学中的应用的许多报告, 以及 В. И. Арнольд, В. С. Афраймович, Ю. С. Ильяшенко, Л. П. шильников 的总结. 还有 M. 丛书 Современные проблемы математики, Фундаментальные направления 中的 Динамические системы–5 (М.: ВИНИТИ, 1986). 该丛书中的一册 Динамические системы–2 (М.: ВИНИТИ, 1985) 是 И. П. Корнфельдом, Я. Г. Синаем 等人写的, 讲动力系统的遍历问题. 讲这个问题的

---

①D. Bennequin, Caustique Mystique (d'Apres Arnol'd et al.) Seminaire Bourbaki 1984/1985, Asterisque 133~134, (1986), 19~56.

1)这里和以下的许多 Винити 出版物有英译本, 由 Springer-Verlag 出版, 构成 Dynamical System 多册. —— 中译本注 (从此处开始, 用数码加半括号表示译者注; 用数码加圆圈表示作者注.)

2)有中译本: 突变理论, 高等教育出版社. —— 中译本注

还有 В. И. Арнольд 与 А. Авец 写的 Эргодические проблемы классической механикн (1999 年, 是 Регулярная и хаотическая динамика 丛书的第 11 册) 一书, 它的基础是作者们 1965 年的讲义 (Arnold V. I., Avez A. [1]).

在这些理论中讨论的事实都可能有广泛的应用, 但因它们都是不久前才发现的, 而且只出现在专门文献中, 所以对从事应用的人, 目前还有数学文章的相当的难度. 我希望, 本书能有助于掌握这些成就, 不仅有助于数学家, 而且有助于力学家、物理学家以及其他需要动力系统理论、辛几何和变分法的人.

В. И. 阿诺尔德

1999 年 12 月

第一版序 (摘录)

经典力学中用了许多不同的数学方法和概念: 微分方程和相流、光滑映射和流形、李群和李代数、辛几何和遍历理论. 许多现代的数学理论都来自力学问题, 后来才有了公理化的抽象形式, 使它们很难读了.

在这本书里, 我们要从最初步开始建立起经典力学的数学工具; 所以除了标准的分析课程 (微分和积分, 微分方程), 几何课程 (矢量空间, 矢量) 和线性代数课程 (线性算子, 二次形式) 以外, 不假设读者有比这更进一步的知识.

借助于这些工具, 我们要考察动力学的所有基本问题, 包括振动理论, 刚体运动理论和哈密顿的形式化. 作者一直试图表现出各种现象的几何的、定性的侧面. 在这一方面, 本书与那些由数学家讲授的传统的理论力学课程相比, 更接近于为理论物理学家开设的理论力学课.

本书相当大的部分用于变分原理和分析力学. F. 克莱因在他的《十九世纪数学发展史讲义》一书中这样刻画过分析力学: "…… 一个物理学家想要解决自己的问题, 从这些理论中所得无几, 而工程师则将一无所得." 以后年代中科学的发展明确地否定了这个评论. 哈密顿形式化是量子力学的基础, 而且是物理学的数学武库中最常用的工具之一. 在认识到辛构造和惠更斯原理对各种优化问题的意义以后, 在工程计算中也开始经常应用哈密顿方程了. 另一方面, 与空间探索相关的天体力学的新近发展, 对分析力学的方法和问题也赋予了新的意义.

经典力学和数学与物理学的其他领域的联系是多种多样的. 本书附录就是用来讲其中的少数几个. 经典力学的工具被应用到: 黎曼几何的基础, 理想流体动力学, 柯尔莫戈洛夫关于条件周期运动的摄动理论, 数学物理方程的短波渐近法以及几何光学中聚焦面的分类.

这些附录是为有兴趣的读者写的, 而不是一般的必修课程的一部分. 其中有些可以成为专门课程的基础 (例如关于非线性振动理论的渐近方法或准经典渐近). 这些附录也包含了一些参考性质的知识 (例如有一个二次哈密顿函数的标准形式表). 在本书的基本各章中作者总是力求把证明写得尽可能明确而避免再引用其他材料, 附录总的说来则是结果的总结, 其证明则可在所引述的文献中找到.

这本书的基础是作者在 1966—1968 年为国立莫斯科大学数学力学系数学专业三、四年级学生所开的一门一年半的必修课.

В. И. 阿诺尔德

目　录

第一部分

牛顿力学

牛顿力学研究质点组在三维欧氏空间中的运动. 在此空间中有六维的空间运动群作用. 牛顿力学基本概念和定理 (用笛卡儿坐标表述) 对于这个运动群都是不变的.①

一个有势的牛顿力学系可以用质点的质量和力学系的位能表述. 保持位能不变的空间中的运动对应于各种守恒律.

牛顿运动方程使我们能完全解出一系列重要的力学问题, 例如在有心力场中的运动问题.

①对更大的伽利略时空变换群也是不变的.

第一章　实验事实

我们将在本章中给出作为力学基础的实验事实: 伽利略相对性原理和牛顿微分方程. 我们要考查由相对性原理所加于运动过程上的限制, 还要举出一些简单例子.

§1. 相对性原理和决定性原理

我们将在本节中介绍和讨论惯性参考系 (坐标系) 的概念. 本节的准确数学提法将在下一节给出.

经典力学的基础是一些实验事实①. 我们将列出其中的三个.

A. 空间与时间

我们所在的空间是三维欧氏空间, 时间则是一维的.

B. 伽利略相对性原理

存在一些参考系 (坐标系) 称为惯性系, 它们有以下两个性质:

1. 一切自然规律在任何时刻, 在所有惯性系中都相同.

2. 相对于一个惯性系作匀速直线运动的一切参考系也都是惯性系.

换句话说, 如果附着在地球上的参考系是惯性系, 那么在一个相对地球作匀速直线运动的列车上, 实验者完全在列车内作任何实验都不能使他觉察到列车的运动.

事实上, 附着在地球上的参考系只是近似地是惯性系. 附着在太阳或其他恒星等上的参考系则更接近于惯性系.

①所有这些 "实验事实" 都只是近似为真, 而可用更精确的实验推翻. 为避免叙述繁冗, 以下我们不再讲这一点, 讲到我们的数学模型时, 都当它是精确地描写了物理现象的.

C. 牛顿的决定性原理

一个力学系的初始状态 (即其中各点在某一时刻的位置与速度的总体) 唯一地决定其运动.

因为我们很早就认识到这一点, 所以很难怀疑这个事实. 可以想像这样一个世界, 在其中为了决定一个系统的未来还需要知道其初始时刻的加速度, 但是经验表明, 我们的世界并不是这样.

§2. 伽利略群和牛顿方程

在本节中我们将定义和研究伽利略时空变换群. 然后我们考虑牛顿方程以及它对于伽利略变换的不变性质对方程右方所加的最简单的限制[①].

A. 记号

我们用 $\mathbb{R}$ 记全体实数的集合. 用 $\mathbb{R}^n$ 记 n 维实矢量空间.

n 维仿射空间 A^n 与 $\mathbb{R}^n$ 的区别在于它没有 "固定原点". 群 $\mathbb{R}^n$ 作为平移群作用在 A^n 上 (图 1):

$$a \to a + \boldsymbol{b}, \quad a \in A^n, \quad \boldsymbol{b} \in \mathbb{R}^n, \quad a + \boldsymbol{b} \in \mathbb{R}^n.$$

[所以 A^n 中两点的和没有定义, 但其差有定义而且是 $\mathbb{R}^n$ 中的一个矢量].

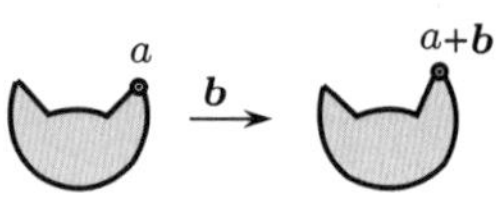

图 1 平移

矢量空间 $\mathbb{R}^n$ 上的一个欧氏构造就是一个正定对称双线性形式, 称为数量积. 数量积使我们能定义相应的仿射空间 A^n 中两点的距离:

$$\rho(x, y) = \|x - y\| = \sqrt{(x - y, x - y)}.$$

仿射空间带上这个距离函数就叫做欧氏空间, 并记作 E^n.

B. 伽利略构造

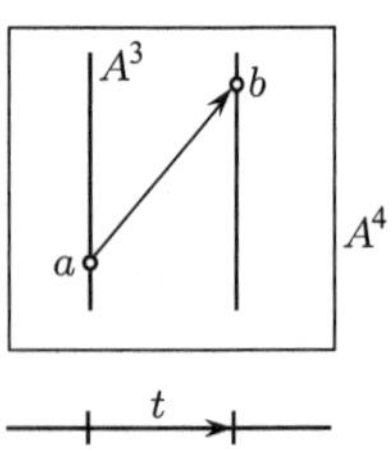

图 2 时间 t 的间隔

伽利略时空构造包含以下三要素:

1. 宇宙 —— 这是一个四维仿射[②]空间 A^4. A^4 中的点称为世界点或事件. 宇宙 A^4 中的平移构成一个矢量空间 $\mathbb{R}^4$.

2. 时间 —— 这是一个线性映射 $t : \mathbb{R}^4 \to \mathbb{R}$, 由宇宙的平移矢量空间映到实的 "时间轴". 由事件 $a \in A^4$ 到事件 $b \in A^4$ 的时间间隔即数 $t(b-a)$ (图 2). 若 $t(b-a) = 0$, 就说事件 a 和 b 是同时的.

---

①不需要第 1 节论断的数学表述的读者可以略去本节.

②在古代, 对宇宙并不赋以仿射构造而赋以线性构造 (即宇宙的地心系统).

与一个固定事件同时的事件之集合是 A^4 的一个三维仿射子空间. 它叫做同时事件空间 A^3.

映射 t 的核由 A^4 的这样一些平移构成, 它们把某一事件 (从而也将每个事件) 变为与它同时的事件. 这个核是矢量空间 $\mathbb{R}^4$ 的一个三维线性子空间 $\mathbb{R}^3$.

伽利略构造还包含一个要素:

3. 同时事件的距离

$$\rho(a,b)=\|a-b\|=\sqrt{(a-b,a-b)},\quad a,b\in A^3,$$

由 $\mathbb{R}^3$ 上的数量积给出. 这个距离使每个同时事件空间都成为三维欧氏空间 E^3

具有伽利略时空构造的空间 A^4 称为*伽利略空间*.

可以谈论在不同位置同时发生的两个事件, 但是 "在三维空间同一位置上发生的不同时事件 $a,b\in A^4$" 这种说法没有意义, 因为我们没有选定一个坐标系.

*伽利略群*就是伽利略空间中保持其构造的一切变换所成的群. 这个群的元素称为*伽利略变换*. 所以, 伽利略变换就是 A^4 中保持时间间隔和同时事件的距离不变的仿射变换.

例 考虑时间轴 t 和一个三维矢量空间 $\mathbb{R}^3$ 的直积① $\mathbb{R}\times\mathbb{R}^3$, 这里设 $\mathbb{R}^3$ 有一固定的欧氏构造. 这样的空间有自然的伽利略构造. 我们称之为*伽利略坐标空间*.

我们要举出这空间中伽利略变换的三个例子. 首先是*速度为 $\boldsymbol{v}$ 的匀速运动*:

$$g_1(t,\boldsymbol{x})=(t,\boldsymbol{x}+\boldsymbol{v}t),\quad \forall t\in\mathbb{R},\boldsymbol{x}\in\mathbb{R}^3.$$

其次,*原点的平移*:

$$g_2(t,\boldsymbol{x})=(t+s,\boldsymbol{x}+\boldsymbol{s}),\quad \forall t\in\mathbb{R},\boldsymbol{x}\in\mathbb{R}^3.$$

最后, *坐标轴的旋转*:

$$g_3(t,\boldsymbol{x})=(t,G\boldsymbol{x}),\quad \forall t\in\mathbb{R},\boldsymbol{x}\in\mathbb{R}^3.$$

$G:\mathbb{R}^3\to\mathbb{R}^3$ 是一个正交变换.

问题 证明空间 $\mathbb{R}\times\mathbb{R}^3$ 的每个伽利略变换都可唯一地表为一个旋转、一个平移和一个匀速运动的组合 ($g=g_1\circ g_2\circ g_3$) (所以, 伽利略群的维数是 3+4+3=10).

问题 证明一切伽利略空间均互相同构②, 而特别是同构于坐标空间 $\mathbb{R}\times\mathbb{R}^3$.

令 M 为一集合. 一个 1–1 对应 $\varphi_1:M\to\mathbb{R}\times\mathbb{R}^3$ 称为集 M 上的*伽利略坐标系*. 坐标系 φ_2 称为对 φ_1 *均匀地运动*, 若 $\varphi_1\circ\varphi_2^{-1}:\mathbb{R}\times\mathbb{R}^3\to\mathbb{R}\times\mathbb{R}^3$ 是一个伽利略变换. 伽利略坐标系 φ_1 和 φ_2 给 M 以相同的伽利略构造.

①我们要再提一下, 两个集合 A 和 B 的直积就是有序对 (a,b) 的集合, $a\in A,b\in B$. 两个空间 (矢量、仿射或欧氏空间) 的直积仍有同类型空间的构造.

②即存在相互之间的一个保持伽利略构造的 1–1 映射.

C. 运动, 速度, 加速度

$\mathbb{R}^N$ 中的运动就是一个可微映射 $\boldsymbol{x}: I \to \mathbb{R}^N, I$ 是实轴上的一个区间.

导数

$$\dot{\boldsymbol{x}}(t_0) = \left.\frac{d\boldsymbol{x}}{dt}\right|_{t=t_0} = \lim_{h\to 0} \frac{\boldsymbol{x}(t_0+h) - \boldsymbol{x}(t_0)}{h} \in \mathbb{R}^N$$

称为 $t_0 \in I$ 点的速度矢量.

二阶导数

$$\ddot{\boldsymbol{x}}(t_0) = \left.\frac{d^2\boldsymbol{x}}{dt^2}\right|_{t=t_0}$$

称为 t_0 点的加速度矢量.

我们将假设遇到的函数都可以连续求导所需要的那么多次. 以下除非另有声明, 映射、函数等等都理解为可微映射、可微函数等等. 映射 $\boldsymbol{x}: I \to \mathbb{R}^N$ 的像称为 $\mathbb{R}^N$ 中的一个轨迹或曲线.

问题 平面上一个可微运动的轨迹可否具有图 3 的形状? 其加速度矢量可否有图上所示的值?

答 是. 否.

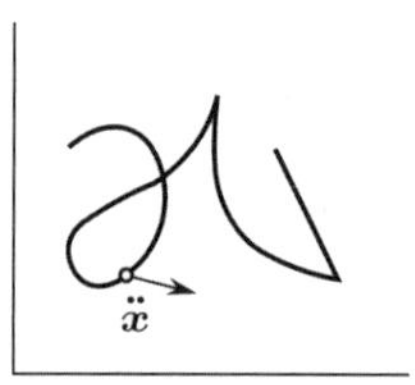

图 3 一点的运动轨迹

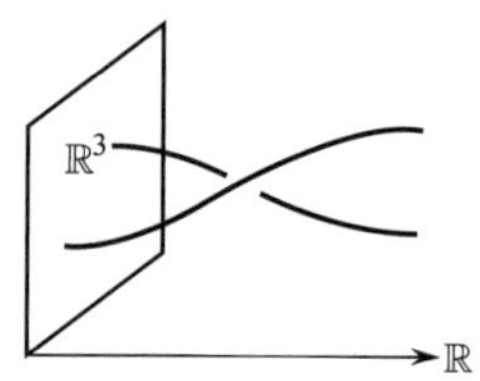

图 4 世界线

我们现在定义在三维欧氏空间中 n 个动点的力学系.

令 $\boldsymbol{x}: \mathbb{R} \to \mathbb{R}^3$ 为 $\mathbb{R}^3$ 中的运动. 它的图像[①]是 $\mathbb{R} \times \mathbb{R}^3$ 中的曲线.

伽利略空间中的曲线若是一个运动在某个 (因此也在每个) 伽利略坐标系下的图像, 就称为世界线 (图 4).

n 点系统的运动在伽利略空间中给出 n 条世界线. 在伽利略坐标系中, 它们可用 n 个映射 $\boldsymbol{x}_i: \mathbb{R} \to \mathbb{R}^3, i = 1, 2, \cdots, n$ 来表示.

n 个 $\mathbb{R}^3$ 的直积称为 n 点系统的构形空间. 上述 n 个映射 $\boldsymbol{x}_i: \mathbb{R} \to \mathbb{R}^3$ 构成了由时间轴到构形空间的一个映射:

$$\boldsymbol{x}: \mathbb{R} \to \mathbb{R}^N, \quad N = 3n.$$

这个映射也称为此 n 点系统在伽利略坐标系 $\mathbb{R} \times \mathbb{R}^3$ 中的运动.

---

①映射 $f: A \to B$ 的图像是直积 $A \times B$ 中由所有形如 $(a, f(a)), a \in A$ 的元所成的子集.

D. 牛顿方程

根据牛顿的决定性原理 (节 1C), 一个系统的一切运动都由其初始位置 $(\boldsymbol{x}(t_0)\in\mathbb{R}^N)$ 和初速度 $(\boldsymbol{x}(t_0)\in\mathbb{R}^N)$ 唯一地决定.

特别是, 初始位置和初速度决定了加速度. 换言之, 存在一个函数 $\boldsymbol{F}:\mathbb{R}^N\times\mathbb{R}^N\times\mathbb{R}\to\mathbb{R}^N$ 使得

$$\ddot{\boldsymbol{x}}=\boldsymbol{F}(\boldsymbol{x},\dot{\boldsymbol{x}},t). \tag{1}$$

牛顿以方程 (1) 作为力学的基础. 它称为*牛顿方程*.

由常微分方程解的存在与唯一性定理, 函数 $\boldsymbol{F}$ 与初始条件 $\boldsymbol{x}(t_0)$ 和 $\dot{\boldsymbol{x}}(t_0)$ 唯一决定一个运动[①].

对每个特定的力学系, 函数 $\boldsymbol{F}$ 的形状是由实验决定的. 从数学观点来看, $\boldsymbol{F}$ 的形状构成该力学系的定义.

E. 由相对性原理所加的限制

伽利略相对性原理指出: 在物理时空中有一个特定的伽利略构造 (“惯性参考系类”), 具有以下性质.

若对任一力学系[②]各点的世界线作同一伽利略变换, 将得出同一系统的世界线 (但有新初始条件) (图 5).

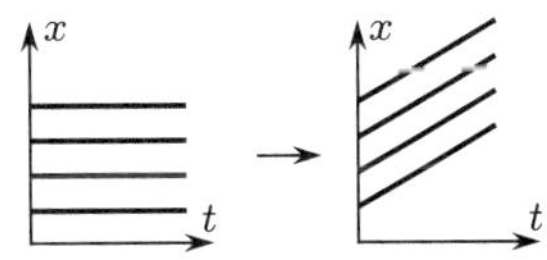

图 5 伽利略相对性原理

这就对在惯性系中写出的牛顿方程的右方加上了一系列限制: 方程 (1) 对伽利略变换群必须不变.

例 1 时间平移是伽利略变换. 对于时间平移的不变性意味着 “自然界的法则是恒定的”, 即, 若 $\boldsymbol{x}=\boldsymbol{\varphi}(t)$ 是方程 (1) 的解, 则对任意 $s\in\mathbb{R}$, $\boldsymbol{\varphi}(t+s)$ 也是一个解.

由此可知, 在惯性参考系中 (1) 式右方不含时间:

$$\ddot{\boldsymbol{x}}=\Phi(\boldsymbol{x},\dot{\boldsymbol{x}}).$$

注 在以下情况下会出现右方含时间的微分方程.

设我们研究力学系 I+II 的部分 I. 部分 II 对部分 I 的影响有时可以用描述部分 I 的方程组中参数对时间的变化来代替.

---

①这里需要一定的光滑性条件, 这些条件我们假设是适合的. 一般说来, 方程 (1) 只在时间轴的某区间上决定一个运动. 为简单计, 我们设此区间就是整个时间轴, 而在大多数力学问题中都是如此.

②在叙述相对性原理时, 必须记住, 讲的只是封闭的物理系统 (包括力学系统), 即是说, 在研究这个给定现象时, 一切与此现象相互作用因而有影响的物体, 都必须包括在该系统内. 严格说来, 我们应该把宇宙中一切物体都包括在系统中. 但是从经验中知道, 其中许多可以忽略. 例如在研究行星绕日运动时, 我们可以忽略行星之间的引力.

另一方面, 在研究地球附近的物体时, 如果不把地球包括在内, 这系统就不是封闭的; 在研究飞机的运动时, 如果不把飞机周围的空气包括在内, 系统也不是封闭的, 等等. 将来, “力学系” 一词在大多数情况下表示封闭系, 如果有非封闭系的问题, 将要明显地指出 (例如见 §3).

例 在研究地球上大多数现象时, 月球对地球的影响可以不计. 然而, 在研究潮汐时, 必须考虑到这个影响; 但是, 不必引入月球的引力, 只要引入地球上重力大小的周期性变化就可以做到这一点.

在求解一个问题时作形式运算的结果也会出现变系数方程.

例 2 三维空间中的平移也是伽利略变换. 方程 (1) 对于这种平移的不变性意味着空间是均匀的, 即 "空间各点有相同性质." 也就是说, 若 $\boldsymbol{x}_i=\boldsymbol{\varphi}_i(t)$ $(i=1,\cdots,n)$ 是适合 (1) 的 n 个点的运动, 则对任意 $\boldsymbol{r}\in\mathbb{R}^3$, 运动 $\boldsymbol{\varphi}_i(t)+\boldsymbol{r}$ $(i=1,\cdots,n)$ 也满足方程 (1).

由此可得, 在惯性参考系中, 方程 (1) 的右方只能依赖于 "相对坐标" $\boldsymbol{x}_j-\boldsymbol{x}_k$.

过渡到匀速运动的坐标系下, 也有不变性 (这并不改变 $\ddot{\boldsymbol{x}}_i$ 和 $\boldsymbol{x}_j-\boldsymbol{x}_k$, 但对每个 $\dot{\boldsymbol{x}}_j$ 都会加上一个定矢量 $\boldsymbol{v}$), 由此可知, 惯性参考系下的方程 (1) 之右方只能依赖于相对速度

$$\ddot{\boldsymbol{x}}_i=\boldsymbol{f}_i(\{\boldsymbol{x}_j-\boldsymbol{x}_k,\dot{\boldsymbol{x}}_j-\dot{\boldsymbol{x}}_k\}),\quad i,j,k=1,\cdots,n.$$

例 3 伽利略变换中还有三维空间的旋转. 对这些旋转的不变性, 意味着空间是各向同性的; 没有什么事先特定的方向.

于是, 如果 $\boldsymbol{\varphi}_i:\mathbb{R}\to\mathbb{R}^3$ $(i=1,\cdots,n)$ 是 n 个点的系统的满足 (1) 的运动, 而 $G:\mathbb{R}^3\to\mathbb{R}^3$ 是一个正交变换, 则运动 $G\boldsymbol{\varphi}_i:\mathbb{R}\to\mathbb{R}^3$ $(i=1,\cdots,n)$ 也满足 (1). 换言之

$$\boldsymbol{F}(G\boldsymbol{x},G\dot{\boldsymbol{x}})=G\boldsymbol{F}(\boldsymbol{x},\dot{\boldsymbol{x}}).$$

$G\boldsymbol{x}$ 表示 $(G\boldsymbol{x}_1,\cdots,G\boldsymbol{x}_n),\boldsymbol{x}_i\in\mathbb{R}^3$.

问题 若一力学系只由一点组成, 证明它在惯性参考系中的加速度为零 ("牛顿第一定律").

提示 由例 1、例 2, 加速度矢量不依赖于 $\boldsymbol{x}$、$\dot{\boldsymbol{x}}$ 或 t, 而由例 3, 矢量 $\boldsymbol{F}$ 应对旋转不变.

问题 设一个力学系由两点组成. 在初始时刻其速度 (在某惯性参考系中) 均为零. 证明它们将停留在初始时刻联结它们的直线上.

问题 设一个力学系由三点组成. 在初始时刻其速度 (在某惯性参考系中) 均为零. 证明它们总位于初始时刻包含它们的平面上.

问题 设一个力学系由两点组成. 证明对任意初始条件都存在一个惯性参考系, 使在其中这两点总位于一个固定平面上.

问题 证明 "镜子里面" 的力学和我们的力学是一样的.

提示 在伽利略群中有一个反射变换, 它改变 $\mathbb{R}^3$ 的定向.

问题 惯性参考系类是否唯一?

答 否. 改变长度和时间单位或时间的方向就可得出其他的惯性参考系类.

§3. 力学系的例子

我们已经提到对于每个力学系, 牛顿方程 (1) 中函数 $\boldsymbol{F}$ 的形状由实验确定. 下面是些例子.

在考查具体的力学系时, 不把宇宙间一切物体都归入这个系统是合理的. 例如, 在研究发生在地球上的多数现象时, 可以忽略月球的影响. 此外, 通常也可以不计所研究的过程对地球本身运动的效应; 我们甚至可以把附着在地球上的一个坐标系看作 “固定的”. 很清楚, 相对性原理不再把前述的限制加在用这样的坐标系写出的运动方程上. 例如, 在地球附近就有一个特殊的方向: 铅直方向.

A. 例 1: 石块落向地球

若 x 是石块在地面上方的高度, 实验表明

$$\ddot{x} = -g, \quad \text{这里 } g \approx 9.8\ \mathrm{m/s^2}\ (\text{伽利略}). \tag{2}$$

若引入 “位能” $U = gx$, 则方程 (2) 可以写为

$$\ddot{x} = -\frac{dU}{dx}.$$

若 $U : E^N \to \mathbb{R}$ 是欧氏空间上的可微函数, 则我们将用 $\partial U/\partial \boldsymbol{x}$ 表示函数 U 的梯度. 若 $E^N = E^{n_1} \times \cdots \times E^{n_k}$ 是欧氏空间的直积, 则我们记一点 $\boldsymbol{x} \subset E^N$ 为 $(\boldsymbol{x}_1, \cdots, \boldsymbol{x}_k)$, 记 $\partial U/\partial \boldsymbol{x}$ 为矢量 $(\partial U/\partial \boldsymbol{x}_1, \cdots, \partial U/\partial \boldsymbol{x}_k)$. 特别是, 若 $x_1, \cdots, x_N$ 是 E^N 中的笛卡儿坐标, 则矢量 $\partial U/\partial \boldsymbol{x}$ 的分量是 $\partial U/\partial x_1, \cdots, \partial U/\partial x_k$.

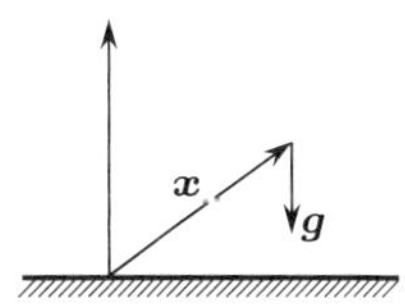

图 6 石块落向地球

实验表明石块对地球上某点 O 的径矢量满足方程

$$\ddot{\boldsymbol{x}} = -\frac{\partial U}{\partial \boldsymbol{x}}, \quad \text{其中 } U = (\boldsymbol{g}, \boldsymbol{x}), \tag{3}$$

右边的矢量指向地球. 它称为*重力加速度矢量* $\boldsymbol{g}$ (图 6).

B. 例 2: 从很高高度下落

和所有的实验事实一样, 运动 (2) 的适用范围是有限的. 按照牛顿所发现的一个更精确的落体定律, *加速度反比于距地心距离的平方*:

$$\ddot{x} = -g\frac{r_0^2}{r^2},$$

这里 $r = r_0 + x$ (图 7).

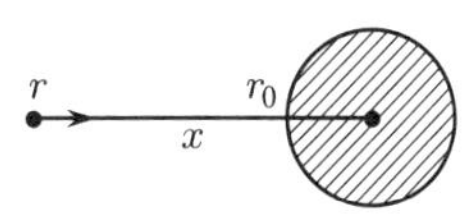

图 7 地球的重力场

如果我们引入与到地心的距离成反比的位能

$$U = -\frac{k}{r}, \quad k = gr_0^2,$$

则这个方程也可以写成 (3) 的形状.

问题 决定必须以什么速度掷出石头才能使它无限地远离地球表面[①].

答 $\geqslant 11.2$ km/s. r_0=6 400 km.

---

①这就是所谓第二宇宙速度 v_2 (或称对于地球的逃逸速度. —— 中译者注), 我们的方程中并没有计入太阳的引力, 如果石块对地球的速度小于 16.6 km/s (对太阳系的逃逸速度. —— 中译者注) 的话, 太阳的引力会制止石块逃逸出太阳系.

C. 例 3: 物体在弹簧作用下沿直线的运动

实验表明, 弹簧在小的拉伸下, 其运动方程将是 (图 8)

$$\ddot{x} = -a^2 x.$$

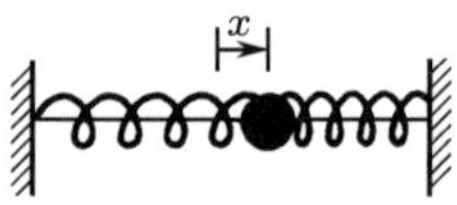

图 8　弹簧上的物体

如果我们引入位能

$$U = \frac{a^2 x^2}{2},$$

这方程也可以写成 (3) 的形状.

如果把这一个物体换成两个与它相同的物体, 则在弹簧同样的拉伸下, 加速度只有一半大.

已经在实验中证实, 对于任意两个物体, 在弹簧同样的拉伸下, 加速度之比 $\ddot{x}_1/\ddot{x}_2$ 是固定的 (即不依赖于拉伸的程度或弹簧的特性, 而只依赖于物体本身). 这个比的倒数定义为这两个物体的质量比:

$$\frac{\ddot{x}_1}{\ddot{x}_2} = \frac{m_2}{m_1}.$$

我们取一固定物体, 例如一升水[1], 作为质量单位. 我们从经验中知道所有物体的质量都是正的. 质量与加速度的乘积 $m\ddot{x}$ 不依赖于物体, 而是弹簧拉伸的一个特征. 这个值称为弹簧作用于物体的力.

我们以 "牛顿" 作为力的单位. 如果把一升水悬挂在地球表面上的一个弹簧上, 弹簧的作用力是 9.8 牛顿 (=1 kg).

D. 例 4: 保守系

令 $E^{3n} = E^3 \times \cdots \times E^3$ 是欧氏空间 E^3 中一个 n 点系统的构形空间. 令 $U: E^{3n} \to \mathbb{R}$ 为一可微函数, $m_1, \cdots, m_n$ 均为正数.

定义　质量为 $m_1, \cdots, m_n$ 的 n 个点在位能为 U 的势场中的运动由以下微分方程组给出:

$$m_i \ddot{\boldsymbol{x}}_i = -\frac{\partial U}{\partial \boldsymbol{x}_i}, \quad i = 1, \cdots, n. \tag{4}$$

例 1 到例 3 中的运动都有这样的形状. 许多其他力学系的运动方程也有相同的形状. 例如, 天体力学中的三体问题就是一个 (4) 那样的问题, 其中

$$U = -\frac{m_1 m_2}{\|\boldsymbol{x}_1 - \boldsymbol{x}_2\|} - \frac{m_2 m_3}{\|\boldsymbol{x}_2 - \boldsymbol{x}_3\|} - \frac{m_3 m_1}{\|\boldsymbol{x}_3 - \boldsymbol{x}_1\|}.$$

许多来源完全不同的方程也可以化成 (4) 的形状, 例如电振动的方程就是.

在下一章里我们主要研究 (4) 那样形式的微分方程组.

---

[1] 严格说, 还应指出这升水所处的温度、压力等等. —— 日译者注

第二章　运动方程的研究

在绝大多数情况 (例如, 三体问题) 下, 我们既不能解出运动的微分方程组, 也不能完全地描述解的性态. 在这一章里, 我们要考虑一些简单然而重要的问题, 它们的牛顿方程是可解的.

§4. 具一自由度的力学系

在本节中我们要研究微分方程 (1) 的相平面. 看一看位能的图像就足够对这个方程作定性的分析了. 此外, 用求积法积出了方程 (1).

A. 定义

具一自由度的力学系就是可以用一单个微分方程来描述的力学系:

$$\ddot{x} = f(x), \quad x \in \mathbb{R}. \tag{1}$$

动能是二次型

$$T = \frac{1}{2}\dot{x}^2.$$

位能是函数

$$U(x) = -\int_{x_0}^{x} f(\xi)d\xi.$$

此式前的符号使得当石块高于地面时, 其位能为正.

注意, 位能决定了 f. 因此, 为了刻画 (1) 形的系统, 给出位能就够了. 对位能加一个常数不会改变运动方程 (1).

总能量是二者之和:

$$E = T + U.$$

所以, 总能量是 x 和 $\dot{x}$ 的函数: $E(x, \dot{x})$.

定理 (**能量守恒定律**) *按方程 (1) 运动的点之总能量守恒:* $E(x(t), \dot{x}(t))$ *与* t *无关.*

证

$$\frac{d}{dt}(T + U) = \dot{x}\ddot{x} + \frac{dU}{dx}\dot{x} = \dot{x}(\ddot{x} - f(x)) = 0. \qquad \square$$

B. 相平面

方程 (1) 等价于以下两个方程的方程组

$$\dot{x} = y, \quad \dot{y} = f(x). \tag{2}$$

考虑坐标 x, y 的平面, 称为方程 (1) 的*相平面*. 相平面上的点称为*相点*. 方程组 (2) 的右方在相平面上决定了一个矢量场, 称为*相速度矢量场*.

(2) 的解是相平面上一个相点的运动 $\boldsymbol{\varphi} : \mathbb{R} \to \mathbb{R}^2$, 而动点在每时刻的速度等于相点在该时刻[①] 所在位置处的相速度矢量.

$\boldsymbol{\varphi}$ 的像称为*相曲线*. 因此, 相曲线由以下的参数方程给出

$$x = \varphi(t), \quad y = \psi(t).$$

问题 证明经过每个相点有一条且仅有一条相曲线.

提示 参考常微分方程教本.

我们要注意, 相曲线可能缩为一点. 这种点称为*平衡位置*. 平衡位置上的相速度矢量为零.

能量守恒定律使我们很容易找到相曲线. 在每个相曲线上, 总能量是恒定的. 因此, 每个相曲线都完全位于一个等能集 $E(x, y) = h$ 上.

C. 例子

例 1 振动理论的基本方程是

$$\ddot{x} = -x.$$

① 为简单计, 我们于此假设解 $\boldsymbol{\varphi}$ 定义在整个时间轴 $\mathbb{R}$ 上.

这时 (图 9) 我们有

$$T=\frac{\dot{x}^2}{2},\quad U=\frac{x^2}{2},\quad E=\frac{\dot{x}^2}{2}+\frac{x^2}{2}.$$

等能集是同心圆和原点. 相点 (x,y) 处的相速度矢量分量是 $(y,-x)$. 它与动径方向垂直, 大小相等. 因此, 相点在相平面上的运动是绕 O 的匀速旋转: $x=r_0\cos(\varphi_0-t), y=r_0\sin(\varphi_0-t)$. 每个等能集都是相曲线.

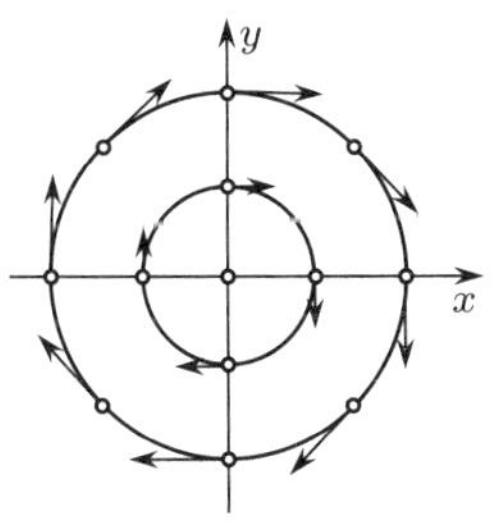

图 9 方程 $\ddot{x}=-x$ 的相平面

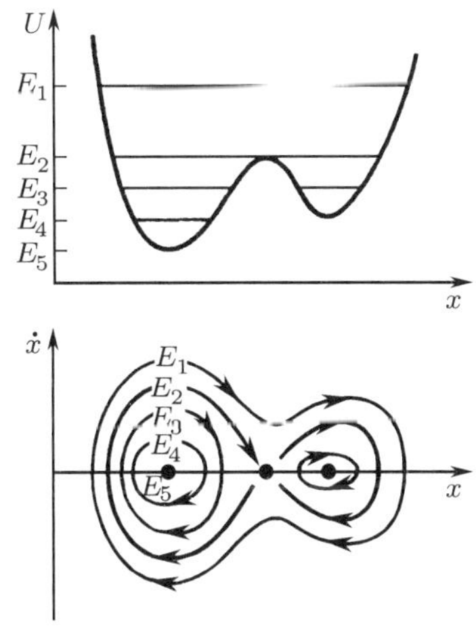

图 10 位能和相曲线

例 2 设位能由图 10 的图像给出. 我们要画出等能集 $\frac{1}{2}y^2+U(x)=E$. 下面的事实对此是有用处的.

1. (2) 的平衡位置必在相平面的 x 轴上. 若 ξ 是位能的临界点, 即 $(\partial U/\partial x)|_{x=\xi}=0$, 则点 $x=\xi, y=0$ 是一个平衡位置.

2. 等能集在其上各点附近都是光滑曲线, 只要这点不是平衡位置 (这可由隐函数定理得出). 特别是, 若数 E 不是位能的临界值 (即不是位能在其一个临界点上所取的值), 则能量为 E 的等能集是一个光滑曲线.

因此, 为了研究等能曲线, 应该注意 E 的临界值与近临界值. 这里, 想象一个小球在势阱 U 中的滚动是很方便的.

例如, 考虑以下的论证: "动能是非负的. 这意味着位能小于或等于总能量. 位能越小, 速度越大." 这一点就可以翻译成: "小球不可能升高到高于其初始能量的能级上而跳出势阱. 当它跌入势阱时, 小球就获得了速度." 我们也注意到, 位能的局部极大点是不稳定的, 但其极小点是稳定平衡位置.

问题 证明这一点.

问题　图 10 中相应于能级 E_2 的分离曲线 (或称分界流形), 即相应于 E_2 的 8 字形曲线, 由几条相曲线组成?

答　三条.

问题　决定沿分离曲线运动所需时间.

答　由唯一性定理知时间为无限.

问题　证明 (沿一个方向) 由 x_1 到 x_2 所需时间等于

$$t_2 - t_1 = \int_{x_1}^{x_2} \frac{dx}{\sqrt{2(E-U(x))}}.$$

问题　给出位能的图像如图 11, 画出相曲线.

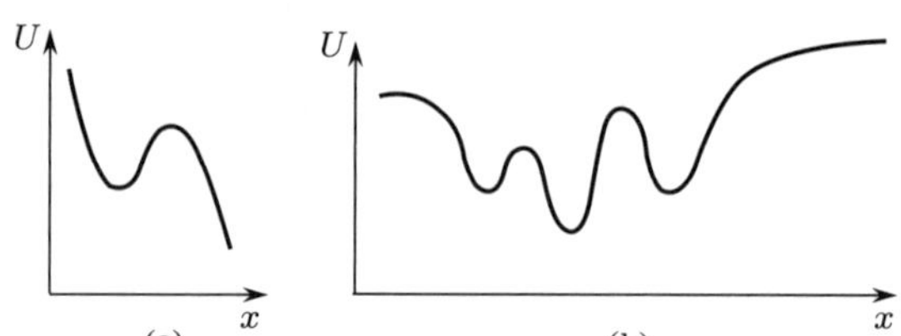

(a)　(b)

图 11　位能

答　图 12.

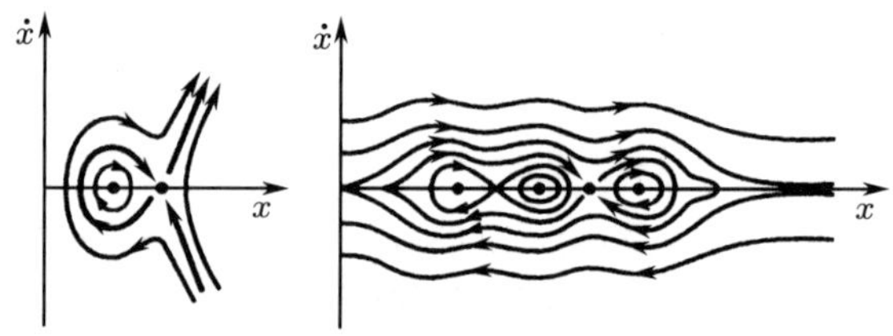

(a)　(b)

图 12　相曲线

问题　画出 “理想平面摆” (即数学摆) 方程 $\boldsymbol{x} = -\sin x$ 的相曲线.

问题　画出 “在旋转轴上的摆方程” $\ddot{x} = -\sin x + M$ 的相曲线.

注　以上两题中 x 表示摆的角位移. 坐标相差 2π 的点对应于摆的相同位置. 所以, 除了相平面以外, 考虑相柱面 $\{x(\bmod 2\pi), y\}$ 是很自然的.

问题 求出相应于最大位能 $E = U(\xi)$ (图 13) 的临界等能曲线各分枝的切线.

答 $y = \pm\sqrt{U''(\xi)}(x-\xi)$.

问题 令 $S(E)$ 为对应于能级 E 的封闭相曲线所包围的面积. 证明沿此曲线运动的周期是

$$T = \frac{dS}{dE}.$$

问题 令 E_0 为位能在极小点 ξ 的值. 求在点 ξ 附近的小振动的周期 T_0, 这里 $T_0 = \lim_{E\to E_0} T(E)$.

答 $2\pi/\sqrt{U''(\xi)}$.

问题 考虑相应于能级 E 的封闭相曲线. 它是否在李雅普诺夫意义下稳定[1)][2)]?

答 否①.

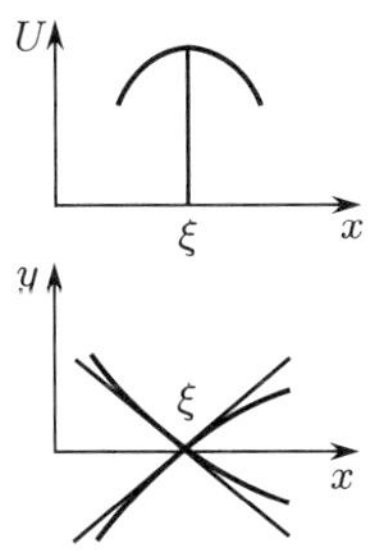

图 13 临界等能曲线

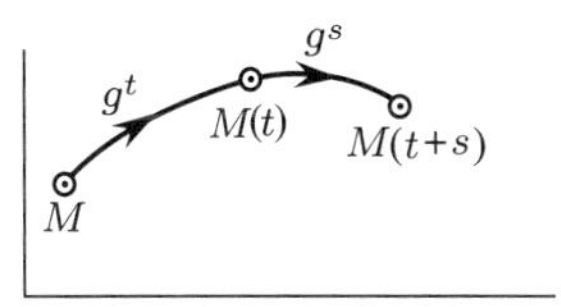

图 14 相流

D. 相流

令 M 为相平面上一点. 我们来看方程组 (2) 的解, 其在 $t=0$ 时的初始条件由点 M 表示. 我们假设方程组的任一解都可以拓展到整个时间轴上. 我们的解在任意值 t 时所取的值依赖于 M. 我们记所得的相点 (图 14) 为

$$M(t) = g^t M.$$

这样, 我们定义了相平面到其自身的映射 $g^t : \mathbb{R}^2 \to \mathbb{R}^2$. 由常微分方程中的定理, 映射 g^t 是一个微分同胚 (即具有可微逆的 1–1 可微映射). 这些微分同胚 $g^t, t \in \mathbb{R}$ 构成一个群: $g^{t+s} = g^t \circ g^s$. 映射 g^0 是恒等映射 ($g^0 M = M$), g^{-t} 是 g^t 之逆. 由式子 $g(t, M) = g^t M$ 所定义的映射 $g : \mathbb{R}\times\mathbb{R}^2 \to \mathbb{R}^2$ 是可微的. 把所有这些性质综合

①唯一的例外是周期不依赖于能量的情况.

1) 关于李雅普诺夫稳定性的定义, 见 V. I. Arnold, *Ordinary Differential Equations,*, MIT Press 1973, 155. —— 英译者注

2) 见 Smale S, Hirsch M W, [1]. —— 日译者注

起来就说, 变换 g^t 构成相平面的微分同胚的一个单参数群. 这个群也称为由方程组 (2) (或方程 (1)) 给出的相流.

例 方程 $\ddot{x} = -x$ 给出的相流即绕原点旋转角 t 的旋转 g^t 之群.

问题 证明位能为 $U = -x^4$ 的力学系不定义相流.

问题 证明若位能为正, 则必有相流.

提示 用能量守恒律证明解必可无界地拓展.

问题 画出圆 $x^2 + (y-1)^2 < \frac{1}{4}$ 在方程 (a) "反摆" $\ddot{x} = x$ 与 (b) "非线性摆" $\ddot{x} = -\sin x$ 的相流之变换作用下的像.

答 图 15.

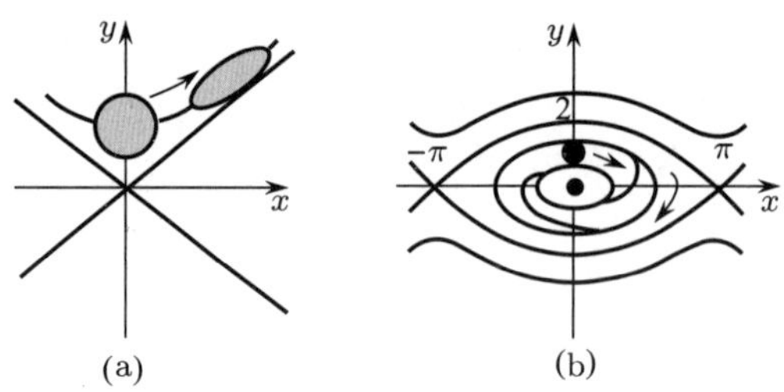

图 15 相流对圆的作用

§5. 具二自由度的力学系

分析一个一般的具有二自由度的有势力学系超出了现代科学的能力, 在这一节里我们将看几个最简单的例子.

A. 定义

所谓二自由度的力学系, 我们是指由以下微分方程所定义的系统:

$$\ddot{\boldsymbol{x}} = \boldsymbol{f}(\boldsymbol{x}), \quad \boldsymbol{x} \in E^2, \tag{1}$$

$\boldsymbol{f}$ 是一个平面矢量场.

一个力学系如果有一函数 $U:$ [1] $E^2 \to \mathbb{R}$ 使 $\boldsymbol{f} = -\partial U/\partial \boldsymbol{x}$, 就称为保守系. 于是保守系的运动方程的形状是 $\ddot{\boldsymbol{x}} = -\partial U/\partial \boldsymbol{x}$ ①.

①在平面 E^2 的笛卡儿坐标中是 $\ddot{x}_1 = -\partial U/\partial x_1$ 和 $\ddot{x}_2 = -\partial U/\partial x_2$.

1)这里设 U 为单值函数, 因为 U 是位能, 而位能总是单值的. —— 中译者注

B. 能量守恒定律

定理 保守系的总能量守恒, 即有

$$\frac{dE}{dt}=0,\quad \text{这里 } E=\frac{1}{2}\dot{\boldsymbol{x}}^2+U(\boldsymbol{x}),\dot{\boldsymbol{x}}^2=(\dot{\boldsymbol{x}},\dot{\boldsymbol{x}}).$$

证 由运动方程,

$$\begin{aligned}\frac{dE}{dt}&=(\dot{\boldsymbol{x}},\ddot{\boldsymbol{x}})+(\partial U/\partial\boldsymbol{x},\dot{\boldsymbol{x}})\\&=(\ddot{\boldsymbol{x}}+\partial U/\partial\boldsymbol{x},\dot{\boldsymbol{x}})=0.\end{aligned}$$

□

系 若初始时刻的总能量为 E, 则一切轨道均位于区域 $U(\boldsymbol{x})\leqslant E$ 中, 即一点在任何时刻都位于势阱 $U(x_1,x_2)\leqslant E$ 内.

注 对具一自由度的力学系, 总可以引入位能

$$U(x)=-\int_{x_0}^{x}f(\xi)d\xi.$$

具有二自由度的力学系就不是这样了.

问题 找一个形如 $\ddot{\boldsymbol{x}}=f(\boldsymbol{x}),\boldsymbol{x}\in E^2$ 的非保守系之例.

C. 相空间

运动方程 (1) 可以化为方程组

$$\begin{aligned}&\dot{x}_1=y_1, &&\dot{x}_2=y_2,\\&\dot{y}_1=-\frac{\partial U}{\partial x_1}, &&\dot{y}_2=-\frac{\partial U}{\partial x_2}.\end{aligned}\tag{2}$$

具二自由度力学系的相空间即坐标为 x_1,x_2,y_1 和 y_2 的四维空间.

方程组 (2) 在四维空间中定义了相速度矢量场以及相流[①] (它是四维空间中微分同胚的一个单参数群). (2) 的相曲线是四维相空间的子集. 整个相空间被分解成相曲线的集合. 把相曲线由四维空间投影到 x_1,x_2 平面上就给出了动点在 x_1,x_2 平面上的轨迹. 这些轨迹称为轨道. 尽管相曲线彼此不相交, 轨道则可以有交点. 能量守恒定律的方程

$$E=\frac{\dot{\boldsymbol{x}}^2}{2}+U(\boldsymbol{x})=\frac{y_1^2+y_2^2}{2}+U(x_1,x_2).$$

在四维空间中定义一个三维超曲面: $E(x_1,x_2,y_1,y_2)=E_0$; 这个曲面 π_{E_0} 在相流下不变: $g^t\pi_{E_0}=\pi_{E_0}$. 可以说, 相流沿等能超曲面流动. 相速度矢量在各点上都切于 π_{E_0}. 所以 π_{E_0} 完全由相曲线组成 (图 16).

①在和上节相同的通常限制下.

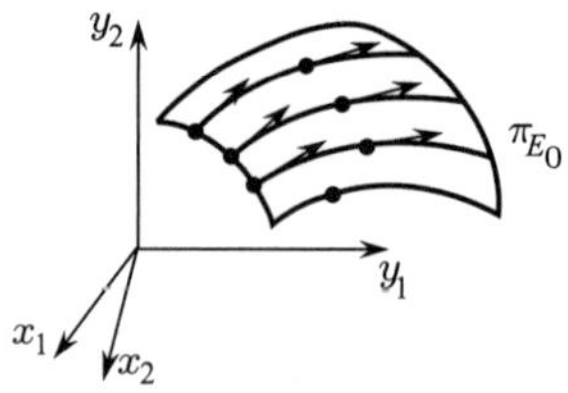

图 16 等能面与相曲线

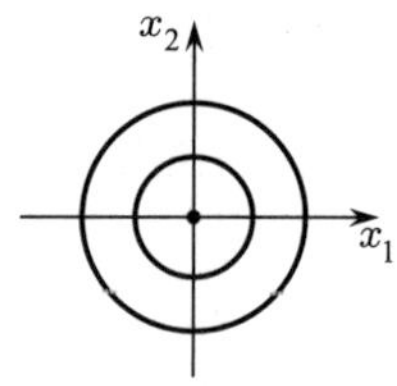

图 17 球面摆的等位能曲线

D. 例 1 ("球面摆的小振动") 令 $U = \frac{1}{2}(x_1^2 + x_2^2)$. 在 x_1, x_2 平面上的等位能集是同心圆 (图 17).

运动方程 $\ddot{x}_1 = -x_1, \ddot{x}_2 = -x_2$ 等价于方程组

$$\dot{x}_1 = y_1, \qquad \dot{x}_2 = y_2,$$

$$\dot{y}_1 = -x_1, \quad \dot{y}_2 = -x_2.$$

这个方程组可以分解为两个独立的方程组; 换言之, 坐标 x_1 和 x_2 的每一个随时间变化的方式都和具一自由度的力学系一样.

每一个解的形状都是

$$x_1 = c_1 \cos t + c_2 \sin t, \qquad x_2 = c_3 \cos t + c_4 \sin t,$$

$$y_1 = -c_1 \sin t + c_2 \cos t, \quad y_2 = -c_3 \sin t + c_4 \cos t.$$

由能量守恒定律,

$$E = \frac{1}{2}(y_1^2 + y_2^2) + \frac{1}{2}(x_1^2 + x_2^2) = 常数.$$

因此, 等能超曲面是四维相空间 $\{(x_1, x_2, y_1, y_2)\}$ 中的球面.

问题 证明上例的相曲线是此球面上的大圆 (即球面与过球心的二维平面的截口).

问题 证明曲面 π_E 上之相曲线集构成一个二维球面. 公式 $w = (x_1 + iy_1)/(x_2 + iy_2)$ 给出了由三维球面 π_E 到此二维球面 (即 w 的复平面补充以 ∞ 点) 上的 "霍普夫 (Hopf) 映射". 相曲线即点在霍普夫映射下的原像.

问题 求相曲线在 x_1, x_2 平面上的投影 (即画出一点的运动轨道).

E. 例 2 ("利萨如 (Lissajous) 图形"). 我们再来看一个平面运动 ("具有二自由度的小振动"):

$$\ddot{x}_1 = -x_1, \quad \ddot{x}_2 = -\omega^2 x_2.$$

位能是

$$U = \frac{1}{2}x_1^2 + \frac{1}{2}\omega^2 x_2^2.$$

由能量守恒定律, 若初始时刻的总能量为

$$\frac{1}{2}(\dot{x}_1^2+\dot{x}_2^2)+U(x_1,x_2)=E,$$

则所有的运动都发生在椭圆 $U(x_1,x_2)\leqslant E$ 内.

除此以外, 我们的力学系包含了两个独立的一维力学系. 因此, 能量守恒定律对其中的每一个都分别成立, 即是说, 以下的量都分别是守恒的:

$$E_1=\frac{1}{2}\dot{x}_1^2+\frac{1}{2}x_1^2,\quad E_2=\frac{1}{2}\dot{x}_2^2+\frac{1}{2}\omega^2x_2^2\quad(E=E_1+E_2).$$

所以, 变量 x_1 界于区域 $|x_1|\leqslant A_1$ 内, $A_1=\sqrt{2E_1(0)}$, 而 x_2 则在区域 $|x_2|\leqslant A_2$ 内振动, $A_2=\sqrt{2E_2(0)}/\omega$. 这两个区域的交定义了包含着一切轨道的矩形 (图 18).

问题 证明此矩形内接于椭圆 $U\leqslant E$. 我们的方程通解是 $x_1=A_1\sin(t+\varphi_1), x_2=A_2\sin(\omega t+\varphi_2)$, 动点独立地在水平方向上作一个频率为 1 振幅为 A_1 的振动, 以及在铅直方向上作一个频率为 ω 振幅为 A_2 的振动.

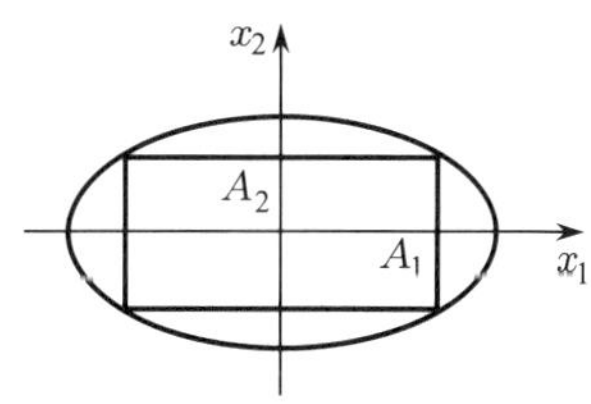

图 18 区域 $U\leqslant E, U_1\leqslant E_1$ 和 $U_2\leqslant E_2$

考虑下面的在 x_1,x_2 平面上描画轨道的方法. 作一个底长为 $2A_1$, 高为 $2A_2$ 的带形. 在带上作一个周期为 $2\pi A_1/\omega$ 振幅为 A_2 的正弦波, 并把这带卷成圆柱面 (图 19). 把绕在圆柱面上的正弦波正交投影到 x_1, x_2 平面上就给出了所求的轨道, 称为利萨如图形.

利萨如图形可以在示波器上很方便地看见, 示波器可以把水平和铅直轴上独立的谐振动分别显示出来.

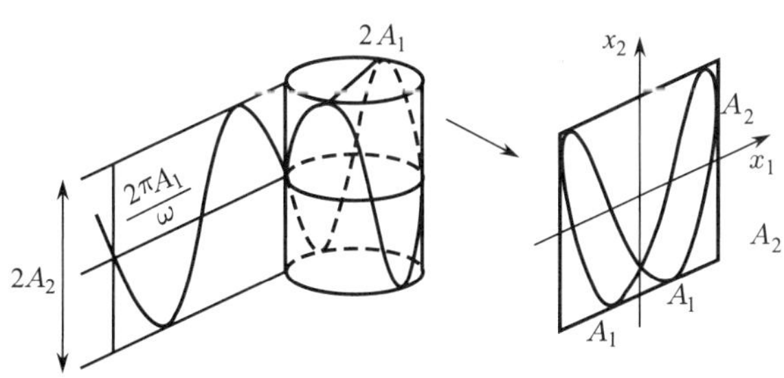

图 19 利萨如图形的作法

利萨如图形的形状与频率 ω 很有关系. 若 $\omega=1$ (例 1 中的球面摆), 圆柱面上的曲线是一个椭圆. 它在 x_1,x_2 平面上的投影依赖于相位差 $\varphi_2-\varphi_1$. 对于 $\varphi_1=\varphi_2$ 我们得到矩形的一条对角线; 对于小的 $\varphi_2-\varphi_1$, 我们得到一个内接于矩形而很接近于对角线的椭圆. 对 $\varphi_2-\varphi_1=\dfrac{\pi}{2}$, 我们得到一个主轴为 x_1,x_2 轴的椭圆; 当 $\varphi_2-\varphi_1$

由 $\pi/2$ 增加到 π 时, 椭圆缩成第二条对角线; 当 $\varphi_2-\varphi_1$ 再增加时, 整个过程又从头重复 (图 20).

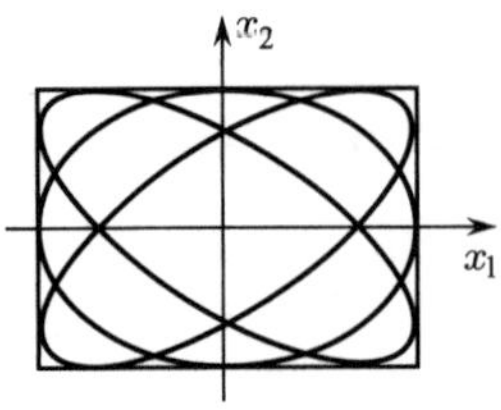

图 20 $\omega=1$ 时的一串利萨如图形

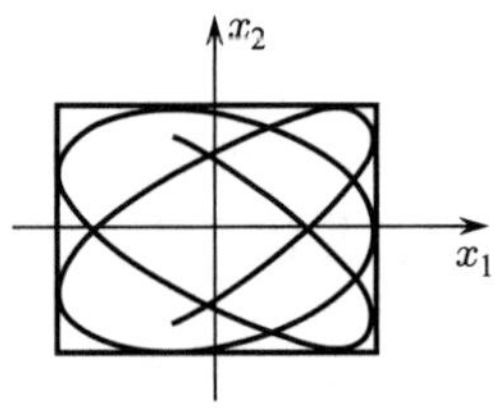

图 21 $\omega\approx1$ 的利萨如图形

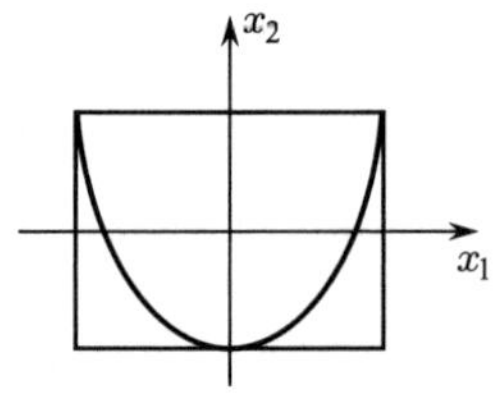

图 22 $\omega=2$ 的利萨如图形

现在设频率仅为近似相等: $\omega\approx1$. 曲线上相应于 $0\leqslant t\leqslant2\pi$ 的一段很接近于一个椭圆. 下一圈也还很像椭圆, 但这时相位差 $\varphi_2-\varphi_1$ 比原来增加了 $2\pi(\omega-1)$ 倍. 所以 $\omega\approx1$ 时, 利萨如图形是一个变形了的椭圆而随位相之改变由与一条对角线相合进而与另一条对角线相合 (图 21).

若一个频率为另一个的 2 倍 ($\omega=2$), 则对于某些特定的相移, 利萨如图形将变成一个两次走过的弧 (图 22).

问题 证明此曲线是一个抛物线.

增加相移 $\varphi_2-\varphi_1$ 将依次得出图 23 上的曲线.

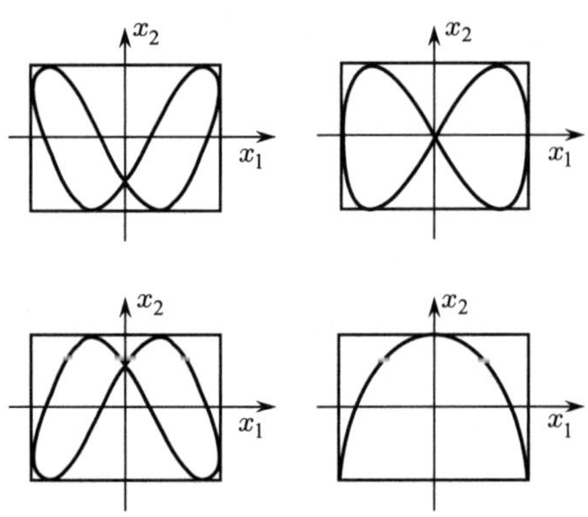

图 23 $\omega=2$ 时的一串利萨如图形

一般说来, 若一个频率是另一个的 n 倍 ($\omega=n$), 则在相应的利萨如图形的图像中有一个 n 次多项式的图像 (图 24); 这个多项式称为切比雪夫 (Chebyshev) 多项式.

问题 证明若 $\omega=m/n$, 则利萨如图形是一个闭合的代数曲线; 但若 ω 是无理数, 则利萨如图形将处处稠密地填满矩形. 相应的相曲线将填满什么?

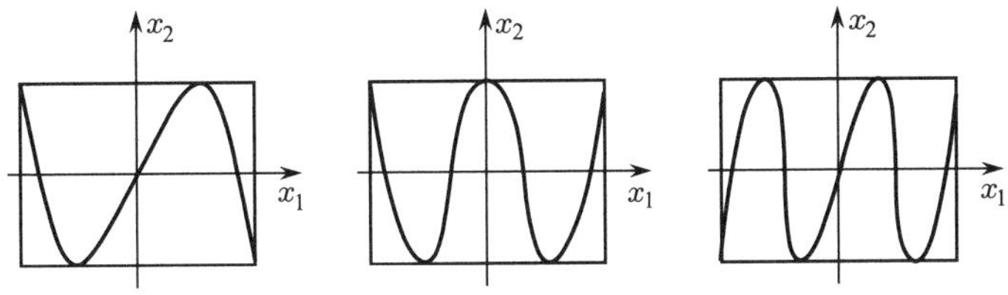

图 24 切比雪夫多项式

§6. 保守力场

我们将在本节中讨论功与位能的关系.

A. 力场沿一路径所作的功

回忆一下力 $\boldsymbol{F}$ 沿路径 $\boldsymbol{S}$ 所作的功的定义. 恒定力 (例如我们举起一个负荷时所用的力) 在路径 $\boldsymbol{S}=\overrightarrow{M_1M_2}$ 上所作的功定义为数量积 (图 25)

$$A=(\boldsymbol{F},\boldsymbol{S})=|\boldsymbol{F}||\boldsymbol{S}|\cdot\cos\varphi.$$

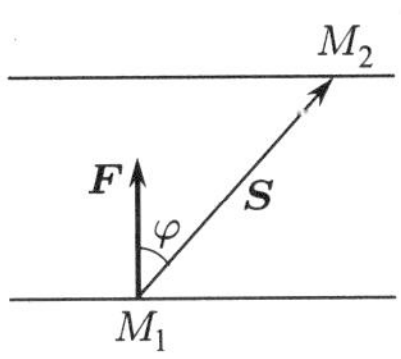

图 25 恒定力 $\boldsymbol{F}$ 与直的路径 $\boldsymbol{S}$ 所作的功

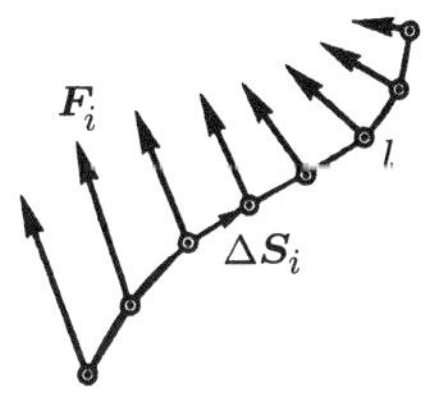

图 26 力场 $\boldsymbol{F}$ 沿路径 l 所作之功

设有矢量场 $\boldsymbol{F}$ 与一有限长曲线 l. 我们用分段为 $\Delta\boldsymbol{S}_i$ 的折线去逼近曲线 l 并记 $\boldsymbol{F}_i$ 为力在 $\Delta\boldsymbol{S}_i$ 上某点之值; 则场 $\boldsymbol{F}$ 在 l 上之功定义为 (图 26)

$$A=\lim_{|\Delta\boldsymbol{S}_i|\to 0}\sum(\boldsymbol{F}_i,\Delta\boldsymbol{S}_i).$$

在数学分析课程中证明了, 若场是连续的而且 l 为可求长的, 则此极限存在. 它记作 $\int_l(\boldsymbol{F},d\boldsymbol{S})$.

B. 场为保守的条件

定理 矢量场 $\boldsymbol{F}$ 为保守的当且仅当它沿路径 M_1M_2 之功仅依赖于路径之端点, 而与其形状无关.

证 设场 $\boldsymbol{F}$ 之功与路径无关. 这时

$$U(M) = -\int_{M_0}^{M} (\boldsymbol{F}, d\boldsymbol{S})$$

定义为点 M 的函数. 容易验证

$$\boldsymbol{F} = -\frac{\partial U}{\partial \boldsymbol{x}},$$

即场为保守的而 U 是其位能. 当然, 位能只确定到可加上一个任意选定的常数 $U(M_0)$.

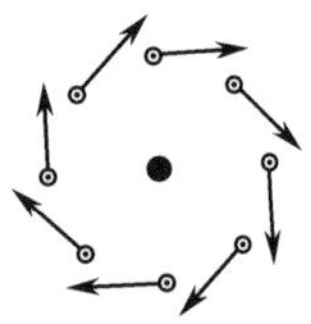

图 27 一个非势场

反之, 设场是保守的而 U 是其位能. 这时容易验证

$$\int_{M_0}^{M} (\boldsymbol{F}, d\boldsymbol{S}) = -U(M) + U(M_0).$$

即是说, 功不依赖于路径的形状. □

问题 证明矢量场 $F_1 = x_2, F_2 = -x_1$ 不是保守的 (图 27).

问题 在除去原点的平面上的场 $F_1 = x_2/(x_1^2 + x_2^2), F_2 = -x_1/(x_1^2 + x_2^2)$ 是否是保守的? 证明一个场当且仅当它沿任一闭回路的功为零时才是保守的.

C. 有心场

定义 平面 E^2 上的矢量场称为以 O 为心的有心场, 如果它对平面上保持 O 固定的运动之群[①] 是不变的.

问题 证明有心场中一切矢量都位于过 O 的射线上, 而且矢量场在一点的大小只依赖于此点到场的中心的距离.

考虑在点 O 处无定义的有心场也是有用的.

例 牛顿场 $\boldsymbol{F} = -k(\boldsymbol{r}/|\boldsymbol{r}|^3)$ 是有心场, 但节 6B 问题中的场不是.

定理 每个有心场都是保守的, 而且其位能只依赖于到场的中心的距离, $U = U(r)$.

证 由上面的问题, 可以设 $\boldsymbol{F}(\boldsymbol{r}) = \Phi(r)\boldsymbol{e}_r, \boldsymbol{r}$ 是关于 O 的动径, r 是其长, 单位矢量 $\boldsymbol{e}_r = \boldsymbol{r}/|\boldsymbol{r}|$ 是其方向. 于是

$$\int_{M_1}^{M_2} (\boldsymbol{F} \cdot d\boldsymbol{S}) = \int_{r(M_1)}^{r(M_2)} \Phi(r) dr,$$

这个积分显然与路径无关. □

问题 计算牛顿场的位能.

注 本节中的定义和定理均可直接用于任意维欧氏空间.

---

①其中包括反射.

§7. 角动量

我们以后会看到，一个力学问题的方程对某个运动群的不变性总蕴涵着一个守恒律. 有心场对旋转群是不变的. 相应的首次积分称为角动量.

定义 质点 (具单位质量) 在平面有心场中的运动方程是

$$\ddot{\boldsymbol{r}} = \Phi(r)\boldsymbol{e}_r.$$

$\boldsymbol{r}$ 是以场的中心 O 为起点的动径, r 为其长, $\boldsymbol{e}_r$ 为其方向. 我们规定此平面在有向三维欧氏空间内.

定义 单位质量质点关于 O 点的角动量是矢量积

$$\boldsymbol{M} = [\boldsymbol{r}, \dot{\boldsymbol{r}}].$$

矢量 $\boldsymbol{M}$ 垂直于此平面并只需一个数 M 即可给出: $\boldsymbol{M} = M\boldsymbol{n}, \boldsymbol{n} = [\boldsymbol{e}_1, \boldsymbol{e}_2]$ 是法矢量, $\boldsymbol{e}_1$ 与 $\boldsymbol{e}_2$ 给出了此平面的有向标架 (图 28).

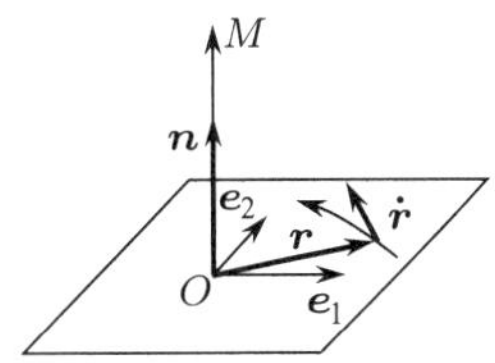

图 28 角动量

注 一般说来, “作用在 $\boldsymbol{r}$ 点” 的矢量 $\boldsymbol{a}$ 关于 O 点的矩是 $[\boldsymbol{r}, \boldsymbol{a}]$; 例如在中学静力学中讲过力矩. 角动量就是动量矩.

A. 角动量守恒定律

引理 令 $\boldsymbol{a}, \boldsymbol{b}$ 为有向欧氏空间 $\mathbb{R}^3$ 中随时间变化的矢量. 于是

$$\frac{d}{dt}[\boldsymbol{a}, \boldsymbol{b}] = [\dot{\boldsymbol{a}}, \boldsymbol{b}] + [\boldsymbol{a}, \dot{\boldsymbol{b}}].$$

证 由导数定义可知. □

定理 (角动量守恒定律) 在有心场中的运动, 关于中心 O 的动量矩 $\boldsymbol{M}$ 不随时间而变.

证 由定义 $\boldsymbol{M} = [\boldsymbol{r}, \dot{\boldsymbol{r}}]$. 由引理, $\dot{\boldsymbol{M}} = [\dot{\boldsymbol{r}}, \dot{\boldsymbol{r}}] + [\boldsymbol{r}, \ddot{\boldsymbol{r}}]$. 因为场是有心的, 由运动方程可知 $\ddot{\boldsymbol{r}}$ 与 $\boldsymbol{r}$ 共线, 所以 $\dot{\boldsymbol{M}} = 0$. □

B. 开普勒定律

角动量守恒定律最早是由开普勒通过观察火星运动而发现的. 开普勒对它的陈述方式与此稍有不同.

在我们的平面上引入极坐标 r, φ, 极点在中心 O. 在坐标为 $(|\boldsymbol{r}| = r, \varphi)$ 的点 $\boldsymbol{r}$ 处考虑两个单位矢量: 其中一个 $\boldsymbol{e}_r$ 沿着动径, 因此

$$\boldsymbol{r} = r\boldsymbol{e}_r,$$

另一个为 $\boldsymbol{e}_\varphi$ 与它垂直并指向 φ 增加的方向. 我们把速度矢量 $\dot{\boldsymbol{r}}$ 用基底 $\boldsymbol{e}_r$ 与 $\boldsymbol{e}_\varphi$ 来表示 (图 29).

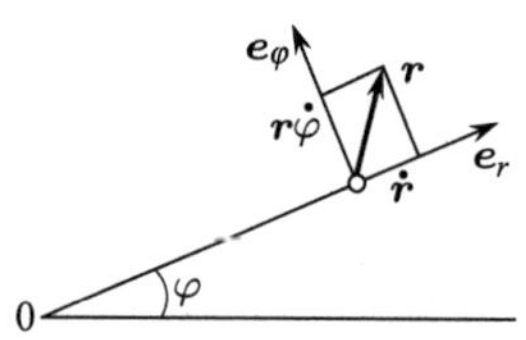

图 29 矢量 $\dot{\boldsymbol{r}}$ 按基底 $\boldsymbol{e}_r, \boldsymbol{e}_\varphi$ 的分解

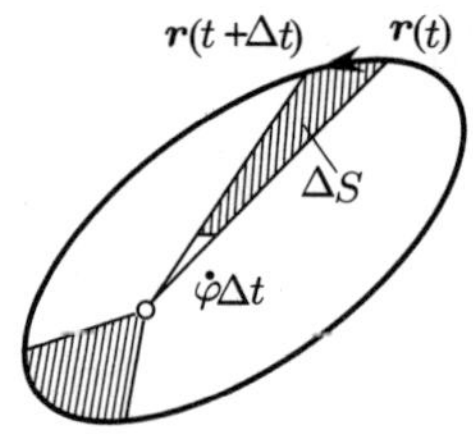

图 30 面积速度

引理 有关系式

$$\dot{\boldsymbol{r}} = \dot{r}\boldsymbol{e}_r + r\dot{\varphi}\boldsymbol{e}_\varphi.$$

证 显然, $\boldsymbol{e}_r$ 与 $\boldsymbol{e}_\varphi$ 均以角速度 $\dot\varphi$ 旋转, 即有

$$\dot{\boldsymbol{e}}_r = \dot{\varphi}\boldsymbol{e}_\varphi, \quad \dot{\boldsymbol{e}}_\varphi = -\dot{\varphi}\boldsymbol{e}_r.$$

对等式 $\boldsymbol{r} = r\boldsymbol{e}_r$, 求导即得

$$\dot{\boldsymbol{r}} = \dot{r}\boldsymbol{e}_r + r\dot{\boldsymbol{e}}_r = \dot{r}\boldsymbol{e}_r + r\dot{\varphi}\boldsymbol{e}_\varphi.$$ □

由此知角动量即是

$$\begin{aligned}\boldsymbol{M} &= [\boldsymbol{r}, \dot{\boldsymbol{r}}] = [\boldsymbol{r}, \dot{r}\boldsymbol{e}_r] + [\boldsymbol{r}, r\dot{\varphi}\boldsymbol{e}_\varphi] \\ &= r\dot{\varphi}[\boldsymbol{r}, \boldsymbol{e}_\varphi] = r^2\dot{\varphi}[\boldsymbol{e}_r, \boldsymbol{e}_\varphi].\end{aligned}$$

所以量 $r^2\dot\varphi$ 守恒. 这个量有简单的几何意义.

开普勒把动径所扫过的面积 $S(t)$ 之变率称为*面积速度* C (图 30):

$$C = \frac{dS}{dt}.$$

开普勒通过观察行星运动所发现的定律说: 在相等时间内, 动径扫过的面积相等, 所以面积速度是 $\dfrac{dS}{dt}$ = 常数. 这是角动量守恒定律的一种陈述方式. 因为

$$\Delta S = S(t+\Delta t) - S(t) = \frac{1}{2}r^2\dot{\varphi}\Delta t + o(\Delta t),$$

所以面积速度

$$C = \frac{dS}{dt} = \frac{1}{2}r^2\dot{\varphi} = \frac{1}{2}M$$

是单位质点的角动量之半, 从而是守恒的.

例 通信卫星 (闪电) 的轨道是很细长的. 由开普勒定律, 这样一个卫星绝大部分时间停留在其轨道远离中心的部分, 因为 $\dot\varphi$ 之量在那里很小.

§8. 在有心力场中的运动的研究

角动量守恒定律使我们能把有心力场中的运动问题化为一自由度的问题. 由此, 可以完全决定有心力场中的运动.

A. 化为一维问题

考虑 (质量为 1) 的质点在平面有心力场中的运动:

$$\ddot{\boldsymbol{r}} = -\frac{\partial U}{\partial \boldsymbol{r}}, \quad U = U(r).$$

采用极坐标 r, φ 是很自然的.

由角动量守恒定律, 量 $M = \dot{\varphi}(t) r^2(t)$ 为常数 (即与 t 无关).

定理 对于单位质量质点在平面有心力场中的运动, 质点到中心的距离之变化, 与位能为

$$V(r) = U(r) + \frac{M^2}{2r^2}$$

的一维问题中 r 的变化方式相同.

证 将第 7 节中证明了的关系式 ($\dot{\boldsymbol{r}} = \dot{r}\boldsymbol{e}_r + r\dot{\varphi}\boldsymbol{e}_\varphi$) 微分,

$$\ddot{\boldsymbol{r}} = (\ddot{r} - r\dot{\varphi}^2)\boldsymbol{e}_r + (2\dot{r}\dot{\varphi} + r\ddot{\varphi})\boldsymbol{e}_\varphi.$$

因为场是有心的, 所以

$$\frac{\partial U}{\partial \boldsymbol{r}} = \frac{\partial U}{\partial r}\boldsymbol{e}_r.$$

因此, 极坐标下的运动方程形状为

$$\ddot{r} - r\dot{\varphi}^2 = -\frac{\partial U}{\partial r}, \quad 2\dot{r}\dot{\varphi} + r\ddot{\varphi} = 0.$$

但由角动量守恒定律,

$$\dot{\varphi} = \frac{M}{r^2},$$

M 与 t 无关, 而由初始条件决定. 所以

$$\ddot{r} = -\frac{\partial U}{\partial r} + r\frac{M^2}{r^4} \text{ 或 } \ddot{r} = -\frac{\partial V}{\partial r} \text{ 而 } V = U + \frac{M^2}{2r^2}.$$

量 $V(r)$ 称为有效位能. □

注 在化出的一维问题中总能量

$$E_1 = \frac{\dot{r}^2}{2} + V(r)$$

等于原问题的总能量

$$E = \frac{1}{2}\dot{\boldsymbol{r}}^2 + U(\boldsymbol{r}),$$

这是因为

$$\frac{1}{2}\dot{\boldsymbol{r}}^2 = \frac{1}{2}\dot{r}^2 + \frac{1}{2}r^2\dot{\varphi}^2 = \frac{\dot{r}^2}{2} + \frac{M^2}{2r^2}.$$

B. 运动方程的求积

化出的一维问题总能量守恒. 因此, r 对 t 的依赖性可由求积法得出:

$$\dot{r} = \sqrt{2(E - V(r))}, \int dt = \int \frac{dr}{\sqrt{2(E - V(r))}}.$$

因为 $\dot{\varphi} = M/r^2, \dfrac{d\varphi}{dr} = \dfrac{M}{r^2}/\sqrt{2(E - V(r))}$, 从而极坐标下的轨道方程也可用求积法得出.

$$\varphi = \int \frac{M/r^2 dr}{\sqrt{2(E - V(r))}}.$$

C. 轨道的研究

固定角动量之值为 M. 若画出有效位能 $V(r)$ 的图像 (图 31), 就容易看得见 r 随时间 t 的变化.

令总能量之值为 E. 相应于给定的 E 与 M 的一切轨道均位于 $V(r) \leqslant E$ 的区域内. 在此区域的边界上, $V = E$, 亦即 $\dot{r} = 0$. 然而动点的速度一般并不为零, 因为当 $M \neq 0$ 时 $\dot{\varphi} \neq 0$.

不等式 $V(r) \leqslant E$ 在平面上给出一个或几个环形区域:

$$0 \leqslant r_{\min} \leqslant r \leqslant r_{\max} \leqslant \infty.$$

若 $0 \leqslant r_{\min} < r_{\max} < \infty$, 运动总是有界的, 而且位于半径为 $r_{\min}$ 和 $r_{\max}$ 的圆周所成的环内.

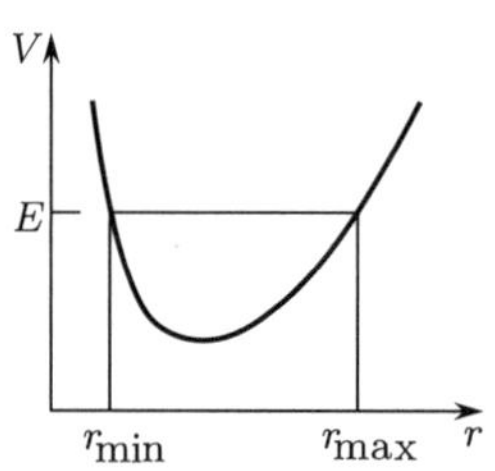

图 31 有效位能的图像

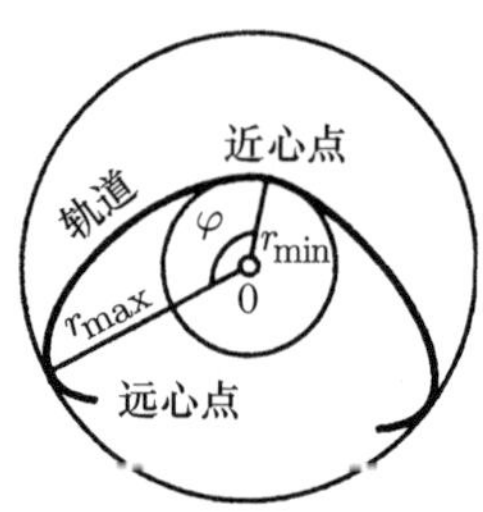

图 32 质点在有心力场中的轨道

图 32 上画出了一个轨道的形状. 角 φ 单调地变化而 r 则在 $r_{\min}$ 与 $r_{\max}$ 间周期振动. $r = r_{\min}$ 处的点称为*近心点*. $r = r_{\max}$ 处称为*远心点* (若中心为地球则为近地点和远地点; 中心为太阳则为近日点和远日点; 中心为月亮则为近月点和远月点).

由中心到远心点或近心点的各射线均为轨道的对称轴.

轨道通常不是封闭的: 相邻的近心点与远心点之间的角由以下积分给出

$$\Phi = \int_{r_{\min}}^{r_{\max}} \frac{M/r^2 dr}{\sqrt{2(E-V(r))}}.$$

两个相邻近心点或两个相邻远心点之间的角是其两倍.

若 Φ 与 2π 可通约, 即若 $\Phi = 2\pi(m/n)$ 而 m 与 n 为整数, 则轨道是封闭的.

可以证明, 若角 Φ 与 2π 不可通约, 则轨道在环中处处稠密 (图 33).

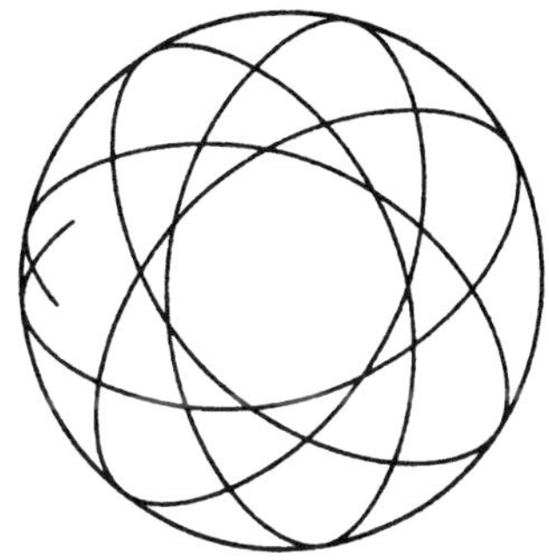

图 33 在环中稠密的轨道

若 $r_{\min} = r_{\max}$, 即若 E 是 V 的一个极小值, 环就退化为一个圆, 轨道也就是它.

问题 对于 α 的哪些值, 在位能为 $U = r^\alpha, -2 \leqslant \alpha < \infty$ 的场中沿圆形轨道的运动是李雅普诺夫稳定的?

答 只有 $\alpha = 2$ 时才是[1].

对于稍大于 V 的一个极小值的 E 值, 环 $r_{\min} \leqslant r \leqslant r_{\max}$ 是很窄的, 而轨道接近于圆. 在相应的一维问题中, r 将在 V 的这个极小点附近振动.

问题 对于接近于半径为 r 的圆的轨道求角 Φ.

提示 参照下面的节 D 问题 2.

现在看 $r_{\max} = \infty$ 的情况. 若 $\lim\limits_{r\to\infty} U(r) = \lim\limits_{r\to\infty} V(r) = U_\infty < \infty$, 轨道可能引向无穷远处. 若初始能量 E 大于 U_∞, 质点以有限速度 $\dot{r}_\infty = \sqrt{2(E-U_\infty)}$ 走向无穷远处. 我们注意到, 若 $U(r)$ 趋于极限的速度慢于 r^{-2}, 则有效位能 V 将在无穷远处是吸引的 (这里我们假设位能 U 在无穷远处是吸引的).

若当 $r \to 0$ 时 $|U(r)|$ 的增加不快于 $M^2/2r^2$, 则 $r_{\min} > 0$ 而轨道永不能趋向中心. 然而. 若当 $r \to 0$ 时, $U(r) + (M^2/2r^2) \to -\infty$, 则它可能 “落进场的中心”. 甚至可能在有限时间内就落进场的中心 (例如在 $U(r) = -1/r^3$ 的场中).

问题 考察总能量等于有效位能 V 的一个局部极大值时轨道的形状.

D. 一切有界轨道都封闭的有心场

由下面一连串问题可知, 只有在两种情况下, 有心场中的一切有界轨道都是封闭的, 即

$$U = ar^2, \quad a \geqslant 0$$

以及

$$U = -k/r, \quad k \geqslant 0.$$

问题 1 证明近心点和远心点间的角度等于位能为 $W(x) = U(M/x) + (x^2/2)$ 的一维力学系中振动的半周期.

---

[1] $\alpha > 0$ 时轨道的形状是稳定的. 这称为轨道稳定. —— 日译者注

提示 作代换 $x = M/r$ 给出

$$\Phi = \int_{x_{\min}}^{x_{\max}} \frac{dx}{\sqrt{2(E-W)}}.$$

问题 2 求接近于半径为 r 的圆的轨道之角 Φ [1].

答

$$\Phi \approx \Phi_{\mathrm{cir}} = \pi M/(r^2\sqrt{V''(r)}) = \pi\sqrt{U'/(3U'+rU'')}.$$

问题 3 对 U 的哪些值 Φ_{cir} 的大小与 r 无关? [1]

答 $U(r) = ar^\alpha$ $(\alpha \geqslant -2, \alpha \neq 0)$ 以及 $U(r) = b\log r$.

由此可知 $\Phi_{\mathrm{cir}} = \pi/\sqrt{\alpha+2}$ (对数情况对应于 $\alpha = 0$). 例如, 对 $\alpha = 2$ 我们有 $\Phi_{\mathrm{cir}} = \pi/2$, 而对 $\alpha = -1$ 我们有 $\Phi_{\mathrm{cir}} = \pi$.

问题 4 设当 $r \to \infty$ 时 $U(r) \to \infty$. 求 $\lim\limits_{E\to\infty} \Phi(E, M)$.

答 $\pi/2$.

提示 作代换 $x = yx_{\max}$ 可将 Φ 化为

$$\Phi = \int_{y_{\min}}^{1} \frac{dy}{\sqrt{2(W^*(1)-W^*(y))}},$$

$$W^*(y) = \frac{y^2}{2} + \frac{1}{x_{\max}^2} U\left(\frac{M}{yx_{\max}}\right).$$

当 $E \to \infty$ 时我们有 $x_{\max} \to \infty, y_{\min} \to 0, W^*$ 的第二项可以舍去.

问题 5 令 $U(r) = -kr^{-\beta}, 0 < \beta < 2$. 求 $\Phi_0 = \lim\limits_{E\to-\infty} \Phi$.

答 $\Phi_0 = \int_0^1 dx/\sqrt{x^\beta - x^2} = \pi/(2-\beta)$. 注意 Φ_0 不依赖于 M.

问题 6 求出有有界轨道存在而且全为封闭的所有的有心场.

答 $U = ar^2$ 或 $U = -k/r$.

解 若一切有界轨道都是封闭的, 则特别应有 $\Phi_{\mathrm{cir}} = 2\pi \cdot (m/n) =$ 常数. 由问题 3, $U = ar^\alpha(\alpha \geqslant -2)$ 或 $U = b\ln r(\alpha = 0)$. 在这两个情况下均有 $\Phi_{\mathrm{cir}} = \pi/\sqrt{\alpha+2}$. 若 $\alpha > 0$, 则按问题 4, $\lim\limits_{E\to\infty} \Phi(E, M) = \pi/2$. 所以 $\Phi_{\mathrm{cir}} = \pi/2, \alpha = 2$. 若 $\alpha < 0$, 由问题 5, $\lim\limits_{E\to-\infty} \Phi(E, M) = \pi/(2+\alpha)$. 因此 $\pi/(2+\alpha) = \pi/\sqrt{2+\alpha}, \alpha = -1$. 在 $\alpha = 0$ 时, 我们可得 $\Phi_{\mathrm{cir}} = \pi/\sqrt{2}$ 与 2π 不可通约. 因此, 只有在 $U = ar^2$ 或 $U = -k/r$ 的场中, 才可能所有有界轨道都是封闭的. 在 $U = ar^2$ 的场中, 所有轨道都是封闭的 (为中心在 O 的椭圆, 参看第 4 节例 1). 在场 $U = -k/r$ 中, 所有有界轨道也都是封闭的, 也都是椭圆, 这一点下面就会看到.

E. 开普勒问题

这个问题讲的是位能 $U = -k/r$ 的有心场中的运动, 因此 $V(r) = -(k/r) + (M^2/2r^2)$ (图 34).

---

[1] 因为 $\Phi = \Phi(E, M)$, 这时 M 即由 $V'(r) = 0$ 所决定的 r 之值, $E \approx V(r)$, 因此 Φ_{cir} 只是 r 的函数. —— 日译者注

由一般公式

$$\varphi = \int \frac{M/r^2 dr}{\sqrt{2(E-V(r))}}.$$

积分后有

$$\varphi = \arccos \frac{\dfrac{M}{r} - \dfrac{k}{M}}{\sqrt{2E + \dfrac{k^2}{M^2}}}.$$

对此式应加一个任意常数. 我们设它为 0, 这等价于假设把计算角 φ 的起始点取在近心点. 引入以下记号:

$$\frac{M^2}{k} = p, \quad \sqrt{1 + \frac{2EM^2}{k^2}} = e.$$

现在我们有 $\varphi = \arccos((p/r) - 1)/e$, 亦即

$$r = \frac{p}{1 + e\cos\varphi}.$$

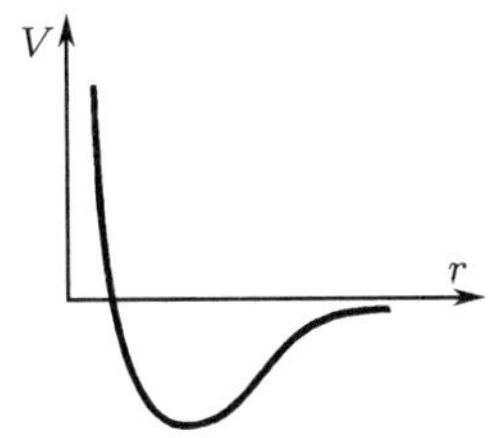

图 34 开普勒问题的有效位能

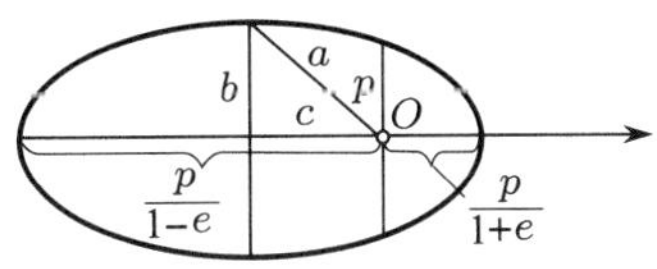

图 35 开普勒椭圆

这就是圆锥截线的焦方程. $E < 0$ 时运动是有界的 (图 35). 这里 $e < 1$, 即此圆锥截线是椭圆. p 称为椭圆的参数, e 为离心率. 开普勒由观察火星运行而发现的第一定律就是, 行星画出椭圆, 太阳在其一个焦点上.

若设行星在有心的引力场中运动, 则由开普勒第一定律可得出牛顿的引力定律: $U = -(k/r)$ (参见上面的 D).

参数和离心率与半轴间的关系有公式

$$2a = \frac{p}{1-e} + \frac{p}{1+e} = \frac{2p}{1-e^2},$$

即

$$a = \frac{p}{1-e^2},$$

$e = c/a = \sqrt{a^2 - b^2}/a, c = ae$ 是中心到焦点的距离 (图 35).

注 具有小离心率的椭圆很近似于圆①. 如果焦点到中心的距离是一阶小量, 则两半轴之差是二阶小量: $b = a\sqrt{1-e^2} \approx a\left(1 - \dfrac{1}{2}e^2\right)$. 例如, 半长轴为 10 cm 离心率为 0.1 的椭圆, 两半轴之差是 0.5 mm, 而焦点到中心的距离是 1 cm.

行星轨道的离心率都很小. 因此开普勒原来是这样提出第一定律的; 行星沿圆周绕太阳运动, 但太阳并不在中心上.

开普勒第二定律: 面积速度为常数. 在任意有心场中这个定律都成立.

开普勒第三定律说, 绕椭圆轨道的周期只依赖于长半轴之大小.

两行星在不同椭圆轨道上旋转周期平方之比等于其长半轴立方之比②.

证 用 T 表示旋转周期, S 表示动径在时间 T 内扫过的面积. 因为 $M/2$ 即面积速度, $2S = MT$, 但椭圆面积等于 πab, 所以 $T = 2\pi ab/M$. 因为由 $a = p/(1-e^2)$ 可得

$$a = \frac{M^2/k}{2|E|M^2/k^2} = \frac{k}{2|E|}, \quad b = \frac{M^2}{k} \cdot \frac{1}{\sqrt{2|E|}\dfrac{M}{k}} = \frac{M}{\sqrt{2|E|}}.$$

所以 $T = 2\pi(k/(\sqrt{2|E|})^3)$; 但 $2|E| = k/a$, 所以

$$T = 2\pi a^{3/2}k^{-1/2}.$$

□

我们要注意, 总能量只依赖于轨道的长半轴 a, 所以从半径为 a 的圆到长为 $2a$ 的线段, 这一套椭圆轨道的总能量都相同.

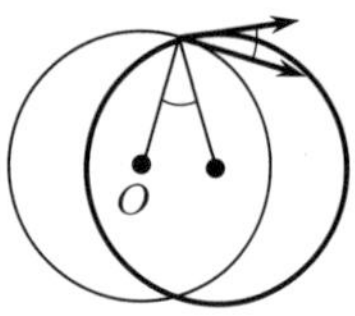

图 36 一个接近于圆的轨道

问题 设卫星在离地 300 公里处进入圆形轨道时, 速度方向比原定方向向地偏 1°. 近地点变多少?

答 近地点高度要少大约 110 km.

提示 轨道与圆只差二阶小量, 将它舍去. 因为初始能量有预定值, 半径也有预定值. 所以把预定轨道扭转 1° 即得真轨道 (图 36).

问题 若真速度比原定速度少 1 m/s, 近地点变多少?

问题 第一宇宙速度即沿半径接近地球半径的圆形轨道运动的速度. 求第一宇宙速度 v_1 之大小, 并证明 $v_2 = \sqrt{2}v_1$ (参见节 3B).

答 8.1 km/s.

问题③ 宇航员 A. 列昂诺夫在外空行走时把他的电影摄影机镜头盖向地球抛去. 取抛掷速度为 10 m/s, 描述这镜头盖相对于空间船的运动.

答 镜头盖相对于宇航员大体上作椭圆运动, 长半轴约 32 km, 短半轴约 16 km. 椭圆中心将在宇航员轨道前方 16 km 处, 而绕椭圆旋转周期等于宇宙飞船绕轨道的周期.

---

①让一滴茶落在一杯茶中心附近. 波就会聚集在对称点处. 理由是, 由椭圆的焦点定义, 由一个焦点发出的波会聚集在另一焦点上.

②这里行星就意味着有心场中的质点.

③此题引自 V. V. 别列茨基写的有趣的书, V. V. Beletskii [1].

提示 以宇宙飞船圆形轨道之半径为长度单位, 并取时间单位使绕轨道的周期为 2π. 我们要研究牛顿方程

$$\ddot{\boldsymbol{r}} = -\frac{\boldsymbol{r}}{r^3}$$

接近于圆的解, 而 $r_0 = 1, \varphi_0 = t$. 求以下形状的解

$$r = r_0 + r_1, \quad \varphi = \varphi_0 + \varphi_1, \quad r_1 \ll 1, \quad \varphi_1 \ll 1.$$

由解对初始值的可微性定理知, 函数 $r_1(t)$ 和 $\varphi_1(t)$ 适合一组线性微分方程 (变分方程), 只相差一个高阶小量而以初始偏离为一阶小量.

将 r 与 φ 的表达式代入牛顿方程, 经过简单的计算即得变分方程为

$$\ddot{r}_1 = 3r_1 + 2\dot{\varphi}_1, \quad \ddot{\varphi}_1 = -2\dot{r}_1.$$

按已知初始值 $(r_1(0) = \varphi_1(0) = \dot{\varphi}_1(0) = 0, \dot{r}_1(0) = -1/800)$ 解出这些方程后, 即得上面给的答案.

舍去二阶小量的效应低于已得结果的 1/800 (即每周 10 米的数量级). 因此, 镜头盖每一个半小时转一周即一个 30 km 的椭圆, 在地球的反面赶上宇宙飞船并在距它数十米处赶过它.

当然, 在计算中我们略去了轨道对圆的偏移以及重力以外其他力的效应, 等等.

下面几个问题给出了引力场中轨道为椭圆的另一个例子. 它的基础是胡克 (R. Hooke) 定律与牛顿定律的特殊的对偶性以及茹科夫斯基 (Zhukovshy) 函数 $z + 1/z$ [1].

---

[1]作者在这里提出如何从另一个角度看待牛顿的平方反比律. 平方反比律的轨道是圆锥截线, 但是还有其他的力场其轨道也是圆锥截线. 例如胡克定律, 写成微分方程后成为 $\ddot{\boldsymbol{r}} = -C\boldsymbol{r}$, 如果用复数来写, 把矢量 $\boldsymbol{r}$ 写成复数 w, 则上述方程成为 $\frac{d^2w}{dt^2} = -Cw$. 分开实虚部易得其轨道为圆锥截线. $C > 0$ 时可得椭圆 (即所谓胡克椭圆), $C < 0$ 则得双曲线. 这些都与牛顿的平方反比律相一致. 如果把牛顿情况下的矢量写成复数 z, 同时引用另一种时间参数 τ, 则得 $\frac{d^2z}{d\tau^2} = -\tilde{C}\frac{z}{|z|^3}$. 因此自然要问, 二者是否有关. 在牛顿时代就已知二者是有关的. 事实上, 只要作变换 $z(\tau) = w^2(t)$ 而且令 $\frac{d\tau}{dt} = |w|^2$, 则胡克定律就成了牛顿的平方反比律, 而胡克椭圆也就变成了开普勒的椭圆轨道 (不妨称为牛顿椭圆). 在这个意义上我们说二者是对偶的, 而上述变换是一种广义的典则变换. 下面三个问题就是以很初等的形式给出了这个理论的主要内容. 由于它是很初等的, 不少人建议列入复分析教材.

本书作者写了另一本书 V. I. Arnold, Huygens and Barrow, Newton and Hooke, Birkhäuser, Boston, 1990. 其中有一个附录讲本书作者如何用另一个方法来得出与解释平方反比律.

由于本书不易得到, 有兴趣的读者可以在网上查到:

R. W. Hall and K. Jorič, Planetary motion and the duality of force laws, Review of SIAM, Vol. 47, NO. 1, 2000. 115~124 (epubs.siam.org/sam-bin/getfile/SIREV/articles/34600.pdf),

上面的三个问题之解全在其中.

这个问题在理论物理中很有意义. 可参看:

J. Baez, Mysteries of the gravitational 2-body problem (math.ucr.edu/home/baez/graritational.html).

—— 中译者注

问题 1 证明: 中心在复平面的 O 点的胡克椭圆当求复数平方后变成 (焦点在 O 点的) 牛顿椭圆.

解 若 $|z| = R > 1$, 则 $z + \dfrac{1}{z}$ 跑过焦点为 ± 2 的胡克椭圆. 所以 $w^2 = z^2 + \dfrac{1}{z^2} + 2$ 跑过牛顿椭圆.

问题 2 证明: 点在幂为 a 的力场中的轨道, 在求适当的 α 次幂后变为点 $w = z^\alpha$ 在幂为 A 的力场中的轨道, 这里 $(a+3)(A+3) = 4, \alpha = (a+3)/2$.

特别是, 当 $a = 1$ 时 (即胡克定律) 可得 $A = -2$ (牛顿引力定律), $\alpha = 2$. 连同问题 1 这就证明了轨道的椭圆性. 也可以得出双曲线与抛物线轨道.

问题 3 设引力与到中心距离的任意 A 次幂成正比, 则在这个场中, 必有这样的运动轨道, 可以通过将复平面中 (不经过中心 $z = 0$) 的直线求 α 次幂而得出.

解 零场可以认为是有任意幂 a 的场. 所以只需应用问题 2 即可.

当 $A = -2$ 时可以得到抛物线轨道 $w = (1 + iy)^2$. 在一般情况下则可得到轨道 $r = \sec^\alpha(\varphi/\alpha)$, 它们相应于抛物线 —— 即幂为 $A = 2/\alpha - 3$ 的 "中立" 轨道.

当 $a = -5$ 时有 $A = -5, \alpha = 1$. 中立轨道成为经过原点的圆. 由此可得牛顿定理如下: 设有心场中的力反比于到中心距离的 5 次方, 则在此场的运动轨道中, 必有经过中心的圆.

作共线变换 $w(z)$, 即可把势为 $U(z) = |dw/dz|^2$ 的场中的运动轨道变为势为 $V(w) = -|dz/dw|^2$ 的场中的轨道.

§9. 三维空间中质点的运动

在本节中我们要定义关于一个轴的角动量, 并且证明在轴对称场中的运动, 它是守恒的. 关于平面运动所得到的一切结果, 都很容易移到空间运动中来.

A. 保守场

考虑保守场中的运动

$$\ddot{\boldsymbol{r}} = -\frac{\partial U}{\partial \boldsymbol{r}},$$

其中 $U = U(\boldsymbol{r}), \boldsymbol{r} \in E^3$.

能量守恒定律仍成立:

$$\frac{dE}{dt} = 0, \quad 其中\ E = \frac{1}{2}\dot{\boldsymbol{r}}^2 + U(\boldsymbol{r}).$$

B. 有心场

对于有心场中的运动, 仍有角动量守恒定律, 即 $\boldsymbol{M} = [\boldsymbol{r}, \dot{\boldsymbol{r}}]$ 不变: $\frac{d\boldsymbol{M}}{dt} = 0$.

每个有心场都是保守的 (证明与二维情况相同), 而且

$$\frac{d\boldsymbol{M}}{dt} = [\dot{\boldsymbol{r}}, \dot{\boldsymbol{r}}] + [\boldsymbol{r}, \ddot{\boldsymbol{r}}] = 0.$$

这是由于 $\ddot{\boldsymbol{r}} = -(\partial U/\partial \boldsymbol{r})$, 而因为场是有心的, 所以 $\frac{\partial U}{\partial \boldsymbol{r}}$ 与 $\boldsymbol{r}$ 共线.

系 在有心场中的运动, 其轨道总是平面曲线.

证 $(\boldsymbol{M},\boldsymbol{r})=([\boldsymbol{r},\dot{\boldsymbol{r}}],\boldsymbol{r})=0$; 所以 $\boldsymbol{r}(t)\perp\boldsymbol{M}$, 又因 $\boldsymbol{M}=$ 常数, 所有轨道都位于垂直于 $\boldsymbol{M}$ 的平面上[①].

因此三维空间有心场的轨道的研究化为前节中研究过的平面问题. □

问题 研究 n 维欧氏空间中有心场中的运动.

C. 轴对称场

定义 若 E^3 中一个矢量场对一个旋转群不变, 而且这些旋转使某轴上各点不动, 则称为具有轴对称.

问题 证明若一个场是轴对称而且保守的, 则其中的位能形如 $U=U(r,z), r,\varphi,z$ 是柱坐标. 特别是由此可知, 场中的矢量均位于过 z 轴的平面中.

可取旋转体产生的引力场作为这种场的例子.

令轴为 z 轴, 由三维欧氏空间 E^3 中的矢量 $\boldsymbol{e}_z$ 规定其指向; $\boldsymbol{F}$ 为欧氏线性空间 $\mathbb{R}^3$ 中一个矢量; O 是 z 轴上一点; $\boldsymbol{r}=\boldsymbol{x}-0\in\mathbb{R}^3$ 为点 $\boldsymbol{x}\in E^3$ 相对于 O 的动径 (图 37).

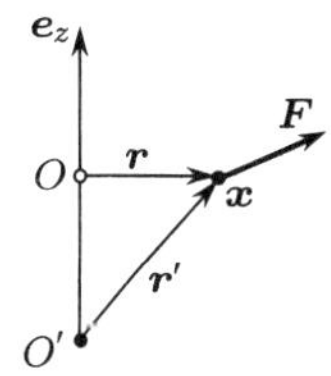

图 37 矢量 $\boldsymbol{F}$ 对一轴的矩

定义 作用在点 $\boldsymbol{r}$ 的矢量 $\boldsymbol{F}$ 相对于 z 轴的矩 M_z, 即该矢量 $\boldsymbol{F}$ 对此轴上某点的矩在 z 轴上的投影:

$$M_z=(\boldsymbol{e}_z,[\boldsymbol{r},\boldsymbol{F}]).$$

数 M_z 之大小并不依赖于 z 轴上 O 点的选取. 事实上, 若考虑轴上的 O' 点, 由混合积的性质[1)],

$$M_z'=(\boldsymbol{e}_z,[\boldsymbol{r}',\boldsymbol{F}])=([\boldsymbol{e}_z,\boldsymbol{r}'],\boldsymbol{F})=([\boldsymbol{e}_z,\boldsymbol{r}],\boldsymbol{F})=M_z.$$

注 M_z 依赖于 z 轴上指向的选择: 若把 $\boldsymbol{e}_z$ 改成 $-\boldsymbol{e}_z, M_z$ 将要变号.

定理 在对 z 轴为轴对称的保守场中的运动, 速度关于 z 轴之矩守恒.

证 $M_z=(\boldsymbol{e}_z,[\boldsymbol{r},\dot{\boldsymbol{r}}])$. 因为 $\ddot{\boldsymbol{r}}=\boldsymbol{F}$, 所以 $\boldsymbol{r}$ 与 $\ddot{\boldsymbol{r}}$ 位于过 z 轴的同一平面内, 而因此 $[\boldsymbol{r},\ddot{\boldsymbol{r}}]$ 与 $\boldsymbol{e}_z$ 垂直.

所以

$$\dot{M}_z=(\boldsymbol{e}_z,[\dot{\boldsymbol{r}},\dot{\boldsymbol{r}}])+(\boldsymbol{e}_z,[\boldsymbol{r},\ddot{\boldsymbol{r}}])=0.$$ □

注 对任意力场, 只要 $\boldsymbol{F}$ 在 $\boldsymbol{r}$ 与 $\boldsymbol{e}_z$ 所张的平面内, 这个证明总是适用的

§10. n 质点力学系的运动

我们将在本节中证明对于 E^3 中的质点组也有能量、动量和角动量的守恒性.

[①] $\boldsymbol{M}=0$ 的情况留给读者.

[1)] $(\boldsymbol{A},[\boldsymbol{B},\boldsymbol{C}])$ 对于 $\boldsymbol{A},\boldsymbol{B},\boldsymbol{C}$ 是轮换对称的. —— 日译者注

A. 内力和外力

质量为 m_i 动径为 $\boldsymbol{r}_i \in E^3$ 的 n 质点力学系的牛顿运动方程是

$$m_i \ddot{\boldsymbol{r}}_i = \boldsymbol{F}_i, \quad i = 1, 2, \cdots, n.$$

矢量 $\boldsymbol{F}_i$ 称为作用在第 i 个质点上的力.

图 38 相互作用力

力 $\boldsymbol{F}_i$ 要由实验确定. 我们时常在一个力学系中看到, 对于两个质点, 这些力大小相等, 作用在两点连线上而方向相反 (图 38).

这种力称为相互作用力 (例: 万有引力).

如果作用于一力学系的一点上的力都是相互作用力, 这个力学系称为封闭的. 由定义, 作用在一封闭系之第 i 个质点上的力是

$$\boldsymbol{F}_i = \sum_{\substack{j=1 \\ j \neq i}}^{n} \boldsymbol{F}_{ij}.$$

力 $\boldsymbol{F}_{ij}$ 就是第 j 质点作用在第 i 质点上的力.

因为力 $\boldsymbol{F}_{ij}$ 与 $\boldsymbol{F}_{ji}$ 是相反的 $(\boldsymbol{F}_{ij} = -\boldsymbol{F}_{ji})$, 我们可以把它们写成 $\boldsymbol{F}_{ij} = f_{ij}\boldsymbol{e}_{ij}$, $f_{ij} = f_{ji}$ 是力的大小, $\boldsymbol{e}_{ij}$ 是由第 i 点到第 j 点的方向上之单位矢量.

若此力学系不封闭, 时常可将作用于其上的力写成

$$\boldsymbol{F}_i = \sum \boldsymbol{F}_{ij} + \boldsymbol{F}_i',$$

$\boldsymbol{F}_{ij}$ 是相互作用力而 $\boldsymbol{F}_i'(\boldsymbol{r}_i)$ 是所谓外力.

例 (图 39). 把一个封闭力学系分为两部分 I 和 II. 作用在力学系 I 之第 i 个质点上的力 $\boldsymbol{F}_i$ 是由力学系 I 内部各点之相互作用力和力学系 II 的各质点作用在第 i 质点上之力所决定的, 即

$$\boldsymbol{F}_i = \sum_{\substack{j \in \mathrm{I} \\ j \neq i}} \boldsymbol{F}_{ij} + \boldsymbol{F}_i'.$$

$\boldsymbol{F}_i'$ 相对于力学系 I 是外力.

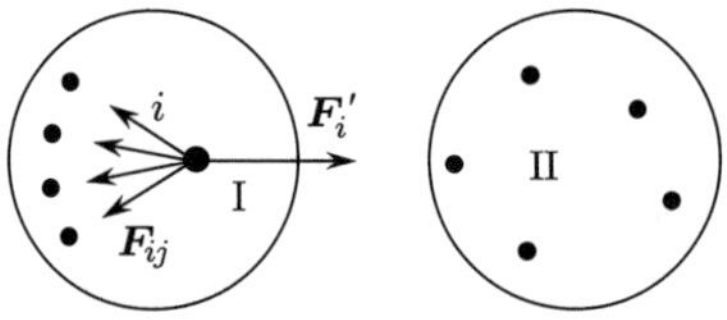

图 39 内力和外力

B. 动量守恒定律

定义 力学系的动量即矢量

$$\boldsymbol{P}=\sum_{i=1}^{m} m_i\dot{\boldsymbol{r}}_i.$$

定理 一力学系动量的变率等于作用于其各点上外力之和.

证 $d\boldsymbol{P}/dt=\sum\limits_{i=1}^{n} m_i\ddot{\boldsymbol{r}}_i=\sum\limits_{i=1}^{n}\boldsymbol{F}_i=\sum\limits_{i,j}\boldsymbol{F}_{ij}+\sum\limits_{i}\boldsymbol{F}_i'=\sum\limits_{i}\boldsymbol{F}_i'$. 这是因为, 由 $\boldsymbol{F}_{ij}=-\boldsymbol{F}_{ji}$ 有 $\sum\limits_{i,j}\boldsymbol{F}_{ij}=0$. □

系 1 封闭系统的动量守恒.

系 2 若作用于一力学系之外力的和垂直于 x 轴, 则动量在 x 轴上的投影 P_x 守恒, 即 $P_x=$ 常数.

定义 力学系的质心即点

$$\boldsymbol{r}=\sum m_i\boldsymbol{r}_i\Big/\sum m_i.$$

问题 证明质心是确定的, 即不依赖于动径的参照点的选择.

力学系的动量等于位于质心而质量为 $\sum m_i$ 的质点的动量.

事实上, $(\sum m_i)\boldsymbol{r}=\sum m_i\boldsymbol{r}_i$, 由此有 $(\sum m_i)\dot{\boldsymbol{r}}=\sum m_i\dot{\boldsymbol{r}}_i$.
现在可以把关于动量的定理表述为关于质心运动的定理.

定理 质心的运动相同于全部质量和外力均集中于它所得的运动.

证 $(\sum m_i)\dot{\boldsymbol{r}}=\boldsymbol{P}$, 所以 $(\sum m_i)\ddot{\boldsymbol{r}}=d\boldsymbol{P}/dt=\sum\limits_{i}\boldsymbol{F}_i$. □

系 若一力学系是封闭的, 其质心作匀速直线运动.

C. 角动量守恒

定义 质量为 m 的质点相对于点 O 的角动量即其动量矢量关于 O 点之矩:

$$\boldsymbol{M}=[\boldsymbol{r},m\dot{\boldsymbol{r}}].$$

力学系关于 O 的角动量即其中各质点角动量之和:

$$\boldsymbol{M}=\sum_{i=1}^{n}[\boldsymbol{r}_i,m_i\dot{\boldsymbol{r}}_i].$$

定理 力学系角动量之变率等于作用于其各质点上之外力力矩[1]之和.

证 $\frac{d\boldsymbol{M}}{dt}=\sum\limits_{i=1}^{n}[\dot{\boldsymbol{r}}_i,m_i\dot{\boldsymbol{r}}_i]+\sum\limits_{i=1}^{n}[\boldsymbol{r}_i,m_i\ddot{\boldsymbol{r}}_i]$. 第一项等于 0, 第二项由牛顿运动方程等于

[1] 力矩英语中也叫做 torque. —— 英译者注

$$\sum_{i=1}^{n}[\boldsymbol{r}_i, \boldsymbol{F}_i] = \sum_{i=1}^{n}\left[\boldsymbol{r}_i, \left(\sum_{i\neq j}\boldsymbol{F}_{ij} + \boldsymbol{F}_i'\right)\right] = \sum_{i=1}^{n}[\boldsymbol{r}_i, \boldsymbol{F}_i'].$$

两相互作用力力矩之和为 0, 因为 $\boldsymbol{F}_{ij} = -\boldsymbol{F}_{ji}$ 故

$$[\boldsymbol{r}_i, \boldsymbol{F}_{ij}] + [\boldsymbol{r}_j, \boldsymbol{F}_{ji}] = [(\boldsymbol{r}_i - \boldsymbol{r}_j), \boldsymbol{F}_{ij}] = 0.$$

因此, 一切相互作用力力矩之和为 0:

$$\sum_{i=1}^{n}\left[\boldsymbol{r}_i, \sum_{i\neq j}\boldsymbol{F}_{ij}\right] = 0.$$

所以, $d\boldsymbol{M}/dt = \sum\limits_{i=1}^{n}[\boldsymbol{r}_i, \boldsymbol{F}_i']$. □

系 1(角动量守恒定律) 若一力学系是封闭的, 则 $\boldsymbol{M} =$ 常数.

我们记外力力矩之和为 $\boldsymbol{N} = \sum\limits_{i=1}^{n}[\boldsymbol{r}_i, \boldsymbol{F}_i']$. 于是由上面之定理 $d\boldsymbol{M}/dt = \boldsymbol{N}$, 由此又有

系 2 若外力相对于 z 轴之矩为 0, 则 m_z 为常数.

D. 能量守恒定律

定义 质量为 m 的质点之动能为

$$T = m\dot{\boldsymbol{r}}^2/2.$$

定义 质点组之动能为各点动能之和:

$$T = \sum_{i=1}^{n} m_i\dot{\boldsymbol{r}}_i^2/2,$$

m_i 为该质点之质量, $\dot{\boldsymbol{r}}_i$ 为其速度.

定理 力学系动能的增量等于作用于其各点上的力所作的功之和.

证

$$\frac{dT}{dt} = \sum_{i=1}^{n} m_i(\dot{\boldsymbol{r}}_i, \ddot{\boldsymbol{r}}_i) = \sum_{i=1}^{n}(\dot{\boldsymbol{r}}_i, m_i\ddot{\boldsymbol{r}}_i) = \sum_{i=1}^{n}(\dot{\boldsymbol{r}}_i, \boldsymbol{F}_i).$$

所以

$$T(t) - T(t_0) = \int_{t_0}^{t}\frac{dT}{dt}dt = \sum_{i=1}^{n}\int_{t_0}^{t}(\dot{\boldsymbol{r}}_i, \boldsymbol{F}_i)dt = \sum_{i=1}^{n} A_i.$$ □

E^3 中 n 个质点的力学系的构形空间是 n 个欧氏空间的直积: $E^{3n} = E^3\times\cdots\times E^3$. 它也有欧氏空间的构造.

令 $\boldsymbol{r}=(\boldsymbol{r}_1,\cdots,\boldsymbol{r}_n)$ 为构形空间中一点的动径, $\boldsymbol{F}=(\boldsymbol{F}_1,\cdots,\boldsymbol{F}_n)$ 是力矢量. 可将以上定理写成

$$T(t_1)-T(t_0)=\int_{\boldsymbol{r}(t_0)}^{\boldsymbol{r}(t_1)}(\boldsymbol{F},d\boldsymbol{r})=\int_{t_0}^{t_1}(\dot{\boldsymbol{r}},\boldsymbol{F})dt.$$

换言之: 动能的增量等于构形空间中的 "力" $\boldsymbol{F}$ 沿 "路径" $\boldsymbol{r}(t)$ 所作的功.

定义 力学系称为保守的, 若其中的力只依赖于此力学系中一点的位置 ($\boldsymbol{F}=\boldsymbol{F}(\boldsymbol{r})$), 而且 $\boldsymbol{F}$ 沿任一路径之功只依赖于路径的起点与终点:

$$\int_{M_1}^{M_2}(\boldsymbol{F},d\boldsymbol{r})=\Phi(M_1,M_2).$$

定理 力学系是保守系的充分必要条件是其中存在位能, 即存在一函数 $U(\boldsymbol{r})$ 使

$$\boldsymbol{F}=-\partial U(\boldsymbol{r})/\partial\boldsymbol{r}.$$

证 参照节 6B. □

定理 保守系的总能量 ($E=T+U$) 在运动中守恒: $E(t_1)=E(t_0)$.

证 由上面已证的可知

$$T(t_1)-T(t_0)=\int_{\boldsymbol{r}(t_0)}^{\boldsymbol{r}(t_1)}(\boldsymbol{F},d\boldsymbol{r})=U(\boldsymbol{r}(t_0))-U(\boldsymbol{r}(t_1)).\quad\square$$

把作用在一个力学系上各点的力分为相互作用力和外力:

$$\boldsymbol{F}_i=\sum_{i\neq j}\boldsymbol{F}_{ij}+\boldsymbol{F}'_i,$$

这里 $\boldsymbol{F}_{ij}=-\boldsymbol{F}_{ji}=f_{ij}\boldsymbol{e}_{ij}$.

命题 若相互作用力只依赖于距离, $f_{ij}=f_{ij}(|\boldsymbol{r}_i-\boldsymbol{r}_j|)$, 则这些力是保守的.

证 若一力学系中只有两点 i 和 j, 容易看到相互作用位能由以下公式给出

$$U_{ij}(\boldsymbol{r})=-\int_{r_0}^{r_1}f_{ij}(p)dp.$$

于是我们有

$$-\frac{\partial U_{ij}(|\boldsymbol{r}_i-\boldsymbol{r}_j|)}{\partial\boldsymbol{r}_i}=f_{ij}\frac{\partial|\boldsymbol{r}_i-\boldsymbol{r}_j|}{\partial\boldsymbol{r}_i}=f_{ij}\boldsymbol{e}_{ij}.$$

因此所有点的相互作用位能为

$$U(\boldsymbol{r})=\sum_{i>j}U_{ij}(|\boldsymbol{r}_i-\boldsymbol{r}_j|).\quad\square$$

若外力也是保守的, 即有 $\boldsymbol{F}_i' = -(\partial U_i'/\partial \boldsymbol{r}_i)$, 则此力学系是保守的, 而其总位能为

$$U(\boldsymbol{r}) = \sum_{i>j} U_{ij} + \sum_i U_i'.$$

对这样一个力学系, 总的机械能

$$E = T + U = \sum_i \frac{\boldsymbol{r}_i^2}{2} + \sum_{i>j} U_{ij} + \sum_i U_i'$$

是守恒的.

若力学系不是保守的, 则总机械能一般不守恒.

定义 机械能的减少量 $E(t_0) - E(t_1)$ 称为非机械能 E'的增加量

$$E'(t_1) - E'(t_0) = E(t_0) - E(t_1).$$

定理 (能量守恒定律) 总能量 $H = E + E'$ 守恒.

这定理是以上定义的明显推论. 它的价值在于, 在具体的物理系统中, 可以找到非机械能的大小用其他物理量 (温度等) 描述的表达式.

E. 例: 二体问题

设有质量为 m_1 和 m_2 的两质点相互作用, 其位能为 U, 因此, 运动方程的形状是

$$m_1\ddot{\boldsymbol{r}}_1 = -\frac{\partial U}{\partial \boldsymbol{r}_1}, \quad m_2\ddot{\boldsymbol{r}}_2 = -\frac{\partial U}{\partial \boldsymbol{r}_2}, \quad U = U(|\boldsymbol{r}_1 - \boldsymbol{r}_2|).$$

定理 二体问题中 $\boldsymbol{r} = \boldsymbol{r}_2 - \boldsymbol{r}_1$ 随时间变化的方式与一个质量为 $m = m_1m_2/(m_1+m_2)$[1)] 的质点在位能为 $U(|\boldsymbol{r}|)$ 的场中之运动一样.

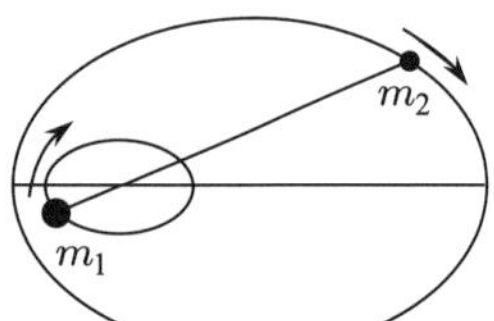

图 40 二体问题

我们用 $\boldsymbol{r}_0$ 表示质心的动径: $\boldsymbol{r}_0 = (m_1\boldsymbol{r}_1 + m_2\boldsymbol{r}_2)/(m_1 + m_2)$. 由动量守恒原理, 点 $\boldsymbol{r}_0$ 作匀速直线运动.

现在看矢量 $\boldsymbol{r} = \boldsymbol{r}_1 - \boldsymbol{r}_2$. 用 m_2 乘第一个运动方程. 用 m_1 乘第二个, 相减即有 $m_1m_2\boldsymbol{r} = -(m_1+m_2)\cdot(\partial U/\partial \boldsymbol{r})$, 其中 $U = U(|\boldsymbol{r}_1 - \boldsymbol{r}_2|) = U(|\boldsymbol{r}|)$.

特别是在牛顿引力问题的情况下, 这两个质点分别描出一圆锥截线, 它们有一个公共的焦点即两点的质心 (图 40).

问题 决定地心绕地球和月球之公共质心所描出的椭圆之长半轴. 质心在地球之内还是在其外? (月球质量是地球质量的 1/81.)

---

1) 称为换算质量. —— 日译者注

§11. 相似性方法

应用相似性和量纲方法, 有时可以不必解出运动方程而仅由其形状即可得到重要的信息. 这些方法的主要思想是作比例尺 (关于时间、长度、质量, 等等) 的变化而使运动方程形状不变。

A. 例子

令 $\boldsymbol{r}(t)$ 满足方程 $m(d^2\boldsymbol{r}/dt^2) = -(\partial U/\partial \boldsymbol{r})$. 我们取 $t_1 = \alpha t, m_1 = \alpha^2 m$, 则 $\boldsymbol{r}(t_1)$ 适合方程 $m_1(d^2\boldsymbol{r}/dt_1^2) = -(\partial U/\partial \boldsymbol{r})$. 换言之, 有:

*若质点的质量减少到四分之一, 则质点在同一力场中沿同一轨道快二倍运动*①.

B. 一个问题

设一有心场的位能是 ν 次齐次函数, 即有

$$U(\alpha r) = \alpha^\nu U(r), \quad 对任意\ \alpha > 0.$$

证明若曲线 γ 是一个运动的轨道, 则以 $\boldsymbol{r} = 0$ 为中心的位似于它的曲线 $\alpha\gamma$ 也是一个轨道 (在适当初始条件下). 定出绕这些轨道循环时间的比. 由此导出摆的振动 $(\nu = 2)$ 的等时性和开普勒第三定律 $(\nu = -1)$.

问题 若一行星半径 α 倍于地球半径, 而质量为 β 倍, 求重力加速度之比及其第一、第二宇宙速度与地球相应量之比.

答 $\gamma = \beta\alpha^{-2}, \delta = \sqrt{\beta/\alpha}$.

例如对于月球 $\alpha = 1/3.7, \beta = 1/81$, 因此月球上之重力加速度大约为地球上的 1/6 $(\gamma \approx 1/6)$, 而宇宙速度大约为地球的宇宙速度的 1/5 $(\delta \approx 1/4.7)$.

问题② 沙漠上的动物必须能跑完两个水源之间的距离. 这个动物能跑的最长时间怎样依赖于动物的大小 L?

答 正比于 L.

解 动物贮水量正比于身体体积即 L^3; 水的蒸发量正比于其表面积 L^2. 所以能在两水源之间跑的最长时间正比于 L.

我们还可看到, 动物所能跑过的最大距离也正比于 L (参照下题).

问题③ 动物在平地上与上坡时的跑动速度怎样依赖于动物的大小 L?

答 在平地上 $\sim L^0$, 上坡时 $\sim L^{-1}$.

解 动物所能发出的功率正比于 L^2 (其中肌肉所耗用的百分比是恒定的, 大约 25%, 其余 75% 转化为热; 热的散出正比于身体表面积 L^2, 这意味着有效功率正比于 L^2).

---

①这里我们假设 U 不依赖于 m, 在引力场中, 位能 U 正比于 m, 因而加速度不依赖于动点的质量 m.

②引自 J. M. Smith,[1].

③同 ②.

空气阻力正比于速度平方和横截面面积，所以用于克服它的功率正比于 v^2L^2v. 所以 $v^3L^2 \sim L^2, v \sim L^0$. 所以兔子在平地上跑动的速度并不比马慢，实际上不显著地依赖于其大小.

上坡所需功率是 $mgv \sim L^3v$; 由于发出的功率 $\sim L^2$, 我们得到 $v \sim L^{-1}$. 事实是，狗很容易上坡，而马则要放慢步伐.

问题① 动物能跳的高度怎样依赖于其大小?

答 $\sim L^0$.

解 要跳过高度 h 需要能量正比于 L^3h, 肌肉力 F 作的功正比于 FL. 力 F 正比于 L^2 (因为骨骼强度正比于其断面). 所以 $L^3h \sim L^2L$, 即所跳高度不依赖于动物大小. 事实上，跳鼠 1) 和袋鼠能跳过大体相同的高度.

①引自 J. M. Smith, [1].

1)产于非洲沙漠中，善跳跃. —— 中译者注

第二部分

拉格朗日力学

拉格朗日力学用构形空间来描述力学系的运动. 力学系的构形空间具有微分流形构造, 而微分同胚群作用于其上. 拉格朗日力学的基本概念和定理在此群[①]下不变, 即令用局部坐标表示也是这样.

一个拉格朗日力学系由一流形 (“构形空间”) 和其切丛上一个函数 (“拉格朗日函数”) 给出.

构形空间的每一个单参数微分同胚群, 若使拉格朗日函数不变, 就给出一个守恒律 (即运动方程的一个首次积分).

牛顿有势力学系[1)]是拉格朗日力学系的特例 (构形空间这时是欧氏空间, 而拉格朗日函数即动能与位能之差).

拉格朗日的观点使我们能完全地解决一系列重要的力学问题, 包括小振动理论和刚体动力学中的问题.

---

①甚至在一些涉及时间的更大的群下也不变.

1)即指有位能的力学系. —— 中译者注

第三章　变分原理

我们将在本章中证明，牛顿有势力学系的运动是一个变分原理"哈密顿最小作用原理"中的驻定曲线.

这一事实有许多重要推论，包括写出曲线坐标系下运动方程的一种快速方法，还有一系列定性的推论 —— 如一个关于回归到初始点附近的定理.

我们将在本章中使用 n 维坐标空间. 在这空间中，一个矢量即一个数组 $\boldsymbol{x} = (x_1, \cdots, x_n)$. 类似地，$\partial f/\partial \boldsymbol{x}$ 意味着 $(\partial f/\partial x_1, \cdots, \partial f/\partial x_n)$，而 $(\boldsymbol{u}, \boldsymbol{b}) = a_1b_1 + \cdots + a_nb_n$.

§12. 变分法

下面我们会用到变分法中的一些事实. 更详尽的叙述可以在以下各书中找到：M. A. 拉夫连季耶夫和 L. A. 柳斯捷尔尼克 [1] 以及 G. E. 希洛夫 [1] 1).

变分法是讨论函数的极值的，但这些函数的定义域是一个无限维空间：曲线的空间. 这种函数叫做*泛函*.

欧氏平面中曲线的长是泛函的一个例子：如果 $\gamma = \{(t, x); x = x(t), t_0 \leqslant t \leqslant t_1\}$，则 $\Phi(\gamma) = \displaystyle\int_{t_0}^{t_1} \sqrt{1 + \dot{x}^2}\, dt$.

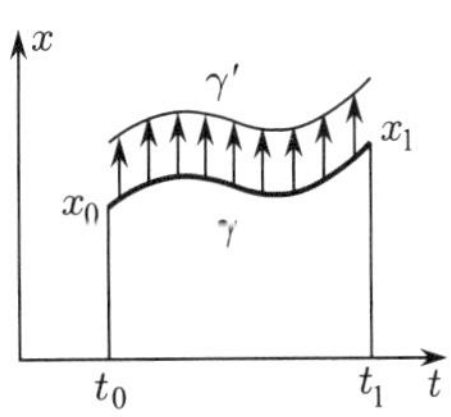

图 41　曲线的变分

一般地说，泛函就是从曲线空间到实数集的任意一个映射.

考虑 γ 的一个"近似" γ'，$\gamma' = \{(t, x); x = x(t) + h(t)\}$. 我们将把它记作 $\gamma' = \gamma + h$. 考虑 Φ 的增量 $\Phi(\gamma + h) - \Phi(\gamma)$ (图 41).

1)第一本书第二版，有中译本：王梓坤等译. 变分学教程. 北京：高等教育出版社，1955；第二本书也有中译本：董延闿等译. 数学分析专门教程. 北京：高等教育出版社，1965. —— 中译者注

A. 变分

定义 一个泛函 Φ 如果有 $\Phi(\gamma+h)-\Phi(\gamma)=F+R$, 其中 F 线性依赖于 h (即对固定的 $\gamma, F(h_1+h_2)=F(h_1)+F(h_2,)$ 且 $F(ch)=cF(h)$), 而 $R(h,\gamma)=O(h^2)$, 即指当 $|h|<\varepsilon, \left|\frac{dh}{dt}\right|<\varepsilon$ 时 $|R|<C\varepsilon^2$, 我们说 Φ 是可微的. 增量的线性部分 $F(h)$ 称为其微分.

可以证明, 若 Φ 是可微的, 则其微分是唯一的. 泛函的微分又称为其变分, h 则称为曲线的变分.

例 令 $\gamma=\{(t,x): x=x(t), t_0\leqslant t\leqslant t_1\}$ 是 (t,x) 平面上的曲线; $\dot{x}=\dfrac{dx}{dt}, L=L(a,b,c)$ 是其三个变元的可微函数. 我们定义一个泛函 Φ 如下:

$$\Phi(\gamma)=\int_{t_0}^{t_1} L(x(t),\dot{x}(t),t)dt.$$

例如, 在 $L=\sqrt{1+b^2}$ 的情况下, 我们得到 γ 的长度.

定理 泛函 $\Phi(\gamma)=\displaystyle\int_{t_0}^{t_1} L(x,\dot{x},t)dt$ 是可微的, 其微分是

$$F(h)=\int_{t_0}^{t_1}\left[\frac{\partial L}{\partial x}-\frac{d}{dt}\frac{\partial L}{\partial \dot{x}}\right]hdt+\left.\left(\frac{\partial L}{\partial \dot{x}}h\right)\right|_{t_0}^{t_1}.$$

证

$$\begin{aligned}\Phi(\gamma+h)-\Phi(\gamma)&=\int_{t_0}^{t_1}\left[L(x+h,\dot{x}+\dot{h},t)-L(x,\dot{x},t)\right]dt\\&=\int_{t_0}^{t_1}\left[\frac{\partial L}{\partial x}h+\frac{\partial L}{\partial \dot{x}}\dot{h}\right]dt+O(h^2)=F(h)+R,\end{aligned}$$

这里

$$F(h)=\int_{t_0}^{t_1}\left(\frac{\partial L}{\partial x}h+\frac{\partial L}{\partial \dot{x}}\dot{h}\right)dt,\quad R=O(h^2).$$

分部积分即得

$$\int_{t_0}^{t_1}\frac{\partial L}{\partial \dot{x}}\dot{h}dt=-\int_{t_0}^{t_1}h\frac{d}{dt}\left(\frac{\partial L}{\partial \dot{x}}\right)dt+\left.h\frac{\partial L}{\partial \dot{x}}\right|_{t_0}^{t_1}.$$ □

B. 驻定曲线

定义 可微泛函 $\Phi(\gamma)$ 的驻定曲线 γ 即使得对一切 h 均有 $F(h,\gamma)=0$ 的曲线. (这和以下事实完全一样: 若一函数在某点的微分为零, 则该点为其驻点).

定理 曲线 $\gamma: x=x(t)$ 是泛函 $\Phi(\gamma)=\displaystyle\int_{t_0}^{t_1}L(x,\dot{x},t)dt$ 在过 $x(t_0)=x_0$ 与 $x(t_1)=x_1$ 两点的曲线之空间的驻定曲线, 当且仅当沿曲线 $x(t)$, $\dfrac{d}{dt}\left(\dfrac{\partial L}{\partial \dot{x}}\right)-\dfrac{\partial L}{\partial x}=0$.

引理 若连续函数 $f(t), t_0 \leqslant t \leqslant t_1$ 对一切适合 $h(t_0) = h(t_1) = 0$ 的连续函数[①] $h(t)$ 均有 $\int_{t_0}^{t_1} f(t)h(t)dt = 0$, 则 $f(t) \equiv 0$.

引理的证明 设对某 $t^*, t_0 < t^* < t_1$ 有 $f(t^*) > 0$. 因 f 连续, 则在 t^* 的某邻域 $\Delta : t_0 < t^* - d < t < t^* + d < t_1$ 中 $f(t) > c$. 令 $h(t)$ 是这样的: 在 Δ 之外 $h(t) = 0$, 在 Δ 内 $h(t) > 0$ 而在 $\Delta/2$ 中 (即对适合 $t^* - \frac{d}{2} < t < t^* + \frac{d}{2}$ 的 t), $h(t) = 1/2$. 于是显然有 $\int_0^{t_1} f(t)h(t)dt \geqslant dc > 0$ (图 42). 这矛盾说明对于一切 $t^*, t_0 < t^* < t_1, f(t^*) = 0$. □

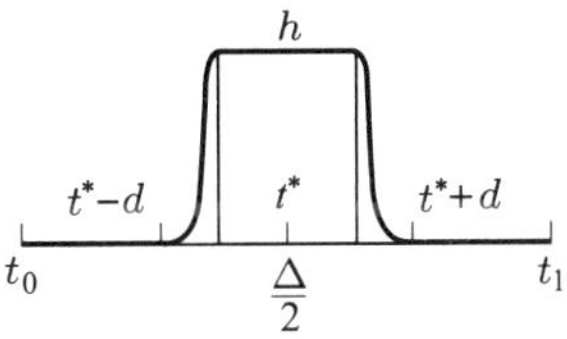

图 42 函数 h 的作法

定理的证明 由上一段的定理,

$$F(h) = \int_{t_0}^{t_1} \left[\frac{d}{dt}\left(\frac{\partial L}{\partial \dot{x}}\right) - \frac{\partial L}{\partial x}\right] h dt + \left(\frac{\partial L}{\partial \dot{x}} h\right)\Bigg|_{t_0}^{t_1}.$$

因为 $h(t_0) = h(t_1) = 0$, 所以后面一项为零. 若 γ 是一驻定曲线, 则对适合 $h(t_0) = h(t_1) = 0$ 的一切连续可微的 $h, F(h) = 0$. 因此对一切如上的 $h(t)$,

$$\int_{t_0}^{t_1} f(t)h(t)dt = 0,$$

这里

$$f(t) - \frac{d}{dt}\left(\frac{\partial L}{\partial \dot{x}}\right) - \frac{\partial L}{\partial x},$$

故由引理 $f(t) \equiv 0$[1]. 反之, 若 $f(t) \equiv 0$. 显然有 $F(h) \equiv 0$. □

例 我们验证一下长度的驻定曲线是直线.

$$L = \sqrt{1 + \dot{x}^2}, \quad \frac{\partial L}{\partial x} = 0, \quad \frac{\partial L}{\partial \dot{x}} = \frac{\dot{x}}{\sqrt{1 + \dot{x}^2}}, \quad \frac{d}{dt}\left(\frac{\dot{x}}{\sqrt{1 + \dot{x}^2}}\right) = 0,$$
$$\frac{\dot{x}}{\sqrt{1 + \dot{x}^2}} = c, \quad \dot{x} = c_1, \quad x = c_1 t + c_2.$$

C. 欧拉–拉格朗日方程

定义 方程

$$\frac{d}{dt}\left(\frac{\partial L}{\partial \dot{x}}\right) - \frac{\partial L}{\partial x} = 0$$

称为泛函 $\Phi = \int_{t_0}^{t_1} L(x, \dot{x}, t)dt$ 的欧拉–拉格朗日方程.

[①] 仅需考虑无穷可微函数 $h(t)$ 即可.

[1] 见上面脚注 ①. —— 中译者注

今设 $\boldsymbol{x}$ 是 n 维坐标空间 $\mathbb{R}^n$ 的一矢量, $\gamma=\{(t,\boldsymbol{x});\boldsymbol{x}=\boldsymbol{x}(t),t_0\leqslant t\leqslant t_1\}$ 是 $n+1$ 维空间 $\mathbb{R}\times\mathbb{R}^n$ 中的一条曲线, $L:\mathbb{R}\times\mathbb{R}^n\times\mathbb{R}^n\to\mathbb{R}$ 是一个 $2n+1$ 个变量的函数. 我们将和前面一样证明

定理 曲线 γ 是泛函 $\Phi(\gamma)=\int_{t_0}^{t_1}L(\boldsymbol{x},\dot{\boldsymbol{x}},t)dt$ 在连结点 $(t_0,\boldsymbol{x}_0)$ 与 $(t_1,\boldsymbol{x}_1)$ 的曲线之空间中的驻定曲线当且仅当 γ 能满足欧拉–拉格朗日方程.

这是一组 n 个二阶方程, 其解依赖于 $2n$ 个任意常数. 由 $2n$ 个条件 $\boldsymbol{x}(t_0)=\boldsymbol{x}_0,\boldsymbol{x}(t_1)=\boldsymbol{x}_1$ 来决定它们.

问题 举一些有若干驻定曲线连结两点的例子, 以及不存在驻定曲线连结两点的例子.

D. 一个重要的说明

曲线 γ 为某个泛函的驻定曲线这一性质与坐标系的选取无关.

例如, 同一泛函 —— 曲线之长 —— 在笛卡儿坐标系与极坐标系中有不同的表示:

$$\Phi_{\text{cart}}=\int_{t_0}^{t_1}\sqrt{\dot{x}_1^2+\dot{x}_2^2}dt,\quad \Phi_{\text{pol}}=\int_{t_0}^{t_1}\sqrt{\dot{r}^2+r^2\dot{\varphi}^2}dt.$$

驻定曲线是相同的 —— 平面上的直线. 在笛卡儿坐标和极坐标下, 直线方程由不同的函数给出: $x_1=x_1(t),x_2=x_2(t)$ 以及 $r=r(t),\varphi=\varphi(t)$.

然而它们及其他函数都适合欧拉–拉格朗日方程

$$\frac{d}{dt}\frac{\partial L}{\partial\dot{\boldsymbol{x}}}-\frac{\partial L}{\partial\boldsymbol{x}}=0,$$

只不过在前一情况下, $x_{\text{cart}}=x_1,x_2$, 而 $L_{\text{cart}}=\sqrt{\dot{x}_1^2+\dot{x}_2^2}$, 而在后一情况下, $x_{\text{pol}}=r,\varphi,L_{\text{pol}}=\sqrt{\dot{r}^2+r^2\dot{\varphi}^2}$.

这样我们就很容易写出这族直线在任意坐标下的微分方程.

问题 求平面极坐标系下一切直线所成的直线族的微分方程.

§13. 拉格朗日方程组

这里我们要给出一个变分原理, 其驻定曲线即有势力学系的牛顿运动方程的解.

我们将把牛顿动力学方程

$$\frac{d}{dt}(m_i,\dot{\boldsymbol{r}}_i)+\frac{\partial U}{\partial\boldsymbol{r}_i}=0 \tag{1}$$

与欧拉–拉格朗日方程

$$\frac{d}{dt}\frac{\partial L}{\partial\dot{\boldsymbol{x}}}-\frac{\partial L}{\partial\boldsymbol{x}}=0,$$

相比较.

A. 哈密顿最小作用原理

定理 力学系 (1) 的运动即以下泛函的驻定曲线

$$\Phi(\gamma)=\int_{t_0}^{t_1} Ldt,$$

其中 $L=T-U$ 是动能与位能之差.

证 因 $U=U(\boldsymbol{r}), T=\sum m_i\dot{\boldsymbol{r}}_i^2/2$, 有

$$\frac{\partial L}{\partial \dot{\boldsymbol{r}}_i}=\frac{\partial T}{\partial \dot{\boldsymbol{r}}_i}=m_i\dot{\boldsymbol{r}}_i,\quad \frac{\partial L}{\partial \boldsymbol{r}_i}=-\frac{\partial U}{\partial \boldsymbol{r}_i}.$$ □

系 令 $(q_1,\cdots,q_{3n})$ 是 n 质点力学系之构形空间中的任意坐标. $\boldsymbol{q}$ 随时间的演化服从欧拉–拉格朗日方程

$$\frac{d}{dt}\left(\frac{\partial L}{\partial \dot{\boldsymbol{q}}}\right)-\frac{\partial L}{\partial \boldsymbol{q}}=0,\quad \text{这里 } L=T-U.$$

证 由定理, 运动应为泛函 $\int Ldt$ 之驻定曲线. 因此, 在任意坐标系中都要满足该坐标系下的欧拉–拉格朗日方程. □

定义 我们在力学中采用以下名词: $L(\boldsymbol{q},\dot{\boldsymbol{q}},t)=T-U$ 称为拉格朗日函数, q_i 称为广义坐标, $\dot{q}_i$ 称为广义速度, $\frac{\partial L}{\partial \dot{q}_i}=p_i$ 称为广义动量, $\frac{\partial L}{\partial q_i}$ 称为广义力, $\int_{t_0}^{t_1} L(\boldsymbol{q},\dot{\boldsymbol{q}},t)dt$ 称为作用量, $(d(\partial L/\partial \dot{q}_i)/dt)-(\partial L/\partial q_i)=0$ 称为拉格朗日方程组.

上面的定理称为 "最小作用原理的哈密顿形式", 因为在许多情况下, 解 $\boldsymbol{q}(t)$ 不只是作用量 $\int_{t_0}^{t_1} Ldt$ 的驻定曲线, 而且使之达到最小值.

B. 最简单的例

例 1 对于 E^3 中的自由质点有

$$L=T=\frac{m\dot{\boldsymbol{r}}^2}{2}.$$

在笛卡儿坐标 $q_i=r_i$ 下, 我们有 $L=m(\dot{q}_1^2+\dot{q}_2^2+\dot{q}_3^2)/2$.

这时, 广义速度即速度矢量分量, 广义动量 $p_i=mq_i$ 即动量矢量分量, 拉格朗日方程组即牛顿方程组 $d\boldsymbol{p}/dt=0$. 驻定曲线为直线. 由哈密顿原理, 直线不仅最短 (即长度 $\int_{t_0}^{t_1}\sqrt{\dot{q}_1^2+\dot{q}_2^2+\dot{q}_3^2}dt$ 之驻定曲线), 而且也是作用量 $\int_{t_0}^{t_1}(\dot{q}_1^2+\dot{q}_2^2+\dot{q}_3^2)dt$ 之驻定曲线.

问题 证明这个驻定值也是最小值.

例 2 我们用极坐标 $q_1 = r, q_2 = \varphi$, 考虑有心力场中的平面运动. 由 $\dot{\boldsymbol{r}} = \dot{r}\boldsymbol{e}_r + \dot{\varphi}r\boldsymbol{e}_\varphi$ 可知动能 $T = \frac{1}{2}m\dot{\boldsymbol{r}}^2 = \frac{1}{2}m(\dot{r}^2 + r^2\dot{\varphi}^2)$, 而拉格朗日函数 $L(\boldsymbol{q},\dot{\boldsymbol{q}}) = T(\boldsymbol{q},\dot{\boldsymbol{q}}) - U(\boldsymbol{q}), U = U(q_1)$.

广义动量为 $\boldsymbol{p} = \partial L/\partial\dot{\boldsymbol{q}}$, 即

$$p_1 = m\dot{r}, \quad p_2 = mr^2\dot{\varphi}.$$

第一个拉格朗日方程 $\dot{p}_1 = \partial L/\partial q_1$ 是

$$m\ddot{r} = mr\dot{\varphi}^2 - \frac{\partial U}{\partial r}.$$

我们已在节 8 中得出过它了.

因为 L 中不出现 $q_2 = \varphi$, 我们有 $\partial L/\partial q_2 = 0$. 因此第二个拉格朗日方程是 $\dot{p}_2 = 0, p_2 =$ 常数. 这正是角动量守恒定律.

一般地说, 若场不是有心场 $(U = U(r,\varphi))$, 我们得到 $\dot{p}_2 = -\partial U/\partial\varphi$.

这个方程可以重写为 $d(\boldsymbol{M},\boldsymbol{e}_z)/dt = N$,[1] $N = ([\boldsymbol{r},\boldsymbol{F}],\boldsymbol{e}_z), \boldsymbol{F} = -\partial U/\partial\boldsymbol{r}$. (即关于 z 轴的动量矩的变化率等于力 $\boldsymbol{F}$ 关于 z 轴之矩.)

事实上我们有

$$dU = (\partial U/\partial r)dr + (\partial U/\partial\varphi)d\varphi = -(\boldsymbol{F},d\boldsymbol{r}) = -(\boldsymbol{F},\boldsymbol{e}_r)dr - r(\boldsymbol{F},\boldsymbol{e}_\varphi)d\varphi;$$

所以

$$-\partial U/\partial\varphi = r(\boldsymbol{F},\boldsymbol{e}_\varphi) = \boldsymbol{r}([\boldsymbol{e}_r,\boldsymbol{F}],\boldsymbol{e}_z) = ([\boldsymbol{r},\boldsymbol{F}],\boldsymbol{e}_z).$$

这个例子启示我们把角动量守恒定律推广如下.

定义 不进入拉格朗日函数 L 的坐标 q_i (即使 $\frac{\partial L}{\partial q_i} = 0$ 的坐标 q_i) 称为循环坐标.

定理 对应于循环坐标的广义动量守恒: $p_i =$ 常数.

证 由拉格朗日方程组, $dp_i/dt = \partial L/\partial q_i = 0$. □

§14. 勒让德变换

勒让德变换是一个很有用的数学工具: 它把一个矢量空间上的函数变成其对偶空间上的函数. 勒让德变换与代数几何中的投影对偶性和切线坐标以及分析中的对偶巴拿赫空间的构造都有关. 在物理学中 (例如在热力学量的定义中) 时常会遇到它们.

A. 定义

令 $y = f(x)$ 是一凸函数, $f''(x) > 0$.

---

[1] 这里 $\boldsymbol{M} = m[\boldsymbol{r},\dot{\boldsymbol{r}}]$. 所以 $(\boldsymbol{M},\boldsymbol{e}_z) = m([\boldsymbol{e}_z,\boldsymbol{r}],\dot{\boldsymbol{r}}) = m(r\boldsymbol{e}_\varphi,\boldsymbol{r}) = mr^2\dot{\varphi}$ (参照节 9B). —— 中译者注

函数 f 的勒让德变换是一个新变量 p 的函数 g, 作法如下(图 43). 在 x, y 平面上作 f 的图像. 设给定 p. 考虑直线 $y = px$. 取使得曲线在铅直方向上离此直线最远之点 $x = x(p)$: 对每个 p 值, 函数 $px - f(x) = F(p, x)$ 在 $x = x(p)$ 时对 x 有最大值. 现定义 $g(p) = F(p, x(p))$.

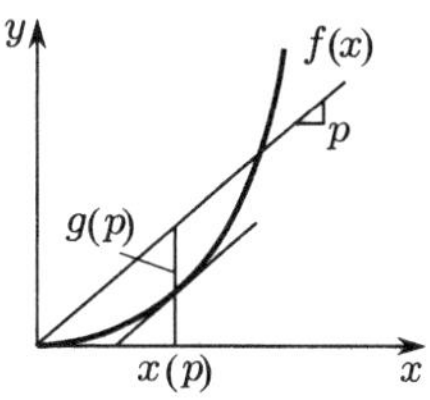

图 43 勒让德变换

点 $x(p)$ 是由驻定条件 $\partial F/\partial x = 0$ 即 $p = f'(x)$ 决定的. 因为 f 为凸, 它是唯一的①.

问题 证明当 f 定义在整个 x 轴上时, g 的定义域可能是一点, 一个闭区间或半射线. 证明如果 f 定义在一个闭区间上, 则 g 定义在整个 p 轴上.

B. 例子

例 1 令 $f(x) = x^2$. 则 $F(p, x) = px - x^2, x(p) = \dfrac{1}{2}p, g(p) = \dfrac{1}{4}p^2$.

例 2 令 $f(x) = mx^2/2$. 则 $g(p) = p^2/2m$.

例 3 令 $f(x) = x^\alpha/\alpha$. 则 $g(p) = p^\beta/\beta$, 这里 $(1/\alpha) + (1/\beta) = 1$ $(\alpha > 1, \beta > 1)$.

例 4 令 $f(x)$ 为一凸折线. 这时 $g(p)$ 也是凸折线, $f(x)$ 之顶点对应于 $g(p)$ 之边, $f(x)$ 之边则对应于 $g(p)$ 之顶点. 例如图 44 中画的角在勒让德变换下变成线段.

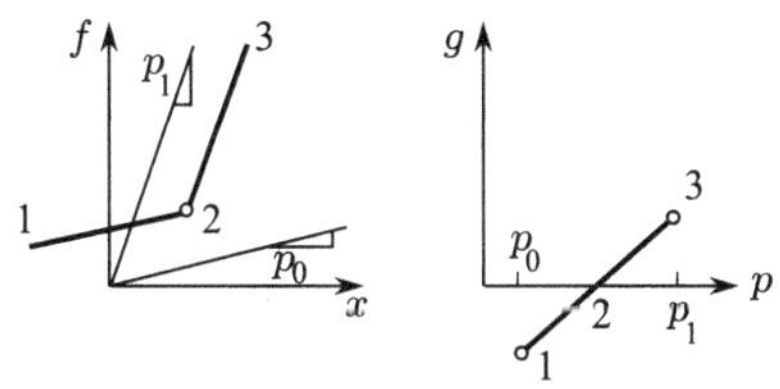

图 44 将角变为线段的勒让德变换

C. 对合性

考虑一个可以微分任意次的函数 f 且 $f''(x) > 0$. 容易验证, 勒让德变换变凸函数为凸函数. 所以我们可以再次作勒让德变换.

定理 *勒让德变换是对合的, 即再次施行可得恒等变换: 若 f 在勒让德变换下变为 g, 则 g 之勒让德变换即是 f.*

证 为了对 g 就变量 p 施行勒让德变换, 由定义必须取一个新变量 (仍记为 x) 并作函数

$$G(x, p) = xp - g(p),$$

然后求使 G 达到最大值的点 $p(x)$:

$$\partial G/\partial p = 0, \text{ 即 } g'(p) = x.$$

①当然要它存在才行.

于是 $g(p)$ 的勒让德变换将是 x 的函数 $G(x,p(x))$.

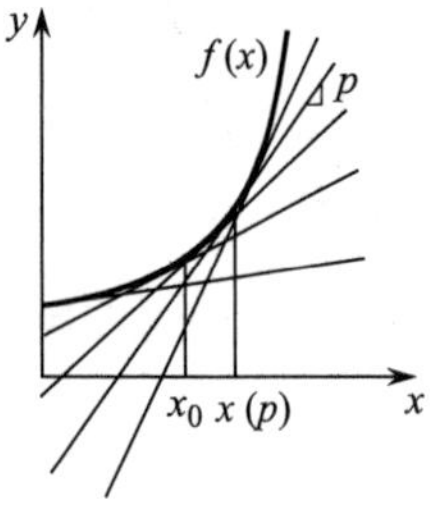

图 45 勒让德变换的对合性

我们来证明 $G(x,p(x))=f(x)$. 为此要注意对 $G(x,p)=xp-g(p)$ 有一个简单的几何解释: 它是 $f(x)$ 的图像的切线在横坐标 x 处的纵坐标而此切线之斜率为 p (图 45). 对固定的 p, 函数 $G(x,p)$ 是 x 的线性函数, 而且 $\partial G/\partial x=p$, 而当 $x=x(p)$ 时, 由 $g(p)$ 的定义 $G(x,p)=xp-g(p)=f(x)$.

现在固定 $x=x_0$ 而让 p 变化. $G(x,p)$ 之值将是直线 $x=x_0$ 与 $f(x)$ 的具有各个不同斜率 p 的切线之交点的纵坐标. 由图像的凸性可知, 所有这些切线都在 $f(x)$ 图像的下方, 因此 $G(x,p)$ 对于固定的 $x(p_0)$ 的最大值等于 $f(x)$(而且在 $p=p(x_0)=f'(x_0)$ 处达到). □

系[①] *考虑一族直线 $y=xp-g(p)$. 则其包络的方程是 $y=f(x)$, f 是 g 的勒让德变换.*

D. 杨氏不等式

定义 两个互为勒让德变换的函数 f 与 g 称为在杨 (Young) 的意义下对偶.

由勒让德变换之定义, $F(x,p)=px-f(x)$ 对任意 x 和 p 不大于 $g(p)$. 由此即有杨氏不等式

$$px\leqslant f(x)+g(p).$$

例 1 若 $f(x)=\dfrac{1}{2}x^2$, 则 $g(p)=\dfrac{1}{2}p^2$, 即得熟知的不等式: 对一切 x 和 p 有 $px\leqslant\dfrac{1}{2}x^2+\dfrac{1}{2}p^2$.

例 2 若 $f(x)=x^\alpha/\alpha$, 则 $g(p)=p^\beta/\beta$, 且 $(1/\alpha)+(1/\beta)=1$, 则得杨氏不等式: 对一切 $x>0,p>0,\alpha>1,\beta>1$ 且 $\dfrac{1}{\alpha}+\dfrac{1}{\beta}=1$ 有 $px\leqslant\dfrac{x^\alpha}{\alpha}+\dfrac{p^\beta}{\beta}$.

E. 多变量情况

现在令 $f(\boldsymbol{x})$ 是矢量变元 $\boldsymbol{x}=(x_1,\cdots,x_n)$ 的凸函数 (即二次型 $((\partial^2 f/\partial\boldsymbol{x}^2)d\boldsymbol{x}, d\boldsymbol{x})$ 为正定). 这时勒让德变换是矢量变元 $\boldsymbol{p}=(p_1,\cdots,p_n)$ 的函数 $g(\boldsymbol{p})$, 定义为

$$g(\boldsymbol{p})=F(\boldsymbol{p},\boldsymbol{x}(\boldsymbol{p}))=\max_x F(\boldsymbol{p},\boldsymbol{x}),$$

这里 $F(\boldsymbol{p},\boldsymbol{x})=(\boldsymbol{p},\boldsymbol{x})-f(x),\boldsymbol{p}=\partial f/\partial\boldsymbol{x}$.

前面的全部论证, 包括杨氏不等式都可以不加改动地照搬到这种情况.

---

①容易看到, 这就是克莱罗方程的理论.

问题 令 $f:\mathbb{R}^n\to\mathbb{R}$ 为凸函数. $\mathbb{R}^{n*}$ 为对偶空间, 证明上面的公式完全地定义了一个线性映射 $g:\mathbb{R}^{n*}\to\mathbb{R}$ (只要当 $\boldsymbol{x}$ 遍取 $\mathbb{R}^n$ 时线性形式 $df|_x$ 遍取 $\mathbb{R}^{n*}$).

问题 令 f 为二次型 $f(\boldsymbol{x})=\sum f_{ij}x_ix_j$. 证明其勒让德变换仍为一个二次型 $g(\boldsymbol{p})=\sum g_{ij}p_ip_j$, 二者在相应点之值相等 (图 46):

$$f(\boldsymbol{x}(\boldsymbol{p}))=g(\boldsymbol{p}),\quad g(\boldsymbol{p}(\boldsymbol{x}))=f(\boldsymbol{x}).$$

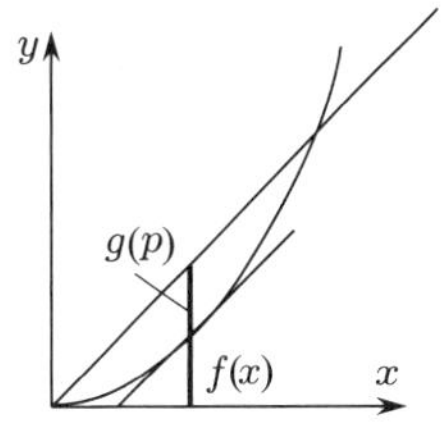

图 46 二次型的勒让德变换

§15. 哈密顿方程组

拉格朗日二阶微分方程组可以用勒让德变换变为非常对称的 $2n$ 个一阶方程的方程组, 称为哈密顿方程组 (或典则方程组).

A. 拉格朗日方程组和哈密顿方程组的等价性

我们考虑拉格朗日方程组 $\dot{\boldsymbol{p}}=\partial L/\partial\boldsymbol{q}$, 这里 $\boldsymbol{p}=\partial L/\partial\dot{\boldsymbol{q}}$, 拉格朗日函数是已知的 $L:\mathbb{R}^n\times\mathbb{R}^n\times\mathbb{R}\to\mathbb{R}$, 我们设它对第二组变量 $\dot{\boldsymbol{q}}$ 是凸的[①].

定理 拉格朗日方程组等价于 $2n$ 个一阶方程的方程组 (哈密顿方程组)

$$\dot{\boldsymbol{p}}=-\partial H/\partial\boldsymbol{q},\quad \dot{\boldsymbol{q}}=\partial H/\partial\boldsymbol{p},$$

$H(\boldsymbol{p},\boldsymbol{q},t)=\boldsymbol{p}\dot{\boldsymbol{q}}-L(\boldsymbol{q},\dot{\boldsymbol{q}},t)$ 是拉格朗日函数作为 $\dot{\boldsymbol{q}}$ 之函数的勒让德变换.

证 由定义, $L(\boldsymbol{q},\dot{\boldsymbol{q}},t)$ 对于 $\dot{\boldsymbol{q}}$ 的勒让德变换是函数 $H(\boldsymbol{p})=\boldsymbol{p}\dot{\boldsymbol{q}}-L(\dot{\boldsymbol{q}})$, 其中 $\dot{\boldsymbol{q}}$ 应按以下公式表为 $\boldsymbol{p}$ 的函数: $\boldsymbol{p}=\partial L/\partial\dot{\boldsymbol{q}}$, 而且 H 依赖于参数 $\boldsymbol{q}$ 和 t. 这个函数 H 称为哈密顿函数.

哈密顿函数的全微分

$$dH=\frac{\partial H}{\partial\boldsymbol{p}}d\boldsymbol{p}+\frac{\partial H}{\partial\boldsymbol{q}}d\boldsymbol{q}+\frac{\partial H}{\partial t}dt$$

应等于 $\boldsymbol{p}\dot{\boldsymbol{q}}-L$ 的全微分, 其中 $\boldsymbol{p}=\partial L/\partial\dot{\boldsymbol{q}}$:

$$dH=\dot{\boldsymbol{q}}d\boldsymbol{p}-\frac{\partial L}{\partial\boldsymbol{q}}d\boldsymbol{q}-\frac{\partial L}{\partial t}dt.$$

dH 的这两个表达式应该相同. 所以

$$\dot{\boldsymbol{q}}=\frac{\partial H}{\partial\boldsymbol{p}},\quad \frac{\partial H}{\partial\boldsymbol{q}}=-\frac{\partial L}{\partial\boldsymbol{q}},\quad \frac{\partial H}{\partial t}=-\frac{\partial L}{\partial t}.$$

应用拉格朗日方程组 $\dot{\boldsymbol{p}}=\dfrac{\partial L}{\partial\boldsymbol{q}}$, 即得哈密顿方程组.

我们已经看到若 $\boldsymbol{q}(t)$ 适合拉格朗日方程组, 则 $(\boldsymbol{p}(t),\boldsymbol{q}(t))$ 适合哈密顿方程组. 其逆可以类似地证明. 因此拉格朗日方程组与哈密顿方程组是等价的. □

注 上述定理适用于一切变分问题而不只是力学中的拉格朗日方程组.

① 在应用中, 这个凸函数时常是一个正定二次型.

B. 哈密顿函数与能量

例 对于力学系方程组, 拉格朗日函数具有通常的形状 $L=T-U$, 动能 T 是 $\dot{\boldsymbol{q}}$ 的二次型

$$T=\frac{1}{2}\sum a_{ij}\dot{q}_i\dot{q}_j,\quad a_{ij}=a_{ij}(\boldsymbol{q},t),\quad \text{而 } U=U(\boldsymbol{q}).$$

定理 在上述假设下哈密顿函数即总能量

$$H=T+U.$$

证明基于下述关于二次型的勒让德变换的引理.

引理 二次型 $f(\boldsymbol{x})$ 与其勒让德变换 $g(\boldsymbol{p})$ 在对应点之值相等:

$$f(\boldsymbol{x})=g(\boldsymbol{p}).$$

例 对于 $f(x)=x^2$, 这是抛物线切线的熟知的性质. 对于 $f(x)=\dfrac{1}{2}mx^2$ 我们有 $p=mx$, 而 $g(p)=p^2/2m=\dfrac{1}{2}mx^2=f(x)$.

引理的证明 由关于齐次函数的欧拉定理, $\dfrac{\partial f}{\partial \boldsymbol{x}}\boldsymbol{x}=2f$. 所以

$$g(\boldsymbol{p}(\boldsymbol{x}))=\boldsymbol{p}\boldsymbol{x}-f(\boldsymbol{x})=(\partial f/\partial \boldsymbol{x})\boldsymbol{x}-f(\boldsymbol{x})=2f(\boldsymbol{x})-f(\boldsymbol{x})=f(\boldsymbol{x}).\qquad\square$$

定理的证明 用和引理相同的推理, 有

$$H=\boldsymbol{p}\dot{\boldsymbol{q}}-L=2T-(T-U)=T+U.\qquad\square$$

例 对于一维运动

$$\ddot{q}=-\frac{\partial U}{\partial q}.$$

这时 $T=\frac{1}{2}\dot{q}^2, U=U(q), p=\dot{q}, H=\frac{1}{2}p^2+U(q)$ 而哈密顿方程组成为

$$\dot{q}=p,\quad \dot{p}=-\frac{\partial U}{\partial q}.$$

这个例子使人们容易记住, 哈密顿方程组中哪一些是带负号的.

由运动方程和哈密顿方程组的等价性定理可得到几个重要的推论. 例如能量守恒定律得到了很简单的形式:

系 1 $\dfrac{dH}{dt}=\dfrac{\partial H}{\partial t}$. 特别, 若一个力学系的哈密顿函数不显含时间 $\left(\dfrac{\partial H}{\partial t}=0\right)$, 则能量守恒定律成立: $H(\boldsymbol{p}(t),\boldsymbol{q}(t))=$ 常数.

证 考虑 H 沿运动轨道的变化: $H(\boldsymbol{p}(t),\boldsymbol{q}(t),t)$, 由哈密顿方程组即有

$$\frac{dH}{dt}=\frac{\partial H}{\partial \boldsymbol{p}}\left(-\frac{\partial H}{\partial \boldsymbol{q}}\right)+\frac{\partial H}{\partial \boldsymbol{q}}\cdot\frac{\partial H}{\partial \boldsymbol{p}}+\frac{\partial H}{\partial t}=\frac{\partial H}{\partial t}.\qquad\square$$

C. 循环坐标

在考虑有心场时, 我们看到, 引入极坐标可将一个问题化为一维问题. 事实是已知一个问题的对称性就能选择一个坐标系 $\boldsymbol{q}$ 使得哈密顿函数不依赖于某些坐标, 我们即可找到一些首次积分, 从而化为具有较少坐标的问题.

定义 若哈密顿函数 $H(p_1,\cdots,p_n;q_1,\cdots,q_n;t)$ 不显含 q_1, 即 $\partial H/\partial q_1=0$, 则称 q_1 为循环坐标(这个名词来自有心场的角坐标这个特例).

显然 q_1 是循环的当且仅当它不显含于拉格朗日函数 L 中 $(\partial L/\partial q_1=0)$. 由运动方程的哈密顿形式有:

系 2 令 q_1 为循环坐标. 则 p_1 是首次积分. 这时其余坐标随时间的变化与一个具有 $n-1$ 个独立坐标 $q_2,\cdots,q_n$ 以及一个依赖于参数 $c=p_1$ 的哈密顿函数

$$H(p_2,\cdots,p_n,q_2,\cdots,q_n,t,c)$$

的力学系一样.

证 令 $\boldsymbol{p}'=(p_2,\cdots,p_n),\boldsymbol{q}'=(q_2,\cdots,q_n)$, 这时哈密顿方程组成为

$$\begin{aligned}&\frac{d}{dt}\boldsymbol{q}'=\frac{\partial H}{\partial \boldsymbol{p}'},\quad \frac{d}{dt}\boldsymbol{p}'=-\frac{\partial H}{\partial \boldsymbol{q}'},\\&\frac{d}{dt}q_1=\frac{\partial H}{\partial p_1},\quad \frac{d}{dt}p_1=0.\end{aligned}$$

最后的方程给出 $p_1=$ 常数. 因此在 $\boldsymbol{p}'$ 和 $\boldsymbol{q}'$ 的方程组中 p_1 之值只作为参数出现在哈密顿函数中. 解出这 $2n-2$ 个方程的方程组后, q_1 的方程成为

$$\frac{d}{dt}q_1=f(t),\quad f(t)=\frac{\partial}{\partial p_1}H(p_1,\boldsymbol{p}'(t),\boldsymbol{q}'(t),t),$$

因而容易积出. □

系 3 每个两自由度 $(n=2)$ 的力学系, 若有循环坐标, 则是可积的.

证 这时, p' 和 q' 的方程组各是一维的, 而可以用首次积分 $H(p',q')=c$ 立即积出. □

§16. 刘维尔定理

哈密顿方程的相流保持相体积不变. 由此可得, 哈密顿方程组不可能渐近稳定.

为简单起见, 我们只看哈密顿函数不显含时间的情况:

$$H=H(\boldsymbol{p},\boldsymbol{q}).$$

A. 相流

定义 坐标为 $p_1, \cdots, p_n; q_1, \cdots, q_n$ 的 $2n$ 维空间称为相空间.

例 $n=1$ 的情况就是第 4 节中考虑过的力学系 $\ddot{x} = -\partial U/\partial x$ 的相平面.

象这个最简单的例子一样, 哈密顿方程组右方给出一个矢量场: 在相空间的各点 $(\boldsymbol{p}, \boldsymbol{q})$ 有一个 $2n$ 维矢量 $(-\partial H/\partial \boldsymbol{q}, \partial H/\partial \boldsymbol{p})$. 我们设哈密顿方程组的每个解均可拓展到整个时间轴[①].

定义 相流即相空间中的单参数变换群

$$g^t : (\boldsymbol{p}(0), \boldsymbol{q}(0)) \to (\boldsymbol{p}(t), \boldsymbol{q}(t)),$$

$\boldsymbol{p}(t)$ 与 $\boldsymbol{q}(t)$ 是哈密顿方程组的解 (图 47).

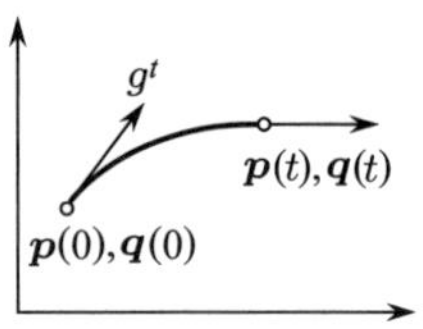

图 47 相流

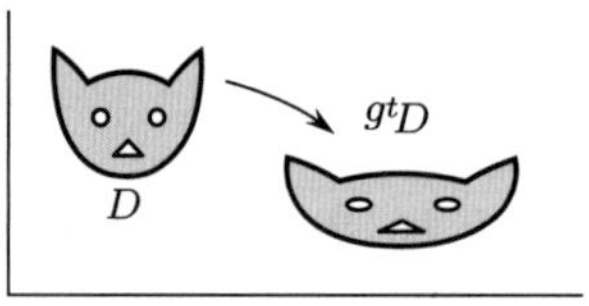

图 48 体积的守恒

问题 证明 $\{g^t\}$ 是群.

B. 刘维尔定理

1) 相流保持体积不变: 即对任意区域 D 我们有 (图 48)

$$g^tD \text{ 之体积} = D \text{ 之体积}.$$

我们要证明下面的更广泛些的命题, 它也是属于刘维尔的.

设有一组常微分方程 $\dot{\boldsymbol{x}} = \boldsymbol{f}(\boldsymbol{x}), \boldsymbol{x} = (x_1, \cdots, x_n)$, 其解可以拓展到整个时间轴. 令 $\{g^t\}$ 为相应的变换群:

$$g^t(\boldsymbol{x}) = \boldsymbol{x} + \boldsymbol{f}(\boldsymbol{x})t + O(t^2), \quad t \to 0. \tag{1}$$

令 $D(0)$ 是 $\boldsymbol{x}$ 空间中一个区域, $v(0)$ 为其体积, 而

$$v(t) = D(t) \text{ 之体积}, \quad D(t) = g^tD(0).$$

2) 若 $\operatorname{div} \boldsymbol{f} \equiv 0$, 则 g^t 保持体积不变: $v(t) = v(0)$.

---

① 为此, 只需设 H 之等值集为紧就够了.

C. 证明

引理 1 $\left(\dfrac{dv}{dt}\right)\bigg|_{t=0} = \displaystyle\int_{D(0)} \operatorname{div} \boldsymbol{f} dx \ (dx = dx_1 \cdots dx_n).$

证 对任意 t, 由重积分变量替换公式有

$$v(t) = \int_{D(0)} \det \left| \frac{\partial g^t \boldsymbol{x}}{\partial \boldsymbol{x}} \right| dx.$$

用公式 (1) 计算 $\partial g^t \boldsymbol{x} / \partial \boldsymbol{x}$, 我们即有

$$\partial g^t \boldsymbol{x} / \partial \boldsymbol{x} = E + \frac{\partial \boldsymbol{f}}{\partial \boldsymbol{x}} t + O(t^2), \quad t \to 0. \qquad \square$$

我们要用一个熟知的代数事实:

引理 2 对任一矩阵 $A = (a_{ij})$ 有

$$\det |E + At| = 1 + t \operatorname{tr} A + O(t^2), \quad t \to 0.$$

这里, $\operatorname{tr} A = \sum\limits_{i=1}^{n} a_{ii}$ 是 A 的迹 (即主对角线上元素之和).

(将行列式直接展开就可证明引理 2: 我们会得出 1 和 n 个 t 的一次项, 其余项含 t^2, t^3, 等等.)

应用它, 我们有

$$\det \frac{\partial g^t \boldsymbol{x}}{\partial \boldsymbol{x}} = 1 + t \operatorname{tr} \frac{\partial \boldsymbol{f}}{\partial \boldsymbol{x}} + O(t^2)$$

但 $\operatorname{tr} \partial \boldsymbol{f} / \partial \boldsymbol{x} = \sum\limits_{i=1}^{n} \partial f_i / \partial x_i = \operatorname{div} \boldsymbol{f}$. 所以得引理 1 之证明:

$$v(t) = \int_{D(0)} [1 + t \operatorname{div} \boldsymbol{f} + O(t^2)] dx. \qquad \square$$

2) **之证明** 因为 $t = t_0$ 并不比 $t = 0$ 更差, 引理 1 可写为

$$\left. \frac{dv(t)}{dt} \right|_{t=t_0} = \int_{D(t_0)} \operatorname{div} \boldsymbol{f} dx,$$

而若 $\operatorname{div} \boldsymbol{f} \equiv 0$ 即有 $dv/dt = 0$. $\square$

特别是, 对于哈密顿方程组我们有

$$\operatorname{div} \boldsymbol{f} = \frac{\partial}{\partial p} \left(-\frac{\partial H}{\partial q} \right) + \frac{\partial}{\partial q} \left(\frac{\partial H}{\partial p} \right) \equiv 0.$$

因此, 刘维尔定理 (即 1) 得证. $\square$

问题 将刘维尔定理推广到非自治系 (即 $H = H(\boldsymbol{p}, \boldsymbol{q}, t)$ 或 $\boldsymbol{f} = \boldsymbol{f}(\boldsymbol{x}, t)$) 的情况.

问题 对线性方程组 $\dot{\boldsymbol{x}} = A(t)\boldsymbol{x}$ 之朗斯基行列式证明刘维尔公式

$$W = W_0 e^{\int \mathrm{tr} A dt}.$$

刘维尔定理有许多应用.

问题 证明哈密顿方程组在相空间中不可能有渐近稳定点与渐近稳定的极限环.

刘维尔定理在统计力学中有特别重要的应用.

刘维尔定理使我们能应用*遍历理论*[①]的方法来研究力学. 我们将只考虑最简单的例子:

D. 庞加莱回归定理

令 g 是保持体积的连续的一对一映射, 它将欧氏空间的有界区域 D 映到其自身上: $gD = D$.

这时在 D 的任一点的任一邻域 U 中都有一点 $\boldsymbol{x} \in U$ 将会回到 U 中, 即对某个 $n > 0$ 有 $g^n x \in D$.

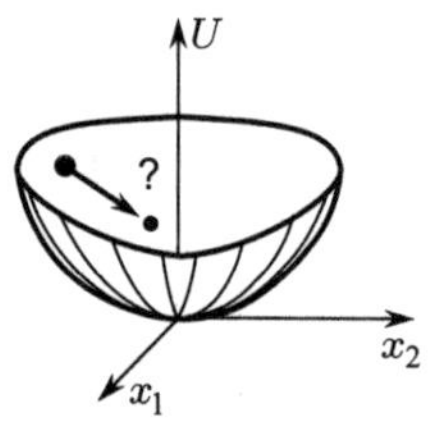

图 49 球在非对称杯中的运动方式是不知道的; 然而庞加莱定理预计到它会回到初始位置附近.

这个定理例如可以用于一个二维力学系的相流 g^t, 这个力学系的位能 $U(x_1, x_2)$ 当 $(x_1, x_2) \to \infty$ 时趋向无穷; 这时相空间中的不变有界区域由以下条件给出 (图 49)

$$D = \{\boldsymbol{p}, \boldsymbol{q} : T + U \leqslant E\}.$$

庞加莱定理可以加强, 证明几乎每个动点都会反复地回到初始位置附近. 这是关于运动的特性所已知的仅有的几个一般结论之一. 运动的细节完全不知道, 甚至在

$$\ddot{\boldsymbol{x}} = -\frac{\partial U}{\partial \boldsymbol{x}}, \quad \boldsymbol{x} = (x_1, x_2)$$

这样的情况下也如此.

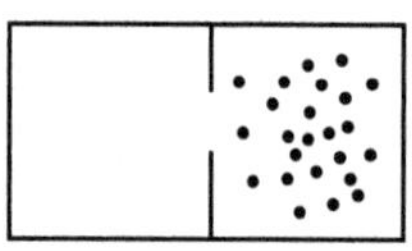

图 50 分子回到第一个室内

由庞加莱定理和刘维尔定理得到的以下预测是一个具有悖论性质的结论: 如果你打开一个把充满气体的室和真空室隔开的隔板, 过了一会儿, 气体分子又会回到第一个室内 (图 50).

这个悖论的解释是: 所谓 "一会儿" 可能比太阳系的存在时间还长.

庞加莱定理的证明 考虑邻域 U 的像 (图 51)

$$U, gU, g^2U, \cdots, g^nU, \cdots$$

① 例如参看: Halmos [1].

它们都有相同体积. 若它们不相交, D 将有无限体积. 因此对某个 $k \geqslant 0, l \geqslant 0, k > l$,

$$g^k U \cap g^l U \neq \varnothing.$$

于是, $g^{k-l}U \cap U \neq \varnothing$. 令 $g^{k-l}x = y$. 则 $x \in U$ 且 $g^n x \in U$ $(n = k - l)$. □

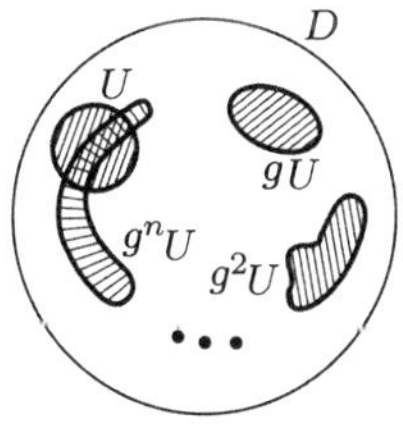

图 51 回归定理

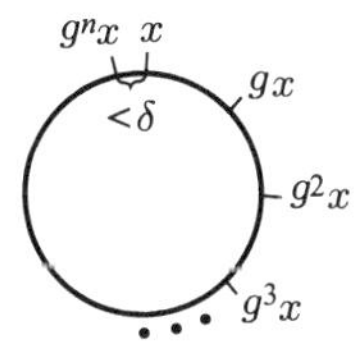

图 52 圆周上的稠密集

E. 庞加莱定理的应用

例 1 令 D 为一圆周, g 是旋转 α 角. 若 $\alpha - 2\pi(m/n)$, 则 g^n 是恒等映射而定理自明. 若 α 与 2π 不可公约, 庞加莱定理给出:

$$\forall \delta > 0, \quad \exists n : |g^n x - x| < \delta \text{ (图 52)}.$$

由此易得

定理 *若 $\alpha \neq 2\pi(m/n)$, 则点 $g^k x$ 之集在圆周上稠密*[①] $(k = 1, 2, \cdots)$.

问题 证明在 $U = r^4$ 的有心场中每个轨道或为闭或稠密地填满两圆周间的环.

例 2 令 D 为二维环面, φ_1 与 φ_2 为其上的角坐标 (经度和纬度) (图 53).

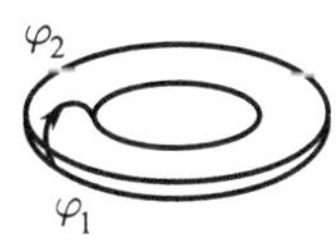

图 53 环面

考虑环面上的常微分方程组

$$\dot{\varphi}_1 = \alpha_1, \quad \dot{\varphi}_2 = \alpha_2.$$

显然, $\operatorname{div} \boldsymbol{f} = 0$ 而相应的运动

$$q^t : (\varphi_1, \varphi_2) \to (\varphi_1 + \alpha_1 t, \varphi_2 + \alpha_2 t)$$

保持体积 $d\varphi_1 d\varphi_2$. 由庞加莱定理容易得出

定理 *若 α_1/α_2 是无理数, 则环面上的 "螺旋线" $g^t(\varphi_1, \varphi_2)$ 在环面上稠密.*

问题 证明若 ω 是无理数, 则利萨如图形 $(x = \cos t, y = \cos \omega t)$ 在正方形 $|x| \leqslant 1, |y| \leqslant 1$ 中稠密.

---

①集 A 在 B 中稠密即 B 中每一点的每个邻域中都有 A 中的点.

例 3　令 D 为 n 维环面 T^n, 即 n 个圆周之直积[①]:

$$D = \underbrace{S^1 \times S^1 \times \cdots \times S^1}_{n\text{个}} = T^n.$$

n 维环面上的一点由 n 个角坐标 $\boldsymbol{\varphi} = (\varphi_1, \cdots, \varphi_n)$ 给出. 令 $\boldsymbol{\alpha} = (\alpha_1, \cdots, \alpha_n), g^t$ 是保持体积的变换

$$g^t : T^n \to T^n, \quad \boldsymbol{\varphi} \to \boldsymbol{\varphi} + \alpha t.$$

问题　在关于 α 的什么条件下, 以下的集稠密? (a) $g^t\boldsymbol{\varphi}$ 的轨道; (b) $g^k\boldsymbol{\varphi}$ 的轨道 (t 属于实数群 $\mathbb{R}$, k 属于整数群 $\mathbb{Z}$).

例 1 到例 3 中的变换都与力学有密切关系. 但因庞加莱定理是抽象的, 它也有与力学无关的应用.

例 4　考虑数 2^n 的第一位数 1, 2, 4, 8, 1, 3, 6, 1, 2, 5, 1, 2, 4, $\cdots$.

问题　数字 7 是否会出现在上面的这个序列中? 在 7 和 8 中哪一个出现得更经常? 频繁多少倍? (参见第十章节 51.)

---

①集 $A, B, \cdots$ 之直积即点 $(a, b, \cdots)$ 之集, 这里 $a \in A, b \in B, \cdots$.

第四章　流形上的拉格朗日力学

我们将在本章中介绍微分流形及其切丛的概念. 给定在切丛上的拉格朗日函数在流形上定义一个拉格朗日"完整系". 具有完整约束的质点组 (例如摆或刚体) 是其特例.

§17. 完整约束

我们将在本节定义具有完整约束的质点组的概念.

A. 例子

令 γ 为平面光滑曲线. 若在 γ 附近有一个很强的指向 γ 的力场, 则一个运动的质点将总是靠近于 γ. 在具有无穷大力场的极限情况, 质点必留在 γ 上. 这时我们就说, 对这个力学系加上了一个约束 (图 54).

为了把这说得更精确, 我们在 γ 的邻域中引入曲线坐标 q_1 和 q_2; q_1 是沿 γ 的, 而 q_2 表示到此曲线的距离.

考虑具有依赖于参数 N 的位能的力学系

$$U_N = Nq_2^2 + U_0(q_1, q_2)$$

(以后将使 N 趋向无穷大) (图 55).

考虑在 γ 上的初始条件:

$$q_1(0) = q_1^0, \quad \dot{q}_1(0) = \dot{q}_1^0, \quad q_2(0) = 0, \quad \dot{q}_2(0) = 0.$$

用 $q_1 = \varphi(t, N)$ 表示在 U_N 的场中在这些初始条件下的运动中 q_1 坐标的演化.

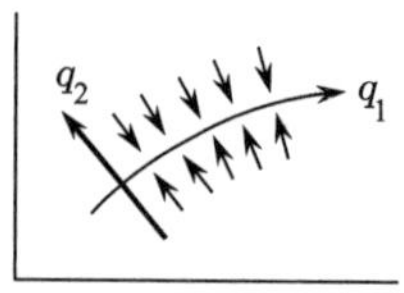

图 54 约束作为无限强的场

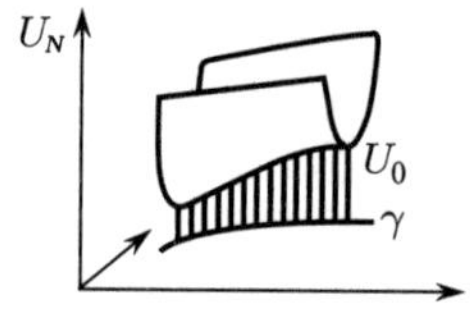

图 55 位能 U_N

定理 当 $N \to \infty$ 时以下极限存在

$$\lim_{N\to\infty} \varphi(t, N) = \psi(t).$$

极限函数 $q_1 = \psi(t)$ 满足拉格朗日方程

$$\frac{d}{dt}\left(\frac{\partial L_*}{\partial \dot{q}_1}\right) = \frac{\partial L_*}{\partial q_1},$$

这里 $L_*(q_1, \dot{q}_1) = T|_{q_2=\dot{q}_2=0} - U_0|_{q_2=0}$ (T 是沿 γ 运动的动能).

这样, 当 $N \to \infty$ 时, 由关于 q_1 和 q_2 的拉格朗日方程导出了关于 $q_1 = \psi(t)$ 的拉格朗日方程.

现用 n 个质点的 $3n$ 维构形空间代替平面, 它们组成一个具有度量 $d\boldsymbol{s}^2 = \sum\limits_{i=1}^{n} m_i d\boldsymbol{r}_i^2$ (m_i 为质量) 的力学系, 又用这 $3n$ 维空间的一个子流形作为 γ, q_1 换成沿 γ 的某些坐标 $\boldsymbol{q}_1, q_2$ 换成垂直于 γ 方向上的某些坐标 $\boldsymbol{q}_2$, 也会得到完全一样的结果. 若位能的形状是

$$U = U_0(\boldsymbol{q}_1) + N\boldsymbol{q}_2^2,$$

则当 $N \to \infty$ 时, 将由拉格朗日函数为

$$L_* = T|_{q_2=\dot{q}_2=0} - U_0|_{q_2=0}$$

的拉格朗日方程定义 γ 上的一个运动.

B. 具有约束的力学系的定义

我们将不证明以上定理①, 但也不去用它. 我们只需要它来说明下面定义是有道理的.

定义 令 γ 为质量为 $m_1, \cdots, m_n$ 的点 $\boldsymbol{r}_1, \cdots, \boldsymbol{r}_n$ 所成的 $3n$ 维构形空间中的 m 维曲面. 令 $\boldsymbol{q} = (q_1, \cdots, q_m)$ 是 γ 上的某坐标系: $\boldsymbol{r}_i = \boldsymbol{r}_i(\boldsymbol{q})$. 则由以下方程所描述

①证明基于这样一个事实: 由于能量守恒, 动点不可能离 γ 比 $cN^{-\frac{1}{2}}$ 更远, 而当 $N \to \infty$ 时这个距离趋向零. 如此利用极限来定义约束, 是柯朗 (R. Courant) 提出的. 参看 Rubin H, Ungar P, Motion under a strong constraining force, *Comm. Pure and Applied Math*, 1957. No.1. 65~87.

的力学系称为具有 $3n-m$ 个理想完整约束的 n 质点力学系:

$$\frac{d}{dt}\left(\frac{\partial L}{\partial \dot{\boldsymbol{q}}}\right)=\frac{\partial L}{\partial \boldsymbol{q}}, \quad L=\frac{1}{2}\sum m_i\dot{\boldsymbol{r}}_i^2-U(\boldsymbol{q}).$$

曲面 γ 称为具有约束的力学系之构形空间.

若曲面 γ 由 $k=3n-m$ 个函数无关的方程 $f_1(\boldsymbol{r})=0,\cdots,f_k(\boldsymbol{r})=0$ 给出, 我们就说这个力学系受到关系式 $f_1=0,\cdots,f_k=0$ 的约束.

完整约束也可以定义为具有很大位能的力学系之极限情况. 这些约束在力学上的意义在于, 实验证实了许多力学系以程度不同的精确性属于这一类.

由此以往, 为简单起见我们就称理想完整约束为约束. 本书中不考虑其他约束.

§18. 微分流形

一个具有约束的力学系的构形空间是一个微分流形. 我们将在本节中给出关于微分流形的最简要的知识.

A. 微分流形的定义

一个集合 M 若有有限多或可数多个区图而其每点均可以至少在一个区图中表示, 就说 M 上有一个微分流形构造.

区图就是欧氏坐标空间 $\boldsymbol{q}=(q_1,\cdots,q_n)$ 中的开集 U 以及由 U 到 M 的某个子集上的一对一映射 $\varphi: U\to\varphi U\subset M$.

若两个区图 U 与 U' 中的点 $\boldsymbol{p}$ 与 $\boldsymbol{p}'$ 在 M 中有相同的像, 则 $\boldsymbol{p}$ 与 $\boldsymbol{p}'$ 各有邻域 $V\subset U$ 与 $V'\subset U'$, 它们在 M 中也有相同的像 (图 56). 这样就得到一个由区图 U 的一部分 $V\subset U$ 到另一区图的一部分 $V'\subset U'$ 的映射 $\varphi'^{-1}\varphi: V\to V'$.

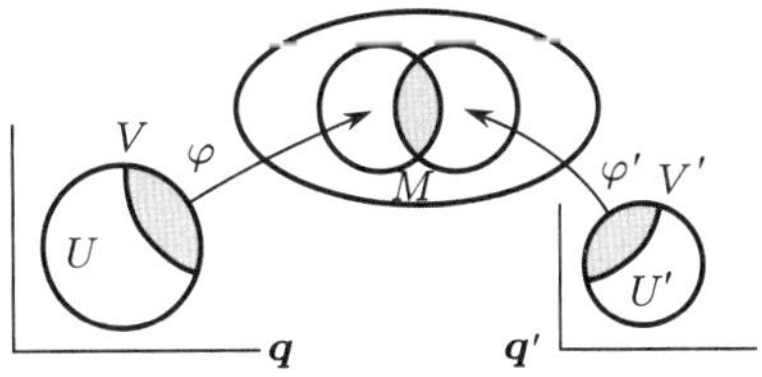

图 56 相容的区图

这是由欧氏空间 $\boldsymbol{q}$ 中的区域 V 到欧氏空间 $\boldsymbol{q}'$ 中的区域 V' 上的映射, 而由 n 个 n 元函数给出: $\boldsymbol{q}'=\boldsymbol{q}'(\boldsymbol{q})$ $(\boldsymbol{q}=\boldsymbol{q}(\boldsymbol{q}'))$. 若 $\boldsymbol{q}'(\boldsymbol{q})$ 和 $\boldsymbol{q}(\boldsymbol{q}')$ 都可微①, 就说这两个区图是相容的.

图册就是相容区图的并. 若两个图册之并仍为图册, 就说它们是等价的.

微分流形就是等价图册的类. 我们只考虑连通②流形. 这时对所有区图, 数 n 都相同, 称为流形的维数.

流形上一点的邻域即此点在区图 U 中的一邻域在映射 $\varphi: U\to M$ 下的像. 我们将设任意两个不同的点都有不相交的邻域.

①这里所谓可微是指 r 次连续可微: r 的确实的值 $(1\leqslant r\leqslant\infty)$ 无关紧要 (例如我们可取 $r=\infty$).
②若一流形不能分成两个分离的非空开子集之并, 就说它是连通的.

B. 例子

例 1　欧氏空间 $\mathbb{R}^n$ 是一个流形, 图册仅由一个区图组成.

例 2　球面 $S^2=\{(x,y,z):x^2+y^2+z^2=1\}$ 有微分流形构造, 例如其一图册可由两个区图 $(U_i,\varphi_i,i=1,2)$ 用球极投影构成 (图 57). 类似的作法适用于 n 维球面

$$S^n=\{(x_1,\cdots,x_{n+1}):\sum x_i^2=1\}.$$

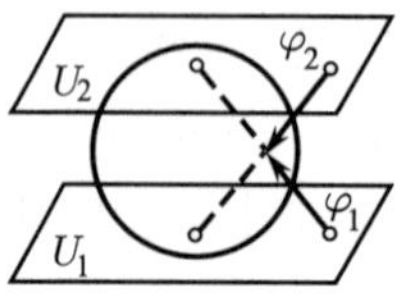

图 57　球面的图册

图 58　平面摆、球面摆与平面双摆

例 3　考虑一个平面摆. 其构形空间 —— 圆周 S^1 —— 是一个流形. 一个常用的图册是角坐标 $\varphi:\mathbb{R}^1\to S^1.U_1=(-\pi,\pi),U_2=(0,2\pi)$ (图 58).

例 4　“球面” 数学摆的构形空间是二维球面 S^2 (图 58).

例 5　“平面双摆” 的构形空间是两个圆周的直积, 即二维环面

$$T^2=S^1\times S^1.$$

例 6　球面双摆的构形空间是两个球面的直积. $S^2\times S^2$.

例 7　(q_1,q_2) 平面上的刚性直线段的构形空间是流形 $\mathbb{R}^2\times S^1$, 坐标为 (q_1,q_2,q_3) (图 59). 它可用两个区图覆盖.

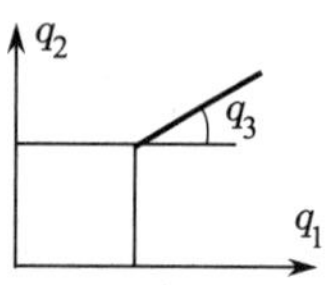

图 59　平面上一个线段的构形空间

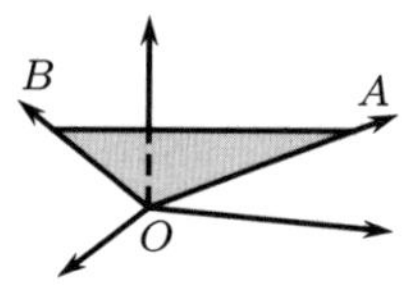

图 60　一个三角形的构形空间

例 8　设刚性直角三角形 OAB 绕顶点 O 运动. 这三角形的位置可用三个数来表示: 方向 $OA\in S^2$ 由两个数表示. 若 OA 已知, 可以让 $OB\in S^1$ 绕轴 OA 旋转 (图 60).

与此三角形 OAB 的位置相联结有一个正交右手标架, $\boldsymbol{e}_1=OA/|OA|,\boldsymbol{e}_2=OB/|OB|,\boldsymbol{e}_3=[\boldsymbol{e}_1,\boldsymbol{e}_2]$. 位置与标架的对应是一对一的: 所以三角形的位置可用一个行列式为 1 的三阶正交矩阵来表示.

一切三阶方阵之集是 9 维空间 $\mathbb{R}^9$. 六个正交条件可以从上述 $\mathbb{R}^9$ 中区分出两个三维连通的矩阵流形, 其行列式分别为 $+1$ 与 -1. 三维空间 (行列式为 $+1$) 的旋转构成一个群, 称为 $SO(3)$.

所以三角形 OAB 的构形空间是 $SO(3)$.

问题 证明 $SO(3)$ 同胚于三维实射影空间.

定义 构形空间的维数称为自由度.

例 9 考虑 k 个铰接杆所成的封闭链条这个力学系.

问题 这个力学系的自由度是多少?

例 10 嵌入流形. 我们说 M 是欧氏空间的一个 k 维嵌入子流形 (图 61). 如果在每一点 $\boldsymbol{x} \in M$ 的一个邻域 U 中都有 $n-k$ 个函数 $f_1: U \to \mathbb{R}, f_2: U \to \mathbb{R}, \cdots, f_{n-k}: U \to \mathbb{R}$ 使得 U 与 M 的交可由方程 $f_1 = 0, \cdots, f_{n-k} = 0$ 给出, 而且矢量 $\operatorname{grad} f_1, \cdots, \operatorname{grad} f_{n-k}$ 在 $\boldsymbol{x}$ 点线性无关.

容易给 M 以流形构造, 即在 $\boldsymbol{x}$ 的邻域中给出坐标系 (怎样给法?).

可以证明每个流形都可嵌入在某个欧氏空间中. 在例 8 中 $SO(3)$ 就是 $\mathbb{R}^9$ 的子集.

问题 证明 $SO(3)$ 嵌入在 $\mathbb{R}^9$ 中而且是一个流形.

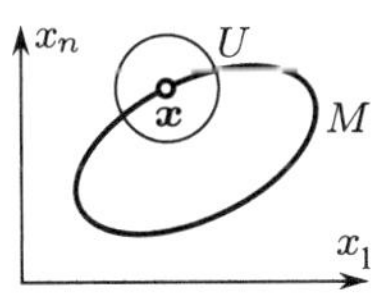

图 61 嵌入子流形

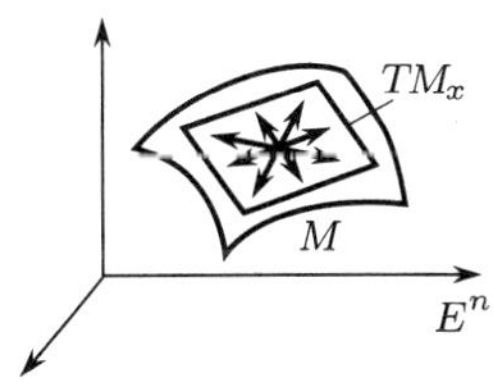

图 62 切空间

C. 切空间

令 M 是嵌入在 E^n 中的一个 k 维流形, 则在每一点 $\boldsymbol{x}$ 都有一个 k 维切空间 TM_x. 具体说, 它就是 $\{\operatorname{grad} f_1, \cdots, \operatorname{grad} f_{n-k}\}$ 的正交补 (图 62). 切空间 TM_x 中以 $\boldsymbol{x}$ 为起点的矢量称为 M 在 $\boldsymbol{x}$ 的切矢量. 我们也可以把这些矢量直接定义为 M 中曲线的速度矢量:

$$\dot{\boldsymbol{x}} = \lim_{t \to 0} \frac{\boldsymbol{\varphi}(t) - \boldsymbol{\varphi}(0)}{t}, \quad 其中\ \boldsymbol{\varphi}(0) = \boldsymbol{x}, \boldsymbol{\varphi}(t) \in M.$$

也可以不依赖于 M 在 E^n 中的嵌入而内蕴地定义切矢量.

设有二曲线 $\boldsymbol{x} = \boldsymbol{\varphi}(t)$ 与 $\boldsymbol{x} = \boldsymbol{\psi}(t), \boldsymbol{\varphi}(0) = \boldsymbol{\psi}(0) = \boldsymbol{x}$, 而且在某个区图中 $\lim\limits_{t \to 0}(\boldsymbol{\varphi}(t) - \boldsymbol{\psi}(t))/t - 0$, 我们就说这两条曲线是等价的. 这种等价关系称为相切, 而且在任何区图中都成立 (请证明!).

定义 流形 M 在 $\boldsymbol{x}$ 点的切矢量就是适合 $\varphi(0) = \boldsymbol{x}$ 的曲线 $\varphi(t)$ 在上述意义下的等价类.

很容易定义切矢量乘以数和切矢量的加法两种运算. M 在 $\boldsymbol{x}$ 的切矢量构成一个线性空间 $TM_{\boldsymbol{x}}$. 这空间也称为 M 在 $\boldsymbol{x}$ 的切空间.

对于嵌入流形, 这个定义和前面说的定义是一致的. 这定义的优点在于它可以适用于不嵌入在什么地方的抽象流形.

定义 令 U 为 M 之某图册中的一个区图, 其坐标为 $q_1, \cdots, q_n$. 曲线 $\boldsymbol{q} = \varphi(t)$ 的切矢量的分量即数 $\xi_1, \cdots, \xi_n$, 这里 $\xi_i = (d\varphi_i/dt)|_{t=0}$.

D. 切丛

M 在其各点的切空间的并 $\cup_{\boldsymbol{x}\in M} TM_{\boldsymbol{x}}$ 有一个自然的微分流形构造, 其维数两倍于 M 的维数.

这个流形称为 M 之*切丛*, 记作 TM. TM 的点即在某点 $\boldsymbol{x}$ 切于 M 的矢量 $\boldsymbol{\xi}$. TM 的局部坐标作法如下. 令 $q_1, \cdots, q_n$ 为 M 上之局部坐标, $\xi_1, \cdots, \xi_n$ 是此坐标系下切矢量的分量. 则 $(q_1, \cdots, q_n; \xi_1, \cdots, \xi_n)$ 这 $2n$ 个数给出 TM 的一个局部坐标系.

将切矢量 $\boldsymbol{\xi}$ 映到切点 $\boldsymbol{x} \in U$ (在这点, 矢量 $\boldsymbol{\xi}$ 与 M 相切 $(\boldsymbol{\xi} \in TM_{\boldsymbol{x}})$) 的映射 $p: TM \to M$ 称为*自然投影*. 点 $\boldsymbol{x} \in M$ 在自然投影的原像 $p^{-1}(\boldsymbol{x})$ 即切空间 $TM_{\boldsymbol{x}}$. 这空间称为*切丛在* $\boldsymbol{x}$ *点的纤维*.

E. 黎曼流形

若 M 是嵌入在欧氏空间中的一个流形, 则欧氏空间中的度量使我们能量度曲线之长、矢量之交角、体积, 等等. 所有这些量均可用切矢量之长来表示, 即以给在每个切空间 $TM_{\boldsymbol{x}}$ 上的正定二次型来表示 (图 63):

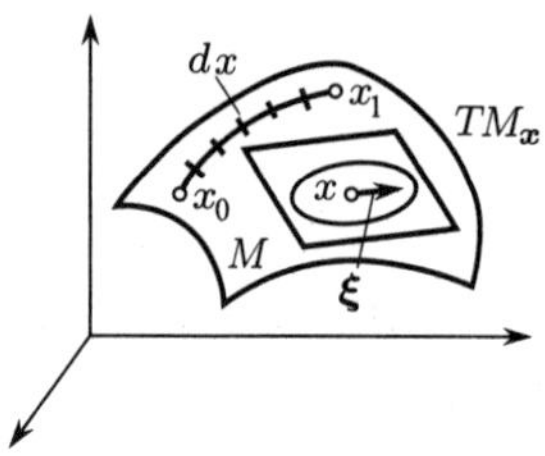

图 63 黎曼度量

$$TM_{\boldsymbol{x}} \to \mathbb{R}, \quad \boldsymbol{\xi} \to \langle \boldsymbol{\xi}, \boldsymbol{\xi} \rangle.$$

例如流形上曲线之长可用这个二次型表为

$$l(\gamma) = \int_{x_0}^{x_1} \sqrt{\langle d\boldsymbol{x}, d\boldsymbol{x} \rangle},$$

而若此曲线用参数形式 $\gamma: [t_0, t_1] \to M, t \to \boldsymbol{x}(t) \in M$ 给出, 则

$$l(\gamma) = \int_{t_0}^{t_1} \sqrt{\langle \dot{\boldsymbol{x}}, \dot{\boldsymbol{x}} \rangle} dt.$$

定义 每个切空间 TM_x 上均有一固定正定二次型 $\langle \boldsymbol{\xi}, \boldsymbol{\xi} \rangle$ 的微分流形称为*黎曼流形*. 这个二次型称为其*黎曼度量*.

注 令 U 为 M 之某图册的一个区图, 坐标为 $q_1, \cdots, q_n$. 则黎曼度量可由以下公式给出:

$$ds^2 = \sum_{i,j=1}^{n} a_{ij}(q) dq_i dq_j, \quad a_{ij} = a_{ji},$$

dq_i 是一个切矢量的分量.

函数 $a_{ij}(q)$ 设为任意次可微.

F. 映射的微分

令 $f: M \to N$ 是流形 M 到流形 N 的映射, f 称为可微的, 若在 M 与 N 的局部坐标下 f 由可微函数给出.

定义 可微映射 $f: M \to N$ 在一点 $\boldsymbol{x} \in M$ 的微分是切空间之间的线性映射

$$f_{*\boldsymbol{x}}: TM_{\boldsymbol{x}} \to TN_{f(\boldsymbol{x})}.$$

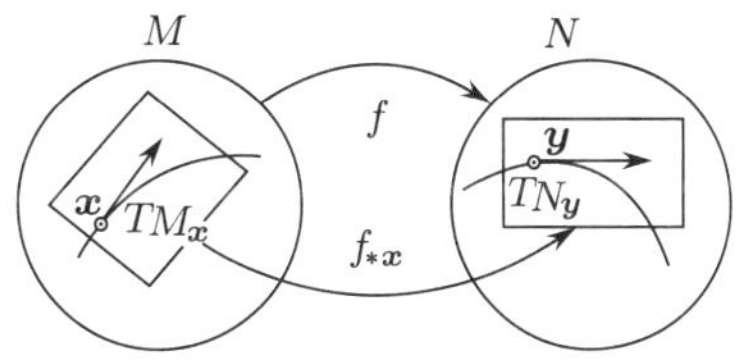

图 64 映射的微分

它由以下方式来定义 (图 64):

令 $\boldsymbol{v} \in TM_{\boldsymbol{x}}$. 考虑曲线 $\boldsymbol{\varphi}: \mathbb{R} \to M, \boldsymbol{\varphi}(0) = \boldsymbol{x}$, 且速度矢量 $(d\boldsymbol{\varphi}/dt)|_{t=0} = \boldsymbol{v}$. $f_{*\boldsymbol{x}}\boldsymbol{v}$ 即曲线 $f \circ \varphi: \mathbb{R} \to N$ 的速度矢量

$$f_{*\boldsymbol{x}}\boldsymbol{v} = \left.\frac{d}{dt}\right|_{t=0} f(\boldsymbol{\varphi}(t)).$$

问题 证明矢量 $f_{*\boldsymbol{x}}\boldsymbol{v}$ 不依赖于曲线 $\boldsymbol{\varphi}$, 只依赖于矢量 $\boldsymbol{v}$.

问题 证明映射 $f_{*\boldsymbol{x}}: TM_{\boldsymbol{x}} \to TN_{f(\boldsymbol{x})}$ 是线性的.

问题 令 $\boldsymbol{x} = (x_1, \cdots, x_n)$ 是 $\boldsymbol{x} \in M$ 邻域中的坐标, $\boldsymbol{y} = (y_1, \cdots, y_n)$ 是 $\boldsymbol{y} \in N$ 邻域中的坐标. $\boldsymbol{\xi}$ 是矢量 $\boldsymbol{v}$ 之分量的一组, $\boldsymbol{\eta}$ 为矢量 $f_{*x}\boldsymbol{v}$ 之分量的一组. 证明

$$\boldsymbol{\eta} = \frac{\partial \boldsymbol{y}}{\partial \boldsymbol{x}}\boldsymbol{\xi}, \quad \text{即 } \eta_i = \sum_j \frac{\partial y_i}{\partial x_j}\xi_j.$$

对一切 $\boldsymbol{x}$, 取 $f_{*\boldsymbol{x}}$ 之并, 即得整个切丛的映射

$$f_*: TM \to TN, \quad f_*\boldsymbol{v} = f_{*\boldsymbol{x}}\boldsymbol{v}, \quad \text{若 } \boldsymbol{v} \in TM_{\boldsymbol{x}}.$$

问题 证明 f_* 是可微映射.

问题 令 $f: M \to N, g: N \to K$ 而 $h = g \circ f: M \to K$. 证明 $h_* = g_* \circ f_*$.

§19. 拉格朗日动力系统

在本节中我们将定义流形上的拉格朗日动力系统. 具有完整约束的力学系是一个特例.

A. 拉格朗日动力系统的定义

令 M 为一微分流形, TM 为其切丛, $L: TM \to \mathbb{R}$ 为一可微函数. 映射 $\gamma: \mathbb{R} \to M$ 称为具有构形流形 M 及拉格朗日函数 L 的拉格朗日动力系统中的运动, 如果 γ 是以下泛函的驻定曲线:

$$\Phi(\gamma) = \int_{t_0}^{t_1} L(\gamma, \dot{\gamma})dt,$$

这里 $\dot{\gamma}$ 是速度矢量, $\dot{\gamma} \in TM_{\gamma(t)}$.

例 令 M 是坐标为 $\boldsymbol{q}=(q_1,\cdots,q_n)$ 的坐标空间的区域. 拉格朗日函数 $L:TM\to\mathbb{R}$ 可以写成 $2n$ 个变量之函数 $L(\boldsymbol{q},\dot{\boldsymbol{q}})$. 如我们在 12 节中讲过的那样, 一个随时间运动的点的坐标的演化满足拉格朗日方程组.

定理 流形上的拉格朗日动力系统中动点 $\gamma(t)$ 的局部坐标 $\boldsymbol{q}=(q_1,\cdots,q_n)$ 之演化满足拉格朗日方程组

$$\frac{d}{dt}\frac{\partial L}{\partial \dot{\boldsymbol{q}}}=\frac{\partial L}{\partial \boldsymbol{q}}.$$

$L(\boldsymbol{q},\dot{\boldsymbol{q}})$ 是函数 $L:TM\to\mathbb{R}$ 在 TM 的坐标 $\boldsymbol{q},\dot{\boldsymbol{q}}$ 中的表达式.

我们时常遇到以下的特例.

B. 自然的动力系统

令 M 为一黎曼流形. 各点的切空间上的二次型

$$T=\frac{1}{2}\langle \boldsymbol{v},\boldsymbol{v}\rangle,\quad \boldsymbol{v}\in TM_{\boldsymbol{x}}$$

称为动能. 一个可微函数 $U:M\to\mathbb{R}$ 称为位能.

定义 黎曼流形上的拉格朗日动力系统若其拉格朗日函数是动能与位能之差: $L=T-U$, 就称为自然的动力系统.

例 考虑由 (x,y) 平面上长为 l 的直线段连接的两个质点 m_1 与 m_2. 则在两自由点 $(x_1,y_1)(x_2,y_2)$ 的四维构形空间 $\mathbb{R}^2\times\mathbb{R}^2$ 中由条件 $\sqrt{(x_1-x_2)^2+(y_1-y_2)^2}=l$ (图 65) 定义一个三维构形空间

$$M=\mathbb{R}^2\times S^1\subset\mathbb{R}^2\times\mathbb{R}^2.$$

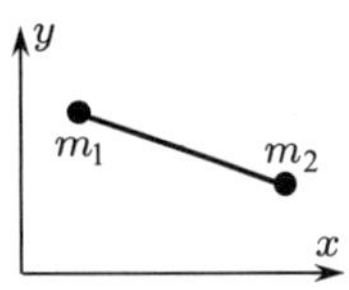

图 65 平面上之线段

在四维空间 (x_1,x_2,y_1,y_2) 的切空间上有一个二次型

$$m_1(\dot{x}_1^2+\dot{y}_1^2)+m_2(\dot{x}_2^2+\dot{y}_2^2).$$

我们的三维流形, 因其嵌入在此四维流形中, 具有黎曼度量. 这样得到的完整力学系在力学中称为 (x,y) 平面上的定长线段. 它的动能是

$$T=m_1\frac{\dot{x}_1^2+\dot{y}_1^2}{2}+m_2\frac{\dot{x}_2^2+\dot{y}_2^2}{2}.$$

C. 具有完整约束的力学系

我们已在节 17 中定义了具有完整约束的质点力学系的概念. 我们现在证明它是自然的.

事实上, 我们可以把具有约束的力学系的构形流形 M 看作是嵌入在自由质点组的 $3n$ 维构形空间中, 而这个 $3n$ 维空间的黎曼度量由二次形 $\sum_{i=1}^{n}m_i\dot{\boldsymbol{r}}_i^2$ 给出. 具有

位能 U 的嵌入黎曼流形 M 与节 17 中定义的力学系一样, 亦即与位能为 $U+N\boldsymbol{q}_2^2$ 的力学系当 $N\to\infty$ 时的极限情况一样, 这时位能在 M 之外急增.

D. 求解具有约束的问题的程序

1. 定出构形流形并在其各点附近引入坐标 $q_1,\cdots,q_k$.
2. 把动能表为广义速度的二次型

$$T=\frac{1}{2}\sum a_{ij}(\boldsymbol{q})\dot{q}_i\dot{q}_j.$$

3. 作出拉格朗日函数 $L=T-U(\boldsymbol{q})$, 求解拉格朗日方程.

例 考虑质量为 1 的质点在三维空间旋转面 (图 66) 上的运动. 可以证明轨道是测地线. 此曲面在柱坐标 r,φ,z 下可以 (局部地) 表为 $r=r(z)$ 或 $z=z(r)$. 在坐标 φ 与 z 下动能是

$$T=\frac{1}{2}(\dot{x}^2+\dot{y}^2+\dot{z}^2)=\frac{1}{2}[(1+r_z'^2)\dot{z}^2+r^2(z)\dot{\varphi}^2],$$

而在坐标 r 与 φ 下

$$T=\frac{1}{2}(\dot{x}^2+\dot{y}^2+\dot{z}^2)=\frac{1}{2}[(1+z_r'^2)\dot{r}^2+r^2\dot{\varphi}^2],$$

这里我们用了 $\dot{x}^2+\dot{y}^2=\dot{r}^2+r^2\dot{\varphi}^2$.

拉格朗日函数 L 就是 T. 在两个坐标系下 φ 都是循环坐标. 相应的动量必守恒: 但 $p_\varphi=r^2\dot{\varphi}$ 正是角动量的 z 坐标分量. 因为这个力学系自由度为 2, 知道一个循环坐标即可完全解出这个问题 (参照节 15 系 3)

用略有不同的推理可以更容易地得到轨道的清楚的图形. 用 α 记轨道与子午线之交角. 我们有 $r\dot{\varphi}=|v|\sin\alpha,|v|$ 是速度矢量的大小 (图 66).

由能量守恒, $H=L=T$ 不变. 因此 $|v|=$ 常数. 因此 p_φ 的守恒律就成为 "克莱罗 (Clairaut) 定理":

$$r\sin\alpha=\text{常数}.$$

这个关系式表明运动在 $|\sin\alpha|\leqslant 1$ 即在区域 $r\geqslant r_0\sin\alpha_0$ [1)]中发生, 而且轨道与子午线的偏角随 r 之减少而增加. 当半径达到其最小可能值 $r=r_0\sin\alpha_0$ 后, 轨道折回到 r 较大的区域 (图 67).

问题 证明旋转曲面上的测地线分成三类: 子午线、闭曲线与环 $r\geqslant c$ 中稠密的测地线.

问题 讨论环面 $((r-R^2)+z^2=\rho^2)$ 上的测地线之性状.

---

1) (r_0,α_0) 是 $z=0$ 时 r 与 α 之值. —— 日译者注

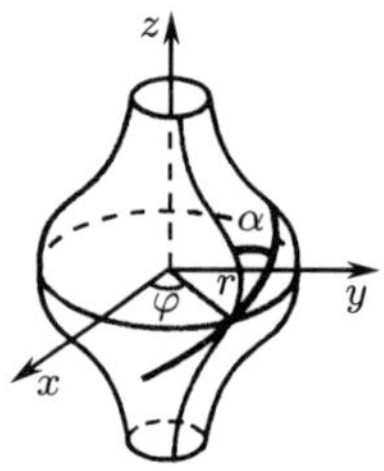

图 66 旋转曲面

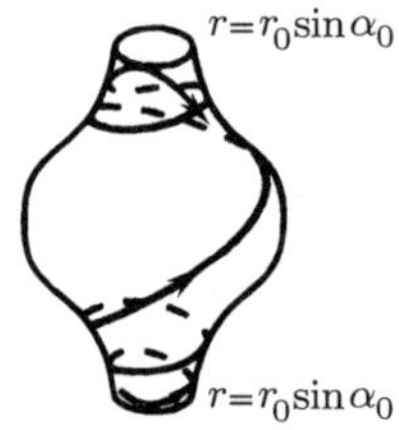

图 67 旋转面上的测地线

E. 非自治系统

非自治拉格朗日动力系统与我们迄今所讨论的自治系统的区别在于其拉格朗日函数还依赖于时间:

$$L: TM\times\mathbb{R}\to\mathbb{R},\quad L=L(\boldsymbol{q},\dot{\boldsymbol{q}},t).$$

特别是, 在一个自然的非自治系统中, 动能和位能均依赖于时间:

$$\begin{aligned} &T: TM\times\mathbb{R}\to\mathbb{R}, \quad &U: M\times\mathbb{R}\to\mathbb{R},\\ &T=T(\boldsymbol{q},\boldsymbol{q},t), \quad &U=U(\dot{\boldsymbol{q}},t).\end{aligned}$$

具有依赖于时间的完整约束的 n 个质点的力学系, 可以用自由力学系的构形空间之依赖于时间的子流形来定义. 这个子流形可由映射

$$i: M\times\mathbb{R}\to E^{3n},\quad i(\boldsymbol{q},t)=\boldsymbol{x}$$

来给出. 它对每个固定的 $t\in\mathbb{R}$ 定义了一个嵌入 $M\to E^{3n}$. 节 D 的程序对非自治系统仍适用.

例 考虑珠子在半径为 r 的铅直圆周上的运动 (图 68), 此圆周以角速度 ω 绕过圆心 O 的铅直轴旋转. 圆周即流形 M. 令 q 表示自圆周最高点量起的角坐标.

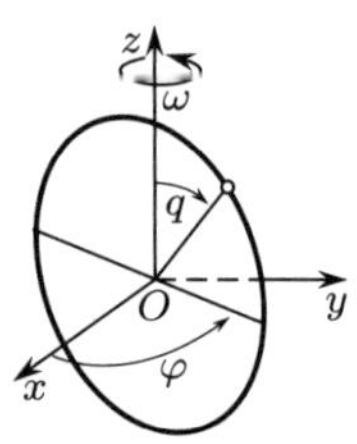

图 68 旋转圆周上的珠子

令 x, y, z 为 E^3 的坐标, 以圆心 O 为原点, 铅直轴为 z 轴. 令 φ 为圆周所在的平面与 xOz 平面之交角. 由假设, $\varphi=\omega t$. 映射 $i: M\times\mathbb{R}\to E^3$ 的公式如下:

$$i(q,t)=(r\sin q\cos\omega t, r\sin q\sin\omega t, r\cos q).$$

用此式 (或更简单些, 利用 "无穷小直角三角形") 可得

$$T=\frac{m}{2}(\omega^2r^2\sin^2q+r^2\dot{q}^2),\quad U=mgr\cos q.$$

在这个情况, 尽管约束与时间有关, 动能位能却与时间无关. 此外, 拉格朗日函数和动能为

$$T_0 = \frac{M}{2}\dot{q}^2, \quad M = mr^2,$$

而位能为

$$V = A\cos q - B\sin^2 q, \quad A = mgr, \quad B = \frac{m}{2}\omega^2 r^2$$

的一维力学系的拉格朗日函数一样. 相图之形状与 A 和 B 之比值有关. 对于 $2B < A$ (即圆周旋转得足够慢, 使得 $\omega^2 r < g$), 珠子的最低位置 ($q = \pi$) 是稳定的, 而且它和数学摆 ($\omega = 0$) 的情况在运动的特征上大体相同.

对于 $2B > A$, 即圆周旋转相当快, 珠子之最低位置变成不稳定的了, 另一方面, 在圆周上出现了珠子的另外两个稳定位置, 即 $\cos q = -A/2B = -g/\omega^2 r$ 处. 珠子在一切可能的初始位置下的性态从它在 $(q, \dot{q})$ 平面上的相曲线的形状可以清楚地看到 (图 69).

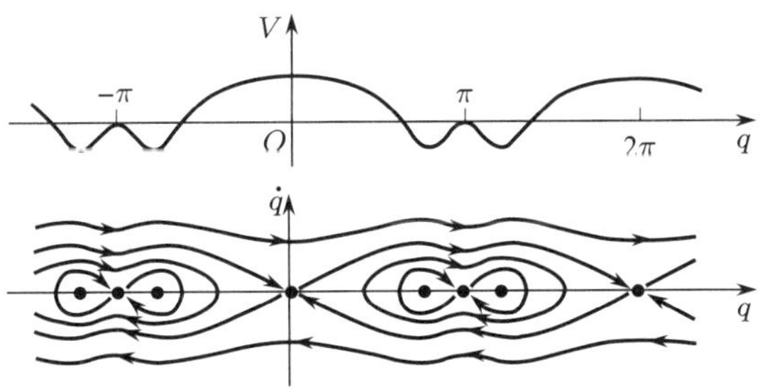

图 69 珠子的有效位能和相平面

§20. E. 诺特定理

种种守恒律 (如动量、角动量之守恒, 等等) 都是如下一般定理的特例: 相应于拉格朗日系统的每一个保持拉格朗日函数的单参数微分同胚群, 必有运动方程组的一个首次积分.

A. 定理的陈述

令 M 为一光滑流形. $L: TM \to \mathbb{R}$ 是切丛 TM 上的光滑函数. 再令 $h: M \to M$ 为一光滑映射.

定义 我们说拉格朗日系统 (M, L) 容许映射 h, 如果对任意切矢量 $\boldsymbol{v} \in TM$ 均有

$$L(h_* \boldsymbol{v}) = L(\boldsymbol{v}).$$

例 令 $M = \{(x_1, x_2, x_3)\}, L = (m/2)(\dot{x}_1^2 + \dot{x}_2^2 + \dot{x}_3^2) - U(x_2, x_3)$. 这个系统容许沿 x_1 轴的平移 $h: (x_1, x_2, x_3) \to (x_1 + s, x_2, x_3)$. 但一般不容许沿 x_2 轴的平移.

诺特定理 若系统 (M, L) 容许一个单参数微分同胚群 $h^s: M \to M, s \in \mathbb{R}$, 则相应于 L 的拉格朗日方程组有一个首次积分 $I: TM \to \mathbb{R}$.

在 M 的局部坐标 $\boldsymbol{q}$ 下, 首次积分 I 可写为

$$I(\boldsymbol{q}, \dot{\boldsymbol{q}}) = \frac{\partial L}{\partial \dot{\boldsymbol{q}}} \frac{dh^s(\boldsymbol{q})}{ds}\bigg|_{s=0}.$$

B. 证明

先设 $M = \mathbb{R}^n$ 为坐标空间. 令 $\varphi: \mathbb{R} \to M, \boldsymbol{q} = \varphi(t)$ 是拉格朗日方程组的解. 因为 h^s 保持 L, 所以解的平移 $h^s \circ \varphi: \mathbb{R} \to M$ 对任意 s 仍适合拉格朗日方程组[①].

考虑由 $q = \boldsymbol{\Phi}(s, t) = h^s(\varphi(t))$ 给出的映射 $\boldsymbol{\Phi}: \mathbb{R} \times \mathbb{R} \to \mathbb{R}^n$ (图 70).

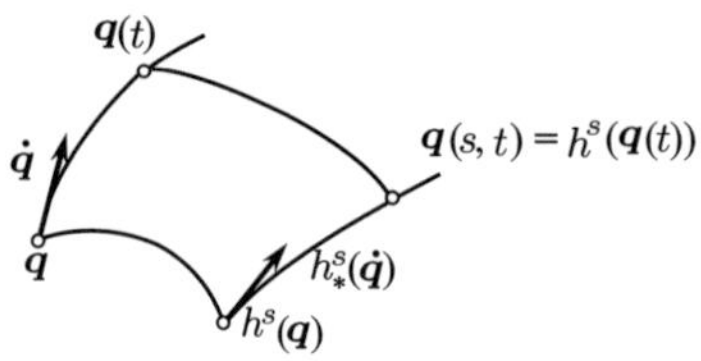

图 70 诺特定理

用 $\cdot$ 记对 t 的导数, 用 $'$ 记对 s 的导数. 由假设

$$0 = \frac{\partial L(\boldsymbol{\Phi}, \dot{\boldsymbol{\Phi}})}{\partial s} = \frac{\partial L}{\partial \boldsymbol{q}} \cdot \boldsymbol{\Phi}' + \frac{\partial L}{\partial \dot{\boldsymbol{q}}} \cdot \dot{\boldsymbol{\Phi}}', \tag{1}$$

这里 L 的偏导数是在点 $\boldsymbol{q} = \boldsymbol{\Phi}(s, t), \dot{\boldsymbol{q}} = \dot{\boldsymbol{\Phi}}(s, t)$ 处取的.

上面已经说了, 映射 $\boldsymbol{\Phi}|_{s=\text{常数}}: \mathbb{R} \to \mathbb{R}^n$ 对任意固定的 s 都适合拉格朗日方程组

$$\frac{\partial}{\partial t}\left[\frac{\partial L}{\partial \dot{\boldsymbol{q}}}(\boldsymbol{\Phi}(s, t), \dot{\boldsymbol{\Phi}}(s, t))\right] = \frac{\partial L}{\partial \boldsymbol{q}}(\boldsymbol{\Phi}(s, t), \dot{\boldsymbol{\Phi}}(s, t)).$$

引入记号 $\boldsymbol{F}(s, t) = (\partial L / \partial \dot{\boldsymbol{q}})(\boldsymbol{\Phi}(s, t), \dot{\boldsymbol{\Phi}}(s, t))$ 并在 (1) 中将 $\dfrac{\partial L}{\partial \boldsymbol{q}}$ 代以 $\partial \boldsymbol{F} / \partial t$, 则得

$$0 = \left(\frac{d}{dt}\frac{\partial L}{\partial \dot{\boldsymbol{q}}}\right) \cdot \boldsymbol{q}' + \frac{\partial L}{\partial \dot{\boldsymbol{q}}} \cdot \left(\frac{d}{dt}\boldsymbol{q}'\right) = \frac{d}{dt}\left(\frac{\partial L}{\partial \dot{\boldsymbol{q}}} q'\right) = \frac{dI}{dt}. \qquad \square$$

注 上面是用局部坐标 $\boldsymbol{q}$ 来定义首次积分 $I = (\partial L / \partial \dot{\boldsymbol{q}})\boldsymbol{q}'$ 的. 但是可证明 $I(\boldsymbol{v})$ 之值并不依赖于坐标系 $\boldsymbol{q}$ 的选取.

事实上, I 是 $L(\boldsymbol{v})$ 当矢量 $\boldsymbol{v} \in TM_{\boldsymbol{x}}$ 在 $TM_{\boldsymbol{x}}$ 内以速度 $\left(\dfrac{d}{ds} h^s \boldsymbol{x}\right)\bigg|_{s=0}$ 变化时的变率. 因此 $I(\boldsymbol{v})$ 可以作为切矢量 $\boldsymbol{v} \in TM_{\boldsymbol{x}}$ 之函数而适当定义. 当 M 是流形时, 也可以同样方式证明诺特定理.

C. 例子

例 1 考虑一组质量分别为 m_i 的质点组:

$$L = \sum m_i \dot{\boldsymbol{x}}_i^2 / 2 - U(\boldsymbol{x}), \quad \boldsymbol{x}_i = x_{i1}\boldsymbol{e}_1 + x_{i2}\boldsymbol{e}_2 + x_{i3}\boldsymbol{e}_3,$$

①有些教本的作者错误地认为其逆也成立, 即若 h^s 把解变为解, 则它必定保持 L.

并有约束条件 $f_j(\boldsymbol{x})=0$. 设此质点组容许沿 $\boldsymbol{e}_1$ 轴的平移:

$$h^s:\boldsymbol{x}_i\to\boldsymbol{x}_i+s\boldsymbol{e}_1,\quad 对一切\ i.$$

换言之, 即设约束允许质点组整个地沿 $\boldsymbol{e}_1$ 轴运动, 而且这时位能也不改变.

由诺特定理可得: 若一质点组容许沿 $\boldsymbol{e}_1$ 轴平移, 则质心在 $\boldsymbol{e}_1$ 轴上的投影作匀速直线运动.

事实上 $\left.\left(\dfrac{d}{ds}h^s\boldsymbol{x}_i\right)\right|_{s=0}=\boldsymbol{e}_1$. 由节 B 末的注, 量

$$I=\sum\frac{\partial L}{\partial\dot{\boldsymbol{x}}_i}\cdot\boldsymbol{e}_1=\sum m_i\dot{x}_{i1}$$

守恒, 即动量的第一个分量 P_1 守恒. 对于无约束的质点组, 我们前已证明过这一点.

例 2 若质点组容许绕 $\boldsymbol{e}_1$ 轴旋转, 则相对于此轴的角动量

$$M_1=\sum_i([\boldsymbol{x}_i,m_i\boldsymbol{x}_i],\boldsymbol{e}_1)$$

守恒.

容易验证, 若 h^s 是绕 $\boldsymbol{e}_1$ 轴旋转一个角 s, 则 $(d/ds)|_{s=0}h^s\boldsymbol{x}_i=[\boldsymbol{e}_1,\boldsymbol{x}_i]$, 由此可知

$$I=\sum_i\frac{\partial L}{\partial\dot{\boldsymbol{x}}_i}\cdot[\boldsymbol{e}_1,\boldsymbol{x}_i]=\sum_i(m_i\dot{\boldsymbol{x}}_i,[\boldsymbol{e}_1,\boldsymbol{x}_i])=\sum([\boldsymbol{x}_i,m\dot{\boldsymbol{x}}_i],\boldsymbol{e}_1).$$

问题 1 设质点在等角螺线 $x=\cos\varphi, y=\sin\varphi, z=c\varphi$ 的场中运动. 找出相应于这种螺旋对称性的守恒律.

答 任一质点组若容许螺旋运动且使以上螺线不变, 则量 $I=cP_3+M_3$ 守恒.

问题 2 设刚体因惯性而运动. 证明其质心作匀速直线运动. 若质心不动, 则相应于质心的角动量守恒.

问题 3 若重刚体在运动中其某点 O 固定, 什么量守恒? 若此物体关于某个过 O 的轴对称, 又如何?

问题 4 将诺特定理推广到非自治拉格朗日动力系统.

提示 令 $M_1=M\times\mathbb{R}$ 为拓广的构形空间 (构形流形 M 与时间轴 $\mathbb{R}$ 的直积).

定义函数 $L_1:TM_1\to\mathbb{R}$ 如下

$$L\frac{dt}{d\tau};$$

在 M_1 之局部坐标系 $\boldsymbol{q},t$ 下它的定义是

$$L_1\left(\boldsymbol{q},t,\frac{d\boldsymbol{q}}{d\tau},\frac{dt}{d\tau}\right)=L\left(\boldsymbol{q},-\frac{d\boldsymbol{q}/d\tau}{dt/d\tau},t\right)\frac{dt}{d\tau}.$$

对拉格朗日动力系统 (M_1,L_1) 应用诺特定理.

若 L_1 容许变换 $h^s:M_1\to M_1$, 可得一首次积分 $I_1:TM_1\to\mathbb{R}$. 因 $\int Ldt=\int L_1d\tau$, 这就化为原系统的首次积分 $I:TM\times\mathbb{R}\to\mathbb{R}$. 若在 M_1 的局部坐标 $(\boldsymbol{q},t)$ 中 $I_1=I_1(\boldsymbol{q},t,d\boldsymbol{q}/d\tau,dt/d\tau)$, 则 $I(\boldsymbol{q},\dot{\boldsymbol{q}},t)=I_1(\boldsymbol{q},t,\dot{\boldsymbol{q}},1)$.

特别是, 若 L 不含时间, 即 L_1 容许对时间的平移, $h^s(\boldsymbol{q},t)=(\boldsymbol{q},t+s)$. 相应的首次积分就是能量.

§21. 达朗贝尔原理

我们将在这里给具有完整约束的质点组以新定义, 并且证明它和节 17 中给的定义的等价性.

A. 例子

考虑完整组 (M,L), M 是三维空间 $\{\boldsymbol{x}\}$ 中的一个曲面,

$$L=\frac{1}{2}m\dot{\boldsymbol{x}}^2-U(\boldsymbol{x}).$$

用力学的语言说就是 "质量为 m 的质点必留在光滑曲面 M 上".

考虑这点的运动 $\boldsymbol{x}(t)$, 若能满足牛顿方程 $m\ddot{\boldsymbol{x}}+\partial U/\partial\boldsymbol{x}=0$, 则在无外力 $(U=0)$ 时, 它的轨迹应是一条直线而不会位于曲面 M 上.

从牛顿的观点看来, 这表明应有一个新力以 "迫使该点留在曲面上".

定义 $\boldsymbol{R}=m\ddot{\boldsymbol{x}}+\partial U/\partial\boldsymbol{x}$ 称为*反作用约束力* (图 71).

如果把反作用约束力 $\boldsymbol{R}(t)$ 也考虑进来, 牛顿方程显然就能满足:

$$m\ddot{\boldsymbol{x}}=-\frac{\partial U}{\partial\boldsymbol{x}}+\boldsymbol{R}.$$

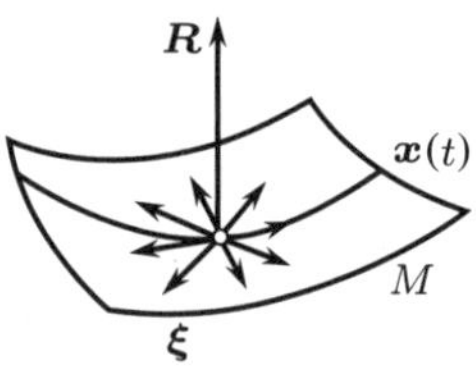

图 71 约束力

如果把我们的有约束的力学系看作具有位能 $U+NU_1$ 的力学系当 $N\to\infty$ 时的极限, 反作用力的物理意义就清楚了, 这里 $U_1(\boldsymbol{x})=\rho^2(\boldsymbol{x},\boldsymbol{M})$. 对于大的 N, 约束位能 NU_1 产生一个急速改变的力 $\boldsymbol{F}=-N\partial U_1/\partial\boldsymbol{x}$; 若取极限 $(N\to\infty)$, 则 $\boldsymbol{x}$ 在 $\boldsymbol{M}$ 附近振荡时力 $\boldsymbol{F}$ 的平均值就是 $\boldsymbol{R}$. 力 $\boldsymbol{F}$ 垂直于 $\boldsymbol{M}$. 因此反作用力 $\boldsymbol{R}$ 垂直于 $M:(\boldsymbol{R},\boldsymbol{\xi})=0$ 对任意切矢量 $\boldsymbol{\xi}$ 成立.

B. 达朗贝尔原理的陈述

在力学中, 构形流形的切矢量称为*虚位移*. 达朗贝尔原理是说对任意虚位移 $\boldsymbol{\xi}$,

$$\left(m\ddot{\boldsymbol{x}}+\frac{\partial U}{\partial\boldsymbol{x}},\boldsymbol{\xi}\right)=0,$$

或者换个说法就是, *反作用力在任意虚位移上作的功为零*.

对质量各为 m_i 的点 $\boldsymbol{x}_i$ 的质点组, 约束力 $\boldsymbol{R}_i$ 定义为 $m_i\ddot{\boldsymbol{x}}_i+(\partial U/\partial\boldsymbol{x}_i)$, 而达朗贝尔原理的形式是 $\sum(\boldsymbol{R}_i,\boldsymbol{\xi}_i)=0$, 即 $\sum((m_i\ddot{\boldsymbol{x}}_i+(\partial U/\partial\boldsymbol{x}_i)),\boldsymbol{\xi}_i)=0$, 亦即*反作用力在任意虚位移上的功总和为零*.

具有这个性质的约束称为*理想约束*.

若将具有完整约束的质点组定义为 $N\to\infty$ 时的极限, 则达朗贝尔–拉格朗日原理成为一个定理: 上面概述了它在最简单情况下的证明.

然而, 也可以用达朗贝尔–拉格朗日原理来定义理想完整约束. 这样, 关于有完整约束的力学系我们就有了三个定义:

1. 它是位能为 $U+NU_1$ 的力学系当 $N\to\infty$ 时的极限.

2. 它是一个完整力学系 (M,L), M 是一个无约束的质点组之构形空间的光滑子流形, L 是拉格朗日函数.

3. 它是符合于达朗贝尔–拉格朗日原理的力学系.

这三个定义在数学上是等价的.

(1) ⇒ (2) 和 (1) ⇒ (3) 的证明上面已经概述过了, 下面不再详述. 现在我们要证明 (2) ⇔ (3).

C. 达朗贝尔原理与变分原理的等价性

令 M 为欧氏空间的子流形, $M\subset\mathbb{R}^N, \boldsymbol{x}:\mathbb{R}\to M$ 为一曲线, 而且 $\boldsymbol{x}(t_0)=\boldsymbol{x}_0, \boldsymbol{x}(t_1)=\boldsymbol{x}_1$.

定义 曲线 $\boldsymbol{x}$ 称为作用量泛函

$$\Phi=\int_{t_0}^{t_1}\left\{\frac{\dot{\boldsymbol{x}}^2}{2}-U(\boldsymbol{x})\right\}dt$$

的条件驻定曲线, 若其微分 $\delta\Phi$ 在以下条件下为零: 变分是 M 上连接 $\boldsymbol{x}_0$ 和 $\boldsymbol{x}_1$ 的邻近的曲线①.

我们将把条件驻定曲线的变分条件写作

$$\delta_M\Phi=0. \tag{1}$$

显然, 方程 (1) 等价于 M 上某局部坐标 $\boldsymbol{q}$ 下的拉格朗日方程组

$$\frac{d}{dt}\frac{\partial L}{\partial\dot{\boldsymbol{q}}}=\frac{\partial L}{\partial\boldsymbol{q}},\quad L=\frac{\dot{\boldsymbol{x}}^2}{2}-U(\boldsymbol{x}),\quad \boldsymbol{x}=\boldsymbol{x}(\boldsymbol{q}).$$

定理 曲线 $\boldsymbol{x}:\mathbb{R}\to M\subset\mathbb{R}^N$ 是作用量的条件驻定曲线 (即满足方程 (1)), 当且仅当它适合达朗贝尔方程

$$\left(\ddot{\boldsymbol{x}}+\frac{\partial U}{\partial\boldsymbol{x}},\boldsymbol{\xi}\right)=0,\quad \forall\boldsymbol{\xi}\in TM_{\boldsymbol{x}}. \tag{2}$$

引理 令 $\boldsymbol{f}:\{t:t_0\leqslant t\leqslant t_1\}\to\mathbb{R}^N$ 为一连续切矢量场. 若对任一在 $\boldsymbol{x}$ 点切于 M 的切矢量场 $\boldsymbol{\xi}$ (即 $\boldsymbol{\xi}(t)\in TM_{\boldsymbol{x}(t)}$), 且当 $t=t_0,t_1$ 时 $\boldsymbol{\xi}(t)=0$, 我们有

$$\int_{t_0}^{t_1}\boldsymbol{f}(t)\cdot\boldsymbol{\xi}(t)dt=0,$$

①严格说来, 要定义变分 $\delta\Phi$, 就必须在 M 上 $\boldsymbol{x}$ 附近的曲线之集合上定义一个矢量空间构造. 可以用 M 上的坐标来做这件事; 然而一曲线成为条件驻定曲线这一点并不依赖于坐标的选取.

则在每一点 $\boldsymbol{x}(t)$ 上 $\boldsymbol{f}(t)$ 均垂直于 M (即对每个矢量 $\boldsymbol{h} \in TM_{\boldsymbol{x}(t)}$ 均有 $(\boldsymbol{f}(t), \boldsymbol{h}) = 0$) (图 72).

引理的证法就是重复节 12 中导出欧拉–拉格朗日方程的论证.

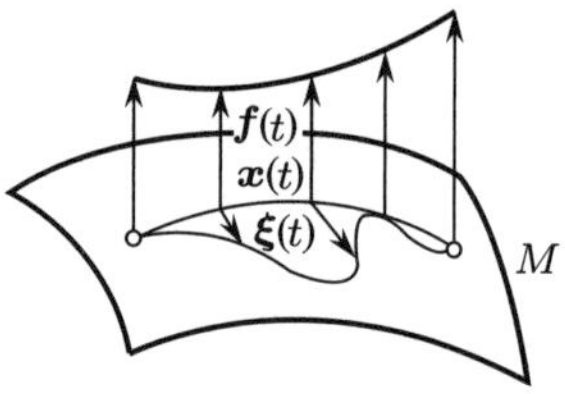

图 72 关于法线场的引理

定理的证明 比较 Φ 在两条曲线 $\boldsymbol{x}(t)$ 和 $\boldsymbol{x}(t) + \boldsymbol{\xi}(t)$ 上之值, 这里 $\boldsymbol{\xi}(t_0) = \boldsymbol{\xi}(t_1) = 0$. 分部积分后即有

$$\delta\Phi = \int_{t_0}^{t_1} \left(\boldsymbol{x}\dot{\boldsymbol{\xi}} - \frac{\partial U}{\partial \boldsymbol{x}} \boldsymbol{\xi} \right) dt = - \int_{t_0}^{t_1} \left(\ddot{\boldsymbol{x}} + \frac{\partial U}{\partial \boldsymbol{x}} \right) \boldsymbol{\xi} dt.$$

由此公式[①] 显然知, 方程 (1) 即 $\delta_M \Phi = 0$, 等价于对于所有切矢量场 $\boldsymbol{\xi}(t) \in TM_{x(t)}$ ($\boldsymbol{\xi}(t_0) = \xi(t_1) = 0$) 均成立的方程

$$\int_{t_0}^{t_1} \left(\ddot{\boldsymbol{x}} + \frac{\partial U}{\partial \boldsymbol{x}} \right) \boldsymbol{\xi} dt = 0. \tag{3}$$

由引理 (其中需设 $\boldsymbol{f} = \ddot{\boldsymbol{x}} + (\partial U / \partial \boldsymbol{x})$) 知, 方程 (3) 等价于达朗贝尔–拉格朗日方程 (2). □

D. 注

注 1 我们要从以上定理推导出质量为 m_i 的具有完整约束的 n 个质点 $\boldsymbol{x}_i \in \mathbb{R}^3, i = 1, \cdots, n$ 之质点组的达朗贝尔–拉格朗日原理.

在坐标系 $\bar{\boldsymbol{x}} = \{\bar{\boldsymbol{x}}_i = \sqrt{m_i}\boldsymbol{x}_i\}$ 下, 动能 $T = \frac{1}{2}\sum m_i \dot{\boldsymbol{x}}_i^2 = \sum \frac{1}{2}\dot{\bar{\boldsymbol{x}}}^2$.

由定理, 最小作用原理的驻定曲线应满足

$$\left(\ddot{\bar{\boldsymbol{x}}} + \frac{\partial U}{\partial \bar{\boldsymbol{x}}}, \boldsymbol{\xi} \right) = 0$$

(即 $\mathbb{R}^{3n}$ 中的点的达朗贝尔–拉格朗日原理: $3n$ 维反作用力在度量 T 下垂直于流形 M). 回到坐标 $\boldsymbol{x}_i$, 即有

$$\begin{aligned} 0 &= \sum_i \left(\sqrt{m_i}\ddot{\boldsymbol{x}}_i + \frac{\partial U}{\partial \sqrt{m_i}\boldsymbol{x}_i}, \sqrt{m_i}\boldsymbol{\xi}_i \right) \\ &= \sum_i \left(m_i \ddot{\boldsymbol{x}}_i + \frac{\partial U}{\partial \boldsymbol{x}_i}, \boldsymbol{\xi}_i \right). \end{aligned}$$

这就是前面已指出的那种形式的达朗贝尔–拉格朗日原理: 反作用力在虚位移上之功的和为零.

注 2 若回到静力学, 还可给达朗贝尔–拉格朗日原理稍许不同的形式. 一个平衡位置即是一点 $\boldsymbol{x}_0$, 它同时是一个运动的轨道: $\boldsymbol{x}(t) = \boldsymbol{x}_0$.

设质点在力 $\boldsymbol{f} = -\dfrac{\partial U}{\partial \boldsymbol{x}}$ 影响下沿一光滑曲面 M 运动.

定理 M 上的点 $\boldsymbol{x}_0$ 是一平衡位置, 当且仅当力在 $\boldsymbol{x}_0$ 点垂直于此曲面: 即对一切 $\boldsymbol{\xi} \in TM_{\boldsymbol{x}_0}, (\boldsymbol{f}(\boldsymbol{x}_0), \boldsymbol{\xi}) = 0$.

[①] 点 $\boldsymbol{x}(t) + \boldsymbol{\xi}(t)$ 到 $\boldsymbol{M}$ 之距离与 $\boldsymbol{\xi}(t)$ 比较是二阶小量.

这可用达朗贝尔–拉格朗日方程由 $\ddot{x}=0$ 这一事实得出.

定义 $-m\ddot{\boldsymbol{x}}$ 称为惯性力.

现在, 达朗贝尔–拉格朗日原理成为:

定理 若将惯性力加到作用力上, $\boldsymbol{x}$ 变成平衡位置[1)].

证 由前一个定理, 达朗贝尔方程

$$(-m\ddot{\boldsymbol{x}}+\boldsymbol{f},\boldsymbol{\xi})=0$$

表明了 $\boldsymbol{x}$ 是在力为 $-m\ddot{\boldsymbol{x}}+\boldsymbol{f}$ 的力学系统的平衡位置. □

对于质点组也有完全类似的命题成立: 若 $\boldsymbol{x}=\{\boldsymbol{x}_i\}$ 是平衡位置, 则作用力在虚位移上作的功和为零. 若将惯性力 $-m_i\ddot{\boldsymbol{x}}_i(t)$ 加到作用力中, 则 $\boldsymbol{x}(t)$ 变成平衡位置.

这样, 一个运动问题就化为在其他力作用下的平衡问题.

注 3 迄今我们未曾考虑约束依赖于时间的情况. 以上所述全可不加改变地用于这种约束.

例 考虑沿一杆滑动的珠子, 而此杆与铅直轴有倾角 α 且以角速度 ω 绕此轴旋转 (重力不计). 我们取珠子到 O 点的距离作为坐标 q (图 73). 动能和拉格朗日函数是

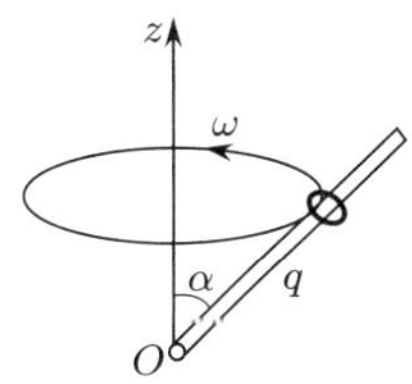

图 73 旋转杆上的珠子

$$L=T=\frac{1}{2}mv^2=\frac{1}{2}m\dot{q}^2+\frac{1}{2}m\omega^2r^2,\quad r=q\sin\alpha.$$

拉格朗日方程为: $m\ddot{q}=m\omega^2q\sin^2\alpha$.

各时刻的约束力均垂直于虚位移 (即垂直于杆的方向), 但并不总是垂直于真实的运动轨道.

注 4 很容易由达朗贝尔–拉格朗日方程导出各个守恒律. 例如, 若沿 x_1 轴 $\boldsymbol{\xi}_i=\boldsymbol{e}_1$ 平移是一个虚位移, 则约束力在此虚位移上的功之和为零:

$$\sum(\boldsymbol{R}_i,\boldsymbol{e}_1)=\left(\sum\boldsymbol{R}_i,\boldsymbol{e}_1\right)=0.$$

若将约束力看作外力, 则我们有外力的第一分量之和为零. 这意味着动量矢量的第一个分量 p_1 守恒.

前面我们曾用诺特定理得到同样结果.

注 5 我们再次强调, 某个特定的物理约束或其他约束 (准确到一定程度) 是否为完整约束, 这是一个实验问题. 从数学观点来看, 约束的完整性质是一个有物理根据的假设; 它可以以不同的但是等价的形式引入, 例如最小作用原理形式 (1) 或达朗贝尔–拉格朗日原理形式 (2), 但是当定义约束时, 约束这个词总是指的牛顿运动方程以外的实验事实.

---

1)准确地说应为, 对每个 $t, x(t)$ 是平衡位置. 当势场与时间有关时, 平衡位置的定义也容易理解, 见注 3. —— 日译者注

注 6　我们的用语与其他力学教本略有不同, 那里达朗贝尔–拉格朗日原理被推广到一类更广泛的力学系 (“具有理想约束的非完整系”). 这本书里不讨论非完整系. 我们只想提到非完整系的一个例子, 即在一个平面上滚动而不滑动的球. 非完整系的构形流形每一点的切空间均有一个子空间, 而速度矢量必在其内.

注 7　若一个力学系中包含有用杆、铰链等等连接起来的质点, 则可能有必要讨论某一特定约束的约束力.

我们定义了 “一切约束对每一质点 m_i 的总的反作用力” $\boldsymbol{R}_i$. 每一个单独约束的反作用力的概念则是无法定义的. 从支持在三根柱子上的梁这一简单例子就可以看到这一点. 若我们试图把每个柱子的反作用力 $\boldsymbol{R}_1, \boldsymbol{R}_2, \boldsymbol{R}_3$ 作为极限来定义 (即把柱子看作很硬的弹簧), 我们就会信服, 其结果依赖于刚性的分布.

选给学生作的问题是不会发生这种困难的.

问题　一个重为 P 的杆与水平桌面倾角为 60°, 从初速度为零开始倒下 (图 74). 求桌面在初始时刻的约束力而且把桌面看作是 a) 绝对光滑的, b) 绝对粗糙的. (在前一情况, 完整约束将杆的端点附着在桌面上, 而在第二种情况, 则附着在一固定点上.)

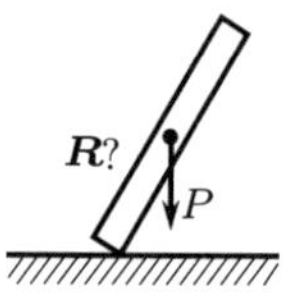

图 74　一个板的约束力

第五章　振动

因为线性方程是最容易求解和研究的, 所以线性振动的理论是力学中发展最好的领域. 在许多非线性问题中, 线性化会产生令人满意的近似解. 即使并不如此, 研究一个问题的线性部分时常是第一步, 以后再研究非线性系统与其线性模型中的运动之关系.

§22. 线性化

我们将在此给出小振动的定义.

A. 平衡位置

定义　若 $\boldsymbol{x} \equiv \boldsymbol{x}_0$ 是方程组

$$\frac{d\boldsymbol{x}}{dt} = \boldsymbol{f}(\boldsymbol{x}), \quad \boldsymbol{x} \in \mathbb{R}^n \tag{1}$$

的解, 则称 $\boldsymbol{x}_0$ 为其平衡位置. 换言之亦即若 $\boldsymbol{f}(\boldsymbol{x}_0) = 0$, 亦即矢量场 $\boldsymbol{f}(\boldsymbol{x})$ 在 $\boldsymbol{x}_0$ 处为零.

例　考虑具有拉格朗日函数 $L(\boldsymbol{q}, \dot{\boldsymbol{q}}) = T - U$ 的自然动力系统, 其中 $T = \frac{1}{2}\sum a_{ij}(\boldsymbol{q})\dot{q}_i\dot{q}_j \geqslant 0$ 而 $U = U(\boldsymbol{q})$:

$$\frac{d}{dt}\frac{\partial L}{\partial \dot{\boldsymbol{q}}} = \frac{\partial L}{\partial \boldsymbol{q}}, \quad \boldsymbol{q} = (q_1, \cdots, q_n). \tag{2}$$

拉格朗日方程组可写成 $2n$ 个一阶方程如 (1). 我们试着来找它的一个平衡位置:

定理 点 $\boldsymbol{q}=\boldsymbol{q}_0, \dot{\boldsymbol{q}}=\dot{\boldsymbol{q}}_0$ 是平衡位置的充分必要条件是 $\dot{\boldsymbol{q}}_0=0$, 而 $\boldsymbol{q}_0$ 是位能的临界点, 即

$$\left.\frac{\partial U}{\partial \boldsymbol{q}}\right|_{q_0}=0. \tag{3}$$

证 将拉格朗日方程组写为

$$\frac{d}{dt}\frac{\partial T}{\partial \dot{\boldsymbol{q}}}=\frac{\partial T}{\partial \boldsymbol{q}}-\frac{\partial U}{\partial \boldsymbol{q}}.$$

但由动能的形状即知当 $\dot{\boldsymbol{q}}=0$ 时 $\dfrac{\partial T}{\partial \boldsymbol{q}}=0, \dfrac{\partial T}{\partial \dot{\boldsymbol{q}}}=0$. 因此当且仅当 (3) 成立时, $\boldsymbol{q}=\boldsymbol{q}_0$ 才是一个解. □

B. 平衡位置的稳定性

现在我们将在初始位置近于平衡位置时来研究运动.

定理 若点 $\boldsymbol{q}_0$ 是位能 U 的严格局部极小, 则平衡位置 $\boldsymbol{q}=\boldsymbol{q}_0$ 是在李雅普诺夫意义下稳定的.

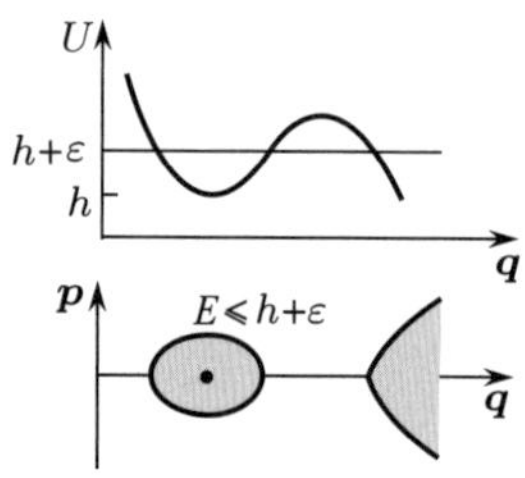

图 75 稳定平衡位置

证 设 $U(\boldsymbol{q}_0)=h$. 对充分小的 $\varepsilon>0$, 集 $\{\boldsymbol{q}: U(\boldsymbol{q})\leqslant h+\varepsilon\}$ 之含 $\boldsymbol{q}_0$ 的连通分支是 q_0 的任意小邻域 (图 75). 此外, 在相空间 $(\boldsymbol{p},\boldsymbol{q})$ 中的相应区域 $\{\boldsymbol{p},\boldsymbol{q}: E(\boldsymbol{p},\boldsymbol{q})\leqslant h+\varepsilon\}$ 的连通分支将是点 $\boldsymbol{p}=0, \boldsymbol{q}=\boldsymbol{q}_0$ 的任意小邻域. 这里 $\boldsymbol{p}=\dfrac{\partial T}{\partial \dot{\boldsymbol{q}}}$ 是动量, $E=T+U$ 是总能量.

但由能量守恒定律, 区域 $\{\boldsymbol{p},\boldsymbol{q}: E\leqslant h+\varepsilon\}$ 对相流不变, 所以当初始条件 $\boldsymbol{p}(0),\boldsymbol{q}(0)$ 充分接近 $(0,\boldsymbol{q}_0)$ 时, 每个相轨道 $(\boldsymbol{p}(t),\boldsymbol{q}(t))$ 都接近于 $(0,\boldsymbol{q}_0)$.

问题 平衡位置 $\boldsymbol{q}=\boldsymbol{q}_0, \boldsymbol{p}=0$ 可能渐近稳定吗?

问题 证明对于一个自由度的解析方程组, 平衡位置 $\boldsymbol{q}_0$ 若非位能的严格局部极小, 则在李雅普诺夫意义下必是不稳定的. 作一个无限可微方程组而使上述不真的例子.

注 很可能在 n 个自由度的解析方程组中, 非极小的平衡位置是不稳定的. 但这件事从来没有人证明过[1)].

C. 微分方程的线性化

我们现在转到一般的方程组 (1). 在研究 (1) 的近于平衡位置 $\boldsymbol{x}_0$ 的解时, 常用线性化. 设 $\boldsymbol{x}_0=0$ (一般情况经过坐标的平移也可化为它). 于是 $\boldsymbol{f}$ 的泰勒级数的第一项是线性的:

---

1) 日译本译作 "$n>1$ 时没有证明过". —— 中译者注

$$\boldsymbol{f}(\boldsymbol{x}) = A\boldsymbol{x} + \boldsymbol{R}_2(\boldsymbol{x}), \quad A = \left.\frac{\partial \boldsymbol{f}}{\partial \boldsymbol{x}}\right|_0 \quad \text{而} \quad \boldsymbol{R}_2(\boldsymbol{x}) = O(\boldsymbol{x}^2),$$

在坐标 $x_1, \cdots, x_n$ 中, 线性算子 A 可以表示为矩阵 (a_{ij}):

$$(A\boldsymbol{x})_i = \sum a_{ij}x_j; \quad a_{ij} = \left.\frac{\partial f_i}{\partial x_j}\right|_0.$$

定义 由一般的方程组 (1) 过渡到方程组

$$\frac{d\boldsymbol{y}}{dl} = A\boldsymbol{y} \quad (\boldsymbol{x} \in \mathbb{R}^n, \boldsymbol{y} \in T\mathbb{R}^n_0) \tag{4}$$

称为 (1) 的线性化.

问题 证明线性化是一个适当定义的运算: 即算子 A 不依赖于坐标系.

线性化方程组的优点在于它是线性的, 因此容易解出:

$$\boldsymbol{y}(t) = e^{At}\boldsymbol{y}(0), \quad e^{At} = E + At + \frac{A^2t^2}{2!} + \cdots.$$

知道了线性化方程组 (4) 的解以后, 就对原方程组 (1) 的解也多少有所了解, 对于充分小的 $\boldsymbol{x}$, 线性化方程组与原方程组之差 $\boldsymbol{R}_2(\boldsymbol{x})$, 与 $\boldsymbol{x}$ 比较是很小的. 因此这两个方程组在同样初始条件 $\boldsymbol{y}(0) = \boldsymbol{x}(0) = \boldsymbol{x}_0$ 下的解 $\boldsymbol{y}(t)$ 与 $\boldsymbol{x}(t)$, 在很长一段时间里是很接近的. 更明确地说, 我们可以证明下面的

定理 对任意的 $T > 0$ 及任意的 $\varepsilon > 0$, 必有 $\delta > 0$. 使得若 $|\boldsymbol{x}(0)| < \varepsilon$, 则在区间 $0 \leqslant t \leqslant T$ 中, $|\boldsymbol{x}(t) - \boldsymbol{y}(t)| < \varepsilon\delta$.

D. 拉格朗日方程组的线性化

我们再回到拉格朗日方程组 (2) 并试在平衡位置 $\boldsymbol{q} = \boldsymbol{q}_0$ 附近将它线性化. 为使式子简单, 我们选一个坐标系使得 $\boldsymbol{q}_0 = 0$.

定理 为将拉格朗日方程组 (2) 在平衡位置 $\boldsymbol{q} = 0$ 附近线性化, 只需将动能 $T = \frac{1}{2}\sum a_{ij}(\boldsymbol{q})q_iq_j$ 代以其在 $\boldsymbol{q} = 0$ 时之值

$$T_2 = \frac{1}{2}\sum a_{ij}\dot{q}_i\dot{q}_j, \quad a_{ij} = a_{ij}(0),$$

而将位能 $U(\boldsymbol{q})$ 代以其二次部分

$$U_2 = \frac{1}{2}\sum b_{ij}q_iq_j, \quad b_{ij} = \left.\frac{\partial^2 U}{\partial q_i \partial q_j}\right|_{q=0}.$$

证 用典则变量 $\boldsymbol{p}, \boldsymbol{q}$ 将拉格朗日方程组化为 (1) 那样的形状:

$$\dot{\boldsymbol{p}}=-\frac{\partial H}{\partial \boldsymbol{q}},\quad \dot{\boldsymbol{q}}=\frac{\partial H}{\partial \boldsymbol{p}},\quad H(\boldsymbol{p},\boldsymbol{q})=T+U.$$

因 $\boldsymbol{p}=\boldsymbol{q}=0$ 是平衡位置, 右方在零处的泰勒级数展开式将由 $\boldsymbol{p}$ 与 $\boldsymbol{q}$ 的线性项开始. 又因右方是偏导数, 这些线性项是由 $H(\boldsymbol{p},\boldsymbol{q})$ 展开式的二次项 H_2 决定的. 但 H_2 正是以 $L_2=T_2-U_2$ 为拉格朗日函数的力学系之哈密顿函数, 因为显然有 $H_2=T_2(\boldsymbol{p})+U_2(\boldsymbol{q})$. 因此线性化的运动方程正是定理中所说的以 $L_2=T_2-U_2$ 的拉格朗日方程组. □

例 考虑一个自由度的力学系

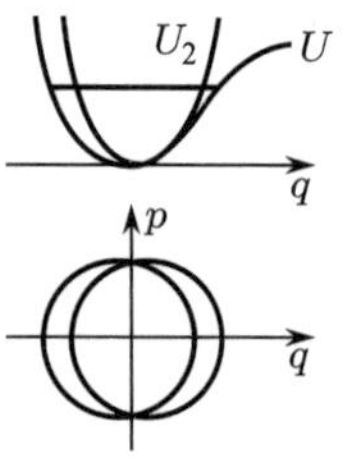

图 76 线性化

$$T=\frac{1}{2}a(q)\dot{q}^2,\quad U=U(q).$$

令 $q=q_0$ 为稳定平衡位置, $\left.\frac{\partial U}{\partial q}\right|_{q=q_0}=0, \left.\left(\frac{\partial^2 U}{\partial q^2}\right)\right|_{q=q_0}>0$ (图 76).

由相图可知, 对接近于 $q=q_0, p=0$ 的初值, 解是周期的, 一般说来, 周期 τ 依赖于初值. 由以上两个定理可知

系 接近于平衡位置 q_0 的振动的周期 τ 当振动的振幅减小时, 趋向于极限 $\tau_0=2\pi/\omega_0$, $\left(\omega_0^2=b/a, b=\frac{1}{2}(\partial^2U/\partial q^2)\Big|_{q=q_0}, a=a(q_0)\right)$.

证 对线性化方程组 $T_2=\frac{1}{2}a\dot{q}^2, U_2=\frac{1}{2}bq^2$ (取 $q_0=0$). 拉格朗日方程组 $\ddot{q}=-\omega_0^2 q$ 对任意初始振幅周期为 $\tau_0=2\pi/\omega_0$:

$$q=c_1\cos\omega_0 t+c_2\sin\omega_0 t.$$ □

E. 小振动

定义 线性化方程组 $(L_2=T_2-U_2)$ 描述的运动称为平衡位置 $\boldsymbol{q}=\boldsymbol{q}_0$ 的小振动①. 在一维问题中, 数 τ_0 和 ω_0 称为小振动的周期和频率.

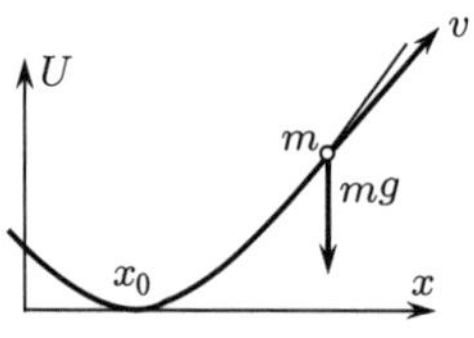

图 77 弦上的珠子

例 求位于弦 $y=U(x)$ 上的质量为 m $(m=1)$ 的珠子在 $g=1$ 的重力场中在平衡位置 $x=x_0$ (图 77) 附近的小振动的周期.

解 我们有

$$U=mgy=U(x),\quad T=\frac{1}{2}mv^2=\frac{1}{2}\left[1+\left(\frac{\partial U}{\partial x}\right)^2\right]\dot{x}^2.$$

①若平衡位置是不稳定的, 我们也会谈到 "不稳定小振动", 尽管这些运动可能并不具有振荡性质.

令 x_0 为稳定平衡位置: $(\partial U/\partial x)|_{x_0}=0; (\partial^2 U/\partial x^2)|_{x_0}>0$, 则小振动的频率 ω 由下式确定:

$$\omega^2=\left(\frac{\partial^2 U}{\partial x^2}\right)\bigg|_{x_0},$$

因为对于线性化方程组 $T_2=\frac{1}{2}\dot{q}^2$, 而 $U_2=\frac{1}{2}\omega^2 q^2\ (q=x-x_0)$.

问题 证明珠子的任意运动不仅是小振动且都等价于一个拉格朗日函数为 $L=\dfrac{1}{2}\dot{q}^2-V(q)$ 的一维力学系的运动.

提示 取弦的长为 q.

§23. 小振动

我们在这里要证明, 正在作小振动的拉格朗日动力系统可以分解为 n 个一自由度系统的直积.

A. 关于一对二次型的问题

我们要更详细地讨论小振动问题. 换言之, 我们考虑一个动力系统, 其中动能位能均为二次型, 且动能是正定二次型.

$$T=\frac{1}{2}(A\dot{\boldsymbol{q}},\dot{\boldsymbol{q}}),\quad U=\frac{1}{2}(B\boldsymbol{q},\boldsymbol{q}),\quad \boldsymbol{q}\in\mathbb{R}^n,\quad \dot{\boldsymbol{q}}\in\mathbb{R}^n. \tag{1}$$

为了求积拉格朗日方程组, 我们将对坐标作特殊的选择.

从线性代数中知道, 一对二次型 $(A\boldsymbol{q},\boldsymbol{q}),(B\boldsymbol{q},\boldsymbol{q})$ 若第一个是正定的, 可以用同一个线性变换把它们同时化到主轴①. 即是说可以选取 $\boldsymbol{Q}$:

$$\boldsymbol{Q}=C\boldsymbol{q},\quad \boldsymbol{Q}=(Q_1,\cdots,Q_n).$$

使 $(A\boldsymbol{q},\boldsymbol{q})$ 成为平方和 $(\boldsymbol{Q},\boldsymbol{Q})$, 这里 C 是一个非奇异的线性变换. 如果 $\boldsymbol{Q}$ 是这样一个坐标; 则因 $\dot{\boldsymbol{Q}}=C\dot{\boldsymbol{q}}$, 我们有

$$T=\frac{1}{2}\sum_{i=1}^{n}\dot{Q}_i^2,\quad U=\frac{1}{2}\sum_{i=1}^{n}\lambda_i Q_i^2. \tag{2}$$

λ_i 称为 B 关于 A 的本征值

问题 证明 B 关于 A 的本征值满足特征方程

$$\det|B-\lambda A|=0, \tag{3}$$

它的根因此都是实的 (矩阵 A,B 对称而且 $A>0$).

①如果需要, 也可以引入一个欧氏构造而以第一个二次型为其数量积, 再用一个变换把第二个二次型化到主轴, 这个变换关于这个欧氏构造是正交的.

B. 本征振动

在坐标 Q 下, 拉格朗日方程分解为 n 个独立的方程

$$\ddot{Q}_i = -\lambda_i Q_i. \tag{4}$$

因此, 我们证明了以下的

定理　一个作小振动的动力系统是 n 个作小振动的一维动力系统的直积.

对于每一个一维动力系统有三种可能的情况:

第一种情况: $\lambda = \omega^2 > 0$; 解是 $Q = C_1 \cos\omega t + C_2 \sin\omega t$ (振动).

第二种情况: $\lambda = 0$; 解是 $Q = C_1 + C_2 t$ (中立平衡).

第三种情况: $\lambda = -k^2 < 0$; 解是 $Q = C_1 \cosh kt + C_2 \sinh kt$ (不稳定).

系　设 (3) 有一个本征值为正: $\lambda = \omega^2 > 0$. 则动力系统可作以下形状的小振动

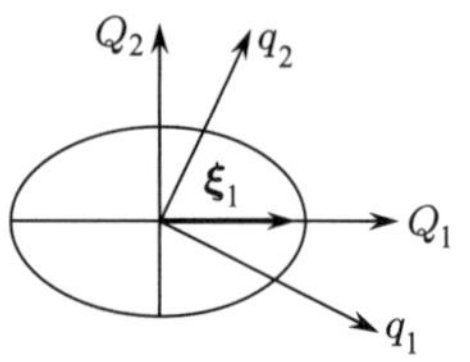

图 78　本征振动

$$\boldsymbol{q}(t) = (C_1 \cos\omega t + C_2 \sin\omega t)\boldsymbol{\xi}, \tag{5}$$

$\boldsymbol{\xi}$ 是相应于 λ 的本征矢量 (图 78):

$$B\boldsymbol{\xi} = \lambda A\boldsymbol{\xi}.$$

这个振动是一维运动 $Q_i = C_1 \cos\omega_i t + C_2 \sin\omega_i t$ 和平凡运动 $Q_j = 0$ $(j \neq i)$ 的积.

定义　周期运动 (5) 称为动力系统 (1) 的本征振动, 数 ω 称为本征频率.

注　本征振动也称为主振动或标准模式. 非正本征值 λ 也相应有本征矢量; 我们也把相应的运动称为 “本征振动”, 尽管它们并不是周期的; 相应的 “本征频率” 是纯虚的.

问题　证明独立的实本征振动的数目等于位能 $\frac{1}{2}(B\boldsymbol{q}, \boldsymbol{q})$ 的最大正定子空间的维数.

现在可以把结果陈述如下:

定理　动力系统 (1) 有 n 个本征振动, 其方向关于由动能给出的数量积两两正交.

证　由 (2), 坐标系 $\boldsymbol{Q}$ 关于数量积 $(A\boldsymbol{q}, \boldsymbol{q})$ 是正交的. □

C. 分解为本征振动

由以上定理即知

系　每个小振动都是本征振动的和.

本征振动的和一般是非周期的 (回忆利萨如图形!).

为将一个运动分解为本征振动的和, 只需把初始条件 $\boldsymbol{q}, \dot{\boldsymbol{q}}$ 投影到本征方向上再解出相应的一维问题 (4).

因此, 动力系统 (1) 的拉格朗日方程组可以如下解出. 先求形如 $\boldsymbol{q} = e^{i\omega t}\boldsymbol{\xi}$ 的本征振动. 把它们代入拉格朗日方程组

$$\frac{d}{dt}A\dot{\boldsymbol{q}} = B\boldsymbol{q},$$

即得

$$(B - \omega^2 A)\boldsymbol{\xi} = 0.$$

由特征方程 (3) 可找到 n 个本征值 $\lambda_k = \omega_k^2$. 相应于它们有 n 个两两正交的本征矢量 $\boldsymbol{\xi}_k$, $\lambda \neq 0$ 时的通解的形状是

$$\boldsymbol{q}(t) = \mathrm{Re}\sum_{k=1}^{n} C_k e^{i\omega_k t}\boldsymbol{\xi}_k.$$

注 这个结果当某些 λ 为重本征值时也对.

因此, 在拉格朗日动力系统中, 与一般的线性微分方程组不同, 即使对重本征值也不会出现形如 $t\sin\omega t$ 的共振项.

D. 例子

例 1 考虑重力场中的两个全同的数学摆, 长为 $l_1 = l_2 = 1$, 质量为 $m_1 = m_2 = 1$, 又设 $g = 1$. 设将摆用无重量的弹簧连接起来, 其长为悬挂点间的距离 (图 79), 用 q_1, q_2 表示摆的倾角, 这时对于小振动有 $T = \frac{1}{2}(\dot{q}_1^2 + \dot{q}_2^2)$, $U = \frac{1}{2}(q_1^2 + q_2^2 + \alpha(q_1 - q_2)^2)$, 其中 $\frac{1}{2}\alpha(q_1 - q_2)^2$ 是弹簧的弹性位能. 令

$$Q_1 = \frac{q_1 + q_2}{\sqrt{2}}, \quad Q_2 = \frac{q_1 - q_2}{\sqrt{2}},$$

则

$$q_1 = \frac{Q_1 + Q_2}{\sqrt{2}}, \quad q_2 = \frac{Q_1 - Q_2}{\sqrt{2}},$$

于是两个二次型都化到了主轴.

$$T = \frac{1}{2}(\dot{Q}_1^{?} + \dot{Q}_2^{?}), \quad U = \frac{1}{2}(\omega_1^{?}Q_1^{?} + \omega_2^{?}Q_2^{?}),$$

$\omega_1 = 1, \omega_2 = \sqrt{1 + 2\alpha}$ (图 80). 所以两个本征振动如下 (图 81):

1. $Q_2 = 0$, 即 $q_1 = q_2$; 两个摆以原有频率 1 作同相位的振动; 弹簧不产生效应.

2. $Q_1 = 0$, 即 $q_1 = -q_2$; 这两个摆作反相位的振动, 由于弹簧的作用频率变大为 $\omega_2 > 1$.

现令弹簧很软: $\alpha \ll 1$, 这时会发生一个有趣的效应, 称为能量的交换.

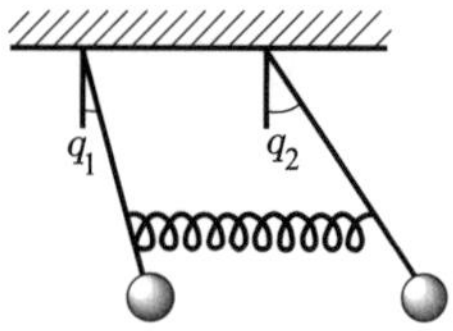

图 79 连接的全同摆

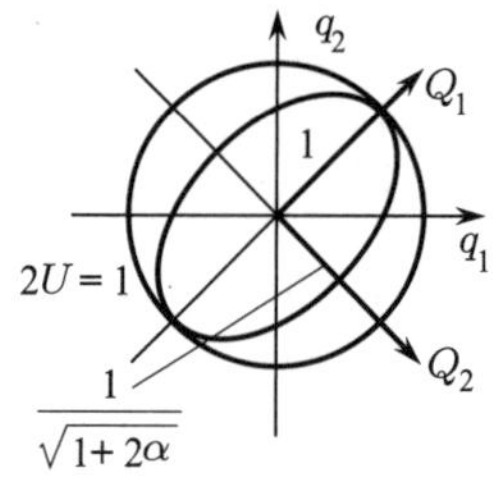

图 80 连接摆的构形空间

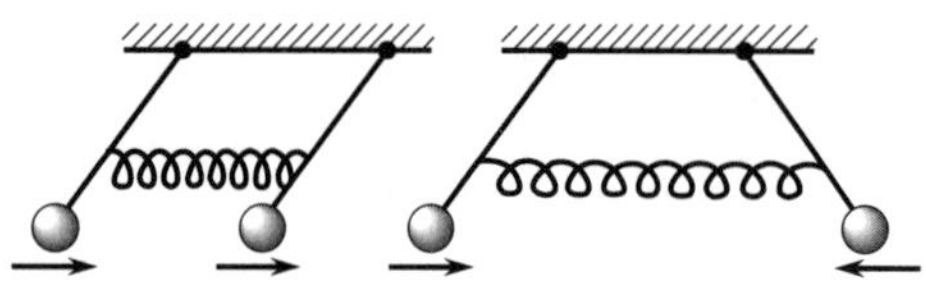

图 81 连接摆的本征振动

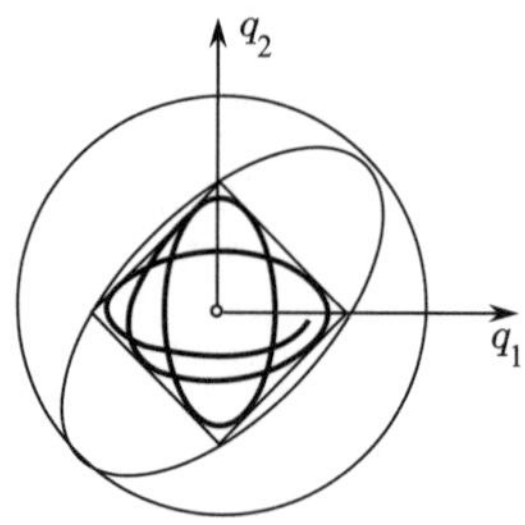

图 82 拍: 构形空间中的轨迹

例 2 设在初始时刻前这两个摆都静止而只对其中之一给以初速 $\dot{q}_1 = v$. 我们要证明在一段时间 T 以后这个摆会变得几乎静止而所有能量都转到了另一个摆上.

由初始条件知 $Q_1(0) = Q_2(0) = 0$. 所以, $Q_1 = C_1 \sin t$ 而 $Q_2 = C_2 \sin \omega t$, $\omega = \sqrt{1+2\alpha} \approx 1 + \alpha$ $(\alpha \ll 1)$. 但 $\dot{Q}_1(0) = \dot{Q}_2(0) = v/\sqrt{2}$. 所以 $C_1 = v/\sqrt{2}, C_2 = v/\omega\sqrt{2}$, 而我们的解形状为

$$q_1 = \frac{v}{2}(\sin t + \frac{1}{\omega}\sin \omega t), \quad q_2 = \frac{v}{2}(\sin t - \frac{1}{\omega}\sin \omega t),$$

但因 α 很小, 所以 $v(1-(1/\omega))\sin \omega t$ 也很小, 略去它即有,

$$\begin{aligned} q_1 &\approx \frac{v}{2}(\sin t + \sin \omega t) = v\cos \varepsilon t \sin \omega' t, \\ q_2 &\approx \frac{v}{2}(\sin t - \sin \omega t) = -v\cos \omega' t \sin \varepsilon t, \\ \varepsilon &= \frac{\omega - 1}{2} \approx \frac{\alpha}{2}, \quad \omega' \approx \frac{\omega+1}{2} \approx 1. \end{aligned}$$

因为 α 很小, 量 $\varepsilon \approx \alpha/2$ 也很小, 所以 q_1 作频率为 $\omega' \approx 1$ 的振动而振幅 $v\cos \varepsilon t$ 缓慢地变化 (图 82).

经过时间 $T = \pi/2\varepsilon \approx \pi/\alpha$ 以后, 基本上只有第二个摆在振动; 在 $2T$ 时间后又只有第一个摆在振动, 仿此以往 (这叫做 “拍”) (图 83).

例 3 考虑用弹性位能为 $\frac{1}{2}\alpha(q_1 - q_2)^2$ 的弹簧连接起来的两个不同的摆 $(m_1 \neq m_2, l_1 \neq l_2, g = 1)$ 的本征振动 (图 84). 当 $\alpha \to 0$ 或 $\alpha \to \infty$ 时本征频率的性状如何?

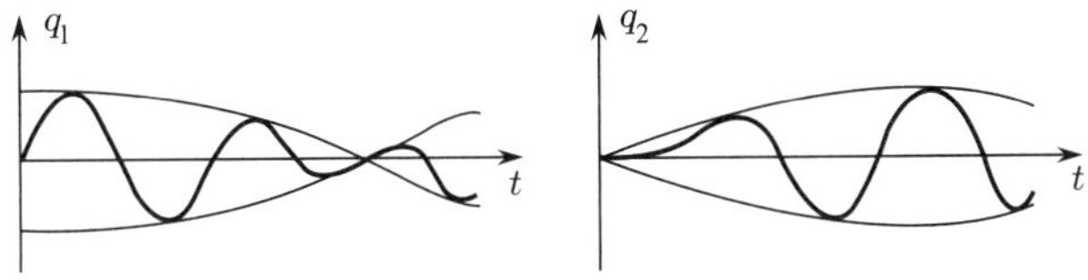

图 83 拍

我们有

$$T=\frac{1}{2}(m_1l_1^2\dot{q}_1^2+m_2l_2^2\dot{q}_2^2),$$
$$U=m_1l_1\frac{q_1^2}{2}+m_2l_2\frac{q_2^2}{2}+\frac{\alpha}{2}(q_1-q_2)^2.$$

因此 (图 85),

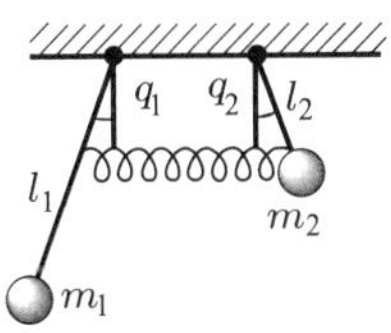

图 84 连接的摆

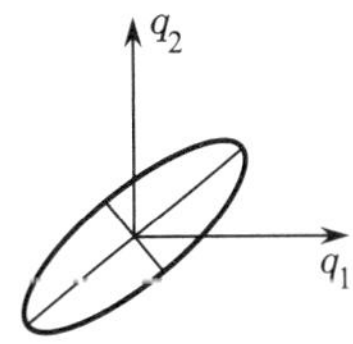

图 85 强连接摆的位能

$$A=\begin{pmatrix} m_1l_1^2 & 0 \\ 0 & m_2l_2^2 \end{pmatrix},\quad B=\begin{pmatrix} m_1l_1+\alpha & -\alpha \\ -\alpha & m_2l_2+\alpha \end{pmatrix},$$

而特征方程的形状是

$$\det(B-\lambda A)=\det\begin{pmatrix} m_1l_1+\alpha-\lambda m_1l_1^2 & -\alpha \\ -\alpha & m_2l_2+\alpha-\lambda m_2l_2^2 \end{pmatrix}=0,$$

亦即

$$a\lambda^2-(b_0+b_1\alpha)\lambda+(c_0+c_1\alpha)=0,$$

其中

$$a=m_1m_2l_1^2l_2^2,$$
$$b_0=m_1l_1m_2l_2(l_1+l_2),\qquad b_1=m_1l_1^2+m_2l_2^2,$$
$$c_0=m_1m_2l_1l_2,\qquad c_1=m_1l_1+m_2l_2.$$

这是 (α,λ) 平面上的一个双曲线 (图 86). 当 $\alpha\to 0$ 时 (软弹簧), 频率趋于自由摆的频率 $(\omega_{1,2}^2=l_{1,2}^{-1})$; 而当 $\alpha\to\infty$ 时, 有一个频率趋于 ∞, 而另一个则趋于两个质量在同一杆上的摆 (图 87) 的本征频率 ω_∞:

$$\omega_\infty^2=\frac{m_1l_1+m_2l_2}{m_1l_1^2+m_2l_2^2}.$$

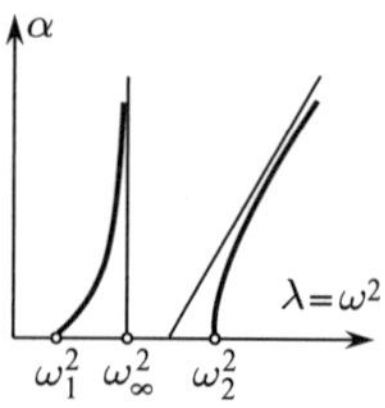

图 86 本征频率对弹簧硬度的依赖性

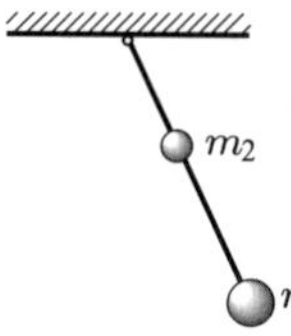

图 87 由无限硬弹簧连接的摆的极限情况

问题 研究平面双摆的振动之本征频率 (图 88).

问题 求平面上一个质点小振动轨迹的形状, 此质点位于一个等边三角形内部, 并用相同的弹簧连接在顶点上 (图 89).

解 这个力学系旋转 120° 后仍变成其自身. 因此, 所有方向都是本征方向, 而两个本征频率相同: $U=\dfrac{1}{2}\omega^2(x^2+y^2)$. 所以, 轨迹是椭圆 (参照图 20).

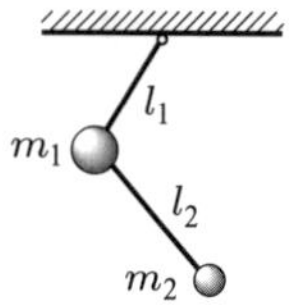

图 88 双摆

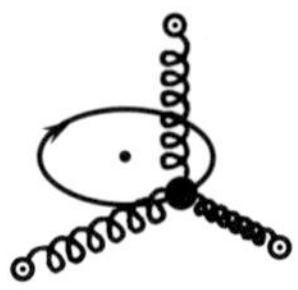

图 89 有无限多本征振动的力学系

§24. 本征频率的性态

我们在这里要证明关于力学系的本征频率在刚度增加并且有约束时的性态的瑞利–柯朗–费希尔 (Rayleigh–Courant–Fisher) 定理.

A. 刚度变化时本征频率的性态

考虑一个作小振动的力学系, 其动能位能为

$$T=\frac{1}{2}(A\dot{\boldsymbol{q}},\dot{\boldsymbol{q}})>0,\quad U=\frac{1}{2}(B\boldsymbol{q},\boldsymbol{q})>0\quad 对一切\ \boldsymbol{q},\dot{\boldsymbol{q}}\neq 0.$$

定义 一个具有同样动能但有新的位能 U' 的力学系, 如果对一切 $\boldsymbol{q}$ 均有 $U'=\frac{1}{2}(B'\boldsymbol{q},\boldsymbol{q})\geqslant\frac{1}{2}(B\boldsymbol{q},\boldsymbol{q})=U$, 称为刚度更大.

我们希望弄清楚一个力学系当刚度增加时本征频率怎样变化.

问题 讨论一维情况.

定理 1 *刚度增加时, 所有本征频率都增加, 即是说, 若 $\omega_1\leqslant\omega_2\leqslant\cdots\leqslant\omega_n$ 是刚度较低的力学系之本征频率, 而 $\omega_1'\leqslant\omega_2'\leqslant\cdots\leqslant\omega_n'$ 是刚度较大的力学系之本征频率, 则 $\omega_1\leqslant\omega_1',\omega_2\leqslant\omega_2',\cdots,\omega_n\leqslant\omega_n'$.*

这定理几何意义很简单. 不失一般性可设 $A = E$, 即考虑由动能 $T = \frac{1}{2}(\dot{\boldsymbol{q}}, \dot{\boldsymbol{q}})$ 给出的欧氏构造. 于是对这两个力学系将有两个椭球即: $E : (B\boldsymbol{q}, \boldsymbol{q}) = 1$ 和 $E' : (B'\boldsymbol{q}, \boldsymbol{q}) = 1$.

很明显有

引理 1 *若力学系 U' 比 U 刚度更大, 则相应的椭球 E' 位于 E 内.*

很明显还有

引理 2 *椭球的主半轴即本征频率之倒数: $\omega_i = 1/a_i$.*

所以定理 1 等价于以下的几何命题 (图 90).

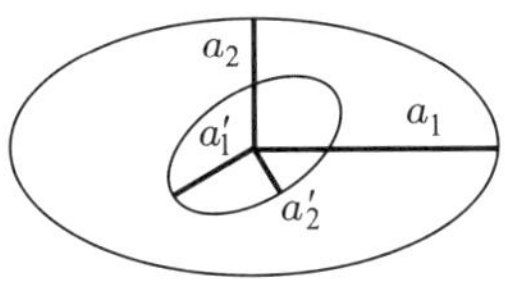

图 90 里面的椭球主半轴较小

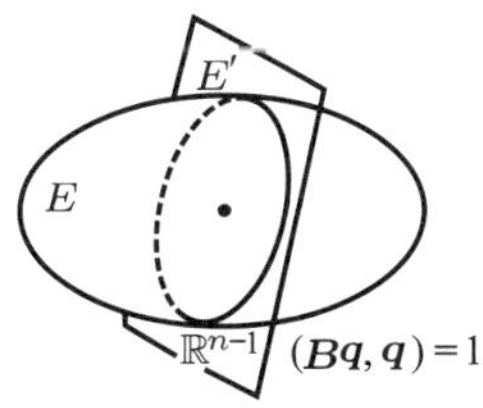

图 91 线性约束

定理 2 *若主半轴为 $a_1 \geqslant a_2 \geqslant \cdots \geqslant a_n$ 的椭球包含主半轴为 $a_1' \geqslant a_2' \geqslant \cdots \geqslant a_n'$ 的椭球, 而且二者的中心相同, 则里面的椭球主半轴较小:*

$$a_1 \geqslant a_1', \quad a_2 \geqslant a_2', \quad \cdots, \quad a_n \geqslant a_n'.$$

例 节 23 例 3 中连接两摆的弹簧刚度 α 增加时, 其位能也增加, 由定理 1, 本征频率也增加: $d\omega_i/d\alpha > 0$.

现在考虑弹簧刚度 $\alpha \to \infty$ 的情况. 在极限情况下, 两摆是刚性地连接而成为具有一自由度的力学系; 极限本征频率 ω_∞ 满足 $\omega_1 < \omega_\infty < \omega_2$.

B. 附加约束时本征频率的性态

回到具有 n 个自由度的一般力学系, 并令 $T = \frac{1}{2}(\dot{\boldsymbol{q}}, \dot{\boldsymbol{q}}), U = \frac{1}{2}(B\boldsymbol{q}, \boldsymbol{q})$ $(\boldsymbol{q} \in \mathbb{R}^n)$, 是这个在作小振动的力学系的动能和位能.

令 $\mathbb{R}^{n-1} \subset \mathbb{R}^n$ 是 $\mathbb{R}^n$ 的一个 $(n-1)$ 维子空间 (图 91). 考虑一个具有 $n-1$ 个自由度 $(\boldsymbol{q} \in \mathbb{R}^{n-1})$ 的力学系, 其动能和位能即 T 和 U 在 $\mathbb{R}^{n-1}$ 上的限制. 我们说这个力学系是由原力学系附加线性约束而得的.

令 $\omega_1 \leqslant \omega_2 \leqslant \cdots \leqslant \omega_n$ 是原力学系的 n 个本征频率,

$$\omega_1' \leqslant \omega_2' \leqslant \cdots \leqslant \omega_{n-1}'$$

是具有约束的力学系的 $n-1$ 个本征频率.

定理 3 具有约束的力学系的本征频率分隔原力学系的本征频率 (图 92):

$$\omega_1 \leqslant \omega_1' \leqslant \omega_2 \leqslant \omega_2' \leqslant \cdots \leqslant \omega_{n-1} \leqslant \omega_{n-1}' \leqslant \omega_n.$$

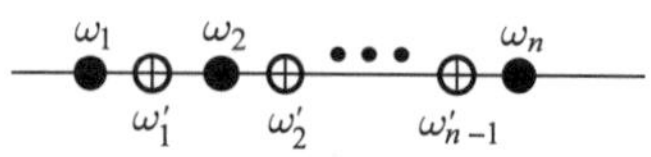

图 92 频率的分隔

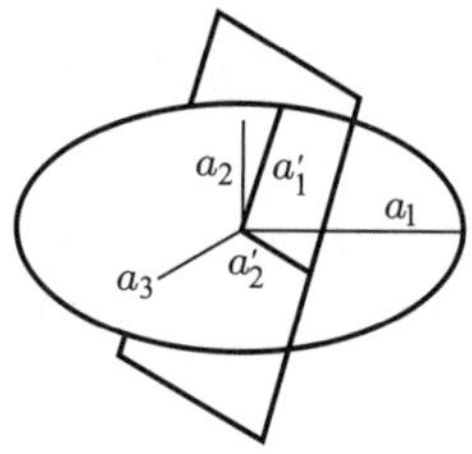

图 93 截面的主半轴分隔椭球的主半轴

由引理 2, 这个定理等价于以下的几何命题:

定理 4 考虑主半轴为 $a_1 \geqslant a_2 \geqslant \cdots \geqslant a_n$ 的 n 维椭球 $E = \{\boldsymbol{q} : (B\boldsymbol{q}, \boldsymbol{q}) = 1\}$ 在过其中心的超平面 $\mathbb{R}^{n-1}$ 上的截面. 这个 $n-1$ 维椭球 —— 即截面 E'—— 的主半轴分隔椭球 E 的主半轴 (图 93):

$$a_1 \geqslant a_1' \geqslant a_2 \geqslant a_2' \geqslant \cdots \geqslant a_{n-1} \geqslant a_{n-1}' \geqslant a_n.$$

C. 本征值的极值性质

定理 5 主半轴为 $a_1 \geqslant a_2 \geqslant \cdots \geqslant a_n$ 的椭球 E 在任意 k 维子空间 $\mathbb{R}^k$ 上的截面之最小主半轴不大于 a_k :

$$a_k = \max_{\{\mathbb{R}^k\}} \min_{\boldsymbol{x} \in \mathbb{R}^k \cap E} \|\boldsymbol{x}\|.$$

(最大值在主半轴 $a_1 \geqslant a_2 \geqslant \cdots \geqslant a_k$ 所张的子空间上达到).

证① 考虑主轴 $a_k \geqslant a_{k+1} \geqslant \cdots \geqslant a_n$ 所张的子空间 $\mathbb{R}^{n-k+1}$, 其维数为 $n-k+1$, 因此它与任意 $\mathbb{R}^k$ 相交. 令 $\boldsymbol{x}$ 为位于椭球 E 上的一个交点则 $\|\boldsymbol{x}\| \leqslant a_k$, 因为 $\boldsymbol{x} \in \mathbb{R}^{n-k+1}$. 又因椭球 $E \cap \mathbb{R}^k$ 的最小主半轴之长 $l \leqslant \|\boldsymbol{x}\|$, l 必不大于 a_k. □

定理 2 的证明 里面的椭球的任一 k 维截面 $\mathbb{R}^k \cap E'$ 之最小主半轴不大于 $\mathbb{R}^k \cap E$ 的最小半主轴. 由定理 5,

$$a_k' = \max_{\{\mathbb{R}^k\}} \min_{\boldsymbol{x} \in \mathbb{R}^k \cap E'} \|\boldsymbol{x}\| \leqslant \max_{\{\mathbb{R}^k\}} \min_{\boldsymbol{x} \in \mathbb{R}^k \cap E} \|\boldsymbol{x}\| = a_k. \qquad \square$$

定理 4 的证明 不等式 $a_k' \leqslant a_k$ 可由定理 5 得出, 因为在计算 a_k 时是在一个更大的集上取最大值. 为了证明 $a_k' \geqslant a_{k+1}$, 用任一 $k+1$ 维子空间 $\mathbb{R}^{k+1}$ 去截 $\mathbb{R}^{n-1}$.

①想一想 $n = 3, k = 2$ 的情形是有用的.

截面的维数大于或等于 k. 椭球 $E'\cap\mathbb{R}^{k+1}$ 的最小主半轴大于或等于 $E\cap\mathbb{R}^{k+1}$ 的最小主半轴. 由定理 5,

$$\begin{aligned}a'_k &= \max_{\{\mathbb{R}^k\subset\mathbb{R}^{n-1}\}}\min_{\boldsymbol{x}\in\mathbb{R}^k\cap E'}\|\boldsymbol{x}\| \geqslant \max_{\{\mathbb{R}^{k+1}\subset\mathbb{R}^n\}}\min_{x\in\mathbb{R}^{k+1}\cap E'}\|\boldsymbol{x}\|\\ &\geqslant \max_{\{\mathbb{R}^{k+1}\subset\mathbb{R}^n\}}\min_{\boldsymbol{x}\in\mathbb{R}^{k+1}\cap E}\|\boldsymbol{x}\| = a_{k+1}.\end{aligned}$$ □

定理 1 至 3 可直接由上证得出.

问题 证明若增加动能而不改变位能 (例如弹簧不变而加大其质量), 则每个本征频率均减少.

问题 证明欧氏空间的一个子空间上的椭球在正交投影到另一子空间上时所有主半轴减小.

问题 设欧氏空间 $\mathbb{R}^n$ 上的二次型 $A(\varepsilon)$ 是参数 ε 的连续可微函数. 证明每个本征频率均可微地依赖于 ε, 求其导数

答 令 $\lambda_1,\cdots,\lambda_k$ 为 $A(0)$ 的本征值. 相应于每个重数为 v_i 的本征值 λ_i 有一个子空间 $\mathbb{R}^{v_i}$.$A(\varepsilon)$ 之本征值在 $\varepsilon=0$ 处的导数等于限制在 $\mathbb{R}^{v_i}$ 上的二次型 $B=(dA/d\varepsilon)|_{\varepsilon=0}$ 之本征值.

特别是, 若 $A(0)$ 之每个本征值均为单重的, 则其导数等于矩阵 B 在 $A(0)$ 之本征基底下的对角线元素.

由这个问题可得, 当一个二次型增加时, 其本征值也上升, 这样可以得到定理 1、2 的新证明.

问题 若钟上出现了裂纹, 其音调怎样变化?

§25. 参数共振

若一力学系中的参数随时间作周期变化, 则其平衡位置尽管对参数的每一个固定值是稳定的, 也可能变得不稳定. 使我们能够荡秋千的就是这种不稳定性.

A. 参数随时间周期变化的动力系统

例 1 **秋千**: 相应的数学摆长度随时间周期地变化: $l(t+T)=l(t)$ (图 94).

例 2 在周期变化重力场 (例如由于月球的潮汐作用) 中的摆可由希尔 (Hill) 方程描述

$$\ddot{q}=-\omega^2(t)q,\quad \omega(t+T)=\omega(t). \tag{1}$$

例 3 悬挂在一点上的摆而该点铅直地周期振荡, 也可由形状如 (1) 那样的方程来描述.

对具有周期变化参数的力学系, 其运动方程右方是 t 的周期函数. 运动方程可化为具有周期右方的一阶常微分方程组

$$\dot{\boldsymbol{x}}=\boldsymbol{f}(\boldsymbol{x},t),\quad \boldsymbol{f}(\boldsymbol{x},t+T)=\boldsymbol{f}(\boldsymbol{x},t),\quad \boldsymbol{x}\in\mathbb{R}^n. \tag{2}$$

例如方程 (1) 可化为方程组

$$\left.\begin{aligned}\dot{\boldsymbol{x}}_1&=x_2\\ \dot{\boldsymbol{x}}_2&=-\omega^2x_1\end{aligned}\right\}\omega(t+T)=\omega(t). \tag{3}$$

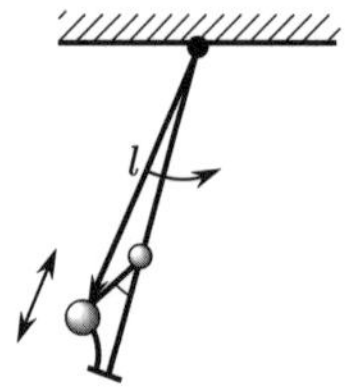

图 94 秋千

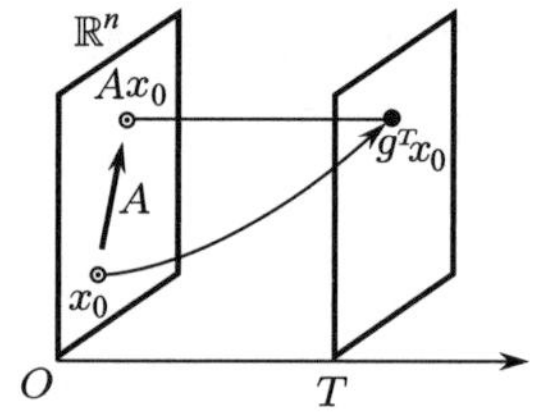

图 95 一周期时的映射

B. 在一周期时的映射

回顾一下方程组 (2) 的一般性质. 用 $g^t:\mathbb{R}^n\to\mathbb{R}^n$ 记将一点 $\boldsymbol{x}\in\mathbb{R}^n$ 变为方程组 (2) 的具有初始条件 $\boldsymbol{\varphi}(0)=\boldsymbol{x}$ 的解 $\boldsymbol{\varphi}$ 在 t 时刻之值 $g^t\boldsymbol{x}=\boldsymbol{\varphi}(t)$ 的映射 (图 95).

映射 g^t 一般并不成群,

$$g^{t+s}\neq g^tg^s\neq g^sg^t.$$

问题 证明 g^t 当且仅当右方的 $\boldsymbol{f}$ 不含 t 时才成群.

问题 若 T 是 $\boldsymbol{f}$ 的周期, 证明 $g^{T+s}=g^s\cdot g^T$, 特别有 $g^{nT}=(g^T)^n$, 因此映射 $(g^T)^n$ (n 为整数) 成群.

映射 $g^T:\mathbb{R}^n\to\mathbb{R}^n$ 以下会起重要作用, 我们称它为一周期时的映射, 并记作

$$A:\mathbb{R}^n\to\mathbb{R}^n,\quad A\boldsymbol{x}(0)=\boldsymbol{x}(T).$$

例 方程组

$$\begin{cases}\dot{x}_1=x_2\\ \dot{x}_2=-x_1\end{cases}\quad \text{与}\quad \begin{cases}\dot{x}_1=x_1\\ \dot{x}_2=-x_2\end{cases}$$

可以认为是具有任意周期 T 的, 映射 A 是一旋转或一双曲旋转 (图 96).

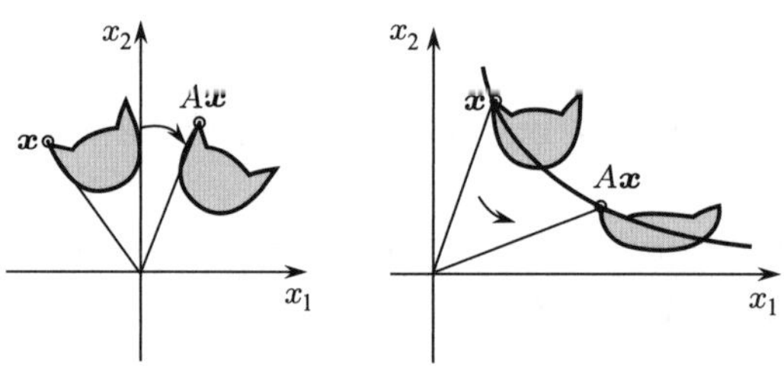

图 96 旋转和双曲旋转

定理 1. 点 $\boldsymbol{x}_0$ 为映射 A 下的不动点 ($A\boldsymbol{x}_0=\boldsymbol{x}_0$) 当且仅当具有初始条件 $\boldsymbol{x}(0)=\boldsymbol{x}_0$ 的解是周期 T 的周期解.

2. 周期解 $\boldsymbol{x}(t)$ 为李雅普诺夫稳定 (渐近稳定) 当且仅当映射 A 的不动点 $\boldsymbol{x}_0$ 为李雅普诺夫稳定 (渐近稳定)[①].

3. 若方程组 (2) 是线性的, 即 $\boldsymbol{f}(\boldsymbol{x},t)=f(t)\boldsymbol{x}$ 是 $\boldsymbol{x}$ 的线性函数, 则 A 是线性映射.

4. 若 (2) 是哈密顿方程组, 则 A 保持体积: $\det A=1$.

证 (1), (2) 可由关系式 $g^{T+s}=g^sA$ 得出. (3) 可由线性方程组的解之和仍为其解得出. (4) 可由刘维尔定理得出. □

我们将把这个定理用于对应于方程 (1) 或方程组 (3) 的相平面 $\{(x_1,x_2)\}$ 到其自身的映射 A. 因为 (3) 是线性的哈密顿方程组 $\left(H=\frac{1}{2}x_1^2+\frac{1}{2}\omega x_2^2\right)$, 我们得出:

系 映射 A 是线性的而且保持面积 ($\det A=1$). 方程 (1) 的平凡解当且仅当 A 为稳定时才是稳定的.

问题 证明平面的旋转是稳定的映射, 而双曲旋转是不稳定的.

C. 将平面映到自身且保持面积的线性映射

定理 令 A 为平面到其自身而且保持面积的线性映射之矩阵 ($\det A=1$). 若 $|\mathrm{tr}A|<2$, 映射 A 是稳定的, 若 $|\mathrm{tr}A|>2$ 则它是不稳定的 ($\mathrm{tr}A=a_{11}+a_{22}$).

证 令 λ_1,λ_2 为 A 的本征值. 它们满足特征方程 $\lambda^2-(\mathrm{tr}A)\lambda+1=0$, 其系数是实的, 而且 $\lambda_1+\lambda_2=\mathrm{tr}A, \lambda_1\cdot\lambda_2=\det A=1$. 当 $|\mathrm{tr}A|>2$ 时这个实二次方程的根 λ_1,λ_2 是实的, 而当 $|\mathrm{tr}A|<2$ 时是复共轭的.

在第一个情况下一个本征值绝对值大于 1, 另一个绝对值小于 1; 映射 A 是双曲旋转从而是不稳定的 (图 97).

在第二个情况下, 本征值都在单位圆周上 (图 97):

$$1=\lambda_1\cdot\lambda_2=\lambda_1\cdot\overline{\lambda_1}=|\lambda_1|^2.$$

映射 A 等价于旋转角 α (这里 $\lambda_{1,2}=e^{\pm i\alpha}$), 即可通过适当选择平面坐标系而化为旋转, 故为稳定的.□

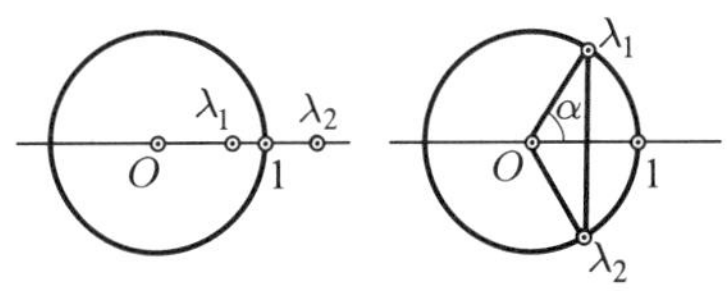

图 97 映射 A 的本征值

这样, 关于形状如 (1) 的方程之平凡解稳定性的每个问题都化为计算矩阵 A 的迹的问题. 不幸的是, 只有在一些特殊情况下才能把迹显式地算出来. 通过在区间 $0\leqslant t\leqslant T$ 上对方程作数值积分总可以近似地找到迹. 在 $\omega(t)$ 接近于常数这个重要的情况下, 一些一般的论证是有助的.

---

① A 的不动点 $\boldsymbol{x}_0$ 是李雅普诺夫稳定 (或渐近稳定) 是指: $\forall\varepsilon>0,\exists\delta>0$ 使若 $|\boldsymbol{x}-\boldsymbol{x}_0|<\delta$, 则对一切 n, $0<n<\infty$, $|A^n\boldsymbol{x}-A^n\boldsymbol{x}_0|<\varepsilon$ (或当 $n\to\infty$ 时, $A^n\boldsymbol{x}-A^n\boldsymbol{x}_0\to 0$).

D. 强稳定性

定义 一线性哈密顿方程组的平凡解称为强稳定的, 若不但它自己是稳定的, 而且每一个充分接近的线性哈密顿方程组之平凡解也是稳定的 ①.

由上面的两个定理即得

系 若 $|\mathrm{tr}A| < 2$, 则平凡解是强稳定的.

证 若 $|\mathrm{tr}A| < 2$, 则相应于充分接近的方程组的映射 A' 也有 $|\mathrm{tr}A'| < 2$. □

现在将它应用于具有几乎常系数 (系数只有微小变化) 的方程组. 例如考虑方程

$$\ddot{x} = -\omega^2(1+\varepsilon a(t))x, \quad \varepsilon \ll 1. \tag{4}$$

其中 $a(t+2\pi) = a(t)$, 例如, $a(t) = \cos t$ (图 98) (这是一个摆, 其频率在 ω 附近作振幅很小而周期为 2π 的振动) ②.

我们把每一个 (4) 这样的方程组用参数 $\varepsilon, \omega > 0$ 的平面上之一点来表示. 很清楚, 具有 $|\mathrm{tr}A| < 2$ 的稳定方程组构成 (ω, ε) 平面上的一个开集; 具有 $|\mathrm{tr}A| > 2$ 的不稳定方程组亦然 (图 99).

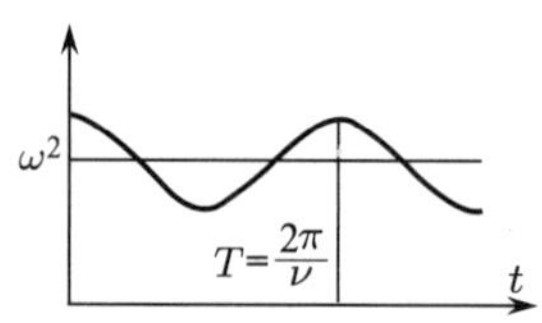

图 98 瞬时频率作为时间的函数

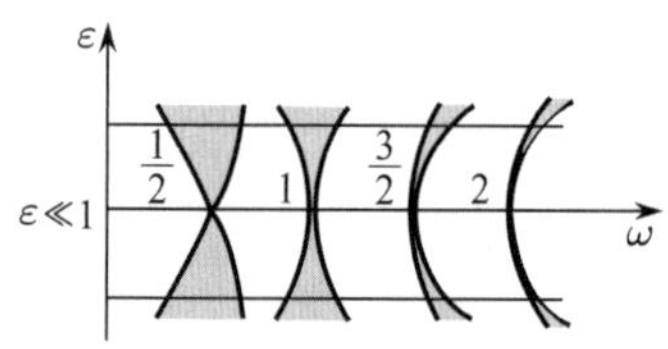

图 99 参数共振带

稳定性区域边界的方程是 $|\mathrm{tr}A| = 2$.

定理 ω 轴上所有的点, 除整数与半整数 $\omega = k/2$, $k = 0, 1, 2 \cdots$ 外, 都对应于强稳定方程组 (4).

所以不稳定方程组只有在点 $\omega = k/2$ 处趋近 ω 轴. 换言之, 通过使长度作周期性的小变化来荡秋千只有在长度变化的周期接近于半整数个本征振动周期时才可能 —— 人们对这件事早就有了经验了.

以上定理的证明基于这样一件事: 当 $\varepsilon = 0$ 时, 方程 (4) 具有常系数因此显然可解.

问题 对于方程 (4) 当 $\varepsilon = 0$ 时在周期 $T = 2\pi$ 处计算变换 A 的矩阵, 以 x 和 $\dot{x}$ 为基底时的矩阵.

---

①两个具有周期系数的线性方程组 $\dot{\boldsymbol{x}} = B_1(t)\boldsymbol{x}$, $\dot{\boldsymbol{x}} = B_2(t)\boldsymbol{x}$ 的距离定义为算子 $B_1(t)$ 和 $B_2(t)$ 之距离对 t 的最大值.

②$a(t) = \cos t$ 时, 方程 (4) 称为马蒂厄 (Mathieu) 方程.

解法 通解是

$$x = c_1 \cos \omega t + c_2 \sin \omega t.$$

具有初始条件 $x = 1, \dot{x} = 0$ 的解是

$$x = \cos \omega t, \quad \dot{x} = -\omega \sin\omega t.$$

具有初始条件 $x = 0, \dot{x} = 1$ 的解是

$$x = \frac{1}{\omega} \sin \omega t, \quad \dot{x} = \cos \omega t.$$

答

$$A = \begin{pmatrix} \cos 2\pi\omega & \dfrac{1}{\omega} \sin 2\pi\omega \\ -\omega \sin 2\pi\omega & \cos 2\pi\omega \end{pmatrix}.$$

因此, 若 $\omega \neq k/2, k = 0, 1, \cdots, |\mathrm{tr}A| = |2 \cos 2\pi\omega| < 2$, 而由前定理之系即得定理之证.

经过更仔细的分析[①]可证, 一般说来 (包括 $a(t) = \cos t$ 在内), 不稳定区域 (图 99 上之阴影区域) 事实上只能在 $\omega = k/2, k = 1, 2, \cdots$ 处接近 ω 轴.

这样, 当 $\omega \approx k/2, k = 1, 2, \cdots$ 时理想秋千 (4) 的最低平衡位置是不稳定的, 对其长度作周期性的任意小变化就能使它荡起来. 这个现象叫*参数共振*. 它的一个特征性质是, 当参数 v (在方程 (4) 中 $v = 1$) 变化的频率二倍于本征频率时共振最强.

注 理论上说, 可以在无穷多个情况下, 即 $\omega/v \approx k/2, k = 1, 2, \cdots$ 观察到参数共振. 但在实践上, 通常只在 k 很小时才能观察到 ($k = 1, 2, k = 3$ 时就少见了). 其理由如下:

1. 对于大的 k, 不稳定区域在一个很窄的"舌头"上趋向 ω 轴, 共振频率必须适合很严的界限 (当 $a(t) = \cos t$ 时, 为 $\sim \varepsilon^k$, 若 a 是 d 次三角多项式时, 则为 $\sim \varepsilon^m$, 这里 $m = -[-k/\alpha]$–不小于 k/d 的最小整数; 若 (4) 中的 a 是通有的 (generic) 解析函数时, 则第 k 个共振区域的宽度之量级是 $\varepsilon\theta^k$, 其中 $|\theta| < 1$. 例如可以参见 В. И. Арнольд, Замеиания О Теории Возмущении для задал Типа Матье (关于马蒂厄型问题的摄动理论之注记), УМН, 1983, T.38, No.4, 89~203.

2. 因为 $|\mathrm{tr}A| - 2$ 很小而本征值对大的 k 又很接近于 1, 所以不稳定性本身就很弱.

3. 只要有任意小的摩擦, 则振幅必须达到某个最小值 ε_k, 参数共振才会开始 (若 ε 小于它, 振动将会衰减至 0). 当 k 增加时, ε_k 迅速增加 (图 100).

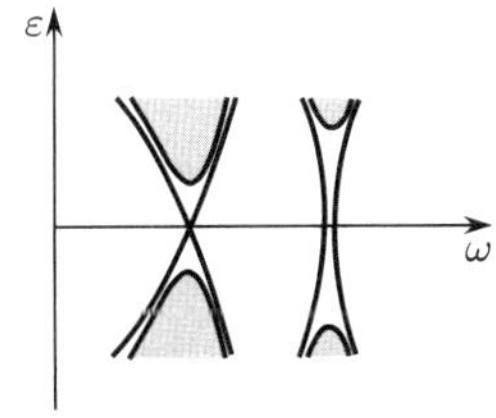

图 100 摩擦对参数共振的影响

我们也要注意, 对于方程 (4), x 的大小在不稳定情况下会无限增大.

在实在的力学系中, 振动只能达到有限振幅, 因为对大的 x, 线性方程 (4) 本身已失去作用, 必须考虑非线性效应.

① 例如参看下面分析的问题.

问题 求以下方程所描述的力学系在 (ε,ω) 平面上的不稳定区域

$$\ddot{x}=-f^2(t)x,\quad f(t)=\begin{cases}\omega+\varepsilon, & 0<t<\pi,\\ \omega-\varepsilon, & \pi<t<2\pi,\end{cases}\quad \varepsilon\ll 1,\quad f(t+2\pi)=f(t).$$

解 由前一个问题之解知 $A=A_2A_1$, 其中

$$A_k=\begin{pmatrix} c_k & \dfrac{1}{\omega_k}s_k\\ -\omega_k s_k & c_k\end{pmatrix},\quad c_k=\cos\pi\omega_k,\quad s_k=\sin\pi\omega_k,\quad k=1,2;\quad \omega_{1,2}=\omega\pm\varepsilon.$$

因此, 不稳定区域的边界方程为

$$|\mathrm{tr}A|=\left|2c_1c_2-\left(\frac{\omega_1}{\omega_2}+\frac{\omega_2}{\omega_1}\right)s_1s_2\right|=2. \tag{5}$$

因 $\varepsilon\ll 1$, 我们有 $\omega_1/\omega_2=\dfrac{\omega+\varepsilon}{\omega-\varepsilon}\approx 1$. 引入记号

$$\frac{\omega_1}{\omega_2}+\frac{\omega_2}{\omega_1}=2(1+\Delta).$$

于是, 容易算出 $\Delta=(2\varepsilon^2/\omega^2)+O(\varepsilon^4)\ll 1$. 利用关系式 $2c_1c_2=\cos 2\pi\varepsilon+\cos 2\pi\omega$, $2s_1s_2=\cos 2\pi\varepsilon-\cos 2\pi\omega$, 可将方程 (5) 重写为

$$-\Delta\cos 2\pi\varepsilon+(2+\Delta)\cos 2\pi\omega=\pm 2,$$

亦即

$$\cos 2\pi\omega=\frac{2+\Delta\cos 2\pi\varepsilon}{2+\Delta}, \tag{6a}$$

$$\cos 2\pi\omega=\frac{-2+\Delta\cos 2\pi\varepsilon}{2+\Delta}. \tag{6b}$$

在第一个情况下 $\cos 2\pi\omega\approx 1$. 因此我们令

$$\omega=k+a,\quad |a|\ll 1,\quad \cos 2\pi\omega=\cos 2\pi a=1-2\pi^2a^2+O(a^4).$$

我们可将方程 (6a) 重写为

$$\cos 2\pi\omega=1-\frac{\Delta}{2+\Delta}(1-\cos 2\pi\varepsilon),$$

故有 $2\pi^2a^2+O(a^4)=\Delta\pi^2\varepsilon^2+O(\varepsilon^4)$.

以 $\Delta=(2\varepsilon^2/\omega^2)+O(\varepsilon^4)$ 代入上式, 我们得到

$$a=\pm\frac{\varepsilon^2}{\omega^2}+o(\varepsilon^2),\quad 即\ \omega=k\pm\frac{\varepsilon^2}{k^2}+o(\varepsilon^2).$$

方程 (6b) 可以类似解出; 结果是

$$\omega=k+\frac{1}{2}\pm\frac{\varepsilon}{\pi\left(k+\frac{1}{2}\right)}+o(\varepsilon).$$

所以解答如图 101 所示.

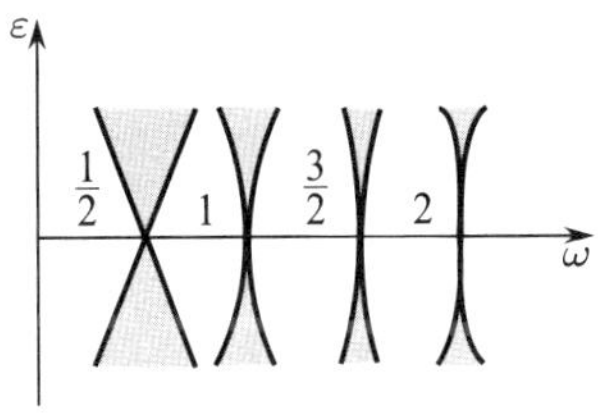

图 101 $f=\omega\pm\varepsilon$ 时的参数共振区域

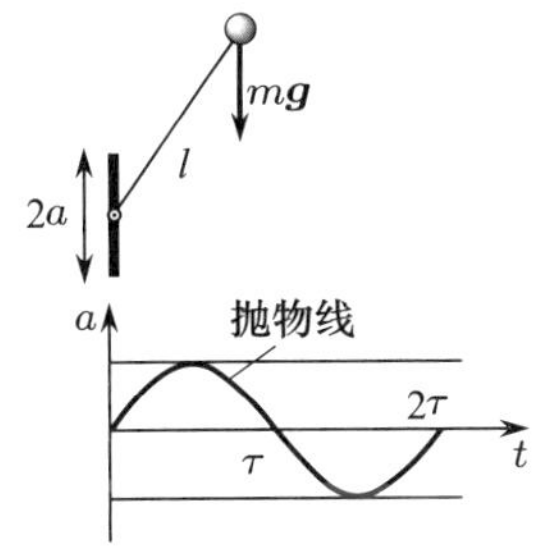

图 102 具有振动悬挂点的倒立摆

E. 具有铅直振动的悬挂点的倒立摆的稳定性

问题 一个摆的最高平衡位置通常是不稳定的, 若悬挂点在铅直方向上振动, 能否变得稳定 (图 102)?

解 令摆长为 l, 悬挂点振动之振幅 $a \ll l$, 悬挂点振动周期为 2τ, 再设在每一个半周期中悬挂点的加速度为常数 $\pm c$ (于是 $c=8a/\tau^2$). 结果是若悬挂点振动足够快 ($\tau \ll 1$), 最高的平衡位置变成稳定的.

运动方程可以写成 $\ddot{x}=(\omega^2\pm d^2)x$ (每过了一段时间 τ, 符号就变一次). 其中 $\omega^2=g/l, d^2=c/l$. 若悬挂点振动足够快, 则 $d^2>\omega^2$ ($d^2=8a/l\tau^2$).

和上题一样, $A=A_2A_1$, 其中

$$
\begin{aligned}
&A_1=\begin{pmatrix}\mathrm{ch}k\tau & \dfrac{1}{k}\mathrm{sh}k\tau\\ k\mathrm{sh}k\tau & \mathrm{ch}k\tau\end{pmatrix},\quad A_2=\begin{pmatrix}\cos\Omega\tau & \dfrac{1}{\Omega}\sin\Omega\tau\\ -\Omega\sin\Omega\tau & \cos\Omega\tau\end{pmatrix},\\
&k^2=d^2+\omega^2,\quad \Omega^2=d^2-\omega^2.
\end{aligned}
$$

十是稳定性条件 $|\mathrm{tr}A|<2$ 现在成为

$$
\left|2\mathrm{ch}k\tau\cos\Omega\tau+\left(\frac{k}{\Omega}-\frac{\Omega}{k}\right)\mathrm{sh}k\tau\sin\Omega\tau\right|<2. \tag{7}
$$

我们将证明, 若悬挂点振动充分快, 即若 $c \gg g$, 则此条件是满足的. 引入无量纲变量 ε,μ

$$
\frac{a}{l}=\varepsilon^2\ll 1,\quad \frac{g}{c}=\mu^2\ll 1.
$$

于是

$$
\begin{aligned}
&k\tau=2\sqrt{2}\varepsilon\sqrt{1+\mu^2},\quad \Omega\tau=2\sqrt{2}\varepsilon\sqrt{1-\mu^2},\\
&\frac{k}{\Omega}-\frac{\Omega}{k}=\sqrt{\frac{1+\mu^2}{1-\mu^2}}-\sqrt{\frac{1-\mu^2}{1+\mu^2}}=2\mu^2+O(\mu^4).
\end{aligned}
$$

因此, 对于小的 ε 和 μ 我们有以下的展开式, 而误差为 $o(\varepsilon^4+\mu^4)$:

$$
\begin{aligned}
&\mathrm{ch}k\tau = 1+4\varepsilon^2(1+\mu^2)+\frac{8}{3}\varepsilon^4+\cdots,\\
&\cos\Omega\tau = 1-4\varepsilon^2(1-\mu^2)+\frac{8}{3}\varepsilon^4+\cdots,\\
&\left(\frac{k}{\Omega}-\frac{\Omega}{k}\right)\mathrm{sh}k\tau\sin\Omega\tau = 16\varepsilon^2\mu^2+\cdots.
\end{aligned}
$$

于是稳定性条件 (7) 的形状成为

$$2\left(1-16\varepsilon^4+\frac{16}{3}\varepsilon^4+8\varepsilon^2\mu^2+\cdots\right)+16\varepsilon^2\mu^2<2.$$

略去高阶项即得 $\frac{4}{3}16\varepsilon^4\geqslant 32\varepsilon^2\mu^2$, 即 $\mu<\sqrt{\frac{2}{3}}\varepsilon$, 亦即 $g/c<\frac{\sqrt{2}a}{3l}$. 这个条件可以重写为

$$N>\sqrt{\frac{3}{64}}\omega\frac{l}{a}\approx\frac{2}{9}\omega\frac{l}{a}\quad\left(\sqrt{\frac{3}{32}}\approx 0.31\right).$$

这里 $N=1/2\tau$ 是悬挂点在一个单位时间里的振动次数. 例如若摆长 l 为 20 cm, 悬挂点的振幅为 a=1 cm, 则

$$N>\frac{2}{9}\sqrt{\frac{980}{20}}\times 20\approx 31\ (次/秒).$$

例如, 若悬挂点的振动频率大于每秒 50 次, 则摆的最高位置是稳定的.

第六章　刚体

在本章中我们要研究一些很特殊的力学问题. 这些问题传统地包含在经典力学课程中, 首先是因为它们是由欧拉和拉格朗日解决的, 也是因为我们生活在三维欧氏空间中, 所以我们会遇到的具有有限自由度的力学系, 绝大多数是刚体组成的.

§26. 在动参考系中的运动

我们将在本节中定义角速度.

A. 动参考系

考虑在坐标系 $\boldsymbol{q}, t$ 中以拉格朗日函数 $L(\boldsymbol{q}, \dot{\boldsymbol{q}}, t)$ 描述的运动. 换到一个动参考系 (坐标系) $\boldsymbol{Q} = \boldsymbol{Q}(\boldsymbol{q}, t)$ 时常是有用的.

为了在动参考系中写出运动方程, 只需在新坐标系中写出拉格朗日函数即可.

定理　*若拉格朗日方程* $\dfrac{d}{dt}\left(\dfrac{\partial L}{\partial \dot{\boldsymbol{q}}}\right) = \dfrac{\partial L}{\partial \boldsymbol{q}}$ *的轨道* $\gamma: \boldsymbol{q} = \boldsymbol{q}(t)$ *在局部坐标系* $\boldsymbol{Q}, t$ *中写成* $\gamma: \boldsymbol{Q} = \boldsymbol{\Phi}(t)$ $(\boldsymbol{Q} = \boldsymbol{Q}(\boldsymbol{q}, t))$, *则函数* $\boldsymbol{\Phi}(t)$ *适合拉格朗日方程* $d(\partial L'/\partial \dot{\boldsymbol{Q}})/dt = \partial L'/\partial \boldsymbol{Q}$, *这里* $L'(\boldsymbol{Q}, \dot{\boldsymbol{Q}}, t) = L(\boldsymbol{q}, \dot{\boldsymbol{q}}, t)$.

证　轨道 γ 是驻定曲线: $\delta \displaystyle\int_\gamma L(\boldsymbol{q}, \dot{\boldsymbol{q}}, t)dt = 0$. 所以 $\delta \displaystyle\int_\gamma L'(\boldsymbol{Q}, \dot{\boldsymbol{Q}}, t)dt = 0$, 而 $\boldsymbol{\Phi}(t)$ 适合 L' 决定的拉格朗日方程. □

B. 运动, 旋转和平动

我们特别要考虑 $\boldsymbol{q}$ 是一点相对于一个惯性系 k (称为*恒定系*) 的笛卡儿动径矢量, 而 $\boldsymbol{Q}$ 是同一点相对于一个动坐标系 K 的笛卡儿动径矢量这一重要情况.

定义 设 k 和 K 是有向欧氏空间. K 相对于 k 的运动就是一个光滑依赖于 t 且保持度量和定向的映射 (图 103):

$$D_t : K \to k.$$

定义 运动 D_t 称为旋转若它将 K 之原点变为 k 之原点, 即 D_t 为线性算子.

定理 每个运动均可唯一地写为一个旋转 $B_t : K \to k$ 和一个平移 $C_t : K \to k$ 之组合:

$$D_t = C_t B_t.$$

这里 $C_t \boldsymbol{q} = \boldsymbol{q} + \boldsymbol{r}(t)$ $(\boldsymbol{q}, \boldsymbol{r} \in k)$.

证 令 $\boldsymbol{r}(t) = D_t \mathbf{0}, B_t = C_t^{-1} D_t$, 则 $B_t \mathbf{0} = \mathbf{0}$. □

定义 运动 D_t 称为平动, 若相应的映射 $B_t : K \to k$ 不依赖于时间: $B_t = B_0 = B$, $D_t \boldsymbol{Q} = B\boldsymbol{Q} + \boldsymbol{r}(t)$.

我们将称 k 为恒定参考系, K 为动参考系, $\boldsymbol{q}(t) \in k$ 为一动点相对于恒定参考系的动径矢量, 若

$$\boldsymbol{q}(t) = D_t \boldsymbol{Q}(t) = B_t \boldsymbol{Q}(t) + \boldsymbol{r}(t) \tag{1}$$

(图 104), 则 $\boldsymbol{Q}(t)$ 称为该点相对运动参考系的动径矢量.

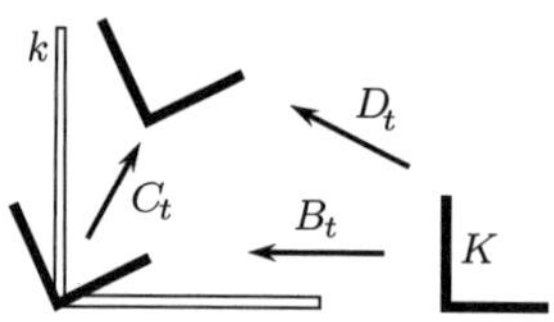

图 103 运动 D_t 分解为旋转 B_t 和平移 C_t 之积

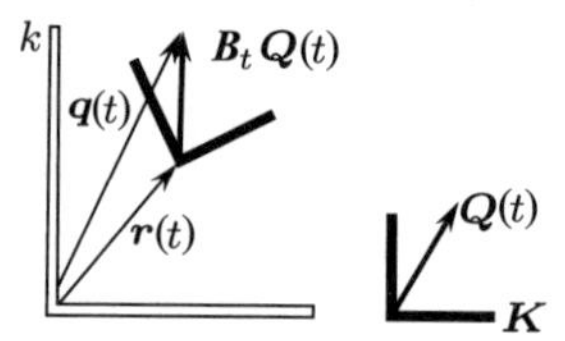

图 104 一点相对于恒定参考系 ($\boldsymbol{q}$) 和动参考系 ($\boldsymbol{Q}$) 的动径矢量

注 不要把 $B_t \boldsymbol{Q}(t) \in k$ 与 $\boldsymbol{Q}(t) \in K$ 混为一谈, 它们位于不同的空间中!

C. 速度的相加

现在我们将把 "绝对速度" $\dot{\boldsymbol{q}}$ 用相对运动 $Q(t)$ 及参考系的运动 D_t 表示出来. 在 (1) 中对 t 求导即得速度相加的公式

$$\dot{\boldsymbol{q}} = \dot{B}\boldsymbol{Q} + B\dot{\boldsymbol{Q}} + \dot{\boldsymbol{r}}. \tag{2}$$

为了弄清楚 (2) 中三项的含义, 我们考虑以下的特殊情况: 平动情况 ($\dot{B} = 0$). 这时式 (2) 给出 $\dot{\boldsymbol{q}} = B\dot{\boldsymbol{Q}} + \dot{\boldsymbol{r}}$. 换言之我们证明了

定理 若动坐标系 K 对 k 作平动, 则绝对速度等于相对速度与坐标系 K 的运动速度之和:

$$\boldsymbol{v} = \boldsymbol{v}' + \boldsymbol{v}_0, \tag{3}$$

$\boldsymbol{v} = \dot{\boldsymbol{q}} \in k$ 为绝对速度,

$\boldsymbol{v}' = B\dot{\boldsymbol{Q}} \in k$ 为相对速度 (与 $\dot{\boldsymbol{Q}} \in K$ 不同!),

$\boldsymbol{v}_0 = \dot{\boldsymbol{r}} \in k$ 是动坐标系的运动速度.

D. 角速度

在 K 作旋转时, 相对与绝对速度的关系就不这么简单了. 先考虑此点在 K 中静止 (即 $\dot{\boldsymbol{Q}} = 0$) 而 K 旋转 (即 $\boldsymbol{r} = 0$) 的情况. 这时点的运动 $\boldsymbol{q}(t)$ 称为牵连旋转.

例 具有常角速度 $\boldsymbol{\omega} \in k$ 的旋转. 令 $U(t): k \to k$ 为空间 k 绕 $\boldsymbol{\omega}$ 轴转过一个角 $|\boldsymbol{\omega}|t$. 则 $B(t) = U(t)B(0)$ 称为 K 具角速度 $\boldsymbol{\omega}$ 的匀角速旋转.

显然, 这时点 $\boldsymbol{q}$ 的牵连运动可由以下公式给出 (图 105):

$$\dot{\boldsymbol{q}} = [\boldsymbol{\omega}, \boldsymbol{q}].$$

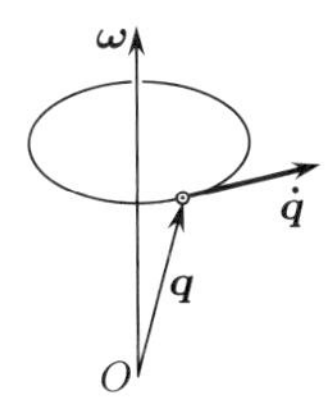

图 105 角速度

现在转到 K 作旋转 $(\boldsymbol{r} = 0, \dot{\boldsymbol{Q}} = 0)$ 的一般情况.

定理 在每一时刻 t 均有一矢量 $\boldsymbol{\omega}(t) \in k$, 使牵连速度可由以下公式给出

$$\dot{\boldsymbol{q}} = [\boldsymbol{\omega}, \boldsymbol{q}], \quad \forall \boldsymbol{q} \in k. \tag{4}$$

矢量 $\boldsymbol{\omega}$ 称为瞬时角速度; 显然它由 (4) 式唯一地决定.

系 设刚体 K 绕空间 k 中一个恒定点 O 旋转. 在每一时刻均有一瞬时旋转轴 —— 即该刚体中一过 O 的直线而在该时刻此线上各点的速度为 0. 其他各点的速度均垂直于此直线且与该点到此直线的距离成正比.

k 中的瞬时旋转轴由矢量 $\boldsymbol{\omega}$ 决定; 在 K 中相应的矢量记作 $\boldsymbol{\Omega} = B_t^{-1}\boldsymbol{\omega} \in K$; $\boldsymbol{\Omega}$ 称为刚体中的角速度矢量.

例 地球的角速度自地心指向北极; 大小为 $2\pi/3600 \times 24\,\mathrm{s}^{-1} \approx 7.3 \times 10^{-5}\,\mathrm{s}^{-1}$.

定理的证明 由 (2) 有

$$\dot{\boldsymbol{q}} = \dot{B}\boldsymbol{Q}.$$

因此, 若 $\boldsymbol{Q}$ 用 $\boldsymbol{q}$ 表出, 将有 $\dot{\boldsymbol{q}} = \dot{B}B^{-1}\boldsymbol{q} = A\boldsymbol{q}$, 其中 $A = \dot{B}B^{-1}: k \to k$ 是 k 上的线性算子.

引理 1 算子 A 是反对称的: $A' + A = 0$.

证 因为 $B: K \to k$ 是从一个欧氏空间到另一个的正交算子, 其转置即其逆: $B' = B^{-1}: k \to K$. 将关系式 $BB' = E$ 对时间求导, 有

$$\dot{B}B' + B\dot{B}' = 0, \quad 即\ \dot{B}B^{-1} + (\dot{B}B^{-1})' = 0. \qquad \square$$

引理 2 三维有向欧氏空间中的每一个反对称算子都是与某一固定矢量之矢量积:

$$A\boldsymbol{q}=[\boldsymbol{\omega},\boldsymbol{q}],\quad 对一切\ \boldsymbol{q}\in\mathbb{R}^3.$$

证 由 $\mathbb{R}^3$ 到 $\mathbb{R}^3$ 的所有反对称算子构成一个线性空间. 它的维数为 3, 因为 3×3 反对称矩阵可由其主对角线下方的三个元素决定.

与固定矢量 $\boldsymbol{\omega}$ 作矢量积也是线性反对称算子. 所以, 所有的乘以某一矢量 $\boldsymbol{\omega}$ 的矢量积的这些算子构成反对称算子空间的一个线性子空间.

这个子空间的维数也是 3. 所以矢量积子空间即一切反对称算子之空间. □

定理的证明之完成 由引理 1 与 2

$$\dot{\boldsymbol{q}}=A\boldsymbol{q}=[\boldsymbol{\omega},\boldsymbol{q}].$$ □

在笛卡儿坐标中算子 A 可用反对称矩阵来表示, 其元素记作 $\pm\omega_{1,2,3}$:

$$A=\begin{pmatrix}0&-\omega_3&\omega_2\\\omega_3&0&-\omega_1\\-\omega_2&\omega_1&0\end{pmatrix}.$$

用此记号则矢量 $\boldsymbol{\omega}=\omega_1\boldsymbol{e}_1+\omega_2\boldsymbol{e}_2+\omega_3\boldsymbol{e}_3$ 是对应于本征值 0 的本征矢量. 将 A 作用到矢量 $\boldsymbol{q}=q_1\boldsymbol{e}_1+q_2\boldsymbol{e}_2+q_3\boldsymbol{e}_3$ 上, 经直接计算可得

$$A\boldsymbol{q}=[\boldsymbol{\omega},\boldsymbol{q}].$$

E. 牵连速度

纯旋转运动的情况

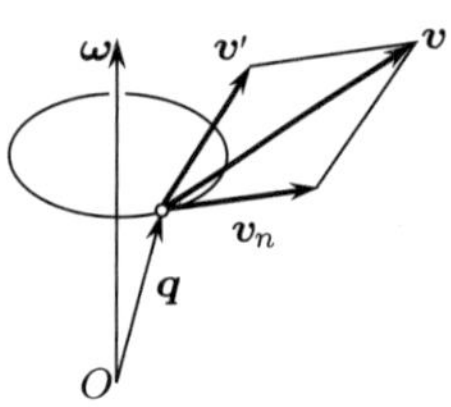

图 106 速度的相加

今设坐标系 K 旋转 ($\boldsymbol{r}=0$), 而一点在 K 中运动 ($\dot{Q}\neq 0$). 由 (2) 可得 (图 106)

$$\dot{\boldsymbol{q}}=\dot{B}\boldsymbol{Q}+B\dot{\boldsymbol{Q}}=[\boldsymbol{\omega},\boldsymbol{q}]+\boldsymbol{v}'.$$

换言之, 我们证明了

定理 若动坐标系 K 对 $O\in k$ 作旋转, 则绝对速度等于相对速度与牵连速度之和:

$$\boldsymbol{v}=\boldsymbol{v}'+\boldsymbol{v}_n,$$

这里

$$\boldsymbol{v}=\dot{\boldsymbol{q}}\in k\ 是绝对速度,$$
$$\boldsymbol{v}'=B\dot{\boldsymbol{Q}}\in k\ 是相对速度,$$
$$\boldsymbol{v}_n=\dot{B}\boldsymbol{Q}=[\boldsymbol{\omega},\boldsymbol{q}]\in k\ 是旋转的牵连速度.$$

最后, 一般情况可以化为上述的两个情况, 只要我们取一个辅助的参考系 K_1, 它对 k 作平移而 K 对它绕 $O \in K_1$ 旋转. 由公式 (2) 可见

$$\boldsymbol{v} = \boldsymbol{v}' + \boldsymbol{v}_n + \boldsymbol{v}_0,$$

其中

$$\begin{aligned} \boldsymbol{v} &= \dot{\boldsymbol{q}} \in k \text{ 是绝对速度}, \\ \boldsymbol{v}' &= B\dot{\boldsymbol{Q}} \in k \text{ 是相对速度}, \\ \boldsymbol{v}_n &= \dot{B}\boldsymbol{Q} = [\boldsymbol{\omega}, \boldsymbol{q} - \boldsymbol{r}] \in k \text{ 是旋转牵连速度}, \end{aligned}$$

而

$$\boldsymbol{v}_0 = \dot{\boldsymbol{r}} \in k \text{ 是动参考系的运动速度}.$$

问题 证明刚体的角速度不依赖于刚体内动坐标系原点的选取.

问题 证明刚体最一般的运动是螺旋运动, 即由绕某轴旋转角 φ 并沿此轴平移 h 合成.

问题 桌面上有一块表, 求表针 (a) 相对于地, (b) 相对于一个惯性参考系的角速度.

提示 现有三个坐标系 k, K_1 与 K_2, 因为

$$(E + A_1 t + \cdots)(E + A_2 t + \cdots) = E + (A_1 + A_2)t + \cdots,$$

所以 K_2 对 k 的角速度等于 K_1 对 k 的角速度加上 K_2 对 K_1 的角速度.

§27. 惯性力与科里奥利力

在非惯性系中的运动方程与在惯性系中的运动方程相差一项称为惯性力. 这使我们能用实验觉察出一个参考系 (例如地球的自转) 之非惯性系性质.

A. 平移运动的参考系

定理 在一个对惯性系 k 作平移的参考系 K 中, 力学系的运动有如在一惯性系中运动一样, 不过每个质量为 m 的质点都得到一个附加的 "惯性力": $\boldsymbol{F} = -m\ddot{\boldsymbol{r}}$, $\ddot{\boldsymbol{r}}$ 是参考系 K 的加速度.

证 若 $\boldsymbol{Q} = \boldsymbol{q} - \boldsymbol{r}(t)$, 则 $m\ddot{\boldsymbol{Q}} = m\ddot{\boldsymbol{q}} - m\ddot{\boldsymbol{r}}$. 参考系 K 平移的效果归结为出现了一个外加的均匀的力场 $-m\boldsymbol{W}, \boldsymbol{W}$ 是 K 的原点对 k 的加速度. □

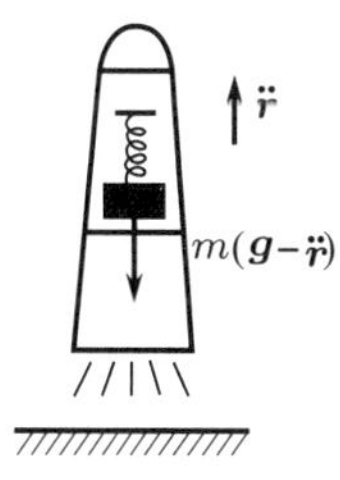

图 107 超重

例 1 火箭在起飞时得到一个向上的加速度 (图 107). 因此连接在火箭上的参考系 K 不是惯性系, 火箭内的观察者例如可用一个挂了重物的弹簧来探测出力场 $m\boldsymbol{W}$ 的存在并量出惯性力. 这时, 惯性力称为超重.

例 2 人从阁楼上跳下时有一向下的加速度 $\boldsymbol{g}$. 因此惯性力与重力之和为零; 挂了重物的弹簧表明这时任何物体的重量为零, 这个状态称为*失重*. 完全同样, 在卫星的自由弹道飞行中也能看到失重现象, 因为惯性力与地球重力抵消.

例 3 若摆的悬挂点的加速度为 $\boldsymbol{W}(t)$, 则摆的运动好像重力 $\boldsymbol{g}$ 是变动的, 即为 $\boldsymbol{g}-\boldsymbol{W}(t)$.

B. 旋转的参考系

若 $B_t: K \to k$ 是参考系 K 对于恒定参考系 k 的旋转. 用 $\boldsymbol{Q}(t) \in K$ 记动点在动参考系中的动径矢量, $\boldsymbol{q}(t) = B_t\boldsymbol{Q}(t) \in k$ 为它在恒定参考系的动径矢量. 和节 26 一样, 用 $\boldsymbol{\Omega}$ 记动参考系中的角速度矢量. 我们假设点 $\boldsymbol{q}$ 在 k 中的运动服从牛顿方程 $m\ddot{\boldsymbol{q}} = f(\boldsymbol{q}, \dot{\boldsymbol{q}})$.

定理 *在旋转参考系中的运动有如在惯性系中的运动一样, 但对每个质量为 m 的动点有三个外加的惯性力:*

1. 旋转惯性力: $m[\dot{\boldsymbol{\Omega}}, \boldsymbol{Q}]$,

2. 科里奥利 (Coriolis) 力: $2m[\boldsymbol{\Omega}, \dot{\boldsymbol{Q}}]$,

3. 离心力: $m[\boldsymbol{\Omega}, [\boldsymbol{\Omega}, \boldsymbol{Q}]]$.

于是有

$$m\ddot{\boldsymbol{Q}} = \boldsymbol{F} - m[\dot{\boldsymbol{\Omega}}, \boldsymbol{Q}] - 2m[\boldsymbol{\Omega}, \dot{\boldsymbol{Q}}] - m[\boldsymbol{\Omega}, [\boldsymbol{\Omega}, \boldsymbol{Q}]].$$

这里

$$B\boldsymbol{F}(\boldsymbol{Q}, \dot{\boldsymbol{Q}}) = \boldsymbol{f}(B\boldsymbol{Q}, (\dot{B\boldsymbol{Q}})).$$

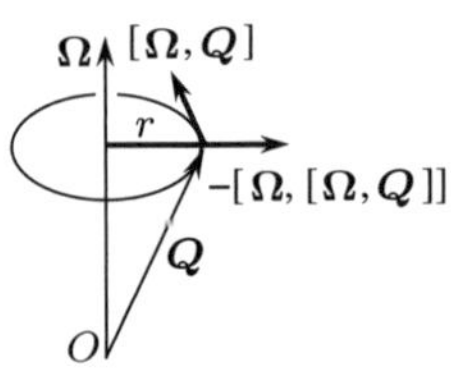

图 108 离心惯性力

第一个惯性力只有在非匀速旋转中才能观察到. 第二、三个甚至在匀速转动时也会出现.

离心力 (图 108) 总是指向瞬时转动轴 $\boldsymbol{\Omega}$ 外方; 大小为 $|\boldsymbol{\Omega}|^2 r$, r 是到轴的距离. 这个力不依赖于相对运动的速度, 它甚至作用在静止于参考系 K 中的物体上.

科里奥利力依赖于 $\dot{\boldsymbol{Q}}$. 在北半球, 它使沿地面运动的每个物体向右偏转, 使落体向东偏转.

定理的证明 我们要注意对任意矢量 $\boldsymbol{X} \in K$ 有 $\dot{B}\boldsymbol{X} = B[\boldsymbol{\Omega}, \boldsymbol{X}]$. 事实上, 由节 26 , $\dot{B}\boldsymbol{X} = [\boldsymbol{\omega}, \boldsymbol{x}] = [B\boldsymbol{\Omega}, B\boldsymbol{X}]$. 它应该等于 $B[\boldsymbol{\Omega}, \boldsymbol{X}]$, 因为算子 B 保持度量与定向不变, 因此也保持矢量积.

因为 $\boldsymbol{q} = B\boldsymbol{Q}$, 我们有 $\dot{\boldsymbol{q}} = \dot{B}\boldsymbol{Q} + B\dot{\boldsymbol{Q}} = B(\dot{\boldsymbol{Q}} + [\boldsymbol{\Omega}, \boldsymbol{Q}])$. 再微分一次, 我们得到

$$\begin{aligned}\ddot{\boldsymbol{q}} &= \dot{B}(\dot{\boldsymbol{Q}} + [\boldsymbol{\Omega}, \boldsymbol{Q}]) + B(\ddot{\boldsymbol{Q}} + [\dot{\boldsymbol{\Omega}}, \boldsymbol{Q}] + [\boldsymbol{\Omega}, \dot{\boldsymbol{Q}}]) \\ &= B([\boldsymbol{\Omega}, (\dot{\boldsymbol{Q}} + [\boldsymbol{\Omega}, \boldsymbol{Q}])] + \ddot{\boldsymbol{Q}} + [\dot{\boldsymbol{\Omega}}, \boldsymbol{Q}] + [\boldsymbol{\Omega}, \dot{\boldsymbol{Q}}]) \\ &= B(\ddot{\boldsymbol{Q}} + 2[\boldsymbol{\Omega}, \dot{\boldsymbol{Q}}] + [\boldsymbol{\Omega}, [\boldsymbol{\Omega}, \boldsymbol{Q}]] + [\dot{\boldsymbol{\Omega}}, \boldsymbol{Q}]).\end{aligned}$$ □

(我们又用了一次关系式 $\dot{B}\boldsymbol{X} = B[\boldsymbol{\Omega}, \boldsymbol{X}]$; 这一次取 $\boldsymbol{X} = \dot{\boldsymbol{Q}} + [\boldsymbol{\Omega}, \boldsymbol{Q}]$.)

我们要更仔细地考察一下地球的自转对实验室中的实验的影响. 因地球的自转实际上是匀速的, 可取 $\dot{\boldsymbol{\Omega}} = 0$. 在赤道上离心力最大为 $\Omega^2\rho/g \approx (7.3 \times 10^{-5})^2 \times 6.4 \times 10^6/9.8 \approx$ 重量的 3/1000. 在实验室范围内它几乎不变, 要想观察到它就必须走一个相当大的距离. 所以, 在实验室范围内地球的自转只以科里奥利力的形式出现: 在与地球相连接的参考系中, 我们有相当精确的关系式

$$\frac{d}{dt}(m\dot{\boldsymbol{Q}}) = m\boldsymbol{g} + 2m[\dot{\boldsymbol{Q}}, \boldsymbol{\Omega}]$$

(离心力已算在 $\boldsymbol{g}$ 中).

例 1 一个石块落入 (初速为 0) 与列宁格勒同纬度的 250 m 深的矿井中. 它将偏离铅直线多少?

我们可以用下面的办法来求解方程

$$\ddot{\boldsymbol{Q}} = \boldsymbol{g} + 2[\dot{\boldsymbol{Q}}, \boldsymbol{\Omega}],$$

而令 $|\boldsymbol{\Omega}| \ll 1$. 令 (图 109)

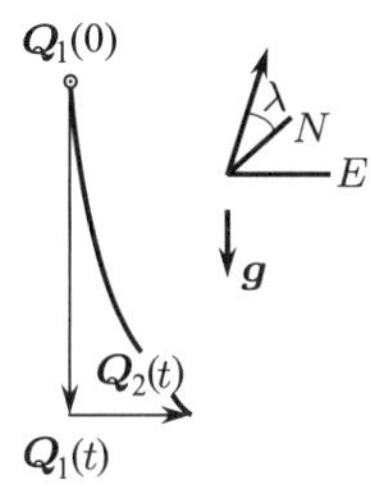

图 109 下落的石块被科里奥利力偏转

$$\boldsymbol{Q} = \boldsymbol{Q}_1 + \boldsymbol{Q}_2,$$

$\dot{\boldsymbol{Q}}_2(0) = \boldsymbol{Q}_2(0) = 0$ 而 $\boldsymbol{Q}_1 = \boldsymbol{Q}_1(0) + \boldsymbol{g}t^2/2$. 于是对于 $\boldsymbol{Q}_2$ 我们有

$$\begin{aligned}&\ddot{\boldsymbol{Q}}_2 = 2[\boldsymbol{g}t, \boldsymbol{\Omega}] + O(\boldsymbol{\Omega}^2), \\ &\boldsymbol{Q}_2 \approx \frac{t^3}{3}[\boldsymbol{g}, \boldsymbol{\Omega}] \approx \frac{2t}{3}[\boldsymbol{h}, \boldsymbol{\Omega}], \quad \boldsymbol{h} = \frac{1}{2}\boldsymbol{g}t^2.\end{aligned}$$

由此易见石块的落点将偏东

$$\frac{2t}{3}|\boldsymbol{h}||\boldsymbol{\Omega}|\cos\lambda \approx \frac{2 \cdot 7}{3} \cdot 250 \cdot 7 \cdot 10^{-5} \cdot \frac{1}{2}\mathrm{m} \approx 4\mathrm{cm}.$$

问题 在列宁格勒铅直向上发射导弹到一公里高度, 科里奥利力将使它落回到离发射场多远处?

例 2　(傅科 (Foucault) 摆). 考虑理想摆的小振动并计入科里奥利力. 令 $\boldsymbol{e}_x, \boldsymbol{e}_y$ 与 $\boldsymbol{e}_z$ 为与地球相连的坐标系的轴, $\boldsymbol{e}_z$ 向上, $\boldsymbol{e}_x$ 与 $\boldsymbol{e}_y$ 在水平面上 (图 110). 在小振动近似范围内, $\dot{z}=0$ (与 $\dot{x}, \dot{y}$ 比较), 所以科里奥利力的水平分量是 $2m\dot{y}\Omega_z\boldsymbol{e}_x - 2m\dot{x}\Omega_z\boldsymbol{e}_y$. 由此可得运动方程为

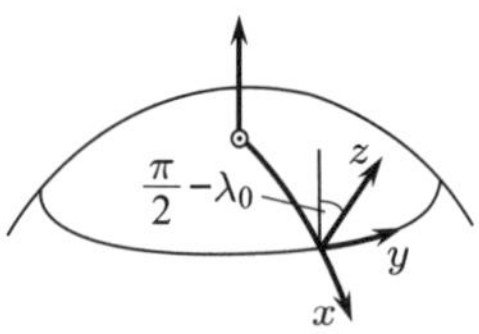

图 110　研究傅科摆运动的坐标系

$$\begin{cases}\ddot{x}=-\omega^2 x+2\dot{y}\Omega_z \quad (\Omega_z=|\Omega|\sin\lambda_0,\ \lambda_0 \text{ 为纬度}),\\ \ddot{y}=-\omega^2 y-2\dot{x}\Omega_z.\end{cases}$$

若令 $x+iy=\omega$, 则 $\dot{\omega}=\dot{x}+i\dot{y}, \ddot{\omega}=\ddot{x}+i\ddot{y}$, 上面的两个方程可以化为一个复方程

$$\ddot{\omega}+2i\Omega_z\dot{\omega}+\omega^2\omega=0.$$

求解, 令 $\omega=e^{\lambda t}, \lambda^2+2i\Omega_z\lambda+\omega^2=0, \lambda=-i\Omega_z\pm i\sqrt{\Omega_z^2+\omega^2}$. 但 $\Omega_z^2\ll\omega^2$, 所以 $\sqrt{\Omega_z^2+\omega^2}=\omega+O(\Omega_z^2)$, 略去 Ω_z^2 即得

$$\lambda\approx -i\Omega_z\pm i\omega,$$

而以相同的精密度有

$$\omega=e^{-i\Omega_z t}(c_1e^{i}+c_2e^{-i\omega t}).$$

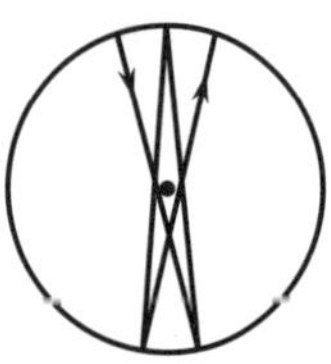
图 111　傅科摆的轨迹

$\Omega_z=0$ 时即得通常球面摆的谐振动. 我们看到科里奥利力的效应归结为整个图像以角速度 $-\Omega_z$ 旋转, 这里 $\Omega_z=|\boldsymbol{\Omega}|\sin\lambda_0$.

特别是, 若初始条件相应于平面运动 ($y(0)=\dot{y}(0)=0$), 振动平面将以角速度 $-\Omega_z$ 相对于地球参考系旋转 (图 111).

在两极, 振动平面每 24 小时转一周 (而相对于不随地球旋转的参考系则是不动的). 在莫斯科的纬度 (56°) 上, 振动平面每 24 小时转 0.83 周, 即每小时转 12.5°.

问题　河的流速为 3km/hr. 河流弯曲的曲率半径应有多大, 地球自转的科里奥利力才能大于河流的离心力?

答　对于中等宽度的河流曲率半径至少是 10 km 的数量级.

这个问题的解答解释了为什么北半球的大河 (例如伏尔加河中游) 会冲刷其右岸, 而以小半径急转的河流如莫斯科河会冲刷在河曲外侧的一岸.

§28. 刚体

我们将在本节中定义刚体及其惯量张量、惯量椭球、惯量矩与惯量主轴.

A. 刚体的构形流形

定义 刚体是受到一个完整约束的质点组, 这约束就是质点组内各点的距离不变:

$$|\boldsymbol{x}_i - \boldsymbol{x}_j| = r_{ij} = \text{常数}. \tag{1}$$

定理 *刚体的构形流形是一个六维流形: $\mathbb{R}^3 \times SO(3)$ (即三维空间 $\mathbb{R}^3$ 及其旋转群 $SO(3)$ 之直积), 但要设刚体中有三点不在一直线上.*

证 设 $\boldsymbol{x}_1, \boldsymbol{x}_2, \boldsymbol{x}_3$ 是刚体中不在一直线上的三点. 考虑一个右手标准正交标架, 第一个矢量的方向是 $\boldsymbol{x}_2 - \boldsymbol{x}_1$, 第二个则在 $\boldsymbol{x}_1\boldsymbol{x}_2\boldsymbol{x}_3$ 平面上与 $\boldsymbol{x}_3$ 同侧 (图 112). 由 $|\boldsymbol{x}_i - \boldsymbol{x}_j| = r_{ij}$ $(i = 1, 2, 3)$ 可知, 刚体内各点的位置完全由 $\boldsymbol{x}_1, \boldsymbol{x}_2, \boldsymbol{x}_3$ 的位置决定, 而后者又由标架的位置决定. 最后 $\mathbb{R}^3$ 中的标架的空间是 $\mathbb{R}^3 \times SO(3)$, 因为每一个标架都可以从一个固定标架由旋转和平移而得①. □

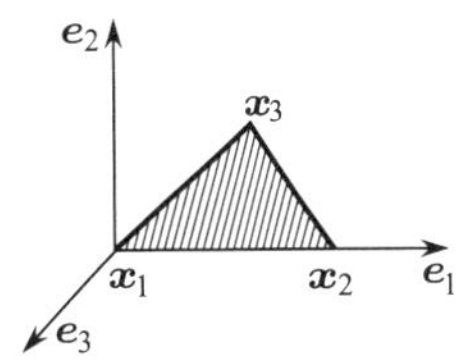

图 112 刚体的构形流形

问题 求所有点均在一直线上的刚体的构形流形.

答 $\mathbb{R}^3 \times S^2$.

定义 具有固定点 O 的刚体是一质点组, 它除受条件 (1) 的约束外, 还受条件 $\boldsymbol{x}_1 = 0$ 的约束.

显然, 它的构形流形是三维旋转群 $SO(3)$.

B. 守恒律

考虑一个自由刚体在其惯性下的运动, 而没有外力场. 可以用空间船的滚动作为 (近似的) 例子.

这个质点组容许一切平动: 这不会改变拉格朗日函数. 由诺特定理, 应存在三个首次积分: 即动量矢量的三个分量. 所以我们证得了

定理 *在刚体的自由运动中, 其质心作匀速直线运动.*

现在我们可以考虑一个惯性参考系使得质量中心在其中是恒定的。这时我们有

系 *自由刚体绕其质心旋转好像质心固定在一个恒定的点 O.*

这样, 问题化成了一个具有三个自由度的问题, 即刚体绕固定点 O 运动的问题. 我们将更详细地讨论这个问题 (不必设 O 为刚体质心).

---

①严格说来, 刚体的构形空间是 $\mathbb{R}^3 \times O(3)$, $\mathbb{R}^3 \times SO(3)$ 只是这个流形的两个连通分量之一, 这两个分量对应于刚体的两种定向.

拉格朗日函数容许一切绕 O 的旋转. 由诺特定理存在三个相应的首次积分: 角动量矢量的三个分量. 质点组的总能量 $E=T$ 也守恒 (这里它等于动能). 因此, 我们证明了

定理 *在刚体绕恒定点 O 运动的问题中, 若无外力, 必有四个首次积分: M_x, M_y, M_z 和 E.*

由此可以不需计算即得一些定性的结论.

刚体的位置和速度由六维流形 $TSO(3)$ —— 构形流形 $SO(3)$ 的切丛上之一点决定. 首次积分 M_x, M_y, M_z 和 E 是 $TSO(3)$ 上的四个函数. 可以验证, 在一般情况下 (即刚体没有任何特殊对称性时), 可证明这四个函数是独立的. 因此这四个方程

$$M_x=C_1, \quad M_y=C_2, \quad M_z=C_3, \quad E=C_4>0$$

定义了六维流形 $TSO(3)$ 的一个二维子流形 V_c.

这个子流形是不变的: 若运动的初始条件给出了 V_c 上一点, 则在整个运动时间内, $TSO(3)$ 中相应于刚体位置和速度的点总在 V_c 上.

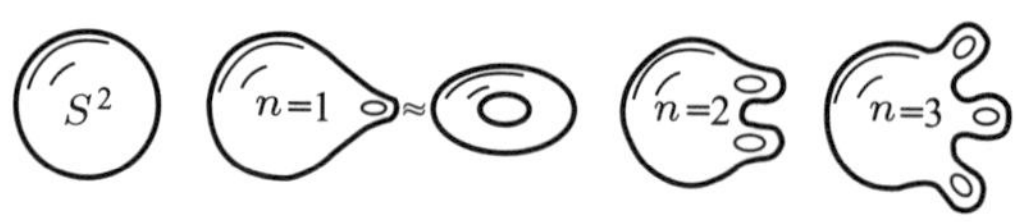

图 113 二维紧连通可定向流形

因此 V_c 容许一个切矢量场 (即 $TSO(3)$ 上运动的速度场); 若 $C_4>0$, 这个场不会有奇点. 此外, 容易验证 V_c 为紧的 (用 E) 以及可定向的 (因 $TSO(3)$ 可定向).①

在拓扑学中证明了, 连通的可定向紧二维流形 (图 113) 只能有带有 n $(n \geqslant 0)$ 个柄的球面. 其中又只有环面 $(n=1)$ 才具有无奇点的切矢量场. 所以不变流形 V_c 是一个 (或几个) 二维环面.

我们以后会看到可以在此环面上取角坐标 $\varphi_1, \varphi_2 \pmod{2\pi}$ 使由 V_c 上一点表示的运动是由方程组 $\dot{\varphi}_1=\omega_1(c), \dot{\varphi}_2=\omega_2(c)$ 给出的.

---

①以下的论断都容易证明:

1. 令 $f_1, \cdots, f_k: M \rightarrow \mathbb{R}$ 均为可定向流形 M 上的函数. 考虑由方程 $f_1=c_1, \cdots, f_k=c_k$ 给出的集 V. 设 $f_1, \cdots, f_k$ 的梯度在各点均线性无关, 则 V 可定向.

2. 可定向流形的直积可定向.

3. 切丛 $TSO(3)$ 是直积 $\mathbb{R}^3 \times SO(3)$. 切丛为直积的流形称为可平行化. 群 $SO(3)$ (和一切李群一样) 是可平行化的.

4. 可平行化流形是可定向的.

由 $1 \sim 4$ 可知, $SO(3), TSO(3)$ 和 V_c 都是可定向的.

换言之, 刚体的旋转可用两个一般具有不同周期的周期运动叠加而成: 若频率 ω_1 与 ω_2 不可通约, 刚体就永不会回到原来的运动状况. 频率 ω_1, ω_2 的大小依赖于初始条件 C.

C. 惯量算子 [1]

现在我们进到定量的理论并且引入以下记号. 令 k 为一恒定坐标系, K 为随刚体绕定点 O 旋转的坐标系: 在 K 中刚体是静止的. K 中的每个矢量均由算子 B 送到 k 中. K 和 k 中的相应矢量将用相同的字母表示; K 中的用大写字母, k 中的用小写. 因此例如有 (图 114):

$\boldsymbol{q} \in k$ 是一点在空间中的动径矢量; $\boldsymbol{Q} \in K$ 是该点在刚体中的动径矢量, $\boldsymbol{q} = B\boldsymbol{Q}$; $\boldsymbol{v} = \dot{\boldsymbol{q}} \in k$ 是一点在空间中的速度矢量; $\boldsymbol{V} \in K$ 是刚体中的同一矢量 $\boldsymbol{v} = B\boldsymbol{V}$; $\boldsymbol{\omega} \in k$ 是空间中的角速度; $\boldsymbol{\Omega} \in K$ 是刚体中的角速度, $\boldsymbol{\omega} = B\boldsymbol{\Omega}$; $\boldsymbol{m} \in k$ 是空间中的角动量; $\boldsymbol{M} \in K$ 是刚体中的角动量, $\boldsymbol{m} = B\boldsymbol{M}$.

因算子 $B : K \to k$ 保持度量和定向, 它也保持数量积和矢量积.

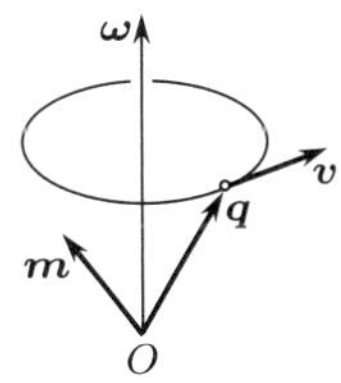

图 114 刚体中一点在空间中的动径矢量、速度矢量、角速度和角动量

由角速度的定义 (节 26),

$$\boldsymbol{v} = [\boldsymbol{\omega}, \boldsymbol{q}].$$

由质量为 m 的质点对 O 点之角动量之定义,

$$\boldsymbol{m} = [\boldsymbol{q}, m\boldsymbol{v}] = m[\boldsymbol{q}, [\boldsymbol{\omega}, \boldsymbol{q}]].$$

所以

$$\boldsymbol{M} = m[\boldsymbol{Q}, [\boldsymbol{\Omega}, \boldsymbol{Q}]].$$

因此, 必存在一个变 $\boldsymbol{\Omega}$ 为 $\boldsymbol{M}$ 的线性算子

$$A : K \to K, \quad A\boldsymbol{\Omega} = \boldsymbol{M}.$$

这个算子仍依赖于刚体中的点 ($\boldsymbol{Q}$) 及其质量 (m).

引理 算子 A 是对称的.

证 由于 $([\boldsymbol{a}, \boldsymbol{b}], \boldsymbol{c}) = ([\boldsymbol{c}, \boldsymbol{a}], \boldsymbol{b})$, 故对 K 中任意 $\boldsymbol{X}$ 与 $\boldsymbol{Y}$ 有

$$(A\boldsymbol{X}, \boldsymbol{Y}) = m([\boldsymbol{Q}, [\boldsymbol{X}, \boldsymbol{Q}]], \boldsymbol{Y}) = m([\boldsymbol{Y}, \boldsymbol{Q}], [\boldsymbol{X}, \boldsymbol{Q}]).$$

最后一式对 $\boldsymbol{X}$ 和 $\boldsymbol{Y}$ 是对称的. □

将上式中的 $\boldsymbol{X}$ 和 $\boldsymbol{Y}$ 均代以角速度矢量 $\boldsymbol{\Omega}$, 并且注意到 $[\boldsymbol{\Omega}, \boldsymbol{Q}]^2 = \boldsymbol{V}^2 = \boldsymbol{v}^2$, 我们得到

[1] 时常称为惯量张量. —— 英译者注

系 刚体中一点的动能是角速度矢量 $\boldsymbol{\Omega}$ 的二次型, 即有:

$$T=\frac{1}{2}(A\boldsymbol{\Omega},\boldsymbol{\Omega})=\frac{1}{2}(\boldsymbol{M},\boldsymbol{\Omega}).$$

对称算子 A 称为点 $\boldsymbol{Q}$ 的惯量算子 (惯量张量).

若刚体由许多质量为 m_i 的点 $\boldsymbol{Q}_i$ 构成, 求和后即得

定理 刚体对恒定点 O 的角动量 $\boldsymbol{M}$ 线性地依赖于角速度 $\boldsymbol{\Omega}$, 即有一线性算子 $A:K\to K, A\boldsymbol{\Omega}=\boldsymbol{M}$. 算子 A 是对称的.

刚体的动能是角速度的二次型

$$T=\frac{1}{2}(A\boldsymbol{\Omega},\boldsymbol{\Omega})=\frac{1}{2}(\boldsymbol{M},\boldsymbol{\Omega}).$$

证 由定义, 刚体的角动量等于各点角动量之和:

$$\boldsymbol{M}=\sum_i\boldsymbol{M}_i=\sum_i A_i\boldsymbol{\Omega}=A\boldsymbol{\Omega},\quad A=\sum_i A_i.$$

因为由引理每点的惯量算子 A_i 都是对称的, 故算子 A 也是对称的. 由定义可得动能为

$$T=\sum_i T_i=\sum_i\frac{1}{2}(\boldsymbol{M}_i,\boldsymbol{\Omega})=\frac{1}{2}(\boldsymbol{M},\boldsymbol{\Omega})=\frac{1}{2}(A\boldsymbol{\Omega},\boldsymbol{\Omega}).\qquad\square$$

D. 主轴

A 和一切对称算子一样有三个正交的本征方向. 令 $\boldsymbol{e}_1,\boldsymbol{e}_2,\boldsymbol{e}_3\in K$ 为其上之单位矢量, I_1,I_2,I_3 为其本征值. 以 $\boldsymbol{e}_i$ 为基底时, 惯量算子和动能的形状特别简单:

$$M_i=I_i\Omega_i,$$
$$T=\frac{1}{2}(I_1\Omega_1^2+I_2\Omega_2^2+I_3\Omega_3^2).$$

轴 $\boldsymbol{e}_i$ 称为刚体在 O 点的主轴.

最后, 若 I_1,I_2 与 I_3 不全相异, 则轴 $\boldsymbol{e}_i$ 不能唯一决定. 我们将进一步弄清本征值 I_1,I_2 和 I_3 的意义.

定理 对固定在 O 点的刚体之旋转, 若它对 $\boldsymbol{e}$ 轴之角速度为 $\boldsymbol{\Omega}=\Omega\boldsymbol{e}$ $(\Omega=|\boldsymbol{\Omega}|)$, 则动能为

$$T=\frac{1}{2}I_{\boldsymbol{e}}\Omega^2,\quad I_{\boldsymbol{e}}=\sum_i m_ir_i^2,$$

r_i 是第 i 点到 $\boldsymbol{e}$ 轴的距离 (图 115).

证 由定义 $T=\dfrac{1}{2}\sum\limits_i m_i\boldsymbol{v}_i^2$, 但 $|\boldsymbol{v}_i|=\Omega r_i$, 所以,

$$T=\frac{1}{2}\left(\sum m_ir_i^2\right)\Omega^2.\qquad\square$$

数 $I_{\boldsymbol{e}}$ 依赖于旋转轴 $\boldsymbol{\Omega}$ 在刚体中的方向 $\boldsymbol{e}$.

定义 I_e 称为刚体对 e 轴的惯量矩 (转动惯量):

$$I_e = \sum_i m_i r_i^2.$$

比较 T 的两个表达式即得

系 惯量算子 A 的本征值 I_i 即刚体关于主轴 $\boldsymbol{e}_i$ 的惯量矩.

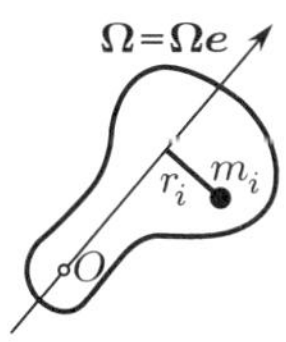

图 115 绕一轴转动的刚体之动能

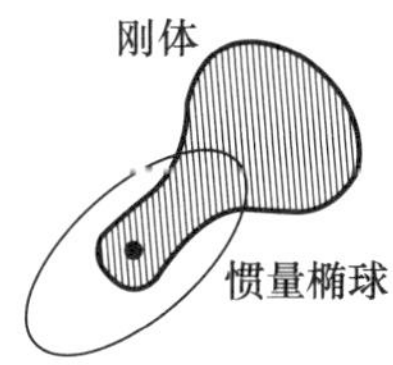

图 116 惯量椭球

E. 惯量椭球

为了研究惯量矩 I_e 对刚体中 e 轴方向的依赖性, 考虑矢量 $\boldsymbol{e}/\sqrt{I_e}$, 其中 $\boldsymbol{e}$ 遍取单位球面上的矢量.

定理 矢量 $\boldsymbol{e}/\sqrt{I_e}$ 构成 K 中的一个椭球.

证 若 $\boldsymbol{\Omega} = \boldsymbol{e}/\sqrt{I_e}$, 则二次型 $T = \frac{1}{2}(A\boldsymbol{\Omega}, \boldsymbol{\Omega}) = \frac{1}{2}$. 因此 $\{\boldsymbol{\Omega}\}$ 是一个正定二次型的等值集, 即一椭球. □

可以说, 这个椭球是使动能等于 $\frac{1}{2}$ 的角速度矢量 $\boldsymbol{\Omega}$ 构成的.

定义 椭球 $\{\boldsymbol{\Omega} : (A\boldsymbol{\Omega}, \boldsymbol{\Omega}) = 1\}$ 称为刚体在 O 点的惯量椭球 (图 116).

在主轴 $\boldsymbol{e}_i$ 下, 惯量椭球的方程是

$$I_1\Omega_1^2 + I_2\Omega_2^2 + I_3\Omega_3^2 = 1.$$

因此惯量椭球的主轴与惯量张量的主轴方向相同, 其长与 $\sqrt{I_i}$ 成反比.

注 若一刚体是沿某轴延伸的, 则对这个轴的惯量矩很小, 从而惯量椭球也是沿这个轴伸长的; 所以惯量椭球的形状有些类似于刚体的形状.

若一刚体有过 O 点的 k 阶对称轴 (即它在绕此轴旋转 $2\pi/k$ 后与自身重合), 则惯量椭球对此轴也有同样的对称性. 但一个三轴椭球不可能有阶数 $k > 2$ 的对称轴. 所以刚体的每个阶数 > 2 的对称轴都是惯量椭球的旋转轴, 从而是主轴.

例 位于等边三角形三顶点上的质量为 m 的质点, 其惯量椭球是一个轴垂直于三角形平面的旋转椭球 (图 117).

如果有几个这样的轴, 惯量椭球就成了一个球, 而任意轴都是主轴.

问题 过正方体的中心作一直线, 使各顶点到它的距离之平方和为: (a) 最大, (b) 最小.

我们现在要注意, 惯量椭球 (或者说惯量算子、惯量矩 I_1, I_2 和 I_3) 完全决定了刚体旋转的特征: 若两个刚体有相同的惯量椭球, 则在相同的初始条件下它们的运动全同 (因为它们有相同的拉格朗日函数 $L = T$).

因此, 从绕 O 旋转的动力学观点看来, 所有刚体的空间是三维空间, 然而组成刚体的是许多点.

我们甚至可以考虑 "密度为 $\rho(\boldsymbol{Q})$ 的刚性立体", 意思是指一系列由质量为 $\rho(\boldsymbol{Q}_i)\triangle\boldsymbol{Q}_i$ 的有限多个质点 $\boldsymbol{Q}_i$ 之质点组当 $\triangle\boldsymbol{Q}_i \to 0$ 时的极限 (图 118), 所以, 任意刚体的惯量矩为

$$I_{\boldsymbol{e}} = \iiint \boldsymbol{\rho}(\boldsymbol{Q})\boldsymbol{r}^2(\boldsymbol{Q})d\boldsymbol{Q},$$

这里 $r(\boldsymbol{Q})$ 是由 $\boldsymbol{Q}$ 到 $\boldsymbol{e}$ 轴的距离.

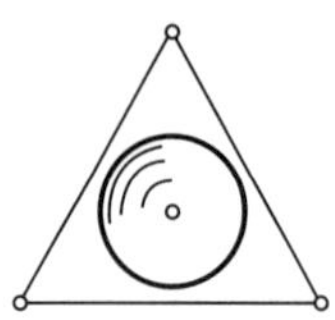

图 117 等边三角形的惯量椭球

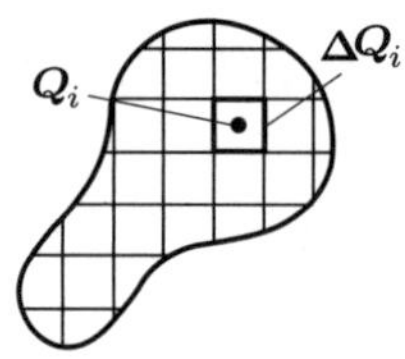

图 118 连续的刚性立体

例 求均匀平面板 $|x| \leqslant a, |y| \leqslant b, z = 0$ 对 O 的惯量矩及其主轴.

解 因为此板有三个对称平面, 所以惯量椭球也有这三个对称平面而主轴为 x, y, z 轴. 此外

$$I_y = \int_{-a}^{a}\int_{-b}^{b} x^2 \rho dx dy = \frac{ma^2}{3}.$$

同理

$$I_x = \frac{mb^2}{3}.$$

显然 $I_z = I_x + I_y$.

问题 证明任意物体的惯量矩满足三角形不等式

$$I_3 \leqslant I_2 + I_1, \quad I_2 \leqslant I_1 + I_3, \quad I_1 \leqslant I_2 + I_3.$$

而且只有对平面物体才有等号成立.

问题 求质量为 m 的主半轴为 a, b, c 的均匀椭球关于中心 O 的惯量主轴和惯量矩.

提示 先看球的情况.

问题 证明施泰纳 (Steiner) 定理: 设有两个平行轴, 其中之一过质心, 刚体对它们的惯量矩之间有关系式

$$I = I_0 + mr^2.$$

m 是刚体质量, r 是两轴距离, I_0 是对过质心的轴的惯量矩.

因此对过质心的轴的惯量矩小于对任意平行轴的惯量矩.

问题 求一均匀四面体对其各顶点的惯量矩.

问题 画出具有已知惯量椭球的刚体在以已知速度 $\boldsymbol{\Omega}$ 旋转时的角动量矢量 $\boldsymbol{M}$.

答 $\boldsymbol{M}$ 的方向是惯量椭球在 $\boldsymbol{\Omega}$ 轴上交点处的法线方向 (图 119).

问题 从固定于恒定点 O 的刚体上切去一块. 主惯量矩怎样变化 (图 120).

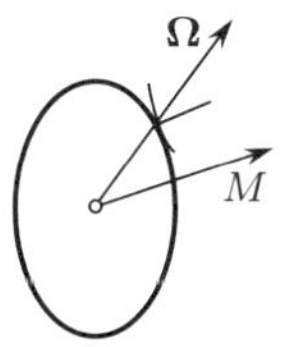

图 119 角速度、惯量椭球与角动量

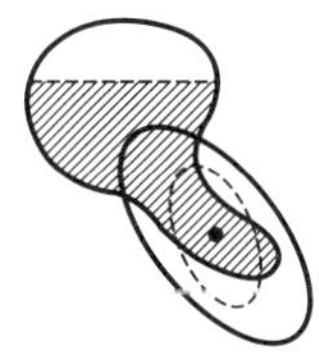

图 120 物体变小时惯量椭球的变化性态

答 三个主惯量矩都减小.

提示 参照节 24.

问题 对具有惯量矩 $I_1 > I_2 > I_3$ 的刚体, 在 $\boldsymbol{Q} = x_1\boldsymbol{e}_1 + x_2\boldsymbol{e}_2 + x_3\boldsymbol{e}_3$ 点加上一个小质量 ε. 求 I_1 和 $\boldsymbol{e}_1$ 的变化, 直到误差为 $O(\varepsilon^2)$.

解 质心移动一个 ε 阶的距离. 因此老物体对过老和新质心的平行轴的惯量矩相差一个 ε^2 阶的量. 同时, 附加的质量使对任意固定轴的惯量矩改变一个 ε 阶的量. 因此对于容许误差 $O(\varepsilon^2)$ 的计算可以略去质心的移动.

于是, 在加上小质量后, 动能成为

$$T = T_0 + \frac{1}{2}\varepsilon[\boldsymbol{\Omega}, \boldsymbol{Q}]^2 + O(\varepsilon^2),$$

$T_0 = \dfrac{1}{2}(I_1\Omega_1^2 + I_2\Omega_2^2 + I_3\Omega_3^2)$ 是原物体的动能. 现在以 ε 的泰勒级数形状来求惯量算子的本征值 $I_1(\varepsilon)$ 与本征矢量 $\boldsymbol{e}_1(\varepsilon)$. 在等式 $A(\varepsilon)\boldsymbol{e}_1(\varepsilon) = I_1(\varepsilon)\boldsymbol{e}_1(\varepsilon)$ 中令 ε 的系数相等 (在误差 $O(\varepsilon^2)$ 之内), 有

$$I_1(\varepsilon) \approx I_1 + \varepsilon(x_2^2 + x_3^2), \quad \boldsymbol{e}_1(\varepsilon) \approx \boldsymbol{e}_1 + \varepsilon\left(\frac{x_1x_2}{I_2 - I_1}\boldsymbol{e}_2 + \frac{x_1x_3}{I_3 - I_1}\boldsymbol{e}_3\right).$$

由 $I_1(\varepsilon)$ 的公式可以清楚地看到主惯量矩的变化是 (直到对 ε 的一阶近似) 似乎质心与主轴均未改变. $\boldsymbol{e}_1(\varepsilon)$ 的公式表明了主轴方向如何变化: 惯量椭球的最大主半轴将靠近附加点, 而最小的则将离开这点. 此外, 在惯量椭球主平面之一上加一小质量将使此平面上的两个主轴旋转而不会改变第三个. 分母上出现惯量矩之差表明这样一个事实: 旋转椭球的主轴不能定义. 若惯量椭球接近于一旋转椭球 (即 $I_1 \approx I_2$), 则加上一个小质量将使轴 $\boldsymbol{e}_1$ 和 $\boldsymbol{e}_2$ 在它们的平面上大大旋转.

§29. 欧拉方程 · 普安索对运动的描述

这里我们将讨论无外力时, 刚体绕一恒定点的运动以及自由刚体类似的运动. 结果是运动有两个频率.

A. 欧拉方程

考虑刚体绕恒定点 O 的运动. 令 $\boldsymbol{M}$ 为它对刚体内的 O 点的角动量矢量, $\boldsymbol{\Omega}$ 为刚体之角速度矢量, A 为惯量算子 ($A\boldsymbol{\Omega} = \boldsymbol{M}$); $\boldsymbol{\Omega}$ 与 $\boldsymbol{M}$ 属于动坐标系 K (节 26). 刚体对空间中的 O 点之角动量矢量 $\boldsymbol{m} = B\boldsymbol{M}$ 在运动中守恒 (节 28B).

所以刚体中的矢量 $\boldsymbol{M}$ ($\boldsymbol{M} \in K$) 的运动应使 $\boldsymbol{m} = B_t\boldsymbol{M}(t)$ 不随 t 变化.

定理 有下式成立:

$$\frac{d\boldsymbol{M}}{dt} = [\boldsymbol{M}, \boldsymbol{\Omega}]. \tag{1}$$

证 应用节 26 中关于 “点” $\boldsymbol{M}(t) \in K$ 对恒定坐标系 k 的运动速度公式 (5), 我们有

$$\dot{\boldsymbol{m}} = B\dot{\boldsymbol{M}} + [\boldsymbol{\omega}, \boldsymbol{m}] = B(\dot{\boldsymbol{M}} + [\boldsymbol{\Omega}, \boldsymbol{M}]).$$

但因相对于空间的角动量 $\boldsymbol{m}$ 守恒 ($\dot{\boldsymbol{m}} = 0$), 故 $\dot{\boldsymbol{M}} + [\boldsymbol{\Omega}, \boldsymbol{M}] = 0$. □

关系式 (1) 称为*欧拉方程*. 因为 $\boldsymbol{M} = A\boldsymbol{\Omega}$, (1) 可看作是对 $\boldsymbol{M}$ (或对 $\boldsymbol{\Omega}$) 的微分方程. 若

$$\boldsymbol{\Omega} = \Omega_1\boldsymbol{e}_1 + \Omega_2\boldsymbol{e}_2 + \Omega_3\boldsymbol{e}_3, \quad \text{而 } \boldsymbol{M} = M_1\boldsymbol{e}_1 + M_2\boldsymbol{e}_2 + M_3\boldsymbol{e}_3$$

是 $\boldsymbol{\Omega}$ 和 $\boldsymbol{M}$ 对 O 点之主轴分解, 则 $M_i = I_i\boldsymbol{\Omega}_i$, 而 (1) 成为三个方程的方程组:

$$\frac{dM_1}{dt} = a_1M_2M_3, \quad \frac{dM_2}{dt} = a_2M_3M_1, \quad \frac{dM_3}{dt} = a_3M_1M_2. \tag{2}$$

其中 $a_1 = (I_2 - I_3)/I_2I_3, a_2 = (I_3 - I_1)/I_3I_1, a_3 = (I_1 - I_2)/I_1I_2$, 或写成角速度的三个分量的三个方程:

$$\begin{aligned} I_1\frac{d\Omega_1}{dt} &= (I_2 - I_3)\Omega_2\Omega_3, \\ I_2\frac{d\Omega_2}{dt} &= (I_3 - I_1)\Omega_3\Omega_1, \\ I_3\frac{d\Omega_3}{dt} &= (I_1 - I_2)\Omega_1\Omega_2. \end{aligned}$$

注 设有外力作用在刚体上, 而在恒定坐标系与动坐标系中对 O 的力矩之和分别为 $\boldsymbol{n}$ 与 $\boldsymbol{N}$ ($\boldsymbol{n} = B\boldsymbol{N}$), 那么

$$\dot{\boldsymbol{m}} = \boldsymbol{n}.$$

而且欧拉方程成为

$$\frac{d\boldsymbol{M}}{dt} = [\boldsymbol{M}, \boldsymbol{\Omega}] + \boldsymbol{N}.$$

B. 欧拉方程解的研究

引理 欧拉方程 (2) 有两个二次的首次积分

$$2E = \frac{M_1^2}{I_1} + \frac{M_2^2}{I_2} + \frac{M_3^2}{I_3} \quad \text{与} \quad M^2 = M_1^2 + M_2^2 + M_3^2.$$

证 由能量守恒定律 E 不变, 由角动量守恒定律 M^2 也不变, 因为 $\boldsymbol{m}^2 = \boldsymbol{M}^2 = M^2$. □

于是 $\boldsymbol{M}$ 位于一个椭球和一个球的交线上. 为了研究这些交线的构造, 我们固定椭球 $E > 0$ 而令球半径 M 改变 (图 121).

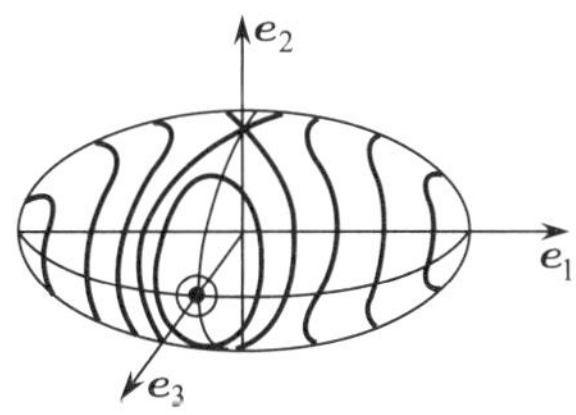

图 121 欧拉方程在等能面上之轨迹

设 $I_1 > I_2 > I_3$. 椭球的主半轴将是 $\sqrt{2EI_1} > \sqrt{2EI_2} > \sqrt{2EI_3}$. 若球半径 M 小于最小主半轴或大于最大主半轴 ($M < \sqrt{2EI_3}$ 或 $M > \sqrt{2EI_1}$), 交集为空, 而相应于这样的 E 与 M 之值, 不会发生实际的运动. 若球的半径等于最小主半轴, 则交线成为两个点. 增大半径使 $\sqrt{2EI_3} < M < \sqrt{2EI_2}$, 将得到分别包围最小主轴两端的两条曲线. 完全同样, 若球的半径等于最大主半轴, 又得到该轴两端. 若 M 稍小, 则得到各包围一个端点的两条闭曲线. 最后, 若 $M = \sqrt{2EI_2}$, 交线是两个圆.

椭球主半轴的六个端点各为欧拉方程的一分离的轨迹 —— 矢量 $\boldsymbol{M}$ 的恒定位置. 它相应于指向某一主轴 $\boldsymbol{e}_i$ 的定值角速度矢量; 在这样的运动中, $\boldsymbol{\Omega}$ 总是与 $\boldsymbol{M}$ 共线的. 所以, 在空间中角速度矢量 $\boldsymbol{\omega}$ 的位置总是与 $\boldsymbol{m}$ 共线的: 刚体简单地以固定角速度绕惯性主轴 $\boldsymbol{e}_i$ 旋转, 而主轴在空间中是恒定的.

定义 刚体角速度不变 ($\boldsymbol{\omega}=$ 常数, $\boldsymbol{\Omega} =$ 常数) 的运动称为*恒定旋转*.

这样, 我们已经证出了

定理 *固定在 O 点的刚体绕任一主轴 $\boldsymbol{e}_1, \boldsymbol{e}_2, \boldsymbol{e}_3$ 均可以作恒定旋转.*

若如我们所设 $I_1 > I_2 > I_3$, 则欧拉方程右方在任意其他点均不为 0; 即不含有别的恒定旋转.

我们现在要研究欧拉方程之解 (在李雅普诺夫意义下) 的稳定性.

定理 *欧拉方程相应于最大与最小主轴的恒定解 $\boldsymbol{M} = M_1\boldsymbol{e}_1$ 和 $\boldsymbol{M} = M_3\boldsymbol{e}_3$ 是稳定的, 相应于中间的主轴的解 ($\boldsymbol{M} = M_2\boldsymbol{e}_2$) 是不稳定的.*

证 若初始条件对 $M_1\boldsymbol{e}_1$ 或 $M_3\boldsymbol{e}_3$ 有小的偏离, 轨道将是小的闭曲线, 而对 $M_2\boldsymbol{e}_2$ 的小偏离, 轨道是一个很大的曲线.

问题 绕刚体最大与最小主轴的刚体的恒定旋转是否是李雅普诺夫稳定的?

答 否.

C. 普安索 (Poinsot) 对运动的描述

很容易形象地看到刚体中角动量和角速度 ($\boldsymbol{M}$ 和 $\boldsymbol{\Omega}$) 的运动 —— 只要 $M \neq \sqrt{2EI_i}$, 它们总是周期的.

为了看出刚体怎样在空间中旋转, 我们来看惯性椭球

$$E = \{\boldsymbol{\Omega} : (A\boldsymbol{\Omega}, \boldsymbol{\Omega}) = 1\} \subset K,$$

$A : \boldsymbol{\Omega} \to \boldsymbol{M}$ 是固定于 O 点的刚体之对称惯量算子.

在各时刻椭球 E 在恒定空间 k 中的位置是 $B_t E$.

定理 (普安索) *惯量椭球沿一垂直于角动量矢量 $\boldsymbol{m}$ 的恒定平面无滑动地滚动* (图 122).

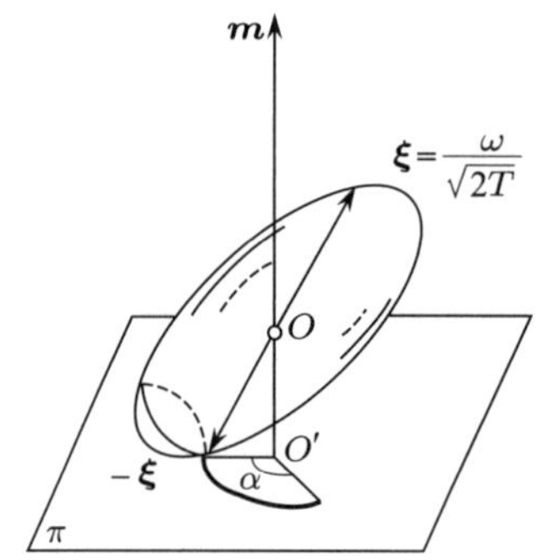

图 122 惯量椭球在不变平面上的滚动

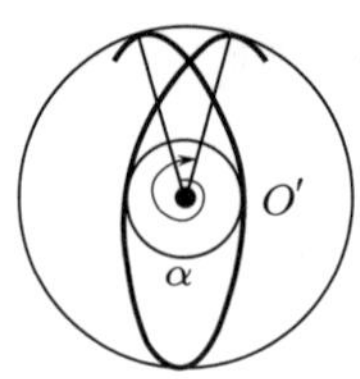

图 123 切点在不变平面上的轨迹

证 考虑垂直于角动量矢量 $\boldsymbol{m}$ 而且切于惯量椭球 $B_t E$ 的平面 π[1]. 有两个这样的平面. 椭球在切点处的法线平行于 $\boldsymbol{m}$.

但是惯量椭球 E 在 $\boldsymbol{\Omega}$ 点的法线是 $\operatorname{grad}(A\boldsymbol{\Omega}, \boldsymbol{\Omega}) = 2A\boldsymbol{\Omega} = 2\boldsymbol{M}$. 所以在 $\boldsymbol{\omega}$ 轴与 $B_t E$ 之交点 $\pm\boldsymbol{\xi} = \boldsymbol{\omega}/\sqrt{2T}$ 处, $B_t E$ 的法线与 $\boldsymbol{m}$ 共线.

所以平面 π 在瞬时转动轴上的 $\pm\boldsymbol{\xi}$ 点切于 $B_t E$. 但是 $\boldsymbol{\xi}$ 和恒定矢量 $\boldsymbol{m}$ 的数量积等于 $\pm(1/\sqrt{2T})(\boldsymbol{\omega}, \boldsymbol{\xi}) = \pm\sqrt{2T}$, 因此是常数. 所以平面 π 到 O 的距离不变, 就是说 π 是恒定的.

因为切点在瞬时转动轴上, 它的速度为 0. 这说明椭球 $B_t E$ 沿 π 滚动而无滑动. □

系 *当初始条件接近于绕最大 (或最小) 惯量主轴的恒定旋转时, 角速度总停留在接近其初始位置处, 在刚体内 ($\boldsymbol{\Omega}$) 或在空间中 ($\boldsymbol{\omega}$) 都是这样.*

现在我们来考虑切点在恒定平面 π 上的轨迹. 当切点在椭球上旋转一整周后, 初始条件又会重复, 但刚体绕 $\boldsymbol{m}$ 轴转过了某角 α. 第二圈与第一圈完全相同; 若 $\alpha = 2\pi(p/q)$, 运动是完全周期的; 若角 α 与 2π 不可通约, 刚体永远不能回到其初始状态.

这时切点的轨迹在平面上一个以 O' 为心的环中稠密 (图 123).

[1] 平面 π 有时称为不变平面. —— 英译者注

问题 证明六维空间 $TSO(3)$ 的不变二维流形 V_c (见节 28B) 的各个连通分支均为环面, 而且可在其上取坐标 φ_1 和 $\varphi_2 \bmod 2\pi$ 使 $\dot{\varphi}_1 = \omega_1(c), \dot{\varphi}_2 = \omega_2(c)$.

提示 取 M 之周期变化的相为 φ_1.

现在我们来看惯性椭球是旋转椭球的重要特例:

$$I_2 = I_3 \neq I_1.$$

这时椭球的轴 $B_t\boldsymbol{e}_1$, 瞬时旋转轴 $\boldsymbol{\omega}$ 和矢量 $\boldsymbol{m}$ 恒在同一平面上. 它们的交角与 $\boldsymbol{\omega}$ 之长不变; 旋转轴 ($\boldsymbol{\omega}$) 和对称轴 ($B_t\boldsymbol{e}_1$) 绕角动量矢量 $\boldsymbol{m}$ 以相同角速度扫成两个锥面 (图 124). 这个绕 $\boldsymbol{m}$ 的运动称为进动 (*或岁差*).

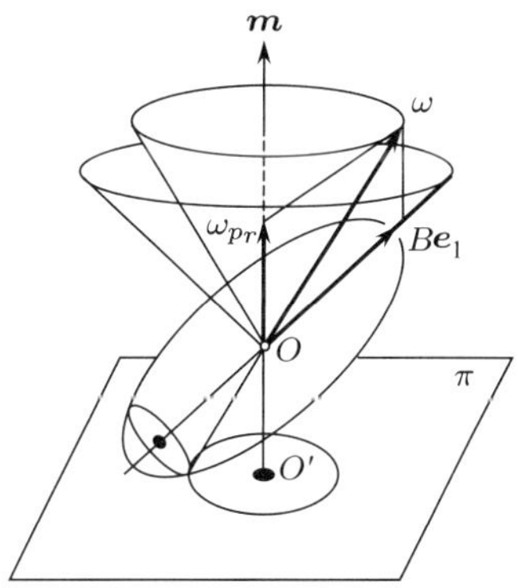

图 124 旋转椭球在不变平面上的滚动

问题 求进动的角速度.

答 将角速度矢量 $\boldsymbol{\omega}$ 分解为角动量矢量 $\boldsymbol{m}$ 与轴 $B_t\boldsymbol{e}_1$ 方向的分量. 第一个分量即进动角速度 $\omega_{pr} = M/I_2$.

提示 将刚体的运动表为先作一个绕角动量轴的旋转继之绕刚体轴的旋转之乘积. 这些旋转的角速度矢量之和等于乘积的角速度矢量.

注 在无外力时, 有一点 O 固定的刚体可表示为一拉格朗日力学系, 其构形空间是一个群, 即 $SO(3)$, 而拉格朗日函数在左平移下不变. 可以证明欧拉关于刚体运动的理论的相当一部分只用到这个性质, 因此对任意李群上的任意左不变拉格朗日力学系都成立. 特别是把这个理论应用到一个黎曼流形的区域 D 上的保持体积的微分同胚群时, 即可得到理想流体的流体动力学的基本定理[1].

§30. 拉格朗日陀螺

我们在这里讨论固定在一个恒定点的轴对称刚体在均匀力场中的运动. 这个运动由三个周期过程组成: 旋转、进动与章动.

A. 欧拉角

考虑一个在恒定点 O 固定而且受重力 $m\boldsymbol{g}$ 作用的刚体. 这种"重刚体"问题迄今没有在一般情况下解出, 而且在某种意义下是不可解的.

在这个具有三个自由度的问题中只知道两个首次积分: 总能量 $E = T + U$ 与角动量在铅直方向的投影. 在一个重要的特例即对称陀螺下, 这问题可以完全解出. 一个对称陀螺或称为拉格朗日陀螺是一个固定在恒定点 O 的刚体, 其在 O 的惯量椭球是一个旋转椭球, 而且重心在对称轴 $\boldsymbol{e}_3$ 上 (图 125). 这时绕 $\boldsymbol{e}_3$ 轴的旋转不改变拉格朗日函数, 而由诺特定理, 除 E 和 M_z 外必定还有一个首次积分 (我们会看到, 这就是角动量矢量在 $\boldsymbol{e}_3$ 轴上的投影 M_3).

[1] 参看附录 2. —— 中译者注

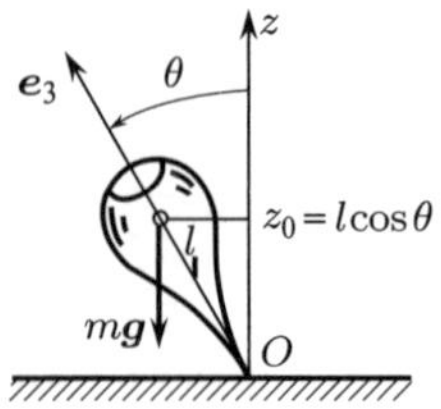

图 125 拉格朗日陀螺

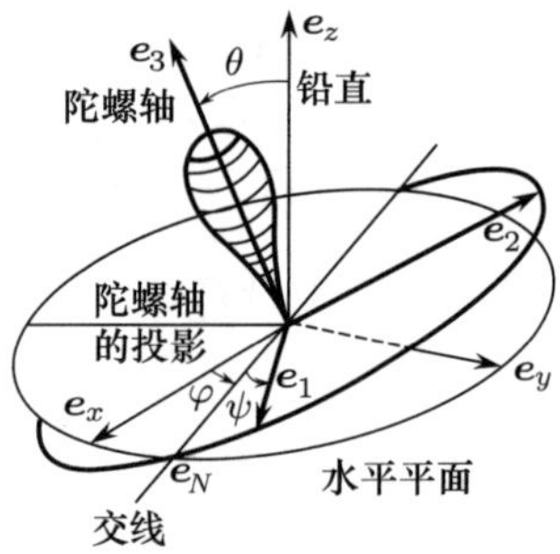

图 126 欧拉角

如果可以引进三个坐标使绕 z 轴及陀螺轴的两个旋转角都是坐标, 这些坐标将是循环坐标, 而这个具有三个自由度的问题将化为 (关于第三个坐标的) 单自由度问题.

在构形空间 $SO(3)$ 上这样选取坐标是可能的; 这些坐标 φ, ψ, θ 称为欧拉角, 形成一个局部坐标系, $SO(3)$ 的这个坐标系很像球面上的地理坐标系: 极点无坐标而且有一个子午线坐标是多值的.

我们引入以下记号 (图 126):

$\boldsymbol{e}_x, \boldsymbol{e}_y, \boldsymbol{e}_z$ 是在恒定点 O 的恒定的右手笛卡儿坐标系的三个单位矢量;

$\boldsymbol{e}_1, \boldsymbol{e}_2, \boldsymbol{e}_3$ 是连接在刚体上而且指向 O 点主轴的动右手坐标系的三个单位矢量;

$I_1 = I_2 \neq I_3$ 是刚体在 O 点的惯量矩;

$\boldsymbol{e}_N$ 是轴 $[\boldsymbol{e}_z, \boldsymbol{e}_3]$ (此轴称为 "交线") 上的单位矢量.

(以上所有矢量均在 "恒定空间" k 中.)

为了把恒定标架 $(\boldsymbol{e}_x, \boldsymbol{e}_y, \boldsymbol{e}_z)$ 变成动标架 $(\boldsymbol{e}_1, \boldsymbol{e}_2, \boldsymbol{e}_3)$, 我们必须作三个旋转:

1. 绕 $\boldsymbol{e}_z$ 轴旋转角 φ. 旋转后 $\boldsymbol{e}_z$ 不动, $\boldsymbol{e}_x$ 变为 $\boldsymbol{e}_N$.
2. 绕 $\boldsymbol{e}_N$ 轴旋转角 θ. 旋转后 $\boldsymbol{e}_z$ 变为 $\boldsymbol{e}_3, \boldsymbol{e}_N$ 不动.
3. 绕 $\boldsymbol{e}_3$ 轴旋转角 ψ. 旋转后 $\boldsymbol{e}_N$ 变为 $\boldsymbol{e}_1, \boldsymbol{e}_3$ 不动.

作了这三个旋转后, $\boldsymbol{e}_x$ 变为 $\boldsymbol{e}_1, \boldsymbol{e}_z$ 变为 $\boldsymbol{e}_3$; 因此 $\boldsymbol{e}_y$ 变成 $\boldsymbol{e}_2$.

角 φ, ψ 和 θ 称为欧拉角. 容易证明:

定理 对每一个如上作出的三元数组 φ, θ, ψ 都有一个三维空间中的旋转, $B(\varphi, \theta, \psi) \in SO(3)$ 变标架 $(\boldsymbol{e}_x, \boldsymbol{e}_y, \boldsymbol{e}_z)$ 为标架 $(\boldsymbol{e}_1, \boldsymbol{e}_2, \boldsymbol{e}_3)$. 此外映射 $(\varphi, \theta, \psi) \to B(\varphi, \theta, \psi)$ 给出陀螺的构形空间 $SO(3)$ 的一个局部坐标.

$$0 < \varphi < 2\pi, \quad 0 < \psi < 2\pi, \quad 0 < \theta < \pi.$$

φ 和 ψ 和地理经度一样可以看作角 $\bmod 2\pi$; 对 $\theta = 0$ 或 $\theta = \pi$, 映射 $(\varphi, \theta, \psi) \to B$ 有北极那样类型的奇性.

B. 拉格朗日函数的计算

我们要用 φ, θ, ψ 及其导数来表出拉格朗日函数.

位能显然等于

$$U = \iiint zgdm = mgz_0 = mgl\cos\theta,$$

z_0 是重心高于 O 的高度 (图 125).

我们现在来计算动能. 一个小技巧在这里是有用的: 我们考虑 $\varphi = \psi = 0$ 的特例.

引理 陀螺的角速度当 $\varphi = \psi = 0$ 时可用欧拉角的导数表示为

$$\boldsymbol{\omega} = \dot{\theta}\boldsymbol{e}_1 + (\dot{\varphi}\sin\theta)\boldsymbol{e}_2 + (\dot{\psi} + \dot{\varphi}\cos\theta)\boldsymbol{e}_3.$$

证 考虑陀螺上在时刻 t 位于 $\boldsymbol{r}$ 处的点的速度. 在一段时间 dt 后, 它占据的位置 (略去 $(dt)^2$) 是

$$B(\varphi + d\varphi, \theta + d\theta, \psi + d\psi)B^{-1}(\varphi, \theta, \psi)\boldsymbol{r},$$

这里 $d\varphi = \dot{\varphi}dt, d\theta = \dot{\theta}dt, d\psi = \dot{\psi}dt$.

所以, 以同样的精确度, 位移矢量是下面三项之和:

$$B(\varphi + d\varphi, \theta, \psi)B^{-1}(\varphi, \theta, \psi)\boldsymbol{r} - \boldsymbol{r} = [\boldsymbol{\omega}_\varphi, \boldsymbol{r}]dt,$$

$$B(\varphi, \theta + d\theta, \psi)B^{-1}(\varphi, \theta, \psi)\boldsymbol{r} - \boldsymbol{r} = [\boldsymbol{\omega}_\theta, \boldsymbol{r}]dt,$$

$$B(\varphi, \theta, \psi + d\psi)B^{-1}(\varphi, \theta, \psi)\boldsymbol{r} - \boldsymbol{r} = [\boldsymbol{\omega}_\psi, \boldsymbol{r}]dt$$

(角速度 $\boldsymbol{\omega}_\varphi, \boldsymbol{\omega}_\theta, \boldsymbol{\omega}_\psi$ 就是用这些公式来定义的).

所以, 点 $\boldsymbol{r}$ 的速度是 $\boldsymbol{v} = [\boldsymbol{\omega}_\varphi + \boldsymbol{\omega}_\theta + \boldsymbol{\omega}_\psi, \boldsymbol{r}]$, 而刚体的角速度是

$$\boldsymbol{\omega} = \boldsymbol{\omega}_\varphi + \boldsymbol{\omega}_\theta + \boldsymbol{\omega}_\psi,$$

它的三项分别由以上公式定义.

余下的只需按 $\boldsymbol{e}_1, \boldsymbol{e}_2$ 与 $\boldsymbol{e}_3$ 分解 $\boldsymbol{\omega}_\varphi, \boldsymbol{\omega}_\theta$ 和 $\boldsymbol{\omega}_\psi$. 迄今我们还没有用到 $\varphi = \psi = 0$ 这个事实. 若 $\varphi = \psi = 0$, 则

$$B(\varphi + d\varphi, \theta, \psi)B^{-1}(\varphi, \theta, \psi)$$

只不过是绕 $\boldsymbol{e}_z$ 轴旋转角 $d\varphi$, 所以

$$\boldsymbol{\omega}_\varphi = \dot{\varphi}\boldsymbol{e}_z.$$

此外, $\varphi=\psi=0$ 时, $B(\varphi,\theta+d\theta,\psi)B^{-1}(\varphi,\theta,\psi)$ 就是绕 $\boldsymbol{e}_N=\boldsymbol{e}_x=\boldsymbol{e}_1$ 旋转角 $d\theta$, 所以

$$\boldsymbol{\omega}_\theta=\dot{\theta}\boldsymbol{e}_1.$$

最后 $B(\varphi,\theta,\psi+d\psi)B^{-1}(\theta,\varphi,\psi)$ 即绕 $\boldsymbol{e}_3$ 轴旋转 $d\psi$, 故

$$\boldsymbol{\omega}_\psi=\dot{\psi}\boldsymbol{e}_3.$$

总之, 当 $\varphi=\psi=0$ 时

$$\boldsymbol{\omega}=\dot{\varphi}\boldsymbol{e}_z+\dot{\theta}\boldsymbol{e}_1+\dot{\psi}\boldsymbol{e}_3.$$

但是当 $\varphi=\psi=0$ 时,

$$\boldsymbol{e}_z=\boldsymbol{e}_3\cos\theta+\boldsymbol{e}_2\sin\theta.$$

因此角速度在主轴 $\boldsymbol{e}_1,\boldsymbol{e}_2,\boldsymbol{e}_3$ 上的分量是

$$\omega_1=\dot{\theta},\quad \omega_2=\dot{\varphi}\sin\theta,\quad \omega_3=\dot{\psi}+\dot{\varphi}\cos\theta. \qquad \square$$

因为 $T=\dfrac{1}{2}(I_1\omega_1^2+I_2\omega_2^2+I_3\omega_3^2)$, 所以在 $\varphi=\psi=0$ 时动能的公式是

$$T=\frac{I_1}{2}(\dot{\theta}^2+\dot{\varphi}^2\sin^2\theta)+\frac{I_3}{2}(\dot{\psi}+\dot{\varphi}\cos\theta)^2.$$

但动能不会依赖于 φ 和 ψ: 它们是循环坐标, 对 φ 和 ψ 选取参考原点不会改变 T, 故恒可设 $\varphi=\psi=0$. 所以我们得到的动能公式对一切 φ 和 ψ 都适用.

我们就这样得到了拉格朗日函数

$$L=\frac{I_1}{2}(\dot{\theta}^2+\dot{\varphi}^2\sin^2\theta)+\frac{I_3}{2}(\dot{\psi}+\dot{\varphi}\cos\theta)^2-mgl\cos\theta.$$

C. 运动的研究

相应于循环坐标 φ 和 ψ 有两个首次积分

$$\frac{\partial L}{\partial\dot{\varphi}}=M_z=\dot{\varphi}(I_1\sin^2\theta+I_3\cos^2\theta)+\dot{\psi}I_3\cos\theta,$$
$$\frac{\partial L}{\partial\dot{\psi}}=M_3=\dot{\varphi}I_3\cos\theta+\dot{\psi}I_3.$$

定理 陀螺轴对铅直方向的倾角 θ 随时间变化的方式和总能量如下的一维力学系一样:

$$E'=\frac{I_1}{2}\dot{\theta}^2+U_{\text{eff}}(\theta),$$

其中, 有效位能的公式是

$$U_{\text{eff}}=\frac{(M_z-M_3\cos\theta)^2}{2I_1\sin^2\theta}+mgl\cos\theta.$$

证 按照一般理论，我们用 M_3 和 M_z 来表示 $\dot{\varphi}, \dot{\psi}$. 于是得到力学系的总能量为

$$E = \frac{I_1}{2}\dot{\theta}^2 + \frac{M_3^2}{2I_3} + mgl\cos\theta + \frac{(M_z - M_3\cos\theta)^2}{2I_1\sin^2\theta},$$

而

$$\dot{\varphi} = \frac{M_z - M_3\cos\theta}{I_1\sin^2\theta}.$$

数 $M_3^2/2I_3 = E - E'$ 与 θ 无关而不会影响 θ 的方程. □

为了研究上面的一维力学系, 作变换 $\cos\theta = u\ (-1 \leqslant u \leqslant 1)$ 是方便的.

我们也记

$$M_z/I_1 = a, \quad M_3/I_1 = b, \quad 2E'/I_1 = \alpha, \quad 2mgl/I_1 = \beta > 0.$$

这时可以把能量 E' 的守恒律改写为

$$\dot{u}^2 = f(u),$$

其中 $f(u) = (\alpha - \beta u)(1 - u^2) - (a - bu)^2$, 而方位角 φ 的变化规律则是

$$\dot{\varphi} = \frac{a - bu}{1 - u^2}.$$

我们注意到 $f(u)$ 是三次多项式, $f(+\infty) = +\infty$, 而 $f(\pm 1) = -(a \mp b)^2 < 0$ 只要 $a \neq \pm b$. 另一方面, 实际的运动对应于这样的常数 a, b, α 和 β, 使得对某个 $u, -1 \leqslant u \leqslant 1, f(u) \geqslant 0$. 因此 $f(u)$ 在区间 $-1 \leqslant u \leqslant 1$ 上恰好有两个实根 u_1 和 u_2 (在 $u > 1$ 时还有一个, 见图 127). 因此陀螺轴的倾角 θ 在两个极限值 θ_1 和 θ_2 之间周期性地变化 (图 128). 倾角的这种周期变化称为章动.

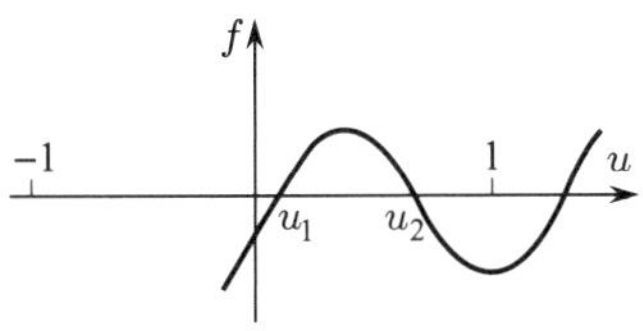

图 127 函数 $f(u)$ 的图像

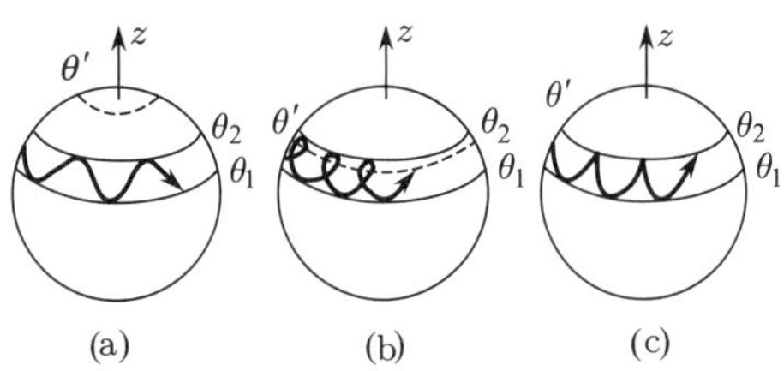

图 128 陀螺轴在单位球面上的路径

我们现在考虑陀螺轴的方位角的运动. 轴和单位球面的交点在纬圈 θ_1 和 θ_2 之间的环形中运动. 轴的方位角 φ 的变化由以下方程决定

$$\dot{\varphi} = \frac{a - bu}{1 - u^2}.$$

若方程 $a = bu$ 之根 u' 在 (u_1, u_2) 之外, 角 φ 单调变化而轴在单位球面上画出了一个类似正弦曲线的曲线 (图 128(a)). 若方程 $a = bu$ 之根 u' 在 (u_1, u_2) 之内, 则 φ 的变化率在纬圈 θ_1 和 θ_2 上的方向相反, 而轴在球面上画出一个带圈的曲线 (图 128(b)).

若 $a = bu$ 之根在区间 (u_1, u_2) 的端点上 (例如 $u' = u_2$), 则轴画出一个带尖点的曲线 (图 128(c)).

最后一个情况虽然是例外的, 但是当我们在陀螺轴的倾角为 θ_2 时不加初速地放开它, 就会看到这个情况; 陀螺先往下倒然后又升起来.

陀螺方位角的变化称为进动 (*岁差*). 陀螺的整个的运动包括绕自己的轴的旋转、章动和进动. 这三个运动各有其频率. 若这些频率不可通约, 陀螺就永不会回到其初始位置, 虽然可以任意接近它.

§31. 睡陀螺和快陀螺

节 30 所得的公式把陀螺运动的方程归结为椭圆积分问题. 然而, 不必用求积法也容易得到关于运动的定性的知识.

在本节中我们要研究铅直陀螺的稳定性并给出快速转动的陀螺的近似公式.

A. 睡陀螺

我们先考虑陀螺轴恒为铅直 ($\theta = 0$) 而角速度为常数的特解 (“睡着了的” 陀螺, 也称站立陀螺). 这时显然有 $M_z = M_3 = I_3\omega_3$ (图 129).

问题 证明绕铅直轴的恒定旋转在李雅普诺夫意义下是不稳定的.

我们将注意陀螺轴的运动而不是陀螺本身的运动. 陀螺轴会稳定地留在铅直方向附近吗? 即 θ 会保持很小吗? 将此力学系的有效位能

$$U_{\text{eff}} = \frac{(M_z - M_3\cos\theta)^2}{2I_1\sin^2\theta} + mgl\cos\theta$$

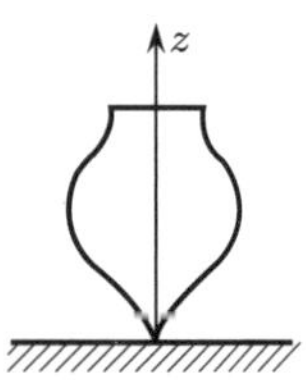

图 129 睡陀螺

展开为 θ 的幂级数, 我们有

$$\begin{aligned} U_{\text{eff}} &= \frac{I_3^2\omega_3^2(\theta^4/4)}{2I_1\theta^2} + \cdots - mgl\frac{\theta^2}{2} + \cdots \\ &= C + A\theta^2 + \cdots, \\ A &= \frac{\omega_3^2 I_3^2}{8I_1} - \frac{mgl}{2}. \end{aligned}$$

若 $A > 0$, 一维力学系的平衡位置 $\theta = 0$ 是稳定的, 而若 $A < 0$ 则是不稳定的. 于是稳定性条件是

$$\omega_3^2 > \frac{4mglI_1}{I_3^2}.$$

当摩擦使睡陀螺的角速度降到这个极限值以下时, 这个睡着了的陀螺就醒来了.

问题 证明当 $\omega_3^2 > 4mglI_1/I_3^2$ 时, 睡陀螺的轴不仅对 θ 的摄动, 而且对 M_z, M_3 的摄动, 都是稳定的.

B. 快陀螺

若一陀螺旋转动能远大于其位能, 就称为快陀螺:

$$\frac{1}{2}I_3\omega_3^2 \gg mgl.$$

从相似性的考虑, 可以清楚地看到, 角速度乘以 N 恰好等价于重量除以 N^2.

定理 *对于同样的初始位置, 陀螺角速度乘以 N, 和角速度不变而重力加速度 g 除以 N^2 的陀螺运动轨迹完全一样. 角速度很大时, 沿轨迹的运动将快 N 倍*[①].

这样, 我们可以研究 $g \to 0$ 的情况并将其结果应用于研究 $\omega \to \infty$ 的情况.

一开始, 先考虑 $g = 0$ 的情况, 即在无重力时讨论对称陀螺的运动. 我们要比较对这个运动的两种描述, 即拉格朗日 (节 30D) 和普安索 (节 29C) 的描述.

我们先考虑陀螺轴倾角 θ 变化的拉格朗日方程.

引理 *无重力时, 满足 $M_z = M_3\cos\theta_0$ 的角 θ_0 是陀螺轴运动方程的稳定平衡位置. 在其附近 θ 的小振动频率是*

$$\omega_{\text{nut}} = \frac{I_3\omega_3}{I_1}.$$

证 在无重力时, 有效位能是

$$U_{\text{eff}} = \frac{(M_z - M_3\cos\theta)^2}{2I_1\sin^2\theta}.$$

这个非负函数在由条件 $M_z = M_3\cos\theta_0$ 决定的 $\theta = \theta_0$ 处有最小值零 (图 130). 因此陀螺轴对铅直方向的倾角 θ_0 是稳定的平衡位置: 若初始角 θ 离 θ_0 有小的偏离, 则 θ 将在 θ_0 附近作周期振动 (章动). 这些振动的频率很容易由以下的一般公式决定: 若一维力学系的能量为

$$E = \frac{a\dot{x}^2}{2} + U(x), \quad U(x_0) = \min U(x),$$

则其小振动频率 ω 由以下公式决定:

$$\omega^2 = \frac{U''(x_0)}{a}.$$

描述陀螺轴倾角振动的一维力学系的能量是

$$\frac{I_1}{2}\dot{\theta}^2 + U_{\text{eff}}.$$

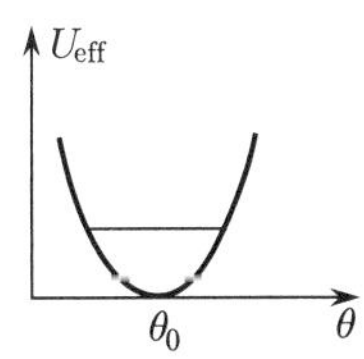

图 130 陀螺的有效位能

①用 $\varphi_g(t, \boldsymbol{\xi})$ 表示具有初始条件 $\boldsymbol{\xi} \in TSO(3)$ 的陀螺在 t 时的位置, g 为重力加速度. 这个定理指出 $\varphi_g(t, N\boldsymbol{\xi}) = \varphi_{N^{-2}g}(Nt, \boldsymbol{\xi})$.

对于 $\theta=\theta_0+x$, 我们得到 $M_z-M_3\cos\theta=M_3(\cos\theta_0-\cos(\theta_0+x))=M_3x\sin\theta_0+O(x^2)$, 而

$$U_{\text{eff}}=\frac{M_3^2x^2\sin^2\theta_0}{2I_1\sin^2\theta_0}+O(x^2)=\frac{I_3^2\omega_3^2}{2I_1}x^2+\cdots.$$

由此我们得到章动频率的表达式为

$$\omega_{\text{nut}}=\frac{I_3\omega_3}{I_1}.$$ □

由公式 $\dot\varphi=(M_z-M_3\cos\theta)/I_1\sin^2\theta$, 很清楚当 $\theta=\theta_0$ 时, 轴的方位角不随时间变化: 轴是恒定的. 当 θ 离 θ_0 有小偏离时, 也可以用这个公式来研究轴的方位角的运动, 但是我们将用另一个方法.

无重力时的陀螺的运动也可用普安索描述来研究. 这时陀螺轴绕角动量矢量匀速转动而后者保持其在空间的位置不变. 因此陀螺轴将在一个球面上画出一个圆周, 圆心对应于角动量矢量 (图 131).

注 现在陀螺轴的按拉格朗日描述称为章动的运动, 而按普安索的描述称为进动.

这意味着, 上面得到的小章动频率公式 $\omega_{\text{nut}}=I_3\omega_3/I_1$ 与普安索描述中进动频率公式 $\omega=M/I$ 一致. 当章动振幅趋近零时, $I_3\omega_3\to M$.

C. 弱力场中的陀螺

现在我们进到虽有重力但是很小 (M_z 和 M_3 之值固定) 的情况. 这时 $mgl\cos\theta$ 及其导数都很小, 应该把它加到有效位能上去. 我们将证明, 这一项只会稍稍改变章动频率.

引理 *设函数 $f(x)$ 在 $x=0$ 有极小值, 其泰勒展开式为 $f(x)=Ax^2/2+\cdots, A>0$. 设函数 $h(x)$ 之泰勒展开式为 $h(x)=B+Cx+\cdots$, 则对充分小的 ε, 函数 $f_\varepsilon(x)=f(x)+\varepsilon h(x)$ 在*

$$x_\varepsilon=-\frac{C\varepsilon}{A}+O(\varepsilon^2)$$

处 (接近于零) 有极小值. 此外 $f_\varepsilon''(x)=A+O(\varepsilon)$.

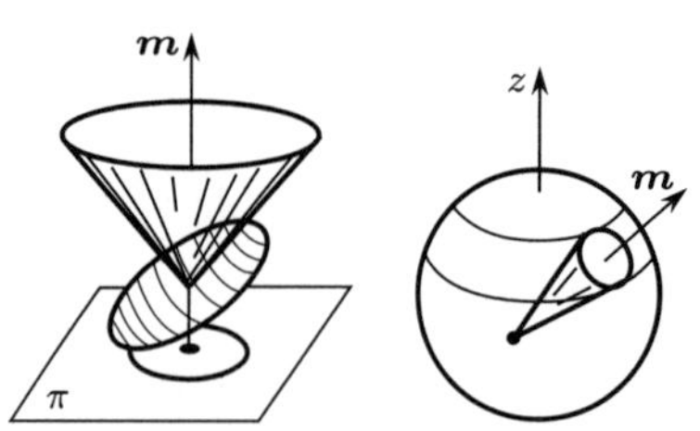

图 131 陀螺的运动按拉格朗日描述与按普安索描述的比较

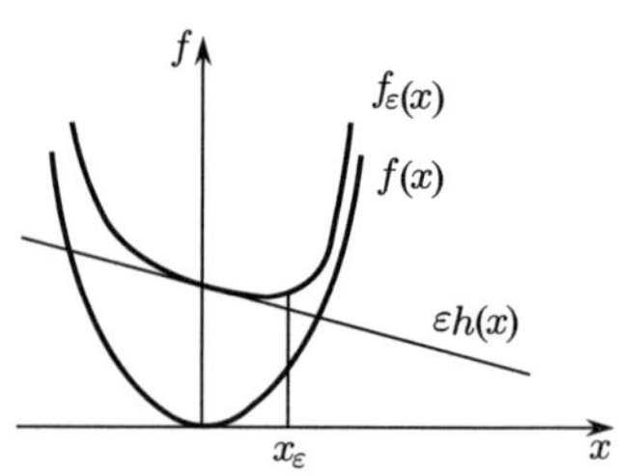

图 132 函数有微小改变时最小值的移动

证 我们有 $f_\varepsilon'(x) = Ax + C\varepsilon + O(x^2) + \varepsilon O(x)$, 对 $f_\varepsilon'(x)$ 用隐函数定理即得. □

由此引理, 对于小的 g, 有效位能在接近于 θ_0 的 θ_g 处有一极小值, 而且在此点 U'' 与 $U''(\theta_0)$ 只稍有不同. 因此, θ_0 附近的微小章动频率接近于 $g=0$ 时所得的频率:

$$\lim_{g\to 0}\omega_{\text{nut}} = \frac{I_3}{I_1}\omega_3.$$

D. 快速抛出的陀螺

现在考虑一个特殊的初始条件, 即在放开陀螺时, 给它的初始推力不使其轴与铅直轴的倾角 θ_0 发生变化.

定理 *若陀螺轴在初始时刻是恒定的 ($\dot\varphi = \dot\theta = 0$) 且陀螺绕其轴快速旋转 ($\omega_3 \to \infty$), 其轴与铅直轴倾角为 θ_0 ($M_z = M_3\cos\theta_0$), 则当 $\omega_3\to\infty$ 时渐近地有*

1. *章动频率正比于角速度;*
2. *章动振幅反比于角速度平方;*
3. *进动频率反比于角速度;*
4. *以下渐近公式成立 (当 $\omega_3\to\infty$ 时):*

$$\omega_{\text{nut}} \sim \frac{I_3}{I_1}\omega_3, \quad a_{\text{nut}} \sim \frac{I_1 mgl}{I_3^2\omega_3^2}\sin\theta_0, \quad \omega_{\text{prec}} \sim \frac{mgl}{I_3\omega_3}.$$

(这里 $f(\omega_3)\sim g(\omega_3)$ 是指 $\lim\limits_{\omega_3\to\infty}(f/g)=1$).

为了证明它, 我们考虑初始角速度固定而 $g\to 0$ 的情况. 借助于相似性方法来解释这些公式 (节 B), 即得定理之证.

在节 30C 中我们已经知道, 在我们的初始条件下, 陀螺轴在球面上画出一个有尖点的曲线.

我们应用这个引理来求有效位能的极小点 θ_g, 令 (图 133)

$$\theta = \theta_0 + x, \quad \cos\theta = \cos\theta_0 - x\sin\theta_0 + \cdots.$$

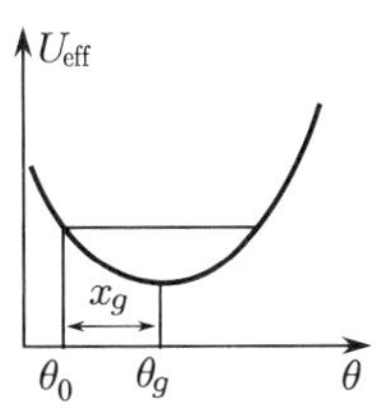

图 133 章动振幅的定义

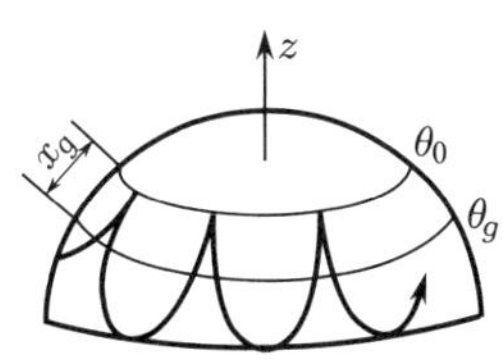

图 134 陀螺轴的运动

于是和上面一样可得对 x 的泰勒展开式:

$$U_{\text{eff}}|_{g=0} = \frac{I_3^2\omega_3^2}{2I_1}x^2 + \cdots,$$
$$mgl\cos\theta = mgl\cos\theta_0 - xmgl\sin\theta_0 + \cdots,$$

应用此引理于 $f = U_{\text{eff}}|_{g=0}, g = \varepsilon, h = mgl\cos(\theta_0 + x)$, 即知有效位能 U_{eff} 在倾角的以下值达到极小

$$\theta_g = \theta_0 + x_g, \quad x_g = \frac{I_1 ml\sin\theta_0}{I_3^2\omega_3^2}g + O(g^2).$$

因此陀螺轴的倾角将在 θ_g 附近振动 (图 134). 但在初始时刻 $\theta = \theta_0, \dot{\theta} = 0$. 这意味着 θ_0 对应于陀螺轴的最高位置. 因此, 对于小的 g, 章动振幅渐近地等于

$$a_{\text{nut}} \sim x_g \sim \frac{I_1 ml\sin\theta_0}{I_3^2\omega_3^2}g \quad (g \to 0).$$

我们现在来求轴的进动. 由一般公式

$$\dot{\varphi} = \frac{M_z - M_3\cos\theta}{I_1\sin^2\theta},$$

以及 $M_z = M_3\cos\theta_0$, $\theta = \theta_0 + x$, 我们得到 $M_z - M_3\cos\theta = M_3 x\sin\theta_0 + \cdots$, 所以

$$\dot{\varphi} = \frac{M_3}{I_1\sin\theta_0}x + \cdots,$$

但 x 在 0 与 $2x_g$ 间作谐振动 (相差 $O(g^2)$). 所以, 在一个章动周期内的进动速度平均值渐近地等于

$$\bar{\dot{\varphi}} \sim \frac{M_3}{I_1\sin\theta_0}x_g \sim \frac{mgl}{I_3\omega_3} \quad (g \to 0).$$

问题 证明

$$\lim_{g\to 0}\lim_{t\to\infty}\frac{\varphi(t) - \varphi(0)}{tmgl/I_3\omega_3} = 1.$$

第三部分

哈密顿力学

哈密顿力学就是相空间的几何学. 相空间有一个辛流形构造. 辛微分同胚群作用在相空间上. 哈密顿力学的基本概念与定理 (即令用局部辛坐标来陈述) 在此群下是不变的 (而在更大的同时也变换时间的群下也是不变的).

哈密顿力学系由一个偶数维流形 (“相空间”)、其上的一个辛构造 (“庞加莱积分不变式”) 和其上一个函数 (“哈密顿函数”) 给出. 对于相空间中每一个保持哈密顿函数不变的单参数辛微分同胚群, 都有运动方程的一个首次积分.

拉格朗日力学包含在哈密顿力学中为其特例 (这时相空间即构形空间的余切丛, 而哈密顿函数是拉格朗日函数的勒让德变换).

哈密顿的观点使我们能完全解出一系列力学问题, 而用其他方法不能得解 (例如, 两个恒定中心的吸引问题和三轴椭球上的测地线问题). 对于摄动理论的近似方法 (天体力学), 以及了解复杂力学系运动的一般性质 (遍历理论, 统计力学), 以及与其他数学物理领域 (光学, 量子力学等等) 的联系上, 哈密顿的观点甚至有更大的价值.

第七章　微分形式

在把场中沿一路径所作的功以及流体穿过一曲面的流量这些概念推广到高维时，就出现了外微分形式.

不用微分形式就不能理解哈密顿力学. 关于微分形式我们需要的知识有外乘积、外微分、积分和斯托克斯定理.

§32. 外形式

我们在这里定义外代数形式.

A. 1–形式

令 $\mathbb{R}^n$ 为 n 维实矢量空间[①]. 我们将用 $\boldsymbol{\xi}, \boldsymbol{\eta}, \cdots$ 等等来记此空间中的矢量.

定义　一个 1 次形式 (简称 1–形式) 就是一个线性函数 $\omega : \mathbb{R}^n \to \mathbb{R}$, 即

$$\omega(\lambda_1 \boldsymbol{\xi}_1 + \lambda_2 \boldsymbol{\xi}_2) = \lambda_1 \omega(\boldsymbol{\xi}_1) + \lambda_2 \omega(\boldsymbol{\xi}_2),$$
$$\lambda_1, \lambda_2 \in \mathbb{R}, \quad \boldsymbol{\xi}_1, \boldsymbol{\xi}_2 \in \mathbb{R}^n.$$

我们回顾一下线性代数中关于 1–形式的基本事实. 所有 1–形式之集构成一个实矢量定间, 若我们定义两个形式的和为

$$(\omega_1 + \omega_2)(\boldsymbol{\xi}) = \omega_1(\boldsymbol{\xi}) + \omega_2(\boldsymbol{\xi}),$$

[①]必须注意, 在 $\mathbb{R}^n$ 上我们没有给定任意特定的欧氏构造. 在有些例子里, 我们需要用这样的构造; 这时, 会特别指明 (“欧氏 $\mathbb{R}^n$”).

而数 λ 与 1–形式 ω 的乘积定义为

$$(\lambda\omega)(\boldsymbol{\xi}) = \lambda\omega(\boldsymbol{\xi}).$$

$\mathbb{R}^n$ 上的 1–形式之空间也是 n 维的, 称为对偶空间 $(\mathbb{R}^n)^*$.

设在 $\mathbb{R}^n$ 上选定了一个线性坐标系 $x_1, \cdots, x_n$. 每个坐标 x_i 本身就是一个 1–形式. 这 n 个 1–形式是线性无关的. 所以每个 1–形式 ω 都可写成

$$\omega = a_1x_1 + \cdots + a_nx_n, a_i \in \mathbb{R}.$$

ω 在矢量 $\boldsymbol{\xi}$ 上的值等于

$$\omega(\boldsymbol{\xi}) = a_1x_1(\boldsymbol{\xi}) + a_2x_2(\boldsymbol{\xi}) + \cdots + a_nx_n(\boldsymbol{\xi}),$$

$x_1(\boldsymbol{\xi}), \cdots, x_n(\boldsymbol{\xi})$ 是矢量 $\boldsymbol{\xi}$ 在所选定的坐标系中的分量.

例 若在 $\mathbb{R}^3$ 上给定一个均匀力场 $\boldsymbol{F}$, 它在位移 $\boldsymbol{\xi}$ 上的功 A 是一个 1–形式作用在 $\boldsymbol{\xi}$ 上 (图 135).

B. 2–形式

定义 一个 2 次外形式 (简称 2–形式) 就是一个定义在一对矢量上的双线性斜对称函数 $\omega^2 : \mathbb{R}^n \times \mathbb{R}^n \to \mathbb{R}$:

$$\omega^2(\lambda_1\boldsymbol{\xi}_1 + \lambda_2\boldsymbol{\xi}_2, \boldsymbol{\xi}_3) = \lambda_1\omega^2(\boldsymbol{\xi}_1, \boldsymbol{\xi}_3) + \lambda_2\omega^2(\boldsymbol{\xi}_2, \boldsymbol{\xi}_3),$$
$$\omega^2(\boldsymbol{\xi}_1, \boldsymbol{\xi}_2) = -\omega^2(\boldsymbol{\xi}_2, \boldsymbol{\xi}_1), \quad \forall\lambda_1, \lambda_2 \in \mathbb{R}, \quad \boldsymbol{\xi}_1, \boldsymbol{\xi}_2, \boldsymbol{\xi}_3 \in \mathbb{R}^n.$$

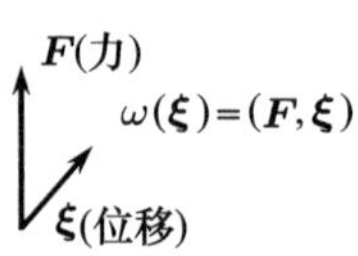

图 135 一个力所作的功是一个 1–形式作用在位移上

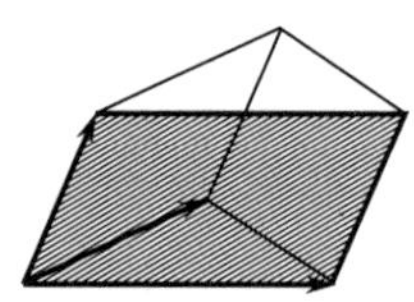

图 136 有向面积是一个 2–形式

例 1 令 $S(\boldsymbol{\xi}_1, \boldsymbol{\xi}_2)$ 是有向欧氏平面 $\mathbb{R}^2$ 上的矢量 $\boldsymbol{\xi}_1, \boldsymbol{\xi}_2$ 所成平行四边形的有向面积, 即

$$S(\boldsymbol{\xi}_1, \boldsymbol{\xi}_2) = \begin{vmatrix} \xi_{11} & \xi_{12} \\ \xi_{21} & \xi_{22} \end{vmatrix}, \quad \boldsymbol{\xi}_1 = \xi_{11}\boldsymbol{e}_1 + \xi_{12}\boldsymbol{e}_2, \quad \boldsymbol{\xi}_2 = \xi_{21}\boldsymbol{e}_1 + \xi_{22}\boldsymbol{e}_2.$$

$\boldsymbol{e}_1, \boldsymbol{e}_2$ 是给出 $\mathbb{R}^2$ 之定向的基底.

容易看到 $S(\boldsymbol{\xi}_1, \boldsymbol{\xi}_2)$ 是一个 2–形式 (图 136).

例 2 令 $\boldsymbol{v}$ 为三维有向欧氏空间中的流体的均匀速度矢量场 (图 137). 这时流体过平行四边形 $\boldsymbol{\xi}_1,\boldsymbol{\xi}_2$ 之面积的流量是 $\boldsymbol{\xi}_1$ 和 $\boldsymbol{\xi}_2$ 的双线性斜对称函数, 即由混合积所定义的 2–形式

$$\omega^2(\boldsymbol{\xi}_1,\boldsymbol{\xi}_2)=(\boldsymbol{v},\boldsymbol{\xi}_1,\boldsymbol{\xi}_2)=(\boldsymbol{v},[\boldsymbol{\xi}_1,\boldsymbol{\xi}_2]).$$

例 3 边为 $\boldsymbol{\xi}_1,\boldsymbol{\xi}_2$ 的平行四边形在欧氏空间 $\mathbb{R}^3$ 的 x_1, x_2–平面上的投影的有向面积是一个 2–形式.

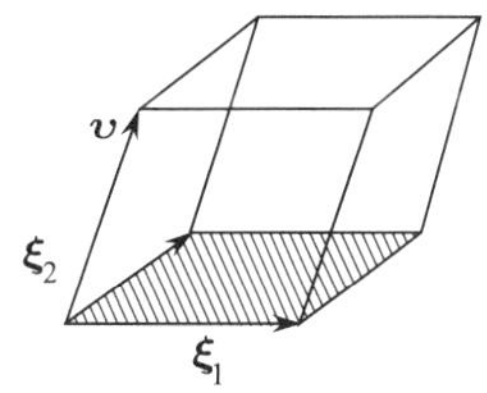

图 137 穿过一个面的流体之流量是一个 2–形式

问题 1 证明对 $\mathbb{R}^n$ 上每一个 2–形式 ω^2 均有

$$\omega^2(\boldsymbol{\xi},\boldsymbol{\xi})=0,\quad \forall\boldsymbol{\xi}\in\mathbb{R}^n.$$

解 由斜对称性, $\omega^2(\boldsymbol{\xi},\boldsymbol{\xi})=-\omega^2(\boldsymbol{\xi},\boldsymbol{\xi})$.

$\mathbb{R}^n$ 上的所有 2–形式之集构成一个实矢量空间, 若我们定义其加法为

$$(\omega_1+\omega_2)(\boldsymbol{\xi}_1,\boldsymbol{\xi}_2)=\omega_1(\boldsymbol{\xi}_1,\boldsymbol{\xi}_2)+\omega_2(\boldsymbol{\xi}_1,\boldsymbol{\xi}_2).$$

定义其与数 λ 之积为

$$(\lambda\omega)(\boldsymbol{\xi}_1,\boldsymbol{\xi}_2)=\lambda\omega(\boldsymbol{\xi}_1,\boldsymbol{\xi}_2).$$

问题 2 证明这空间是有限维的并求其维数.

答 $n(n-1)/2$, 下面将给出一个基底.

C. k–形式

定义 一个 k 次外形式, 简称 k–形式, 是一个定义在 k 个矢量上的 k–线性斜对称函数:

$$\omega(\lambda_1\boldsymbol{\xi}_1'+\lambda_2\boldsymbol{\xi}_1'',\boldsymbol{\xi}_2,\cdots,\boldsymbol{\xi}_k)=\lambda_1\omega(\boldsymbol{\xi}_1',\boldsymbol{\xi}_2,\cdots,\boldsymbol{\xi}_k)+\lambda_2\omega(\boldsymbol{\xi}_1'',\boldsymbol{\xi}_2,\cdots,\boldsymbol{\xi}_k),$$
$$\omega(\boldsymbol{\xi}_{i_1},\cdots,\boldsymbol{\xi}_{i_k})=(-1)^\nu\omega(\boldsymbol{\xi}_1,\cdots,\boldsymbol{\xi}_k),$$

这里

$$\nu=\begin{cases}0, & 若\ (i_1,\cdots,i_k)\ 是\ (1,\cdots,k)\ 的偶排列;\\ 1, & 若\ (i_1,\cdots,i_k)\ 是\ (1,\cdots,k)\ 的奇排列.\end{cases}$$

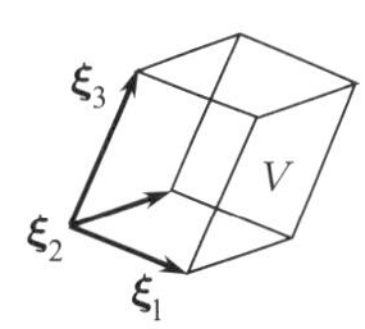

图 138 有向体积是一个 3–形式

例 1 有向欧氏空间 $\mathbb{R}^n$ 中的以 $\boldsymbol{\xi}_1,\cdots,\boldsymbol{\xi}_n$ 为棱的平行体的有向体积是一个 n–形式 (图 138).

$$V(\xi_1,\cdots,\xi_n)=\begin{vmatrix}\xi_{11}\ \cdots\ \xi_{1n}\\ \cdots\ \cdots\ \cdots\\ \xi_{n1}\ \cdots\ \xi_{nn}\end{vmatrix}.$$

这里 $\boldsymbol{\xi}_i=\xi_{i1}\boldsymbol{e}_1+\cdots+\xi_{in}\boldsymbol{e}_n$, $\boldsymbol{e}_1,\cdots,\boldsymbol{e}_n$ 是 $\mathbb{R}^n$ 的一个基底.

例 2 令 $\mathbb{R}^k$ 是 n 维欧氏空间 $\mathbb{R}^n$ 中的一个 k 维有向平面. 以 $\boldsymbol{\xi}_1, \cdots, \boldsymbol{\xi}_n$ 为棱的平行体在 $\mathbb{R}^k$ 上的投影的 k 维有向体积是 $\mathbb{R}^n$ 上的一个 k–形式.

$\mathbb{R}^n$ 中所有 k–形式的集合构成一个实矢量空间, 如果我们引入加法运算

$$(\omega_1 + \omega_2)(\boldsymbol{\xi}) = \omega_1(\boldsymbol{\xi}) + \omega_2(\boldsymbol{\xi}), \quad \boldsymbol{\xi} = \{\boldsymbol{\xi}_1, \cdots, \boldsymbol{\xi}_k\}, \quad \boldsymbol{\xi}_j \in \mathbb{R}^n.$$

以及与数相乘之积

$$(\lambda\omega)(\boldsymbol{\xi}) = \lambda\omega(\boldsymbol{\xi}).$$

问题 3 证明这个矢量空间具有限维, 并求其维数.

答 C_n^k; 下面将给出一个基底.

D. 两个 1–形式的外乘积

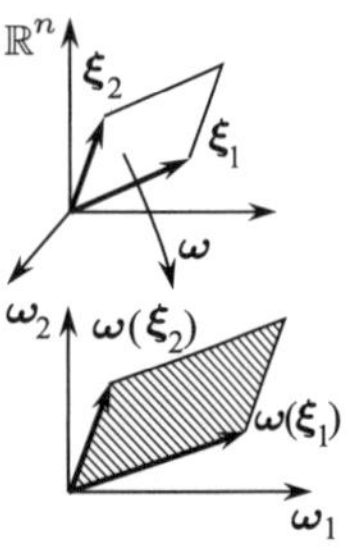

图 139 两个 1–形式之外积的定义

现在我们再引入一个运算: 形式的外乘积. 若 ω^k 是 $\mathbb{R}^n$ 上的一个 k–形式, ω^l 是 $\mathbb{R}^n$ 上的一个 l–形式, 它们的外乘积 $\omega^k \wedge \omega^l$ 将是一个 $k+l$–形式. 我们先定义 1–形式的外积, 对于每一对 $\mathbb{R}^n$ 上的 1–形式 ω_1, ω_2 都给出一个 $\mathbb{R}^n$ 上的 2–形式 $\omega_1 \wedge \omega_2$ 称为其外积.

令 $\boldsymbol{\xi}$ 为 $\mathbb{R}^n$ 中一个矢量. 给出两个 1–形式 ω_1 和 ω_2, 我们可以定义一个由 $\mathbb{R}^n$ 到平面 $\mathbb{R} \times \mathbb{R}$ 的映射: 变 $\boldsymbol{\xi} \in \mathbb{R}^n$ 为分量为 $\omega_1(\boldsymbol{\xi}), \omega_2(\boldsymbol{\xi})$ 的平面矢量 $\omega(\boldsymbol{\xi}), \omega_1, \omega_2$ 为此平面的坐标 (图 139).

定义 外积 $\omega_1 \wedge \omega_2$ 在一对矢量 $\boldsymbol{\xi}_1, \boldsymbol{\xi}_2 \in \mathbb{R}^n$ 上之值是棱为 $\omega(\boldsymbol{\xi}_1), \omega(\boldsymbol{\xi}_2)$ 的平行四边形在 ω_1, ω_2 平面上之投影的有向面积:

$$(\omega_1 \wedge \omega_2)(\boldsymbol{\xi}_1, \boldsymbol{\xi}_2) = \begin{vmatrix} \omega_1(\boldsymbol{\xi}_1) & \omega_2(\boldsymbol{\xi}_1) \\ \omega_1(\boldsymbol{\xi}_2) & \omega_2(\boldsymbol{\xi}_2) \end{vmatrix}.$$

问题 4 证明 $\omega_1 \wedge \omega_2$ 实是一个 2–形式.

问题 5 证明映射

$$(\omega_1, \omega_2) \to \omega_1 \wedge \omega_2$$

是双线性斜对称的:

$$\omega_1 \wedge \omega_2 = -\omega_2 \wedge \omega_1,$$
$$(\lambda'\omega_1' + \lambda''\omega_1'') \wedge \omega_2 = \lambda'\omega_1' \wedge \omega_2 + \lambda''\omega_1'' \wedge \omega_2.$$

提示 行列式对行和列都是双线性斜对称的.

现在设已在 $\mathbb{R}^n$ 上选定一组线性坐标, 即已有 n 个独立的 1 形式 $x_1, \cdots, x_n$. 我们称它们为基本 1–形式.

基本 1–形式的外积 $x_i \wedge x_j$ 是 2–形式. 由斜对称性, $x_i \wedge x_i = 0$, $x_i \wedge x_j = -x_j \wedge x_i$. $x_i \wedge x_j$ 的几何意义非常简单: 它在一对矢量 $\boldsymbol{\xi}_1, \boldsymbol{\xi}_2$ 上的值等于平行四边形 $\boldsymbol{\xi}_1, \boldsymbol{\xi}_2$ 沿着与其他坐标方向平行的方向对坐标平面 x_i, x_j 投影的像之有向面积.

问题 6 证明 $C_n^2 = n(n-1)/2$ 个 2–形式 $x_i \wedge x_j$ $(i<j)$ 线性无关.

特别是, 在三维欧氏空间 (x_1, x_2, x_3) 中, 在 (x_1, x_2) 平面上投影的面积是 $x_1 \wedge x_2$, 在 (x_2, x_3) 平面上的是 $x_2 \wedge x_3$, 在 (x_3, x_1) 平面上的是 $x_3 \wedge x_1$.

问题 7 证明三维空间 (x_1, x_2, x_3) 中每个 2–形式都可写成

$$Px_2 \wedge x_3 + Qx_3 \wedge x_1 + Rx_1 \wedge x_2.$$

问题 8 证明在坐标为 $x_1, \cdots, x_n$ 的 n 维空间中的每个 2–形式都可唯一地表示为

$$\omega^2 = \sum_{i<j} a_{ij} x_i \wedge x_j.$$

提示 令 $\boldsymbol{e}_i$ 为第 i 个基底矢量, 即 $x_i(\boldsymbol{e}_i) = 1$ 而当 $i \neq j$ 时 $x_j(\boldsymbol{e}_i) = 0$. 考虑 ω^2 在 $\boldsymbol{e}_i, \boldsymbol{e}_j$ 上的值, 则

$$a_{ij} = \omega^2(\boldsymbol{e}_i, \boldsymbol{e}_j).$$

E. 外单项式

设已有 k 个 1–形式 $\omega_1, \cdots, \omega_k$. 我们要定义其外积 $\omega_1 \wedge \cdots \wedge \omega_k$.

定义 我们规定

$$(\omega_1 \wedge \cdots \wedge \omega_k)(\boldsymbol{\xi}_1, \cdots, \boldsymbol{\xi}_k) = \begin{vmatrix} \omega_1(\boldsymbol{\xi}_1) & \cdots & \omega_1(\boldsymbol{\xi}_k) \\ \cdots & \cdots & \cdots \\ \omega_k(\boldsymbol{\xi}_1) & \cdots & \omega_k(\boldsymbol{\xi}_k) \end{vmatrix}.$$

换言之, 1–形式之外积在 $\boldsymbol{\xi}_1, \cdots, \boldsymbol{\xi}_k$ 上之值是 $\boldsymbol{\xi}_1, \cdots, \boldsymbol{\xi}_k$ 被映射 $\boldsymbol{\xi} \to (\omega_1(\boldsymbol{\xi}), \cdots, \omega_k(\boldsymbol{\xi}))$ 映到有向欧氏坐标 $\mathbb{R}^k$ 上的像所成的平行体的有向体积.

问题 9 证明 $\omega_1 \wedge \cdots \wedge \omega_k$ 是一个 k–形式.

问题 10 证明 1–形式的外积运算给出一个重线性斜对称映射

$$(\omega_1, \cdots, \omega_k) \to \omega_1 \wedge \cdots \wedge \omega_k.$$

换句话说,

$$(\lambda'\omega_1' + \lambda''\omega_1'') \wedge \omega_2 \wedge \cdots \wedge \omega_k = \lambda'\omega_1' \wedge \omega_2 \wedge \cdots \wedge \omega_k + \lambda''\omega_1'' \wedge \omega_2 \wedge \cdots \wedge \omega_k.$$

而且

$$\omega_{i_1} \wedge \cdots \wedge \omega_{i_k} = (-1)^\nu \omega_1 \wedge \cdots \wedge \omega_k.$$

其中

$$\nu = \begin{cases} 0, & \text{若 } (i_1, \cdots, i_k) \text{ 是 } (1, \cdots, k) \text{ 的偶排列}, \\ 1, & \text{若 } (i_1, \cdots, i_k) \text{ 是 } (1, \cdots, k) \text{ 的奇排列}. \end{cases}$$

现在考虑由基本形式 $x_1, \cdots, x_n$ 给出的 $\mathbb{R}^n$ 之坐标系. k 个基本形式的外积

$$x_{i_1} \wedge \cdots \wedge x_{i_k}; \quad 1 \leqslant i_m \leqslant n$$

是一个 k 维平行体沿平行于其他坐标轴的方向投影到 k–平面 $(x_{i_1}, \cdots, x_{i_k})$ 上之像的有向体积.

问题 11　证明若 $i_1, \cdots, i_k$ 中有两个相同, 则 $x_{i_1} \wedge \cdots \wedge x_{i_k} = 0$.

问题 12　证明 k–形式

$$x_{i_1} \wedge \cdots \wedge x_{i_k}, \quad 其中\ 1 \leqslant i_1 < i_2 < \cdots < i_k \leqslant n$$

之集合是线性无关的.

这种形式总数为 C_n^k. 我们称之为基本 k–形式.

问题 13　证明 $\mathbb{R}^n$ 上每个 k–形式均可唯一地表示为基本形式的线性组合

$$\omega^k = \sum_{1 \leqslant i_1 < i_2 < \cdots < i_k \leqslant n} a_{i_1 \cdots i_k} x_{i_1} \wedge \cdots \wedge x_{i_k}.$$

提示　$a_{i_1 \cdots i_k} = \omega^k(\boldsymbol{e}_{i_1}, \cdots, \boldsymbol{e}_{i_k})$.

由这个问题可知, $\mathbb{R}^n$ 上的 k–形式矢量空间维数为 C_n^k. 特别是当 $k = n$ 时 $C_n^k = 1$, 由此即有

系　$\mathbb{R}^n$ 上每个 n–形式或者是某平行体按某体积单位计算的有向体积, 或者为零:

$$\omega^n = a \cdot x_1 \wedge \cdots \wedge x_n.$$

问题 14　证明 $\mathbb{R}^n$ 上每一个 $k > n$ 的 k–形式必为零.

我们现在考虑一个 k–形式 ω^k 和一个 l–形式 ω^l 之积. 先设有两个单项式

$$\omega^k = \omega_1 \wedge \cdots \wedge \omega_k, \quad \omega^l = \omega_{k+1} \wedge \cdots \wedge \omega_{k+l}.$$

$\omega_1, \cdots, \omega_{k+l}$ 都是 1–形式, 我们定义其外积 $\omega^k \wedge \omega^l$ 为单项式

$$(\omega_1 \wedge \cdots \wedge \omega_k) \wedge (\omega_{k+1} \wedge \cdots \wedge \omega_{k+l}) = \omega_1 \wedge \cdots \wedge \omega_k \wedge \omega_{k+1} \wedge \cdots \wedge \omega_{k+l}.$$

问题 15　证明单项式的外积是结合的:

$$(\omega^k \wedge \omega^l) \wedge \omega^m = \omega^k \wedge (\omega^l \wedge \omega^m),$$

又是斜交换的:

$$\omega^k \wedge \omega^l = (-1)^{kl} \omega^l \wedge \omega^k.$$

提示　为了把 ω^l 的 l 个因子之一移到 ω^k 前, 需要与 ω^k 的 k 个因子共作 k 次反转.

注　斜交换性只要 k 和 l 两个次数有一为偶时就是交换性, 二者均奇时是反交换性.

§33. 外乘积

我们在这里定义外形式的外乘积运算并证明它是斜交换的、可分配的与可结合的.

A. 外乘积的定义

我们现在定义任意 k–形式 ω^k 和 l–形式 ω^l 之外乘积, 所得结果 $\omega^k\wedge\omega^l$ 是一个 $k+l$–形式. 于是外乘积运算具有:

1. 斜交换性: $\omega^k\wedge\omega^l=(-1)^{kl}\omega^l\wedge\omega^k$;
2. 分配性: $(\lambda_1\omega_1^k+\lambda_2\omega_2^k)\wedge\omega^l=\lambda_1\omega_1^k\wedge\omega^l+\lambda_2\omega_2^k\wedge\omega^l$;
3. 结合性: $(\omega^k\wedge\omega^l)\wedge\omega^m=\omega^k\wedge(\omega^l\wedge\omega^m)$.

定义 $\mathbb{R}^n$上的一个 k–形式 ω^k 和一个 l–形式 ω^l 之外乘积是 $\mathbb{R}^n$ 上的一个 $k+l$ 形式, 其在 $k+l$ 个矢量 $\boldsymbol{\xi}_1,\cdots,\boldsymbol{\xi}_k,\boldsymbol{\xi}_{k+1},\cdots,\boldsymbol{\xi}_{k+l}\in\mathbb{R}^n$ 上之值等于

$$(\omega^k\wedge\omega^l)(\boldsymbol{\xi}_1,\cdots,\boldsymbol{\xi}_{k+l})=\sum(-1)^\nu\omega^k(\boldsymbol{\xi}_{i_1},\cdots,\boldsymbol{\xi}_{i_k})\omega^l(\boldsymbol{\xi}_{j_1},\cdots,\boldsymbol{\xi}_{j_l}). \tag{1}$$

这里 $i_1<\cdots<i_k,j_1<\cdots<j_l;(i_1,\cdots,i_k,j_1,\cdots,j_l)$ 是 $(1,2,\cdots,k+l)$ 的排列,

$$\nu=\begin{cases}1, & \text{若此排列为奇,}\\ 0, & \text{若此排列为偶.}\end{cases}$$

换言之, 把 $k+l$ 个矢量 $\boldsymbol{\xi}_1,\cdots,\boldsymbol{\xi}_{k+l}$ 分为两组 (各 k 个与 l 个矢量), 任一种分法以及每一组的任一种排列给出 (1) 中的和式的一项. 这一项等于 ω^k 在第一组排列好的 k 个矢量上之值乘上 ω^l 在第二组排列好的 l 个矢量上的值, 其符号 $+$ 与 $-$ 视这些矢量如何排列而定. 若排列使得第一组 k 个矢量继以第二组 l 个矢量成为 $\boldsymbol{\xi}_1,\cdots,\boldsymbol{\xi}_{k+l}$ 的偶排列, 则取 $+$ 号, 若为奇排列则取 $-$ 号.

例 若 $k=l=1$, 只有两种分法: $\boldsymbol{\xi}_1,\boldsymbol{\xi}_2$ 与 $\boldsymbol{\xi}_2,\boldsymbol{\xi}_1$, 所以

$$(\omega_1\wedge\omega_2)(\boldsymbol{\xi}_1,\boldsymbol{\xi}_2)=\omega_1(\boldsymbol{\xi}_1)\omega_2(\boldsymbol{\xi}_2)-\omega_1(\boldsymbol{\xi}_2)\omega_2(\boldsymbol{\xi}_1),$$

这与节 32 中关于 1–形式之外积定义一致.

问题 1 证明以上定义确实定义了一个 $k+l$–形式 (即 $(\omega^k\wedge\omega^l)(\boldsymbol{\xi}_1,\cdots,\boldsymbol{\xi}_{k+l})$ 之值重线性地与斜对称地依赖于点 $\boldsymbol{\xi}$).

B. 外积的性质

定理 以上定义的外形式之外积是斜交换的、分配的和结合的. 对于单项式, 它与节 32 中给出的定义一致.

斜交换性之证明基于奇偶排列最简单的性质 (参照节 32 末的问题) 并留给读者自己证明.

分配性来自 (1) 中各项对 ω^k 与 ω^l 为线性.

结合性的证明要用到稍多的组合学. 因为相应的论证通常用于代数中行列式按一列的子式展开的拉普拉斯定理, 我们可以用此定理[①].

首先注意到下一点: 若结合性对各项成立, 则对其和也成立, 即由

$$\left.\begin{aligned}(\omega_1'\wedge\omega_2)\wedge\omega_3=\omega_1'\wedge(\omega_2\wedge\omega_3)\\(\omega_1''\wedge\omega_2)\wedge\omega_3=\omega_1''\wedge(\omega_2\wedge\omega_3)\end{aligned}\right\}$$

有

$$((\omega_1'+\omega_1'')\wedge\omega_2)\wedge\omega_3=(\omega_1'+\omega_1'')\wedge(\omega_2\wedge\omega_3).$$

但由已经证明了的分配性有

$$\begin{aligned}((\omega_1'+\omega_1'')\wedge\omega_2)\wedge\omega_3&=((\omega_1'\wedge\omega_2)\wedge\omega_3)+((\omega_1''\wedge\omega_2)\wedge\omega_3),\\(\omega_1'+\omega_1'')\wedge(\omega_2\wedge\omega_3)&=(\omega_1'\wedge(\omega_2\wedge\omega_3))+(\omega_1''\wedge(\omega_2\wedge\omega_3)).\end{aligned}$$

在节 32 (问题 12) 已知, $\mathbb{R}^n$ 上每个形式都是单项式之和; 所以, 只需对单项式乘法证明可结合性就够了.

因为我们还没有证明节 32 中 k 个 1–形式的外积之定义与这里的一般定义 (1) 的等价性, 我们暂时用 $\bar{\wedge}$ 表示 k 个 1–形式之外积, 所以单项式可以写为

$$\omega^k=\omega_1\bar{\wedge}\cdots\bar{\wedge}\omega_k,\quad \omega^l=\omega_{k+1}\bar{\wedge}\cdots\bar{\wedge}\omega_{k+l},$$

这里 $\omega_1,\cdots,\omega_{k+l}$ 是 1–形式.

引理 两个单项式的外积仍为一单项式:

$$(\omega_1\bar{\wedge}\cdots\bar{\wedge}\omega_k)\wedge(\omega_{k+1}\bar{\wedge}\cdots\bar{\wedge}\omega_{k+l})=\omega_1\bar{\wedge}\cdots\bar{\wedge}\omega_k\bar{\wedge}\omega_{k+1}\bar{\wedge}\cdots\bar{\wedge}\omega_{k+l}.$$

证 估计左右双方在 $k+l$ 个矢量 $\boldsymbol{\xi}_1,\cdots,\boldsymbol{\xi}_{k+l}$ 上之值. 由 (1) 式, 左方之值应为以下的乘积之和

$$\sum\pm\det_{l\leqslant i\leqslant k}|\omega_i(\boldsymbol{\xi}_{i_m})|\cdot\det_{k<i\leqslant k+l}|\omega_i(\boldsymbol{\xi}_{j_m})|,$$

各项是一个 $k+l$ 阶行列式前 k 行的一个子式乘以余因子. 由行列式按前 k 行之子式展开的拉普拉斯定理可知, 其各项之符号按定义 (1) 选取, 这个和等于行列式 $\det|\omega_i(\boldsymbol{\xi}_j)|$. □

[①]结合性的直接证明 (也包含了拉普拉斯定理的一个证法) 在于检查恒等式 $((\omega^k\wedge\omega^l)\wedge\omega^m)(\boldsymbol{\xi}_1,\cdots,\boldsymbol{\xi}_{k+l+m})=\sum\pm\omega^k(\boldsymbol{\xi}_{i_1},\cdots,\boldsymbol{\xi}_{i_k})\omega^l(\boldsymbol{\xi}_{j_1},\cdots,\boldsymbol{\xi}_{j_l})\omega^m(\boldsymbol{\xi}_{h_1},\cdots,\boldsymbol{\xi}_{h_m})$ 中各项的符号, 这里 $i_1<\cdots<i_k,j_1<\cdots<j_l,h_1<\cdots<h_m$, $(i_1,\cdots,h_m)$ 是 $(1,\cdots,k+l+m)$ 的一个排列.

由此引理可知运算 $\wedge$ 和 $\bar{\wedge}$ 是一致的: 我们依次可得

$$\omega_1\bar{\wedge}\omega_2 = \omega_1 \wedge \omega_2,$$
$$\omega_1\bar{\wedge}\omega_2\bar{\wedge}\omega_3 = (\omega_1\bar{\wedge}\omega_2) \wedge \omega_3 = (\omega_1 \wedge \omega_2) \wedge \omega_3,$$
$$\omega_1\bar{\wedge}\omega_2\bar{\wedge}\cdots\bar{\wedge}\omega_k = (\cdots((\omega_1 \wedge \omega_2) \wedge \omega_3) \wedge \cdots \wedge \omega_k).$$

因此单项式的 $\wedge$–乘积的结合性可以得自 1–形式的 $\bar{\wedge}$–乘积的明显的结合性. 于是由上面所看到的, 一般情况下的结合性得证.

问题 2 试证 1–形式, 或一般的奇次形式之外平方为零: 当 k 为奇时 $\omega^k \wedge \omega^k = 0$.

例 1 考虑 $\mathbb{R}^{2n}$ 上的坐标系 $(p_1, \cdots, p_n; q_1, \cdots, q_n)$ 以及 2 形式 $\omega^2 = \sum\limits_{i=1}^{u} p_\imath \wedge q_\imath$.

[这个形式在几何上表示一个平行体在 n 个二维坐标平面 $(p_1, q_1), \cdots, (p_n, q_n)$ 上的投影的有向面积之和. 以后我们会看到 2–形式 ω^2 对于哈密顿力学有特殊的意义. 可以证明. $\mathbb{R}^{2n}$ 上的每一个非退化① 2–形式必可在某个坐标系 $(p_1, \cdots, q_n)$ 中写为 ω^2.]

问题 3 求 2–形式 ω^2 的外平方.

答 $\omega^2 \wedge \omega^2 = -2\sum\limits_{i>j} p_i \wedge p_j \wedge q_i \wedge q_j$.

问题 4 求 ω^2 的 k 次外幂 $(\omega^2)^k = \omega^2 \wedge \cdots \wedge \omega^2$ (k 个因子).

答
$$\underbrace{\omega^2 \wedge \cdots \wedge \omega^2}_{k} = \pm k! \sum_{i_1 < \cdots < i_k} p_{i_1} \wedge \cdots \wedge p_{i_k} \wedge q_{i_1} \wedge \cdots \wedge q_{i_k}.$$

特别是

$$\underbrace{\omega^2 \wedge \omega^2 \wedge \cdots \wedge \omega^2}_{n} = \pm n! p_1 \wedge \cdots \wedge p_n \wedge q_1 \wedge \cdots \wedge q_n.$$

除了相差一个因子外它是 $\mathbb{R}^{2n}$ 中 $2n$ 维平行体的体积.

例 2 考虑有向欧氏空间 $\mathbb{R}^3$. 每个矢量 $\boldsymbol{A} \in \mathbb{R}^3$ 通过 $\omega^1_{\boldsymbol{A}}(\boldsymbol{\xi}) = (\boldsymbol{A}, \boldsymbol{\xi})$ (数量积) 决定一个 1–形式 $\omega^1_{\boldsymbol{A}}$, 又通过

$$\omega^2_{\boldsymbol{A}}(\boldsymbol{\xi}_1, \boldsymbol{\xi}_2) = (\boldsymbol{A}, \boldsymbol{\xi}_1, \boldsymbol{\xi}_2) \quad \text{(混合积)}$$

决定一个 2–形式 $\omega^2_{\boldsymbol{A}}$.

问题 5 证明映射 $\boldsymbol{A} \to \omega^1_{\boldsymbol{A}}, \boldsymbol{A} \to \omega^2_{\boldsymbol{A}}$ 是 $\boldsymbol{A}$ 之矢量空间 $\mathbb{R}^3$ 以及 $\mathbb{R}^3$ 上之 1–形式空间与 2–形式空间的同构. 若在 $\mathbb{R}^3$ 上取有向的标准正交坐标系 (x_1, x_2, x_3), 则

$$\omega^1_{\boldsymbol{A}} = A_1 x_1 + A_2 x_2 + A_3 x_3, \quad \omega^2_{\boldsymbol{A}} = A_1 x_2 \wedge x_3 + A_2 x_3 \wedge x_1 + A_3 x_1 \wedge x_2.$$

注 这些同构并不依赖于有向标准正交坐标系 (x_1, x_2, x_3) 的选取. 但它们依赖于 $\mathbb{R}^3$ 中欧氏构造的选取, 同构 $\boldsymbol{A} \to \omega^2_{\boldsymbol{A}}$ 还依赖于定向的选取 (这一点隐式地进入了混合积的定义).

①一个双线性型 ω^2 非退化是指 $\forall \boldsymbol{\xi} \neq 0, \exists \boldsymbol{\eta}, \omega^2(\boldsymbol{\xi}, \boldsymbol{\eta}) \neq 0$.

问题 6 证明在上述同构之下, 1–形式的外积就成为 $\mathbb{R}^3$ 中的矢量积, 即有

$$\omega_{\boldsymbol{A}}^1 \wedge \omega_{\boldsymbol{B}}^1 = \omega_{[\boldsymbol{A},\boldsymbol{B}]}^2, \quad \text{对任意 } \boldsymbol{A}, \boldsymbol{B} \in \mathbb{R}^3.$$

这样 1–形式的外积可以看成是 $\mathbb{R}^3$ 的矢量积在高维时的推广. 然而在 $n \neq 3$ 时, 此积并非同一空间的矢量: 只在 $n = 3$ 时, $\mathbb{R}^n$ 的 2–形式空间同构于 $\mathbb{R}^n$.

问题 7 证明在上述同构下, 1–形式与 2–形式的外积变成 $\mathbb{R}^3$ 中矢量的数量积:

$$\omega_{\boldsymbol{A}}^1 \wedge \omega_{\boldsymbol{B}}^2 = (\boldsymbol{A}, \boldsymbol{B})\, x_1 \wedge x_2 \wedge x_3.$$

C. 在映射下的性态

令 $f : \mathbb{R}^m \to \mathbb{R}^n$ 为一线性映射, ω^k 是 $\mathbb{R}^n$ 上的 k–形式. 则必有 $\mathbb{R}^m$ 上的一个 k–形式 $f^*\omega^k$, 它在 k 个矢量 $\boldsymbol{\xi}_1, \cdots, \boldsymbol{\xi}_k \in \mathbb{R}^m$ 上的值等于 ω^k 在 $\boldsymbol{\xi}_1, \cdots, \boldsymbol{\xi}_k$ 的像上的值:

$$(f^*\omega^k)(\boldsymbol{\xi}_1, \cdots, \boldsymbol{\xi}_k) = \omega^k(f\boldsymbol{\xi}_1, \cdots, f\boldsymbol{\xi}_k).$$

问题 8 验证 $f^*\omega^k$ 确是一个 k–形式.

问题 9 验证 f 是 $\mathbb{R}^n$ 上的 k–形式空间到 $\mathbb{R}^m$ 上的 h–形式空间的线性算子 (上标星号表示 f^* 与 f 作用的方向相反).

问题 10 令 $f : \mathbb{R}^m \to \mathbb{R}^n, g : \mathbb{R}^n \to \mathbb{R}^p$, 验证 $(g \circ f)^* = f^* \circ g^*$.

问题 11 验证 f^* 保持外乘积: $f^*(\omega^k \wedge \omega^l) = (f^*\omega^k) \wedge (f^*\omega^l)$.

§34. 微分形式

我们在这里给出微分流形上的微分形式的定义.

A. 1–微分形式

微分形式最简单的例子就是一个函数的微分.

例 考虑函数 $y = f(x) = x^2$. 它的微分 $df = 2xdx$ 依赖于点 x 和 "变元的增量", 即 x 轴的切矢量 $\boldsymbol{\xi}$. 固定点 x, 这时函数在 x 的微分 $df|_x$ 线性依赖于 $\boldsymbol{\xi}$. 因此若 $x = 1$ 且切矢量 $\boldsymbol{\xi}$ 之坐标为 1, 则 $df = 2$, 若 ξ 的坐标为 10 则 $df = 20$ (图 140).

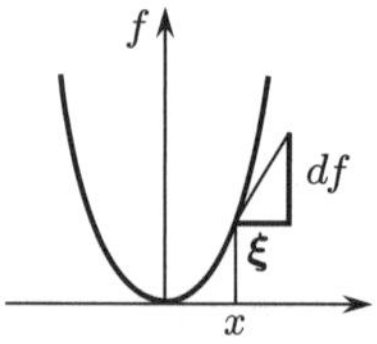

图 140 函数的微分

令 $f : M \to \mathbb{R}$ 是流形 M 上的可微函数 (不妨设想一个 "多元函数" $f : \mathbb{R}^n \to \mathbb{R}$). 它在 $\boldsymbol{x}$ 处的微分 $df|_{\boldsymbol{x}}$ 是一个从 M 在 $\boldsymbol{x}$ 的切空间到实数集上的线性映射.

$$df_{\boldsymbol{x}} : TM_{\boldsymbol{x}} \to \mathbb{R}.$$

我们回想一下这个映射的定义:

令 $\boldsymbol{\xi}$ 为曲线 $\boldsymbol{x}(t):\mathbb{R}\to M$ 的速度矢量: $\boldsymbol{x}(0)=\boldsymbol{x},\dot{\boldsymbol{x}}(0)=\boldsymbol{\xi}$. 这时我们定义

$$df_{\boldsymbol{x}}(\boldsymbol{\xi})=\left.\frac{d}{dt}\right|_{t=0}f(\boldsymbol{x}(t)).$$

问题 1 令 $\boldsymbol{\xi}$ 为平面曲线 $x(t)=\cos t, y(t)=\sin t$ 在 $t=0$ 处的速度矢量. 计算函数 x 和 y 的微分 dx 和 dy 在矢量 $\boldsymbol{\xi}$ 上的值 (图 141).

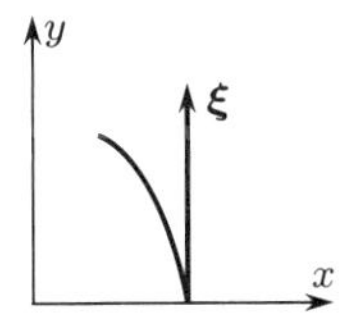

图 141 问题 1

答 $dx|_{(1,0)}(\boldsymbol{\xi})=0, dy|_{(1,0)}(\boldsymbol{\xi})=1$.

注意, 函数 f 在点 $\boldsymbol{x}\in M$ 处的微分 $df_{\boldsymbol{x}}$ 是切空间 $TM_{\boldsymbol{x}}$ 上的 1–形式.

f 在流形 M 上的微分 df 是切丛到直线 (即实数集) 上的光滑映射

$$df:TM\to\mathbb{R}\quad (TM=\bigcup_{\boldsymbol{x}}TM_{\boldsymbol{x}}).$$

这映射是可微的且在每个切空间 $TM_{\boldsymbol{x}}\subset TM$ 上为线性.

定义 *流形 M 上的 1 阶微分形式 (1–微分形式)* 就是切丛到直线的光滑映射

$$\omega:TM\to\mathbb{R},$$

而且它在每个切空间 $TM_{\boldsymbol{x}}$ 上是线性的.

可以说, M 上的 1–微分形式就是 $TM_{\boldsymbol{x}}$ 上 "对 $\boldsymbol{x}$ 可微" 的代数 1–形式.

问题 2 证明实轴上每个 1–微分形式都是某函数的微分.

问题 3 求平面上一个圆周上的一个 1–微分形式, 使之不是任何函数的微分.

B. $\mathbb{R}^n$ 上的 1–微分形式的一般形状

取坐标为 $x_1,\cdots,x_n$ 的矢量空间为 M. 记住切矢量 $\boldsymbol{\xi}\in T\mathbb{R}^n_{\boldsymbol{x}}$ 的分量 $\boldsymbol{\xi}_1,\cdots,\boldsymbol{\xi}_n$ 就是微分 $dx_1,\cdots,dx_n$ 在 $\boldsymbol{\xi}$ 上之值. $T\mathbb{R}^n_{\boldsymbol{x}}$ 上的这 n 个 1–微分形式是线性无关的. 所以 $dx_1,\cdots,dx_n$ 构成 $T\mathbb{R}^n_{\boldsymbol{x}}$ 上的 1–形式的 n 维空间的一个基底, 而 $T\mathbb{R}^n_{\boldsymbol{x}}$ 之每个 1–形式都可写成 $a_1dx_1+\cdots+a_ndx_n, a_i$ 是实系数. 现令 ω 是 $\mathbb{R}^n$ 上任意的 1–微分形式. 在每一点 $\boldsymbol{x}$, 它都可以唯一地按基底 $dx_1,\cdots,dx_n$ 展开. 由此我们得到了:

定理 *具有给定坐标系 $x_1,\cdots,x_n$ 的 $\mathbb{R}^n$ 上每个 1–微分形式都可以唯一地写为以光滑函数 $a_i(x)$ 为系数的*

$$\omega=a_1(x)dx_1+\cdots+a_n(x)dx_n.$$

问题 4 计算 $\omega_1 = dx_1, \omega_2 = x_1 dx_2, \omega_3 = dr^2$ $(r^2 = x_1^2 + x_2^2)$ 在矢量 $\boldsymbol{\xi}_1, \boldsymbol{\xi}_2, \boldsymbol{\xi}_3$ 上的值 (图 142).

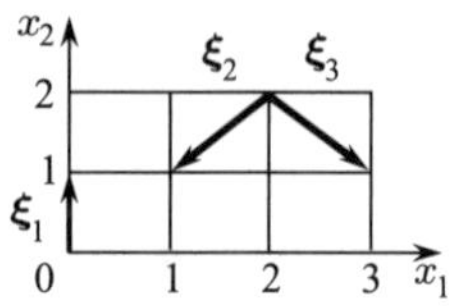

图 142 问题 4

答

	$\boldsymbol{\xi}_1$	$\boldsymbol{\xi}_2$	$\boldsymbol{\xi}_3$
ω_1	0	-1	1
ω_2	0	-2	-2
ω_3	0	-8	0

问题 5 令 $x_1, \cdots, x_n$ 是流形 M 上的函数而构成某区域中的局部坐标系. 证明这个区域中每个 1–微分形式都可以唯一地写为 $\omega = a_1(x)dx_1 + \cdots + a_n(x)dx_n$.

C. k–微分形式

定义 流形 M 上 $\boldsymbol{x}$ 点处的 k–微分形式 $\omega^k|_{\boldsymbol{x}}$ 就是 M 在 $\boldsymbol{x}$ 之切空间 $TM_{\boldsymbol{x}}$ 上的 k–外形式, 亦即对于在 $\boldsymbol{x}$ 点切于 M 的 k 个矢量 $\boldsymbol{\xi}_1, \cdots, \boldsymbol{\xi}_k$ 的 k–线性斜对称函数.

若在流形 M 之每一点 $\boldsymbol{x}$ 处都给出这样一个 $\omega^k|_{\boldsymbol{x}}$ 而且后者对 $\boldsymbol{x}$ 可微, 就说在流形 M 上有了一个 k–形式 ω^k.

问题 6 在元素为 k 个切 M 于某点 $\boldsymbol{x}$ 的矢量的矢量组之集合上给一个自然的微分流形构造.

一个 k 阶微分形式就是从问题 6 中的流形到直线的光滑映射.

可以说, M 上的 k–形式就是 $TM_{\boldsymbol{x}}$ 上的 "可微依赖于 $\boldsymbol{x}$" 的 k 外形式.

M 上的形式之加法、乘以一数与外乘积均为逐点定义的: 在每一点 $\boldsymbol{x} \in M$ 处, 相应的代数外形式之加法, 乘以一数与外乘积都是在切空间 $TM_{\boldsymbol{x}}$ 上进行的.

问题 7 证明 M 上的 k–形式构成一个矢量空间 (当 k 不超过 M 之维数时是无限维的).

微分形式不仅可以用数乘也可以用函数乘. 所以 $C^\infty k$–微分形式集合具有 M 上的无穷可微实函数环上的模之自然构造.

D. $\mathbb{R}^n$ 上 k–微分形式的一般形状

取具有固定坐标函数 $x_1, \cdots, x_n : \mathbb{R}^n \to \mathbb{R}$ 的矢量空间 $\mathbb{R}^n$ 为流形 M. 固定一点 $\boldsymbol{x}$. 我们前已看到 n 个 1–形式 $dx_1, \cdots, dx_n$ 是切空间 $T\mathbb{R}^n_{\boldsymbol{x}}$ 上的 1–形式空间的基底.

考虑基本形式的外积

$$dx_{i_1} \wedge \cdots \wedge dx_{i_k}, \quad i_1 < \cdots < i_k.$$

我们已在节 32 中看到, 这 C_n^k 个 k–形式是 $T\mathbb{R}^n_x$ 上的 k–外形式空间的基底. 因此, $T\mathbb{R}^n_{\boldsymbol{x}}$ 上的每一个 k–外形式可以唯一地写成

$$\sum_{i_1 < \cdots < i_k} a_{i_1, \cdots, i_k} dx_{i_1} \wedge \cdots \wedge dx_{i_k}.$$

现令 ω 是 $\mathbb{R}^n$ 上任意的 k–微分形式. 在每点 $\boldsymbol{x}$ 它都可以用以上基底来唯一地表示. 故有

定理 设在空间 $\mathbb{R}^n$ 上取定坐标系 $x_1,\cdots,x_n$, 则任一个 k–微分形式都可以唯一地写成

$$\omega^k=\sum_{i_1<\cdots<i_k}a_{i_1,\cdots,i_k}(\boldsymbol{x})dx_{i_1}\wedge\cdots\wedge dx_{i_k},$$

这里 $a_{i_1,\cdots,i_k}(\boldsymbol{x})$ 是 $\mathbb{R}^n$ 上的光滑函数.

问题 8 计算 $\omega_1=dx_1\wedge dx_2,\omega_2=x_1dx_1\wedge dx_2-x_2dx_2\wedge dx_1$ 和 $\omega_3=rdr\wedge d\varphi$ (这里 $x_1=r\cos\varphi,x_2=r\sin\varphi$) 在矢量对 $(\boldsymbol{\xi}_1,\boldsymbol{\eta}_1),(\boldsymbol{\xi}_2,\boldsymbol{\eta}_2)$ 和 $(\boldsymbol{\xi}_3,\boldsymbol{\eta}_3)$ 上之值 (图 143).

答

	$(\boldsymbol{\xi}_1,\boldsymbol{\eta}_1)$	$(\boldsymbol{\xi}_2,\boldsymbol{\eta}_2)$	$(\boldsymbol{\xi}_3,\boldsymbol{\eta}_3)$
ω_1	1	1	-1
ω_2	2	1	-3
ω_3	1	1	-1

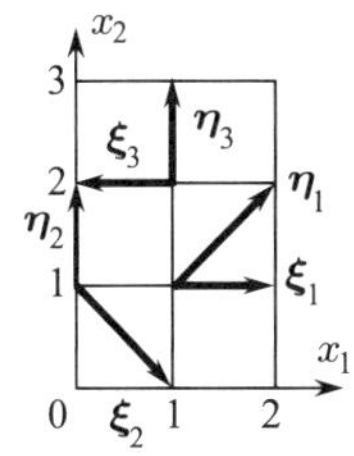

图 143 问题 8

问题 9 计算 $\omega_1=dx_2\wedge dx_3,\omega_2=x_1dx_3\wedge dx_2$ 和 $\omega_3=dx_3\wedge dr^2(r^2=x_1^2+x_2^2+x_3^2)$ 在点 $\boldsymbol{x}=(2,0,0)$ 处的矢量对 $\boldsymbol{\xi}=(1,1,1),\boldsymbol{\eta}=(1,2,3)$ 上之值.

答 $\omega_1=1,\omega_2=-2,\omega_3=-8$.

问题 10 令 $x_1,\cdots,x_n:M\to\mathbb{R}$ 是流形上某区域中构成一局部坐标系的函数. 证明在此区域中每个微分形式都可唯一地写为

$$\omega^k=\sum_{i_1<\cdots<i_k}a_{i_1,\cdots,i_k}(\boldsymbol{x})dx_{i_1}\wedge\cdots\wedge dx_{i_k}.$$

例 微分形式中的变量变换. 设有 $\mathbb{R}^3$ 中的两个坐标系 x_1,x_2,x_3 和 y_1,y_2,y_3. 令 ω 为 $\mathbb{R}^3$ 上 个 2–微分形式. 由上定理, ω 在 x 坐标中可写为 $\omega=X_1dx_2\wedge dx_3+X_2dx_3\wedge dx_1+X_3dx_1\wedge dx_2$, X_1,X_2,X_3 是 x_1,x_2,x_3 的函数, 而在 y 坐标中可写为 $\omega=Y_1dy_2\wedge dy_3+Y_2dy_3\wedge dy_1+Y_3dy_1\wedge dy_2$, Y_1,Y_2,Y_3 是 y_1,y_2,y_3 的函数.

问题 11 已知在 x 坐标中写出的微分形式 (即已知 X_i) 以及变量变换公式 $\boldsymbol{x}=\boldsymbol{x}(\boldsymbol{y})$, 写出 y 坐标中的微分形式, 即写出 Y_i.

解 我们有 $dx_i=(\partial x_i/\partial y_1)dy_1+(\partial x_i/\partial y_2)dy_2+(\partial x_i/\partial y_3)dy_3$.
故

$$dx_2\wedge dx_3=\left(\frac{\partial x_2}{\partial y_1}ay_1+\frac{\partial x_2}{\partial y_2}dy_2+\frac{\partial x_2}{\partial y_3}dy_3\right)\wedge\left(\frac{\partial x_3}{\partial y_1}dy_1+\frac{\partial x_3}{\partial y_2}dy_2+\frac{\partial x_3}{\partial y_3}dy_3\right),$$

由此知

$$Y_3=X_1\left|\frac{D(x_2,x_3)}{D(y_1,y_2)}\right|+X_2\left|\frac{D(x_3,x_1)}{D(y_1,y_2)}\right|+X_3\left|\frac{D(x_1,x_2)}{D(y_1,y_2)}\right|$$

等等.

E. 附录 三维空间中的微分形式

令 M 是一个三维有向黎曼流形 (在下面的例子中 M 都是三维欧氏空间 $\mathbb{R}^3$). 令 x_1, x_2, x_3 为局部坐标而线元素的平方为

$$ds^2 = E_1 dx_1^2 + E_2 dx_2^2 + E_3 dx_3^2$$

(即设坐标系是三重正交的).

问题 12 对欧氏空间 $\mathbb{R}^3$ 之笛卡儿坐标 x, y, z, 柱坐标 r, φ, z 以及球坐标 R, φ, θ 求出 E_1, E_2, E_3 (图 144).

答

$$\begin{aligned} ds^2 &= dx^2 + dy^2 + dz^2 = dr^2 + \boldsymbol{r}^2 d\varphi^2 + dz^2 \\ &= dR^2 + R^2 \cos^2\theta d\varphi^2 + R^2 d\theta^2. \end{aligned}$$

我们用 $\boldsymbol{e}_1$、$\boldsymbol{e}_2$、$\boldsymbol{e}_3$ 表示坐标方向的单位矢量。这三个矢量构成切空间的基底.

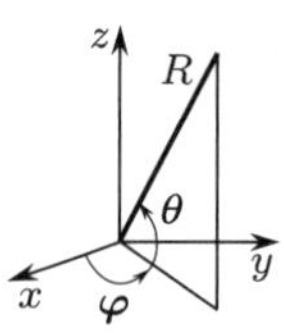

图 144 问题 12

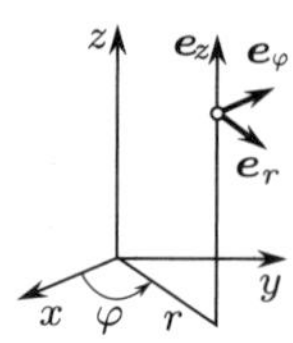

图 145 问题 13

问题 13 求 dx_1, dx_2 和 dx_3 在矢量 $\boldsymbol{e}_1, \boldsymbol{e}_2, \boldsymbol{e}_3$ 上的值.

答 $dx_i(\boldsymbol{e}_i) = 1/\sqrt{E_i}$, 其余为零. 特别是对笛卡儿坐标有 $dx(\boldsymbol{e}_x) = dy(\boldsymbol{e}_y) = dz(\boldsymbol{e}_z) = 1$; 对柱坐标 $dr(\boldsymbol{e}_r) = dz(\boldsymbol{e}_z) = 1, d\varphi(\boldsymbol{e}_\varphi) = \dfrac{1}{r}$ (图 145); 对球坐标 $dR(\boldsymbol{e}_R) = 1, d\varphi(\boldsymbol{e}_\varphi) = \dfrac{1}{R\cos\theta}$ 而 $d\theta(\boldsymbol{e}_\theta) = 1/R$.

流形 M 的度量和定向给出了 M 在各点的切空间之有向欧氏三维空间构造. 使用这个构造就可以讨论它们的数量积、矢量积和混合积.

问题 14 计算 $[\boldsymbol{e}_1, \boldsymbol{e}_2], (\boldsymbol{e}_R, \boldsymbol{e}_\theta)$ 和 $(\boldsymbol{e}_r, \boldsymbol{e}_x, \boldsymbol{e}_y)$.

答 $e_3, 0, 1,$

在一个有向欧氏三维空间中每个矢量 $\boldsymbol{A}$ 都相应于一个 1–形式 $\omega_{\boldsymbol{A}}^1$ 和一个 2–形式 $\omega_{\boldsymbol{A}}^2$, 定义如下:

$$\omega_{\boldsymbol{A}}^1(\boldsymbol{\xi}) = (\boldsymbol{A}, \boldsymbol{\xi}), \quad \omega_{\boldsymbol{A}}^2(\boldsymbol{\xi}, \boldsymbol{\eta}) = (\boldsymbol{A}, \boldsymbol{\xi}, \boldsymbol{\eta}), \quad \boldsymbol{\xi}, \boldsymbol{\eta} \in \mathbb{R}^3.$$

矢量场和外形式的对应关系不依赖于坐标系而只依赖于欧氏构造和定向. 因此流形 M 上的每个矢量场 $\boldsymbol{A}$ 都对应于 M 上的一个 1–微分形式 $\omega_{\boldsymbol{A}}^1$ 和一个 2–微分形式 $\omega_{\boldsymbol{A}}^2$.

由矢量场变为外形式和由外形式变回矢量场的公式在各坐标系下形状不同. 设在上述坐标 x_1, x_2 和 x_3 中, 矢量场 $\boldsymbol{A}$ 的形状是

$$\boldsymbol{A} = A_1\boldsymbol{e}_1 + A_2\boldsymbol{e}_2 + A_3\boldsymbol{e}_3$$

(分量 A_i 是 M 上的光滑函数). 相应的 1–形式 $\omega^1_{\boldsymbol{A}}$ 应按基底 dx_i 分解而 2–形式则按基底 $dx_i \wedge dx_j$ 分解.

问题 15 已知矢量场 $\boldsymbol{A}$ 的分量, 求 1–形式 $\omega^1_{\boldsymbol{A}}$ 和 2–形式 $\omega^2_{\boldsymbol{A}}$ 的分解式.

解 我们有 $\omega^1_{\boldsymbol{A}}(\boldsymbol{e}_1) = (\boldsymbol{A}, \boldsymbol{e}_1) = A_1$, 同时有 $(a_1dx_1 + a_2dx_2 + a_3dx_3)(\boldsymbol{e}_1) = a_1dx_1(\boldsymbol{e}_1) = a_1/\sqrt{E_1}$, 由此知 $a_1 = A_1\sqrt{E_1}$, 从而

$$\omega^1_{\boldsymbol{A}} = A_1\sqrt{E}_1dx_1 + A_2\sqrt{E}_2dx_2 + A_3\sqrt{E}_3dx_3.$$

同样地有 $\omega^2_{\boldsymbol{A}}(\boldsymbol{e}_2, \boldsymbol{e}_3) = (\boldsymbol{A}, \boldsymbol{e}_2, \boldsymbol{e}_3) = A_1$. 于是

$$(\alpha_1dx_2 \wedge dx_3 + \alpha_2dx_3 \wedge dx_1 + \alpha_3dx_1 \wedge dx_2)(\boldsymbol{e}_2, \boldsymbol{e}_3) = \alpha_1/\sqrt{E_2E_3}.$$

所以 $\alpha_1 = A_1\sqrt{E_2E_3}$ 而

$$\omega^2_{\boldsymbol{A}} = A_1\sqrt{E_2E_3}dx_2 \wedge dx_3 + A_2\sqrt{E_3E_1}dx_3 \wedge dx_1 + A_3\sqrt{E_1E_2}dx_1 \wedge dx_2.$$

特别是, 在 $\mathbb{R}^3$ 的笛卡儿坐标、柱坐标和球坐标系下, 矢量场

$$\begin{aligned}\boldsymbol{A} &= A_x\boldsymbol{e}_x + A_y\boldsymbol{e}_y + A_z\boldsymbol{e}_z = A_r\boldsymbol{e}_r + A_\varphi\boldsymbol{e}_\varphi + A_z\boldsymbol{e}_z \\ &= A_R\boldsymbol{e}_R + A_\varphi\boldsymbol{e}_\varphi + A_\theta\boldsymbol{e}_\theta\end{aligned}$$

相应于 1–微分形式

$$\begin{aligned}\omega^1_{\boldsymbol{A}} &= A_xdx + A_ydy + A_zdz = A_rdr + A_\varphi d\varphi + A_zdz \\ &= A_RdR + R\cos\theta A_\varphi d\varphi + RA_\theta d\theta\end{aligned}$$

和 2–微分形式

$$\begin{aligned}\omega^2_{\boldsymbol{A}} &= A_xdy \wedge dz + A_ydz \wedge dx + A_zdx \wedge dy \\ &= rA_rd\varphi \wedge dz + A_\varphi dz \wedge dr + rA_zdr \wedge d\varphi \\ &= R^2\cos\theta A_Rd\varphi \wedge d\theta + RA_\varphi d\theta \wedge dR + R\cos\theta A_\theta dR \wedge d\varphi.\end{aligned}$$

流形 M 上矢量场的一个例子是函数 $f: M \to \mathbb{R}$ 的梯度. 回忆一下, 函数的梯度即对应于微分

$$\omega^1_{\operatorname{grad} f} = df, \quad \text{亦即 } df(\boldsymbol{\xi}) = (\operatorname{grad} f, \boldsymbol{\xi}), \quad \forall\boldsymbol{\xi}$$

的矢量场 $\operatorname{grad} f$.

问题 16 求函数梯度在基底 $\boldsymbol{e}_1, \boldsymbol{e}_2, \boldsymbol{e}_3$ 下的分量.

解 我们有 $df=(\partial f/\partial x_1)dx_1+(\partial f/\partial x_2)dx_2+(\partial f/\partial x_3)dx_3$, 由上题

$$\operatorname{grad} f=\frac{1}{\sqrt{E_1}}\frac{\partial f}{\partial x_1}\boldsymbol{e}_1+\frac{1}{\sqrt{E_2}}\frac{\partial f}{\partial x_2}\boldsymbol{e}_2+\frac{1}{\sqrt{E_3}}\frac{\partial f}{\partial x_3}\boldsymbol{e}_3.$$

在笛卡儿坐标系、柱坐标系和球坐标系下有

$$\begin{aligned}\operatorname{grad} f&=\frac{\partial f}{\partial x}\boldsymbol{e}_x+\frac{\partial f}{\partial y}\boldsymbol{e}_y+\frac{\partial f}{\partial z}\boldsymbol{e}_z\\&=\frac{\partial f}{\partial r}\boldsymbol{e}_r+\frac{1}{r}\frac{\partial f}{\partial \varphi}\boldsymbol{e}_\varphi+\frac{\partial f}{\partial z}\boldsymbol{e}_z\\&=\frac{\partial f}{\partial R}\boldsymbol{e}_R+\frac{1}{R\cos\theta}\frac{\partial f}{\partial \varphi}\boldsymbol{e}_\varphi+\frac{1}{R}\frac{\partial f}{\partial \theta}\boldsymbol{e}_\theta.\end{aligned}$$

§35. 微分形式的积分

我们要在这里定义链、链的边缘和微分形式在链上的积分的概念.

微分形式的积分是诸如流体通过某一曲面的流量或力沿一路径之功这样一些概念在高维下的推广.

A. 1–微分形式沿路径的积分

我们先从流形 M 上的 1–微分形式 ω^1 之积分开始. 令

$$\gamma:[0\leqslant t\leqslant 1]\to M$$

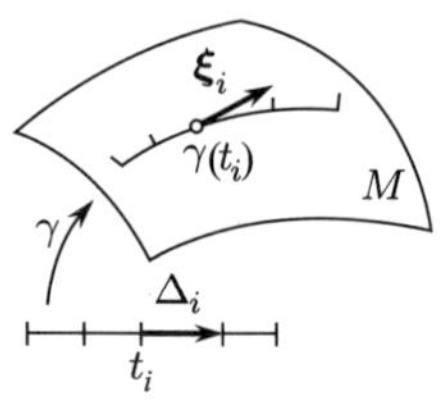

图 146 沿一路径积分一个 1–形式

为光滑映射 (“积分路径”). 微分形式 ω^1 在路径 γ 上的积分定义为黎曼和的极限. 每个黎曼和都由微分形式 ω^1 在一些切矢量 $\boldsymbol{\xi}_i$ 上之值构成 (图 146):

$$\int_\gamma \omega^1=\lim_{\Delta\to 0}\sum_{i=1}^{n}\omega^1(\boldsymbol{\xi}_i).$$

切矢量 $\boldsymbol{\xi}_i$ 作法如下, 把区间 $0\leqslant t\leqslant 1$ 用点 t_i 分成小段 $\Delta_i: t_i\leqslant t\leqslant t_{i+1}$. 区间 Δt_i 可以看作是 t 轴在 t_i 点的切矢量. 它在 M 于 $\gamma(t_i)$ 点的切空间上的像是

$$\boldsymbol{\xi}_i=d\gamma|_{t_i}(\Delta_i)\in TM_{\gamma(t_i)}.$$

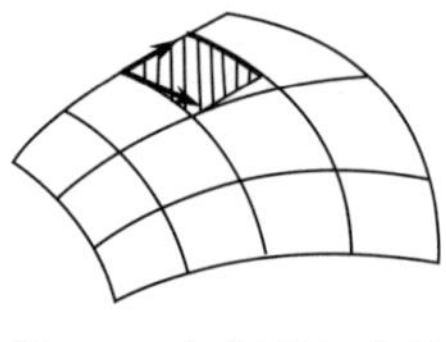
图 147 在曲面上求积一个 2–形式

当最大区间 Δ_i 趋于零时黎曼和有极限. 它就叫做 1–微分形式 ω^1 沿路径 γ 的积分.

k–微分形式在 k 维曲面上的积分可按照类似模式来定义. 把积分曲面分成小的曲边 k 维平行体 (图 147): 把这些平行体换成切空间上的平行体. 微分形式在切空间上的平行体上之值之和当分割加细时有一个极限. 我们先考虑一个特例.

B. 有向欧氏空间 $\mathbb{R}^k$ 上的 k–微分形式之积分

令 $x_1, \cdots, x_k$ 为 $\mathbb{R}^k$ 一个有向坐标系. $\mathbb{R}^k$ 上每一个 k–微分形式都正比于 $dx_1 \wedge \cdots \wedge dx_k$, 即可写为 $\omega^k = \varphi(x)dx_1 \wedge \cdots \wedge dx_k, \varphi(x)$ 是一个光滑函数.

令 D 为 $\mathbb{R}^k$ 中的一有界凸多面体 (图 148). 定义形式 ω^k 在 D 上的积分即为 φ 的积分:

$$\int_D \omega^k = \int_D \varphi(x) dx_1 \cdots dx_k,$$

右方的积分理解为通常的黎曼和极限.

这个定义正是节 A 中的思想的实现, 因为这时流形的切空间就是流形本身.

问题 1 证明 $\int_D \omega^k$ 线性依赖于 ω^k.

问题 2 求证: 若将 D 分成两个不相交的多面体 D_1 和 D_2, 则

$$\int_D \omega^k = \int_{D_1} \omega^k + \int_{D_2} \omega^k.$$

在更一般情况 (即 n 维空间的 k–形式的积分) 不易把分割的单元看成切空间的平行体; 这个情况下面再考虑.

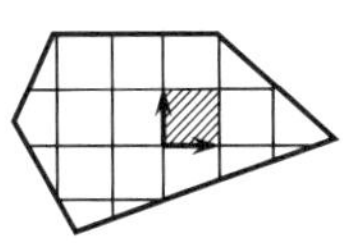

图 148 在 k 维空间中积分一个 k–形式

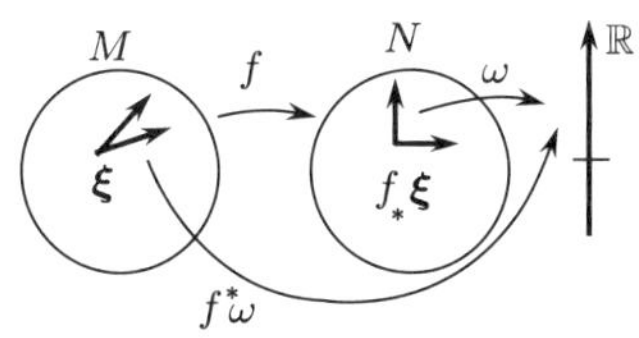

图 149 N 上的微分形式诱导出 M 上的微分形式

C. 微分形式在映射下的性态

令 $f: M \to N$ 是光滑流形 M 到光滑流形 N 的可微映射, ω 是 N 上的 k–微分形式 (图 149). 这时在 M 上也会出现一个适当确定的 k–微分形式 $\int^* \omega$, 定义为: 对于切矢量 $\boldsymbol{\xi}_1, \cdots, \boldsymbol{\xi}_k \in TM_{\boldsymbol{x}}$,

$$(f^*\omega)(\boldsymbol{\xi}_1, \cdots, \boldsymbol{\xi}_k) = \omega(f_*\boldsymbol{\xi}_1, \cdots, f_*\boldsymbol{\xi}_k).$$

f_* 是映射 f 的微分. 换句话说, $f^*\omega$ 在矢量 $\boldsymbol{\xi}_1, \cdots, \boldsymbol{\xi}_k$ 上之值等于 ω 在这些矢量的像上之值.

例 若 $y = f(x_1, x_2) = x_1^2 + x_2^2$ 而 $\omega = dy$, 则

$$f^*\omega = 2x_1 dx_1 + 2x_2 dx_2.$$

问题 3 证明 $f^*\omega$ 是 M 上的一个 k–微分形式.

问题 4 证明 f^* 保持微分形式的运算:

$$f^*(\lambda_1\omega_1+\lambda_2\omega_2)=\lambda_1 f^*(\omega_1)+\lambda_2 f^*(\omega_2),$$
$$f^*(\omega_1\wedge\omega_2)=(f^*\omega_1)\wedge(f^*\omega_2).$$

问题 5 令 $g:L\to M$ 也是可微映射. 证明 $(fg)^*=g^*f^*$.

问题 6 令 D_1,D_2 是有向 k 维空间 $\mathbb{R}^k$ 中的紧凸多面体, $f:D_1\to D_2$ 是一可微映射且将 D_1 的内域保持定向地微分同胚①于 D_2 之内域上. 这时, 对 D_2 上的任意 k–微分形式 ω^k, 有

$$\int_{D_1} f^*\omega^k=\int_{D_2}\omega^k.$$

提示 这就是重积分的变量变换定理

$$\int_{D_1}\frac{\partial(y_1,\cdots,y_k)}{\partial(x_1,\cdots,x_k)}\varphi(y(x))dx_1\cdots dx_k=\int_{D_2}\varphi(y)dy_1\cdots dy_k.$$

D. n 维流形上的 k–形式的积分

令 ω 为 n 维流形 M 上的 k–微分形式. D 是 k 维欧氏空间 $\mathbb{R}^k$ 中的一个有界凸 k 维多面体 (图 150). "积分路径" 的作用将由 M 的一个 k 维胞腔 σ ② 来承担,

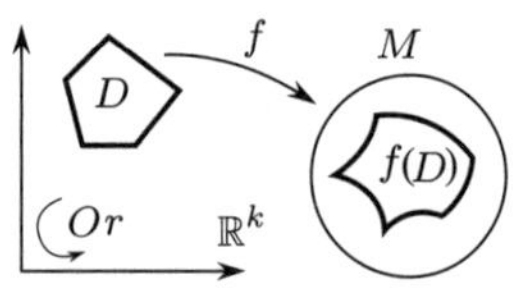

图 150 奇 k 维多面体

它可用 $\sigma=(D,f,Or)$ 来表示:

1. $D\subset\mathbb{R}^k$ 是一个凸多面体;
2. $f:D\to M$ 是一个可微映射;
3. Or 表示 $\mathbb{R}^k$ 的一个定向.

定义 k–形式 ω 在 k 维胞腔 σ 上的积分即相应的微分形式在 D 上的积分:

$$\int_\sigma\omega=\int_D f^*\omega.$$

问题 7 证明这个积分线性依赖于微分形式:

$$\int_\sigma\lambda_1\omega_1+\lambda_2\omega_2=\lambda_1\int_\sigma\omega_1+\lambda_2\int_\sigma\omega_2.$$

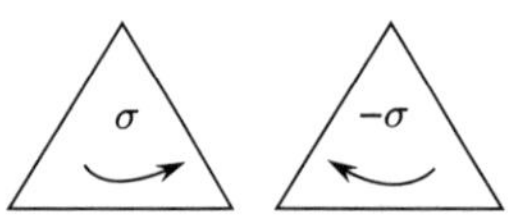

图 151 问题 8

仅定向与 σ 不同的 k 维胞腔称为负 σ, 记作 $-\sigma$ 或 $-1\cdot\sigma$ (图 151).

问题 8 证明当定向改变时积分变号:

$$\int_{-\sigma}\omega=-\int_\sigma\omega.$$

①即一个 1–1 的具有可微逆的可微映射.

②胞腔 σ 时常叫做奇异 k 维多面体.

E. 链

集 $f(D)$ 不一定是 M 的光滑子流形. 它可能 "自交", 也可能 "折迭", 甚至可能化为一点. 然而即令在一维情况下, 限制积分路径只由一段构成, 显然是不方便的. 考虑由几段组成的积分路径, 每一段可以按不同定向、乃至不止一次地走过, 考虑这种对象是很有用的. 高维情况类此的概念称为链.

定义 流形 M 上的 n 维链包含了 M 上有限多个 n 维有向胞腔 $\sigma_1, \cdots, \sigma_r$ 和整数 $m_1, \cdots, m_r$ (称为重数, 它们可正或负或 0). 链记作

$$c_k = m_1\sigma_1 + \cdots + m_r\sigma_r.$$

这时我们很自然地规定等同关系

$$m_1\sigma + m_2\sigma = (m_1 + m_2)\sigma,$$
$$m_1\sigma_1 + m_2\sigma_2 = m_2\sigma_2 + m_1\sigma_1, \quad 0\sigma = 0, \quad c_k + 0 = c_k.$$

问题 9 证明 M 上所有 k 维链的集是一个可换群, 如果我们定义链的加法为

$$(m_1\sigma_1 + \cdots + m_r\sigma_r) + (m_1'\sigma_1' + \cdots + m_{r_1}'\sigma_{r_1}')$$
$$= m_1\sigma_1 + \cdots + m_r\sigma_r + m_1'\sigma_1' + \cdots + m_{r_1}'\sigma_{r_1}'.$$

F. 例: 多面体的边缘

令 D 是 k 维欧氏空间 $\mathbb{R}^k$ 中的一个凸有向 k 维多面体. D 的边缘是 $\mathbb{R}^k$ 的一个 $(k-1)$–链 ∂D, 定义如下 (图 152).

链 ∂D 的胞腔 σ_i 即多面体 D 的 $(k-1)$ 维面 D_i 以及将面嵌入 $\mathbb{R}^k$ 的映射 $f_i : D_i \to \mathbb{R}^k$, 以及如下定义的定向 Or_i, 重数都等于 1:

$$\partial D = \sum \sigma_i, \sigma_i = (D_i, f_i, Or_i).$$

边缘的定向规则. 令 $\boldsymbol{e}_1, \cdots, \boldsymbol{e}_k$ 是 $\mathbb{R}^k$ 的有向标架. 令 D_i 是 D 的一个面. 取 D_i 的一个内点由此作 D 的外法线矢量 $\boldsymbol{n}$. 取 D_i 上的一个标架 $\boldsymbol{f}_1, \cdots, \boldsymbol{f}_{k-1}$. 使 $(\boldsymbol{n}, \boldsymbol{f}_1, \cdots, \boldsymbol{f}_{k-1})$ 有正确定向 (即与 $\boldsymbol{e}_1, \cdots, \boldsymbol{e}_k$ 相同的定向), 即以之为 D_i 的定向标架.

可以同样定义链的边缘. 令 $\sigma = (D, f, Or)$ 是流形 M 的一个 k 维胞腔. 其边缘是由胞腔 $\sigma_i = (D_i, f_i, Or_i)$ 组成的 $(k-1)$–链: $\partial\sigma = \sum \sigma_i, D_i$ 是 D 的 $(k-1)$ 维面, Or_i 是按以上规则取的定向而 f_i 是映射 $f : D \to M$ 在 D_i 上的限制.

M 之 k 维链 c_k 的边缘 ∂c_k 就是 c_k 边缘按其重数求和 (图 153):

$$\partial c_k = \partial(m_1\sigma_1 + \cdots + m_r\sigma_r) = m_1\partial\sigma_1 + \cdots + m_r\partial\sigma_r.$$

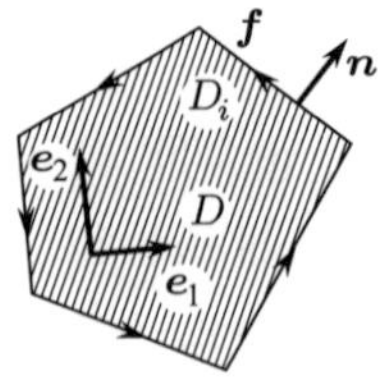

图 152 有向边缘

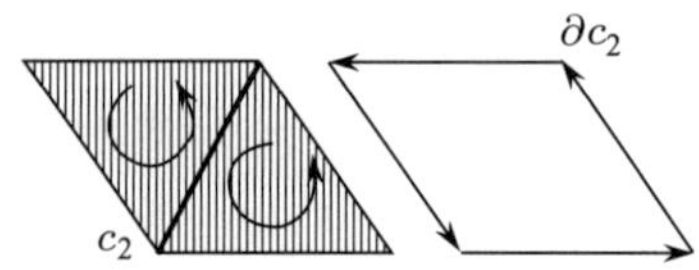

图 153 链的边缘

∂c_k 显然是 M 的一个 $(k-1)$–链. ①

问题 10 证明任意链的边缘的边缘为零: $\partial\partial c_k = 0$.

提示 由于 ∂ 为线性, 只对一个凸多面体 D 证明 $\partial\partial D = 0$ 就行了. 这只要证明 D 的每一个 $(k-2)$ 维面都在 $\partial\partial D$ 中出现两次而且重数反号. 只需对 $k=2$ (平面截口) 来证明即可.

G. 微分形式在链上的积分

令 ω^k 为 M 上的 k–形式, $c_k = \sum m_i\sigma_i$ 是 M 上的 k–链. 形式 ω^k 在链 c_k 上的积分定义为胞腔上的积分按重数求和:

$$\int_{c_k} \omega^k = \sum m_i \int_{\sigma_i} \omega^k.$$

问题 11 证明积分对微分形式是线性的:

$$\int_{c_k} \omega_1^k + \omega_2^k = \int_{c_k} \omega_1^k + \int_{c_k} \omega_2^k.$$

问题 12 证明一个固定的形式 ω^k 在链 c_k 上的积分定义了链群到实数集的一个同态.

例 1 令 M 为平面 $\{(p,q)\}, \omega^1$ 为 pdq, c_1 是由一个一重胞腔 σ

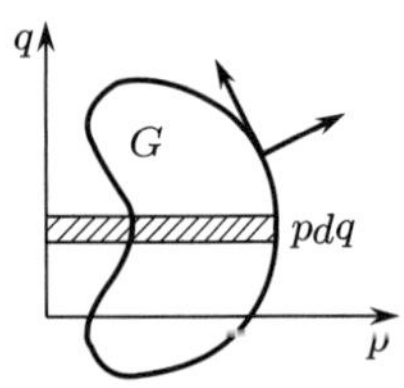

图 154 pdq 沿区域边缘之积分等于此区域的面积

$$[o \leqslant t \leqslant 2\pi] \xrightarrow{f} (p = \cos t, q = \sin t)$$

所成的链. 这时 $\int_{c_1} pdq = \pi$. 一般说来若链 $\boldsymbol{c}_1$ 表示一个区域 G 的边缘 (图 154), 则 $\int_{c_1} pdq$ 等于 $\pm$(G 之面积), 符号视矢量对 (外法线, 有向边缘矢量) 与 (p 轴, q 轴) 有相同或相反定向而定.

例 2 令 M 为有向三维欧氏空间 $\mathbb{R}^3$. M 上每个 1–形式 ω^1 都相应于一个矢量场 $\boldsymbol{A}$ $(\omega^1 = \omega^1_{\boldsymbol{A}})$, 这里

$$\omega^1_{\boldsymbol{A}}(\boldsymbol{\xi}) = (\boldsymbol{A}, \boldsymbol{\xi}).$$

① 这里总设 $k > 1$. 如果作下述规定, 则 1 维链也包括在这个一般格式中了: 0 维链就是附有重数的有很多个点的集: 有向区间 $\overrightarrow{AB}$ 的边缘是 $B - A$ (B 的重数是 1, A 的重数是 -1); 一点的边缘是空集.

$\omega_{\boldsymbol{A}}^1$ 在表示曲线 l 的链 c_1 上的积分称为$\boldsymbol{A}$ 在曲线 l 上的环流:

$$\int_{c_1} \omega_{\boldsymbol{A}}^1 = \int_l (\boldsymbol{A}, dl).$$

M 上的每个 2–形式 ω^2 也相应于某个矢量场 $\boldsymbol{A}$ ($\omega^2 = \omega_{\boldsymbol{A}}^2, \omega_{\boldsymbol{A}}^2(\boldsymbol{\xi}, \boldsymbol{\eta}) = (\boldsymbol{A}, \boldsymbol{\xi}, \boldsymbol{\eta})$).

形式 $\omega_{\boldsymbol{A}}^2$ 在表示一个有向曲面 S 的链 c_2 上的积分称为矢量场 $\boldsymbol{A}$ 穿过曲面 S 的通量:

$$\int_{c_2} \omega_{\boldsymbol{A}}^2 = \int_S (\boldsymbol{A}, d\boldsymbol{n}).$$

问题 13 求矢量场 $\boldsymbol{A} = (1/R^2)\boldsymbol{e}_R$ 在球面 $x^2 + y^2 + z^2 = 1$ 上的通量, 球面定向由 $z = 1$ 处的矢量 $\boldsymbol{e}_x, \boldsymbol{e}_y$ 决定. 求此场穿过椭球面 $(x^2/a^2) + (y^2/b^2) + z^2 = 1$ 的通量, 定向同上.

提示 参看节 36 H.

问题 14 设在 $2n$ 维空间 $\mathbb{R}^{2n} = \{(p_1, \cdots, p_n; q_1, \cdots, q_n)\}$ 中有一个二维链 c_2 表示边缘为 l 的二维有向曲面 S. 试求

$$\int_{c_2} dp_1 \wedge dq_1 + \cdots + dp_n \wedge dq_n \quad 和 \quad \int_l p_1 dq_1 + \cdots + p_n dq_n.$$

答 它们是 S 在二维坐标平面 p_i, q_i 上之投影的有向面积之和.

§36. 外微分

我们在这里定义 k–形式的外微分并证明斯托克斯定理: 一个微分形式的外微分在一个链上的积分等于这个微分形式本身在链的边缘上的积分.

A. 例: 矢量场的散度

流形 M 上的一个 k–形式 ω 的外导数是同一流形上的一个 $(k+1)$–形式 $d\omega$. 由一个形式变到其外导数相当于作一个函数的微分或求一矢量场的散度. 我们回顾一下散度的定义.

令 $\boldsymbol{A}$ 为有向三维欧氏空间 $\mathbb{R}^3$ 上的一个矢量场, S 是以 x 为顶点, 三个 $\mathbb{R}^3$ 矢量 $\boldsymbol{\xi}_1, \boldsymbol{\xi}_2, \boldsymbol{\xi}_3$ 为棱所成的平行六面体 Π 之边缘 (图 155). 考虑场 $\boldsymbol{A}$ 穿过表面 S 的 (“向外的”) 通量:

$$F(\Pi) = \int_S (\boldsymbol{A}, d\boldsymbol{n}).$$

若平行六面体 Π 很小, 通量 F 就近似于平行六面体 $V = (\boldsymbol{\xi}_1, \boldsymbol{\xi}_2, \boldsymbol{\xi}_3)$ 之体积与 x 点 “源密度” 之积. 后者即

$$\lim_{\varepsilon\to 0}\frac{F(\varepsilon\Pi)}{\varepsilon^3 V},$$

$\varepsilon\Pi$ 是以 $\varepsilon\boldsymbol{\xi}_1,\varepsilon\boldsymbol{\xi}_2,\varepsilon\boldsymbol{\xi}_3$ 为棱的平行六面体. 这个极限并不依赖于平行六面体 Π 的选取而只与点 x 有关, 并称为矢量场 $\boldsymbol{A}$ 在 x 的散度 $\operatorname{div}\boldsymbol{A}$.

要想进到高维情况, 我们注意到 "$\boldsymbol{A}$ 穿过曲面单元的流" 是一个 2–形式, 我们称为 $\omega_{\boldsymbol{A}}^2$. 于是散度就是 3–形式 $\omega^3=\operatorname{div}\boldsymbol{A}\,dx\wedge dy\wedge dz$ 表达式之密度, 而因为

$$\omega^3(\boldsymbol{\xi}_1,\boldsymbol{\xi}_2,\boldsymbol{\xi}_3)=\operatorname{div}\boldsymbol{A}\cdot V(\boldsymbol{\xi}_1,\boldsymbol{\xi}_2,\boldsymbol{\xi}_3),$$

故散度表示 "单元平行六面体中的源".

n 维流形 M 上的 k–形式 ω^k 的外导数 $d\omega^k$ 可以定义为 ω^k 在 $(k+1)$ 维平行体之边缘上的积分的主要重线性部分.

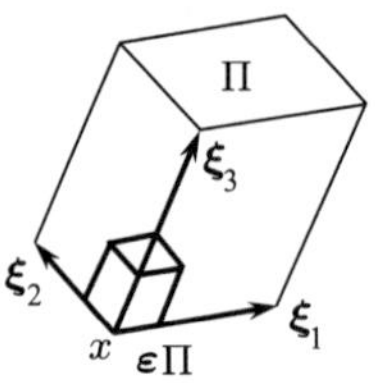

图 155　矢量场散度的定义

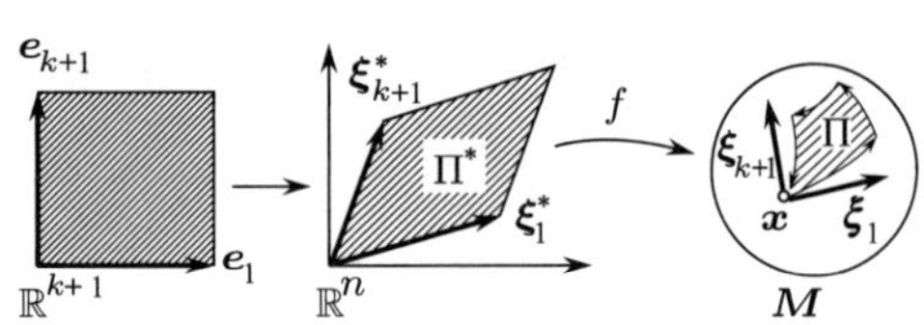

图 156　曲边平行体 Π

B. 外导数的定义

我们来规定形式 $d\omega$ 在 M 之 $\boldsymbol{x}$ 点的 $k+1$ 个切矢量 $\boldsymbol{\xi}_1,\cdots,\boldsymbol{\xi}_{k+1}$ 上的值. 为此, 在 M 中 $\boldsymbol{x}$ 点的某邻域中取某坐标系, 即由欧氏空间 $\mathbb{R}^n$ 中点 O 的一邻域到 M 中 $\boldsymbol{x}$ 的某邻域的可微映射 f (图 156).

矢量 $\boldsymbol{\xi}_1,\cdots,\boldsymbol{\xi}_{k+1}\in TM_{\boldsymbol{x}}$ 在 f 的微分下的原像位于 $\mathbb{R}^n$ 在 O 点的切空间中, 所以可以把这些原像看作矢量

$$\boldsymbol{\xi}_1^*,\cdots,\boldsymbol{\xi}_{R+1}^*\in\mathbb{R}^n.$$

取这些矢量在 $\mathbb{R}^n$ 中所张的平行体 Π^* (严格说来, 我们必须把 $\mathbb{R}^{k+1}$ 中的标准有向立方体及其到 Π^* 上之线性映射看作 $\mathbb{R}^n$ 中的一个 $(k+1)$ 胞腔. 此映射把边 $\boldsymbol{e}_1,\cdots,\boldsymbol{e}_{k+1}$ 映为 $\boldsymbol{\xi}_1^*,\cdots,\boldsymbol{\xi}_{k+1}^*$). 映射 f 把 Π 映为 M 上一个 $(k+1)$ 维胞腔 (即一个 "曲边平行体"). 胞腔 Π 的边缘是一个 k–链 $\partial\Pi$. 考虑形式 ω^k 在 Π 的边缘 $\partial\Pi$ 上的积分:

$$F(\boldsymbol{\xi}_1,\cdots,\boldsymbol{\xi}_{k+1})=\int_{\partial\Pi}\omega^k.$$

例　我们将把光滑函数 $\varphi: M\to\mathbb{R}$ 称为 M 上的 0–形式. 0–形式 φ 在 0–链 $\boldsymbol{c}_0=\sum m_iA_i$ (m_i 是整数, A_i 是 M 上之点) 上的积分就定义为

$$\int_{c_0}\varphi=\sum m_i\varphi(A_i).$$

这时以上的定义将给出函数 φ 的“增量” $F(\boldsymbol{\xi}_1)=\varphi(x_1)-\varphi(x)$ (图 157), 而 $F(\boldsymbol{\xi}_1)$ 在 0 的主要线性部分只不过是 φ 的微分.

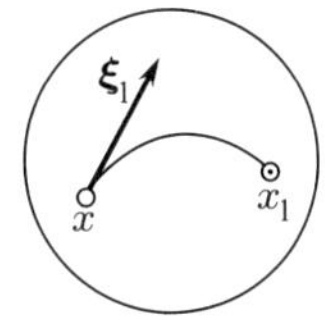

图 157 一维平行体边缘上的积分是函数的改变量

问题 1 证明函数 $F(\boldsymbol{\xi}_1,\cdots,\boldsymbol{\xi}_{k+1})$ 对 $\boldsymbol{\xi}$ 是斜对称的.

可以看到, “增量”$F(\boldsymbol{\xi}_1,\cdots,\boldsymbol{\xi}_{k+1})$ 的主要 $(k+1)$–线性部分是 M 在 $\boldsymbol{x}$ 处的切空间 $TM_{\boldsymbol{x}}$ 上的一个 $(k+1)$–形式在 $\boldsymbol{\xi}_1,\cdots,\boldsymbol{\xi}_{k+1}$ 上的值. 这个形式不依赖于用以定义曲边平行体的坐标系. 它称为形式 ω^k (在 $\boldsymbol{x}$ 点的) 外导数或外微分并记作 $d\omega^k$.

C. 关于外微分的一个定理

定理 在 $TM_{\boldsymbol{x}}$ 上存在唯一的 $(k+1)$–形式 Ω, 它是曲边平行体边缘上的积分 $F(\varepsilon\boldsymbol{\xi}_1,\cdots,\varepsilon\boldsymbol{\xi}_{k+1})$ 在 0 处的 $(k+1)$–线性主部, 即

$$F(\varepsilon\boldsymbol{\xi}_1,\cdots,\varepsilon\boldsymbol{\xi}_{k+1})=\varepsilon^{k+1}\Omega(\boldsymbol{\xi}_1,\cdots,\boldsymbol{\xi}_{k+1})+o(\varepsilon^{k+1})\quad(\varepsilon\to 0). \tag{1}$$

形式 Ω 与定义 F 时用的坐标系无关. 若形式 ω^k 在 M 的局部坐标系 $x_1,\cdots,x_n$ 中可以写为

$$\omega^k=\sum a_{i_1\cdots i_k}dx_{i_1}\wedge\cdots\wedge dx_{i_k},$$

则 Ω 可写为

$$\Omega=d\omega^k=\sum da_{i_1\cdots i_k}\wedge dx_{i_1}\wedge\cdots\wedge dx_{i_k}. \tag{2}$$

我们将对 x_1,x_2 平面上的形式 $\omega^1=a(x_1,x_2)dx_1$ 来证明此定理. 一般情况下的证明完全类似, 但计算更为冗长.

我们来计算 $F(\boldsymbol{\xi},\boldsymbol{\eta})$, 即 ω^1 在以 $\boldsymbol{\xi},\boldsymbol{\eta}$ 为棱以 O 为顶点的平行四边形 (图 158) 边缘上的积分. 链 $\partial\Pi$ 由区间 $0\leqslant t\leqslant 1$ 到平面上的四个映射, $t\to\boldsymbol{\xi}t, t\to\boldsymbol{\xi}+\boldsymbol{\eta}t, t\to\boldsymbol{\eta}t, t\to\boldsymbol{\eta}+\boldsymbol{\xi}t$ 组成, 其重数各为 $1,1,-1,-1$. 因此

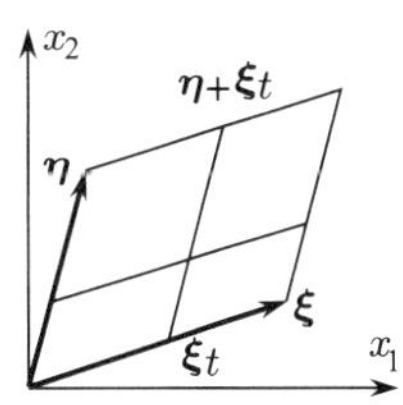

图 158 关于外导数的定理

$$\int_{\partial\Pi}\omega^1=\int_0^1\{[a(\boldsymbol{\xi}t)-a(\boldsymbol{\xi}t+\boldsymbol{\eta})]\xi_1-[a(\boldsymbol{\eta}t)-a(\boldsymbol{\eta}t+\boldsymbol{\xi})]\eta_1\}dt.$$

这里 $\xi_1=dx_1(\boldsymbol{\xi}),\eta_1=dx_1(\boldsymbol{\eta}),\xi_2=dx_2(\boldsymbol{\xi}),\eta_2=dx_2(\boldsymbol{\eta})$ 是矢量 $\boldsymbol{\xi}$ 和 $\boldsymbol{\eta}$ 的分量. 但是

$$a(\boldsymbol{\xi}t+\boldsymbol{\eta})-a(\boldsymbol{\xi}t)=\frac{\partial a}{\partial x_1}\eta_1+\frac{\partial a}{\partial x_2}\eta_2+O(\boldsymbol{\xi}^2,\boldsymbol{\eta}^2)$$

(导数是在 $x_1 = x_2 = 0$ 处取的). 同样

$$a(\boldsymbol{\eta}t+\boldsymbol{\xi})-a(\boldsymbol{\eta}t)=\frac{\partial a}{\partial x_1}\xi_1+\frac{\partial a}{\partial x_2}\xi_2+O(\boldsymbol{\xi}^2,\boldsymbol{\eta}^2).$$

在积分中应用这些式子即得

$$F(\boldsymbol{\xi},\boldsymbol{\eta})=\int_{\partial\Pi}\omega^1=\frac{\partial a}{\partial x_2}(\xi_2\eta_1-\xi_1\eta_2)+o(\boldsymbol{\xi}^2,\boldsymbol{\eta}^2).$$

(1) 中提出的 F 的主要双线性部分恰好是 2–形式

$$\Omega=\frac{\partial a}{\partial x_2}dx_2\wedge dx_1$$

在一对矢量 $\boldsymbol{\xi},\boldsymbol{\eta}$ 上之值. 因此所得的外形式即 (2):

$$\begin{aligned}da\wedge dx_1&=\frac{\partial a}{\partial x_1}dx_1\wedge dx_1+\frac{\partial a}{\partial x_2}dx_2\wedge dx_1\\&=\frac{\partial a}{\partial x_2}dx_2\wedge dx_1.\end{aligned}$$

最后, 若由坐标系 x_1, x_2 变到其他的坐标系 (图 159), 平行四边形 Π 将变为一个很接近的曲边平行四边形 Π', 于是积分值之差 $\int_{\partial\Pi}\omega^1-\int_{\partial\Pi'}\omega^1$ 将是高于 2 阶的小量 (请加证明!). □

问题 2 作出一般情况下该定理的证明.

问题 3 证明和与积的微分公式

$$d(\omega_1+\omega_2)=d\omega_1+d\omega_2$$

和

$$d(\omega^k\wedge\omega^l)=d\omega^k\wedge\omega^l+(-1)^k\omega^k\wedge d\omega^l.$$

问题 4 证明微分的微分为零: $dd=0$.

问题 5 令 $f: M\to N$ 是一光滑映射, ω 是 N 上的一个 k–形式. 证明 $f^*(d\omega)=d(f^*\omega)$.

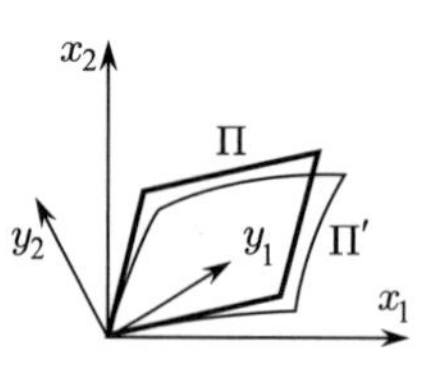

图 159 外微分对坐标系的独立性

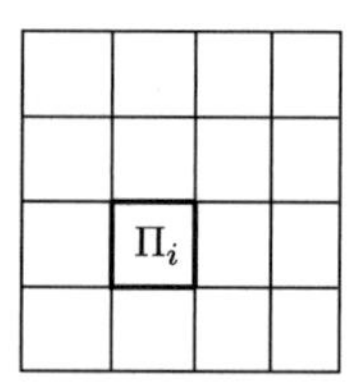

图 160 对于平行体的斯托克斯定理的证明

D. 斯托克斯公式

关于外微分的定理的最重要的一个推论是牛顿–莱布尼茨–高斯–格林–奥斯特–斯托克斯–庞加莱公式:

$$\int_{\partial c} \omega = \int_c d\omega, \tag{3}$$

这里 c 是流形 M 上任一个 $(k+1)$–链, ω 是 M 上任意的 k–形式.

为证明此公式只需考虑链由一个胞腔组成的情况即可. 先设这个胞腔 σ 是有向平行体 $\Pi \subset \mathbb{R}^{k+1}$ (图 160).

我们把 Π 分割为 N^{k+1} 个与 Π 相似的全等的小平行体 Π_i. 于是, 显然有

$$\int_{\partial\Pi} \omega = \sum_{i=1}^{N^{k+1}} F_i, F_i = \int_{\partial\Pi_i} \omega.$$

由公式 (1), 我们有

$$F_i = d\omega(\boldsymbol{\xi}_1^i, \cdots, \boldsymbol{\xi}_{k+1}^i) + o(N^{-(k+1)}),$$

这里 $\boldsymbol{\xi}_1^i, \cdots, \boldsymbol{\xi}_{k+1}^i$ 是 Π_i 的棱. 但 $\sum_{i=1}^{N^{k+1}} d\omega(\boldsymbol{\xi}_1^i, \cdots, \boldsymbol{\xi}_{k+1}^i)$ 是 $\int_\Pi d\omega$ 的黎曼和. 很容易验证 $o(N^{-(k+1)})$ 对于各个 Π_i 是一致的, 所以

$$\lim_{N\to\infty} \sum_{i=1}^{N^{k+1}} F_i = \lim_{N\to\infty} \sum_{i=1}^{N^{k+1}} d\omega(\boldsymbol{\xi}_1^i, \cdots, \boldsymbol{\xi}_{k+1}^i) = \int_\Pi d\omega.$$

最后, 我们得到

$$\int_{\partial\Pi} \omega = \sum F_i = \lim_{N\to\infty} \sum F_i = \int_\Pi d\omega.$$

对于其多面体为平行体的链, 由此自然有 (3) 式成立.

为对任意凸多面体 D 证明 (3), 只需对一个单形[①] 证明它即可, 因为 D 总可分割为单形 (图 161):

$$D = \sum D_i, \quad \partial D = \sum \partial D_i.$$

我们将对一个单形证明公式 (3). 注意, 一个 k 维有向立方体总可以这样映为一个 k 维单形使

1. 立方体的内域微分同胚于单形的内域且保持定向;

2. 立方体某些 $(k-1)$ 维面的内域微分同胚于单形的面的内域, 且也保持定向; 立方体的其他 $(k-1)$ 维面映到单形的 $(k-2)$ 维面上.

例如在 $k=2$ 时, 映正方形 $0 \leqslant x_1, x_2 \leqslant 1$ 为一个三角形的这样的一个映射将是 $y_1 = x_1, y_2 = x_1 x_2$ (图 162). 于是对单形的公式 (3) 将由对立方体的公式 (3) 和变量变换公式得出 (参见节 35C).

①一个二维单形即一个三角形, 三维单形是四面体, 而 k 维单形则是 $\mathbb{R}^n$ 中不位于任一个 $(k-1)$ 维平面上的 $k+1$ 个点的凸包.

例: $\{x \in \mathbb{R}^k, x_i \geqslant 0 \text{ 且 } \sum_{i=1}^k x_i \leqslant 1\}$.

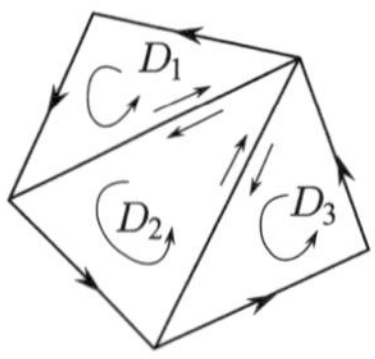

图 161 凸多面体分为单形

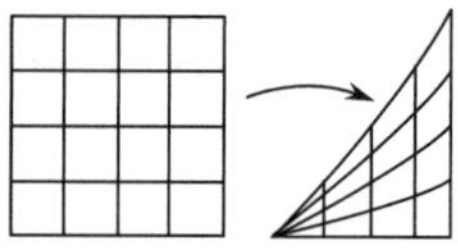

图 162 对单形证明斯托克斯公式

例 1 考虑坐标为 $p_1, \cdots, p_n, q_1, \cdots, q_n$ 的 $\mathbb{R}^{2n}$ 上的 1–形式

$$\omega^1 = p_1 dq_1 + \cdots + p_n dq_n = \boldsymbol{p} d\boldsymbol{q}.$$

这时 $d\omega^1 = dp_1 \wedge dq_1 + \cdots + dp_n \wedge dq_n = d\boldsymbol{p} \wedge d\boldsymbol{q}$, 所以

$$\iint_{c_2} d\boldsymbol{p} \wedge d\boldsymbol{q} = \int_{\partial c_2} \boldsymbol{p} d\boldsymbol{q}.$$

特别是当 c_2 为闭曲面 $(\partial c_2 = 0)$ 时, $\iint_{c_2} d\boldsymbol{p} \wedge d\boldsymbol{q} = 0$.

E. 例 2: 矢量分析

在一个三维有向黎曼空间 M 中, 每个矢量场 $\boldsymbol{A}$ 都对应于一个 1–形式 $\omega^1_{\boldsymbol{A}}$ 和一个 2–形式 $\omega^2_{\boldsymbol{A}}$. 因此, 外微分可以看成是对矢量的运算.

0–形式 (即函数), 1–形式和 2–形式的外微分对应于梯度、旋度和散度如下 [1]:

$$df = \omega^1_{\operatorname{grad} f}, \quad d\omega^1_{\boldsymbol{A}} = \omega^2_{\operatorname{curl} \boldsymbol{A}}, \quad d\omega^2_{\boldsymbol{A}} = (\operatorname{div} \boldsymbol{A})\omega^3$$

(ω^3 就是 M 的体积元素). 因此由 (3) 式有

$$f(y) - f(x) = \int_l \operatorname{grad} f \cdot d\boldsymbol{l}, \quad 若\ \partial l = y - x,$$
$$\int_l \boldsymbol{A} d\boldsymbol{l} = \iint_S \operatorname{curl} \boldsymbol{A} \cdot d\boldsymbol{n}, \quad 若\ \partial S = l,$$
$$\iint_S \boldsymbol{A} d\boldsymbol{n} = \iiint_D (\operatorname{div} \boldsymbol{A})\omega^3, \quad 若\ \partial D = S.$$

问题 6 证明

$$\operatorname{div}[\boldsymbol{A}, \boldsymbol{B}] = (\operatorname{curl} \boldsymbol{A}, \boldsymbol{B}) - (\operatorname{curl} \boldsymbol{B}, \boldsymbol{A}),$$
$$\operatorname{curl}(a\boldsymbol{A}) = [\operatorname{grad} a, \boldsymbol{A}] + a \ \operatorname{curl} \boldsymbol{A},$$
$$\operatorname{div}(a\boldsymbol{A}) = (\operatorname{grad} a, \boldsymbol{A}) + a \ \operatorname{div} \boldsymbol{A}.$$

提示 对微分形式的积用求导公式

$$d(\omega^2_{[\boldsymbol{A},\boldsymbol{B}]}) = d(\omega^1_{\boldsymbol{A}} \wedge \omega^1_{\boldsymbol{B}}) = d\omega^1_{\boldsymbol{A}} \wedge \omega^1_{\boldsymbol{B}} - \omega^1_{\boldsymbol{A}} \wedge d\omega^1_{\boldsymbol{B}}.$$

问题 7 证明 $\operatorname{curl} \cdot \operatorname{grad} = \operatorname{div} \operatorname{curl} = 0$.

提示 $dd = 0$.

[1] 在英美文献中, 常用 curl 而不用 rot, 例如本书英译本. —— 中译者注

F. 附录 1: 三正交坐标系中的矢量运算

令 x_1, x_2, x_3 为 M 上一个三正交坐标系, $ds^2 = E_1 dx_1^2 + E_2 dx_2^2 + E_3 dx_3^2$, 而 $\boldsymbol{e}_i$ 是单位坐标矢量 (参见节 34F).

问题 8 已知矢量场 $\boldsymbol{A} = A_1\boldsymbol{e}_1 + A_2\boldsymbol{e}_2 + A_3\boldsymbol{e}_3$ 之分量, 求其旋度的分量.

解 由节 34F

$$\omega_{\boldsymbol{A}}^1 = A_1\sqrt{E_1}dx_1 + A_2\sqrt{E_2}dx_2 + A_3\sqrt{E_3}dx_3.$$

所以

$$d\omega_{\boldsymbol{A}}^1 = \left(\frac{\partial A_3\sqrt{E_3}}{\partial x_2} - \frac{\partial A_2\sqrt{E_2}}{\partial x_3}\right) dx_2 \wedge dx_3 + \cdots = \omega_{\mathrm{curl}\,\boldsymbol{A}}^2.$$

由节 34F, 我们有

$$\begin{aligned}\mathrm{curl}\,\boldsymbol{A} &= \frac{1}{\sqrt{E_2E_3}}\left(\frac{\partial A_3\sqrt{E_3}}{\partial x_2} - \frac{\partial A_2\sqrt{E_2}}{\partial x_3}\right)\boldsymbol{e}_1 + \cdots \\ &= \frac{1}{\sqrt{E_1E_2E_3}}\begin{vmatrix}\sqrt{E_1}\boldsymbol{e}_1 & \sqrt{E_2}\boldsymbol{e}_2 & \sqrt{E_3}\boldsymbol{e}_3 \\ \dfrac{\partial}{\partial x_1} & \dfrac{\partial}{\partial x_2} & \dfrac{\partial}{\partial x_3} \\ A_1\sqrt{E_1} & A_2\sqrt{E_2} & A_3\sqrt{E_3}\end{vmatrix}.\end{aligned}$$

特别是, 在 $\mathbb{R}^3$ 的笛卡儿坐标系、柱坐标系和球坐标系中分别有

$$\begin{aligned}\mathrm{curl}\,\boldsymbol{A} &= \left(\frac{\partial A_3}{\partial y} - \frac{\partial A_2}{\partial z}\right)\boldsymbol{e}_x + \left(\frac{\partial A_1}{\partial z} - \frac{\partial A_3}{\partial x}\right)\boldsymbol{e}_y + \left(\frac{\partial A_2}{\partial x} - \frac{\partial A_1}{\partial y}\right)\boldsymbol{e}_z \\ &= \frac{1}{r}\left(\frac{\partial A_z}{\partial \varphi} - \frac{\partial rA_\varphi}{\partial z}\right)\boldsymbol{e}_r + \left(\frac{\partial A_r}{\partial z} - \frac{\partial A_z}{\partial r}\right)\boldsymbol{e}_\varphi + \frac{1}{r}\left(\frac{\partial rA_\varphi}{\partial r} - \frac{\partial A_r}{\partial \varphi}\right)\boldsymbol{e}_z \\ &= \frac{1}{R\cos\theta}\left(\frac{\partial A_\theta}{\partial \varphi} - \frac{\partial A_\varphi\cos\theta}{\partial \theta}\right)\boldsymbol{e}_R + \frac{1}{R}\left(\frac{\partial A_R}{\partial \theta} - \frac{\partial RA_\theta}{\partial R}\right)\boldsymbol{e}_\varphi \\ &\quad + \frac{1}{R}\left(\frac{\partial RA_\varphi}{\partial R} - \frac{1}{\cos\theta}\frac{\partial A_R}{\partial \varphi}\right)\boldsymbol{e}_\theta.\end{aligned}$$

问题 9 求矢量场 $\boldsymbol{A} = A_1\boldsymbol{e}_1 + A_2\boldsymbol{e}_2 + A_3\boldsymbol{e}_3$ 的散度.

解 $\omega_{\boldsymbol{A}}^2 = A_1\sqrt{E_2E_3}dx_2 \wedge dx_3 + A_2\sqrt{E_3E_1}dx_3 \wedge dx_1 + \cdots$, 所以

$$d\omega_{\boldsymbol{A}}^2 = \frac{\partial}{\partial x_1}(A_1\sqrt{E_2E_3})dx_1 \wedge dx_2 \wedge dx_3 + \cdots.$$

但由散度的定义

$$d\omega_{\boldsymbol{A}}^2 = \mathrm{div}\,\boldsymbol{A}\sqrt{E_1E_2E_3}dx_1 \wedge dx_2 \wedge dx_3.$$

这意味着

$$\mathrm{div}\,\boldsymbol{A} = \frac{1}{\sqrt{E_1E_2E_3}}\left(\frac{\partial}{\partial x_1}A_1\sqrt{E_2E_3} + \frac{\partial}{\partial x_2}A_2\sqrt{E_3E_1} + \frac{\partial}{\partial x_3}A_3\sqrt{E_1E_2}\right).$$

特别是在 $\mathbb{R}^3$ 的笛卡儿坐标系、柱坐标系和球坐标系中有

$$\begin{aligned}\mathrm{div}\,\boldsymbol{A} &= \frac{\partial A_x}{\partial x} + \frac{\partial A_y}{\partial y} + \frac{\partial A_z}{\partial z} \\ &= \frac{1}{r}\left(\frac{\partial rA_r}{\partial r} + \frac{\partial A_\varphi}{\partial \varphi}\right) + \frac{\partial A_z}{\partial z} \\ &= \frac{1}{R^2\cos\theta}\left(\frac{\partial R^2\cos\theta A_R}{\partial R} + \frac{\partial RA_\varphi}{\partial \varphi} + \frac{\partial R\cos\theta A_\theta}{\partial \theta}\right).\end{aligned}$$

问题 10 M 上的拉普拉斯算子即是算子 $\Delta = \operatorname{div}\operatorname{grad}$. 求它在坐标 x_i 中的表达式.

答 $$\Delta f = \frac{1}{\sqrt{E_1E_2E_3}}\left[\frac{\partial}{\partial x_1}\left(\frac{\sqrt{E_2E_3}}{E_1}\frac{\partial f}{\partial x_1}\right)+\cdots\right].$$

特别是, 在 $\mathbb{R}^3$ 上有

$$\begin{aligned}\Delta f &= \frac{\partial^2 f}{\partial x^2}+\frac{\partial^2 f}{\partial y^2}+\frac{\partial^2 f}{\partial z^2}\\ &= \frac{\partial^2 f}{\partial r^2}+\frac{1}{r}\frac{\partial f}{\partial r}+\frac{1}{r^2}\frac{\partial^2 f}{\partial \varphi^2}+\frac{\partial^2 f}{\partial z^2}\\ &= \frac{1}{R^2\cos\theta}\left[\frac{\partial}{\partial R}\left(R^2\cos\theta\frac{\partial f}{\partial R}\right)+\frac{\partial}{\partial \varphi}\left(\frac{1}{\cos\theta}\frac{\partial f}{\partial \varphi}\right)+\frac{\partial}{\partial \theta}\left(\cos\theta\frac{\partial f}{\partial \theta}\right)\right].\end{aligned}$$

G. 附录 2: 闭形式与循环

一个不可压缩 (而且无源的) 流体过区域 D 之边缘的通量为零. 我们要提出这个明显的论断的高维类比. 若矢量场 $\boldsymbol{A}$ 适合 $\operatorname{div}\boldsymbol{A}=0$ 则为无源, 而无源流体的高维类比称为闭形式.

定义 流形 M 上的微分形式 ω, 若外微分为 0, 则称为闭形式.

特别是, 相应于无源矢量场 $\boldsymbol{A}$ 的 2–形式 $\omega^2_{\boldsymbol{A}}$ 是闭的. 还有, 由斯托克斯公式 (3) 有:

定理 *闭形式 ω^k 在任一 $(k+1)$ 维链 c_{k+1} 之边缘上的积分为零:*

$$\int_{\partial c_{k+1}} \omega^k = 0,\quad \text{若 } d\omega^k = 0.$$

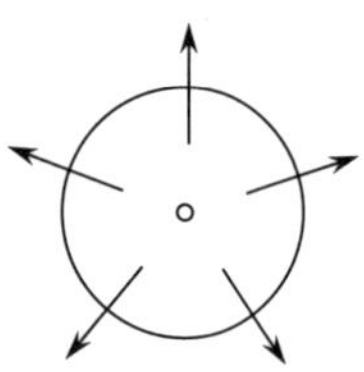

图 163 矢量场 $\boldsymbol{A}$

问题 11 证明一个微分形式的微分恒为闭.

另一方面, 确有不是微分的闭形式. 例如取 M 为除去原点的三维欧氏空间 $\mathbb{R}^3$: $M=\mathbb{R}^3-\{O\}$, 而 2–形式为矢量场 $\boldsymbol{A}=(1/R^2)\boldsymbol{e}_R$ 之通量 (图 163). 容易看到 $\operatorname{div}\boldsymbol{A}=0$, 所以我们的 2–形式 $\omega^2_{\boldsymbol{A}}$ 为闭. 同时, 它在任一以 O 为心的球面上通量为 4π. 我们要证明一个形式的微分在球面上的积分必为零.

定义 流形 M 上的循环就是边缘为零的链.

上述球的有向表面就是一个循环. 由斯托克斯公式 (3) 立刻就有

定理 *一个形式的外微分在任意循环上积分为零:*

$$\int_{c_{k+1}} d\omega^k = 0,\quad \text{若 } \partial c_{k+1} = 0.$$

于是上述 2–形式 $\omega^2_{\boldsymbol{A}}$ 不是任何 1–形式的微分.

在 M 上是否有不为微分的闭形式存在, 这与 M 的拓扑性质有关. 可以证明若 M 是矢量空间则其上每一个闭的 k–形式都是某一个 $(k-1)$–形式的外微分 (庞加莱引理).

问题 12 对 1–形式证明庞加莱引理.

提示 考虑 $\int_{x_0}^{x_1}\omega^1=\varphi(x_1)$.

问题 13 证明在矢量空间中闭形式在任意循环上的积分为零.

提示 作一个以所给循环为边缘的 $(k+1)$–链 (图 164).

具体说来, 对任意链 c 考虑 "c 上以 O 为顶点的锥". 若将构造一个锥这个运算记为 p, 则

$$\partial\circ p+p\circ\partial=1\quad(\text{恒等映射}).$$

因此, 若一链 c 为闭, 则 $\partial(pc)=c$.

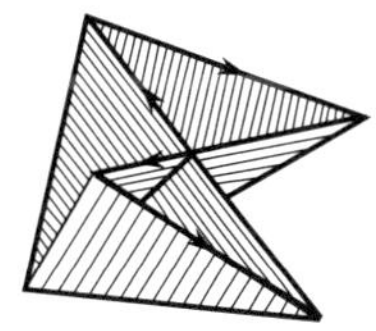

图 164 个循环上的锥

问题 14 证明矢量空间上的任一闭形式均是外微分.

提示 利用锥的作法. 令 ω^k 为 $\mathbb{R}^n$ 上的 k–微分形式. 我们如下定义一个 $(k-1)$–形式 $p\omega^k$ (称为 ω 上之 "上锥"): 对任意链 c_{k-1}

$$\int_{c_{k-1}}p\omega^k=\int_{pc_k}\omega_k.$$

容易证明 $(k-1)$–形式 $p\omega^k$ 存在且唯一: 在 $\boldsymbol{x}$ 点切于 $\mathbb{R}^n$ 的矢量 $\boldsymbol{\xi}_1,\cdots,\boldsymbol{\xi}_{k-1}$ 上, 其值为

$$(p\omega)_{\boldsymbol{x}}(\boldsymbol{\xi}_1,\cdots,\boldsymbol{\xi}_{k-1})=\int_0^1\omega_{t\boldsymbol{x}}(\boldsymbol{x},t\boldsymbol{\xi}_1,\cdots,t\boldsymbol{\xi}_{k-1})dt.$$

容易看到, 对于 $\mathbb{R}^n$ 上的微分形式有

$$d\circ p+p\circ d-1\quad(\text{恒等映射}).$$

所以, 若形式 ω^k 是闭的, $d(p\omega^k)=\omega^k$.

问题 15 令 $\boldsymbol{X}$ 为 M 上的矢量场而 ω 为 k–微分形式. 我们用下式定义一个 $(k-1)$–微分形式 $i_X\omega$ (ω 沿 $\boldsymbol{X}$ 之内导数[1])

$$(i_X\omega)(\boldsymbol{\xi}_1,\cdots,\boldsymbol{\xi}_{k-1})=\omega(\boldsymbol{X},\boldsymbol{\xi}_1,\cdots,\boldsymbol{\xi}_{k-1}).$$

证明同伦公式, 即对任意微分形式有

$$i_Xd+di_X=L_X,$$

L_X 是沿场 $\boldsymbol{X}$ 的方向求导的微分算子.

[L_X 对一形式的作用可以利用 $\boldsymbol{X}$ 之相流 $\{g^t\}$ 由下式定义:

$$(L_X\omega)(\boldsymbol{\xi})=\left.\frac{d}{dt}\right|_{t=0}\omega(g_*^t\boldsymbol{\xi}).$$

L_X 称为李导数或渔产品[2]: 种种微分几何对象顺流游过渔夫, 渔夫稳坐着钓出了种种东西.]

[1]亦称为 $\boldsymbol{X}$ 与 ω 之内积或缩, 记作 $\boldsymbol{X}\lrcorner\,\omega$. —— 中译者注

[2]这自然是一个诙谐的说法, "导数" 在俄语中是 "产生" 的派生词. 而 "Poisson 括弧" 中 Poisson (泊松) 在不作为人的姓氏时是鱼的意思. —— 日译者注

提示　用 H 表示由下式定义的 "同伦算子", 它把每一个 k–链 $\gamma:\sigma\to M$ 变为 $(k+1)$–链 $H\gamma:(I\times\sigma)\to M; (H\gamma)(t,\boldsymbol{x})=g^t(\boldsymbol{x})$ $(I=[0,1])$. 于是

$$g^1\gamma-\gamma=\partial(H\gamma)+H(\partial\gamma).$$

问题 16　证明三维欧氏空间 (或黎曼流形上) 的矢量积求导公式:

$$\mathrm{curl}[\boldsymbol{a},\boldsymbol{b}]=\{\boldsymbol{a},\boldsymbol{b}\}+\boldsymbol{a}\,\mathrm{div}\,\boldsymbol{b}-\boldsymbol{b}\,\mathrm{div}\,\boldsymbol{a}$$

($\{\boldsymbol{a},\boldsymbol{b}\}=L_{\boldsymbol{a}}\boldsymbol{b}$ 是矢量场的泊松括弧, 参见节 39).

提示　若 τ 是体积元素, 则

$$i_{\mathrm{curl}[\boldsymbol{a},\boldsymbol{b}]}\tau=di_{\boldsymbol{a}}i_{\boldsymbol{b}}\tau,\quad \mathrm{div}\,\boldsymbol{a}=di_{\boldsymbol{a}}\tau,\quad \{\boldsymbol{a},\boldsymbol{b}\}=L_{\boldsymbol{a}}\boldsymbol{b},\quad L_{\boldsymbol{b}}i_{\boldsymbol{a}}=i_{\boldsymbol{a}}L_{\boldsymbol{b}}+i\{\boldsymbol{a},\boldsymbol{b}\};$$ [1)]

利用这些关系式以及 $d\tau=0$ 这一事实, 很容易由同伦公式导出 $\mathrm{curl}[\boldsymbol{a},\boldsymbol{b}]$ 这一求导公式.

H. 附录 3: 上同调和同调

M 上 k–形式之集成一矢量空间, 闭形式成一子空间而 $(k-1)$–形式之微分又是此子空间的子空间. 商空间

$$(\text{闭形式})/(\text{微分})=H^k(M,\mathbb{R})$$

称为流形 M 的 k 维上同调群. 它的元素是闭形式的等价类, 相互之间只差一个微分.

问题 17　证明对于圆周 S^1 我们有 $H^1(S^1,\mathbb{R})=\mathbb{R}$.

空间 $H^k(M,\mathbb{R})$ 的维数称为 k 维贝蒂数.

问题 18　求环面 $T^2=S^1\times S^1$ 的一维贝蒂数.

不可压缩流体 (无源) 过同心球面的通量是相同的. 一般说来在 k 维循环上积分一个闭形式时, 可将此循环换成另一循环, 只要二者之差是一个 $(k+1)$–链的边缘 (图 165):

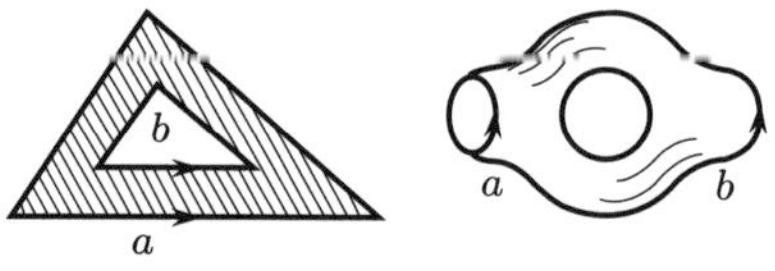

图 165　同调的循环

1) 最后一式是译者所加, 它是一种积的求导公式 (莱布尼茨公式), 而由李导数之定义容易看出. 注意我们的定义是

$$L_X\boldsymbol{\xi}=\left.\frac{d}{dt}\right|_{t=0}g_*^t\boldsymbol{\xi}.$$

许多书上则符号相反. 由 τ 非退化, 故 $i_{\boldsymbol{a}}\tau=0\Rightarrow\boldsymbol{a}=0$. —— 日译者注

$$\int_a \omega^k = \int_b \omega^k,$$

只要 $a - b = \partial c_{k+1}$ 而且 $d\omega^k = 0$.

庞加莱称这样两个循环为同调的.

在适当定义[①]流形 M 上的链之群及其循环之子群与边缘 (即同调于 0 的循环) 子群后, 商群

$$(\text{循环})/(\text{边缘}) = H_k(M)$$

称为 M 的 k 维同调群.

这群的元素是彼此同调的循环所成的等价类.

这个群的秩等于 M 的 k 维贝蒂数 (德拉姆 (De Rham) 定理).

① 我们的群 $\{c^k\}$ 必须弄得小一点, 即将只有参数化方式 f 不同或只有多面体 D 的选择不同的小块视为相同的. 特别是, 我们可以设 D 总是同一个单形或立方体. 此外, 我们必须取每一个退化的 k–胞腔 (D, f, Or) 为零. 即若 $f = f_2 \cdot f_1$. 而 $f_1 : D \to D', D'$ 维数小于 k 时, 取 $(D, f, Or) = 0$.

第八章　辛流形

流形上的辛构造就是一个非退化的闭 2–微分形式. 力学系的相空间有自然的辛构造.

在辛流形上和在黎曼流形上一样, 在矢量场和 1–形式之间有自然的同构. 辛流形上对应于一函数之微分的矢量场称为哈密顿矢量场. 流形上的一个矢量场定义一个相流, 即一个单参数微分同胚群. 辛流形上的哈密顿矢量场的相流保持相空间的辛构造.

流形上的矢量场构成一个李代数. 辛流形上的哈密顿矢量场也构成一个李代数. 这个代数中的乘法运算称为泊松括弧.

§37. 流形上的辛构造

我们在这里定义辛流形, 哈密顿矢量场和余切丛上的标准辛构造.

A. 定义

令 M^{2n} 为一偶数维微分流形. M^{2n} 上的一个辛构造即 M^{2n} 上的一个闭的非退化的 2–微分形式 ω^2 :

$$d\omega^2 = 0, \quad \text{且 } \forall \boldsymbol{\xi} \neq 0, \exists \boldsymbol{\eta} : \omega^2(\boldsymbol{\xi}, \boldsymbol{\eta}) \neq 0 \quad (\boldsymbol{\xi}, \boldsymbol{\eta} \in TM^{2n}_{\boldsymbol{x}}).$$

(M^{2n}, ω^2) 称为一个辛流形.

例　考虑坐标为 p_i, q_i 的矢量空间 $\mathbb{R}^{2n}$, 并令 $\omega^2 = \sum dp_i \wedge dq_i$.

问题　证明 $(\mathbb{R}^{2n}, \omega^2)$ 是辛流形. $n = 1$ 时它就是 (平面, 面积).

下面的例子可以解释辛流形何以出现在动力学中. 和微分流形的切丛一起考虑其对偶 —— 余切丛, 时常是有用的.

B. 余切丛及其辛构造

令 V 为一 n 维微分流形. V 在 $\boldsymbol{x}$ 处的切空间上的 1–形式称为 V 在 $\boldsymbol{x}$ 的**余切矢量**. V 在 $\boldsymbol{x}$ 点的所有余切矢量之集形成一个 n 维矢量空间而对偶于切空间 $TV_{\boldsymbol{x}}$. 我们记此余切矢量的空间为 $T^*V_{\boldsymbol{x}}$, 称为 V 在 $\boldsymbol{x}$ 的**余切空间**.

流形上各点的余切空间的并称为 V 的**余切丛**, 记作 T^*V. 集 T^*V 有一个自然的 $2n$ 维微分流形构造. T^*V 之一点是 V 在其某点 $\boldsymbol{x}$ 的切空间上的一个 1–形式. 若 $\boldsymbol{q}$ 是选定了的 V 上之局部坐标系. 则此形式可用其 n 个分量 $\boldsymbol{p}$ 来表示. $\boldsymbol{p}, \boldsymbol{q}$ 共 $2n$ 个数组成 T^*V 上点的局部坐标.

有一个自然的投影 $f: T^*V \to V$ (将 $T^*V_{\boldsymbol{x}}$ 上的 1–形式投到 $\boldsymbol{x}$ 点). 投影 f 是可微的满射. 一点 $\boldsymbol{x} \in V$ 在 f 下的原像就是余切空间 $T^*V_{\boldsymbol{x}}$.

定理 *余切丛 T^*V 有自然的辛构造. 在上述局部坐标下这个辛构造由下式给出:*

$$\omega^2 = d\boldsymbol{p} \wedge d\boldsymbol{q} = dp_1 \wedge dq_1 + \cdots + dp_n \wedge dq_n.$$

证 我们先在 T^*V 上定义一个特定的 1–形式. 令 $\boldsymbol{\xi} \in T(T^*V)_{\boldsymbol{p}}$ 是在 $\boldsymbol{p} \in T^*V_{\boldsymbol{x}}$ 处切于余切丛的矢量 (图 166). 自然投影 $f: T^*V \to V$ 的微分 $f_*: T(T^*V) \to TV$ 将 $\boldsymbol{\xi}$ 映为在 $\boldsymbol{x}$ 处切于 V 的矢量 $f_*\boldsymbol{\xi}$. 现用 $\omega^1(\boldsymbol{\xi}) = \boldsymbol{p}(f_*\boldsymbol{\xi})$ 定义 T^*V 上的 1–形式. 在上述局部坐标系下, $\omega^1 = \boldsymbol{p}d\boldsymbol{q}$. 由 A 中之例, 闭形式 $\omega^2 = d\omega^1$ 是非退化的, 形式 ω^1 称为*作用量*. □

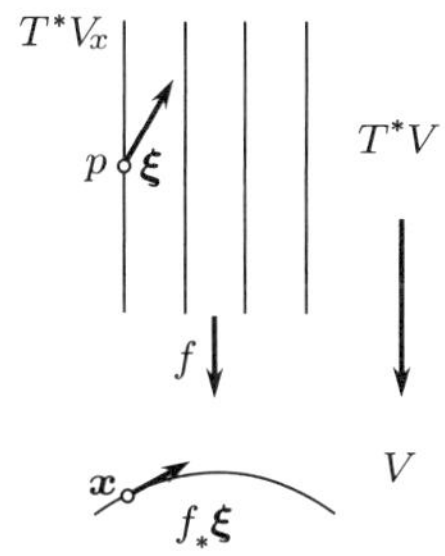

图 166 余切丛上的 1–形式 $\boldsymbol{p}d\boldsymbol{q}$

注 考虑构形流形为 M, 拉格朗日函数为 L 的拉格朗日力学系. 易见拉格朗日 "广义速度" $\dot{\boldsymbol{q}}$ 是构形流形的切矢量, 而 "广义动量" $\boldsymbol{p} = \partial L/\partial \dot{\boldsymbol{q}}$ 是余切矢量. 所以拉格朗日系统的 "$\boldsymbol{p}, \boldsymbol{q}$" 相空间是构形流形的余切丛. 上面定理说明一个力学问题的相空间有自然的辛构造.

问题 证明勒让德变换与坐标系无关. 它把切丛上的函数 $L: TV \to \mathbb{R}$ 变为余切丛上的函数 $H: T^*V \to \mathbb{R}$.

C. 哈密顿矢量场

一个流形的黎曼构造可在切矢量空间与 1–形式空间中建立一个同构. 一个辛构造可建立一个类似的同构.

定义 对于每一个在 $\boldsymbol{x}$ 处切于辛流形 (M^{2n}, ω^2) 的矢量 $\boldsymbol{\xi}$ 都有一个 $TM_{\boldsymbol{x}}$ 上的 1– 形式 $\omega^1_{\boldsymbol{\xi}}$ 与之相关联如下:

$$\omega^1_{\boldsymbol{\xi}}(\boldsymbol{\eta}) = \omega^2(\boldsymbol{\eta}, \boldsymbol{\xi}), \quad \forall \boldsymbol{\eta} \in TM_{\boldsymbol{x}}.$$

问题 证明对应关系 $\boldsymbol{\xi} \to \omega^1_{\boldsymbol{\xi}}$ 是切矢量与 1–形式的两个 $2n$ 维空间的同构.

例 在 $\mathbb{R}^{2n} = \{(\boldsymbol{p}, \boldsymbol{q})\}$ 中我们用欧氏构造 $(\boldsymbol{x}, \boldsymbol{x}) = \boldsymbol{p}^2 + \boldsymbol{q}^2$ 把切矢量和 1–形式全同起来. 这时对应 $\boldsymbol{\xi} \to \omega^1_{\boldsymbol{\xi}}$ 是一个变换 $\mathbb{R}^{2n} \to \mathbb{R}^{2n}$.

问题 在基底 $\boldsymbol{p}, \boldsymbol{q}$ 下算出这个变换的矩阵.

答
$$\begin{pmatrix} 0 & E \\ -E & 0 \end{pmatrix}.$$

我们将用 $I : T^*M_{\boldsymbol{x}} \to TM_{\boldsymbol{x}}$ 记上述同构. 现令 H 为辛流形 M^{2n} 上的一个函数. 则 dH 是 M 上一个 1–微分形式, 而在 M 之每一点均有一个切矢量与之相联. 这样我们得到了 M 上的一个矢量场 IdH.

定义 矢量场 IdH 称为哈密顿矢量场; H 称为哈密顿函数.

例 若 $M^{2n} = \mathbb{R}^{2n} = \{(\boldsymbol{p}, \boldsymbol{q})\}$, 我们就得到哈密顿典则方程的相速度矢量场:

$$\dot{\boldsymbol{x}} = IdH(\boldsymbol{x}) \Longleftrightarrow \dot{\boldsymbol{p}} = -\frac{\partial H}{\partial \boldsymbol{q}}, \dot{\boldsymbol{q}} = \frac{\partial H}{\partial \boldsymbol{p}}.$$

§38. 哈密顿相流及其积分不变量

刘维尔定理断定了相流保持体积. 庞加莱找到了为哈密顿相流所保持的一系列微分形式.

A. 哈密顿相流保持辛构造

令 (M^{2n}, ω^2) 为一辛流形, $H : M^{2n} \to \mathbb{R}$ 是其上一函数. 设相应于 H 的矢量场 IdH 给出一个单参数微分同胚群 $g^t : M^{2n} \to M^{2n}$:

$$\left.\frac{d}{dt}\right|_{t=0} g^t\boldsymbol{x} = IdH(\boldsymbol{x}).$$

群 g^t 称为具有哈密顿函数 H 的哈密顿相流.

定理 哈密顿相流保持辛构造:

$$(g^t)^*\omega^2 = \omega^2.$$

$n = 1$ 时 $M^{2n} = \mathbb{R}^2$, 这定理指出相流保持面积 (刘维尔定理).

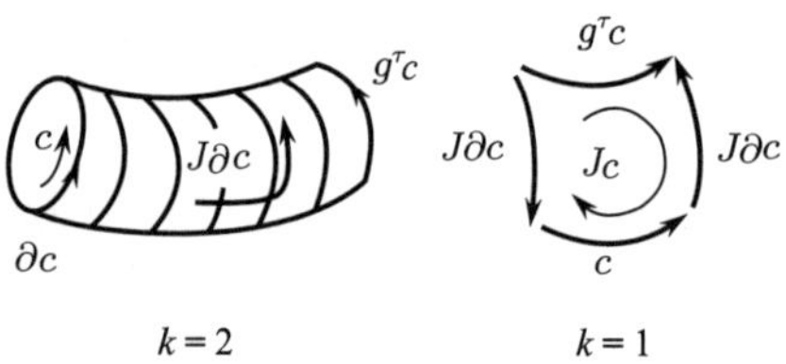

图 167 循环在同伦下的迹

为证此定理, 引入以下记号很有用处 (图 167).

令 M 为一任意流形, c 是 M 上的 k–链, $g^t : M \to M$ 是单参数可微映射族. 我们要在 M 上作一个 $(k+1)$–链 Jc 称为链 c 在同伦 g^t $(0 \leqslant t \leqslant \tau)$ 下的迹.

令 (D, f, Or) 是链 c 中一个胞腔. 对应于它在链 Jc 中有一个相联的胞腔 (D', f', Or'). $D' = I \times D$ 是区间 $0 \leqslant t \leqslant \tau$ 与 D 之直积; 可由 $f: D \to M$ 得出映射 $f': D' \to M$ 如下 $f'(t,x) = g^t f(x)$; 而包含 D' 的空间 $\mathbb{R}^{k+1}$ 的定向 Or' 由标架 $\boldsymbol{e}_0, \boldsymbol{e}_1, \cdots, \boldsymbol{e}_k$ 给出, $\boldsymbol{e}_0$ 是 t 轴的单位矢量, $\boldsymbol{e}_1, \cdots, \boldsymbol{e}_k$ 是 D 的有向标架.

我们可以说 Jc 是 c 在同伦 g^t 下扫出的链, $0 \leqslant t \leqslant \tau$. Jc 的边缘包括 c 的开始与终结位置所成的 "端墙" 以及由 c 的边缘铺满的 "侧面".

容易验证, 在上面选的定向之下,

$$\partial(Jc_k) = g^\tau c_k - c_k - J\partial c_k. \tag{1}$$

引理 令 γ 为辛流形 (M^{2n}, ω^2) 上的 1–链. g^t 为 M 上具有哈密顿函数 H 的相流. 这时

$$\frac{d}{d\tau}\int_{J\gamma}\omega^2 = \int_{g^\tau\gamma} dH.$$

证 只需考虑具有一个胞腔 $f: [0,1] \to M$ 的链就够了. 我们引入记号

$$f'(s,t) = g^t f(s), \quad \boldsymbol{\xi} = \frac{\partial f'}{\partial s}, \quad \boldsymbol{\eta} = \frac{\partial f'}{\partial t} \in TM_{f'(s,t)}.$$

由积分的定义

$$\int_{J\gamma}\omega^2 = \int_0^1\int_0^\tau \omega^2(\boldsymbol{\eta}, \boldsymbol{\xi})dtds.$$

但由相流之定义 $\boldsymbol{\eta}$ 是具有哈密顿函数 H 的哈密顿场 (在 $f'(s,t)$ 处) 的矢量. 由哈密顿场的定义, $\omega^2(\boldsymbol{\eta}, \boldsymbol{\xi}) = dH(\boldsymbol{\xi})$. 所以

$$\int_{J\gamma}\omega^2 = \int_0^\tau\left(\int_{g^t\gamma} dH\right)dt. \qquad \square$$

系 若链 γ 是闭链 $(\partial\gamma = 0)$, 则 $\displaystyle\int_{J\gamma}\omega^2 = 0$.

证

$$\int_\gamma dH = \int_{\partial\gamma} H = 0. \qquad \square$$

定理的证明 考虑任意的 2–链 c. 我们有

$$0 \overset{1}{=} \int_{Jc} d\omega^2 \overset{2}{=} \int_{\partial Jc}\omega^2 \overset{3}{=} \left(\int_{g^\tau c} - \int_c - \int_{J\partial c}\right)\omega^2 \overset{4}{=} \int_{g^\tau c}\omega^2 - \int_c \omega^2$$

(1 是由于 ω^2 为闭, 2 是由于斯托克斯公式, 3 由式 (1), 4 由以上引理令 $\gamma = \partial c$). 所以 ω^2 在任意链 c 及其像上的积分相同. $\square$

问题 是否 M^{2n} 的每一个保持辛构造的单参数微分同胚群都是哈密顿相流?

提示 参看节 40.

B. 积分不变量

令 $g: M \to M$ 是一可微映射.

定义 k–微分形式 ω 称为映射 g 的积分不变量, 若它在任意 k–链 c 及其像 gc 上的积分相等:

$$\int_{gc} \omega = \int_c \omega.$$

例 若 $M = \mathbb{R}^2, \omega^2 = dp \wedge dq$ 为面积元素, 则 ω^2 是任意雅可比行列式等于 1 的映射之积分不变量.

问题 证明 ω^k 是映射 g 的积分不变量当且仅当 $g^* \omega^k = \omega^k$.

问题 证明若 ω^k 和 ω^l 都是映射 g 的积分不变量, 则 $\omega^k \wedge \omega^l$ 也是 g 的积分不变量.

节 A 中的定理现在可以改述如下:

定理 给出辛构造的形式 ω^2 是哈密顿相流的积分不变量.

现在考虑 ω^2 的外幂,

$$(\omega^2)^2 = \omega^2 \wedge \omega^2, \quad (\omega^2)^3 = \omega^2 \wedge \omega^2 \wedge \omega^2, \quad \cdots.$$

系 $(\omega^2)^2, (\omega^2)^3, (\omega^2)^4, \cdots$ 都是哈密顿相流的积分不变量.

问题 设辛流形 (M^{2n}, ω^2) 的维数是 $2n$. 证明当 $k > n$ 时 $(\omega^2)^k = 0$, 而且 $(\omega^2)^n$ 是 M^{2n} 上的一个非退化 $2n$–形式.

我们用 $(\omega^2)^n$ 来定义 M^{2n} 上的体积元素. 于是哈密顿相流保持体积, 这样从上面的系又得到了刘维尔定理.

例 考虑辛坐标空间 $M^{2n} = \mathbb{R}^{2n} = \{(\boldsymbol{p}, \boldsymbol{q})\}, \omega^2 = d\boldsymbol{p} \wedge d\boldsymbol{q} = \sum dp_i \wedge dq_i$. 这时, $(\omega^2)^k$ 正比于形式

$$\omega^{2k} = \sum_{i_1 < \cdots < i_k} dp_{i_1} \wedge \cdots \wedge dp_{i_k} \wedge dq_{i_1} \wedge \cdots \wedge dq_{i_k}.$$

ω^{2k} 的积分等于投影到坐标平面 $(p_{i_1}, \cdots, p_{i_k}, q_{i_1}, \cdots, q_{i_k})$ 上的有向体积之和.

若映射 $g: \mathbb{R}^{2n} \to \mathbb{R}^{2n}$ 以 ω^2 为积分不变量, 则称 g 为典则映射. 典则映射通常称为典则变换. $\omega^4, \omega^6, \cdots, \omega^{2n}$ 在每个典则变换下都是积分不变量. 所以, 在典则变换下, 在坐标平面 $(p_{i_1}, \cdots, p_{i_k}, q_{i_1}, \cdots, q_{i_k}), 1 \leqslant k \leqslant n$ 上的投影之有向面积之和不变. 特别是, 典则变换保持体积.

由方程组 $\dot{\boldsymbol{p}} = -\dfrac{\partial H}{\partial \boldsymbol{q}}, \dot{\boldsymbol{q}} = \dfrac{\partial H}{\partial \boldsymbol{p}}$ 给出的哈密顿相流全是由典则变换构成的.

上面考虑的积分不变量也称为绝对积分不变量.

定义 k–微分形式 ω 称为映射 $g: M \to M$ 的相对积分不变量, 若对任意闭的 k–链 c 有

$$\int_{gc} \omega = \int_c \omega.$$

定理 令 ω 为映射 g 的相对积分不变量. 则 $d\omega$ 是 g 的绝对积分不变量.

证 令 c 是一个 $(k+1)$–链. 这时

$$\int_c d\omega \stackrel{1}{=} \int_{\partial c} \omega \stackrel{2}{=} \int_{g\partial c} \omega \stackrel{3}{=} \int_{\partial gc} \omega \stackrel{4}{=} \int_{gc} d\omega.$$

(1 和 4 是由斯托克斯公式而得, 2 是相对积分不变量的定义, 3 由边缘的定义而来.) □

例 典则映射 $g:\mathbb{R}^{2n}\to\mathbb{R}^{2n}$ 以 1–形式 $\omega^1=\boldsymbol{p}d\boldsymbol{q}=\sum_{i=1}^n p_i dq_i$ 为相对积分不变量. 事实上, $\mathbb{R}^{2n}$ 的每一个闭链 c 都是某个链 σ 的边缘, 于是我们有

$$\int_{gc} \omega^1 \stackrel{1}{=} \int_{g\partial\sigma} \omega^1 \stackrel{2}{=} \int_{\partial g\sigma} \omega^1 \stackrel{3}{=} \int_{g\sigma} d\omega^1 \stackrel{4}{=} \int_{\sigma} d\omega^1 \stackrel{5}{=} \int_{\partial\sigma} \omega^1 \stackrel{6}{=} \int_c \omega^1.$$

(1 和 6 是由 σ 之定义, 2 由 ∂ 之定义 3, 5 是由斯托克斯公式而来, 4 则是由于 g 为典则映射和 $d\omega^1=d(\boldsymbol{p}d\boldsymbol{q})=d\boldsymbol{p}\wedge d\boldsymbol{q}=\omega^2$.)

问题 若 $d\omega^k$ 是映射 $g:M\to M$ 的绝对积分不变量, ω^k 是否必为相对积分不变量?

答 若 M 上有一个闭 k–链不是边缘就不行.

C. 能量守恒定律

定理 具有哈密顿函数 H 的哈密顿相流以 H 为一个首次积分.

证 H 在矢量 $\boldsymbol{\eta}$ 方向下的导数等于 dH 在 $\boldsymbol{\eta}$ 上之值. 由哈密顿场的定义, 对 $\boldsymbol{\eta}=IdH$ 我们有

$$dH(\boldsymbol{\eta})=\omega^2(\boldsymbol{\eta},IdH)=\omega^2(\boldsymbol{\eta},\boldsymbol{\eta})=0.$$ □

问题 证明 1–形式 dH 是具有哈密顿函数 H 的相流的积分不变量.

§39. 矢量场的李代数

流形上的每一对矢量场决定一个新的矢量场, 称为它们的泊松括弧[1]. 泊松括弧运算使流形上的无穷可微矢量场所成的矢量空间变成了一个李代数.

A. 李代数

李代数的一个例子是带有矢量积运算的三维有向欧氏空间. 矢量积是双线性、斜对称的而且满足雅可比恒等式

$$[[\boldsymbol{A},\boldsymbol{B}],\boldsymbol{C}]+[[\boldsymbol{B},\boldsymbol{C}],\boldsymbol{A}]+[[\boldsymbol{C},\boldsymbol{A}],\boldsymbol{B}]=0.$$

定义 李代数 L 就是具有一个双线性斜对称且满足雅可比恒等式的运算 $L\times L\to L$ 的矢量空间.

这个运算通常用一个方括弧表示, 并称为交换子.

问题 证明 $n\times n$ 矩阵之集成一个李代数若我们定义其交换子为 $[A,B]=AB-BA$.

[1]也叫李括弧. —— 英译者注

B. 矢量场与微分算子

令 M 为一光滑流形, $\boldsymbol{A}$ 为其上的光滑矢量场: 即在每一点 $\boldsymbol{x} \in M$ 均有一个光滑切矢量 $\boldsymbol{A}(\boldsymbol{x}) \in TM_{\boldsymbol{x}}$. 利用这样一个矢量场可以作出两个东西来:

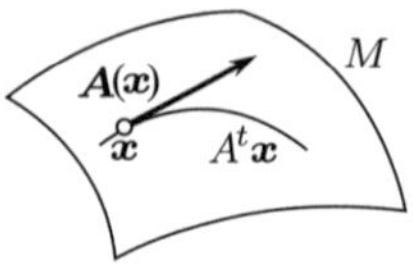

图 168 由矢量场给出的微分同胚群

1. 单参数微分同胚群即流 $A^t : M \to M$ 而 $\boldsymbol{A}$ 为其速度矢量场 (图 168)[①]:

$$\left.\frac{d}{dt}\right|_{t=0} A^t \boldsymbol{x} = \boldsymbol{A}(\boldsymbol{x}).$$

2. 一阶微分算子 $L_{\boldsymbol{A}}$. 这里指的是沿场 $\boldsymbol{A}$ 方向对函数求导: 对任意函数 $\varphi : M \to \mathbb{R}$, $\boldsymbol{A}$ 方向的导数是一个新函数 $L_{\boldsymbol{A}}\varphi$, 它在 $\boldsymbol{x}$ 点之值是

$$(L_{\boldsymbol{A}}\varphi)(\boldsymbol{x}) = \left.\frac{d}{dt}\right|_{t=0} \varphi(A^t \boldsymbol{x}).$$

问题 求证算子 $L_{\boldsymbol{A}}$ 是线性的, 即 $L_{\boldsymbol{A}}(\lambda_1\varphi_1 + \lambda_2\varphi_2) = \lambda_1 L_{\boldsymbol{A}}\varphi_1 + \lambda_2 L_{\boldsymbol{A}}\varphi_2$ $(\lambda_1, \lambda_2 \in \mathbb{R})$, 再证莱布尼茨公式 $L_{\boldsymbol{A}}(\varphi_1\varphi_2) = \varphi_1 L_{\boldsymbol{A}}\varphi_2 + \varphi_2 L_{\boldsymbol{A}}\varphi_1$.

例 令 $(x_1, \cdots, x_n)$ 为 M 的局部坐标. 在此坐标系中矢量 $\boldsymbol{A}(\boldsymbol{x})$ 由其分量 $(A_1(\boldsymbol{x}), \cdots, A_n(\boldsymbol{x}))$ 给出; 流 A^t 由微分方程组

$$\dot{x}_1 = A_1(\boldsymbol{x}), \quad \cdots, \quad \dot{x}_n = A_n(\boldsymbol{x})$$

给出, 所以函数 $\varphi = \varphi(x_1, \cdots, x_n)$ 在 $\boldsymbol{A}$ 方向的导数是

$$L_{\boldsymbol{A}}\varphi = A_1\frac{\partial\varphi}{\partial x_1} + \cdots + A_n\frac{\partial\varphi}{\partial x_n}.$$

我们可以说, 在坐标 $(x_1, \cdots, x_n)$ 下, 算子 $L_{\boldsymbol{A}}$ 之形状是

$$L_{\boldsymbol{A}} = A_1\frac{\partial}{\partial x_1} + \cdots + A_n\frac{\partial}{\partial x_n},$$

这正是坐标空间中一阶线性微分算子的一般形式.

问题 证明矢量场 $\boldsymbol{A}$, 流 A^t 和微分 $L_{\boldsymbol{A}}$ 之间的对应是 1–1 的.

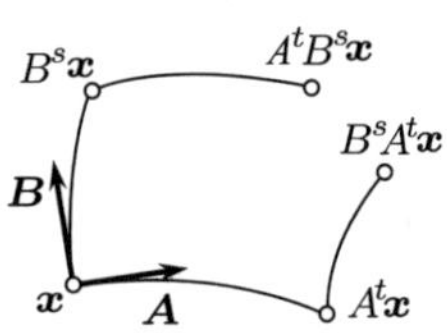

图 169 不可交换流

C. 矢量场的泊松括弧

设在流形 M 上有两个矢量场 $\boldsymbol{A}$ 和 $\boldsymbol{B}$. 它们相应的流 A^t 与 B^s 一般不可交换: $A^t B^s \neq B^s A^t$ (图 169).

问题 找一个例子.

解 (x_1, x_2) 平面上的场 $\boldsymbol{A} = \boldsymbol{e}_1, \boldsymbol{B} = x_1\boldsymbol{e}_2$.

[①] 由常微分方程理论的存在、唯一性与可微性定理, 当 M 为紧时可以定义群 A^t. 在一般情况下, 映射 A^t 只对小的 t 在 $\boldsymbol{x}$ 的某邻域内才有定义; 但对下面要作的事, 这也就够了.

为了量度流 A^t 与 B^s 不可交换的程度, 考虑 $A^tB^s\boldsymbol{x}$ 和 $B^sA^t\boldsymbol{x}$ 这两个点. 为了估计它们的差, 我们来比较流形 M 上某光滑函数 φ 在这两点之值. 差

$$\Delta(t;s;\boldsymbol{x})=\varphi(A^tB^s\boldsymbol{x})-\varphi(B^sA^t\boldsymbol{x})$$

显然是 s 和 t 的可微函数而当 $s=0$ 或 $t=0$ 时为零. 因此 Δ 在 0 处对 s 和 t 的泰勒展开式第一个非零项中含 st 且其余二阶项全为零. 我们将计算 Δ 在 0 点的主要双线性项.

引理 1 在 0 处混合偏导数 $\partial^2\Delta/\partial s\partial t$ 等于 $\boldsymbol{A},\boldsymbol{B}$ 方向导数的交换子:

$$\left.\frac{\partial^2}{\partial s\partial t}\right|_{s=t=0}\{\varphi(A^tB^s\boldsymbol{x})-\varphi(B^sA^t\boldsymbol{x})\}=(L_{\boldsymbol{B}}L_{\boldsymbol{A}}\varphi-L_{\boldsymbol{A}}L_{\boldsymbol{B}}\varphi)(\boldsymbol{x}).$$

证 由 $L_{\boldsymbol{A}}$ 之定义,

$$\left.\frac{\partial}{\partial t}\right|_{t=0}\varphi(A^tB^s\boldsymbol{x})=(L_{\boldsymbol{A}}\varphi)(B^s\boldsymbol{x}).$$

用 ψ 记 $L_{\boldsymbol{A}}\varphi$, 则由 $L_{\boldsymbol{B}}$ 之定义

$$\left.\frac{\partial}{\partial s}\right|_{s=0}\psi(B^s\boldsymbol{x})=(L_{\boldsymbol{B}}\psi)(\boldsymbol{x}).$$

所以

$$\left.\frac{\partial^2}{\partial s\partial t}\right|_{s=t=0}\varphi(A^tB^s\boldsymbol{x})=(L_{\boldsymbol{B}}L_{\boldsymbol{A}}\varphi)(\boldsymbol{x})\qquad\square$$

我们现在考查微分算子之交换子 $L_{\boldsymbol{B}}L_{\boldsymbol{A}}-L_{\boldsymbol{A}}L_{\boldsymbol{B}}$. 初一看它是一个二阶微分算子, 但其实我们有

引理 2 算子 $L_{\boldsymbol{B}}L_{\boldsymbol{A}}-L_{\boldsymbol{A}}L_{\boldsymbol{B}}$ 是一阶线性微分算子.

证 令 $(A_1,\cdots,A_n),(B_1,\cdots,B_n)$ 是矢量场 $\boldsymbol{A},\boldsymbol{B}$ 在 M 的局部坐标系 $(x_1,\cdots,x_n)$ 下的分量. 于是

$$\begin{aligned}L_{\boldsymbol{B}}L_{\boldsymbol{A}}\varphi&=\sum_{i=1}^n B_i\frac{\partial}{\partial x_i}\sum_{j=1}^n A_j\frac{\partial}{\partial x_j}\varphi\\&=\sum_{i,j=1}^n B_i\frac{\partial A_j}{\partial x_i}\frac{\partial}{\partial x_j}\varphi+\sum_{i,j=1}^n B_iA_j\frac{\partial^2\varphi}{\partial x_i\partial x_j}.\end{aligned}$$

若减去 $L_{\boldsymbol{A}}L_{\boldsymbol{B}}\varphi$, 则可看到 φ 的二阶导数项消去, 故

$$(L_{\boldsymbol{B}}L_{\boldsymbol{A}}-L_{\boldsymbol{A}}L_{\boldsymbol{B}})\varphi=\sum_{i,j=1}^n\left(B_i\frac{\partial A_j}{\partial x_i}-A_i\frac{\partial B_j}{\partial x_i}\right)\frac{\partial\varphi}{\partial x_j}.\qquad\square$$

因为每个一阶线性微分算子都由一个矢量场给出, 我们的算子 $L_{\boldsymbol{B}}L_{\boldsymbol{A}} - L_{\boldsymbol{A}}L_{\boldsymbol{B}}$ 也对应于某个场 $\boldsymbol{C}$.

定义 M 上的两矢量场 $\boldsymbol{A}$ 与 $\boldsymbol{B}$ 的泊松括弧或交换子① 是一矢量场 $\boldsymbol{C}$ 使得

$$L_{\boldsymbol{C}} = L_{\boldsymbol{B}}L_{\boldsymbol{A}} - L_{\boldsymbol{A}}L_{\boldsymbol{B}}.$$

两个矢量场的泊松括弧记作

$$\boldsymbol{C} = [\boldsymbol{A}, \boldsymbol{B}].$$

问题 设矢量场 $\boldsymbol{A}, \boldsymbol{B}$ 由它们在坐标系 (x_i) 下之分量 A_i, B_i 给出. 求泊松括弧的分量.

解 在证明引理 2 时我们已证得了公式

$$[\boldsymbol{A}, \boldsymbol{B}]_j = \sum_{i=1}^{n} \left(B_i \frac{\partial A_j}{\partial x_i} - A_i \frac{\partial B_j}{\partial x_i} \right).$$

问题 令 $\boldsymbol{A}_1$ 为以角速度 $\boldsymbol{\omega}_1$ 绕 O 旋转的刚体的线速度矢量场1), $\boldsymbol{A}_2$ 相同但角速度为 $\boldsymbol{\omega}_2$. 求泊松括弧 $[\boldsymbol{A}_1, \boldsymbol{A}_2]$.

D. 雅可比恒等式

定理 泊松括弧使流形 M 上矢量场所成的矢量空间成为一个李代数.

证 泊松括弧的线性与斜对称性是清楚的. 我们只要证明雅可比恒等式. 由泊松括弧之定义我们有

$$\begin{aligned} L_{[[\boldsymbol{A},\boldsymbol{B}],\boldsymbol{C}]} &= L_{\boldsymbol{C}}L_{[\boldsymbol{A},\boldsymbol{B}]} - L_{[\boldsymbol{A},\boldsymbol{B}]}L_{\boldsymbol{C}} \\ &= L_{\boldsymbol{C}}L_{\boldsymbol{B}}L_{\boldsymbol{A}} - L_{\boldsymbol{C}}L_{\boldsymbol{A}}L_{\boldsymbol{B}} + L_{\boldsymbol{A}}L_{\boldsymbol{B}}L_{\boldsymbol{C}} - L_{\boldsymbol{B}}L_{\boldsymbol{A}}L_{\boldsymbol{C}}. \end{aligned}$$

所以在整个和 $L_{[[\boldsymbol{A},\boldsymbol{B}],\boldsymbol{C}]} + L_{[[\boldsymbol{B},\boldsymbol{C}],\boldsymbol{A}]} + L_{[[\boldsymbol{C},\boldsymbol{A}],\boldsymbol{B}]}$ 中共 12 项. 每一项均出现两次但符号相反. □

E. 流的可交换性条件

令 $\boldsymbol{A}$ 与 $\boldsymbol{B}$ 是流形 M 上的矢量场.

定理 流 A^t 与 B^s 当且仅当相应矢量场的泊松括弧 $[\boldsymbol{A}, \boldsymbol{B}]$ 为零时才是可交换的.

证 若 $A^tB^s = B^sA^t$, 则由引理 1, $[\boldsymbol{A}, \boldsymbol{B}] = 0$. 若 $[\boldsymbol{A}, \boldsymbol{B}] = 0$, 则由引理 1, 对任意函数 φ 在任意点 x 均有

$$\varphi(A^tB^sx) - \varphi(B^sA^tx) = o(s^2 + t^2), \quad s \to 0 \text{ 与 } t \to 0.$$

①许多书上泊松括弧之定义与这里的定义符号相反. 我们用的符号与李群理论中交换子的符号一致 (参见 F).

1)由节 26D 之例, $\boldsymbol{q} = [\boldsymbol{\omega}_1, \boldsymbol{q}]$, $\dot{\boldsymbol{q}}$ 即所说的速度 A_1, 它对 $\boldsymbol{q}$ 是线性的. —— 日译者注

我们要证明这意味着对充分小的 s 和 t 有 $\varphi(A^tB^sx)=\varphi(B^sA^tx)$. 将此式应用到局部坐标 $(\varphi=x_1,\cdots,\varphi=x_n)$ 即有 $A^tB^s=B^sA^t$. □

考虑 (t,s) 平面上的矩形 $0\leqslant t\leqslant t_0, 0\leqslant s\leqslant s_0$ (图 170). 对每一个由有限多段坐标轴方向的区间组成的由 $(0,0)$ 到 (t_0,s_0) 的路径都相应有一个变换 A^t 与 B^s 之积. 具体说来, 对每个区间 $t_1\leqslant t\leqslant t_2$ 有 $A^{t_2-t_1}$, 而对区间 $s_1\leqslant s\leqslant s_2$ 则有 $B^{s_2-s_1}$. 依这些区间在始自 $(0,0)$ 的路径中出现的次序施行这些变换. 例如边 $(0\leqslant t\leqslant t_0, s=0)$ 和 $(t=t_0, 0\leqslant s\leqslant s_0)$ 相应于积 $B^{s_0}B^{t_0}$, 而边 $(t=0, 0\leqslant s\leqslant s_0)$ 则相应于 $A^{t_0}s^{s_0}$.

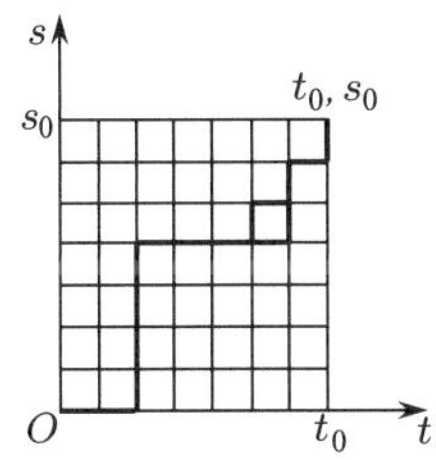

图 170 流的可交换性的证明

此外, 对 (t,s) 平面上每一个这样的路径都有流形 M 上的一个路径, 从 x 开始而由流 A^t 和 B^s 的轨道构成 (图 171). 若 (t,s) 平面上的路径相应于积 $A^{t_1}B^{s_1}\cdots A^{t_n}B^{s_n}$, 则在流形 M 上的路径终于点 $A^{t_1}B^{s_1}\cdots A^{t_n}B^{s_n}x$. 我们的目的是要证明, 所有这些路径实际上终于同一点 $A^{t_0}B^{s_0}x=B^{s_0}A^{t_0}x$.

把区间 $0\leqslant t\leqslant t_0$ 和 $0\leqslant s\leqslant s_0$ N 等分. 使整个矩形分为 N^2 个小矩形. 由边 $(0,0)$—$(0,t_0)$—(s_0,t_0) 过渡到边 $(0,0)$—$(s_0,0)$—(s_0,t_0) 可以用 N^2 个步骤完成, 每一步都有一个小矩形的一对边变成了另一对边 (图 172). 一般说来这个小矩形相应于流形 M 上的曲线四边形 $\beta\gamma\delta\varepsilon\alpha$ (图 171). 考虑它的对应于 s 和 t 的最大值的顶点 α 和 β 的距离 $\rho(\alpha,\beta)$ ①. 前已看到, $\rho(\alpha,\beta)\leqslant C_1N^{-3}$ (这里常数 $C_1>0$ 不依赖于 N). 用微分方程解对初始数据可微性定理可知, 不难由此导出 M 上两个路径 $x\delta\gamma\beta\beta'$ 和 $x\delta\varepsilon\alpha\alpha'$ 终点距离的一个上界: $\rho(\alpha',\beta')\leqslant C_2N^{-3}$, C_2 又与 N 无关. 但是可以把由 $B^{s_0}A^{t_0}x$ 到 $A^{t_0}B^{s_0}x$ 的整个路径分为 N^2 个这样的小段. 于是 $\rho(A^{t_0}B^{s_0}x, B^{s_0}A^{t_0}x)\leqslant N^2C_2N^{-3}, \forall N$. 所以 $A^{t_0}B^{s_0}x=B^{s_0}A^{t_0}x$. □

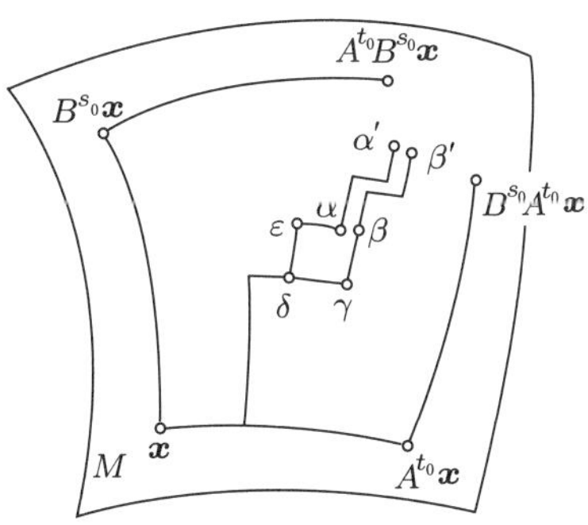

图 171 曲线四边形 $\beta\gamma\delta\varepsilon\alpha$

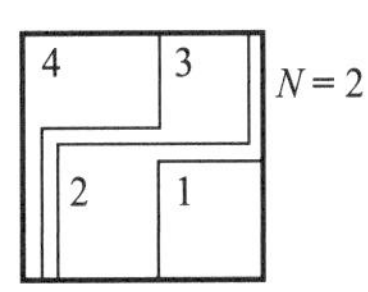

图 172 从一对边到另一对边

F. 附录: 李群的李代数

李群就是一个同时又为微分流形的群 G, 且群运算 (积与逆) 是可微映射: $G\times G\to G$ 与 $G\to G$.

①按 M 上某个黎曼度量计.

李群 G 在单位元处的切空间 TG_e 有自然的李代数构造如下:

对每个切矢量 $\boldsymbol{A} \in TG_e$ 均有一个单参数子群 $A^t \subset G$, 其速度矢量为 $\boldsymbol{A} = (d/dt)|_{t=0}A^t$.

两个子群 A^t 和 B^t 的不可交换性由积 $A^tB^sA^{-t}B^{-s}$ 来量度. 可以证明有唯一的子群 C^r 使

$$\rho(A^tB^sA^{-t}B^{-s}, C^{st}) = o(s^2+t^2), \quad 当\ s,t \to 0\ 时.$$

相应的矢量 $\boldsymbol{C} = (d/dr)|_{r=0}C^r$ 称为矢量 $\boldsymbol{A}$ 和 $\boldsymbol{B}$ 的李括弧 $\boldsymbol{C} = [\boldsymbol{A}, \boldsymbol{B}]$. 可以证明, 这样引入的李括弧运算使空间 TG_e 成为李代数 (即此运算是双线性斜对称的且适合雅可比恒等式). 这个代数称为李群 G 的李代数.

问题 计算三维欧氏空间的旋转群 $SO(3)$ 的李代数中的括弧运算.

引理 1 说明矢量场的泊松括弧可以定义为流形 M 的微分同胚群这个 "无限维李群" 之李括弧①.

另一方面, 李括弧也可用李群 G 上的矢量场之泊松括弧来定义. 令 $g \in G$, 右平移 R_g 即映射 $R_g: G \to G, R_gh = hg$. R_g 在 g 点的微分映 TG_e 入 TG_g. 这样, 每个矢量 $A \in TG_e$ 都对应于群上一个矢量场, 即右平移 $(R_g)_*\boldsymbol{A}$, 并称之为右不变矢量场. 显然, 群上的右不变矢量场由它在单位元处之值决定.

问题 证明李群 G 上的右不变矢量场之泊松括弧也是一个右不变矢量场, 它在群的单位元上之值等于单位元处的原矢量场之值的李括弧.

§40. 哈密顿函数的李代数

辛流形上的哈密顿矢量场是其上一切矢量场的李代数之子代数. 哈密顿函数也构成一个李代数: 其中的运算称为函数的泊松括弧. 哈密顿相流的首次积分组成哈密顿函数的李代数的一个子代数.

A. 两个函数的泊松括弧

令 (M^{2n}, ω^2) 为一个辛流形. 对于每个函数 $H: M^{2n} \to \mathbb{R}$ 对应有 M^{2n} 的典则变换的单参数群 $g_H^t: M^{2n} \to M^{2n}$ —— 即哈密顿函数为 H 的相流. 令 F 为 M^{2n} 上的另一函数.

定义 辛流形 (M^{2n}, ω^2) 上的函数 F 和 H 之泊松括弧 (F, H) 即函数 F 在哈密顿函数为 H 的相流方向的导数:

$$(F, H)(x) = \left.\frac{d}{dt}\right|_{t=0} F(g_H^t(x)).$$

所以 M 上两函数之泊松括弧仍是 M 上的一个函数.

①我们在泊松括弧的定义中符号的选择就是由这个对应关系决定的.

系 1 函数 F 是哈密顿函数为 H 的相流之首次积分当且仅当其与 H 之泊松括弧恒为零: $(F,H)\equiv 0$.

若应用辛流形 (M^{2n},ω^2) 上的 1–形式与矢量场间的同构 I, 则可给泊松括弧的定义稍微不同的形状. 这个同构由以下关系定义: (参见节 37)

$$\omega^2(\boldsymbol{\eta}, I\omega^1)=\omega^1(\boldsymbol{\eta}).$$

相流 g_H^t 的速度矢量是 $I\,dH$. 这意味着

系 2 函数 F 和 H 的泊松括弧等于 1–形式 dF 在 $I\,dH$ 上之值. 后者是哈密顿函数为 H 的相流的速度矢量:

$$(F,H)=dF(I\,dH).$$

再用一次前述公式, 我们得到

系 3 函数 F 和 H 的泊松括弧等于哈密顿函数为 F 和 H 的相流之速度矢量之"斜数量积"

$$(F,H)=\omega^2(I\,dH,I\,dF).$$

现在清楚地有

系 4 函数 F 和 H 的泊松括弧是函数 F 和 H 的斜对称双线性函数:

$$(F,H)=-(H,F),\quad (H,\lambda_1F_1+\lambda_2F_2)=\lambda_1(H,F_1)+\lambda_2(H,F_2)\quad (\lambda_i\in\mathbb{R}).$$

以上的论证虽然是明显的, 却导致了不平凡的推论, 其中包含诺特定理的一个推广如下:

定理 若辛流形 (M^{2n},ω^2) 上的哈密顿函数 H 在以 F 为哈密顿函数的典则变换的单参数群下不变, 则 F 是具有哈密顿函数 H 的方程组之首次积分.

证 因 H 是流 g_F^t 的首次积分, $(F,H)=0$ (系 1). 因此 $(H,F)=0$ (系 4), 而 F 是一个首次积分 (系 1). □

问题 1 在典则坐标空间 $\mathbb{R}^{2n}=\{(\boldsymbol{p},\boldsymbol{q})\}$, $\omega^2(\boldsymbol{\xi},\boldsymbol{\eta})=[\boldsymbol{\xi},\boldsymbol{\eta}]=(I\boldsymbol{\xi},\boldsymbol{\eta})$ 中计算两函数 F 和 H 的泊松括弧.

解 由系 3 我们有

$$(F,H)=[I\,dH,I\,dF]=[\operatorname{grad}H,\operatorname{grad}F]=\sum_{i=1}^{n}\frac{\partial H}{\partial p_i}\frac{\partial F}{\partial q_i}-\frac{\partial H}{\partial q_i}\frac{\partial F}{\partial p_i}$$

(我们利用了在基底 $(\boldsymbol{p},\boldsymbol{q})$ 下 I 是辛同构, 而且可表为

$$I=\begin{pmatrix}0 & -E\\ E & 0\end{pmatrix}$$

这个事实).

问题 2　计算基底函数 p_i 和 q_j 的泊松括弧.

解　基底函数的梯度构成 "辛基": 其斜数量积是 $(p_i,p_j)=(q_i,q_j)=0,(p_i,q_j)=0\ (i\neq j),(q_i,p_i)=-(p_i,q_i)=1$.

问题 3　证明变换 $A:\mathbb{R}^{2n}\to\mathbb{R}^{2n},(\boldsymbol{p},\boldsymbol{q})\to(\boldsymbol{P}(\boldsymbol{p},\boldsymbol{q}),\boldsymbol{Q}(p,\boldsymbol{q}))$ 为典则变换当且仅当任两个函数不论在变量 $(\boldsymbol{p},\boldsymbol{q})$ 或 $(\boldsymbol{P},\boldsymbol{Q})$ 中其泊松括弧都相等:

$$(F,H)_{\boldsymbol{p},\boldsymbol{q}}=\frac{\partial H}{\partial \boldsymbol{p}}\frac{\partial F}{\partial \boldsymbol{q}}-\frac{\partial H}{\partial \boldsymbol{q}}\frac{\partial F}{\partial \boldsymbol{p}}=\frac{\partial H}{\partial \boldsymbol{P}}\frac{\partial F}{\partial \boldsymbol{Q}}-\frac{\partial H}{\partial \boldsymbol{Q}}\frac{\partial F}{\partial \boldsymbol{P}}=(F,H)_{\boldsymbol{P},\boldsymbol{Q}}.$$

解　设 A 是典则变换, 故辛构造 $d\boldsymbol{p}\wedge d\boldsymbol{q}$ 与 $d\boldsymbol{P}\wedge d\boldsymbol{Q}$ 相同. 但是泊松括弧 (F,H) 的定义是用辛构造不变地给出的, 它不涉及坐标. 因此

$$(F,H)_{\boldsymbol{p},\boldsymbol{q}}=(F,H)=(F,H)_{\boldsymbol{P},\boldsymbol{Q}}.$$

反之, 设泊松括弧 $(P_i,Q_j)_{\boldsymbol{p},\boldsymbol{q}}$ 有问题 2 所示的标准形式. 这时显然 $d\boldsymbol{P}\wedge d\boldsymbol{Q}=d\boldsymbol{p}\wedge d\boldsymbol{q}$, 即 A 是典则的.

问题 4　证明乘积的泊松括弧可用莱布尼茨法则计算:

$$(F_1F_2,H)=F_1(F_2,H)+F_2(F_1,H).$$

提示　泊松括弧 (F_1F_2,H) 是积 F_1F_2 在场 $I\,dH$ 方向的导数.

B. 雅可比恒等式

定理　三个函数 A,B,C 的泊松括弧满足雅可比恒等式

$$((A,B),C)+((B,C),A)+((C,A),B)=0.$$

系 (泊松定理)　具有哈密顿函数 H 的方程组之两个首次积分 F_1,F_2 的泊松括弧仍为首次积分.

系的证明　由雅可比恒等式即得所欲证明的

$$((F_1,F_2),H)=(F_1,(F_2,H))+(F_2,(H,F_1))=0+0=0. \qquad \square$$

这样, 知道了两个首次积分即可通过简单的计算求出第三个、第四个等等. 当然并非所得的积分都是本质上新的, 因为 M^{2n} 上不可能有 $2n$ 个以上独立的函数. 有时可能得出老积分的函数或常数. 但有时也确会得出新积分.

问题 5　计算一个力学系的线动量与角动量矢量之分量 p_1,p_2,p_3,M_1,M_2,M_3 的泊松括弧.

答　$(M_1,M_2)=M_3,(M_1,p_1)=0,(M_1,p_2)=p_3,(M_1,p_3)=-p_2$, 等等. 由此可得

定理　若某力学问题的角动量有两个分量 M_1,M_2 守恒. 第三个分量也守恒.

雅可比恒等式的证明　考虑和

$$((A,B),C)+((B,C),A)+((C,A),B).$$

它是函数 A, B 和 C 的 "二阶偏导数的线性组合". 我们来算其中含 A 的二阶导数之项:

$$((A,B),C)+((C,A),B)=(L_{\boldsymbol{C}}L_{\boldsymbol{B}}-L_{\boldsymbol{B}}L_{\boldsymbol{C}})A,$$

这里 $L_{\boldsymbol{\xi}}$ 表示沿 $\boldsymbol{\xi}$ 方向的微分, $\boldsymbol{F}$ 表示以 F 为哈密顿函数的哈密顿场.

但由节 39 引理 2, 导数之交换子 $L_{\boldsymbol{C}}L_{\boldsymbol{B}}-L_{\boldsymbol{B}}L_{\boldsymbol{C}}$ 只是一阶微分算子. 这意味着和中没有 A 的任何二阶导数. 对于 B 和 C 的二阶导数也一样. 所以此和为零. □

系 5 令 $\boldsymbol{B}, \boldsymbol{C}$ 为以 B, C 为哈密顿函数的哈密顿场. 考虑矢量场的泊松括弧 $[\boldsymbol{B}, \boldsymbol{C}]$. 它仍是哈密顿场而其哈密顿函数是原来的两个哈密顿函数的泊松括弧.

证 记 $(B,C)=D$. 雅可比恒等式即可给出所求证者:

$$(A,D)=((A,B),C)-((A,C),B),$$

$$L_{\boldsymbol{D}}=L_{\boldsymbol{C}}L_{\boldsymbol{B}}-L_{\boldsymbol{B}}L_{\boldsymbol{C}}, L_{\boldsymbol{D}}=L_{[\boldsymbol{B},\boldsymbol{C}]}.$$ □

C. 哈密顿场的李代数, 哈密顿函数和首次积分

李代数的线性子空间称为子代数, 若其中任两个元素的交换子仍在其中. 李代数的子代数仍是李代数. 由上面的系特别可知有

系 6 辛流形上的哈密顿矢量场构成其上一切矢量场的李代数之子代数.

关于首次积分的泊松定理则可改述为

系 7 哈密顿相流之首次积分构成所有函数的李代数之子代数.

哈密顿函数的李代数可以自然地映射到哈密顿矢量场的李代数上. 为此, 对每个函数 H 都作以它为哈密顿函数的哈密顿矢量场与之相应.

系 8 函数的李代数到哈密顿场的李代数之映射是代数的同态. 其核由局部常值函数构成. 若 M^{2n} 是连通的, 则核为常数所成的一维子代数.

证 我们的映射是线性的. 系 5 指出它变函数的泊松括弧为矢量场的泊松括弧. 其核由适合 $I\,dH\equiv 0$ 的 H 构成. 因 I 为同构, 故 $dH\equiv 0$ 即在 M^{2n} 的每个连通分支上 $H=$ 常数. □

系 9 哈密顿函数 H_1, H_2 之相流当且仅当 H_1 与 H_2 的泊松括弧为 (局部) 常值时才是可交换的.

证 由节 39E 之定理, 其充要条件是 $[\boldsymbol{H}_1, \boldsymbol{H}_2]=0$, 而由系 8 这条件等价于 $d(H_1, H_2)\equiv 0$. □

我们还可得到诺特定理的另一证明: 若已知一个流, 每给出一个与它可交换的流, 即有一首次积分.

D. 局部哈密顿矢量场

令 $(M^{2n}, \omega^2$ 为一辛流形而 $g^t: M^{2n} \to M^{2n}$ 是保持辛构造的微分同胚单参数群. g^t 是否是哈密顿相流?

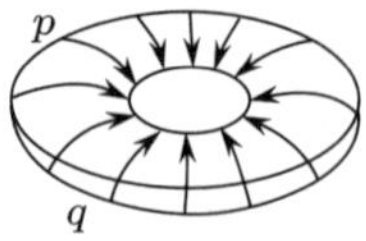

图 173 环面上的局部哈密顿场

例 令 M^{2n} 是二维环面 T^2, 其上一点由一对坐标 $(p,q) \bmod 1$ 给出. 令 ω^2 为通常的面积单元 $dp \wedge dq$. 考虑平移族 $g^t(p,q) = (p+t, q)$ (图 173). 映射 g^t 保持辛构造 (即面积). 能否找到相应于此矢量场 $(\dot{p} = 1, \dot{q} = 0)$ 的哈密顿函数? 若 $\dot{p} = -\dfrac{\partial H}{\partial q}, \dot{q} = \dfrac{\partial H}{\partial p}$, 我们将有 $\dfrac{\partial H}{\partial p} = 0, \dfrac{\partial H}{\partial q} = -1$ 即 $H = -q + C$, 但 q 只是 T^2 上的局部坐标; 不存在一个函数 $H: T^2 \to \mathbb{R}$ 使 $\dfrac{\partial H}{\partial p} = 0, \dfrac{\partial H}{\partial q} = 1$. 所以 g^t 不是一个哈密顿相流.

定义 辛流形 (M^{2n}, ω^2) 上的*局部哈密顿场*即矢量场 $I\omega^1, \omega^1$ 是 M^{2n} 上的一个闭形式.

局部地说来, 一个闭 1–形式 ω^1 必是一函数的微分: $\omega^1 = dH$. 然而要想把 H 拓展到整个 M^{2n} 上, 就会得出 "多值哈密顿函数", 因为非单连通流形上的闭 1–形式不一定是微分 (例如 T^2 上的 dq). 由局部哈密顿场给出的相流称为*局部哈密顿相流*.

问题 6 证明辛流形上的单参数微分同胚群当且仅当它是局部哈密顿相流时保持辛构造.

提示 参照节 38A.

问题 7 证明在辛空间 $\mathbb{R}^{2n}$ 中每一个典则微分同胚 (即保持 $dp \wedge dq$ 的微分同胚) 的单参数群都是一个哈密顿相流.

提示 $\mathbb{R}^{2n}$ 上的每一个闭 1–形式都是某函数的微分.

问题 8 证明局部哈密顿矢量场构成一切矢量场的李代数的子代数. 此外, 两个局部哈密顿场的泊松括弧实际上是一个哈密顿场, 其哈密顿函数由已知场 $\boldsymbol{\xi}, \boldsymbol{\eta}$ 通过公式 $H = \omega^2(\boldsymbol{\xi}, \boldsymbol{\eta})$ 唯一地决定[①].

因此, 哈密顿场构成局部哈密顿场的李代数的理想子环.

§41. 辛几何

矢量空间上的欧氏构造是由一个对称正定双线性型给出的, 而辛构造则由斜对称双线性型给出. 辛空间的几何学与欧氏空间的几何学不同, 虽然二者有许多相似之处.

①甚至一个常数也不差.

A. 辛矢量空间

令 $\mathbb{R}^{2n}$ 为一个偶数维空间.

定义 $\mathbb{R}^{2n}$ 上的辛线性构造就是其上的一个非退化的双线性斜对称 2–形式①. 这个形式称为斜数量积, 并记作 $[\boldsymbol{\xi},\boldsymbol{\eta}]=-[\boldsymbol{\eta},\boldsymbol{\xi}]$. 空间 $\mathbb{R}^{2n}$ 加上辛构造就称为辛矢量空间.

例 令 $(p_1,\cdots,p_n;q_1,\cdots,q_n)$ 为 $\mathbb{R}^{2n}$ 上之坐标函数, 而 ω^2 为

$$\omega^2=p_1\wedge q_1+\cdots+p_n\wedge q_n.$$

因为 ω^2 是非退化斜对称的, 所以可以取它为斜数量积: $[\boldsymbol{\xi},\boldsymbol{\eta}]=\omega^2(\boldsymbol{\xi},\boldsymbol{\eta})$. 坐标空间 $\mathbb{R}^{2n}$ 这样获得了辛构造. 这构造称为标准辛构造. 在标准辛构造中, 矢量 $\boldsymbol{\xi},\boldsymbol{\eta}$ 的斜数量积等于平行四边形 $(\boldsymbol{\xi},\boldsymbol{\eta})$ 在 n 个坐标平面 (p_i,q_i) 上的投影的有向面积之和.

辛空间中两矢量 $\boldsymbol{\xi}$ 与 $\boldsymbol{\eta}$ 若其斜数量积为零就称为斜正交的 (记作 $\boldsymbol{\xi}\perp\boldsymbol{\eta}$).

问题 证明 $\boldsymbol{\xi}\perp\boldsymbol{\xi}$: 即每个矢量与自己斜正交.

与一已给矢量 $\boldsymbol{\eta}$ 斜正交的一切矢量之集称为 $\boldsymbol{\eta}$ 之斜正交补.

问题 证明 $\boldsymbol{\eta}$ 的斜正交补是含 $\boldsymbol{\eta}$ 的 $2n-1$ 维超平面.

提示 若一切矢量均与 $\boldsymbol{\eta}$ 斜正交, 则形式 $[\ ,\ ]$ 成为退化的.

B. 辛基底

欧氏构造在适当选定基底 (必须是标准正交基) 后, 可用具有特定标准形式的数量积给出. 完全同样, 在适当的基底下辛构造可取上述的标准形式.

问题 求上例中的基底矢量 $\boldsymbol{e}_{p_i},\boldsymbol{e}_{q_i}$ $(i=1,\cdots,n)$ 的斜数量积.

解 由 $p_1\wedge q_1+\cdots+p_n\wedge q_n$ 的定义可得关系式

$$[\boldsymbol{e}_{p_i},\boldsymbol{e}_{p_j}]=[\boldsymbol{e}_{q_i},\boldsymbol{e}_{q_j}]=0,[\boldsymbol{e}_{p_i},\boldsymbol{e}_{q_j}]=\delta_{ij}. \tag{1}$$

现在回到一般的辛空间.

定义 辛基底就是斜数量积适合 (1) 的 $2n$ 个矢量 $\boldsymbol{e}_{p_i},\boldsymbol{e}_{q_i}$ $(i=1,\cdots,n)$.

换言之, 每个基底矢量都斜正交于其他基底矢量, 但有一个与它共轭的例外; 它和这个共轭矢量的斜数量积等于 ±1.

定理 每个辛空间都有辛基底. 而且可取任一个非零矢量 $\boldsymbol{e}$ 为第一个基底矢量.

证 这个定理与欧氏几何的相应定理完全类似, 证法也几乎相同.

因矢量 $\boldsymbol{e}$ 非零, 故有矢量 $\boldsymbol{f}$ 与它不斜正交 ($[\ ,\ ]$ 为非退化的). 取定 $\boldsymbol{f}$ 之长, 可以保证它与 $\boldsymbol{e}$ 之斜数量积为 1. 当 $n=1$ 时定理已证.

---

① $\mathbb{R}^{2n}$ 上的 2–形式 $[\ ,\ ]$ 是非退化的, 若 $([\boldsymbol{\xi},\boldsymbol{\eta}]=0,\forall\boldsymbol{\eta})\Rightarrow(\boldsymbol{\xi}=0)$.

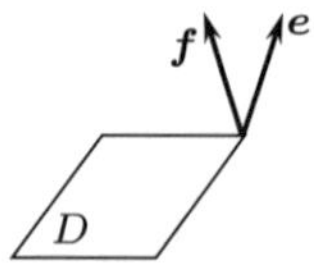

图 174　斜正交补

若 $n > 1$, 考虑这一对矢量 $\boldsymbol{e}, \boldsymbol{f}$ 的斜正交补 D. D 是 $\boldsymbol{e}$ 的和 $\boldsymbol{f}$ 的斜正交补之交. 这两个 $2n-1$ 维空间不会重合, 因为 $\boldsymbol{e}$ 就不在 $\boldsymbol{f}$ 的斜正交补之内. 所以它们的交具有偶数维 $2n-2$, 所以下面有时记 D 为 D^{2n-2}.

我们要证明 D 是 $\mathbb{R}^{2n}$ 的辛子空间, 即斜数量积 $[\,,\,]$ 限制在 D 上后仍为非退化. 若矢量 $\boldsymbol{\xi} \in D$ 斜正交于整个子空间 D, 则因它还斜正交于 $\boldsymbol{e}$ 和 $\boldsymbol{f}$, 所以它斜正交于 $\mathbb{R}^{2n}$, 而这与 $[\,,\,]$ 在 $\mathbb{R}^{2n}$ 上之非退化性矛盾. 所以 D^{2n-2} 是辛空间.

若将矢量 $\boldsymbol{e}, \boldsymbol{f}$ 加到 D^{2n-2} 的辛基底上去, 就会得到 $\mathbb{R}^{2n}$ 的辛基底, 于是用对维数 n 的归纳法即可证明定理. □

系　*所有同维数的辛空间都是同构的.*

若以辛基底的矢量为单位坐标矢量, 即得一坐标系 p_i, q_i 而 $[\,,\,]$ 取标准形式 $p_1 \wedge q_1 + \cdots + p_n \wedge q_n$. 这样一个坐标系称为*辛坐标系*.

C. 辛群

与欧氏构造相联系, 我们有保持欧氏构造的线性变换的正交群. 在辛空间中, 起类似作用的是辛群.

定义　把辛空间 $\mathbb{R}^{2n}$ 映射到自身的线性变换 $S: \mathbb{R}^{2n} \to \mathbb{R}^{2n}$ 称为*辛变换*, 如果它保持斜数量积不变:

$$[S\boldsymbol{\xi}, S\boldsymbol{\eta}] = [\boldsymbol{\xi}, \boldsymbol{\eta}], \quad \forall \boldsymbol{\xi}, \boldsymbol{\eta} \in \mathbb{R}^{2n}.$$

$\mathbb{R}^{2n}$ 上所有辛变换之集称为*辛群*, 记作 $Sp(2n)$.[1)]

很清楚, 两个辛变换的复合仍是辛变换. 为了说明辛群这个名词合理, 我们只需证明辛变换是非异的; 于是很清楚, 其逆仍是辛变换.

问题　证明群 $Sp(2)$[1)] 同构于行列式为 1 的实 2×2 矩阵群, 而且同胚于立体的三维环体的内域.

定理　*标准辛空间 (p, q) 的变换 $S: \mathbb{R}^{2n} \to \mathbb{R}^{2n}$ 为辛变换当且仅当它是线性的典则的, 即保持下面的 2–微分形式不变:*

$$\omega^2 = dp_1 \wedge dq_1 + \cdots + dp_n \wedge dq_n.$$

证　将 $\mathbb{R}^{2n}$ 与其切空间自然地等同起来即知, 2–形式 ω^2 变成 $[\,,\,]$. □

系　*任意辛变换之行列式等于 1.*

证　我们已经知道 (节 38B) 典则变换保持 ω^2 之外幂. 但其 n 次外幂 (除差一个常数倍外) 即 $\mathbb{R}^{2n}$ 的体积元. 这意味着标准辛空间 $\mathbb{R}^{2n} = \{(p, q)\}$ 之辛变换保持

[1)] 更多的时候记作 $Sp(n, \mathbb{R})$, 所以问题中的 $Sp(2)$ 时常记作 $Sp(1, \mathbb{R})$. —— 中译者注

$\mathbb{R}^{2n}$ 的体积元, 故 $\det S = 1$, 但因每个辛线性构造均可在辛坐标系下写成标准形式, 所以任意辛空间的辛变换行列式等于 1. □

定理 线性变换 $S:\mathbb{R}^{2n}\to\mathbb{R}^{2n}$ 为辛变换当且仅当它将某一个 (从而也将任一个) 辛基底变为一个辛基底.

证 基底矢量的任意两个线性组合之斜数量积可以用基底矢量的斜数量积来表示. 若此变换不改变基底矢量的斜数量积, 则亦不改变任意矢量的斜数量积. □

D. 辛空间中的平面

欧氏空间中所有平面都是等价的: 每一个欧氏空间都可通过一个运动变成另一个. 我们现在要从这个观点来看辛空间.

问题 证明辛空间中任一非零矢量均可用一个辛变换变成另一非零矢量.

问题 证明辛空间 $\mathbb{R}^{2n}$ 中并非每个二维平面都能用辛变换从给定的二维平面变来.

提示 考虑平面 (p_1,q_2) 与 (p_1,q_1).

定义 辛空间的一个 k 维平面 (即子空间) 若斜正交于其自身, 即若其上任意两个矢量的斜数量积均为零, 则称为*零化平面*[①].

例 辛坐标系 p,q 之坐标平面 $(p_1,\cdots,p_n)$ 是零化的 (请证明!).

问题 证明任意非零化二维平面都可用辛变换变为任意另一个非零化二维平面.

在辛几何中作计算时对辛空间再附加上某个欧氏构造可能是有用的. 固定一个辛坐标系 $\boldsymbol{p},\boldsymbol{q}$ 并用数量积

$$(\boldsymbol{x},\boldsymbol{x})=\sum p_i^2+q_i^2,\quad \boldsymbol{x}=\sum p_i\boldsymbol{e}_{p_i}+q_i\boldsymbol{e}_{q_i}$$

引入一个欧氏构造.

在这个欧氏构造中辛基底 $\boldsymbol{e}_p,\boldsymbol{e}_q$ 是标准正交的. 斜数量积和每一个双线性形式一样可以用数量积来表示:

$$[\boldsymbol{\xi},\boldsymbol{\eta}]=(I\boldsymbol{\xi},\boldsymbol{\eta}),\tag{2}$$

这里 $I:\mathbb{R}^{2n}\to\mathbb{R}^{2n}$ 是一个算子. 由斜数量积的斜对称性可知, 算子 I 也是斜对称的.

问题 计算算子 I 在辛基底 $\boldsymbol{e}_{p_i},\boldsymbol{e}_{q_i}$ 下的矩阵.

答 $\begin{pmatrix}0 & -E\\ E & 0\end{pmatrix}$, E 是 $n\times n$ 单位矩阵.

于是 $n=1$ 时 (即在 $(\boldsymbol{p},\boldsymbol{q})$ 平面中) I 就是旋转 90°, 而在一般情况下, I 是在每个平面 (p_i,q_i) 中都旋转 90°.

问题 证明算子 I 是辛变换且 $I^2=-E_{2n}$.

---

① 零化平面也称为迷向平面, $k=n$ 时称为拉格朗日平面.

虽然欧氏构造与算子 I 并非不变地联系于一个辛空间, 它们时常是很方便的. 下面的定理可以由 (2) 直接得出.

定理 辛空间中的平面 π 是零化的当且仅当平面 $I\pi$ 在欧氏意义下正交于 π.

注意, 因为 I 是非异的, 平面 π 与 $I\pi$ 维数相同. 所以有

系 $\mathbb{R}^{2n}$ 的零化平面的维数小于或等于 n.

这是由于 $\mathbb{R}^{2n}$ 中的两个 k 维平面 π 和 $I\pi$ 当 $k>n$ 时不能正交.

我们来更仔细地讨论辛坐标空间 $\mathbb{R}^{2n}$ 中的 n 维零化平面. 坐标 $\boldsymbol{p}$–平面是这种平面的一个例子. 在 $\mathbb{R}^{2n}=\{(\boldsymbol{p},\boldsymbol{q})\}$ 中共有 C_{2n}^n 个 n 维坐标平面.

问题 证明在 C_{2n}^n 个 n 维坐标平面中有 2^n 个零化平面. 将 $(1,\cdots,n)$ 分为 $(i_1,\cdots,i_k)$, $(j_1,\cdots,j_{n-k})$ 两部分有 2^n 种分法, 每一种都联系有一零化坐标平面 $p_{i_1},\cdots,p_{i_k};q_{j_1},\cdots,q_{j_{n-k}}$.

为了讨论典则变换的生成函数, 我们需要

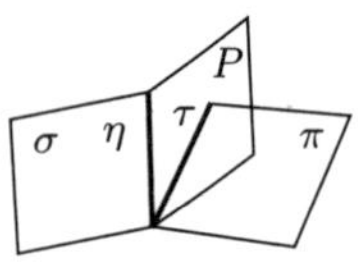

图 175 与已知平面 π 横截的坐标平面的作法

定理 辛坐标空间 $\mathbb{R}^{2n}$ 的每一个 n 维零化平面都横截[①] 于 2^n 个零化坐标平面中至少一个.

证 令 P 为零化平面 $p_1,\cdots,p_n$ (图 175). 考虑交集 $\tau=\pi\cap P$. 设 τ 的维数为 $k, 0\leqslant k\leqslant n$. 和 n 维空间的任一个 k 维子空间一样, 平面 τ 至少横截 P 中的一个 $(n-k)$ 维坐标平面, 设此平面为

$$\eta=(p_{i_1},\cdots,p_{i_k});\quad \tau+\eta=P,\quad \tau\cap\eta=0.$$

我们现在考虑 n 维零化坐标平面

$$\sigma=(p_{i_1},\cdots,p_{i_k},q_{j_1},\cdots,q_{j_{n-k}}),\quad \eta=\sigma\cap P,$$

并且来证明平面 π 横截于 σ:

$$\pi\cap\sigma=0.$$

我们有

$$\left.\begin{array}{l}\tau\subset\pi,\pi\perp\pi\Rightarrow\tau\perp\pi\\ \eta\subset\sigma,\sigma\perp\sigma\Rightarrow\eta\perp\sigma\end{array}\right\}\Rightarrow(\tau+\eta)\perp(\pi\cap\sigma)$$
$$=P\perp(\pi\cap\sigma).$$

但是 P 是一个 n 维零化平面. 所以每一个斜正交于 P 的矢量都属于 P (参见上系). 因此 $(\pi\cap\sigma)\subset P$. 最后即得待证的

$$\pi\cap\sigma=(\pi\cap P)\cap(\sigma\cap P)=\tau\cap\eta=0.\qquad\square$$

①矢量空间 L 的两个子空间 L_1 和 L_2 若 $L_1+L_2=L$ 则称为横截的. $\mathbb{R}^{2n}$ 中的两个 n 维平面当且仅当它们只相交于 0 时是横截的.

问题 设 π_1, π_2 是辛空间 $\mathbb{R}^{2n}$ 的两个 k 维平面, 是否总可以用辛变换变 π_1 为 π_2? 一共有多少类平面不能彼此互相用辛变换来变?

答 $[k/2]+1$, 若 $k \leqslant n$; $[(2n-k)/2]+1$, 若 $k \geqslant n$.

E. 辛构造和复构造

因 $I^2=-E$, 我们不仅可在空间 $\mathbb{R}^{2n}$ 中引入辛构造 $[\ ,\ ]$ 和欧氏构造 $(\ ,\ )$, 还可引入复构造如下: 定义 I 的作用即以 $i=\sqrt{-1}$ 相乘. 这样可把空间 $\mathbb{R}^{2n}$ 与复空间 $\mathbb{C}^n$ (坐标为 $z_k=p_k+iq_k$ 的坐标空间) 等同起来. $\mathbb{R}^{2n}$ 的保持欧氏构造的线性变换构成*正交群* $O(2n)$; 保持复构造的线性变换构成*复线性群* $GL(n,\mathbb{C})$. [1)]

问题 证明既是辛变换又是正交变换的变换都是复变换, 既是复变换又为正交变换的一定是辛变换, 既是辛变换的又为复变换的一定是正交变换, 所以三个群中任意两个的交都等于三者之交:

$$\begin{aligned} O(2n)\cap Sp(2n) &= Sp(2n)\cap GL(n,\mathbb{C}) \\ &= GL(n,\mathbb{C})\cap O(2n), \end{aligned}$$

这个交称为*酉群* $U(n)$.

酉变换保持埃尔米特数量积 $(\boldsymbol{\xi},\boldsymbol{\eta})+i[\boldsymbol{\xi},\boldsymbol{\eta}]$ 不变. $\mathbb{R}^{2n}$ 上的数量积和斜数量积分别为其实部和虚部.

§42. 具有多个自由度的力学系中的参数共振

当我们研究具有周期变化参数的振动力学系统时 (参见节 25), 我们解释过参数共振依赖于一个线性变换 ("在一周期时的映射") 的本征值. 这种依赖性在于以下事实: 如果在一周期时的映射的本征值模小于 1, 则这个具有周期变化的力学系统的平衡位置是稳定的, 而只要有一个本征值的模大于 1, 则是不稳定的.

从一个具有周期系数的哈密顿方程组所得到的在一周期时的映射是辛变换. 节 25 中关于单自由度的力学系的参数共振的研究依赖于我们对平面上的辛变换之本征值性态的分析. 在这一节里, 我们将以类似的方法分析任意维相空间中辛变换的本征值性态. 这一分析的结果 (属于克莱因 (М. Г. Крейн)) 可用以研究多个自由度的力学系统中出现参数共振的条件.

A. 辛矩阵

考虑辛空间中的线性变换 $S:\mathbb{R}^{2n}\to\mathbb{R}^{2n}$. 令 $p_1,\cdots,p_n,q_1,\cdots,q_n$ 为辛坐标系. 在这坐标系中, 此变换由矩阵 S 表示.

定理 *一变换为辛变换当且仅当它在辛坐标系 (p,q) 中的矩阵 S 满足关系式*

$$S'IS=I.$$

[1)] $GL(n,\mathbb{C})$ 即 n 阶非异复矩阵之群. 在这里则指保持复构造 I 的 $2n$ 阶实矩阵之群. 二者只是实现的方法不同, 作为群则是相同的. —— 日译者注

这里

$$I=\begin{pmatrix} O & -E \\ E & O \end{pmatrix},$$

而 S' 是 S 的转置.

证 可以应用算子 I 把辛变换的条件 $([S\boldsymbol{\xi},S\boldsymbol{\eta}]=[\boldsymbol{\xi},\boldsymbol{\eta}])$ 重写为数量积形式如下:

$$(IS\boldsymbol{\xi},S\boldsymbol{\eta})=(I\boldsymbol{\xi},\boldsymbol{\eta}),\quad \forall\boldsymbol{\xi},\boldsymbol{\eta},$$

这就是希望求证的结果:

$$(S'IS\boldsymbol{\xi},\boldsymbol{\eta})=(I\boldsymbol{\xi},\boldsymbol{\eta}),\quad \forall\boldsymbol{\xi},\boldsymbol{\eta}.$$ □

B. 辛变换谱的对称性

定理 辛变换 S 的特征多项式

$$p(\lambda)=\det|S-\lambda E|$$

是一个反商多项式①, 亦即 $p(\lambda)=\lambda^{2n}p(1/\lambda)$.

证 我们将用 $\det S=\det I=1, I^2=-E$ 和 $\det A'=\det A$ 这些事实. 由上面的定理 $S=-IS'^{-1}I$, 因此,

$$\begin{aligned} p(\lambda)&=\det(S-\lambda E)=\det(-IS'^{-1}I-\lambda E)\\ &=\det(-S'^{-1}+\lambda E)=\det(-E+\lambda S)\\ &=\lambda^{2n}\det\left(S-\frac{1}{\lambda}E\right)=\lambda^{2n}p\left(\frac{1}{\lambda}\right). \end{aligned}$$ □

系 若 λ 是一辛变换的本征值, $1/\lambda$ 也是其本征值.

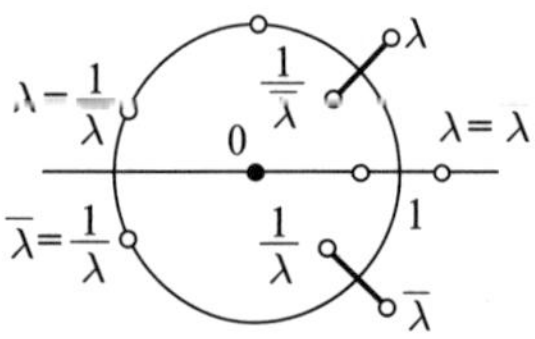

图 176 辛变换本征值的分布

另一方面, 这个特征多项式是实的, 所以若 λ 是一个复本征值, 则 $\bar{\lambda}$ 也是一个异于 λ 的本征值. 于是这个特征多项式的根对于实轴和单位圆都是对称的 (图 176). 它们总是四个一组地出现:

$$\lambda,\ \bar{\lambda},\ \frac{1}{\lambda},\ \frac{1}{\bar{\lambda}}\quad (|\lambda|\neq 1, \mathrm{Im}\lambda\neq 0),$$

或者两个一对地位于实轴上:

$$\lambda=\bar{\lambda},\quad \frac{1}{\lambda}=\frac{1}{\bar{\lambda}},$$

①一个多项式 $a_0x^m+a_1x^{m-1}+\cdots+a_m$ 如果有对称的系数 $a_0=a_m, a_1=a_{m-1},\cdots$ 就称为一个反商多项式.

而在单位圆周上时也是成对的:

$$\lambda = \frac{1}{\lambda}, \quad \bar{\lambda} = \frac{1}{\lambda}.$$

不难验证每个四重组中的四个本征值 (或每一对中的两个本征值) 重数总是相同的.

C. 稳定性

定义 变换 S 称为稳定的, 如果

$$\forall \varepsilon > 0, \exists \delta > 0 : |\boldsymbol{x}| < \delta \Rightarrow |S^N \boldsymbol{x}| < \varepsilon, \forall N > 0.$$

问题 证明只要辛变换 S 有一个本征值不在单位圆周上, 则 S 是不稳定的.

提示 由已证的对称性, 若有一个本征值不在单位圆周上, 则必有一本征值在单位圆外 $|\lambda| > 1$; 在相应的不变子空间中, S 是 "膨胀加旋转".

问题 证明若一线性变换的所有本征值全异而且都在单位圆周上, 则此变换是稳定的.

提示 变到本征矢量构成的基底上去.

定义 一个辛变换 S 称为强稳定的, 如果每一个充分靠近[①] S 的辛变换都是稳定的.

在节 25 中我们证明了: 若 $\lambda_{1,2} = e^{\pm ia}$ 而且 $\lambda_1 \neq \lambda_2$. 则 $S : \mathbb{R}^2 \to \mathbb{R}^2$ 是强稳定的.

定理 若辛变换 S 的 $2n$ 个本征值全异而且全在单位圆周上, 则 S 是强稳定的.

证 把 $2n$ 个本征值 λ 分别包在 $2n$ 个不相交邻域中, 且这些邻域对单位圆周和实轴都对称 (图 177). 特征多项式的 $2n$ 个根将连续依赖于矩阵 S 的元. 因此若矩阵 S_1 充分接近于 S, 则在这 $2n$ 个 λ 的 $2n$ 个邻域的每一个中恰有 S_1 的一个本征值 λ_1. 但若有一个 λ_1 不在单位圆周上, 例如位于其外, 则由 B 中的定理, 在 λ_1 的同一邻域中将有另一个本征值 $\lambda_2, |\lambda_2| < 1$, 于是根的总数将大于 $2n$, 而这是不可能的.

故 S_1 之一切本征值全在单位圆周上而且互异, 所以 S_1 是稳定的. □

我们可以这样说: 辛变换的本征值 λ 只有在撞上另一个本征值时才会离开单位圆周 (图 178); 与此同时, 共轭的本征值也会相撞. 这样, 从单位圆周上的两对根得出一个四重组 (或者由一对根得出一对实 λ).

由节 25 的结果可知, 具有周期变化的哈密顿函数的线性典则系统发生参数共振的条件恰好是相应的相空间之辛变换失稳. 由上面定理知道, 这只可能发生在单位圆周上的本征值碰撞以后. 事实上, 克莱因已经注意到, 并不是所有这样的碰撞都是危险的.

[①] S_1 "充分靠近" S, 如果 S_1 在某一基底下的矩阵元素与 S 在同一基底下的矩阵元素之差小于一个充分小数 ε.

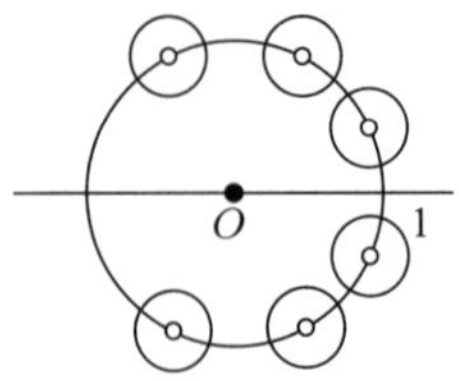

图 177 辛变换有小的变动时单特征根的性态

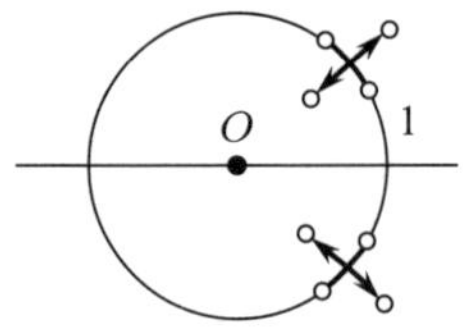

图 178 辛变换有小的变动时重特征根的性态

结果是 $|\lambda| = 1$ 的本征值 λ 分成两类: 正类和负类. 同一类的两个根相撞时, "它们彼此跨过" 而不离开圆周. 另一方面, 两个异类根相撞, 则一般会离开单位圆周.

克莱因[1)] 的理论已超出本书范围; 我们把基本的结果以问题形式陈述于下.

问题 若 λ 和 $\bar{\lambda}$ 是辛变换 S 的单本征值 (重数 1) 且 $|\lambda| = 1$. 证明对应于 $\lambda, \bar{\lambda}$ 的二维不变平面 π_λ 是非零化的.

提示 令 $\boldsymbol{\xi}_1, \boldsymbol{\xi}_2$ 是 S 相应于本征值 λ_1, λ_2 的复本征矢量. 若 $\lambda_1\lambda_2 \neq 1$, 矢量 $\boldsymbol{\xi}_1, \boldsymbol{\xi}_2$ 是斜正交的: $[\boldsymbol{\xi}_1, \boldsymbol{\xi}_2] = 0$.

令 $\boldsymbol{\xi}$ 是 π_λ 中的实矢量而 $\mathrm{Im}\lambda > 0, |\lambda| = 1$. 若 $[S\boldsymbol{\xi}, \boldsymbol{\xi}] > 0$ 则称本征值 λ 是正类的.

问题 证明这个定义是正确的, 即它不依赖于平面 π_λ 中 $\boldsymbol{\xi} \neq 0$ 的选取.

提示 若 π_λ 包含两个不共线的斜正交矢量, 则它必是零化的.

同样, 一个 k 重特征根 $\lambda, |\lambda| = 1$ 若使二次型 $[S\boldsymbol{\xi}, \boldsymbol{\xi}]$ 在相应于 $\lambda, \bar{\lambda}$ 的 $2k$ 维不变子空间上为正或负定的, 就说它是正类或负类的.

问题 证明 S 是强稳定的当且仅当其所有特征根都在单位圆周上而且属于同一类.

提示 二次形式 $[S\boldsymbol{\xi}, \boldsymbol{\xi}]$ 对 S 是不变号的.

§43. 一个辛图册

我们将在本节中证明达布 (Darboux) 定理. 它指出每个辛流形都有一个局部坐标, 使辛构造可以写成最简单的形式: $\omega^2 = d\boldsymbol{p} \wedge d\boldsymbol{q}$.

A. 辛坐标

回忆一下, 流形的定义中包含了一个图册中各个区图的相容性条件. 这是关于由一个区图到另一个区图的映射 $\varphi_i^{-1}\varphi_j$ 的条件. 映射 $\varphi_i^{-1}\varphi_j$ 是坐标空间中区域之间的映射.

定义 流形 M^{2n} 的一个图册称为辛图册, 如果在坐标空间 $\mathbb{R}^{2n} = \{(\boldsymbol{p}, \boldsymbol{q})\}$ 上引入了标准辛构造 $\omega^2 = d\boldsymbol{p} \wedge d\boldsymbol{q}$, 而由一个区图到另一个的变换是由典则 (即保持 ω^2

1) М. Г. Крейн, [1]. —— 日译者注

的) 变换[①] $\varphi_i^{-1}\varphi_j$ 来实现的.

问题 证明辛图册在 M^{2n} 上定义一个辛构造.

逆也总是成立的: 每个辛流形都有一个辛图册. 这是由以下定理得出的.

B. 达布定理

定理 令 ω^2 是 $\mathbb{R}^{2n}$ 的 $\boldsymbol{x}$ 点邻域中的闭的非退化 2–微分形式. 则在 $\boldsymbol{x}$ 的某邻域中可以选一个坐标系 $(p_1, \cdots, p_n; q_1, \cdots, q_n)$ 使此微分形式有标准形式:

$$\omega^2 = d\boldsymbol{p} \wedge d\boldsymbol{q} = \sum_{i-1}^{n} dp_i \wedge dq_i.$$

这个定理使我们能把在典则变换下不变的而且在标准相空间 $(\mathbb{R}^{2n}, \omega^2 = d\boldsymbol{p}\wedge d\boldsymbol{q})$ 中证明了的一切论断推广到任何辛流形上去.

C. 坐标 p_1 和 q_1 的作法

我们取非常值线性函数作第一个坐标 p_1 (其实可取任一个在 x 处微分不为零的可微函数为 p_1). 为简单计可设 $p_1(\boldsymbol{x}) = 0$.

用 $\boldsymbol{P}_1 = I dp_1$ 记相应于函数 p_1 的哈密顿场 (图 179). 注意 $\boldsymbol{P}_1(\boldsymbol{x}) \neq 0$; 所以可以过 $\boldsymbol{x}$ 作一个超平面 N^{2n-1} 使之不含矢量 $\boldsymbol{P}_1(\boldsymbol{x})$ (其实可取任一横截于 $\boldsymbol{P}_1(\boldsymbol{x})$ 的曲面为 N^{2n-1}).

考虑具有哈密顿函数 p_1 的哈密顿相流 P_1^t. 把在 P_1^t 作用下由 $\boldsymbol{y} \in N^{2n-1}$ 到点 $\boldsymbol{z} = P_1^t(\boldsymbol{y})$ 所需的时间 t 看作 $\boldsymbol{z}$ 的函数. 由常微分方程理论的普通的定埋知这函数定义在 $\boldsymbol{x} \in \mathbb{R}^{2n}$ 的邻域中而且可微. 记此函数为 q_1. 注意在 N^{2n-1} 上 $q_1 = 0$ 而且 q_1 在场 $\boldsymbol{P}_1$ 方向上的导数为 1. 所以我们所作的函数 q_1 和 p_1 的泊松括弧等于 1:

$$(q_1, p_1) \equiv 1.$$

D. 对 n 归纳作辛坐标的作法

若 $n = 1$, 则已作完. 令 $n > 1$. 我们设达布定理已对 $\mathbb{R}^{2n-2}$ 证明. 考虑由 $q_1 = p_1 = 0$ 给出的集 M. 在 $\boldsymbol{x}$ 点微分 dp_1, dq_1 线性无关, 因为 $\omega^2(I\,dp_1, I\,dq_1) = (q_1, p_1) \equiv 1$, 故由隐函数定理 M 在点 $\boldsymbol{x}$ 附近是 $2n-2$ 维流形; 记作 M^{2n-2}.

引理 $\mathbb{R}^{2n}$ 上的辛构造 ω^2 在 M^{2n-2} 的点 $\boldsymbol{x}$ 之某邻域中诱导出 M^{2n-2} 的一个辛构造.

证 只要证明 ω^2 在 $TM_{\boldsymbol{x}}$ 上非退化即可. 考虑辛矢量空间 $T\mathbb{R}^{2n}_{\boldsymbol{x}}$. 以 p_1 和 q_1 为哈密顿函数的哈密顿矢量场中的矢量 $\boldsymbol{P}_1(\boldsymbol{x}), \boldsymbol{Q}_1(\boldsymbol{x})$ 属于 $T\mathbb{R}^{2n}_{\boldsymbol{x}}$. 令 $\boldsymbol{\xi} \in TM_{\boldsymbol{x}}$. p_1 和 q_1

---

① 例如复解析流形也是类似定义的; 在坐标空间上要有一个复构造, 而由一个区图到另一个区图的变换必须是复解析的.

沿 $\boldsymbol{\xi}$ 方向的导数等于零. 这意味着 $dp_1(\boldsymbol{\xi}) = \omega^2(\boldsymbol{P}_1, \boldsymbol{\xi}) = 0$ 和 $dq_1(\boldsymbol{\xi}) = \omega^2(\boldsymbol{Q}_1, \boldsymbol{\xi}) = 0$. 所以 $TM_{\boldsymbol{x}}$ 是 $\boldsymbol{P}_1(\boldsymbol{x})$ 和 $\boldsymbol{Q}_1(\boldsymbol{x})$ 的斜正交补. 由节 41B, ω^2 在 $TM_{\boldsymbol{x}}$ 上非退化. □

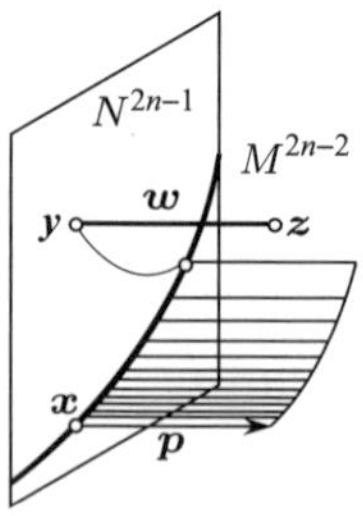

图 179 辛坐标的作法

由归纳假设在辛流形 $(M^{2n-2}, \omega^2|_M)$ 上的点 $\boldsymbol{x}$ 附近有辛坐标系. 记之为 p_i, q_i $(i = 2, \cdots, n)$. 我们将 $p_2, \cdots, q_n$ 这些函数如下拓展到 $\mathbb{R}^{2n}$ 的 $\boldsymbol{x}$ 点附近. $\mathbb{R}^{2n}$ 之 $\boldsymbol{x}$ 点邻域中每一点 z 都可唯一地表为 $\boldsymbol{z} = P_1^s Q_1^t \boldsymbol{w}$, $\boldsymbol{w} \in M^{2n-2}$, 而 s 与 t 是小数. 令坐标 $p_2, \cdots, q_n$ 在 $\boldsymbol{z}$ 点之值即它们在 $\boldsymbol{w}$ 点之值 (图 179). 这样作出的 $2n$ 个函数 $p_1, \cdots, p_n, q_1, \cdots, q_n$ 构成 $\mathbb{R}^{2n}$ 中的 $\boldsymbol{x}$ 点附近的局部坐标系.

E. 证明所得坐标为辛坐标

用 P_i^t, Q_i^t $(i = 1, \cdots, n)$ 记哈密顿函数为 p_i, q_i 的哈密顿相流, $\boldsymbol{P}_i, \boldsymbol{Q}_i$ 记相应的矢量场. 我们要计算函数 $p_1, \cdots, q_n$ 的泊松括弧. 我们已在 C 中看到 $(q_1, p_1) \equiv 1$. 所以流 P_1^t 与 Q_1^t 可交换 $P_1^t Q^s = Q_1^s P_1^t$.

回忆 $p_2, \cdots, q_n$ 的定义我们看到每一个这种函数在流 P_1^t, Q_1^t 下都是不变的. 所以 p_1, q_1 与所有 p_i, p_i $(i > 1)$ 这 $2n-2$ 个函数的泊松括弧都等于零.

所以映射 $P_1^t Q_1^s$ 与 $2n-2$ 个流 P_i^t, Q_i^s $(i > 1)$ 都可换. 所以它使 $2n-2$ 个矢量场 $\boldsymbol{P}_i, \boldsymbol{Q}_i$ $(i > 1)$ 都不变. 因为流 P_1^t 和 Q_1^s 是哈密顿流, 所以 $P_1^t Q_1^s$ 保持辛构造 ω^2; 所以 ω^2 在 $2n-2$ 个场 $\boldsymbol{P}_i, \boldsymbol{Q}_i$ $(i > 1)$ 中任意两个的矢量上之值在 $\boldsymbol{z} = P_1^t Q_1^s \boldsymbol{w} \in \mathbb{R}^{2n}$ 与在 $\boldsymbol{w} \in M^{2n-2}$ 点一样. 但这些值等于相应的哈密顿函数的泊松括弧. 这样, $2n-2$个坐标 p_i, q_j $(i > 1)$ 中任意两个的泊松括弧在点 $\boldsymbol{z}$ 与 $\boldsymbol{w}$ 处之值相等, 只要 $\boldsymbol{z} = P_1^t Q_1^s \boldsymbol{w}$.

函数 p_1, q_1 是 $2n-2$ 个流 P_i^t, Q_i^s $(i > 2)$ 的每一个的首次积分. 所以, $2n-2$ 个矢量场 $\boldsymbol{P}_i, \boldsymbol{Q}_i$ $(i > 1)$ 的每一个都切于等值流形 $p_1 = q_1 = 0$. 但这流形即 M^{2n-2}. 所以这些场是辛流形 $(M^{2n-2}, \omega^2|_M)$ 的哈密顿场而相应的哈密顿函数是 $p_i|_M, q_i|_M$ $(i > 1)$. 所以在整个空间 $(\mathbb{R}^{2n}, \omega^2)$ 中, 这 $2n-2$ 个坐标 p_i, q_i $(i > 1)$ 中任意两个在 M^{2n-2}上考虑的泊松括弧与在辛空间 $(M^{2n-2}, \omega^2|_M)$ 上考虑的泊松括弧是同样的.

但是, 由归纳假设, M^{2n-2} 上的坐标 $(p_i|_M, q_i|_M)$ $(i > 1)$ 是辛坐标. 所以在整个空间 $\mathbb{R}^{2n}$ 中, 所作出的坐标的泊松括弧有标准的值

$$(p_i, p_j) \equiv (q_i, q_j) \equiv 0, \quad (q_i, p_j) = \delta_{ij}.$$

若 $\omega^2 = \sum dp_i \wedge dq_i$ 则 $\mathbb{R}^{2n}$ 之坐标 $\boldsymbol{p}, \boldsymbol{q}$ 的泊松括弧也有同样的值. 但双线性形式 ω^2 由它在基底矢量上的值决定. 因此, 坐标函数的泊松括弧唯一地决定了 ω^2 之值. 所以

$$\omega^2 = dp_1 \wedge dq_1 + \cdots + dp_n \wedge dq_n,$$

而达布定理得证. □

第九章　典则形式化

本章中完全采用坐标观点. 由哈密顿和雅可比发展起来的典则变换的生成函数技巧是求积动力学微分方程的最有力的方法. 这一章中除了这种技巧外还包含了处理哈密顿相流的"奇数维"方法.

本章与以前各章是独立的. 它包含了第八章中几个结果的新证明, 以及对辛流形理论的起源的解释.

§44. 庞加莱–嘉当积分不变量

在本节中我们要看一看奇数维空间中的 1–形式的几何学.

A. 一个流体动力学引理

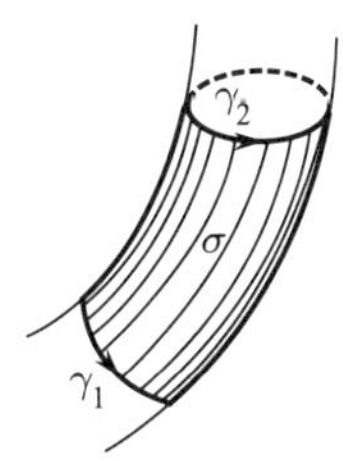

图 180　涡管

令 $\boldsymbol{v}$ 为三维有向欧氏空间 $\mathbb{R}^3$ 中的矢量场, $\boldsymbol{r} = \operatorname{curl} \boldsymbol{v}$ 为其旋度. $\boldsymbol{r}$ 的积分曲线称为涡线. 若 γ_1 是 $\mathbb{R}^3$ 中任意闭曲线 (图 180), 过 γ_1 上各点的涡线构成一个管称为涡管.

令 γ_2 为围着同一涡管的另一曲线使 $\gamma_1 - \gamma_2 = \partial\sigma, \sigma$ 是表示涡管一部分的 2–链. 这时有:

斯托克斯引理　矢量场 $\boldsymbol{v}$ 在 γ_1, γ_2 上有相同环流

$$\oint_{\gamma_1} \boldsymbol{v}\, dl = \oint_{\gamma_2} \boldsymbol{v}\, dl.$$

证　由斯托克斯公式 $\int_{\gamma_1} \boldsymbol{v}\, dl - \int_{\gamma_2} \boldsymbol{v}\, dl = \iint_\sigma \operatorname{curl} \boldsymbol{v}\, d\boldsymbol{n} = 0$. 因为 $\operatorname{curl} \boldsymbol{v}$ 切于涡管. □

B. 高维斯托克斯引理

斯托克斯引理可以推广到任意奇数维流形 M^{2n+1} (而不止是 $\mathbb{R}^3$) 上去. 为了陈述这个推广我们从矢量场转到微分形式.

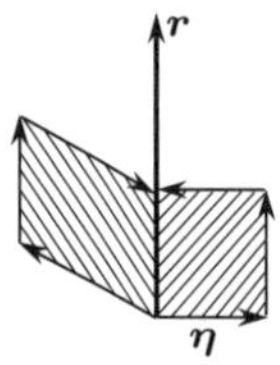

图 181 与奇数维空间中的 2–形式不变地联系的轴

矢量场 $\boldsymbol{v}$ 的环流其实是一个 1–形式 ω^1 的积分 ($\omega^1(\boldsymbol{\xi}) = (\boldsymbol{v},\boldsymbol{\xi})$). 对应于 $\boldsymbol{v}$ 的旋度是一个 2–形式 $\omega^2 = d\omega^1$ ($d\omega^1(\boldsymbol{\xi},\boldsymbol{\eta}) = (\boldsymbol{r},\boldsymbol{\xi},\boldsymbol{\eta})$). 由这些公式很清楚, 在每一点都有一个方向 (即图 181 中的 $\boldsymbol{r}$ 方向) 有以下性质: $\boldsymbol{v}$ 沿任何边缘包含 $\boldsymbol{r}$ 为一边的 "无穷小平行四边形" 边缘上的环流为 0:

$$d\omega^1(\boldsymbol{r},\boldsymbol{\eta}) = 0, \quad \forall \boldsymbol{\eta}.$$

事实上, $d\omega^1(\boldsymbol{r},\boldsymbol{\eta}) = (\boldsymbol{r},\boldsymbol{r},\boldsymbol{\eta}) = 0$.

注 从 2–形式 $\omega^2 = d\omega^1$ 过渡到矢量场 $\boldsymbol{r} = \mathrm{curl}\,\boldsymbol{v}$ 并非不变运算: 它依赖于 $\mathbb{R}^3$ 的欧氏构造. 只有 $\boldsymbol{r}$ 的方向① 是与 ω^2 不变地联系着的 (从而也与 ω^1 不变地联系着). 容易验证, 若 $\boldsymbol{r} \neq 0$, 则 $\boldsymbol{r}$ 的方向是由 $\omega^2(\boldsymbol{r},\boldsymbol{\eta}) = 0$ 对一切 $\boldsymbol{\eta}$ 成立这个条件唯一决定的.

高维斯托克斯引理的代数基础是, 奇数维空间的每一个旋转都有一个轴存在.

引理 *令 ω^2 是奇数维空间 $\mathbb{R}^{2n+1}$ 的一个外代数 2–形式. 这时必有一个矢量 $\boldsymbol{\xi} \neq 0$ 存在使*

$$\omega^2(\boldsymbol{\xi},\boldsymbol{\eta}) = 0, \quad \forall \boldsymbol{\eta} \in \mathbb{R}^{2n+1}.$$

证 斜对称形式 ω^2 可由一个奇数 $2n+1$ 阶斜对称矩阵 A 给出

$$\omega^2(\boldsymbol{\xi},\boldsymbol{\eta}) = (A\boldsymbol{\xi},\boldsymbol{\eta}), \quad \forall \boldsymbol{\xi},\boldsymbol{\eta} \in \mathbb{R}^{2n+1},$$

这个矩阵的行列式等于零: 因为

$$A' = -A, \quad \det A = \det A' = \det(-A) = (-1)^{2n+1}\det A = -\det A,$$

所以 A 的行列式为零. 这意味着 A 有 0 本征值, 设其相应的本征矢量为 $\boldsymbol{\xi} \neq 0$, 于是得证. □

使 $\forall \boldsymbol{\eta}, \omega^2(\boldsymbol{\xi},\boldsymbol{\eta}) = 0$ 的矢量 $\boldsymbol{\xi}$ *称为* ω^2 *的零化矢量*. ω^2 的零化矢量显然构成一个线性子空间. 若此空间具有最小可能的维数 (即对奇数维空间 $\mathbb{R}^{2n+1}$ 为 1 维, 对偶数维空间为 0 维), 则 ω^2 *称为非奇异的*.

问题 考虑坐标为 $p_1,\cdots,p_n; q_1,\cdots,q_n$ 的偶数维空间 $\mathbb{R}^{2n}$ 上的 2–形式 $\omega^2 = dp_1 \wedge dq_1 + \cdots + dp_n \wedge dq_n$, 证明 ω^2 非奇异.

问题 在坐标为 $p_1,\cdots,p_n; q_1,\cdots,q_n;t$ 的奇数维空间 $\mathbb{R}^{2n+1}$ 上考虑 2–形式 $\omega^2 = \sum dp_i \wedge dq_i - \omega^1 \wedge dt$, ω^1 是 $\mathbb{R}^{2n+1}$ 上的任意 1–形式, 证明 ω^2 是非奇异的.

① 即 $T\mathbb{R}^3_x$ 中与矢量 $\boldsymbol{r}$ 平行的无定向直线.

若 ω^2 是奇数维空间 $\mathbb{R}^{2n+1}$ 上的非奇异形式, 则 ω^2 的所有零化矢量都在一直线上. 这直线是与 ω^2 不变地相联系的.

现令 M^{2n+1} 为一奇数维微分流形, ω^1 是 M^{2n+1} 上的 1–形式. 由上面的引理, 在每一点 $\boldsymbol{x}\in M^{2n+1}$ 均有一个方向 (即切空间 $TM_{\boldsymbol{x}}^{2n+1}$ 上的直线 $\{c\boldsymbol{\xi}\}$) 具有以下性质: ω^1 沿着 “一个其边缘包含此方向的无穷小平行四边形” 上之积分为 0:

$$d\omega^1(\boldsymbol{\xi},\boldsymbol{\eta})=0,\quad \forall\boldsymbol{\eta}\in TM_{\boldsymbol{x}}.$$

再设 2–形式 $d\omega^1$ 是非奇异的. 这时方向 $\boldsymbol{\xi}$ 是唯一决定的. 我们称它为 ω^1 的 “涡方向”.

涡方向场的积分曲线称为形式 ω^1 的涡线 (或特征线).

令 γ_1 为 M^{2n+1} 上的闭曲线. 由 γ_1 之各点发出的涡线构成 “涡管”. 我们有

高维斯托克斯引理 1–形式 ω^1 沿围着同一涡管的任意两条闭曲线的积分恒相等, 即 $\displaystyle\int_{\gamma_1}\omega^1=\int_{\gamma_2}\omega^1$ 只要 $\gamma_1-\gamma_2=\partial\sigma$, 而 σ 是涡管上的一块.

证 由斯托克斯公式

$$\oint_{\gamma_1}\omega^1-\oint_{\gamma_2}\omega^1=\int_{\partial\sigma}\omega^1=\int_{\sigma}d\omega^1.$$

但 $d\omega^1$ 在任一对切于涡管的矢量上之值为 0. (这两个矢量位于一个包含涡方向的二维平面上, 而 $d\omega^1$ 在此平面上为 0.) 所以 $\displaystyle\int_{\sigma}d\omega^1=0$. □

C. 哈密顿的典则方程

哈密顿力学的所有基本命题都可直接由斯托克斯引理得出.

我们将取 “扩充相空间” (坐标为 $p_1,\cdots,p_n;q_1,\cdots,q_n;t$) 为 M^{2n+1}. 设已给函数 $H=H(\boldsymbol{p},\boldsymbol{q},t)$. 我们作[①] 1–形式

$$\omega^1=\boldsymbol{p}d\boldsymbol{q}-Hdt\quad(\boldsymbol{p}d\boldsymbol{q}=p_1dq_1+\cdots+p_ndq_n),$$

对 ω^1 应用斯托克斯引理 (图 182).

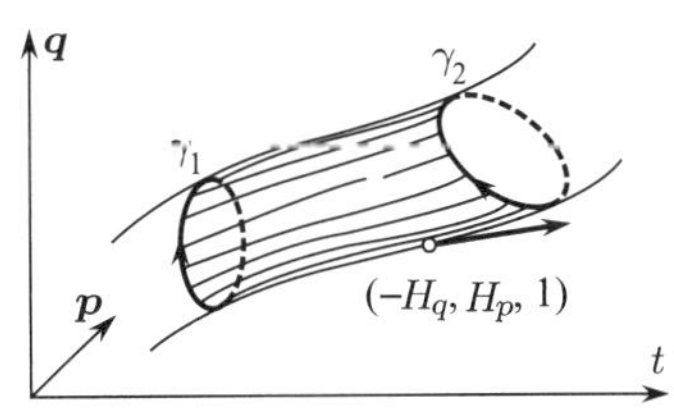

图 182 哈密顿场和形式 $\boldsymbol{p}d\boldsymbol{q}-Hdt$ 的涡线

定理 $2n+1$ 维扩充相空间 $\boldsymbol{p},\boldsymbol{q},t$ 上的形式 $\omega^1=\boldsymbol{p}d\boldsymbol{q}-Hdt$ 之涡线在 t 轴上有一对一的投影, 即可表为函数 $\boldsymbol{p}(t),\boldsymbol{q}(t)$. 这些函数适合以 H 为哈密顿函数的典则方程组:

$$\frac{d\boldsymbol{p}}{dt}=-\frac{\partial H}{\partial\boldsymbol{q}},\quad \frac{\partial\boldsymbol{q}}{\partial t}=\frac{\partial H}{\partial\boldsymbol{p}}. \tag{1}$$

①形式 ω^1 在这里似乎是凭空冒出来的. 在下一节里我们将会看到应用这个形式的想法是怎样从光学来的.

换句话说, 形式 $\boldsymbol{p}d\boldsymbol{q}-Hdt$ 的涡线是相流在扩充相空间中的轨道, 即典则方程 (1) 的积分曲线.

证 形式 $\boldsymbol{p}d\boldsymbol{q}-Hdt$ 的微分等于

$$d\omega^1=\sum_{i=1}^{n}\left(dp_i\wedge dq_i-\frac{\partial H}{\partial p_i}dp_i\wedge dt-\frac{\partial H}{\partial q_i}dq_i\wedge dt\right).$$

由此可见 2–形式 $d\omega^1$ 在 $\boldsymbol{p},\boldsymbol{q},t$ 坐标中的矩阵是

$$A=\begin{pmatrix} 0 & -E & H_{\boldsymbol{p}} \\ E & 0 & H_{\boldsymbol{q}} \\ -H_{\boldsymbol{p}} & -H_{\boldsymbol{q}} & 0 \end{pmatrix},$$

这里

$$E=\underbrace{\begin{pmatrix} 1 & & \\ & \ddots & \\ & & 1 \end{pmatrix}}_{n},\quad H_{\boldsymbol{p}}=\frac{\partial H}{\partial \boldsymbol{p}},\quad H_{\boldsymbol{q}}=\frac{\partial H}{\partial \boldsymbol{q}}$$

(请验证!).

这矩阵的秩是 $2n$ (左上角的 $2n$ 阶子式非奇异); 所以 $d\omega^1$ 是非奇异的. 可以直接验证, 矢量 $(-H_{\boldsymbol{q}},H_{\boldsymbol{p}},1)$ 是 A 相应于本征值 0 的本征矢量 (请验证!). 这意味着, 它给出了 $\boldsymbol{p}d\boldsymbol{q}-Hdt$ 涡线的方向. 但是矢量 $(-H_{\boldsymbol{q}},H_{\boldsymbol{p}},1)$ 也是 (1) 之相流的速度矢量. 这样 (1) 的积分曲线正是 $\boldsymbol{p}d\boldsymbol{q}-Hdt$ 的涡线, 是所求证. □

D. 关于庞加莱–嘉当积分不变量的一个定理

现在我们来应用斯托克斯引理. 我们得到基本

定理 设两曲线 γ_1,γ_2 包围 (1) 之相轨道所成的同一个管. 这时 $\boldsymbol{p}d\boldsymbol{q}-Hdt$ 在 γ_1 与 γ_2 上的积分相等:

$$\oint_{\gamma_1}\boldsymbol{p}d\boldsymbol{q}-Hdt=\oint_{\gamma_2}\boldsymbol{p}d\boldsymbol{q}-Hdt.$$

形式 $\boldsymbol{p}d\boldsymbol{q}-Hdt$ 称为庞加莱–嘉当积分不变量①.

证 相轨道是 $\boldsymbol{p}d\boldsymbol{q}-Hdt$ 的涡线, 而由斯托克斯引理, 沿着包围同一涡管的闭曲线上之积分相等. □

我们特别要考虑由同时状态组成的即位于平面 $t=$ 常数上的曲线 (图 183). 沿着这种曲线, $dt=0$ 而 $\oint\boldsymbol{p}d\boldsymbol{q}-Hdt=\oint\boldsymbol{p}d\boldsymbol{q}$.

由前述定理可得到重要的

系 1 相流保持形式 $\boldsymbol{p}d\boldsymbol{q}=p_1dq_1+\cdots+p_ndq_n$ 沿闭曲线上之积分值.

①在变分学中 $\int\boldsymbol{p}d\boldsymbol{q}-Hdt$ 称为希尔伯特不变积分.

证 令 $g_{t_0}^{t_1}:\mathbb{R}^{2n}\to\mathbb{R}^{2n}$ 是由 t_0 到 t_1 时刻的相流所实现的相空间 $(\boldsymbol{p},\boldsymbol{q})$ 的变换 (即是说, $g_{t_0}^{t_1}(\boldsymbol{p}_0,\boldsymbol{q}_0)$ 是典则方程 (1) 适合初始条件 $\boldsymbol{p}(t_0)=\boldsymbol{p}_0,\boldsymbol{q}(t_0)=\boldsymbol{q}_0$ 之解). 令 γ 为空间 $\mathbb{R}^{2n}$ (即 $t=t_0$)$\subset\mathbb{R}^{2n+1}$ 中的任意闭曲线, 于是 $g_{t_0}^{t_1}\gamma$ 是 $\mathbb{R}^{2n}$ (即 $t=t_1$) 中的闭曲线且与 γ 位于由相轨道在 $\mathbb{R}^{2n+2}$ 中所成的同一个管上. 因为在 γ 与 $g_{t_0}^{t_1}\gamma$ 上 $dt=0$, 由上面的定理可证得 $\oint_\gamma \boldsymbol{p}d\boldsymbol{q}=\oint_{g_{t_0}^{t_1}\gamma}\boldsymbol{p}d\boldsymbol{q}$. □

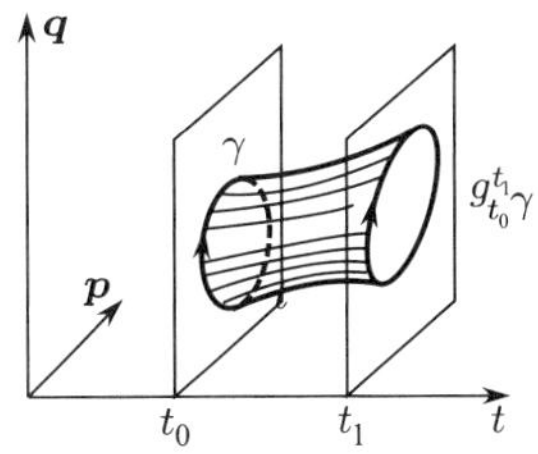

图 183 庞加莱积分不变量

形式 $\boldsymbol{p}d\boldsymbol{q}$ 叫做庞加莱相对积分不变量. 它的几何意义很简单. 令 σ 是一个二维有向链而且 $\gamma=\partial\sigma$. 这时, 由斯托克斯定理有

$$\oint_\gamma \boldsymbol{p}d\boldsymbol{q}=\iint_\sigma d\boldsymbol{p}\wedge d\boldsymbol{q}.$$

于是我们证明了重要的

系 2 相流保持曲面在 n 个坐标平面 (p_i,q_i) 上的投影的有向面积之和

$$\iint_\sigma d\boldsymbol{p}\wedge d\boldsymbol{q}=\iint_{g_{t_0}^{t_1}\sigma} d\boldsymbol{p}\wedge d\boldsymbol{q}.$$

换言之, 2–形式 $\omega^2=d\boldsymbol{p}\wedge d\boldsymbol{q}$ 是相流的绝对积分不变量.

例 当 $n=1$ 时, ω^2 就是面积, 而我们又得到了刘维尔定理: 相流保持面积不变.

E. 典则变换

令 g 为相空间 $\mathbb{R}^{2n}=\{(\boldsymbol{p},\boldsymbol{q})\}$ 到 $\mathbb{R}^{2n}$ 的可微映射.

定义 映射 g 称为典则映射或典则变换, 如果 g 保持 2–形式 $\omega^2=\sum dp_i\wedge dq_i$ 不变.

由以上的论说可知, 这定义有三个等价的形式:

1. $g^*\omega^2=\omega^2$ (g 保持 2–形式 $\sum dp_i\wedge dq_i$);
2. $\iint_\sigma\omega^2=\iint_{g\sigma}\omega^2, \forall\sigma$ (g 保持任意曲面在 n 个坐标平面上的投影之有向面积之和);
3. $\oint_\gamma \boldsymbol{p}d\boldsymbol{q}=\oint_{g\gamma}\boldsymbol{p}d\boldsymbol{q}$ ($\boldsymbol{p}d\boldsymbol{q}$ 是 g 的相对积分不变量).

问题 证明若上述映射的定义域是相空间 $\mathbb{R}^{2n}$ 的单连通域, 则定义 (1), (2) 等价于 (3); 一般则有 $3\Rightarrow 2\Rightarrow 1$.

上面几个系现在可以改述为

定理 相流在相空间中给出典则变换.

令 $g:\mathbb{R}^{2n}\to\mathbb{R}^{2n}$ 为典则变换, 即 g 保持 ω^2. 这时 g 也保持 ω^2 的外平方:

$$g^*(\omega^2\wedge\omega^2)=\omega^2\wedge\omega^2,\quad 从而\ g^*(\omega^2)^k=(\omega^2)^k.$$

形式 $\sum dp_i \wedge dq_i$ 的各次外幂与以下形式成正比:

$$\omega^4 = \sum_{i<j} dp_i \wedge dp_j \wedge dq_i \wedge dq_j,$$
$$\omega^{2k} = \sum_{i_1<\cdots<i_k} dp_{i_1} \wedge \cdots \wedge dp_{i_k} \wedge dq_{i_1} \wedge \cdots \wedge dq_{i_k}.$$

于是我们证明了

定理 典则变换保持积分不变量 $\omega^4, \cdots, \omega^{2n}$.

从几何上说, ω^{2k} 的积分是在坐标平面 $(p_{i_1}, \cdots, p_{i_k}; q_{i_1}, \cdots, q_{i_k})$ 的投影的有向体积之和, 特别是, ω^{2n} 正比于体积元素, 所以我们有

系 典则变换保持相空间中的体积: 即对任意区域 D, gD 之体积等于 D 之体积,

$$\mathrm{vol} gD = \mathrm{vol} D, \quad \forall D.$$

特别是, 应用到相流我们就得到了

系 $\omega^2, \omega^4, \cdots, \omega^{2n}$ 是相流 (1) 的积分不变量.

最后一个不变量是相体积, 所以我们又证得了刘维尔定理.

§45. 庞加莱–嘉当积分不变量的推论

在本节中我们要证明典则变换保持哈密顿方程组的形状, 证明一个哈密顿方程组的首次积分能将此方程组的阶数立即降低 2, 还要证明, 在一个自然的拉格朗日力学系中, 运动是沿着构形空间赋以某个黎曼度量后的测地线进行的.

A. 典则方程中的变量变换

形式 $\boldsymbol{p}d\boldsymbol{q} - Hdt$ 与其涡线的联系之不变性质给出了在扩充的相空间 $\{(\boldsymbol{p}, \boldsymbol{q}, t)\}$ 的 $2n+1$ 个坐标中写出运动方程的一种方法.

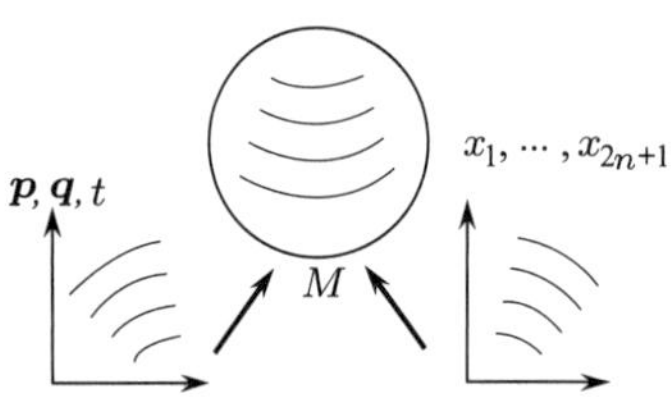

图 184 哈密顿方程组中的变量变换

令 $(x_1, \cdots, x_{2n+1})$ 是扩充相空间 (看作一个流形 M^{2n+1}, 图 184) 的某个区图中的 $2n+1$ 个坐标函数. 坐标 $(\boldsymbol{p}, \boldsymbol{q}, t)$ 可以认为是给出了 M 上另一个区图. 形式 $\omega^1 = \boldsymbol{p}d\boldsymbol{q} - Hdt$ 可以看作是 M 上的 1–微分形式. M 上有一族曲线 —— 涡线与此形式不变地 (即与区图无关地) 联系着. 在区图 $(\boldsymbol{p}, \boldsymbol{q}, t)$ 中这些曲线是以 $H(\boldsymbol{p}, \boldsymbol{q}, t)$ 为哈密顿函数的相流

$$\frac{d\boldsymbol{p}}{dt} = -\frac{\partial H}{\partial \boldsymbol{q}}, \quad \frac{\partial \boldsymbol{q}}{\partial t} = \frac{\partial H}{\partial \boldsymbol{p}} \tag{1}$$

的轨迹.

设在坐标 $(x_1,\cdots,x_{2n+1})$ 中形式 ω^1 可写为

$$\boldsymbol{p}d\boldsymbol{q}-Hdt=X_1dx_1+\cdots+X_{2n+1}dx_{2n+1}.$$

定理 在区图 (x_i) 中, (1) 的轨迹是 $\sum X_idx_i$ 的涡线.

证 形式 $\sum X_idx_i$ 和 $\boldsymbol{p}d\boldsymbol{q}-Hdt$ 的涡线是 M 上同一个形式的涡线在两个不同区图中的表示. 但 (1) 的积分曲线是 $\boldsymbol{p}d\boldsymbol{q}-Hdt$ 的涡线. 于是, 它们在区图 (x_i) 中的像是形式 $\sum X_idx_i$ 的涡线. □

系 令 $(P_1,\cdots,P_n;Q_1,\cdots,Q_n;T)$ 是扩充相空间 $(\boldsymbol{p},\boldsymbol{q},t)$ 的一个坐标系而函数 $K(\boldsymbol{P},\boldsymbol{Q},T)$ 和 $S(\boldsymbol{P},\boldsymbol{Q},T)$ 使得

$$\boldsymbol{p}d\boldsymbol{q}-Hdt=\boldsymbol{P}d\boldsymbol{Q}-KdT+dS$$

(左右双方都是扩充相空间上的形式).

这时相流 (1) 的轨迹在区图 $(\boldsymbol{P},\boldsymbol{Q},T)$ 中是以下典则方程的积分曲线:

$$\frac{d\boldsymbol{P}}{dT}=-\frac{\partial K}{\partial \boldsymbol{Q}},\quad \frac{d\boldsymbol{Q}}{dT}=\frac{\partial K}{\partial \boldsymbol{P}}. \tag{2}$$

证 由以上的定理, (1) 的轨迹可用 $\boldsymbol{P}d\boldsymbol{Q}-KdT+dS$ 的涡线来表示. 但 dS 对涡线无影响 (因 $d\,dS=0$). 所以 (1) 的轨迹之像是 $\boldsymbol{P}d\boldsymbol{Q}-KdT$ 的涡线. 按节 44C, 这样的形式的涡线即典则方程 (2) 的积分曲线. □

特别若 $g:\mathbb{R}^{2n}\to\mathbb{R}^{2n}$ 是相空间的典则变换而把坐标是 $(\boldsymbol{p},\boldsymbol{q})$ 的点变为坐标是 $(\boldsymbol{P},\boldsymbol{Q})$ 的点. 函数 $\boldsymbol{P}(\boldsymbol{p},\boldsymbol{q})$ 和 $\boldsymbol{Q}(\boldsymbol{p},\boldsymbol{q})$ 就可以看成是相空间的新坐标.

定理 在新坐标 $(\boldsymbol{P},\boldsymbol{Q})$ 中典则方程 (1) 仍有典则形式①

$$\frac{d\boldsymbol{P}}{dt}=-\frac{\partial K}{\partial \boldsymbol{Q}},\quad \frac{d\boldsymbol{Q}}{dt}=\frac{\partial K}{\partial \boldsymbol{P}}, \tag{3}$$

而哈密顿函数相同:

$$K(\boldsymbol{P},\boldsymbol{Q},t)=H(\boldsymbol{p},\boldsymbol{q},t).$$

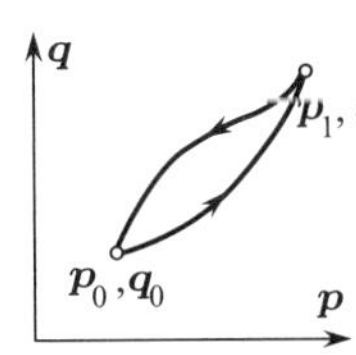

图 185 形式 $\boldsymbol{p}d\boldsymbol{q}-\boldsymbol{P}d\boldsymbol{Q}$ 为闭

证 考虑 $\mathbb{R}^{2n}$ 中的 1 形式 $\boldsymbol{p}d\boldsymbol{q}-\boldsymbol{P}d\boldsymbol{Q}$. 对任一闭曲线 γ (图 185), 因为 g 是典则的, 有

$$\oint_\gamma \boldsymbol{p}d\boldsymbol{q}-\boldsymbol{P}d\boldsymbol{Q}=\oint_\gamma \boldsymbol{p}d\boldsymbol{q}-\oint_\gamma \boldsymbol{P}d\boldsymbol{Q}=0.$$

①在有些教本中, 以保持哈密顿方程组的典则形式这个性质作为典则变换的定义. 这个定义和一般采用的本书中前面的定义并不等价. 例如变换 $P=2p,Q=q$ 按我们的定义并不是典则变换, 却可保持运动方程的哈密顿形式.

因此, $\int_{\boldsymbol{p}_0,\boldsymbol{q}_0}^{\boldsymbol{p}_1,\boldsymbol{q}_1} \boldsymbol{p}d\boldsymbol{q}-\boldsymbol{P}d\boldsymbol{Q}=S$ 不依赖于积分路径而只依赖于路径终点 $(\boldsymbol{p}_1,\boldsymbol{q}_1)$ (起点 $(\boldsymbol{p}_0,\boldsymbol{q}_0)$ 固定), 所以 $dS=\boldsymbol{p}d\boldsymbol{q}-\boldsymbol{P}d\boldsymbol{Q}$. 于是在扩充相空间中我们有

$$\boldsymbol{p}d\boldsymbol{q}-Hdt=\boldsymbol{P}d\boldsymbol{Q}-Hdt+dS.$$

于是, 可用上面的定理而 (2) 变成了 (3). □

问题 令 $g(t):\mathbb{R}^{2n}\to\mathbb{R}^{2n}$ 是相空间的依赖于参数 t 的典则变换: $g(t)(\boldsymbol{p},\boldsymbol{q})=(\boldsymbol{P}(\boldsymbol{p},\boldsymbol{q},t),\boldsymbol{Q}(\boldsymbol{p},\boldsymbol{q},t))$. 证明在变量 $\boldsymbol{P},\boldsymbol{Q},t$ 中典则方程 (1) 仍有典则形式但有新的哈密顿函数 $K(\boldsymbol{P},\boldsymbol{Q},t)$, 这里

$$K\left(\boldsymbol{P},\frac{\partial S}{\partial \boldsymbol{P}},t\right)=\frac{\partial S}{\partial t}+H\left(\frac{\partial S}{\partial \boldsymbol{q}},\boldsymbol{q},t\right),$$
$$\boldsymbol{p}=\frac{\partial S}{\partial \boldsymbol{q}},\quad \boldsymbol{Q}=\frac{\partial S}{\partial \boldsymbol{P}},\quad S=S(\boldsymbol{P},\boldsymbol{q},t).$$

B. 用能量积分降低阶数

现在设哈密顿函数 $H(\boldsymbol{p},\boldsymbol{q})$ 与时间无关. 这时典则方程有一个首次积分: $H(\boldsymbol{p}(t),\boldsymbol{q}(t))=$ 常数. 结果是, 应用这个积分可将扩充相空间的维数 $2n+1$ 减少 2, 而把问题化为在 $(2n-1)$ 维空间中求积典则方程组.

设 (在某区域中) 方程 $h=H(p_1,\cdots,p_n;q_1,\cdots,q_n)$ 可对 p_1 解出:

$$p_1=K(\boldsymbol{P},\boldsymbol{Q},T,h),$$

其中 $\boldsymbol{P}=(p_2,\cdots,p_n),\boldsymbol{Q}=(q_2,\cdots,q_n),T=-q_1$. 于是我们有

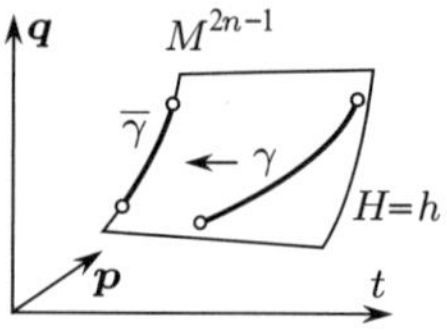

图 186　降低哈密顿方程组的阶数

$$\boldsymbol{p}d\boldsymbol{q}-Hdt=\boldsymbol{P}d\boldsymbol{Q}-KdT-d(Ht)+tdH.$$

令 γ 是典则方程 (1) 的位于 $\mathbb{R}^{2n+1}$ 中之 $2n$ 维曲面 $H(\boldsymbol{p},\boldsymbol{q})=h$ 上的积分曲线. 则 γ 是形式 $\boldsymbol{p}d\boldsymbol{q}-Hdt$ 的涡线 (图 186). 把扩充相空间 $\mathbb{R}^{2n+1}=\{(\boldsymbol{p},\boldsymbol{q},t)\}$ 投影到相空间 $\mathbb{R}^{2n}=\{(\boldsymbol{p},\boldsymbol{q})\}$ 上. 曲面 $H=h$ 也就被投影到 $\mathbb{R}^{2n}$ 的一个 $(2n-1)$ 维子流形 $M^{2n-1}:H(\boldsymbol{p},\boldsymbol{q})=h$ 上, γ 则被投影为此子流形上的曲线 $\overline{\gamma}$. 变量 $\boldsymbol{P},\boldsymbol{Q},T$ 是 M^{2n-1} 的局部坐标.

问题 证明曲线 $\overline{\gamma}$ 是 M^{2n-1} 上的形式 $\boldsymbol{p}d\boldsymbol{q}=\boldsymbol{P}d\boldsymbol{Q}-KdT$ 的涡线.

提示 $d(Ht)$ 不影响涡线而在 M 上 $dH=0$.

但 $\boldsymbol{P}d\boldsymbol{Q}-KdT$ 的涡线满足哈密顿方程组 (2). 故有

定理 方程 (1) 在曲面 $M^{2n-1}:H=h$ 上的相轨迹满足典则方程组

$$\frac{dp_i}{dq_1}=\frac{\partial K}{\partial q_i},\quad \frac{dq_i}{dq_1}=-\frac{\partial K}{\partial p_i}\quad (i=2,\cdots,n),$$

这里函数 $K(p_2,\cdots,p_n;q_2,\cdots,q_n;T,h)$ 由方程 $H(K,p_2,\cdots,p_n;-T,q_2,\cdots,q_n)=h$ 来定义.

C. 相空间中的最小作用原理

我们考虑在扩充相空间 $\{(\boldsymbol{p},\boldsymbol{q},t)\}$ 中连接点 $(\boldsymbol{p}_0,\boldsymbol{q}_0,t_0)$ 和 $(\boldsymbol{p}_1,\boldsymbol{q}_1,t_1)$ 的典则方程 (1) 之积分曲线 γ.

定理 *积分* $\int \boldsymbol{p}d\boldsymbol{q}-Hdt$ *当积分路径端点恒在* n *维子空间* $(t=t_0,\boldsymbol{q}=\boldsymbol{q}_0)$ *和* $(t=t_1,\boldsymbol{q}=\boldsymbol{q}_1)$ *上而变动时, 必以* γ *为驻定曲线.*

证 曲线 γ 是形式 $\boldsymbol{p}d\boldsymbol{q}-Hdt$ 的一条涡线 (图 187). 因此 $\boldsymbol{p}d\boldsymbol{q}-Hdt$ 在 "经过涡方向的无穷小平行四边形" 上积分为零. 换言之, 增量 $\int_{\gamma'}-\int_{\gamma}\boldsymbol{p}d\boldsymbol{q}-Hdt$ 比之曲线 γ 与 γ' 之差是高阶小量, 是所欲证.

如果以上论证看起来还不够严格, 还可以用计算代替它:

$$\begin{aligned}\delta\int(\boldsymbol{p}\dot{\boldsymbol{q}}-H)dt&=\int_{\gamma}\left(\dot{\boldsymbol{q}}\delta\boldsymbol{p}+\boldsymbol{p}\delta\dot{\boldsymbol{q}}-\frac{\partial H}{\partial\boldsymbol{p}}\delta\boldsymbol{p}-\frac{\partial H}{\partial\boldsymbol{q}}\delta\boldsymbol{q}\right)dt\\&=\boldsymbol{p}\delta\boldsymbol{q}\Big|_0^1+\int_{\gamma}\left[\left(\dot{\boldsymbol{q}}-\frac{\partial H}{\partial\boldsymbol{p}}\right)\delta\boldsymbol{p}-\left(\dot{\boldsymbol{p}}+\frac{\partial H}{\partial\boldsymbol{q}}\right)\delta\boldsymbol{q}\right]dt.\end{aligned}$$

我们看到哈密顿方程组的积分曲线是积分 $\int \boldsymbol{p}d\boldsymbol{q}-Hdt$ 在如下曲线类中唯一的驻定曲线: 这些曲线 γ 的端点位于扩充相空间的 n 维子空间 $(t=t_0,\boldsymbol{q}=\boldsymbol{q}_0)$ 和 $(t=t_1,\boldsymbol{q}=\boldsymbol{q}_1)$ 上. □

注 哈密顿形式的最小作用原理只是以上原理的特例. 沿驻定曲线我们有

$$\int_{t_0,\boldsymbol{q}_0}^{t_1,\boldsymbol{q}_1}\boldsymbol{p}d\boldsymbol{q}-Hdt=\int_{t_0}^{t_1}(\boldsymbol{p}\dot{\boldsymbol{q}}-H)dt=\int_{t_0}^{t_1}Ldt$$

(因为拉格朗日函数和哈密顿函数互为勒让德变换).

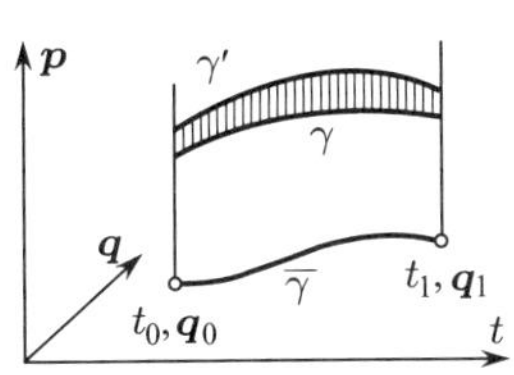

图 187 相空间中的最小作用原理

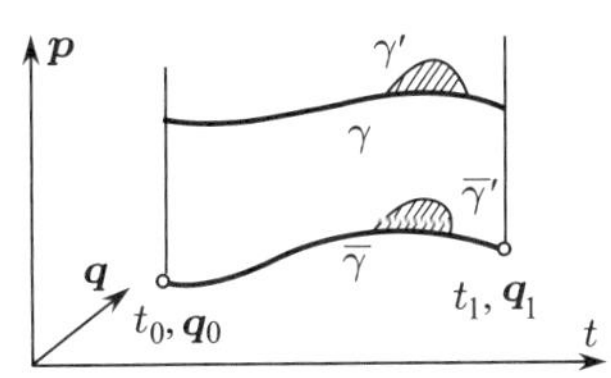

图 188 构形空间与相空间中的最小作用原理曲线的比较

令 $\overline{\gamma}$ (图 188) 为驻定曲线 γ 在 $\boldsymbol{q},t$ 平面上的投影. 对在 $\boldsymbol{q},t$ 平面上连接同样两点 $(t_0,\boldsymbol{q}_0)$, $(t_1,\boldsymbol{q}_1)$ 的任意邻近的曲线 $\overline{\gamma'}$, 在扩充相空间 $(\boldsymbol{p},\boldsymbol{q},t)$ 中可以作一曲线 γ', 即令 $\boldsymbol{p}=\partial L/\partial\dot{\boldsymbol{q}}$. 于是, 沿 γ' 也有 $\int_{\gamma'}\boldsymbol{p}d\boldsymbol{q}-Hdt=\int_{\overline{\gamma'}}Ldt$ 但由以上定理, 对任意变分曲线 (在边值条件 $(t=t_0,\boldsymbol{q}=\boldsymbol{q}_0)$, $(t=t_1,\boldsymbol{q}=\boldsymbol{q}_1)$ 下) $\delta\int_{\gamma}\boldsymbol{p}d\boldsymbol{q}-Hdt=0$. 特别是对把 γ 变为 γ' 的特殊的变分是如此. 因此 γ 是 $\int Ldt$ 的驻定曲线, 这就是要证明的.

在以上定理中我们允许在比哈密顿原理中的宽得多的曲线类中取 γ' 与 γ 比较: 对 $\boldsymbol{p}$ 和 $\dot{\boldsymbol{q}}$ 的关系未加任何限制. 令人惊奇的是, 这两个原理却是等价的: 在较窄一

类变分 ($\boldsymbol{p}=\partial L/\partial\dot{\boldsymbol{q}}$) 中的驻定曲线与一切变分的驻定曲线相同. 对此的解释是, 固定 $\dot{\boldsymbol{q}}$, 值 $\boldsymbol{p}=\partial L/\partial\dot{\boldsymbol{q}}$ 是 $\boldsymbol{p}\dot{\boldsymbol{q}}-H$ 的极值 (参看节 14 勒让德变换的定义).

D. 莫泊丢–欧拉–拉格朗日–雅可比形式的最小作用原理

现在设哈密顿函数 $H(\boldsymbol{p},\boldsymbol{q})$ 不含时间. 这时 $H(\boldsymbol{p},\boldsymbol{q})$ 是哈密顿方程 (1) 的首次积分. 把曲面 $H(\boldsymbol{p},\boldsymbol{q})=h$ 从扩充相空间 $\{(\boldsymbol{p},\boldsymbol{q},t)\}$ 投影到相空间 $\{(\boldsymbol{p},\boldsymbol{q})\}$ 上. 我们得到 $\mathbb{R}^{2n}$ 中的 $(2n-1)$ 维曲面 $H(\boldsymbol{p},\boldsymbol{q})=h$, 这曲面我们在 B 中已经讨论过了, 并记之为 M^{2n-1}.

从 M^{2n-1} 上一点出发的典则方程 (1) 的相轨道全在 M^{2n-1} 上. 它们是形式 $\boldsymbol{p}d\boldsymbol{q}=\boldsymbol{P}d\boldsymbol{Q}-KdT$ (B 中的记号) 在 M^{2n-1} 上的涡线. 由节 C 中的定理, M^{2n-1} 上的 (1) 的积分曲线是相应于这个形式的变分原理的驻定曲线. 于是得

定理 若哈密顿函数 $H(\boldsymbol{p},\boldsymbol{q})$ 不依赖于时间, 则典则方程 (1) 的位于 M^{2n-1} : $H(\boldsymbol{p},\boldsymbol{q})=h$ 上的相轨道是积分 $\int\boldsymbol{p}d\boldsymbol{q}$ 在位于 M^{2n-1} 上并联接子空间 $\boldsymbol{q}=\boldsymbol{q}_0$ 与 $\boldsymbol{q}=\boldsymbol{q}_1$ 的曲线类中的驻定曲线.

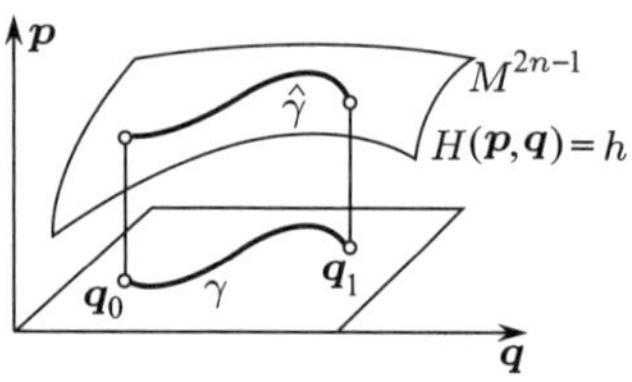

图 189 莫泊丢原理

现在我们考虑曲面 M^{2n-1}: $H(\boldsymbol{p},\boldsymbol{q})=h$ 上的驻定曲线在 $\boldsymbol{q}$–空间的投影. 这曲线联结 $\boldsymbol{q}_0$ 与 $\boldsymbol{q}_1$ 两点. 令 γ 为联结这两点的另一曲线 (图 189). 它是 M^{2n-1} 上的某曲线 $\widehat{\gamma}$ 的投影. 现用 τ 将 γ 参数化, $a\leqslant\tau\leqslant b,\gamma(a)=\boldsymbol{q}_0,\gamma(b)=\boldsymbol{q}_1$. 这时在 γ 的每点上有一速度矢量 $\dot{\boldsymbol{q}}=d\gamma(\tau)/d\tau$ 和相应的动量 $\boldsymbol{p}=\partial L/\partial\dot{\boldsymbol{q}}$. 若选择 τ 使得 $H(\boldsymbol{p},\boldsymbol{q})=h$, 则我们在曲面 M^{2n-1} 上得出曲线 $\widehat{\gamma}$. 把上面的定理应用于 M^{2n-1} 上的曲线 $\widehat{\gamma}$, 就有

系 在所有 $\boldsymbol{q}$ 平面上联结 $\boldsymbol{q}_0,\boldsymbol{q}_1$ 两点的、而且经参数化使哈密顿函数取常值 $H(\partial L/\partial\dot{\boldsymbol{q}},\boldsymbol{q})=h$ 的曲线中, 动力学方程 (1) 的轨道是“化约作用积分”

$$\int_\gamma \boldsymbol{p}d\boldsymbol{q}=\int_\gamma \boldsymbol{p}\dot{\boldsymbol{q}}d\tau-\int_\gamma \frac{\partial L}{\partial\dot{\boldsymbol{q}}}(\tau)\dot{\boldsymbol{q}}(\tau)d\tau$$

的驻定曲线.

这就是莫泊丢 (Maupertuis) 最小作用原理 (也即是欧拉–拉格朗日–雅可比的最小作用原理)①. 重要的是要注意使曲线 γ 参数化区间 $a\leqslant\tau\leqslant b$ 可以因被比较的曲线而异. 另一方面, 能量 (即哈密顿函数) 必须相同. 我们也要注意, 这个原理只决定轨道的形状而不决定时间. 为了决定时间必须要用能量常数.

当力学系统表示光滑流形上的惯性运动时, 这个原理的形式特别简单.

---

① “在几乎所有教本中, 甚至在最好的教本中, 这个原理都表述得无法理解” (引自 K. Jacobi, [1]). 但我不想违反传统.

定理 被约束在光滑黎曼流形上的作惯性运动的质点沿测地线 (即弧长 $\int ds$ 的驻定曲线) 运动.

证 这时

$$H = L = T = \frac{1}{2}\left(\frac{ds}{d\tau}\right)^2, \quad \frac{\partial L}{\partial \dot{\boldsymbol{q}}}\dot{\boldsymbol{q}} = 2T = \left(\frac{ds}{d\tau}\right)^2.$$

因此必须取参数正比于长度 $d\tau = ds/\sqrt{2h}$ 才能保证 H 取定值 h. 这时化约作用积分等于

$$\int_\gamma \frac{\partial L}{\partial \dot{\boldsymbol{q}}_r}\dot{\boldsymbol{q}}d\tau = \int_\gamma \sqrt{2h}ds = \sqrt{2h}\int_\gamma ds,$$

所以驻定曲线是流形上的测地线. □

在有位能时, 动力学方程的轨道也是某个黎曼度量下的测地线.

令 ds^2 表示构形空间上给出动能的黎曼度量 $\left(\text{所以 } T = \frac{1}{2}\left(\frac{ds}{d\tau}\right)^2\right)$. 令 h 为一常数.

定理 在构形空间的区域 $U(\boldsymbol{q}) < h$ 中定义黎曼度量

$$d\rho = \sqrt{h - U(\boldsymbol{q})}ds.$$

则动能 $T = \frac{1}{2}(ds/d\tau)^2$, 位能为 $U(\boldsymbol{q})$, 而总能量为 h 的力学系的轨道是度量 $d\rho$ 下的测地线.

证 这时 $L = T - U, H = T + U, (\partial L/\partial \dot{\boldsymbol{q}})\dot{\boldsymbol{q}} = 2T = (ds/d\tau)^2 = 2(h - U)$. 所以参数 τ 必须正比于长度:$d\tau = ds/\sqrt{2(h-U)}$ 才能保证 $H = h$. 化约作用积分于是等于

$$\int_\gamma \frac{\partial L}{\partial \dot{\boldsymbol{q}}}\dot{\boldsymbol{q}}d\tau = \int_\gamma \sqrt{2(h-U)}ds = \sqrt{2}\int_\gamma d\rho.$$

由莫泊丢原理, 轨道是度量 $d\rho$ 下的测地线. □

注 1 度量 $d\rho$ 是把 ds “拉长” 而得, 拉长的程度与点 $\boldsymbol{q}$ 有关而与方向无关. 因此, 在度量 $d\rho$ 和 ds 中, 角是相同的. 度量 $d\rho$ 在区域 $U \leqslant h$ 的边缘上有奇性: 越接近边缘, ρ —— 长度就越小. 特别是, 位于边缘上的任意曲线之长为零.

注 2 若一测地线的起点终点充分接近, 则长度的驻定值是最小值. 这就说明 “最小作用原理” 这一名字的合理性. 一般说来, 作用量的驻定值不一定是最小值, 看一下单位球面上的测地线就会明白 (图 190). 每个大圆弧都是测地线, 但只有长度小于 π 的才是最小: 弧 $NS'M$ 就比大圆弧 NSM 还短.

注 3 若 h 大于 U 在构形空间的最大值, 则 $d\rho$ 没有奇性; 所以可以应用关于黎曼流形上的测地线的拓扑定理来研究力学系统.

例如考虑具有某黎曼度量的环面 T^2. 在所有沿纬圈绕 m 周而沿子午线绕 n 周的闭曲线中存在一条最短的 (图 191). 这曲线是一条封闭测地线 (证明见关于整体

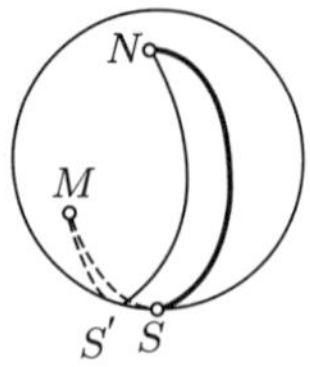

图 190 非最小测地线

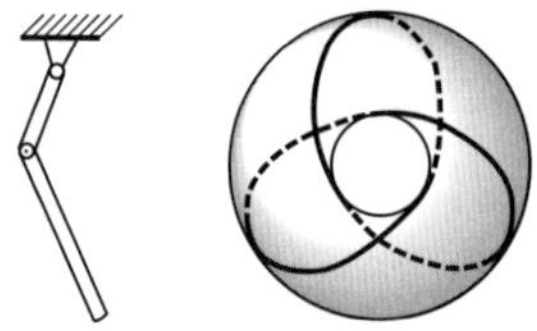

图 191 双摆的周期运动

变分学或 "莫尔斯 (Morse) 理论" 的书). 另一方面, 环面 T^2 是平面双摆的构形空间. 故有

定理 *对任意整数对 m, n 必有双摆的一个周期运动使其一节旋转 m 周, 另一节旋转 n 周.*

更进一步, 这样的周期运动只有当 h 充分大才存在 (h 应大于最高位置的位能值).

再看一个例子: 考虑位于任意势场而且有一恒定的固定点的刚体. 构形空间 ($SO(3)$) 不是单连通的: 其上有不可缩的曲线. 用上面的论证可得

定理 *在任意有势力场中, 至少有刚体的一个周期运动. 此外, 存在总能量 h 任意大的周期运动.*

§46. 惠更斯原理

哈密顿力学的基本概念 (动量、哈密顿函数 H, 形式 $\boldsymbol{p}d\boldsymbol{q} - Hdt$ 以及哈密顿–雅可比方程, 所有这些下面都要讲到) 起源于把服从一个特定变分原理即费马原理的几何光学的几个最简单而且自然的概念转换到一般的变分原理 (特别是变为哈密顿的驻定作用量原理 $\delta\int Ldt = 0$).

A. 波前

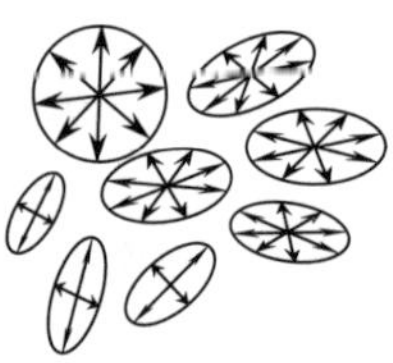

图 192 一个各向异性的不均匀介质

我们要简略地[①]看一看几何光学的基础概念. 按费马极值原理, *光由点 $\boldsymbol{q}_0$ 到 $\boldsymbol{q}_1$ 按耗时最小的路径行进.* 光速可以既依赖于 $\boldsymbol{q}$ ("不均匀介质") 也可以依赖于光线的方向 (在诸如晶体这样的 "各向异性介质" 中). 介质的特性可以用每点 $\boldsymbol{q}$ 的切空间上作一个曲面 ("指示面" 即 "折射率曲面") 来描述. 为此在该点的每个方向作该方向的速度矢量 (图 192).

现在令 $t > 0$. 我们来看光从 $\boldsymbol{q}_0$ 点在少于或等于 t 的时间内所能走到的点 $\boldsymbol{q}$ 的集合. 它的边缘是由光在时刻 t (但不能更早) 达到的那些点组成,

①我们在此不求严格, 并且假设所有行列式均不为 0 等等. 以后的定理的证明并不依赖于这一节中的半直觉的论证.

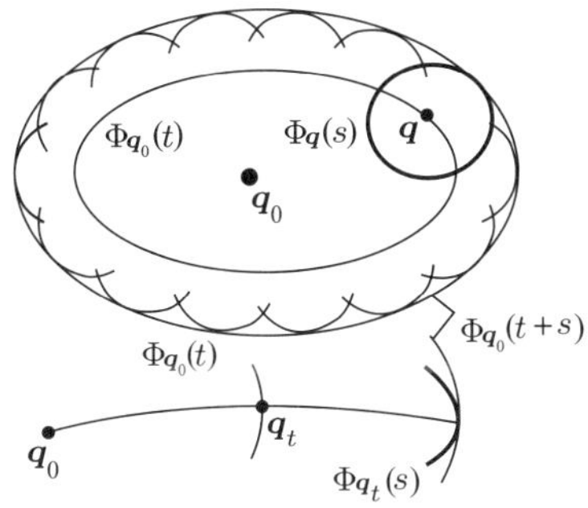

图 193 波前的包络

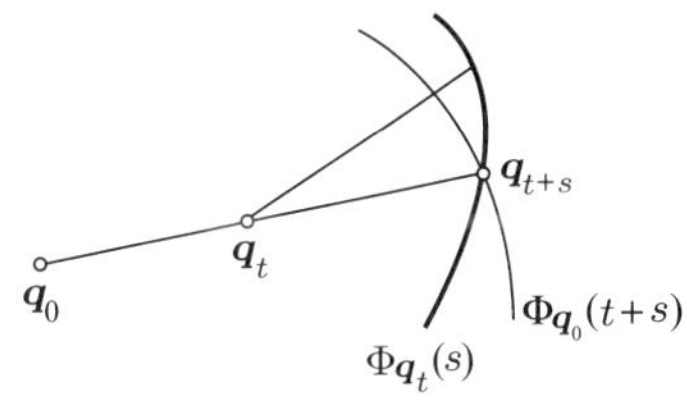

图 194 惠更斯定理的证明

称为从 $\boldsymbol{q}_0$ 出发在时刻 t 的波前 $\Phi_{q_0}(t)$.

惠更斯发现了在不同时刻的波前之间有一个值得注意的关系 (图 193).

惠更斯定理 令 $\Phi_{q_0}(t)$ 是从点 $\boldsymbol{q}_0$ 出发在时刻 t 的波前. 从其上每点 $\boldsymbol{q}$ 出发考虑时间 s 的波前 $\Phi_{\boldsymbol{q}}(s)$. 则由 $\boldsymbol{q}_0$ 出发在时刻 $t+s$ 的波前 $\Phi_{\boldsymbol{q}_0}(t+s)$ 将是所有波前 $\Phi_{\boldsymbol{q}}(s)$ 的包络, 这里 $\boldsymbol{q} \in \Phi_{\boldsymbol{q}_0}(t)$.

证 令 $\boldsymbol{q}_{t+s} \in \Phi_{\boldsymbol{q}_0}(t+s)$. 必有一条从 $\boldsymbol{q}_0$ 到 $\boldsymbol{q}_{t+s}$ 的路径使光沿它旅行时间为 $t+s$ 而没有需时更少的路径. 我们来看其上的点 $\boldsymbol{q}_t$ 即光在时刻 t 到达之点. 不存在由 $\boldsymbol{q}_0$ 到 $\boldsymbol{q}_t$ 的需时更少的路径. 否则 $\boldsymbol{q}_0\boldsymbol{q}_{t+s}$ 也就不是需时最少的了. 因此点 $\boldsymbol{q}_t$ 在波前 $\Phi_{\boldsymbol{q}_0}(t)$ 上. 完全相同, 光在时间 s 内走完路径 $\boldsymbol{q}_t\boldsymbol{q}_{t+s}$, 而且没有需时更少的路径. 所以点 $\boldsymbol{q}_{t+s}$ 位于由 $\boldsymbol{q}_t$ 出发时刻 s 的波前上. 我们要证明波前 $\Phi_{\boldsymbol{q}_t}(s)$ 与 $\Phi_{\boldsymbol{q}_0}(t+s)$ 相切. 事实上, 如果它们相交 (图 194), 则一定可能从 $\boldsymbol{q}_t$ 以少于 s 的时间走到 $\Phi_{\boldsymbol{q}_0}(t+s)$ 的某点, 即从 $\boldsymbol{q}_0$ 以少于 $t+s$ 的时间走到. 这与 $\Phi_{\boldsymbol{q}_0}(t+s)$ 的定义矛盾; 从而 $\Phi_{\boldsymbol{q}_t}(s)$ 与 $\Phi_{\boldsymbol{q}_0}(t+s)$ 在点 $\boldsymbol{q}_{t+s}$ 相切. □

以上证明的定理叫做惠更斯原理. 很清楚点 $\boldsymbol{q}_0$ 可以代以一曲线、曲面或一般地代以某闭集, 三维空间 $\{\boldsymbol{q}\}$ 可代以任意光滑流形, 而光的传播可代以任意 "局部" 传递的扰动的传播.

惠更斯原理归结为对传播过程的两种描述法. 首先: 可以画光线, 即光的需时最少的传播路线. 这时传播的局部性质是由速度矢量 $\dot{\boldsymbol{q}}$ 给出的. 若已知光线方向, 则速度矢量的大小由介质的特性给出 (指示面亦即折射率曲面).

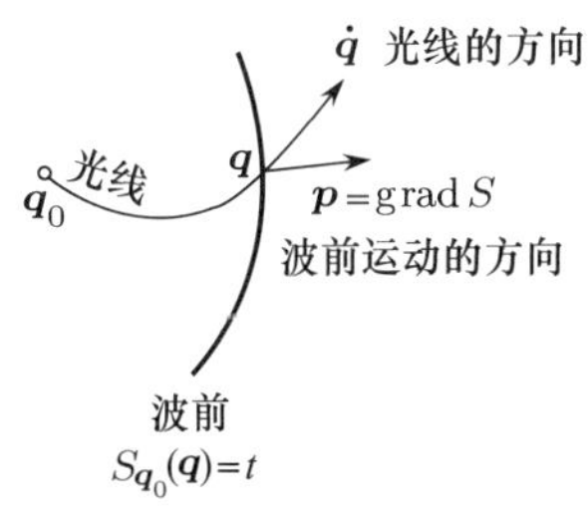

图 195 光线的方向与波前运动的方向

其次: 我们也可以画波前. 设在空间 $\{\boldsymbol{q}\}$ 中有黎曼度量, 我们就可以谈论波前的运动速度. 例如看充满着通常欧氏空间的介质中光的传播. 可以用垂直于波前的矢量 $\boldsymbol{p}$ 来刻画波前的运动如下.

相应于每点 $\boldsymbol{q}_0$ 都可定义从 $\boldsymbol{q}_0$ 到 $\boldsymbol{q}$ 的光学长度, 它是一函数 $S_{\boldsymbol{q}_0}(\boldsymbol{q})$, 即光由 $\boldsymbol{q}_0$ 传播到 $\boldsymbol{q}$ 所需的最少时间. 其等值集 $\{\boldsymbol{q} : S_{\boldsymbol{q}_0}(\boldsymbol{q}) = t\}$ 即波前 $\Phi_{\boldsymbol{q}_0}(t)$ (图 195). 函数

S (在上述度量意义下) 的梯度垂直于波前并且标志了其运动. 在这里, 梯度越大, 波前运动越慢. 所以哈密顿称矢量 $\boldsymbol{p}=\dfrac{\partial S}{\partial \boldsymbol{q}}$ 为波前的法向慢度矢量.

在各向异性介质中, 光线方向 $\dot{\boldsymbol{q}}$ 和波前运动方向 $\boldsymbol{p}$ 并不一致. 但是它们之间有一个简单的关系, 很容易由惠更斯原理导出. 回想一下, 介质的特征在各点由光速矢量曲面即指示面来描述.

定义 指示面在点 $\boldsymbol{v}$ 的切超平面的方向称为共轭于 $\boldsymbol{v}$ 的方向 (图 196).

定理 波前 $\Phi_{\boldsymbol{q}_0}(t)$ 在 $\boldsymbol{q}_t$ 的方向共轭于光线方向 $\dot{\boldsymbol{q}}$.

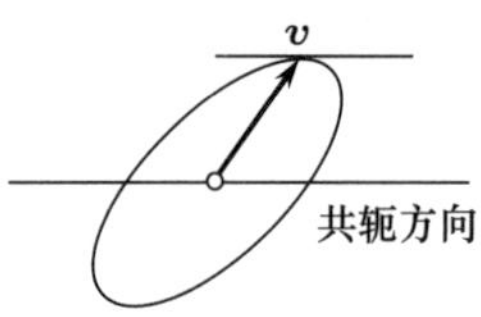

图 196 共轭超平面

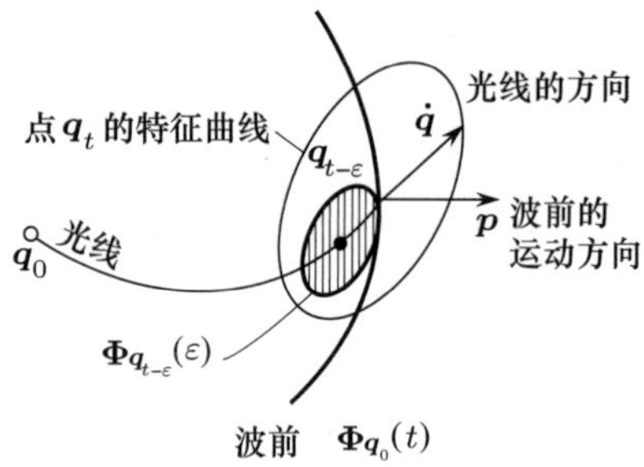

图 197 波与波前方向的共轭

证 看光线 $\boldsymbol{q}_0\boldsymbol{q}_t$ 上一点 $\boldsymbol{q}_\tau, 0 \leqslant \tau \leqslant t$ (图 197). 取 ε 很小. 则波前 $\Phi_{\boldsymbol{q}_{t-\varepsilon}}(\varepsilon)$ 比之 $\boldsymbol{q}_t$ 点的指示面乘以 ε 后相差一个小量 $O(\varepsilon^2)$. 由惠更斯原理, 波前 $\Phi_{\boldsymbol{q}_{t-\varepsilon}}(\varepsilon)$ 与 $\Phi_{\boldsymbol{q}_0}(t)$ 在点 $\boldsymbol{q}_t$ 相切. 令 $\varepsilon \to 0$ 即得定理之证. □

若用以定义 $\boldsymbol{p}$ 的辅助度量改变, 则 $\boldsymbol{p}$ 作为波前运动自然的速度, 大小和方向都会改变. 然而空间 $\{\boldsymbol{q}\}=\mathbb{R}^3$ 上的微分形式 $\boldsymbol{p}d\boldsymbol{q}-dS$ 的定义与辅助的度量无关; 它的值只依赖于波前 (或光线). 在共轭于光线速度矢量的超平面上, 这个形式等于零, 而它在速度矢量上之值为 1[①].

B. 光学–力学对比

现在回到力学. 在这里运动轨迹也是一个变分原理的驻定曲线, 可以像哈密顿那样, 把力学建立为多维空间的几何光学; 我们不详细展开这个作法而只列举出那些引导哈密顿到基本力学概念的光学概念.

---

①因此, 相应于过一定点的各个波前的矢量 $\boldsymbol{p}$ 并不是任意的而要服从于一个条件: $\boldsymbol{p}$ 的可容许的值组成 $\{\boldsymbol{p}\}$ 空间中的一个超曲面而对偶于速度的指示面.

光　　学	力　　学
光学介质	扩充构形空间 $\{(\boldsymbol{q},t)\}$
费马原理	哈密顿原理: $\delta\int Ldt=0$
光线	轨迹 $\boldsymbol{q}(t)$
指示面 (即折射率曲面)	拉格朗日函数 L
波前的法向慢度矢量 $\boldsymbol{p}$	动量 $\boldsymbol{p}$
$\boldsymbol{p}$ 用光线速度 $\dot{\boldsymbol{q}}$ 的表达式	勒让德变换
1–形式 $\boldsymbol{p}d\boldsymbol{q}$	1–形式 $\boldsymbol{p}d\boldsymbol{q}-Hdt$

路径的光学长度 $S_{\boldsymbol{q}_0}(\boldsymbol{q})$ 和惠更斯原理还没有用到. 它们在力学中的类似物是作用量函数和哈密顿–雅可比方程, 现在我们就要来讲它们.

C. 作用量作为坐标和时间的函数

定义 作用量 $S(\boldsymbol{q},t)$ 即沿着联结 $(\boldsymbol{q}_0,t_0),(\boldsymbol{q},t)$ 两点之驻定曲线 γ 上的积分

$$S_{\boldsymbol{q}_0,t_0}(\boldsymbol{q},t)=\int_\gamma Ldt.$$

为了使此定义正确, 有几点注意: 必须要求由点 $(\boldsymbol{q}_0,t_0)$ 发出的驻定曲线不在别处相交, 而构成所谓 "驻定曲线的有心场" (图 198). 更确切些说, 对每一对 $(\dot{\boldsymbol{q}}_0,t_0)$ 有一个点 $(\boldsymbol{q},t)$ 相应, 此点是适合初始条件 $\boldsymbol{q}(0)=\boldsymbol{q}_0,\dot{\boldsymbol{q}}(0)=\dot{\boldsymbol{q}}_0$ 的驻定曲线的端点. 我们说驻定曲线 γ 包含在一个有心场中, 若映射 $(\dot{\boldsymbol{q}}_0,t)\to(\boldsymbol{q},t)$ 是非退化的 (在相应于所考虑的驻定曲线 γ 的点上, 从而也在其某个邻域中).

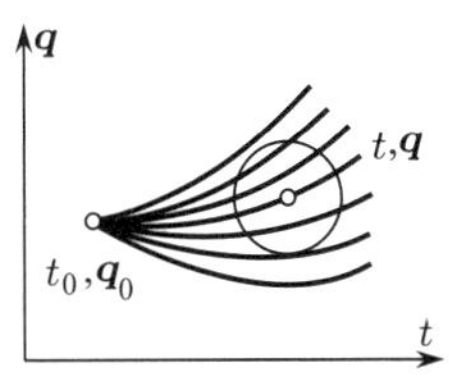

图 198 驻定曲线的有心场

可以证明当 $|t-t_0|$ 充分小时, 驻定曲线 γ 包含在一个有心场中 [①].

现在我们来看我们的驻定曲线之端点 $(\boldsymbol{q},t)$ 的一个充分小邻域. 其中每一点都可用所考虑的有心场中的唯一驻定曲线与 $(\boldsymbol{q}_0,t_0)$ 连接起来. 这个驻定曲线可微地依赖于终点 $(\boldsymbol{q},t)$. 因此, 在所指定的邻域中, 作用量函数 $S_{\boldsymbol{q}_0,t_0}(\boldsymbol{q},t)=\int_\gamma Ldt$ 是正确定义的.

在几何光学中我们注意于路径的光学长度的微分. 这里自然注意于作用量函数的微分.

定理 作用量函数 (具有固定起点) 的微分等于

$$dS=\boldsymbol{p}d\boldsymbol{q}-Hdt,$$

$\boldsymbol{q}=\partial L/\partial\dot{\boldsymbol{q}}$ 而 $H=\boldsymbol{p}\dot{\boldsymbol{q}}-L$ 定义为轨道 γ 的终点速度 $\dot{\boldsymbol{q}}$ 的函数.

① **问题** 证明对于大的 $t-t_0$ 这是不成立的. **提示**: $\ddot{q}=-q$ (图 199).

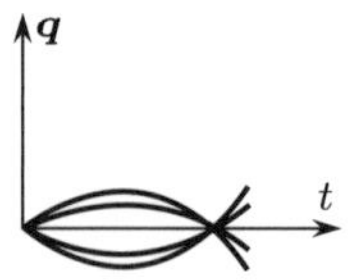

图 199 具有焦点而不包含在任意有心场内的驻定曲线

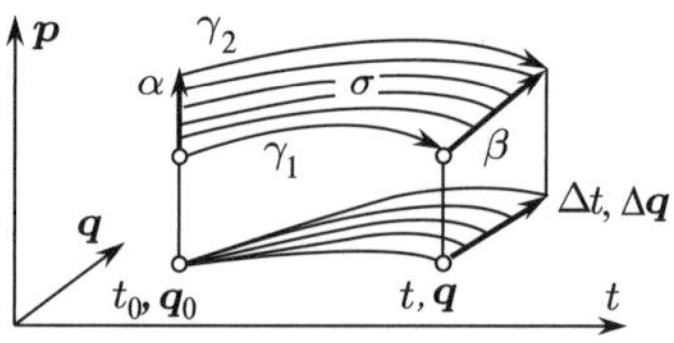

图 200 作用量函数微分的计算

证 令 $\boldsymbol{p} = \partial L/\partial \dot{\boldsymbol{q}}$ 而将驻定曲线从 $(\boldsymbol{q}, t)$ 空间提升到扩充相空间 $\{(\boldsymbol{p}, \boldsymbol{q}, t)\}$ 中, 即用相轨道代替驻定曲线. 这样我们得到扩充相空间中的一个 $(n+1)$ 维流形, 它由相轨道即形式 $\boldsymbol{p}d\boldsymbol{q} - Hdt$ 的涡线组成. 现在给端点 $(\boldsymbol{q}, t)$ 以增量 $(\Delta\boldsymbol{q}, \Delta t)$ 并且考虑连接 $(\boldsymbol{q}_0, t_0)$ 与线段 $(\boldsymbol{q} + \theta\Delta\boldsymbol{q}, t + \theta\Delta t)$ $0 \leqslant \theta \leqslant 1$ 上各点的驻定曲线之集 (图 200). 在相空间中这就是由形式 $\boldsymbol{p}d\boldsymbol{q} - Hdt$ 的涡线组成的四边形 σ, 其边缘是

$$\partial\sigma = \gamma_1 + \gamma_2 + \beta - \alpha,$$

其中包含两条相轨道 γ_1, γ_2, 空间 $(\boldsymbol{q} = \boldsymbol{q}_0, t = t_0)$ 内的一段曲线 α 以及投影到线段 $(\Delta\boldsymbol{q}, \Delta t)$ 上的曲线 β. 因为 σ 是由 $\boldsymbol{p}d\boldsymbol{q} - Hdt$ 的涡线组成的, 故

$$0 = \iint_\sigma d(\boldsymbol{p}d\boldsymbol{q} - Hdt) = \int_{\partial\sigma} \boldsymbol{p}d\boldsymbol{q} - Hdt = \int_{\gamma_1} - \int_{\gamma_2} + \int_\beta - \int_\alpha \boldsymbol{p}d\boldsymbol{q} - Hdt.$$

但在线段 α 上, $d\boldsymbol{q} = 0, dt = 0$. 在相轨道 γ_1 和 γ_2 上, $\boldsymbol{p}d\boldsymbol{q} - Hdt = Ldt$ (节 45C). 所以差 $\int_{\gamma_2} - \int_{\gamma_1} \boldsymbol{p}d\boldsymbol{q} - Hdt$ 等于作用量函数的增量, 而我们有

$$\int_\beta \boldsymbol{p}d\boldsymbol{q} - Hdt = S(\boldsymbol{q} + \Delta\boldsymbol{q}, t + \Delta t) - S(\boldsymbol{q}, t).$$

若令 $\Delta\boldsymbol{q} \to 0, \Delta t \to 0$, 即可证得定理. □

形式 $\boldsymbol{p}d\boldsymbol{q} - Hdt$ 原来是人为地引入的. 现在我们通过光学和力学的类比看到, 它来自讨论相应于路径光学长度的作用量函数.

D. 哈密顿–雅可比方程

我们记得, “法向慢度矢量 $\boldsymbol{p}$” 不能是完全任意的: 由于惠更斯原理 (见 194 页), 它要服从于条件 $\boldsymbol{p}\dot{\boldsymbol{q}} = 1$. 对作用量函数 S 的梯度也有一个类似的条件限制.

定理 *作用量函数满足方程*

$$\frac{\partial S}{\partial t} + H\left(\frac{\partial S}{\partial \boldsymbol{q}}, \boldsymbol{q}, t\right) = 0. \tag{1}$$

这个非线性一阶偏微分方程称为*哈密顿–雅可比方程*.

证 为证此定理, 只需注意到, 由上面的定理

$$\frac{\partial S}{\partial t} = -H(\boldsymbol{p}, \boldsymbol{q}, t), \quad \boldsymbol{p} = \frac{\partial S}{\partial \boldsymbol{q}}. \qquad \square$$

适才建立起来的力学系的轨迹 (“光线”) 和偏微分方程 (“波前”) 的关系可以在两个方向上应用.

首先, 可以用方程 (1) 之解来求积动力学常微分方程组. 下节讲的求积哈密顿典则方程的雅可比方法就是.

其次, 射线和波的观点之间的关系使我们能将偏微分方程 (1) 的求解化为解哈密顿常微分方程组.

让我们稍微讲详细一点. 哈密顿–雅可比方程 (1) 的柯西问题是

$$S(\boldsymbol{q}, t_0) = S_0(\boldsymbol{q})\frac{\partial S}{\partial t} + H\left(\frac{\partial S}{\partial \boldsymbol{q}}, \boldsymbol{q}, t\right) = 0. \tag{2}$$

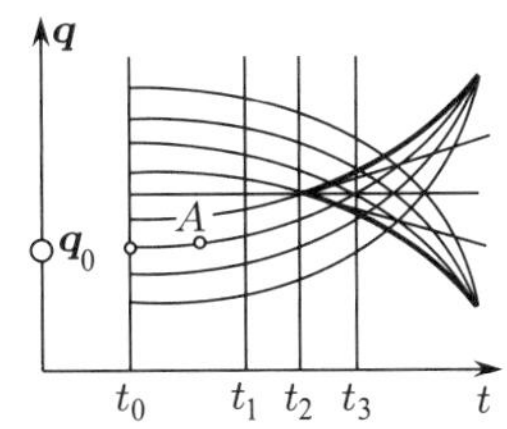

图 201 哈密顿–雅可比方程的柯西问题解之特征曲线

为构造这个问题的解, 看一看哈密顿典则方程组

$$\dot{\boldsymbol{p}} = -\frac{\partial H}{\partial \boldsymbol{q}}, \quad \dot{\boldsymbol{q}} = \frac{\partial H}{\partial \boldsymbol{p}},$$

并考虑其初始条件 (图 201):

$$\boldsymbol{q}(t_0) = \boldsymbol{q}_0, \quad \boldsymbol{p}(t_0) = \left.\frac{\partial S_0}{\partial \boldsymbol{q}}\right|_{\boldsymbol{q}_0}$$

相应的解可以在 $(\boldsymbol{q}, t)$ 空间中用曲线 $\boldsymbol{q} = \boldsymbol{q}(t)$ 即 $\delta \int L dt = 0$ 的驻定曲线来表示 (拉格朗日函数 $L(\boldsymbol{q}, \dot{\boldsymbol{q}}, t)$ 是哈密顿函数 $H(\boldsymbol{p}, \boldsymbol{q}, t)$ 对 $\boldsymbol{p}$ 的勒让德变换). 这个驻定曲线称为问题 (2) 由 $\boldsymbol{q}_0$ 发出的特征线.

若值 t_1 充分接近 t_0, 则由接近于 $\boldsymbol{q}_0$ 的点发出的特征线在 $t_0 \leqslant t \leqslant t_1, |\boldsymbol{q}-\boldsymbol{q}_0| < R$ 中不相交. 此外 $\boldsymbol{q}_0$ 和 t 之值可以作为区域 $|\boldsymbol{q} - \boldsymbol{q}_0| < R, t_0 \leqslant t \leqslant t_1$ 中点的坐标 (图 201).

现在来构造 “具有初始条件 S_0 的作用量函数”:

$$S(A) = S_0(\boldsymbol{q}_0) + \int_{\boldsymbol{q}_0, t_0}^{A} L(\boldsymbol{q}, \dot{\boldsymbol{q}}, t) dt \tag{3}$$

(沿通到 A 的特征线积分).

定理 函数 (3) 是问题 (2) 的解.

证 初始条件显然满足. 满足哈密顿–雅可比方程这一点可像作用量函数的微分定理一样来证 (图 202).

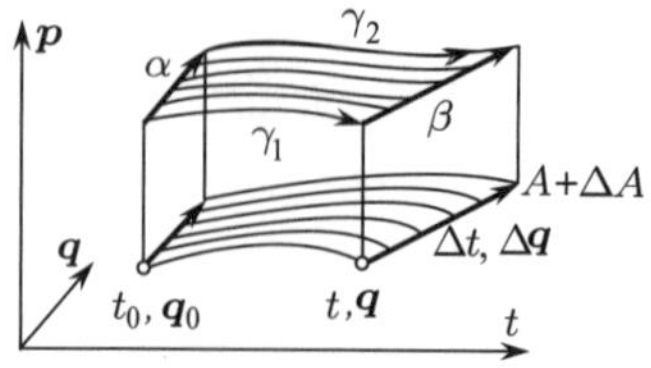

图 202 作用量函数是哈密顿–雅可比方程之解

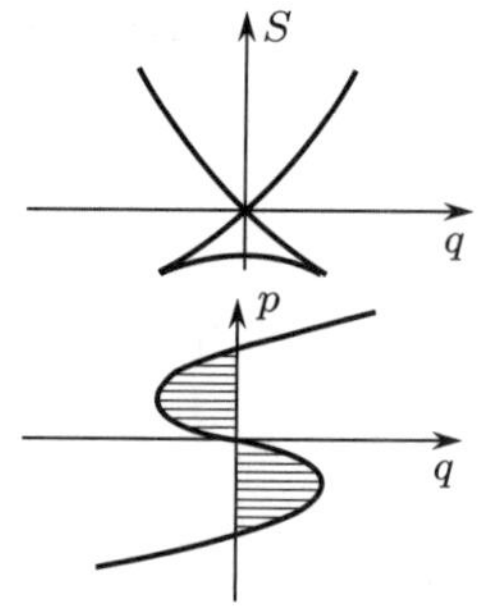

图 203 哈密顿–雅可比方程解的典型的奇性

由斯托克斯引理, $\int_{\gamma_1}-\int_{\gamma_2}+\int_\beta-\int_\alpha \boldsymbol{p}d\boldsymbol{q}-Hdt=0$. 但在 α 上 $Hdt=0,\boldsymbol{p}=\partial S_0/\partial\boldsymbol{q}$, 所以

$$\int_\alpha \boldsymbol{p}d\boldsymbol{q}-Hdt=\int_\alpha \boldsymbol{p}d\boldsymbol{q}=\int_\alpha dS_0=S_0(\boldsymbol{q}_0+\Delta\boldsymbol{q})-S_0(\boldsymbol{q}_0).$$

此外, γ_1,γ_2 是相轨道, 所以

$$\int_{\gamma_{1,2}} \boldsymbol{p}d\boldsymbol{q}-Hdt=\int_{\gamma_{1,2}} Ldt.$$

于是

$$\begin{aligned}\int_\beta \boldsymbol{p}d\boldsymbol{q}-Hdt&=\left[S_0(\boldsymbol{q}_0+\Delta\boldsymbol{q})+\int_{\gamma_2} Ldt\right]-\left[S_0(\boldsymbol{q}_0)+\int_{\gamma_1} Ldt\right]\\&=S(A+\Delta A)-S(A).\end{aligned}$$

□

当 $t\to 0$ 时, 我们得到 $\partial S/\partial t=-H,\partial S/\partial q=p$ 而定理得证.

问题 证明问题 (2) 解的唯一性.

提示 沿特征线微分 S.

问题 对 $H=\dfrac{p^2}{2},S_0=\dfrac{q^2}{2}$ 解柯西问题 (2).

问题 对 $t=t_3$ 作多值 "函数" $S(q)$ 与 $p(q)$ 的图像 (图 201).

答 参照图 203.

S 图像的自交点对应于 p 之图像的麦克斯韦线: 有阴影的面积相等. $S(q,t)$ 的图像在点 $(q=0,t_2)$ 处有一个叫做燕尾的奇点.

§47. 求积哈密顿典则方程的哈密顿–雅可比方法

我们将在本节中定义一个自由典则变换的生成函数.

哈密顿–雅可比方法的思想如下. 在坐标的典则变换下, 运动方程的典则形式以及哈密顿函数 (节 45A) 均保持不变. 因此, 若能找到一个典则变换将哈密顿函数化成可以求积的新典则方程, 则原有的典则方程也可积出. 而作这样的典则变换的问题又归结为求出哈密顿–雅可比偏微分方程的相当多的解. 所求的典则变换的生成函数一定满足这个方程.

在转到生成函数这个工具之前, 我们要提醒一下, 很不幸它并非不变的而是本质地依赖于相空间 $\{(\boldsymbol{p},\boldsymbol{q})\}$ 的坐标结构的. 有必要使用偏导数这个工具, 这时甚至记号也是含混的①.

A. 生成函数

设 $2n$ 个变量 $\boldsymbol{p},\boldsymbol{q}$ 的 $2n$ 个函数 $\boldsymbol{P}(\boldsymbol{p},\boldsymbol{q})$ 和 $\boldsymbol{Q}(\boldsymbol{p},\boldsymbol{q})$ 给出典则变换 $g:\mathbb{R}^{2n}\to\mathbb{R}^{2n}$. 则 1–形式 $\boldsymbol{p}d\boldsymbol{q}-\boldsymbol{P}d\boldsymbol{Q}$ 是全微分 (节 45A):

$$\boldsymbol{p}d\boldsymbol{q}-\boldsymbol{P}d\boldsymbol{Q}=dS(\boldsymbol{p},\boldsymbol{q}). \tag{1}$$

问题 证明其逆: 若此形式是全微分, 则变换是典则变换.

现在设在某点 $(\boldsymbol{p}_0,\boldsymbol{q}_0)$ 附近可取 $(\boldsymbol{Q},\boldsymbol{q})$ 为独立坐标. 换言之, 设其雅可比行列式在 $(\boldsymbol{p}_0,\boldsymbol{q}_0)$ 点不为零:

$$\det\left.\frac{\partial(\boldsymbol{Q},\boldsymbol{q})}{\partial(\boldsymbol{p},\boldsymbol{q})}\right|_{\boldsymbol{p}_0,\boldsymbol{q}_0}=\det\left.\frac{\partial\boldsymbol{Q}}{\partial\boldsymbol{p}}\right|_{\boldsymbol{p}_0,\boldsymbol{q}_0}\neq 0.$$

这样的典则变换称为自由的. 这时函数 S 可以局部地用新坐标来表示:

$$S(\boldsymbol{p},\boldsymbol{q})=S_1(\boldsymbol{Q},\boldsymbol{q}).$$

定义 函数 $S_1(\boldsymbol{Q},\boldsymbol{q})$ 称为典则变换 g 的生成函数.

我们要强调指出 S_1 不是相空间 $\mathbb{R}^{2n}$ 上的函数: 它是两个 n 维的点 $\boldsymbol{q},\boldsymbol{Q}$ 的空间的直积 $\mathbb{R}^n_{\boldsymbol{q}}\times\mathbb{R}^n_{\boldsymbol{Q}}$ 中的一个区域中的函数. 由 (1) 知 S_1 的 “偏导数” 是

$$\frac{\partial S_1(\boldsymbol{Q},\boldsymbol{q})}{\partial\boldsymbol{q}}=\boldsymbol{p}\quad 和\quad \frac{\partial S_1(\boldsymbol{Q},\boldsymbol{q})}{\partial\boldsymbol{Q}}=-\boldsymbol{P}. \tag{2}$$

反之每一个函数 $S_1(\boldsymbol{Q},\boldsymbol{q})$ 也都通过上式 (2) 给出一个典则变换 g.

---

① 重要的是要注意, x,y 平面上的量 $\partial u/\partial x$ 不仅依赖于取什么样的函数为 x, 还依赖于取什么函数为 y: 在新变量 (x,z) 中, $\partial u/\partial x$ 的值就不同了. 应该要写

$$\left.\frac{\partial u}{\partial x}\right|_{y=\text{常数}},\quad \left.\frac{\partial u}{\partial x}\right|_{z=\text{常数}}.$$

定理 设 $S_1(\boldsymbol{Q},\boldsymbol{q})$ 是定义在两个 n 维欧氏空间的直积的某点 $(\boldsymbol{Q}_0,\boldsymbol{q}_0)$ 的一个邻域上的函数. 若

$$\det \left.\frac{\partial^2 S_1}{\partial \boldsymbol{Q}\partial \boldsymbol{q}}\right|_{\boldsymbol{Q}_0,\boldsymbol{q}_0} \neq 0,$$

则 S_1 是某个自由典则变换的生成函数.

证 由隐函数定理可以解出决定 $\boldsymbol{Q}$ 的方程

$$\frac{\partial S_1(\boldsymbol{Q},\boldsymbol{q})}{\partial \boldsymbol{q}} = \boldsymbol{p}.$$

于是在点

$$\left(\boldsymbol{q}_0, \boldsymbol{p}_0 = \left.\left(\frac{\partial S_1(\boldsymbol{Q},\boldsymbol{q})}{\partial \boldsymbol{q}}\right)\right|_{\boldsymbol{Q}_0,\boldsymbol{q}_0}\right)$$

附近可以定出一个函数 $\boldsymbol{Q}(\boldsymbol{p},\boldsymbol{q})$ $(\boldsymbol{Q}(\boldsymbol{p}_0,\boldsymbol{q}_0)=\boldsymbol{q}_0)$. 事实上, 我们所需的行列式由我们的假设不为零, 这里它是

$$\det \left.\left(\frac{\partial^2 S_1(\boldsymbol{Q},\boldsymbol{q})}{\partial \boldsymbol{Q}\partial \boldsymbol{q}}\right)\right|_{\boldsymbol{Q}_0,\boldsymbol{q}_0}.$$

现在考虑函数

$$\boldsymbol{P}_1(\boldsymbol{Q},\boldsymbol{q}) = -\frac{\partial}{\partial \boldsymbol{Q}} S_1(\boldsymbol{Q},\boldsymbol{q}),$$

并且记

$$\boldsymbol{P}(\boldsymbol{p},\boldsymbol{q}) = \boldsymbol{P}_1(\boldsymbol{Q}(\boldsymbol{p},\boldsymbol{q}),\boldsymbol{q}),$$

这时, 把点 $(\boldsymbol{p},\boldsymbol{q})$ 映为点 $(\boldsymbol{P},\boldsymbol{Q})$ 的局部映射 $g:\mathbb{R}^{2n}\to\mathbb{R}^{2n}$ 是典则变换而且以 S_1 为生成函数. 这是因为由上述作法

$$\boldsymbol{p}d\boldsymbol{q} - \boldsymbol{P}d\boldsymbol{Q} = \frac{\partial S_1(\boldsymbol{Q},\boldsymbol{q})}{\partial \boldsymbol{q}}d\boldsymbol{q} + \frac{\partial S_1(\boldsymbol{Q},\boldsymbol{q})}{\partial \boldsymbol{Q}}d\boldsymbol{Q},$$

而且它是自由的, 因为 $\det(\partial\boldsymbol{Q}/\partial\boldsymbol{p}) = \det(\partial^2 S_1(\boldsymbol{Q},\boldsymbol{q})/\partial\boldsymbol{Q}\partial\boldsymbol{q})^{-1} \neq 0$. □

变换 $g:\mathbb{R}^{2n}\to\mathbb{R}^{2n}$ 一般是由 $2n$ 个 $2n$ 变元的函数给出的. 我们看到典则变换则完全由一个 $2n$ 元函数–生成函数给出. 很容易看到生成函数在所有涉及典则变换的计算中多么有用. 而当变量个数 $2n$ 变得很大时尤其是这样.

B. 生成函数的哈密顿–雅可比方程

注意, 哈密顿函数仅依赖于变量 $\boldsymbol{Q}$ 的典则方程是很容易求积的. 若 $H=K(\boldsymbol{Q})$, 则典则方程成为

$$\dot{\boldsymbol{Q}} = 0, \quad \dot{\boldsymbol{P}} = -\frac{\partial K}{\partial \boldsymbol{Q}}, \tag{3}$$

由此立即有

$$\boldsymbol{Q}(t) = \boldsymbol{Q}(0), \quad \boldsymbol{P}(t) = \boldsymbol{P}(0) + t\left.\frac{\partial K}{\partial \boldsymbol{Q}}\right|_{\boldsymbol{Q}(0)}.$$

我们现在要找一个典则变换把哈密顿函数 $H(\boldsymbol{p},\boldsymbol{q})$ 变成 $K(\boldsymbol{Q})$. 为此, 我们来找这个变换的生成函数 $S(\boldsymbol{Q},\boldsymbol{P})$. 由 (2) 可得条件

$$H\left(\frac{\partial S(\boldsymbol{Q},\boldsymbol{q})}{\partial \boldsymbol{q}},\boldsymbol{q},t\right)=K(\boldsymbol{Q}). \tag{4}$$

上式中在求导 $\dfrac{\partial S}{\partial \boldsymbol{q}}$ 后应将 $\boldsymbol{q}$ 都换成 $\boldsymbol{q}(\boldsymbol{P},\boldsymbol{Q})$. 注意对于固定的 $\boldsymbol{Q}$, 方程 (4) 是哈密顿–雅可比方程.

雅可比定理 *若能找到哈密顿–雅可比方程的含 n 个参数*[①] *Q_i 的解 $S(\boldsymbol{Q},\boldsymbol{q})$ 而且使 $\det(\partial^2 S/\partial \boldsymbol{Q}\partial \boldsymbol{q})\neq 0$, 则可以显示求积出典则方程*

$$\dot{\boldsymbol{p}}=-\frac{\partial H}{\partial \boldsymbol{q}},\quad \dot{\boldsymbol{q}}=\frac{\partial H}{\partial \boldsymbol{p}}. \tag{5}$$

由方程 $\dfrac{\partial S(\boldsymbol{Q},\boldsymbol{q})}{\partial \boldsymbol{q}}=\boldsymbol{p}$ 决定的函数 $\boldsymbol{Q}(\boldsymbol{p},\boldsymbol{q})$ 是方程 (5) 的首次积分.

证 考虑具有生成函数 $S(\boldsymbol{Q},\boldsymbol{q})$ 的典则变换. 由 (2) 有 $\boldsymbol{p}=(\partial S/\partial \boldsymbol{q})(\boldsymbol{Q},\boldsymbol{q})$, 由此式可以定出 $\boldsymbol{Q}(\boldsymbol{p},\boldsymbol{q})$. 我们来在新坐标 $\boldsymbol{P},\boldsymbol{Q}$ 下计算函数 $H(\boldsymbol{p},\boldsymbol{q})$. 有 $H(\boldsymbol{p},\boldsymbol{q})=H((\partial S/\partial \boldsymbol{q})(\boldsymbol{Q},\boldsymbol{q}),\boldsymbol{q})$. 要在新坐标系下求出哈密顿函数, 必须在此式中 (在微分后) 将 $\boldsymbol{q}$ 换成它的 $\boldsymbol{P},\boldsymbol{Q}$ 的表达式. 但由 (4), 此式完全不依赖于 $\boldsymbol{q}$, 所以我们简单地有

$$H(\boldsymbol{p},\boldsymbol{q})=K(\boldsymbol{Q}).$$

故方程 (5) 在新坐标中形式如 (3), 而雅可比定理得证. □

雅可比定理将常微分方程组 (5) 的求解化为求偏微分方程 (4) 的完全积分. 这样由简 "化" 繁却提供了一个解决具体问题的有效方法, 这是令人惊奇的. 然而这确是求精确解的最有力的方法, 而雅可比解出的许多问题用别的方法是解不出来的.

C. 例子

我们来考虑两个固定中心的吸引问题. 近年来由于它与人造地球卫星运动的研究有关, 对它的兴趣增大了. 很清楚, z 轴上两个靠近的吸引中心近似于沿 z 轴稍微拉长的椭球的吸引. 不幸的是, 地球不是细长的而是扁平的. 为了克服这个困难, 必须把中心放在 z 轴上离原点有虚距离 $\pm i\varepsilon$ 处. 当然, 所得解的解析公式在复域中成立. 这样我们得到了地球引力场的一个近似, 使运动方程可以精确积出, 而比把地球作为一个质点的开普勒近似更好.

为简单计, 我们只考虑两个等质量定点吸引的平面问题. 雅可比方法的成功基于采用了适当的坐标–椭圆坐标. 设定点 O_1,O_2 的距离为 $2c$ (图 204), 而动质点到它们之距离各为 r_1 与 r_2. 椭圆坐标 ξ,η 定义为到 O_1,O_2 之距离和与差: $\xi=r_1+r_2,\eta=r_1-r_2$.

[①] (4) 的含 n 个参数的解族称为完全积分.

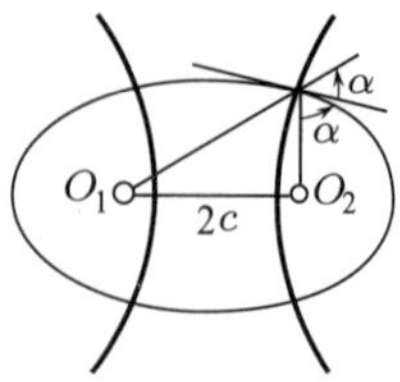

图 204　椭圆坐标

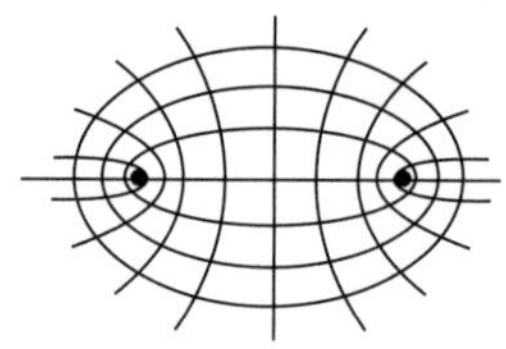

图 205　共焦椭圆和双曲线

问题　用椭圆坐标表示哈密顿函数.

解　曲线 $\xi=$ 常数是以 O_1, O_2 为焦点的椭圆, 曲线 $\eta=$ 常数是焦点相同的双曲线 (图 205). 它们互相正交, 故

$$ds^2=a^2d\xi^2+b^2d\eta^2.$$

我们来求系数 a 和 b. 对于沿椭圆的运动我们有 $dr_1=ds\cos\alpha, dr_2=-ds\cos\alpha$, 故 $d\eta=2\cos\alpha ds$. 对沿双曲线的运动, $dr_1=ds\sin\alpha, dr_2=ds\sin\alpha$, 故 $d\xi=2\sin\alpha ds$. 所以 $a=(2\sin\alpha)^{-1}, b=(2\cos\alpha)^{-1}$. 由三角形 O_1MO_2 又有 $r_1^2+r_2^2+2r_1r_2\cos\alpha=4c^2$, 故有

$$\cos^2\alpha-\sin^2\alpha=\tfrac{4c^2-r_1^2-r_2^2}{2r_1r_2},\quad \cos^2\alpha+\sin^2\alpha=\frac{2r_1r_2}{2r_1r_2},$$

$$\cos^2\alpha=\tfrac{4c^2-(r_1-r_2)^2}{4r_1r_2},\qquad \sin^2\alpha=\frac{(r_1+r_2)^2-4c^2}{4r_1r_2}.$$

但若 $ds^2=\sum a_idq_i^2$, 则

$$T=\sum a_i^2\frac{\dot{q}_i^2}{2},\quad p_i=a_i^2\dot{q}_i,\quad H=\sum\frac{p_i^2}{2a_i^2}+U,$$

所以

$$H=p_\xi^2\frac{(r_1+r_2)^2-4c^2}{2r_1r_2}+p_\eta^2\frac{4c^2-(r_1-r_2)^2}{2r_1r_2}-\frac{k}{r_1}-\frac{k}{r_2}.$$

但 $r_1+r_2=\xi, r_1-r_2=\eta, 4r_1r_2=\xi^2-\eta^2$. 所以最后有

$$H=2p_\xi^2\frac{\xi^2-4c^2}{\xi^2-\eta^2}+2p_\eta^2\frac{4c^2-\eta^2}{\xi^2-\eta^2}-\frac{4k\xi}{\xi^2-\eta^2}.$$

现在我们要解哈密顿–雅可比方程.

定义　若变量 q_1 和 $\partial S/\partial q_1$ 只以组合为 $\varphi(\partial s/\partial q_1, q_1)$ 之形状出现在方程

$$\Phi_1\left(\frac{\partial S}{\partial q_1},\cdots,\frac{\partial S}{\partial q_n};q_1,\cdots,q_n\right)=0$$

中, 我们就说变量 q_1 是可分离的.

这时, 求一个以下形状的解是有用的:

$$S=S_1(q_1)+S'(q_2,\cdots,q_n).$$

在这个方程中令 $\varphi\left(\dfrac{\partial S_1}{\partial q_1}, q_1\right) = c_1$, 则 S' 将适合一个变量数目较少的方程

$$\Phi_2\left(\frac{\partial S'}{\partial q_2}, \cdots, \frac{\partial S'}{\partial q_n}, q_2, \cdots, q_n; c_1\right) = 0.$$

令 $S' = S'(q_2, \cdots, q_n; c_1, c)$ 是它的一族含参数 c_i 的解. 只要 S_1 满足常微分方程 $\varphi\left(\dfrac{\partial S_1}{\partial q_1}, q_1\right) = c_1$, 则函数 $S_1(q_1, c_1) + S'$ 就是所求方程的解. 这个常微分方程是容易解的: 把 $\partial S_1/\partial \bar{q}_1$ 用 q_1 与 c_1 表示为 $\partial S_1/\partial q_1 = \psi(q_1, c_1)$ 即得 $S_1 = \displaystyle\int \psi(q_1, c_1) dq_1$.

若新方程 (Φ_2) 中又有一个变量例如 q_2 可分离, 可以重复这个过程, (则在最有利的情况下) 就可求出原方程的含 n 个常数的解

$$S_1(q_1; c_1) + S_2(q_2; c_1, c_2) + \cdots + S_n(q_n; c_1, \cdots, c_n).$$

这时我们说变量是完全可分离的.

若变量完全可分离, 就可用求积法求出哈密顿–雅可比方程 $\Phi_1(\partial S/\partial \boldsymbol{q}, \boldsymbol{q}) = 0$ 的含 n 个参数的解. 而相应的典则方程组也可用求积法解出 (雅可比定理).

我们将这个方法用于两个固定中心问题. 哈密顿–雅可比方程成为

$$\left(\frac{\partial S}{\partial \xi}\right)^2 (\xi^2 - 4c^2) + \left(\frac{\partial S}{\partial \eta}\right)^2 (4c^2 - \eta^2) = K^2(\xi^2 - \eta^2) + 4k\xi.$$

这是可以分离变量的, 例如只需设

$$\left(\frac{\partial S}{\partial \xi}\right)^2 (\xi^2 - 4c^2) - 4k\xi - K\xi^2 = c_1,$$
$$\left(\frac{\partial S}{\partial \eta}\right)^2 (4c^2 - \eta^2) + K\eta^2 = -c_1$$

即可. 于是可以找到方程 (4) 的完全积分

$$S(\xi, \eta; c_1, c_2) = \int \sqrt{\frac{c_1 + c_2\xi^2 + 4K\xi}{\xi^2 - 4c^2}} d\xi + \int \sqrt{\frac{-c_1 - c_2\eta^2}{4c^2 - \eta^2}} d\eta.$$

雅可比定理用椭圆积分给出了两个固定中心的运动问题的显式解. 关于这个运动的更详细的讨论可见 Charlier, [1] 一书.

两个固定中心的吸引问题的另一个应用是研究一个吸引中心场中具有固定拉力的运动.

这就是一个质点在一个固定中心的牛顿引力作用和另一个大小方向都固定的力 ("拉力") 作用下的运动问题. 它可以看作是两个固定中心的吸引问题的极限情况. 即一个中心沿推力方向运动到无穷远处时的极限 (这时其质量与其距离平方成正比增加以保证拉力不变).

两个固定中心的吸引问题的极限情况可用椭圆函数显式地解出. 用以上问题取极限或者直接对一个固定中心的场中的固定拉力的运动问题作分离变量都可看到这一点. 在这问题中使变量分离的坐标可由椭圆坐标令一个中心趋向无穷取极限而得. 这称为抛物线坐标而由公式

$$u = r - x, \quad v = r + x$$

给出 (拉力沿着 x 轴).

固定拉力问题的轨道的描述 (其中有许多是很细致的) 可在 B. B. 别列茨基 “天体运动概说” (Beletzkii, [1]) 一书中找到.

再举一个例子即三轴椭球上的测地线问题①. 这里雅可比椭球坐标 $\lambda_1, \lambda_2, \lambda_3$ 是有用的, 它们是

$$\frac{x_1^2}{a_1+\lambda} + \frac{x_2^2}{a_2+\lambda} + \frac{x_3^2}{a_3+\lambda} = 1, \quad \lambda_1 > \lambda_2 > \lambda_3$$

的根, x_1, x_2, x_3 是笛卡儿坐标. 我们不作计算表明变量可分离 (这例如可在雅可比 “动力学讲义” 一书中找到), 而只提一下结果: 我们将描述一下测地线的性态.

曲面 $\lambda_1 =$ 常数, $\lambda_2 =$ 常数和 $\lambda_3 =$ 常数都是二次曲面, 称为*共焦二次曲面*. 第一个是椭球面, 第二个是单叶双曲面, 第三个是双叶双曲面椭球面可以退化成一椭圆的内域, 单叶双曲面可退化成或为椭圆的外域或为一个平面上双曲线两枝之间的部分, 双叶双曲面则可退化为平面上双曲线两枝之外的部分或者成为整个平面.

设所考虑的椭球属于主半轴 $a > b > c$ 的一族椭球. 椭圆 $x_1 = 0, x_2 = 0$ 和 $x_3 = 0$ 都是闭的测地线. 从最大的椭圆 (即主半轴为 a, b 的) 上一点出发沿着靠近该椭圆方向的测地线 (图 206) 交替地切于椭球和这一族中的一个单叶双曲面 $\lambda =$ 常数的两个闭截口②. 测地线或者是闭的, 或者在两个闭截口之间的区域中稠密. 当测地线斜率增加时, 这双曲面退化成为一双曲线 “内” 的区域, 而此双曲线与椭球面交于四个 “脐点”. 在极限情况下就得到了从脐点发出的测地线 (图 207).

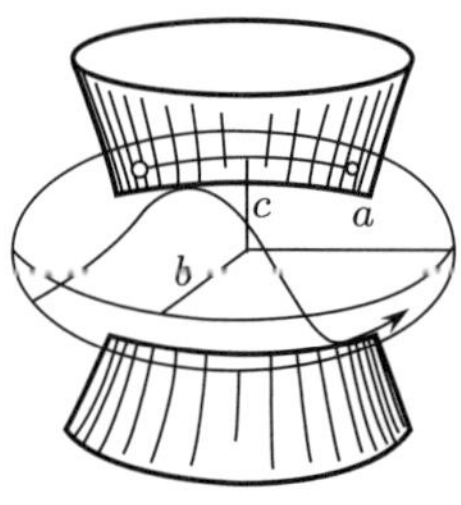

图 206 三轴椭球面上的测地线

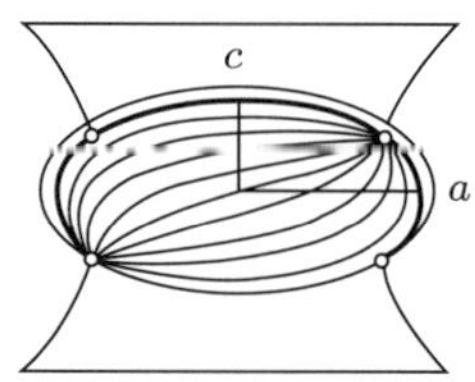

图 207 由脐点发出的测地线

有趣的是, 从一个脐点发出的测地线, 一定都收束于对面的脐点, 而且所有这些测地线长度相同, 注意到这一点是很有趣的. 所有这些测地线只有一条是封闭的, 即

①椭球上的测地线问题以及密切相关的椭球弹子问题最近在与激光装置有关的一系列物理问题中得到了应用.

②共焦曲面的这些截口也是椭球的曲率线.

中间的椭圆亦即主半轴为 a, c 的椭圆. 如果我们沿任意的另一测地线在任意方向穿过脐点, 则必渐近趋向这个椭圆.

最后, 与最大椭圆相交得 "更陡" 的测地线 (图 208) 交替地切于我们的椭球与一双叶双曲面的两个截口①. 一般地, 它们在这两个截口之间的区域中稠密. 半轴为 b 和 c 的小椭圆也属于这种测地线之列.

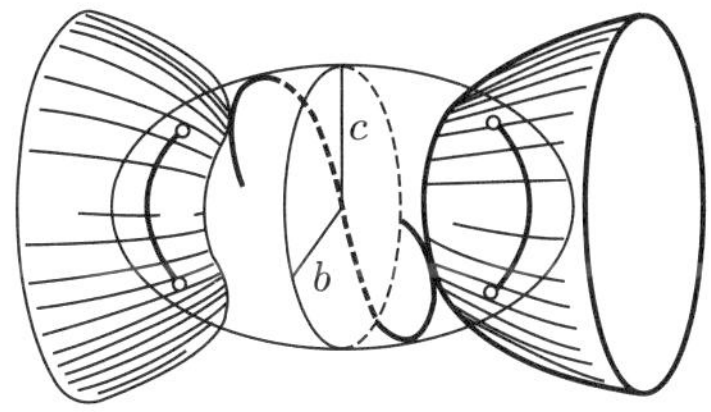

图 208 椭球面上切于一个双叶双曲面的测地线

"求积一个已知微分方程的主要困难在于引入方便的变量, 而这是没有规则可循的. 因此我们必须走相反的途径, 先找一些值得注意的变换, 再看哪一些问题可以成功地应用它们." (雅可比的《动力学讲义》).

朗道和利普希茨的《力学》(Landau L. D., Lifschitz E. M., [1]) 一书中列出了可用球、椭圆和抛物线坐标来分离变量的问题.

§48. 生成函数

在本节中我们要对非自由典则变换造出生成函数这一工具.

A. 生成函数 $\boldsymbol{S}_2(\boldsymbol{P}, \boldsymbol{q})$

令 $g: \mathbb{R}^{2n} \to \mathbb{R}^{2n}$ 为一典则变换而且 $g(\boldsymbol{p}, \boldsymbol{q}) = (\boldsymbol{P}, \boldsymbol{Q})$. 由典则变换的定义, $\mathbb{R}^{2n}$ 上的 1–微分形式

$$\boldsymbol{p}d\boldsymbol{q} - \boldsymbol{P}d\boldsymbol{Q} = dS$$

是某函数 $S(\boldsymbol{p}, \boldsymbol{q})$ 的全微分. 如果可以取 $\boldsymbol{Q}, \boldsymbol{q}$ 为 $2n$ 个独立坐标, 这典则变换就是自由的. 这时函数 S 可以用 $\boldsymbol{q}, \boldsymbol{Q}$ 表示并称为生成函数 $S_1(\boldsymbol{q}, \boldsymbol{Q})$. 只要知道这个函数就可知道给出这个变换的 $2n$ 个函数, 即由以下关系式来求出:

$$\boldsymbol{p} = \frac{\partial S_1(\boldsymbol{q}, \boldsymbol{Q})}{\partial \boldsymbol{q}}, \quad \boldsymbol{P} = -\frac{\partial S_1(\boldsymbol{q}, \boldsymbol{Q})}{\partial \boldsymbol{Q}}. \tag{1}$$

但远非所有典则变换都是自由的. 例如对于恒等变换, $\boldsymbol{q}$ 和 $\boldsymbol{Q} = \boldsymbol{q}$ 就是相关的. 所以恒等变换不能由生成函数 $S_1(\boldsymbol{q}, \boldsymbol{Q})$ 给出. 但是, 我们可以应用勒让德变换以得出其他形式的生成函数. 例如设取 $\boldsymbol{P}, \boldsymbol{q}$ 为 $\mathbb{R}^{2n}$ 上的独立的局部坐标. (即使得行列式 $\det(\partial(\boldsymbol{P}, \boldsymbol{q})/\partial(\boldsymbol{p}, \boldsymbol{q})) = \det(\partial \boldsymbol{P}/\partial \boldsymbol{p})$ 不为零). 于是有

$$\boldsymbol{p}d\boldsymbol{q} - \boldsymbol{P}d\boldsymbol{Q} = dS \quad 以及 \quad \boldsymbol{p}d\boldsymbol{q} + \boldsymbol{Q}d\boldsymbol{P} = d(\boldsymbol{P}\boldsymbol{Q} + S).$$

把量 $\boldsymbol{P}\boldsymbol{Q} + S$ 用 $(\boldsymbol{P}, \boldsymbol{q})$ 表出也称为一个生成函数

$$S_2(\boldsymbol{P}, \boldsymbol{q}) = \boldsymbol{P}\boldsymbol{Q} + S(\boldsymbol{p}, \boldsymbol{q}).$$

①它们也是曲率线.

对于它, 我们有

$$\boldsymbol{p}=\frac{\partial S_2(\boldsymbol{P},\boldsymbol{q})}{\partial \boldsymbol{q}},\quad \boldsymbol{Q}=\frac{\partial S_2(\boldsymbol{P},\boldsymbol{q})}{\partial \boldsymbol{P}}. \tag{2}$$

反之, 若 $S_2(\boldsymbol{P},\boldsymbol{q})$ 是使行列式 $\det\left(\frac{\partial^2 S(\boldsymbol{P},\boldsymbol{q})}{\partial \boldsymbol{P}\partial \boldsymbol{q}}\right)\Big|_{\boldsymbol{P}_0,\boldsymbol{q}_0}\neq 0$ 的任意函数, 则在点

$$\left(\boldsymbol{p}_0=\left(\frac{\partial S_2(\boldsymbol{P},\boldsymbol{q})}{\partial \boldsymbol{q}}\right)\Big|_{\boldsymbol{P}_0,\boldsymbol{q}_0},\boldsymbol{q}_0\right)$$

附近, 可以由方程 (2) 的第一组求出 $\boldsymbol{P}$ 而得一个函数 $\boldsymbol{P}(\boldsymbol{p},\boldsymbol{q})$ (且 $\boldsymbol{P}(\boldsymbol{p}_0,\boldsymbol{q}_0)=\boldsymbol{P}_0$). 方程 (2) 的第二组就定出 $\boldsymbol{Q}(\boldsymbol{p},\boldsymbol{q})$, 而映射 $(\boldsymbol{p},\boldsymbol{q})\to(\boldsymbol{P},\boldsymbol{Q})$ 是典则的 (请证明!).

问题 求恒等映射 $\boldsymbol{P}=\boldsymbol{p},\boldsymbol{Q}=\boldsymbol{q}$ 的生成函数 S_2.

答 $\boldsymbol{P}\boldsymbol{q}$.

注 生成函数 $S_2(\boldsymbol{P},\boldsymbol{q})$ 很方便, 还因为 (2) 中没有负号, 而且只要记住恒等变换的生成函数是 $\boldsymbol{P}\boldsymbol{q}$, 则它也很容易记.

B. 2^n 个生成函数

不幸的是也不一定总能取 $\boldsymbol{P},\boldsymbol{q}$ 为局部坐标; 然而总可以取某一组 n 个新坐标

$$\boldsymbol{P}_i=(P_{i_1},\cdots,P_{i_k}),\quad \boldsymbol{Q}_j=(Q_{j_1},\cdots,Q_{j_{n-k}})$$

和原有的 $\boldsymbol{q}$ 合为 $2n$ 个独立坐标.

这里是把集 $(1,\cdots,n)$ 分划为两个不相交子集 $(i_1,\cdots,i_k)$ 和 $(j_1,\cdots,j_{n-k})$; 所以一共有 2^n 个情况.

定理 令 $g:\mathbb{R}^{2n}\to\mathbb{R}^{2n}$ 是由函数 $\boldsymbol{P}(\boldsymbol{p},\boldsymbol{q}),\boldsymbol{Q}(\boldsymbol{p},\boldsymbol{q})$ 给出的典则变换. 在每点 $(\boldsymbol{p}_0,\boldsymbol{q}_0)$ 附近, 2^n 组函数 $(\boldsymbol{P}_i,\boldsymbol{Q}_j,\boldsymbol{q})$ 中至少有一组可以取为 $\mathbb{R}^{2n}$ 的独立坐标:

$$\det\left(\frac{\partial(\boldsymbol{P}_i,\boldsymbol{Q}_j,\boldsymbol{q})}{\partial(\boldsymbol{p}_i,\boldsymbol{p}_j,\boldsymbol{q})}\right)=\det\left(\frac{\partial(\boldsymbol{P}_i,\boldsymbol{Q}_j)}{\partial(\boldsymbol{p}_i,\boldsymbol{p}_j)}\right)\neq 0.$$

在该点附近典则变换 g 可以由函数

$$S_3(\boldsymbol{P}_i,\boldsymbol{Q}_j,\boldsymbol{q})=(\boldsymbol{P}_i,\boldsymbol{Q}_i)+\int \boldsymbol{p}d\boldsymbol{q}-\boldsymbol{P}d\boldsymbol{Q}$$

通过以下关系式构造出来

$$\boldsymbol{p}=\frac{\partial S_3}{\partial \boldsymbol{q}},\quad \boldsymbol{Q}_i=\frac{\partial S_3}{\partial \boldsymbol{P}_i},\quad \boldsymbol{P}_j=-\frac{\partial S_3}{\partial \boldsymbol{Q}_j}. \tag{3}$$

反之, 若 $S_3(\boldsymbol{P}_i,\boldsymbol{Q}_j,\boldsymbol{q})$ 是任意使行列式 $\det(\partial^2 S_3/\partial\boldsymbol{R}\partial\boldsymbol{q})|_{\boldsymbol{R}_0,\boldsymbol{q}_0}(\boldsymbol{R}=(\boldsymbol{P}_i,\boldsymbol{Q}_j))$ 不为零的函数, 则 (3) 式在点 $(\boldsymbol{p}_0,\boldsymbol{q}_0)$ 附近给出一个典则变换.

定理的证明与前面给出的 $k=n$ 的情况几乎完全一样. 只需验证在 2^n 组 $(\boldsymbol{P}_i,\boldsymbol{Q}_j,\boldsymbol{q})$ 中有一组使行列式 $\det(\partial(\boldsymbol{P}_i,\boldsymbol{Q}_j)/\partial(\boldsymbol{p}_i,\boldsymbol{p}_j))$ 不为零就行了.

考虑以上典则变换 g 在 $(\boldsymbol{p}_0,\boldsymbol{q}_0)$ 的微分. 把 $\mathbb{R}^{2n}$ 的切空间与 $\mathbb{R}^{2n}$ 自己等同起来, dg 可以看成是一个辛变换 $S:\mathbb{R}^{2n}\to\mathbb{R}^{2n}$.

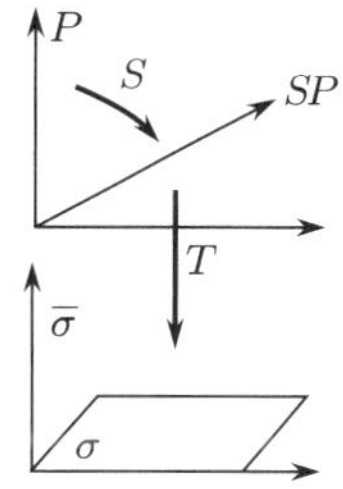

图 209 非退化性的检验

证 考虑 $\mathbb{R}^{2n}$ 中的 $\boldsymbol{p}$ 坐标平面 P (即平面 $\boldsymbol{q}=0$) (图 209). 它是零化 n–平面, 其像 SP 也是一个零化平面. 把平面 SP 按平行于其余坐标轴的方向投影到坐标平面 $\sigma=\{(\boldsymbol{p}_i,\boldsymbol{q}_j)\}$, 即沿 n 维零化平面 $\overline{\sigma}=\{(\boldsymbol{p}_j,\boldsymbol{q}_i)\}$ 的方向投影. 用 $T:SP\to\sigma$ 表示这个投影.

条件 $\det(\partial(\boldsymbol{P}_i,\boldsymbol{Q}_j)/\partial(\boldsymbol{p}_i,\boldsymbol{p}_j))\neq 0$ 表示 $T:SP\to\sigma$ 非奇异. 故 TS 非奇异当且仅当 $T:SP\to\sigma$ 非奇异. 换言之, 零化平面 SP 必须横截于零化坐标平面 $\overline{\sigma}$. 但我们在节 41 中已证明了 2^n 个零化坐标平面中至少有一个横截于 SP. 这意味着 2^n 个行列式中有一个非零. □

问题 这一组 2^n 类生成函数不能再少: 存在这样的典则变换, 使这 2^n 个行列式中只有一不为零[①]

C. 无穷小典则变换[1)]

现在考虑近于恒等映射的典则变换. 其生成函数可取得近于 $\boldsymbol{Pq}$ 即恒等变换的生成函数. 考虑可微地依赖于参数 ε 的一族典则变换 g_ε 使其生成函数为

$$\boldsymbol{Pq}+\varepsilon S(\boldsymbol{P},\boldsymbol{q},\varepsilon),\quad \boldsymbol{p}=\boldsymbol{P}+\varepsilon\frac{\partial S}{\partial\boldsymbol{q}},\quad \boldsymbol{Q}=\boldsymbol{q}+\varepsilon\frac{\partial S}{\partial\boldsymbol{P}}. \tag{4}$$

*无穷小典则变换*即族 g_ε 的等价类: 两个族 g_ε 与 h_ε 若其差是高于一阶的小量 $|g_\varepsilon-h_\varepsilon|=O(\varepsilon^2)$, $\varepsilon\to 0$ 就说是等价的.

定理 *无穷小典则变换满足哈密顿微分方程*

$$\left.\frac{d\boldsymbol{P}}{d\varepsilon}\right|_{\varepsilon=0}=-\frac{\partial H}{\partial\boldsymbol{q}},\quad \left.\frac{dQ}{d\varepsilon}\right|_{\varepsilon=0}=\frac{\partial H}{\partial\boldsymbol{p}},$$

其哈密顿函数是 $H(\boldsymbol{p},\boldsymbol{q})=S(\boldsymbol{p},\boldsymbol{q},0)$.

证 由 (4), 当 $\varepsilon\to 0$ 时 $\boldsymbol{P}\to\boldsymbol{p}$ 即得. □

系 *相空间* $\mathbb{R}^{2n}$ *的一个单参数变换群满足哈密顿典则方程当且仅当这些变换是典则变换.*

---

① 在不同的教本中, 生成函数之类型少则为 4, 多则到 4^n.

1) 参看 Arnold, Avez, [1] 附录 32, B. —— 日译者注

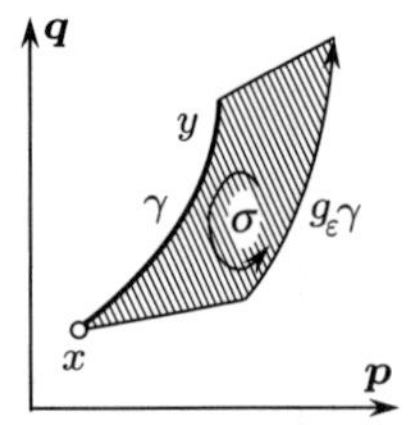

图 210 哈密顿函数的几何意义

哈密顿函数 H 称为“无穷小典则变换的生成函数”. 我们注意到, 与生成函数 S 不同, H 是相空间中点的函数, 且与此变换不变地相关.

函数 H 的几何意义很简单. 令 x, y 为 $\mathbb{R}^{2n}$ 中的两点 (图 210), γ 是连接它们的一条曲线, $\partial\gamma = y - x$, 考虑典线 γ 在变换 $g_\tau, 0 \leqslant \tau \leqslant \varepsilon$ 下的像; 它们形成一个带 $\sigma(\varepsilon)$, 现在考虑形式 $\omega^2 = \sum dp_i \wedge dq_i$ 在二维链 $\sigma(\varepsilon)$ 上的积分, 并且利用 $\partial\sigma = g_\varepsilon\gamma - \gamma + g_\tau y - g_\tau x$ 这一事实.

问题 证明

$$\lim_{\varepsilon\to 0}\frac{1}{\varepsilon}\iint_{\sigma(\varepsilon)}\omega^2 = H(y) - H(x)$$

存在而且不依赖于等价类 g_ε 中代表元的取法.

由此又一次得到熟知的

系 在典则变换下, 典则方程的形状不变, 哈密顿函数也相同.

我们已计算了哈密顿函数的变化而只用了无穷小典则变换和 $\mathbb{R}^{2n}$ 的辛构造 —— ω^2.

第十章　摄动理论介绍

所谓摄动理论是由一些很有用的方法组成的, 这些方法可以用来求 "摄动问题" 的近似解, 而这些问题很接近 "非摄动问题", 而可以精确解出. 如果我们研究的是一小段时间中的运动, 这些方法的合理性很容易论证. 但是摄动理论的结论对于一个很长的甚至无限的时间区间中的运动可信到什么程度, 对此我们所知甚少.

我们将看到, 许多 "非摄动" 的可积问题的运动都是条件周期的. 在研究非摄动问题时, 尤其在研究摄动问题时, 一种特殊的辛坐标, 称为 "作用量-角" 变量, 是很有用的. 最后, 我们将证明一个定理以讨论单频率系统的摄动理论, 并将证明作用量变量在这种系统中的绝热不变性.

§49. 可积方程组

为了求积一组 $2n$ 个常微分方程, 需要知道 $2n$ 个首次积分. 但结果是, 若有一组典则微分方程组, 时常只要 n 个首次积分就够了 —— 每一个能把方程组的阶数降低二阶而不只是一阶.

A. 关于可积方程组的刘维尔定理

回忆一下, F 是具有哈密顿函数 H 的典则方程组的一个首次积分, 当且仅当泊松括弧恒为零

$$(H, F) = 0.$$

定义　辛流形上的两个函数 F_1 和 F_2 称为互相对合, 若其泊松括弧为零.

刘维尔证明了, 若对一具有 n 个自由度 (即相空间维数为 $2n$) 的系统, 已知 n 个独立的互为对合的首次积分, 则它可用求积法积出.

这个定理的确切说法是: 设在 $2n$ 维辛流形上有 n 个互相对合的函数

$$F_1, \cdots, F_n; \quad (F_i, F_j) \equiv 0, \quad i, j = 1, 2, \cdots, n.$$

考虑这些函数的一个等值集

$$M_f = \{x : F_i(x) = f_i, i = 1, \cdots, n\}.$$

设这 n 个函数 F_i 在 M_f 上独立 (即 n 个 1–形式 dF_i 在 M_f 上的各点线性无关). 则

1. M_f 是光滑流形且在哈密顿函数为 $H = F_1$ 的相流下不变.

2. 若流形 M_f 是紧且连通的, 则它微分同胚于 n 维环面

$$T^n = \{(\varphi_1, \cdots, \varphi_n) \mod 2\pi\}.$$

3. 以 H 为哈密顿函数的相流在 M_f 上决定一个条件周期运动, 即在角坐标 $\boldsymbol{\varphi} = (\varphi_1, \cdots, \varphi_n)$ 中有

$$\frac{d\boldsymbol{\varphi}}{dt} = \boldsymbol{\omega}, \quad \boldsymbol{\omega} = \boldsymbol{\omega}(\boldsymbol{f}).$$

4. 以 H 为哈密顿函数的典则方程组可用求积法积出.

在证明这个定理之前, 先注意其几个系.

系 1 若对一个自由度为 2 的典则方程组知道一个与哈密顿函数 H 独立的首次积分 F, 则此方程组可用求积法积出; 相空间中的紧连通二维子流形 $H = h, F = f$ 是不变的环面, 而其上的运动是条件周期的.

证 F 与 H 互相对合, 因为 F 是以 H 为哈密顿函数的方程组的首次积分. □

现在举一个具有三个自由度的力学系统的例子, 考虑一个有重的对称拉格朗日陀螺, 它固定在其轴上一点. 有三个显然的首次积分 H, M_z 和 M_3. 容易验证 M_z, M_3 互相对合. 此外相空间中流形 $H = h$ 是紧的. 因此不需计算即可指出, 对于大多数初始条件①, 陀螺的运动是条件周期的: 相轨道填满三维环面 $H = c_1, M_z = c_2, M_3 = c_3$. 相应的三个频率分别称为基本旋转、进动与章动频率.

从以下的事实中可以得到其他的例子: 若一个典则方程组可用哈密顿–雅可比方法积出, 则它有 n 个互相对合的首次积分.

这方法在于求一典则变换 $(\boldsymbol{p}, \boldsymbol{q}) \to (\boldsymbol{P}, \boldsymbol{Q})$ 使 P_i 为首次积分. 但函数 P_i 和 P_j 显然互相对合.

上述事实特别可应用于两个固定中心的吸引问题. 其他例子也很容易找. 事实上, 以上的刘维尔定理包括了迄今一切可以积出的动力学问题.

B. 刘维尔定理的证明的前一部分

现在转到定理之证明. 考虑首次积分的等值集:

$$M_f = \{x : F_i = f_i, i = 1, \cdots, n\}.$$

①积分的奇异等值集是例外, 这时没有独立性.

由假设, n 个 1–形式 dF_i 在 M_f 之各点上线性无关; 故由隐函数定理, M_f 是 $2n$ 维相空间的 n 维子流形.

引理 1 在 n 维流形 M_f 上存在着 n 个相互可换的在每一点线性无关的切矢量场.

证 相空间的辛构造定义了变 1–形式为矢量场的算子 I. I 变 dF_i 为 IdF_i 即以 F_i 为哈密顿函数的方程组的相速度场. 我们要证明 IdF_i这 n 个场切于 M_f, 可换而且互相无关.

IdF_i 在 M_f 之每一点的无关性可由 dF_i 之无关性和同构 I 的非奇异性得出. 场 IdF_i 是互相可换的, 因为其哈密顿函数的泊松括弧 $(F_i, F_j) \equiv 0$. 同理 F_i 在场 IdF_j 的方向的导数等于零, $i, j = 1, 2, \cdots, n$, 于是场 IdF_i 切于 M_f, 引理 1 证毕. □

我们要注意, 实际上我们所证明的已多于引理 1:

$1'$. 流形 M_f 在以 F_i 为哈密顿函数的相流 g_i^t 下不变, 而这 n 个相流又是可交换的: $g_i^t g_j^s = g_j^s g_i^t$.

$1''$. 流形 M_f 是零化的 (即 2–形式 ω^2 在 $TM_f|_x$ 上为 0).

这是因为 n 个矢量 IdF_i 互为斜正交 ($(F_i, F_j) \equiv 0$) 而且构成流形 M_f 在 x 的切空间的基底.

C. 群 $\mathbb{R}^n$ 的作用为传递的流形

我们要应用下述拓扑命题 (证明在节 D 中完成).

引理 2 令 M^n 为一 n 维紧连通微分流形, 其上有 n 个可交换且在各点线性无关的矢量场. 这时 M^n 微分同胚于 n 维环面 T^n.

证 令 $g_i^t, i = 1, \cdots, n$ 表示相应于 n 个已知矢量场的 M^n 之微分同胚的单参数群. 因为这些矢量场可交换, 群 g_i^t 和 g_j^s 也可换. 因此我们可以定义可换群 $\mathbb{R}^n = \{\boldsymbol{t}\}$ 在流形 M^n 上的作用 g:

$$g^{\boldsymbol{t}} : M^n \to M^n, \quad g^{\boldsymbol{t}} = g_1^{t_1} \cdots g_n^{t_n} \quad (\boldsymbol{t} = (t_1, \cdots, t_n) \in \mathbb{R}^n).$$

显然, $g^{\boldsymbol{t}+\boldsymbol{s}} = g^{\boldsymbol{t}} \cdot g^{\boldsymbol{s}}$, $\boldsymbol{t}, \boldsymbol{s} \in \mathbb{R}^n$. 固定一点 $x_0 \in M$. 有映射

$$g : \mathbb{R}^n \to M^n, \quad g(\boldsymbol{t}) = g^{\boldsymbol{t}} x_0.$$

(点 x_0 先沿第一个流的轨道运动时间 t_1, 再沿第二个流运动时间 t_2, 等等.)

问题 1 证明 $O \in \mathbb{R}^n$的充分小邻域 V (图 211) 被 g 映为 x_0 邻域中的区图: 每点 $x_0 \in M^n$ 都有一个邻域 U ($x_0 \in U \subset M$) 而 g 将 V 微分同胚地映到 U 上.

提示 应用隐函数定理以及场在 x_0 线性无关.

问题 2 证明 $g : \mathbb{R}^n \to M$ 是满射.

提示 用一曲线连接点 $x \in M$ 与 x_0 (图 212). 用有限多个上题中的邻域 U 覆盖此曲线, 并定义 $\boldsymbol{t}$ 为相应于各段曲线的平移 $\boldsymbol{t}_i$ 之和.

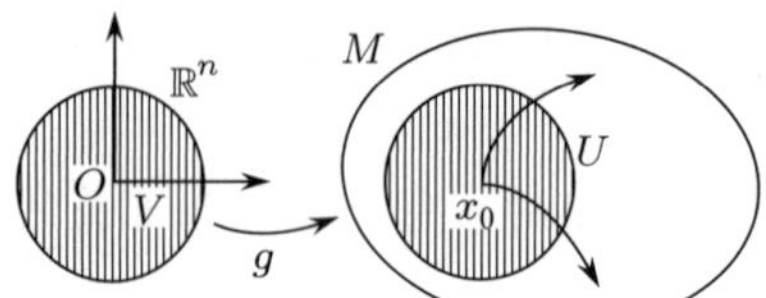

图 211　问题 1

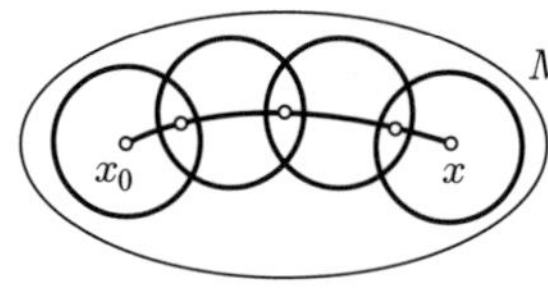

图 212　问题 2

我们要注意, 映射 $g:\mathbb{R}^n\to M^n$ 不可能是一对一的, 因为 M^n 为紧而 $\mathbb{R}^n$ 不是. 考虑点 $x_0\in M^n$ 的原像的集合.

定义　点 x_0 的恒定群即使 $g^{\boldsymbol{t}}x_0=x_0$ 的 $\boldsymbol{t}\in\mathbb{R}^n$ 之集合 Γ.

问题 3　证明 Γ 是 $\mathbb{R}^n$ 的子群且与 x_0 无关.

解　若 $g^{\boldsymbol{s}}x_0=x_0, g^{\boldsymbol{t}}x_0=x_0$, 则 $g^{\boldsymbol{s}+\boldsymbol{t}}x_0=g^{\boldsymbol{s}}g^{\boldsymbol{t}}x_0=g^{\boldsymbol{s}}x_0=x_0, g^{-\boldsymbol{t}}x_0=g^{-\boldsymbol{t}}g^{\boldsymbol{t}}x_0=x_0$. 所以 Γ 是 $\mathbb{R}^n$ 的子群. 若 $x=g^{\boldsymbol{r}}x_0$ 而 $\boldsymbol{t}\in\Gamma$, 则

$$g^{\boldsymbol{t}}x=g^{\boldsymbol{t}+\boldsymbol{r}}x_0=g^{\boldsymbol{r}}g^{\boldsymbol{t}}x_0=g^{\boldsymbol{r}}x_0=x.$$

这样, 恒定群 Γ 是 $\mathbb{R}^n$ 的与 x_0 无关的适当定义子群. 特别, $\boldsymbol{t}=0$ 显然属于 Γ.

问题 4　证明在 $O\in\mathbb{R}^n$ 的充分小邻域 V 中除 $\boldsymbol{t}=0$ 外没有恒定群之其他点.

提示　映射 $g:V\to U$ 是微分同胚.

问题 5　证明在任何点 $\boldsymbol{t}\in\Gamma\subset\mathbb{R}^n$ 的邻域 $\boldsymbol{t}+V$ 中除 $\boldsymbol{t}$ 外没有恒定群的其他点 (图 213).

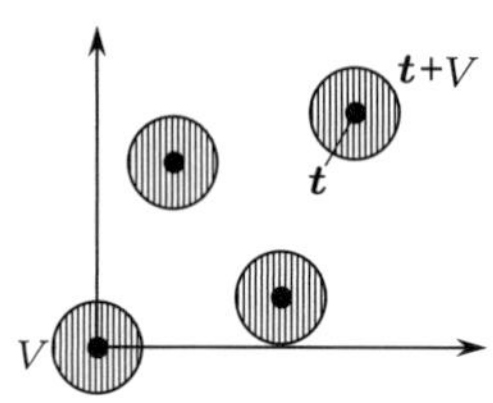

图 213　问题 5

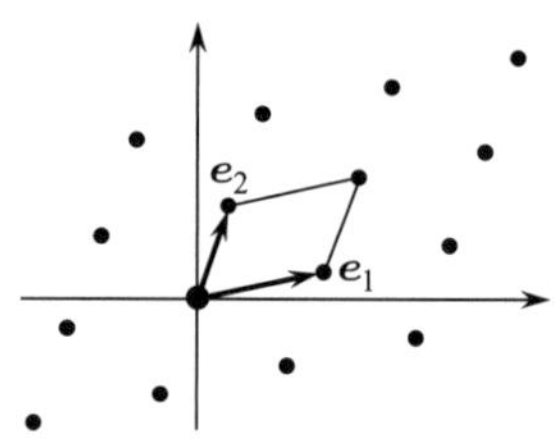

图 214　平面的离散子群

所以恒定群之点在 $\mathbb{R}^n$ 中是离散的. 这种子群称为离散子群.

例　令 $\boldsymbol{e}_1,\cdots,\boldsymbol{e}_k$ 是 $\mathbb{R}^n$ 的 k 个线性无关矢量. 其整系数线性组合之集 (图 214)

$$m_1\boldsymbol{e}_1+\cdots+m_k\boldsymbol{e}_k,\quad m_i\in\mathbb{Z}=\{\cdots,-2,-1,0,1,2,\cdots\}$$

构成 $\mathbb{R}^n$ 的离散子群. 例如平面上所有整点的集合就是平面上的离散子群.

D. $\mathbb{R}^n$ 的离散子群

我们现在要用到一个代数事实: 上面举出的例子已包含了 $\mathbb{R}^n$ 的所有离散子群. 确切些说, 我们要证明

引理 3 令 Γ 为 $\mathbb{R}^n$ 的离散子群. 这时必存在 k 个 $(0 \leqslant k \leqslant n)$ 线性无关矢量 $\boldsymbol{e}_1, \cdots, \boldsymbol{e}_k \in \Gamma$ 使 Γ 恰为其所有整系数线性组合之集合.

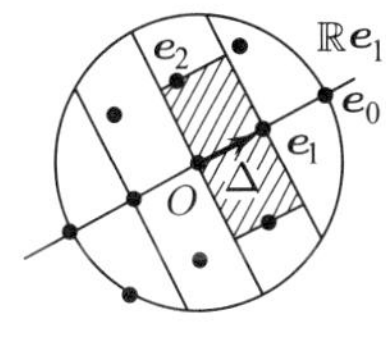

图 215 关于离散子群引理的证明

证 我们将认为 $\mathbb{R}^n$ 带有某个欧氏构造. 我们恒有 $O \in \Gamma$. 若 $\Gamma = \{O\}$, 则引理得证. 否则必存在点 $\boldsymbol{e}_0 \in \Gamma, \boldsymbol{e}_0 \neq 0$ (图 215). 考虑直线 $\mathbb{R}\boldsymbol{e}_0$. 我们将证明 Γ 在此直线上的元素中, 必有一点 $\boldsymbol{e}_1$ 最接近于 O. 事实上, 在以 O 为心, $|\boldsymbol{e}_0|$ 为半径的圆盘内, 只有有限多个 Γ 中的点 (前已见到, Γ 之每一点 x 都有一个同样大小的邻域 V 其中没有 Γ 的其他点). 在这有限多个位于圆盘内且在直线 $\mathbb{R}\boldsymbol{e}_0$ 的 Γ 的点中, 最接近 O 的点将是整个直线上最接近 O 的 Γ 之点. 这个点 $\boldsymbol{c}_1$ 的整数倍 $(m\boldsymbol{e}_1, m \in \mathbb{Z})$ 即直线 $\mathbb{R}\boldsymbol{e}_0$ 与 Γ 之交集. 事实上 $m\boldsymbol{e}_1$ 这些点将直线划分为长度为 $|\boldsymbol{e}_1|$ 的小段. 若在其中一段 $(m\boldsymbol{e}_1, (m+1)\boldsymbol{e}_1)$ 中有点 $\boldsymbol{e} \in \Gamma$, 则 $\boldsymbol{e} - m\boldsymbol{e}_1$ 将比 $\boldsymbol{e}_1$ 更靠近 O.

若 Γ 中没有直线 $\mathbb{R}\boldsymbol{e}_1$ 外之点, 引理得证. 设若有点 $\boldsymbol{e} \in \Gamma, \boldsymbol{e} \notin \mathbb{R}\boldsymbol{e}_1$, 我们将证必有一点 $\boldsymbol{e}_2 \in \Gamma$ 最靠近直线 $\mathbb{R}\boldsymbol{e}_1$ (但又不在其上). 将 $\boldsymbol{e}$ 正交投影到 $\mathbb{R}\boldsymbol{e}_1$ 上. 投影恰好落在一个小区间 $\Delta = \{\lambda\boldsymbol{e}_1\}, m \leqslant \lambda < m+1$ 中. 考虑以 Δ 为轴, 以 Δ 与 $\boldsymbol{e}$ 的距离为半径的正圆柱. 其中有群 Γ 的有限多个 (不能没有) 点. 令 $\boldsymbol{e}_2$ 是其中最靠近轴 $\mathbb{R}\boldsymbol{e}_1$ 而又不在其上的点.

问题 6 证明 Γ 之任意不在 $\mathbb{R}\boldsymbol{e}_1$ 上的点 $\boldsymbol{e}$ 到此轴的距离均大于或等于 $\boldsymbol{c}_2$ 到 $\mathbb{R}\boldsymbol{e}_1$ 的距离.

提示 平移 $m\boldsymbol{e}_1$, 可将 $\boldsymbol{e}$ 到轴的投影移入 Δ 内.

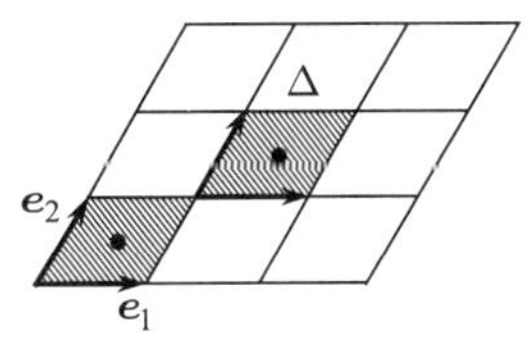

图 216 问题 7

$\boldsymbol{e}_1$ 与 $\boldsymbol{e}_2$ 的整系数线性组合成为平面 $\mathbb{R}\boldsymbol{e}_1 + \mathbb{R}\boldsymbol{e}_2$ 的格点.

问题 7 证明 Γ 中除 $\boldsymbol{e}_1$ 与 $\boldsymbol{e}_2$ 的整系数线性组合外不再有点在平面 $\mathbb{R}\boldsymbol{e}_1 + \mathbb{R}\boldsymbol{e}_2$ 上.

提示 将此平面分划为平行四边形 $\Delta = \{\lambda_1\boldsymbol{e}_1 + \lambda_2\boldsymbol{e}_2\}, m_i \leqslant \lambda_i \leqslant m_i + 1$ (图 216). 若 Γ 中有一点 $\boldsymbol{e} \in \Delta, \boldsymbol{e} \neq m_1\boldsymbol{e}_1 + m_2\boldsymbol{e}_2$, 则点 $\boldsymbol{e} - m_1\boldsymbol{e}_1 - m_2\boldsymbol{e}_2$ 会比 $\boldsymbol{e}_2$ 更靠近 $\mathbb{R}\boldsymbol{e}_1$.

若 Γ 在 $\mathbb{R}\boldsymbol{e}_1 + \mathbb{R}\boldsymbol{e}_2$ 外没有其他点, 则引理证毕. 设有一点 $\boldsymbol{e} \in \Gamma$ 在此平面外. 则必有一点 $\boldsymbol{e}_3 \in \Gamma$ 最靠近 $\mathbb{R}\boldsymbol{c}_1 + \mathbb{R}\boldsymbol{e}_2$; 点集 $m_1\boldsymbol{e}_1 + m_2\boldsymbol{e}_2 + m_3\boldsymbol{e}_3$, m_i 为整数, 穷尽了 Γ 在三维空间 $\mathbb{R}\boldsymbol{e}_1 + \mathbb{R}\boldsymbol{e}_2 + \mathbb{R}\boldsymbol{e}_3$ 中的点. 若 Γ 还有其他点, 又取最近于这个三维空间中之点, 依此类推.

问题 8 证明这个最接近的点恒存在.

提示 取 “柱” C 中的有限多个点的最近者.

注意, 矢量 $\boldsymbol{e}_1, \boldsymbol{e}_2, \boldsymbol{e}_3 \cdots$ 线性无关. 因为它们都在 $\mathbb{R}^n$ 中, 所以最多有 k 个, $k \leqslant n$.

问题 9 证明 Γ 为 $\boldsymbol{e}_1, \cdots, \boldsymbol{e}_k$ 的整系数线性组合所穷尽.

提示 将 $\mathbb{R}\boldsymbol{e}_1+\cdots+\mathbb{R}\boldsymbol{e}_k$ 分划为平行体 Δ 并证明 Γ 中没有点在任一 Δ 中. 若有一点 $\boldsymbol{e}\in\Gamma$ 在平面 $\mathbb{R}\boldsymbol{e}_1+\cdots+\mathbb{R}\boldsymbol{e}_k$ 之外, 则以上的作法还没有完.

引理 3 得证. □

现在容易证明引理 2: M_f 微分同胚于环面 T^n.

考虑 k 个圆和 $n-k$ 条直线的直积:

$$T^k\times\mathbb{R}^{n-k}=\{\varphi_1,\cdots,\varphi_k;y_1,\cdots,y_{n-k}\},\quad \boldsymbol{\varphi}\mod 2\pi,$$

以及自然的映射 $p:\mathbb{R}^n\to T^k\times\mathbb{R}^{n-k}, p(\boldsymbol{\varphi},\boldsymbol{y})=(\boldsymbol{\varphi}\mod 2\pi,y)$. 点 $\boldsymbol{f}_1,\cdots,\boldsymbol{f}_k\in\mathbb{R}^n$ ($\boldsymbol{f}_i$ 之坐标为 $\varphi_i=2\pi,\varphi_j=0,\boldsymbol{y}=0$) 被它映为 O.

令 $\boldsymbol{e}_1,\cdots,\boldsymbol{e}_k\in\Gamma\subset\mathbb{R}^k$ 是群 Γ 的生成元 (引理 3). 将矢量空间 $\mathbb{R}^n=\{(\boldsymbol{\varphi},\boldsymbol{y})\}$ 用同构 $A:\mathbb{R}^n\to\mathbb{R}^n$ 映到 $\mathbb{R}^n=\{\boldsymbol{t}\}$ 上, 使 $\boldsymbol{f}_i$ 变为 $\boldsymbol{e}_i$.

我们注意, $\mathbb{R}^n=\{(\boldsymbol{\varphi},\boldsymbol{y})\}$ 是 $T^k\times\mathbb{R}^{n-k}$ 的区图, $\mathbb{R}^n=\{\boldsymbol{t}\}$ 是流形 M_f 的区图.

问题 10 证明区图的映射 $A:\mathbb{R}^n\to\mathbb{R}^n$ 给出一个微分同胚 $\widetilde{A}:T^k\times\mathbb{R}^{n-k}\to M_f$.

$$\begin{array}{ccc}\mathbb{R}^n=\{(\varphi,\boldsymbol{y})\} & \xrightarrow{A} & \mathbb{R}^n=\{\boldsymbol{t}\}\\ {\scriptstyle p}\downarrow & & \downarrow{\scriptstyle g}\\ T^k\times\mathbb{R}^{n-k} & \xrightarrow[\widetilde{A}]{} & M_f\end{array}$$

但由假设流形 M_f 为紧, 故 $k=n$ 而 M_f 是一个 n 维环面. 引理 2 证毕. □

由引理 1 可知, 定理的前两个论断均已得证.

问题 11 证明在哈密顿函数为 H 的相流作用下, 角坐标 φ 随时间匀速变动

$$\dot{\varphi}_i=\omega_i,\quad \omega_i=\omega_i(\boldsymbol{f}),\quad \boldsymbol{\varphi}(t)=\boldsymbol{\varphi}(0)+\boldsymbol{\omega}t.$$

换言之, 在不变环面 M_f 上的运动是条件周期的.

提示 $\varphi=A^{-1}\boldsymbol{t}$.

现在, 定理的所有论断中未证的只有最后一个: 方程组可用求积法积出.

§50. 作用量–角变量

我们要在这里证明, 在刘维尔定理的条件下, 可以找到辛坐标 $(\boldsymbol{I},\boldsymbol{\varphi})$ 使首次积分 $\boldsymbol{F}$ 只含 $\boldsymbol{I}$, 而 φ 是环面 M_f 上的角坐标.

A. 作用量–角变量的描述

我们在节 49 中研究了一个紧连通流形即首次积分的等值流形: $M_{\boldsymbol{f}}=\{x:\boldsymbol{F}(x)=\boldsymbol{f}\}$; 后来得知它是 n 维环面而对相流不变. 我们在 $M_{\boldsymbol{f}}$ 上取角坐标 φ_i 使具有哈密顿函数 $H=F_1$ 的相流形状特别简单:

$$\frac{d\boldsymbol{\varphi}}{dt}=\boldsymbol{\omega}(\boldsymbol{f}),\quad \boldsymbol{\varphi}(t)=\boldsymbol{\varphi}(0)+\boldsymbol{\omega}t.$$

现在将要看 n 维流形 $M_{\boldsymbol{f}}$ 在 $2n$ 维相空间中的邻域.

问题 证明流形 $M_{\boldsymbol{f}}$ 有一邻域微分同胚于 n 维环面 T^n 与 n 维欧氏空间中的圆盘 D^n 之直积.

提示 取上面作的函数 F_i 与角 φ_i 为坐标. 因 dF_i 线性无关, 函数 F_i 与 φ_i $(i=1,\cdots,n)$ 给出 $M_{\boldsymbol{f}}$ 之邻域到直积 $T^n\times D^n$ 的微分同胚.

以 $H=F_1$ 为哈密顿函数的相流在坐标 $(\boldsymbol{F},\boldsymbol{\varphi})$ 下可以写成以下形状极简单的 $2n$ 个常微分方程

$$\frac{d\boldsymbol{F}}{dt}=0,\quad \frac{d\boldsymbol{\varphi}}{dt}=\boldsymbol{\omega}(\boldsymbol{F}),\tag{1}$$

它很容易求积. $\boldsymbol{F}(t)=\boldsymbol{F}(0),\boldsymbol{\varphi}(t)=\boldsymbol{\varphi}(0)+\boldsymbol{\omega}(\boldsymbol{F}(0))t$.

因此为了显式地积出原典则方程组, 只需以显式求出 $\boldsymbol{\varphi}$ 变量, 而这又可用求积法得出. 变量 $\boldsymbol{\varphi}$ 的一个作法如下.

要注意, 变量 $(\boldsymbol{F},\boldsymbol{\varphi})$ 一般不是辛坐标. 但是有 $\boldsymbol{F}$ 的函数 $\boldsymbol{I}=\boldsymbol{I}(\boldsymbol{F})$ 存在, $\boldsymbol{I}=(I_1,\cdots,I_n)$, 使变量 $(\boldsymbol{I},\boldsymbol{\varphi})$ 为辛坐标: 原来的辛构造 ω^2 可用它们按通常的公式表出:

$$\omega^2=\sum dI_i\wedge d\varphi_i.$$

变量 $\boldsymbol{I}$ 称为作用量变量[①]; 它和角变量 $\boldsymbol{\varphi}$ 一起构成了 M_f 邻域中的作用量–角典则坐标系.

量 I_i 是以 $H=F_1$ 为哈密顿函数的方程组之首次积分, 因为它们是首次积分 F_j 的函数. 反过来, F_i 也可用 $\boldsymbol{I}$ 来表示, 特别是, $H=F_1=H(\boldsymbol{I})$. 在作用量–角变量中流 (1) 的微分方程成为

$$\frac{d\boldsymbol{I}}{dt}=0,\quad \frac{d\boldsymbol{\varphi}}{dt}=\boldsymbol{\omega}(\boldsymbol{I}).\tag{2}$$

问题 (2) 中的 $\boldsymbol{\omega}(\boldsymbol{I})$ 能不能是任意函数?

解 在变量 $(\boldsymbol{I},\boldsymbol{\varphi})$ 下流 (2) 的方程具有以 $H(\boldsymbol{I})$ 为哈密顿函数的典则形式. 因此 $\boldsymbol{\omega}(\boldsymbol{I})=\dfrac{\partial H}{\partial \boldsymbol{I}}$; 因此若自由度 $n\geqslant 2,\boldsymbol{\omega}(\boldsymbol{I})$ 不会是任意的, 而满足对称条件 $\dfrac{\partial\omega_i}{\partial I_j}=\dfrac{\partial\omega_j}{\partial I_i}$.

作用量–角变量对摄动理论特别重要. 我们将在节 52 中说明它们对绝热不变量的应用.

B. 自由度为 1 时作用量–角变量的作法

相平面 (p,q) 上的单自由度力学系由哈密顿函数 $H(p,q)$ 给出.

例 1 对谐振子, $H=\dfrac{1}{2}p^2+\dfrac{1}{2}q^2$; 而在一般情况下则为 $H=\dfrac{1}{2}a^2p^2+\dfrac{1}{2}b^2q^2$.

例 2 数学摆的 $H=\dfrac{1}{2}p^2-\cos q$. 两例中均有紧闭曲线 M_h $(H=h)$ 存在, 节 49 之定理的条件对 $n=1$ 成立.

[①]不难看到, $\boldsymbol{I}$ 具有作用量的量纲.

为了作出作用量–角变量, 找一个典则变换 $(p,q) \to (I,\varphi)$ 使它满足下面两个条件:

$$1.\ I = I(h), \quad 2.\ \oint_{M_h} d\varphi = 2\pi. \tag{3}$$

问题 求简单谐振子 $H = \frac{1}{2}p^2 + \frac{1}{2}q^2$ 的作用量–角变量.

解 若 r,φ 为极坐标, 则 $dp \wedge dq = rdr \wedge d\varphi = d(r^2/2) \wedge d\varphi$. 因此, $I = H = (p^2+q^2)/2$.

为在一般情况下作出典则变换 $(p,q) \to (I,\varphi)$, 我们来找它的生成函数

$$p = \frac{\partial S(I,q)}{\partial q}, \quad \varphi = \frac{\partial S(I,q)}{\partial I}, \quad H\left(\frac{\partial S(I,q)}{\partial q}, q\right) = h(I). \tag{4}$$

先设 $h(I)$ 已知而且可逆, 使得每个曲线 M_h 都是由 I 决定的 $(M_h = M_{h(I)})$. 于是对于固定的 I 值, 由 (4) 有

$$dS\big|_{I=\text{常数}} = pdq.$$

这个关系式在曲线 $M_{h(I)}$ 上决定一个完全确定的 1–形式 dS.

沿曲线 $M_{h(I)}$ 积分这个 1–形式即 (在点 q_0 附近) 得到函数

$$S(I,q) = \int_{q_0}^{q} pdq.$$

这函数将是变换 (4) 在点 (I,q_0) 附近的生成函数. 条件 (3) 中的第一个自动成立: $I = I(h)$. 为了验证第二个条件, 考虑 $S(I,q)$ 的 "大范围" 的性态.

绕闭曲线 $M_{h(I)}$ 一周后, pdq 之积分增加了 $M_{h(I)}$ 所围区域的面积 Π

$$\Delta S(I) = \oint_{M_{h(I)}} pdq.$$

所以函数 S 是 $M_{h(I)}$ 上的 "多值函数": 相差 Π 的整数倍未定. 这一项对导数 $\partial S(I,q)/\partial q$ 无影响, 但使 $\varphi = \dfrac{\partial S}{\partial I}$ 成为多值. 由是这一导数相差 $\dfrac{d\Delta S(I)}{dI}$ 之整数倍未定. 更确切地说,(4) 在曲线 $M_{h(I)}$ 上定义 1–形式 $d\varphi$, 而它在 $M_{h(I)}$ 上的积分等于 $d\Delta S(I)/dI$.

为了满足第二个条件 $\oint_{M_h} d\varphi = 2\pi$, 我们需要

$$\frac{d}{dI}\Delta S(I) = 2\pi, \quad I = \frac{\Delta S}{2\pi} = \frac{\Pi}{2\pi}.$$

这里 $\Pi = \oint_{M_h} pdq$ 是相曲线 $H = h$ 所围的面积.

定义 具有哈密顿函数 $H(p,q)$ 的一维问题的作用量变量即 $I(h) = (1/2\pi)\Pi(h)$.

我们最后得到以下结论. 令 $\dfrac{d\Pi}{dh} \neq 0$. 函数 $h(I)$ 的反函数 $I(h)$ 是有定义的.

定理 记 $S(I,q) = \displaystyle\int_{q_0}^{q} pdq\big|_{H=h(I)}$. 公式 (4) 给出满足条件 (3) 的典则变换 $(p,q) \to (I,\varphi)$.

这样作出了一维的作用量–角变量.

问题 求谐振子的 S 与 I.

答 若 $H = \frac{1}{2}a^2p^2 + \frac{1}{2}b^2q^2$ (图 217), M_h 是一椭圆, 所围面积 $\Pi(h) = \pi(\sqrt{2h}/a)\cdot(\sqrt{2h}/b) = 2\pi h/ab = 2\pi h/\omega$. 所以对于谐振子, 作用量变量就是能量与频率之比. 角变量 φ 自然就是振动的相.

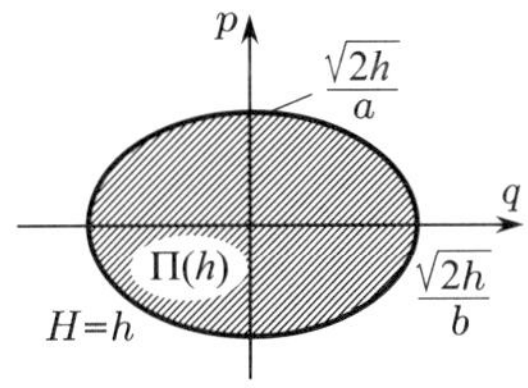

图 217 谐振子的作用量变量

问题 证明绕相平面 (p,q) 上的闭曲线 $H=k$ 运动的周期 T 等于此曲线所围面积对 h 的导数

$$T = \frac{d\Pi(h)}{dh}.$$

解 在作用量–角变量中方程 (2) 给出

$$\dot{\varphi} = \frac{\partial H}{\partial I} = \left(\frac{dI}{dh}\right)^{-1} = 2\pi\left(\frac{d\Pi}{dh}\right)^{-1}, \quad T = \frac{2\pi}{\dot{\varphi}} = \frac{d\Pi}{dh}.$$

C. $\mathbb{R}^{2n}$ 中作用量–角变量的作法

现在我们转到 $\mathbb{R}^{2n} = \{(\boldsymbol{p},\boldsymbol{q})\}$ 中的哈密顿函数 $H(\boldsymbol{p},\boldsymbol{q})$ 给出的 n 自由度力学系, 它有 n 个互相对合的首次积分 $F_1 - H, F_2, \cdots, F_n$. 我们不再重复一维时导出应选取 $2\pi I = \oint pdq$ 的推理而直接定义 n 个作用量变量 $\boldsymbol{I}$.

令 $\gamma_1,\cdots,\gamma_n$ 是环面 $M_{\boldsymbol{f}}$ 上 1 维循环的基底 (坐标 φ_i 在 γ_i 上的增量当 $i=j$ 时为 2π. 当 $i\neq j$ 时则为 0). 令

$$I_i(\boldsymbol{f}) = \frac{1}{2\pi}\oint_{\gamma_i} \boldsymbol{p}d\boldsymbol{q}. \tag{5}$$

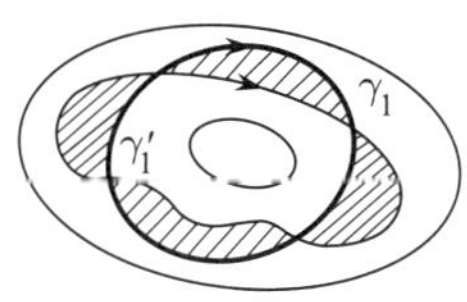

图 218 作用量变量与积分路径的无关性

问题 证明此积分与代表循环的曲线 γ_i 的选择无关 (图 218).

提示 在节 49 中我们已证明了 2–形式 $\omega^2 = \sum dp_i \wedge dq_i$ 在流形 $M_{\boldsymbol{f}}$ 上为零. 故由斯托克斯公式

$$\oint_{\gamma} - \oint_{\gamma'} \boldsymbol{p}d\boldsymbol{q} = \iint_{\sigma} d\boldsymbol{p}\wedge d\boldsymbol{q} = 0,$$

这里 $\partial\sigma = \gamma - \gamma'$.

定义 (5) 式给出的 n 个量 $I_i(\boldsymbol{f})$ 称为作用量变量.

我们现在设 n 个量 I_i 对 n 个首次积分 F_i 的已知值 f_i 是独立的: $\det(\partial\boldsymbol{I}/\partial\boldsymbol{f})\big|_{\boldsymbol{f}} \neq 0$. 于是在环面 $M_{\boldsymbol{f}}$ 附近可以取变量 $\boldsymbol{I},\boldsymbol{\varphi}$ 为坐标.

定理 变换 $(\boldsymbol{p},\boldsymbol{q})\to(\boldsymbol{I},\boldsymbol{\varphi})$ 是典则的, 即有

$$\sum dp_i\wedge dq_i=\sum dI_i\wedge d\varphi_i.$$

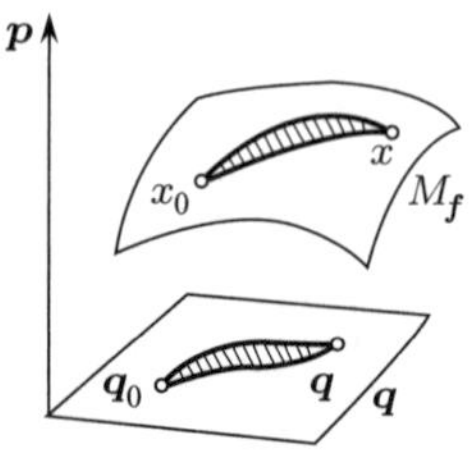

图 219 $M_{\boldsymbol{f}}$ 上 $\boldsymbol{p}d\boldsymbol{q}$ 之积分与路径无关

我们给出定理证明概要. 考虑 $M_{\boldsymbol{f}}$ 上的 1–微分形式 $\boldsymbol{p}d\boldsymbol{q}$. 因为流形 $M_{\boldsymbol{f}}$ 是零化的 (节 49) 这个 $M_{\boldsymbol{f}}$ 上的 1–形式是闭的: 其外微分 $\omega^2=d\boldsymbol{p}\wedge d\boldsymbol{q}$ 在 $M_{\boldsymbol{f}}$ 上恒为零. 因此 (图 219)

$$S(x)=\int_{x_0}^{x}\boldsymbol{p}d\boldsymbol{q}\bigg|_{M_{\boldsymbol{f}}}$$

在积分路径变形时不变 (斯托克斯公式). 于是 $S(x)$ 是 $M_{\boldsymbol{f}}$ 上的 “多值函数”, 而其周期为

$$\Delta_iS=\int_{\gamma_i}dS=2\pi I_i.$$

现令 x_0 是 $M_{\boldsymbol{f}}$ 上之一点而在其邻域中 $M_{\boldsymbol{f}}$ 以 n 个变量 $\boldsymbol{q}$ 为坐标, 使子流形 $M_{\boldsymbol{f}}\subset\mathbb{R}^{2n}$ 由 n 个方程 $\boldsymbol{p}=\boldsymbol{p}(\boldsymbol{I},\boldsymbol{q}),\boldsymbol{q}(x_0)=\boldsymbol{q}_0$ 给出. 在 $\boldsymbol{q}_0$ 的单连通邻域中有单值函数

$$S(\boldsymbol{I},\boldsymbol{q})=\int_{\boldsymbol{q}_0}^{\boldsymbol{q}}\boldsymbol{p}(\boldsymbol{I},\boldsymbol{q})d\boldsymbol{q}$$

存在, 我们用它为典则变换 $(\boldsymbol{p},\boldsymbol{q})\to(\boldsymbol{I},\boldsymbol{\varphi})$ 的生成函数:

$$\boldsymbol{p}=\frac{\partial S}{\partial\boldsymbol{q}},\quad \boldsymbol{\varphi}=\frac{\partial S}{\partial\boldsymbol{I}}.$$

不难验证这些公式不仅在所考虑的点附近, 而且在 $M_{\boldsymbol{f}}$ 的邻域中大范围地给出典则变换. 这时, 坐标 $\boldsymbol{\varphi}$ 将是多值的, 而且如所求证, 其周期为

$$\Delta_i\varphi_j=\Delta_i\frac{\partial S}{\partial I_j}=\frac{\partial}{\partial I_j}\Delta_iS=\frac{\partial}{\partial I_j}2\pi I_i=2\pi\delta_{ij}.\qquad\square$$

我们现在注意到, 整个以上的作法都只用到 “代数” 运算 (函数反演) 和 “求积” —— 计算已知函数的积分. 因此求解 $2n$ 个方程的典则方程组, 若已知其 n 个对合的首次积分, 可用求积法解出, 这就证明了刘维尔定理的最后一个论断.

注 1 甚至在一维情况下, 作用量–角变量也不能由 (3) 唯一决定. 我们还可以取 $I'=I+$ 常数为作用量变量, 取 $\varphi'=\varphi+c(I)$ 为角变量.

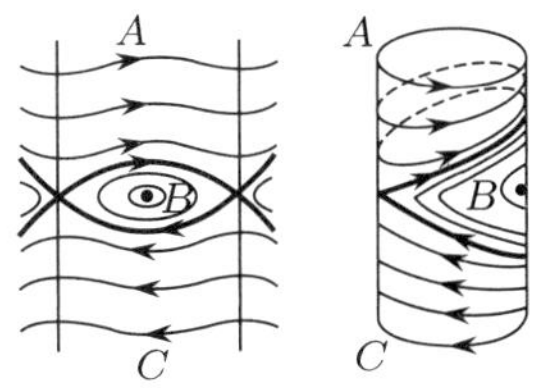

图 220 辛流形上的作用量–角变量

注 2 我们对相空间为 $\mathbb{R}^{2n}$ 的方程组作出了作用量–角变量. 也可以对任意辛流形上的方程组作出作用量–角变量. 这里限于一个简单例子 (图 220).

我们可以用柱面 $\mathbb{R}^1\times S^1$ (相差 2π 整数倍的角 q 视为相同角) 而不用平面 $\{(p,q)\}$ 为摆 $\left(H=\dfrac{1}{2}p^2-\cos q\right)$ 之相空间.

临界等值线 $H=\pm1$ 分柱面为三部分: A,B 和 C, 每部分均微分同胚于直积 $\mathbb{R}^1\times S^1$. 在每部分中我们都可以引入作用量–角变量. 有界部分 (B) 的闭轨道表示摆的振动; 无界部分中的闭轨道表示旋转.

注 3 在一般情况下, 和上面分析的例子一样, 方程 $F_i=f_i$ 对于某些 f_i 值不再是无关的, M_f 也不再是流形. $\boldsymbol{f}$ 的这些临界值对应于将可积问题的相空间分成几部分 (如上例的 A,B,C) 的分界曲线. 在有些部分里流形 $M_{\boldsymbol{f}}$ 可能是无界的 (如柱面 $\mathbb{R}^1\times S^1$ 中的 A 和 C); 另一些则分层成为 $M_{\boldsymbol{f}}$ 的 n 维不变环面; 在这些个环面的邻域中我们可以引入作用量–角变量.

§51. 平均化

我们将在本节证明, 对于做条件周期运动的力学系, 时间平均和空间平均相等.

A. 条件周期运动

在本书以前各节, 我们时常遇到条件周期运动: 如利萨如图形, 陀螺的进动、章动、旋转等等.

定义 令 T^n 为 n 维环面, $\boldsymbol{\varphi}=(\varphi_1,\cdots,\varphi_n)\bmod 2\pi$ 为角坐标. 条件周期运动是由以下微分方程所给的微分同胚 $T^n\to T^n$ 的单参数群 (图 221):

$$\dot{\boldsymbol{\varphi}}=\boldsymbol{\omega},\quad \boldsymbol{\omega}=(\omega_1,\cdots,\omega_n)=\text{常数}.$$

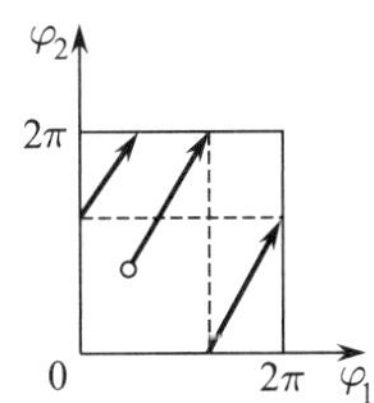

图 221 条件周期运动

这些微分方程很容易积出来:

$$\boldsymbol{\varphi}(t)=\boldsymbol{\varphi}(0)+\boldsymbol{\omega}t.$$

所以在区图 $\{\boldsymbol{\varphi}\}$ 中轨道是直线. 环面上的一条轨道叫做一个螺旋线.

例 令 $n=2$. 若 $\omega_1/\omega_2=k_1/k_2$ 是整数之比, 轨迹是闭的; 若 ω_1/ω_2 是无理数, 轨迹在环面上稠密 (见节 16).

量 $\omega_1,\cdots,\omega_n$ 称为条件周期运动的频率. 若它们在有理数域上线性无关, 即若 $\boldsymbol{k}\in\mathbb{Z}^n$ ① 而且由 $(\boldsymbol{k},\boldsymbol{\omega})=0$, 必有 $\boldsymbol{k}=0$, 就称这些频率是独立的.

①即 $\boldsymbol{k}=(k_1,\cdots,k_n)$, k_i 是整数.

B. 空间平均和时间平均

令 $f(\varphi)$ 是环面 T^n 上的可积函数.

定义 环面 T^n 上的函数 f 之空间平均即数

$$\overline{f}=(2\pi)^{-n}\int_0^{2\pi}\cdots\int_0^{2\pi}f(\varphi)d\varphi_1\cdots d\varphi_n.$$

考虑函数 $f(\varphi)$ 在轨道 $\varphi(t)=\varphi_0+\omega t$ 上之值. 它是时间的函数 $f(\varphi_0+\omega t)$. 考虑它的平均值.

定义 环面 T^n 上的函数 f 之时间平均即函数

$$f^*(\varphi_0)=\lim_{T\to\infty}\frac{1}{T}\int_0^T f(\varphi_0+\omega t)dt$$

(当极限存在时有定义).

关于平均值的定理 *若 f 连续且频率 ω_i 独立, 则其时间平均处处存在而且与空间平均相等. 若函数 f 在环面上, $f(\varphi_0+\omega t)$ 在 t 轴上黎曼可积. 则时间平均也存在, 且与空间平均相等.*

问题 证明若频率不独立, 则时间平均可能与空间平均不同.

系 1 *若频率是独立的, 则各轨迹 $\{\varphi(t)\}$ 均在环面 T^n 上稠密.*

证 假设不然, 则在环面的某点之某邻域 D 中没有轨迹 $\varphi(t)$ 上之点. 容易作出一个连续函数 f 使在 D 外恒为零而且空间平均为 1. 轨迹 $\varphi(t)$ 的时间平均 $\boldsymbol{f}^*(\varphi_0)=0\neq 1$. 这与定理结论矛盾. □

系 2 *若频率独立, 则每个轨迹均在环面 T^n 上均匀分布.*

这意味着, 轨迹停留在邻域 D 中的时间与 D 的测度成正比.

更确切些说, 令 D 为环面 T^n 上的一 (若尔当) 可测区域. 用 $\tau_D(T)$ 表在时间区间 $0\leqslant t\leqslant T$ 内轨迹停留在 D 中的时间. 这时

$$\lim_{T\to\infty}\frac{\tau_D(T)}{T}=\frac{\operatorname{mes}D}{(2\pi)^n}.$$

证 把以上定理应用到 D 的特征函数 f (因 D 是若尔当可测, 故 f 黎曼可积), 则 $\displaystyle\int_0^T f(\varphi(t))dt=\tau_D(T)$, 而 $\overline{f}=(2\pi)^{-n}\operatorname{mes}D$. 由定理可以直接得到此系. □

系 *在由 2^n 的十进表示的第一位数所成的序列*

$$1,2,4,8,1,3,6,1,2,5,1,2,\cdots$$

中, 7 出现的次数 $(\log 8-\log 7)/(\log 9-\log 8)$ 倍于 8 出现的次数.

关于平均值的定理在拉普拉斯、拉格朗日和高斯关于天体力学的著作中已经隐含着了. 它是第一批 “遍历定理” 之一. 但严格的证明直到 1909 年才由玻尔 (P. Bohl)、谢尔平斯基 (W. Sierpiński) 和外尔 (H. Weyl) 结合着拉格朗日关于地球近日点的平均运动的一个问题给出. 下面复述外尔的证明.

C. 关于平均值定理的证明

引理 1 对于指数函数 $f = e^{i(\boldsymbol{k},\boldsymbol{\varphi})}, \boldsymbol{k} \in \mathbb{Z}^n$, 定理成立.

证 若 $\boldsymbol{k} = 0$. 则 $\overline{f} = f = f^* = 1$, 定理是显然的. 若 $\boldsymbol{k} \neq 0$, 则 $\overline{f} = 0$. 另一方面

$$\int_0^T e^{i(\boldsymbol{k},\boldsymbol{\varphi}_0+\boldsymbol{\omega}t)}dt = e^{i(\boldsymbol{k},\boldsymbol{\varphi}_0)}\frac{e^{i(\boldsymbol{k},\boldsymbol{\omega})T}-1}{i(\boldsymbol{k},\boldsymbol{\omega})}.$$

因此时间平均是

$$\lim_{T\to\infty}\frac{e^{i(\boldsymbol{k},\boldsymbol{\varphi}_0)}}{i(\boldsymbol{k},\boldsymbol{\omega})}\cdot\frac{e^{i(\boldsymbol{k},\boldsymbol{\omega}_0)T}-1}{T} = 0.$$ □

引理 2 对三角多项式 $f = \sum_{|k|<N} f_k e^{i(\boldsymbol{k},\boldsymbol{\varphi})}$ 定理成立.

证 时间与空间平均都线性依赖于 f, 由引理 1 二者相等. □

引理 3 令 f 为一实值连续 (或至少黎曼可积) 函数. 则对任一 $\varepsilon > 0$, 必存在两个三角多项式 P_1 与 P_2 使 $P_1 < f < P_2$, 而且 $(1/(2\pi)^n)\int_{T^n}(P_2 - P_1)d\boldsymbol{\varphi} < \varepsilon$.

证 先设 f 为连续. 由魏尔斯特拉斯定理, 可以用三角多项式 P 去逼近 f 使 $|f - P| < \frac{1}{2}\varepsilon$. 三角多项式 $P_1 = P - \frac{\varepsilon}{2}, P_2 = P + \frac{\varepsilon}{2}$ 即所求.

若 f 并不连续而只黎曼可积, 则存在两个连续函数 f_1 与 f_2 使 $f_1 < f < f_2$ 且 $(2\pi)^{-n}\int(f_2 - f_1)d\boldsymbol{\varphi} < \frac{1}{3}\varepsilon$ (图 222 画了一个区间的特征函数作为 f). 用三角多项式 P_1 和 P_2 去逼近 $f_1, f_2 : P_1 < f_1 < f_2 < P_2$ 使 $(2\pi)^{-n}\int(P_2 - f_2)d\boldsymbol{\varphi} < \frac{1}{3}\varepsilon, (2\pi)^{-n}\int(f_1 - P_1)d\boldsymbol{\varphi} < \frac{1}{3}\varepsilon$. 即得所需的三角多项式. 引理证毕. □

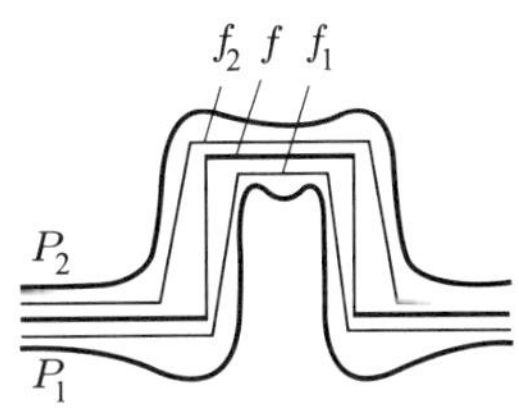

图 222 用三角多项式 P_1 与 P_2 去逼近函数 f.

现在完成定理的证明就不难了. 令 $\varepsilon > 0$. 由引理 3 必有三角多项式 P_1 和 $P_2, P_1 < f < P_2$, 使 $(2\pi)^{-n}\int(P_2 - P_1)d\boldsymbol{\varphi} < \varepsilon$.

于是对任意 T, 我们有

$$\frac{1}{T}\int_0^T P_1(\boldsymbol{\varphi}(t))dt < \frac{1}{T}\int_0^T f(\boldsymbol{\varphi}(t))dt < \frac{1}{T}\int_0^T P_2(\boldsymbol{\varphi}(t))dt.$$

由引理 2, 当 $T > T_0(\varepsilon)$ 时

$$\left|\overline{P_i} - \frac{1}{T}\int_0^T P_i(\boldsymbol{\varphi}(t))dt\right| < \varepsilon \quad (i = 1, 2).$$

此外, $\overline{P_1} < \overline{f} < \overline{P_2}$, 且 $\overline{P_2} - \overline{P_1} < \varepsilon$, 所以 $\overline{P_2} - \overline{f} < \varepsilon, \overline{f} - \overline{P_1} < \varepsilon$; 因此当 $T > T_0(\varepsilon)$ 时

$$\left|\frac{1}{T}\int_0^T f(\boldsymbol{\varphi}(t))dt - \overline{f}\right| < 2\varepsilon.$$

证毕. □

问题 一个动能为 $T=\frac{1}{2}\dot{x}^2+\frac{1}{2}\dot{y}^2$ 位能为 $U=\frac{1}{2}x^2+\frac{1}{2}y^2$ 的二维谐振子做振幅为 $a_x=1, a_y=1$ 的振动. 求动能的时间平均.

问题① 令 ω_k 为独立的, $a_k>0$. 计算

$$\lim_{t\to\infty}\frac{1}{t}\arg\sum_{k=1}^{3}a_k e^{i\omega_k t}.$$

答[1] $(\omega_1\alpha_1+\omega_2\alpha_2+\omega_3\alpha_3)/\pi, \alpha_1, \alpha_2$ 和 α_3 是以 a_k 为边的三角形的顶角 (图 223).

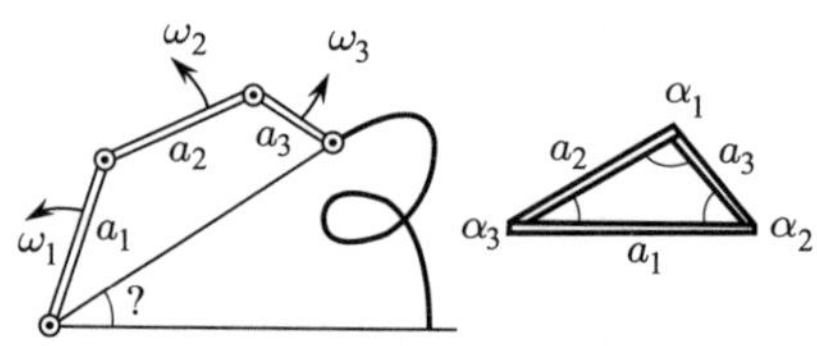

图 223 近日点的平均运动

D. 退化情况

至今我们只讨论了频率 $\boldsymbol{\omega}$ 独立的情况. 一个整数矢量 $\boldsymbol{k}\in\mathbb{Z}^n$ 若使 $(\boldsymbol{k},\boldsymbol{\omega})=0$, 就叫做频率间的关系.

问题 证明一组已给频率之间的关系之集是格点群 $\mathbb{Z}^n$ 的一个子群 Γ.

我们已在节 49 中看到, 由 r 个独立矢量 $\boldsymbol{k}_i, 1\leqslant r\leqslant n$ 的所有整系数线性组合构成这样一个子群. 我们说在频率之间有 r 个(独立的) 关系②.

问题 证明若频率间有 r 个独立的关系, 则 T^n 上轨道 $\{\boldsymbol{\varphi}(t)=\boldsymbol{\varphi}_0+\boldsymbol{\omega}t\}$ 的闭包是一个 $n-r$ 维环面; 这时 T^{n-r} 上的运动是条件周期的且有 $n-r$ 个独立的频率.

现在我们转到可积哈密顿方程组: 用作用量–角变量 $\boldsymbol{I},\boldsymbol{\varphi}$ 写成的

$$\dot{\boldsymbol{I}}=0,\quad \dot{\boldsymbol{\varphi}}=\boldsymbol{\omega}(\boldsymbol{I}),\quad \text{这里 }\boldsymbol{\omega}(\boldsymbol{I})=\frac{\partial H}{\partial \boldsymbol{I}}.$$

$2n$ 维相空间中的每个 n 维环面 $\boldsymbol{I}=$ 常数都是不变的, 其上的运动是条件周期的.

定义 上述方程组称为非退化的, 若行列式

$$\det\frac{\partial\boldsymbol{\omega}}{\partial\boldsymbol{I}}=\det\frac{\partial^2 H}{\partial\boldsymbol{I}^2}\neq 0.$$

①拉格朗日指出过, 行星近日点的平均运动的研究归结为一个类似的问题. 这问题的解决可在外尔的工作中找到. 地球轨道的离心率的变化也是一个类似的和之模. 冰期的出现显然是与离心率的这种变化相关的.

②证明数 r 与独立矢量 $\boldsymbol{k}_i$ 的选择无关.

[1]详见 Arnold-Avez [1] 一书附录 13. —— 日译者注

问题 证明若一方程组非退化, 则任一点之任一邻域中均有具有 n 个频率的条件周期运动, 也有具有任意较少频率的条件周期运动.

提示 取频率 $\boldsymbol{\omega}$ 自己而不是取 $\boldsymbol{I}$ 为局部坐标. 在频率集合之空间中具有任意 r $(0 \leqslant r < n)$ 个关系的点 $\boldsymbol{\omega}$ 是稠密的.

系 若一方程组非退化, 则不变环面 $\boldsymbol{I}=$ 常数唯一决定, 而与作用量–角变量之选取 (其中总有某些任意性 ①) 无关.

证 环面 $\boldsymbol{I}=$ 常数可定义为相应于独立的 ω 的相轨道之闭包. □

我们顺便提一下, 对于多数 $\boldsymbol{I}$ 值, 频率 $\boldsymbol{\omega}$ 都是独立的.

问题 证明使非退化方程组的频率 $\boldsymbol{\omega}(\boldsymbol{I})$ 为相关的 $\boldsymbol{I}$ 之集的勒贝格测度为零.

提示 试证 $\operatorname{mes}\{\boldsymbol{\omega}, \exists \boldsymbol{k} \neq 0, (\boldsymbol{\omega}, \boldsymbol{k})=0\}=0$.

与此相反, 对于退化方程组可以作出这样的作用量–角变量系统使其不变环面 $\boldsymbol{I}=$ 常数各异. 这是因为对于退化方程组, 轨道的闭包是维数 $k<n$ 的环面, 而可以以不同方式包含在 n 维环面中.

例 1 平面谐振子 $\ddot{\boldsymbol{x}}=-\boldsymbol{x}, n=2, k=1$. 在笛卡儿坐标和极坐标下分离变量会给出不同的作用量–角变量和不同的环面.

例 2 开普勒平面运动 $(U=-1/r), n=2, k=1$. 在极坐标和椭圆坐标下分离变量也会给出不同的 $\boldsymbol{I}$.

§52. 摄动的平均化

我们在这里证明一个自由度的力学系中作用量变量的绝热不变性.

A. 接近于可积的方程组

我们已经考虑过许多可积方程组 (一维问题、二体问题、小振动、具有固定点的刚体运动的欧拉和拉格朗日情形等等). 我们研究了这些方程组的相轨道的特征: 它们都是 "环面的螺旋线", 而且稠密地充塞着相空间的不变环面; 每个轨道在此环面上都是均匀分布的.

不应该由此得出一个结论, 即误以为方程组为可积是典型的情况. 实际上, 高维方程组轨道的性质可以极不相同而与条件周期运动的性质全然不相似. 特别是, 具有 n 个自由度的力学系的轨道的闭包可以填满 $2n$ 维相空间中维数高于 n 的复杂的集合. 一个轨道甚至可以在整个 $(2n-1)$ 维流形 $H=h$ 上稠密而且均匀分布 ②. 这样的方程组可以称为是 "不可积分的", 因为它们并不具有与 H 独立的单值首次积分. 这种方程组的研究还远未完成; 它是 "遍历理论" 中的一个问题.

---

①例如总可以作变换 $\boldsymbol{I}'=\boldsymbol{I}, \boldsymbol{\varphi}'=\boldsymbol{\varphi}+\boldsymbol{S}_1(\boldsymbol{I})$, 或 $I_1, I_2; \varphi_1, \varphi_2 \to I_1+I_2, I_2; \varphi_1, \varphi_2-\varphi_1$.

②例如一个负曲率流形上的惯性运动就有此性质.

研究不可积分的方程组的途径之一是研究接近于可积分的方程组. 例如行星绕日运动问题接近于互不作用的点绕一恒定中心运动这个可积问题; 其他的例子还有略微不对称的重陀螺的运动问题和平衡位置附近的非线性振动 (相近的可积分问题是线性的) 问题. 以下的方法在研究这些和类似问题上是特别有效的.

B. 平均化原则

令 $\boldsymbol{I}, \varphi$ 为一可积分 (非摄动) 方程组的作用量–角变量, 此方程组之哈密顿函数是 $H_0(\boldsymbol{I})$:

$$\dot{\boldsymbol{I}} = 0, \quad \dot{\boldsymbol{\varphi}} = \boldsymbol{\omega}(\boldsymbol{I}), \quad \boldsymbol{\omega}(\boldsymbol{I}) = \frac{\partial H_0}{\partial \boldsymbol{I}}.$$

作为接近的 "摄动" 问题, 可取 $\varepsilon \ll 1$ 的方程组

$$\dot{\boldsymbol{\varphi}} = \boldsymbol{\omega}(\boldsymbol{I}) + \varepsilon \boldsymbol{f}(\boldsymbol{I}, \boldsymbol{\varphi}), \quad \dot{\boldsymbol{I}} = \varepsilon \boldsymbol{g}(\boldsymbol{I}, \boldsymbol{\varphi}). \tag{1}$$

我们暂时忽略它是哈密顿方程组而考虑一个形如 (1) 的给定在 k 维环面 $T^k = \{\boldsymbol{\varphi} = (\varphi_1, \cdots, \varphi_k) \bmod 2\pi\}$ 和 l 维空间的区域 $G \subset \mathbb{R}^l = \{\boldsymbol{I} = (I_1, \cdots, I_l)\}$ 之直积 $T^k \times G$ 上的任意微分方程组. 当 $\varepsilon = 0$ 时, 运动 (1) 是条件周期的而且最多有 k 个频率和 k 维不变环面.

方程组 (1) 的平均化原则就是用另一个方程组去取代它:

$$\dot{\boldsymbol{J}} = \varepsilon \overline{\boldsymbol{g}}(\boldsymbol{J}), \quad \overline{\boldsymbol{g}}(\boldsymbol{J}) = (2\pi)^{-k} \int_0^{2\pi} \cdots \int_0^{2\pi} \boldsymbol{g}(\boldsymbol{J}, \boldsymbol{\varphi}) d\varphi_1 \cdots d\varphi_k. \tag{2}$$

它定义在 l 维区域 $G \subset \mathbb{R}^l = \{\boldsymbol{J} = (J_1, \cdots, J_l)\}$ 上, 并称为平均方程组.

我们断定方程组 (2) 是方程组 (1) 的 "好的近似".

我们要注意, 这个原则既非定理、公理, 又非定义, 而只是一个物理命题, 即一令陈述含糊而且严格说来并不成立的论断. 这样的论断时常是数学定理的富有成果的来源.

这个平均化原则可以在高斯的著作中明确地找到 (高斯在研究行星间的相互摄动时提出, 把行星的质量按时间成比例地分布在其轨道上, 并将行星的引力代以所得的环的引力). 然而对于一般情况下的方程组 (1) 和 (2) 的解的联系仍未找到令人满意的描述.

用 (2) 代替 (1) 时在右方略去了 $\varepsilon \widetilde{\boldsymbol{g}}(\boldsymbol{I}, \boldsymbol{\varphi}) = \varepsilon \boldsymbol{g}(\boldsymbol{I}, \boldsymbol{\varphi}) - \varepsilon \overline{\boldsymbol{g}}(\boldsymbol{I})$. 这一项与剩下的 $\varepsilon \overline{\boldsymbol{g}}$ 都与 ε 同阶. 为了弄懂 $\overline{\boldsymbol{g}}$ 和 $\widetilde{\boldsymbol{g}}$ 两项在 $\boldsymbol{g}$ 中的不同作用, 考虑最简单的例子.

问题 考虑 $k = l = 1$ 的情况,

$$\dot{\varphi} = \omega \neq 0, \quad \dot{I} = \varepsilon g(\varphi).$$

证明当 $0 < t < 1/\varepsilon$ 时,

$$|I(t) - J(t)| < c\varepsilon, \quad 这里\ J(t) = I(0) + \varepsilon \overline{g} t.$$

解 $I(t)-I(0)=\int_0^t \varepsilon g(\varphi_0+\omega t)dt=\int_0^t \varepsilon\overline{g}dt+\frac{\varepsilon}{\omega}\int_0^{\omega t}\widetilde{g}(\varphi)d\varphi=\varepsilon\overline{g}t+\frac{\varepsilon}{\omega}h(\omega t)$,

这里 $h(\varphi)=\int_0^{\varphi}\widetilde{g}(\varphi)d\varphi$ 是周期函数从而是有界的.

这样 I 随时间的变化有两个部分: 一个是依赖于 $\widetilde{g}$ 的与 ε 同阶的振动, 另一个是速度为 $\varepsilon\overline{g}$ 的系统的"演化" (图 224).

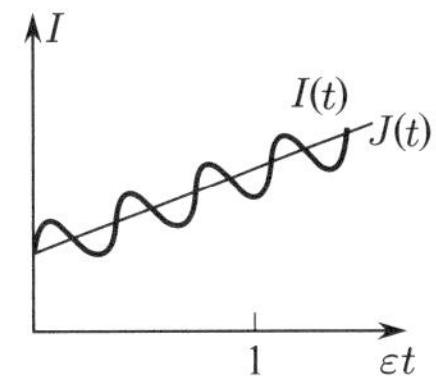

图 224 演化与振动

平均化原则的基础是下面的一般论断: 在一般情况下方程组 (1) 的运动可以分为"演化" (2) 和小振动. 这个论断在如此一般的形式下是不成立的而上述原则也不为真. 然而我们将应用此原则于哈密顿方程组 (1).

$$\dot{\boldsymbol{\varphi}}=\frac{\partial}{\partial \boldsymbol{I}}(H_0(\boldsymbol{I})+\varepsilon H_1(\boldsymbol{I},\boldsymbol{\varphi})),$$
$$\dot{\boldsymbol{I}}=-\frac{\partial}{\partial \boldsymbol{\varphi}}(H_0(\boldsymbol{I})+\varepsilon H_1(\boldsymbol{I},\boldsymbol{\varphi})).$$

对平均化方程组 (2) 的右方我们就有

$$\overline{\boldsymbol{g}}=(2\pi)^{-n}\int_0^{2\pi}\frac{\partial}{\partial\boldsymbol{\varphi}}H_1(\boldsymbol{I},\boldsymbol{\varphi})d\boldsymbol{\varphi}=0.$$

换言之, 在非退化哈密顿方程组中没有演化.

这个完全不严格的推导的一个变形给出所谓的拉普拉斯定理:

行星的开普勒椭圆的半主轴没有长期摄动.

以上的讨论足以使我们相信平均化原则的重要性; 现在我们提出一个定理来在一个很特殊的情况下论证这个原则, 即单频率振动 ($k=1$). 这个定理表明了平均化原则正确地描述了在长的时间区间 ($0<t<1/\varepsilon$) 上的演化.

C. 单频率系统的平均化

考虑一组 $l+1$ 个微分方程

$$\begin{aligned}\dot{\varphi}&=\omega(\boldsymbol{I})+\varepsilon f(\boldsymbol{I},\varphi), &\varphi \bmod 2\pi\in S^1,\\ \dot{\boldsymbol{I}}&=\varepsilon\boldsymbol{g}(\boldsymbol{I},\varphi), &\boldsymbol{I}\in G\subset\mathbb{R}^l.\end{aligned}\qquad(1)$$

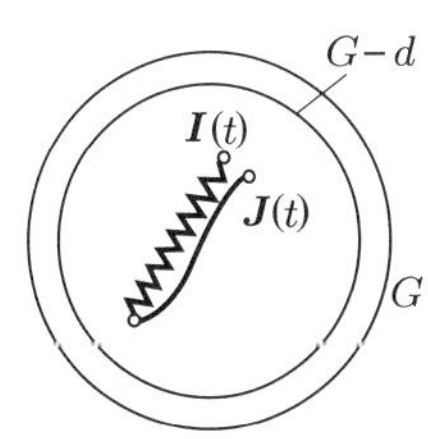

图 225 关于平均化的定理

其中 $f(\boldsymbol{I},\varphi+2\pi)\equiv f(\boldsymbol{I}),\boldsymbol{g}(\boldsymbol{I},\varphi+2\pi)\equiv\boldsymbol{g}(\boldsymbol{I},\varphi)$, 以及 l 个方程形成的"平均化"方程组

$$\dot{\boldsymbol{J}}=\varepsilon\overline{\boldsymbol{g}}(\boldsymbol{J}),\quad \overline{\boldsymbol{g}}(\boldsymbol{J})=\frac{1}{2\pi}\int_0^{2\pi}\boldsymbol{g}(\boldsymbol{J},\varphi)d\varphi.\qquad(2)$$

我们用 $\boldsymbol{I}(t),\varphi(t)$ 表示 (1) 的具有初始条件 $\boldsymbol{I}(0),\varphi(0)$ 的解, $\boldsymbol{J}(t)$ 表示 (2) 的具有同样初始条件 $\boldsymbol{J}(0)=\boldsymbol{I}(0)$ 的解 (图 225).

定理 设 1. 当 $\boldsymbol{I}$ 在有界域 G 上变动时, 函数 ω, f 和 $\boldsymbol{g}$ 有定义, 而且在此域中这些函数连同其直到二阶的导数有界:

$$\|\omega, f, \boldsymbol{g}\|_{C^2(G\times S')} < c_1;$$

2. 在区域 G 中有

$$\omega(\boldsymbol{I}) > c > 0;$$

3. 当 $0 \leqslant t \leqslant 1/\varepsilon$ 时, 点 $\boldsymbol{J}(t)$ 连同它的半径为 d 的邻域含于 G 内:

$$\boldsymbol{J}(t) \in G - d.$$

这时, 对充分小的 ε $(0 < \varepsilon < \varepsilon_0)$, 有

$$|\boldsymbol{I}(t) - \boldsymbol{J}(t)| < c_0\varepsilon \text{ 对一切 } t,\ 0 \leqslant t \leqslant \frac{1}{\varepsilon} \text{ 成立},$$

这里 $c_0 > 0$ 依赖于 c_1, c, d, 但不依赖于 ε.

下面将要给出这个定理的一些应用 (“绝热不变量”). 我们提醒一下, 此定理证明的基本思想 (作变量变换以消去摄动) 比定理本身更重要; 在初等课程中遇到的“常数变易法”, 其实就是它.

D. 平均化定理的证明

我们引入新变量 $\boldsymbol{P}$ 代替 $\boldsymbol{I}$:

$$\boldsymbol{P} = \boldsymbol{I} + \varepsilon \boldsymbol{k}(\boldsymbol{I}, \varphi), \tag{3}$$

其中函数 $\boldsymbol{k}$ 关于变量 φ 周期为 2π, 要把它选得使 $\boldsymbol{P}$ 满足一个更简单的微分方程.

由 (1) 和 (3), $\boldsymbol{P}(t)$ 的变化率是

$$\dot{\boldsymbol{P}} = \dot{\boldsymbol{I}} + \varepsilon\frac{\partial \boldsymbol{k}}{\partial \boldsymbol{I}}\dot{\boldsymbol{I}} + \varepsilon\frac{\partial \boldsymbol{k}}{\partial \varphi}\dot{\varphi} = \varepsilon\left[\boldsymbol{g}(\boldsymbol{I}, \varphi) + \frac{\partial \boldsymbol{k}}{\partial \varphi}\omega(\boldsymbol{I})\right] + \varepsilon^2\frac{\partial \boldsymbol{k}}{\partial \boldsymbol{I}}\boldsymbol{g} + \varepsilon^2\frac{\partial \boldsymbol{k}}{\partial \varphi}f. \tag{4}$$

设变换 (3) 是可逆的, 于是有 φ 的 2π 周期函数 h 使

$$\boldsymbol{I} = \boldsymbol{P} + \varepsilon \boldsymbol{h}(\boldsymbol{P}, \varphi, \varepsilon). \tag{5}$$

(4) 和 (5) 表明, $\boldsymbol{P}(t)$ 应满足方程组

$$\dot{\boldsymbol{P}} = \varepsilon\left[\boldsymbol{g}(\boldsymbol{P}, \varphi) + \frac{\partial \boldsymbol{k}}{\partial \varphi}\omega(\boldsymbol{P})\right] + \boldsymbol{R}, \tag{6}$$

余项 $\boldsymbol{R}$ 对 ε 是二阶小量, 即有

$$|\boldsymbol{R}| < c_2\varepsilon^2, \quad c_2(c_1, c_3, c_4) > 0, \tag{7}$$

只要

$$\|\boldsymbol{\omega}\|_{C^2} < c_1, \quad \|\boldsymbol{f}\|_{C^2} < c_1, \quad \|\boldsymbol{g}\|_{C^2} < c_1, \quad \|\boldsymbol{k}\|_{C^2} < c_3, \quad \|\boldsymbol{h}\|_{C^2} < c_4. \tag{8}$$

现在我们试图选择变量变换 (3) 使 (6) 中含 ε 的项为零. 于是得到关于 $\boldsymbol{k}$ 的方程

$$\frac{\partial \boldsymbol{k}}{\partial \varphi} = -\frac{1}{\omega}\boldsymbol{g}.$$

一般说来, 这个关于 $\boldsymbol{k}$ 的方程在 φ 的周期函数类中不可解. 事实上左方对 φ 的平均值恒为零, 而右方的平均值可能不是零. 所以我们不能选取 $\boldsymbol{k}$ 以消掉 (6) 中整个含 ε 的项. 然而我们可以消掉 $\boldsymbol{g}$ 的全部 "周期" 部分,

$$\widetilde{\boldsymbol{g}}(\boldsymbol{P},\varphi) = \boldsymbol{g}(\boldsymbol{P},\varphi) - \overline{\boldsymbol{g}}(\boldsymbol{P}),$$

为此, 只需令

$$\boldsymbol{k}(\boldsymbol{P},\varphi) = -\int_0^{\varphi} \widetilde{\boldsymbol{g}}(\boldsymbol{P},\varphi)d\varphi/\omega(\boldsymbol{P}). \tag{9}$$

我们这样用 (9) 式定义函数 $\boldsymbol{k}$. 于是由定理的假设 (1) 和 (2) 知道 $\boldsymbol{k}$ 适合估计式 $\|\boldsymbol{k}\|_{C^2} < c_3$, 这里 $c_3(c_1,c) > 0$. 为了证明不等式 (8), 我们还需估计 $\boldsymbol{h}$. 为此我们必须先证明变换 (3) 是可逆的.

固定一个正数 α.

引理 *若 ε 充分小, 则映射 (3)*[①] *在 $G-\alpha$ 上的限制*

$$\boldsymbol{I} \to \boldsymbol{I} + \varepsilon\boldsymbol{k}(\boldsymbol{I},\varphi), \quad \text{这里 } \|\boldsymbol{k}\|_{C^2(G)} < c_3$$

是一微分同胚, $G-\alpha$ 由其 α–邻域含于 G 内之点组成. 逆微分同胚 (5) 在区域 $G-2\alpha$ 中满足估计式 $\|\boldsymbol{h}\|_{C^2} < c_4$, 这里 $c_4(\alpha,c_3) > 0$.

证 必要的估计可直接由隐函数定理而来, 唯一的困难在于验证映射 $\boldsymbol{I} \to \boldsymbol{I}+\varepsilon\boldsymbol{k}$ 在区域 $G-\alpha$ 中是一对一的. 我们注意函数 $\boldsymbol{k}$ 在 $G-\alpha$ 中满足利普希茨条件 (带有某常数 $L(\alpha,c_3)$). 考虑 $G-\alpha$ 中的两点 $\boldsymbol{I}_1$ 和 $\boldsymbol{I}_2$. 对充分小的 ε (具体说, $L\varepsilon < 1$) $\varepsilon\boldsymbol{k}(\boldsymbol{I}_1)$ 和 $\varepsilon\boldsymbol{k}(\boldsymbol{I}_2)$ 的距离小于 $|\boldsymbol{I}_1 - \boldsymbol{I}_2|$. 故 $\boldsymbol{I}_1 + \varepsilon\boldsymbol{k}(\boldsymbol{I}_1) \neq \boldsymbol{I}_2 + \varepsilon\boldsymbol{k}(\boldsymbol{I}_2)$. 于是映射 (3) 在 $G-\alpha$ 上是一对一的而引理证毕. □

由此引理可知, 对充分小的 ε, (8) 中所有估计均成立, 从而 (7) 也成立.

现在我们来比较 $\boldsymbol{J}$ 的微分方程组

$$\dot{\boldsymbol{J}} = \varepsilon\overline{\boldsymbol{g}}(\boldsymbol{J}) \tag{2}$$

与 $\boldsymbol{P}$ 的微分方程组; 后者由于 (9) 式可写成

$$\dot{\boldsymbol{P}} = \varepsilon\overline{\boldsymbol{g}}(\boldsymbol{P}) + \boldsymbol{R}. \tag{6'}$$

①对参数 φ 的任意固定值.

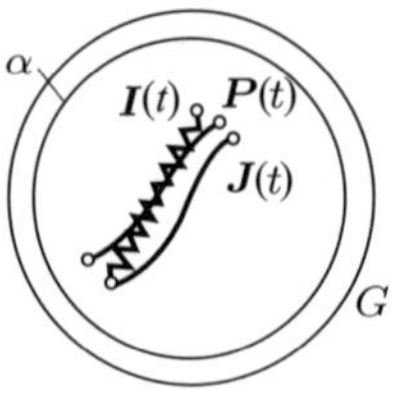

图 226 平均化定理之证明

因为二者右方之差之阶 $\leqslant \varepsilon^2$ (参照 (7)), 所以在时间 $t \leqslant 1/\varepsilon$ 中解之差 $|\boldsymbol{P}-\boldsymbol{J}|$ 与 ε 同阶 (图 226). 另一方面 $|\boldsymbol{I}-\boldsymbol{P}| = \varepsilon|\boldsymbol{k}| \leqslant \varepsilon$, 所以当 $t \leqslant 1/\varepsilon$ 时, 差 $|\boldsymbol{I}-\boldsymbol{J}|$ 之阶 $\leqslant \varepsilon$. 证毕. □

为了得到精确的估计, 我们引入量

$$\boldsymbol{z}(t) = \boldsymbol{P}(t) - \boldsymbol{J}(t). \tag{10}$$

于是由 (6′) 和 (9) 得

$$\dot{\boldsymbol{z}}(t) = \varepsilon(\overline{\boldsymbol{g}}(\boldsymbol{P}) - \overline{\boldsymbol{g}}(\boldsymbol{J})) + \boldsymbol{R} = \varepsilon\frac{\partial \boldsymbol{g}}{\partial \boldsymbol{P}}\boldsymbol{z} + \boldsymbol{R}',$$

这里 $|\boldsymbol{R}'| < c^2\varepsilon^2 + c_5\varepsilon|\boldsymbol{z}|$, 只要线段 $(\boldsymbol{P}, \boldsymbol{J})$ 位于 $G-\alpha$ 内, 在这个假设下我们得到

$$|\dot{\boldsymbol{z}}| < c_6\varepsilon|\boldsymbol{z}| + c_2\varepsilon^2, \quad (c_6 = c_5 + c_1), \quad |\boldsymbol{z}(0)| < c_3\varepsilon. \tag{11}$$

引理 若 $|\dot{\boldsymbol{z}}| \leqslant a|\boldsymbol{z}| + b$, 且 $|\boldsymbol{z}(0)| < d,\ a, b, d, t > 0$, 则 $|\boldsymbol{z}(t)| \leqslant (d+bt)e^{at}$.

证 $|\boldsymbol{z}(t)|$ 不会大于方程 $\dot{y} = ay + b, y(0) = d$ 的解 $y(t)$. 最后一方程, 有 $y = Ce^{at}, Ce^{at} = b, C = e^{-at}b, C(0) = d, C \leqslant d + bt$. □

由 (11) 以及线段 $(\boldsymbol{P}, \boldsymbol{J})$ 在 $G-\alpha$ 内的这个假设 (图 226) 有

$$|\boldsymbol{z}(t)| \leqslant (c_3\varepsilon + c_2\varepsilon^2 t)e^{C_6\varepsilon t}.$$

由此可知, 当 $0 \leqslant t \leqslant 1/\varepsilon$ 时,

$$|\boldsymbol{z}(t)| < c_7\varepsilon, \quad c_7 = (c_3 + c_2)e^{C_6}.$$

我们看到, 若 $\alpha = d/3$ 而 ε 充分小, 整个线段 $(\boldsymbol{P}(t), \boldsymbol{J}(t))$ $(0 \leqslant t \leqslant 1/\varepsilon)$ 都位于 $G-\alpha$ 内, 所以

$$|\boldsymbol{P}(t) - \boldsymbol{J}(t)| < c_3\varepsilon, \quad \text{对所有 } 0 \leqslant t \leqslant \frac{1}{\varepsilon} \text{ 成立}.$$

另一方面, $|\boldsymbol{P}(t) - \boldsymbol{I}(t)| < |\varepsilon\boldsymbol{k}| < c_3\varepsilon$. 所以对所有 $0 \leqslant t \leqslant 1/\varepsilon$,

$$|\boldsymbol{I}(t) - \boldsymbol{J}(t)| < c_9\varepsilon, \quad c_9 = c_3 + c_3 > 0.$$

定理证毕. □

E. 绝热不变量

考虑单自由度的哈密顿系统, 其哈密顿函数 $H(p, q, \lambda)$ 含有参数 λ. 例如看一个摆

$$H = \frac{p^2}{2l^2} + lg\frac{q^2}{2};$$

我们以摆长 l 或重力加速度 g 作为参数 λ. 设参数随时间缓慢变化. 结果是, 在参数变率趋于零这个极限情况, 有一个值得注意的渐近现象: 两个通常为独立的量变成彼此的函数.

例如假设摆长缓慢地变化 (与其本征振动比较而言). 这时振动振幅成为摆长的函数. 如果我们非常慢地把摆长增加到两倍, 再非常慢地使它还原, 则在这个过程完结时, 振动的振幅将和它开始时一样.

此外还有, 摆的能量 H 与其频率 ω 之比在参数缓慢变化时几乎不变, 尽管能量和频率本身都已变了很多. 像这个比这种在参数缓慢变化下几乎不变的量, 物理学家称为绝热不变量.

很容易看到摆的能量与其频率之比的绝热不变性是一个物理学性质的论断, 即是说, 在没有进一步假设前是不成立的. 事实上, 若我们任意慢地改变摆长但是选定振动的相使摆长在这个相下渐增渐减, 就能使摆振动 (参数共振). 有鉴于此, 物理学家建议把绝热不变性的定义这样陈述: 不让改变系统参数的人看见系统在什么状态之中 (图 227). 给此定义以严格的数学含意是一件很细致而且一直未解决的问题. 幸好用一个代替物也可以过得去. 控制参数的人不能感知系统内部状态这一假设可代以另一个假设: 参数的变化必须相当光滑, 即二次连续可微.

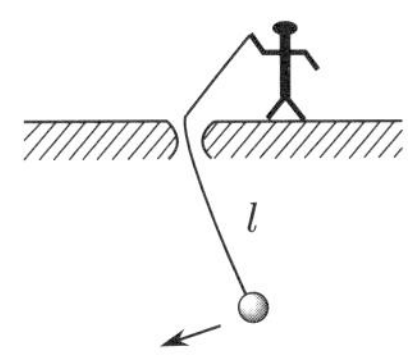

图 227 摆长的绝热变化

确切些说, 令 $H(p,q,\lambda)$ 是固定的对各个变元为二次连续可微的函数. 置 $\lambda=\varepsilon t$ 并考虑所得的具有缓慢变化参数 $\lambda=\varepsilon t$ 的方程组

$$\dot{p}=-\frac{\partial H}{\partial q},\quad \dot{q}=\frac{\partial H}{\partial q},\quad H=H(p,q,\varepsilon t). \tag{*}$$

定义 量 $I(p,q,\lambda)$ 称为方程组 $(*)$ 的绝热不变量. 如果对每个 $\kappa>0$ 均有 $\varepsilon_0>0$ 使若 $\varepsilon<\varepsilon_0$ 而 $0<t<1/\varepsilon$, 必有

$$|I(p(t),q(t),\varepsilon t)-I(p(0),q(0);0)|<\kappa.$$

很明显, 首次积分都是绝热不变量.

可以证明每个一维系统 $(*)$ 都有一个绝热不变量. 相应的常系数问题的作用量变量就是一个绝热不变量.

设以 $H(p,q,\lambda)$ 为哈密顿函数的方程组之相轨道是闭的. 定义函数 $I(p,q,\lambda)$ 如下. 对于固定的 λ, 相应于哈密顿函数 $H(p,q;\lambda)$ 有一相图 (图 228). 考虑过点 (p,q) 的闭的相轨道. 它包围了相平面上的一个闭区域. 记此区域的面积为 $2\pi I(p,q;\lambda)$. 则在每个相轨道上 (对固定的 λ) $I=$ 常数. 显然 I 正是作用量变量 (参看节 50).

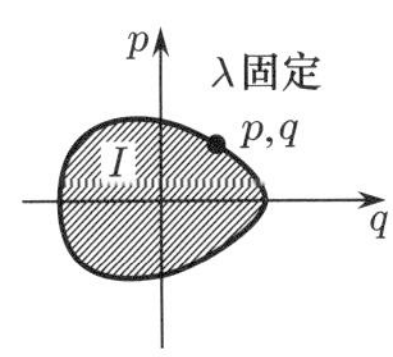

图 228 一维系统的绝热不变量

定理 *若方程组 $(*)$ 的频率 $\omega(I,\lambda)$ 处处不为零, 则 $I(p,q;\lambda)$ 是一个绝热不变量.*

F. 作用量的绝热不变性的证明

对固定的 λ, 可以用一个含 λ 的典则变换 $(p,q)\to(I,\varphi)$ 在 $(*)$ 中引入作用量–角变量 I,φ:

$$p,q\mapsto I,\quad \varphi:\dot\varphi=\omega(I,\lambda),\quad \dot I=0;\quad \omega(I,\lambda)=\frac{\partial H_0}{\partial I},\quad H_0=H_0(I,\lambda).$$

用 $S(I,q;\lambda)$ 记这个典则变换的 (多值) 生成函数:

$$p=\frac{\partial S}{\partial q},\quad \varphi=\frac{\partial S}{\partial I}.$$

现令 $\lambda=\varepsilon t$. 因为现在由变量 p,q 到 I,φ 的变换是通过与时间有关的典则变换完成的, 运动方程在新变量 I,φ 下也有哈密顿形式, 但其哈密顿函数将是 (参照节 45A)

$$K=H_0+\frac{\partial S}{\partial t}=H_0+\varepsilon\frac{\partial S}{\partial\lambda}.$$

问题 证明 $\partial S(I,q;\lambda)/\partial\lambda$ 是相平面上的单值函数.

提示 S 只能确定到相差 $2\pi I$ 的倍数.

这样我们得出运动方程如下:

$$\begin{aligned}&\dot\varphi=\omega(I,\lambda)+\varepsilon f(I,\varphi,\lambda), && f=\frac{\partial^2 S}{\partial I\partial\lambda},\\ &\dot I=\varepsilon g(I,\varphi,\lambda), && g=-\frac{\partial^2 S}{\partial\varphi\partial\lambda},\\ &\dot\lambda=\varepsilon.\end{aligned}$$

因为 $\omega\neq0$, 可以应用平均化定理 (节 52C). 平均化方程组成为

$$\dot J=\varepsilon\bar g,\quad \dot\Lambda=\varepsilon.$$

但 $g=(\partial/\partial\varphi)(\partial S/\partial\lambda)$, 而 $\partial S/\partial\lambda$ 在圆周 $I=$ 常数上是单值函数. 所以, $\bar g=(2\pi)^{-1}\displaystyle\int g d\varphi=0$, 而在平均化方程组中 J 完全不变: $J(t)=J(0)$.

由平均化定理, 对 $0\leqslant t\leqslant 1/\varepsilon$ 的一切 t, $|I(t)-I(0)|<c\varepsilon$. 定理证毕. □

例 对于谐振子 (见图 217)

$$H=\frac{a^2}{2}p^2+\frac{b^2}{2}q^2,$$
$$I=\frac{1}{2\pi}\pi\frac{\sqrt{2h}}{a}\frac{\sqrt{2h}}{b}=\frac{h}{\omega},\quad \omega=ab,$$

即, 能量与频率之比是绝热不变量.

问题 将摆长缓慢地加倍 $(l=l_0(1+\varepsilon t),0\leqslant t\leqslant 1/\varepsilon)$. 振动振幅 $q_{\max}$ 怎样变化?

解 $I=\frac{1}{2}l^{3/2}g^{1/2}q_{\max}^2$; 因此

$$q_{\max}(t)=q_{\max}(0)\left(\frac{l(0)}{l(t)}\right)^{3/4}.$$

第二个例子是考虑质量为 1 的完全弹性刚体球在两堵完全弹性墙之间的运动, 而墙的间距 l 缓慢变化 (图 229). 我们可把它看作是一个点在"无限深矩形势阱"上的运动, 而相轨道是面积为 $2vl$ 的矩形, v 是球的速度. 这时球速 v 和墙的间距 l 之积 vl 是绝热不变量①. 因此若使墙靠近一半. 球速应该加倍, 把两墙分离更远, 球速就会变慢.

关于多频率系统的绝热不变量, 可以参看 Arnold [17].

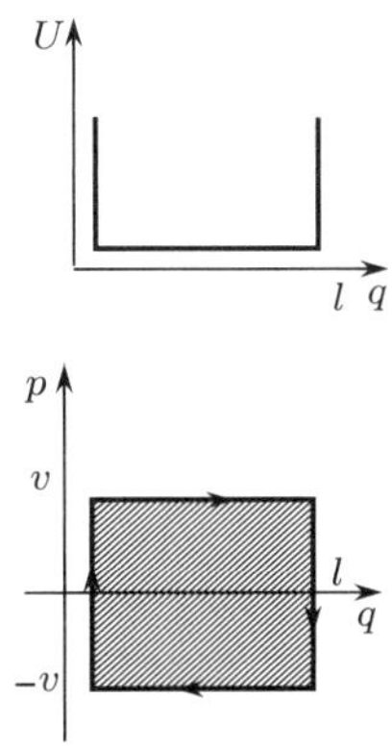

图 229 在缓慢变化的墙之间的绝对弹性球的绝热不变量

①这一点并不能由定理形式地得出, 因为定理讲的是没有碰撞的光滑方程组. 这个方程组中 vl 的绝热不变性的证明, 是一个很有启发的初等问题.

附 录

附录 1　黎曼曲率

用一张纸可以卷成一个锥面或柱面, 但若不折叠、拉伸或剪开就得不出一片球面. 原因在于这些曲面的 “内蕴几何” 不同. 球面的任何部分都不可能等距地映到平面上.

区别这些黎曼度量的不变量是黎曼曲率. 平面的黎曼曲率为零, 而半径为 R 的球面之曲率为 R^{-2}. 若一个黎曼流形可以等距地映到另一个上, 则对应点的黎曼曲率是相同的. 例如, 因为锥面和柱面局部等距于平面, 故锥面或柱面任一点的黎曼曲率均为零. 所以锥面或柱面没有任一部分可以等距地映到球面上.

流形的黎曼曲率对其上测地线的性态有重要影响, 即对相应动力系统的运动有重要影响. 若一流形黎曼曲率为正 (如球面或椭球面), 则在绝大多数情况, 靠近的测地线在彼此附近振动, 若曲率为负 (如单叶双曲面), 测地线迅速地彼此分离.

在这个附录里, 我们要定义黎曼曲率, 并扼要地讨论负曲率流形上测地线的性质. 关于黎曼曲率进一步的讨论, 可在 J. Milnor [1] 一书中找到, 关于负曲率流形上的测地线的讨论, 则可见 Д. В. Аносов [1] 1).

A. 曲面上的平行移动

黎曼曲率的定义是基于沿着黎曼流形上的曲线做矢量的平行移动.

我们从已给的黎曼流形为二维的 (即曲面) 情况开始, 并设已给曲线是测地线 2).

---

1) 关于测地流的最近的工作, 可以参看 D. Ornstein-B. Weiss [1], M. Ratner [1], B. Weiss [1]. —— 日译者注

2) 见 Carmo, Manfredo Perdigão do, Differential Geometry of Curves and Surfaces, Prentice-Hall, 1976. —— 英译者注

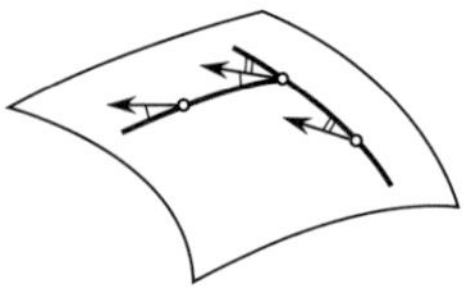

图 230　沿测地折线的平行移动

切于一曲面的矢量沿其上一测地线的平行移动定义如下: 矢量起点沿测地线运动而它与测地线所成的角及其长度不变. 把在测地线起点切于曲面的所有矢量平行移动到其终点, 即得一个映起点的切平面为终点的切平面的映射. 这映射是线性的、等距的.

现在定义曲面上的矢量沿着由几个测地弧组成的折线的平行移动 (图 230). 为了把一个矢量沿折线平行移动, 我们把它从第一个顶点先沿第一条测地弧平行移动到第二个顶点, 再沿第二条测地弧平行移动到下一个顶点, 余类推.

问题　给定一矢量在三顶角均为直角的球面三角形的一个顶点处切于球面. 将它绕此三角形平行移动回原来的顶点.

答　平行移动的结果将使在最初的顶点处切于球面的切平面旋转一个直角.

最后, 矢量沿曲面上任一光滑曲线的平行移动可以通过求极限来定义, 即用测地弧所成的折线去逼近此曲线.

问题　沿在列宁格勒 (北纬 $\lambda = 60°$) 指向北极的矢量向东沿 $60°$ 纬线移动回到列宁格勒.

答　矢量向西偏转 $2\pi(1 - \sin\lambda)$ 即约 $50°$. 所以旋转角的大小正比于纬线所围的面积, 旋转方向和矢量原点绕北极的方向相同.

提示　只需将此矢量沿一锥面上同一圆平行移动即可, 这锥由过纬线各点的子午线组成 (图 231). 这个锥面可以展开为一平面, 这样曲面上的平行移动就成了平面上通常的平行移动.

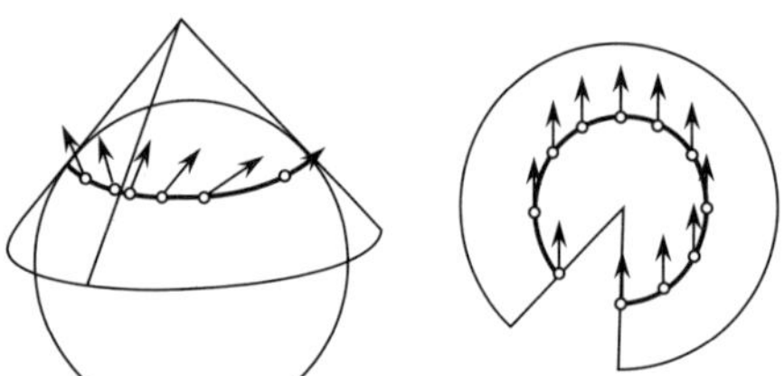

图 231　球面上的平行移动

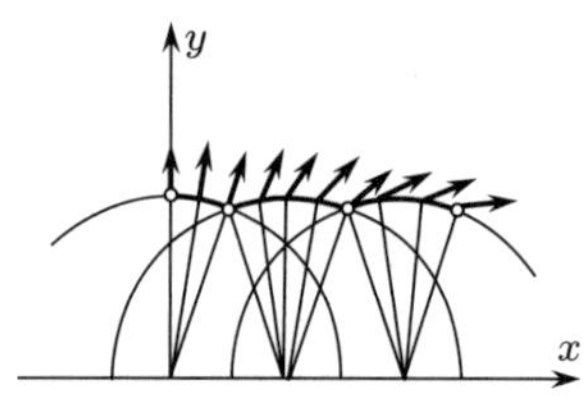

图 232　罗巴切夫斯基平面上的平行移动

例　考虑复平面 $z = x + iy$ 的上半平面 $y > 0$, 度量为

$$ds^2 = \frac{dx^2 + dy^2}{y^2}.$$

很容易算出, 这个二维黎曼流形的测地线是垂直于 x 轴的圆弧与直线. 实系数线性分式变换

$$z \to \frac{az + b}{cz + d}, \quad ad - bc > 0$$

是此流形 (称为罗巴切夫斯基平面[1]) 上的等距变换.

[1] 此例可参照 Arnold, Avez [1], 附录 20. —— 日译者注

问题　将 $z=i$ 处指向正虚轴方向的矢量沿水平线 $(dy=0)$ 移动到点 $z=t+i$ (图 232).

答　移动 t 后, 矢量由 y 轴方向向 x 轴方向转过 t 弧度.

B. 曲率形式

现在我们要在二维黎曼流形 (即曲面) 每点上定义黎曼曲率. 为此, 在我们所考虑的点的一个邻域中规定一个定向, 并且考虑矢量在曲面的一个小区域 D 的边缘上的平行移动. 很容易算出, 移动的结果是旋转一个小角. 记此角为 $\varphi(D)$ (角的符号由曲面上的定向确定).

若将 D 分为 D_1, D_2 两部分, 沿 D 边缘平行移动的结果可以先沿一部分移动再沿另一部分移动来得出. 所以

$$\varphi(D)=\varphi(D_1)+\varphi(D_2),$$

即角为区域的可加函数. 若改变沿边移动的方向, 角 $\varphi(D)$ 将会变号. 因此自然会把 $\varphi(D)$ 表示成一个适当的 2–形式在 D 上的积分. 这个 2–形式确实存在并称为曲率形式, 记作 Ω. 因此我们由关系

$$\varphi(D)=\int_D \Omega \tag{1}$$

来定义曲率形式 Ω. Ω 在 TM_x 中的一对切矢量 ξ,η 上的值可以如下规定. 把 M 在 x 处的切空间的原点 O 的一个邻域与 M 在 x 附近的一个邻域等同起来 (例如通过某个局部坐标). 于是在 M 上至少对充分小的 ε 可以作矢量 $\varepsilon\xi, \varepsilon\eta$ 所张的平行四边形 Π_ε.

现在定义曲率形式在这些矢量上的值为

$$\Omega(\xi,\eta)=\lim_{\varepsilon\to 0}\frac{\varphi(\Pi_\varepsilon)}{\varepsilon^2}. \tag{2}$$

换言之, 曲率形式在一对切矢量上的值等于沿这些矢量所定的无穷小平行四边形平行移动时的旋转角.

问题　求平面、半径为 R 的球面与罗巴切夫斯基平面的曲率形式.

答　$\Omega=0, \Omega=R^{-2}dS, \Omega=-dS$, 2–形式 dS 是相应的有向曲面上的面积单元.

问题　证明 (2) 式确实定义了一个 2–微分形式而与作它时的特定选择无关, 并证矢量沿有限有向区域 D 之边缘平行移动时的旋转角可以通过它由 (1) 式给出.

问题　证明三维欧氏空间的任一凸曲面上曲率形式的积分等于 4π.

C. 曲面的黎曼曲率

我们注意到二维有向黎曼流形上任一个 2–微分形式都可以写成 $\rho dS, dS$ 是有向面积单元,ρ 是由度量和定向所唯一决定的数量函数.

特别是, 曲率形式可写成

$$\Omega=KdS.$$

$K: M \to \mathbb{R}$ 是 M 上的光滑函数, dS 是面积单元.

函数 K 在 x 之值称为曲面在 x 处的黎曼曲率.

问题 计算欧氏平面、半径为 R 的球面和罗巴切夫斯基平面的黎曼曲率.

答 $K = 0, K = R^{-2}, K = -1$.

问题 证明黎曼曲率与流形的定向无关而只与度量有关.

提示 在定向改变时 Ω 与 dS 均变号.

问题 证明对于通常三维欧氏空间中的曲面, 黎曼曲率在各点都等于主曲率半径之逆的积 (若两个曲率中心在曲面异侧, 还要带一负号).

要注意, 流形在一点的曲率的符号并不依赖于流形的定向, 甚至不用定向也能定出符号.

具体说来, 在正曲率流形上, 沿着小区域边对一矢量做平行移动时矢量以相同方向绕其原点旋转; 在负曲率流形上旋转方向相反.

我们还要注意, 曲率在一点的值只由该点邻域中的度量决定, 因此在等距变形下不变, 等距曲面的对应点上曲率相同. 所以黎曼曲率也叫做内蕴曲率.

用度量在某坐标系下的分量来计算曲率的公式用到了度量的二阶导数, 所以是很复杂的: 参见下面 G 中的问题.

D. 高维平行移动

在维数大于 2 的黎曼流形上平行移动的作法比二维情况下上述的作法稍微复杂些. 理由是: 在高维数时被移动的矢量的方向不能只由它与测地线交角不变这个条件决定. 事实上, 矢量可以绕测地线旋转而与测地线的交角不变.

在做沿测地线平行移动时必须做的改进是选一个二维平面使之包含测地线的切线和被移动的矢量. 选取的方法 (可惜十分复杂) 如下.

在测地线起点所需的平面即被移动的矢量和测地线方向矢量所张的平面. 我们看由此点发出的沿此平面上一切方向的测地线. 这些测地线之集合 (在起点附近) 形成一个光滑曲面而我们打算沿着它移动矢量的那个测地线也含在其内 (图 233).

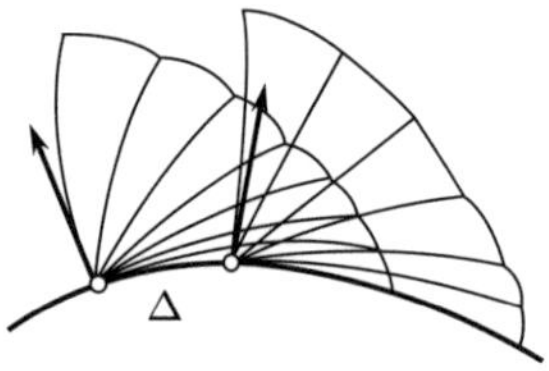

图 233 空间的平行移动

考虑测地线上离起点一个小距离 Δ 处的新点. 上面作的曲面在新点的切平面包含了测地线在新点的方向. 我们用新点为起点. 并用其切平面作一个新的曲面 (由过新点的测地线丛组成). 这曲面包含原测地线. 沿原测地线再移动 Δ 并从头再重复以上作法.

经过有限步即可到达原测地线上的任意点. 结果在原测地线的每一点上都得到了一个包含原测地线方向的切平面. 这个平面依赖于以上作法中的步长 Δ. 当 $\Delta \to 0$ 时所得切平面族收敛于一个确定的极限 (可以算出). 其结果是得到沿原测地线且包含该测地线方向的二维切平面场, 它是由流形的度量内蕴地确定的.

现在, 我们的矢量沿测地线的平行移动可以与二维情况一样来定义了: 矢量平移时必须停留在这些平面内, 它的长度及与测地线的交角都不变. 沿任意曲线平行移动和二维情况一样是用测地弧折线的逼近来作的.

问题 证明矢量从黎曼流形上一点沿固定路径平行移动到另一点是一个从第一点的切空间到第二点的切空间的线性等距算子.

问题 沿度量为

$$ds^2 = \frac{dx_1^2 + dx_2^2 + dy^2}{y^2}$$

的罗巴切夫斯基空间的以下曲线移动任意矢量:

$$x_1 = t, \quad x_2 = 0, \quad y = 1 \quad (0 \leqslant t \leqslant \tau).$$

答 x_1 轴和 y 轴方向的矢量在这两轴所张平面上旋转角 τ (从 y 轴方向转向 x_1 轴方向); x_2 方向的矢量在欧氏度量意义下平行于自身来移动.

E. 曲率张量

和二维情况一样, 考虑沿黎曼流形上起点终点重合的小的闭合路径上的平行移动.

沿此路径平行移动将把矢量送回原来的切空间. 这样得到的切空间到自身的映射是一个小的旋转 (即接近于恒等变换的正交变换).

在二维情况下我们用一个数 —— 旋转角 φ 来刻画这个旋转. 在高维情况下, 将有一个斜对称算子取代 φ. 具体说来, 任意接近于恒等算子的正交算子可唯一地写成

$$A = e^{\Phi} = E + \Phi + \frac{\Phi^2}{2!} + \cdots,$$

Φ 是一个小的斜对称算子.

问题 若 A 是旋转一个小角 φ 的平面旋转, 计算 Φ.

答 $A = \begin{pmatrix} \cos\varphi & \sin\varphi \\ -\sin\varphi & \cos\varphi \end{pmatrix}, \quad \Phi = \begin{pmatrix} 0 & \varphi \\ -\varphi & 0 \end{pmatrix}.$

和二维情况不同, 函数 Φ 一般并不可加 (因为 $n > 2$ 的 n 维空间正交群不可换). 然而, 可以用 Φ 作一个曲率形式以描写 "由于绕无穷小平行四边形做平行移动而得的无穷小旋转", 其方法与二维情况一样, 即用 (2) 式.

这样, 令 $\xi, \eta \in TM_x$ 是黎曼流形 M 在 x 点的切矢量. 在 M 上作小的曲边平行四边形 Π_ε (Π_ε 之边是矢量 $\varepsilon\xi, \varepsilon\eta$ 由令 TM_x 在原点附近与 M 在 x 附近的坐标等同而得). 我们将注意沿平行四边形 Π_ε 的边所作的平行移动 (从 ξ 开始环绕).

移动的结果得到 TM_x 上接近于恒等变换的正交变换. 它与恒等变换相差 ε^2 阶的量并可写为

$$A_\varepsilon(\xi, \eta) = E + \varepsilon^2\Omega + o(\varepsilon^2),$$

Ω 是依赖于 ξ,η 的斜对称算子. 因此可以定义 x 处切空间内一对矢量 ξ,η 的函数 Ω, 它在 TM_x 上的斜对称算子空间中取值, 其定义为

$$\Omega(\xi,\eta)=\lim_{\varepsilon\to 0}\frac{A_\varepsilon(\xi,\eta)-E}{\varepsilon^2}.$$

问题 证明 Ω 是一个 2–微分形式 (值为 TM_x 上的斜对称算子) 而且与我们用以等同 TM_x 与 M 的坐标之选取无关.

形式 Ω 称为黎曼流形的*曲率张量*. 我们可以说, 曲率张量描述了由于沿无穷小平行四边形作平行移动而得到的切空间内的无穷小旋转.

F. 沿二维方向的曲率 (截面曲率)

考虑一个黎曼流形在某点的切空间的一个二维子空间 L. 取由此点沿 L 之各方向发出的测地线. 这些测地线在该点附近构成一个光滑曲面. 所作的曲面在黎曼流形内, 并有诱导的黎曼度量.

所谓黎曼流形 M 在 x 点之切空间内的二维平面 L 方向的曲率 (或*截面曲率*) 即指上述曲面在 x 之黎曼曲率.

问题 求半径为 R 的三维球面与罗巴切夫斯基空间在一切可能的二维方向的曲率.

答 $R^{-2}, -1$.

一般说来黎曼流形在不同的二维方向上曲率不同. 下面的 (3) 式表明了这种对方向的依赖性.

定理 *黎曼流形在一对长为 1 的正交矢量 ξ,η 所决定的二维方向的曲率可以通过公式*

$$K=\langle\Omega(\xi,\eta)\xi,\eta\rangle, \tag{3}$$

由曲率张量 Ω 决定. $\langle\ ,\ \rangle$ 表示黎曼度量下的内积.

证明在于比较曲率张量以及在一二维方向上的曲率的定义. 我们不打算严格地去讲它, 可以把公式 (3) 看作曲率 K 的定义.

G. 协变微分

与沿黎曼流形上曲线的平行移动相联系, 有一种特别的微分法 —— 所谓协变微分或黎曼联络. 我们用以下方式来定义这种微分.

令 ξ 为在 x 点切于黎曼流形 M 的矢量, v 是给在 M 上 x 附近的矢量场. 场 v 在 ξ 方向的协变导数是用任一过 x 而速度为 ξ 的曲线来定义的. 在沿此曲线运动一小段时间 t 后, 我们到达新点 $x(t)$. 在此点取场 v 的矢量并沿此曲线将它平行移动回到原处. 我们在 M 上 x 点的切空间中得到依赖于 t 的矢量. 当 $t=0$ 时这矢量就是 $v(x)$, 而对其他的 t 它按照矢量场沿此曲线在 ξ 方向不平行的程度而改变.

考虑所得矢量对于 t 在 $t=0$ 处的导数. 这个导数是切空间 TM_x 中的一个矢量. 它称为场 v 沿 ξ 的协变导数并记作 $\nabla_\xi v$. 很容易看到矢量 $\nabla_\xi v$ 不依赖定义中所指出的曲线而只依赖于 ξ 和 v.

问题 1　证明协变微分有以下性质:

1. $\nabla_\xi v$ 对 ξ 与 v 是双线性的.
2. $\nabla_\xi fv=(L_\xi f)v+f\nabla_\xi v, f$ 是光滑函数, $L_\xi f$ 是 f 在 TM_x 中的 ξ 方向的导数.
3. $L_\xi\langle v,w\rangle=\langle\nabla_\xi v,w(x)\rangle+\langle v(x),\nabla_\xi w\rangle$.
4. $\nabla_{v(x)}w-\nabla_{w(x)}v=[w,v](x)$ (这里 $L_{[w,v]}=L_vL_w-L_wL_v$).

问题 2　证明曲率张量可用协变微分表示如下:

$$\Omega(\xi_0,\eta_0)\zeta_0=-\nabla_\xi\nabla_\eta\zeta+\nabla_\eta\nabla_\xi\zeta+\nabla_{[\eta,\xi]}\zeta,$$

ξ,η,ζ 是矢量场, 上式取它们在该点之值 ξ_0,η_0,ζ_0.

问题 3　证明曲率张量满足以下恒等式

$$\Omega(\xi,\eta)\zeta+\Omega(\eta,\zeta)\xi+\Omega(\zeta,\xi)\eta=0,\quad \langle\Omega(\xi,\eta)\alpha,\beta\rangle=\langle\Omega(\alpha,\beta)\xi,\eta\rangle.$$

问题 4　设黎曼度量在局部坐标 $x_1,\cdots,x_n$ 中可用一个对称矩阵 (g_{ij}) 表示为

$$ds^2=\sum g_{ij}dx_idx_j.$$

用 $e_1,\cdots,e_n$ 表坐标矢量场 (故在 e_i 方向求导即 $\partial_i=\partial/\partial x_i$). 于是协变导数可用问题 1 中的公式及下式来计算:

$$\nabla_{e_i}e_j=\sum_k\Gamma_{ji}^k e_k,\quad \Gamma_{ij}^k=\sum_k\frac{1}{2}(\partial_i g_{jl}+\partial_j g_{il}-\partial_l g_{ij})g^{lk}.$$

(g^{lk}) 是 (g_{kl}) 的逆矩阵.

用问题 2 中以联络来表示曲率张量的式子, 也可得出曲率的显式公式. 数 $R_{ijkl}=\langle\Omega(e_i,e_j)e_k,e_l\rangle$ 称为曲率张量的分量.

H. 雅可比方程

流形的黎曼曲率与其测地线的性状密切相关. 特别是, 考虑过某点在某方向上的测地线, 并稍微变更初始条件, 即初始点与初始方向. 新的初始条件决定一条新的测地线. 最初, 新测地线与原来的极少区别. 为了研究它们的分离, 在原测地线的附近, 将测地线微分方程线性化是有用的. 所得的二阶线性微分方程 (测地线方程的“变分方程”) 称为*雅可比方程*; 把它用协变微分和曲率张量表示出来是方便的.

用 $x(t)$ 记以 (固定大小的) 速度 $v(t)\in TM_{x(t)}$ 沿流形 M 之测地线运动的点. 如果初始条件光滑地依赖于一个参数 α, 则测地线也光滑地依赖于此参数. 考虑相应于 α 的一个值的运动. 记此点在时刻 t 在相应测地线上的位置为 $x(t,\alpha)\in M$. 我们设最初的测地线相应于参数 $\alpha=0$, 于是 $x(t,0)=x(t)$.

测地线变分矢量场即函数 $x(t,\alpha)$ 对 α 之导数在 $\alpha=0$ 的值; 于是此场在点 $x(t)$ 之值等于

$$\left.\frac{d}{d\alpha}\right|_{\alpha=0} x(t,\alpha)=\xi(t)\in TM_{x(t)}.$$

为了写出变分方程, 我们定义给定在测地线 $x(t)$ 上的矢量场 $\zeta(t)$ 对 t 的协变导数. 为此我们取矢量 $\zeta(t+h)$, 将它从点 $x(t+h)$ 沿测地线平行移动到 $x(t)$, 将所得的在切空间 $TM_{x(t)}$ 中的矢量对 h 在 $h=0$ 处微分. 结果仍是 $TM_{x(t)}$ 中的一个矢量, 称为场 $\zeta(t)$ 对 t 的协变导数, 记作 $D\zeta/Dt$.

定理 测地线变分矢量场满足二阶线性微分方程

$$\frac{D^2\xi}{Dt^2}=-\Omega(v,\xi)v, \tag{4}$$

Ω 是曲率张量. $v=v(t)$ 是沿原测地线运动的速度矢量.

反之, 方程 (4) 的每个解都是原测地线的一个变分场.

方程 (4) 称为雅可比方程.

问题 证明以上定理.

问题 令 M 为一曲面, $y(t)$ 是矢量 $\xi(t)$ 在正交于一已给测地线的方向上之分量, 并令矢量 $v(t)$ 之长为 1. 证明 y 满足微分方程

$$\ddot{y}=-Ky, \tag{5}$$

$K=K(t)$ 是在点 $x(t)$ 处的黎曼曲率.

问题 利用方程 (5), 比较球面 ($K=+R^{-2}$) 和罗巴切夫斯基平面 ($K=-1$) 上接近已知测地线的测地线之性态.

I. 雅可比方程的研究

在讨论变分方程时, 不管平凡的变分即时间原点和运动初速的大小之变化是有用的. 为此我们把变分矢量 ξ 分解为平行与垂直于速度矢量 v 的分量. 这时 (因算子 $\Omega(v,\xi)$ 是斜对称的, 从而 $\Omega(v,v)=0$) 对法向分量又得雅可比方程, 而对平行分量则得方程

$$\frac{D^2\xi}{Dt^2}=0.$$

现在我们要注意, 法向分量的雅可比方程可以写成 “牛顿方程” 的形状:

$$\frac{D^2\xi}{Dt^2}=-\operatorname{grad}U.$$

U 是 ξ 的二次型, 它可用曲率张量来表示而且正比于 (ξ,v) 平面方向的曲率 K:

$$U(\xi)=\frac{1}{2}\langle\Omega(v,\xi)v,\xi\rangle=\frac{1}{2}K\langle\xi,\xi\rangle\langle v,v\rangle.$$

于是测地线的具有速度 1 的变分矢量的法向分量的性态可用 (非自治的) 线性振子的方程来描述, 其位能是速度矢量和变分矢量所决定的平面方向的截面曲率与变分的法向分量之长度的平方之乘积的 1/2.

特别是我们要考虑在一切包含测地线速度矢量的二维方向上之截面曲率为负的情况 (图 234). 这时与已知测地线靠近的测地线在法向方向上散开的情况可以用具有负定 (而且依赖于时间的) 位能的振子方程来描绘. 所以互相接近的测地线的散开之法向分量的性态和一个位于山顶附近的球从山顶离开的情况是相像的. 球在山顶的平衡位置是不稳定的. 这意味着在给定测地线附近的测地线指数地与它离开.

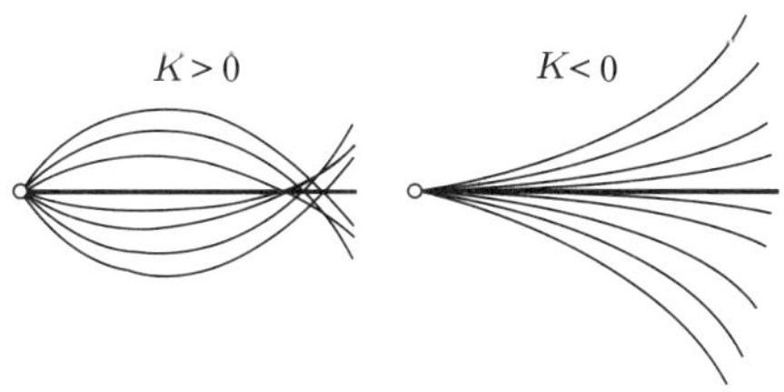

图 234　曲率为正或负的流形上的靠近的测地线

若我们得到的牛顿方程之位能与时间无关, 上述结论是严格的. 我们再设在不同的包含 v 的方向上的截面曲率都在以下区间中:

$$-a^2 \leqslant K \leqslant -b^2, \quad 其中\ 0<b<a.$$

关于垂直方向的散度的雅可比方程的解将是指数为 $\pm\lambda_i$ 的指数曲线之线性组合, 这里正数 λ_i 在 a 与 b 之间. 所以雅可比方程的每一个解不论在 $t\to+\infty$ 或 $t\to-\infty$ 都增长得至少和 $e^{b|t|}$ 一样快; 绝大多数解甚至增长得更快而如 $e^{a|t|}$ 一样.

在负定位能下的平衡位置的不稳定性即在非自治情况下也是直观上明显的. 可以与相应的自治系统相比较来证明它. 比较的结果会使我们相信, 在沿负曲率流形的测地线运动时, 垂直方向的偏离的雅可比方程的一切解都增长得至少和已走路程的指数函数一样快, 其指数等于某二维方向的截面曲率绝对值的平方根, 而这个曲率应是绝对值最小的.

事实上, 绝大多数解增长得甚至更快, 但现在我们不能断言绝大多数解的增长指数是由负曲率绝对值最大的二维方向决定的.

概括起来可以说, 负曲率流形上测地线性态的特征是指数不稳定性. 为了估计这个不稳定性的数值, 定义特征路径长度 s 是有用的, 这就是使初始条件的小误差增长 e 倍的平均路程.

准确些说, 可以定义特征路径长度 s 为指数 λ 的倒数, 此指数刻画了雅可比方程的增长性, 它表示以速度 1 前进时, 雅可比方程之解与某一测地线的垂直偏离度:

$$\lambda=\lim_{T\to\infty}\frac{1}{T}\max_{|t|<T}\max_{|\xi(0)|=1}\ln|\xi(t)|, \quad s=\frac{1}{\lambda}.$$

一般说来指数 λ 和路程 s 都依赖于原有的测地线.

若我们的流形在一切二维方向上的截面曲率都被数 $-b^2$ 从零分隔开, 则特征路径长度不超过 b^{-1} $(b>0)$.

因此若流形之曲率为负且绝对值越大, 则特征路径长度 (它使测地线的误差由于不稳定性而加大 e 倍) 越小. 由误差增长的指数性质, 负曲率流形上测地线的动向是实际上无法预测的.

例如设曲率为负而且小于 $-4\mathrm{m}^{-2}$ (m 是单位米). 特征路径长度小于或等于半米, 即沿 5m 长的测地线, 误差增大 $e^{10}\sim 10^4$ 倍. 因此初始条件的 $\dfrac{1}{10}$mm 的误差在测地线的末端表现为 1m 的差.

J. 负曲率紧流形上的测地流

令 M 为一紧黎曼流形, 其曲率在每点每个二维方向上均为负 (这种流形确实存在). 考虑质量为 1 的质点在 M 上的惯性运动, 而没有任何外力. 这个力学系的拉格朗日函数等于动能, 它就是总能量而且是运动方程的一个首次积分.

若 M 之维数为 n, 则每个等能流形之维数为 $2n-1$. 这流形是 M 的切丛的子流形. 例如固定能量之值为 1/2 (对应于初速 1). 这时点的速度矢量之长恒为 1, 而等能流形成为一个纤维丛

$$T_1M\subset TM.$$

纤维是切空间中的单位球面.

于是流形 T_1M 上的一点可以表为 M 上一点处的长为 1 的矢量. 由莫泊丢–雅可比原理, 我们可以这样来描述具有固定初始条件的质点的运动: 质点以速度 1 沿所述的矢量所决定的测地线运动.

由能量守恒定律, 流形 T_1M 是我们的力学系的相空间中的不变流形. 因此我们的相流在 $(2n-1)$ 维流形 T_1M 上决定一个微分同胚的单参数群. 这个群称为 M 上的测地流. 测地流可以这样来描述: 它在时刻 t 的变换把 x 处的单位矢量 $\xi\in T_1M$ 变为另一点处的单位矢量, 这一点在过 x 点方向为 ξ 的测地线上而距 x 距离为 t. 我们注意, 在 T_1M 上有一个自然定义的体积单元而测地流保持它不变 (刘维尔定理).

到现在为止我们没有用到 M 的曲率为负. 但若要研究测地流的轨道, 就发现 M 的负曲率对这些轨道的性态有强烈的影响 (这与 M 上的测地线的指数不稳定性有关).

以下是负曲率流形上的测地流的一些性质 (详见 Д. В. Аносов [1]).

1. 几乎所有相轨道都在等能流形上稠密 (例外的非稠密轨道成一个零测度集).

2. 均匀分布: 几乎每一轨道在相空间 T_1M 之任一区域中停留的时间正比于该区域的体积.

3. 相流 g^t 有混合性质: 若 A, B 是两个区域, 则

$$\lim_{t\to\infty} \operatorname{mes}[(g^t A)\cap B] = \operatorname{mes} A \operatorname{mes} B$$

(mes 表示体积, 但已归一化, 即全空间具有测度 1).

由相空间中的轨道的这些性质可得测地线在流形本身上的类似性质. 物理学家把这些性质称为 "随机性": 对很大的 t, 轨道的渐近性态使得该点看起来像是随机的. 例如混合性质意味着点在离开 A 之后, 经过很长时间 t 又在 B 中出现的概率与 B 之体积成正比.

因此, 负曲率流形上测地线的指数不稳定性导致相应测地流的随机性.

K. 指数不稳定性的其他应用

负曲率流形上测地线的指数不稳定性由许多作者研究过, 从哈达玛 (Hadamard) 开始 (常曲率情况甚至可推到罗巴切夫斯基), 特别是霍普夫 (E. Hopf) 研究过. 20 世纪 60 年代在这个领域中有一个意外发现, 非常奇怪, 指数不稳定系统对于系统本身的摄动是稳定的.

例如, 考虑在一个负曲率紧曲面上给出测地流的矢量场. 我们在上面即已指出, 这个流的相曲线安排得十分复杂: 几乎每一条都在三维等能流形上稠密. 这流有无穷多个闭轨道, 而闭轨上的点之集合也在三维等能流形上稠密.

现在我们考虑一个接近它的矢量场. 我们会发现, 尽管相曲线的形象很复杂, 这个具有稠密相曲线和无穷多闭轨道的总的形象, 在过渡到接近的矢量场时, 几乎完全不变. 事实上, 存在一个接近于恒等变换的同胚将未摄动流的相曲线变为摄动流的相曲线.

于是上述复杂的相流也和平面上的极限环或稳定焦点一样, 具有 "结构稳定性".[1)] 我们要注意. 不论是平面上的中心点或是环面上的螺旋线都没有这种结构稳定性: 在这些情况下, 矢量场的任意小变化都会引起相图拓扑类型的变化.

存在着这种具有复杂运动的结构稳定系统或称 "粗系", 其中每一个运动都是指数不稳定的, 这是近年来常微分方程理论方面的基本发现之一 (负曲率流形上测地流是结构稳定的, 这一猜想是斯美尔 (S. Smale) 1961 年提出的[2)], 阿诺索夫 (Д. В. Аносов) 1967 年给出了证明; 这些流的随机性的基本结果, 也是在 20 世纪 60 年代, 由西奈 (Я. Г. Синай) 和阿诺索夫得到的).

在这些工作以前, 大多数数学家都认为, 对于 "一般形式" 的常微分方程组, 只会有最简单的稳定的极限情况: 平衡位置和极限环. 如果一个方程组比较复杂 (例如是保守系), 就认为方程的微小变化 (例如加上小的非保守摄动), 复杂的运动会 "渗入" 到简单的运动之间. 现在我们知道, 情况并不如此, 在矢量场的函数空间中有整个的区域都是由相曲线性态很复杂的场组成.

[1)] A. Andronov-L.Pontryagin [1] 的用语是 "粗系". —— 日译者注

[2)] 详见 S. Smale, [1]. —— 日译者注

由此得到的结论涉及到范围很广的现象, 其中, 对确定论的对象发现了 “随机” 性态.

具体说来, 我们要这样想: 某 (非保守) 方程组的相空间中有一个吸引的不变流形 (或集合) 其中的相曲线有指数不稳定性. 现在我们知道, 这个性质并非例外的: 在方程组的微小变化之下这个性质一定能保持. 观察这种方程组的运动的实验者看到的是什么呢?

相曲线接近于吸引集合被解释为建立了某种极限情况. 相点在吸引集附近继续运动将会涉及极限性态的 “相” 的混沌的、无法预测的变化, 这就可能被看作是 “随机性” 和 “湍流”.

不幸的是, 至今还没有从这个观点出发来对具有湍流性质的物理实例进行过令人信服的分析 [1]). 一个初步的例子是由所谓纳维埃–斯托克斯方程所描述的粘性流体的流体力学不稳定性 [2]).

这个问题的相空间是无穷维的 (即在液体流场中散度为 0 的矢量场函数空间), 但问题的无穷维性质显然不是严重的阻碍, 因为粘性当谐波频率越高时会越快地消掉高频成分 (小旋涡). 结果, 无穷维空间的相曲线似乎会趋向某个有限维流形 (或集合), 而极限状况似乎也在其中.

当粘性很大时, 在相空间中有稳定的吸引平衡位置 (“稳定定常流”) 出现. 当粘性减少时, 则失去稳定性: 例如可能在相空间中出现稳定的极限环 (“周期流”) 或者一种新类型的稳定平衡位置 (“二级定常流”) [①]. 若粘性进一步减小, 会出现越来越多的谐波, 而极限状态可能维数更高.

对小的粘性, 趋向具有指数不稳定轨道的极限情况似乎是很可能的. 不幸, 由于现存计算机容量有限, 相应的计算还没有算出来. 但是不需任何计算就能作出下面的一般结论: 即使解是存在和唯一的, 湍流现象也可能出现; 只要有指数不稳定性就够了, 而这在具有有限多自由度的决定论系统中也会遇到.

作为指数不稳性的应用的又一个例子, 我们提一下这样一件事: 西奈宣布他已得到了关于刚性球系统的玻尔兹曼 “遍历假设” 的证明. 这个假设说, 箱子 (箱壁是弹性的) 内完全相同的绝对弹性球的运动的相流在连通的等能集上是遍历的 (遍历性意思是, 几乎每一条相曲线在等能集的每一块内都停留一段时间, 其长短与这小块的测度成正比).

玻尔兹曼假设允许我们用空间平均代替时间平均. 而在很长时间里这假设被认为对于论证统计力学是必不可少的. 事实上, 玻尔兹曼假设 (这是一个时间趋向无穷的极限问题) 对于过渡到统计极限 (小块的数目趋向无穷) 并不是必不可少的. 然而

[①]在 Arnold [17] 中讨论了分枝理论和摄动理论.

[1])但请注意近来出现的奇异吸引子理论. 例如可参看 Sparrow [1], [2]. —— 中译者注

[2])有关这个方程的近来的工作可参看 J. E. Marsden [1] 及其所引文献. —— 日译者注

玻尔兹曼假设启发出了关于动力系统的随机性质的全部分析 (所谓遍历理论), 它的证明是这个理论成熟的尺度.

玻尔兹曼问题中轨道的指数不稳定性是球彼此碰撞引起的, 而可以解释如下.

为简单计, 我们考虑平面上只有两个粒子的系统, 并且用平面环面 $\{(x, y) \bmod 1\}$ 代表箱壁会反射的正方形箱子. 这时我们可以认为一个粒子是恒定的 (利用动量守恒); 另一个粒子看作一个点.

这样我们得到了具有以下模型的问题: 一个点在环面弹子球台上运动, 而台中央有一个圆形墙, 使此点按 "入射角等于反射角" 的规则反射 (图 235).

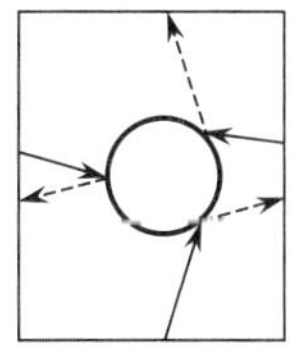

图 235　环面形弹子球台, 并有圆墙散射

为了研究这个系统, 我们看一个类似的弹子球台, 但其外边由一个平面凸曲线包围 (例如点在椭圆内的运动). 这样一个弹子球台上的运动可以看成椭球面上的测地流的极限情况. 即将椭球的最小主轴缩小到 0 求极限. 其结果是椭球面上的测地线变成椭圆内的弹子球轨道. 由此我们发现, 把椭圆看成是双侧的是合理的, 而每一次反射都使测地线从椭圆一侧到另一侧.

现在我们回到环面形弹子球台. 这上面的运动可以看成一个光滑曲面上的测地流的极限情况. 这个曲面可以这样得到, 把带一个洞的环面看成一个双侧曲面, 使它有一些厚度并且把尖的边缘稍稍磨光. 结果得到一个曲面其拓扑结构和一个有两个柄的球面相同.

把椭圆吹胀成一个椭球, 我们得到一个正曲率曲面; 把有洞的环面吹胀, 我们得到一个负曲率曲面 (两种情况下曲率都集中在边缘附近, 但吹胀时可以使曲率不变号).

因此在环面形弹子球台上的运动可以看成是沿负曲率曲面上的测地线运动的极限情况.

现在, 为了证明玻尔兹曼假设 (在所考虑的简单情况下), 只需证明关于负曲率曲面上的测地流的随机性质的分析在上述极限情况下仍成立即可.

证明的更详细的叙述变得很复杂 (Я. Г. Синай [1] [1]).

[1] 久保 [1] 中对 Синай 一文不完全之处作了补充, 并用日语作了解释. 久保 [2] 则讨论了一类具有较广泛的位能的同样问题. —— 日译者注

附录 2　李群上左不变度量的测地线与理想流体的流体动力学

刚体的欧拉运动可以描述为在具有左不变黎曼度量的三维欧氏空间之旋转群上沿测地线的运动. 欧拉理论的相当一部分只是依赖于这种不变性, 因此可以推广到其他群上.

这种推广欧拉理论的例子有高维空间中的刚体之运动, 还有特别有趣的是理想 (即不可压缩且无粘性) 流体的流体动力学. 后一情况下有关的群是保持流场区域的体积不变的微分同胚群. 最小作用原理在这个例子中指出, 流体的运动可用动能所给的度量的测地线来描述. (如果我们愿意, 也可用这个原理作为理想流体的数学定义.) 容易验证, 这个度量是 (右) 不变的.

当然, 把就有限维李群得到的结果推广到无限维需要小心. 例如在三维流体动力学中运动方程解的存在与唯一性定理迄未证明. 然而把有限维李群的测地线的性质形式地推广到无限维, 看看能得出什么结论也是有意思的. 这些结论具有先验命题 (恒等式、不等式等) 的性质, 一切合理的解都应该满足它们. 有些时候, 形式结论可以直接地严格论证而不必诉诸无限维分析.

例如, 刚体的运动的欧拉方程在流体动力学中的类比即理想流体运动的欧拉方程. 欧拉关于绕惯量椭球大、小轴旋转的稳定性定理相应于流体动力学中瑞利 (Rayleigh) 关于速度剖面没有扭转点的流的稳定性定理稍微推广一点.

也很容易从欧拉公式得出具有单侧不变度量的群之黎曼曲率的显式. 把这应用到流体动力学中就能找到保持体积单元的微分同胚群的曲率. 有意思的是注意到, 在充分好的二维方向上曲率是有限的, 而且在许多情况下是负的. 负曲率意味着测地

线的指数不稳定性 (参看附录 1). 在我们考虑的情况下, 测地线是理想流体的运动, 所以计算微分同胚群的曲率就能给我们一些理想流体流动不稳定性的知识. 事实上, 曲率决定了特征路径长度, 即使初始条件的差放大 e 倍的路径长度. 负曲率导致流动在实际上的不确定性: 在比特征路径长度长几倍的路径上, 初始条件的偏差会增大几百倍.

在这个附录里, 我们打算简要地把有关具有单侧 (左或右) 不变度量的群上测地线的计算起一个头. 在下面文献中可以找到证明和细节: В. И. Арнольд, [5], [6], [9], [21]; Dikii, [1]; Ebin and Marsden, [1]; Ladyzhenskaya, [1]; Mishchenko, [1]; Obukhov, [1]; Faddeev, [1], Arnold, V. I., Kbesin, B. A. [1].

A. 记号: 伴随和余伴随表示

令 G 为一实李群, $\mathfrak{g}$ 为其李代数, 即在群的恒等元处的切空间并具有交换子括弧运算 $[\ ,\ ]$.

李群以左右平移作用在其自身上: G 的每个元 g 都定义了群到其自身的微分同胚:

$$L_g : G \to G, \quad L_g h = gh; \quad R_g : G \to G, \quad R_g h = hg.$$

它在每个 $h \in G$ 的切空间上的诱导映射记作

$$L_{g^*} : TG_h \to TG_{gh}, \quad R_{g^*} : TG_h \to TG_{hg}.$$

微分同胚 $R_{g^{-1}} L_g$ 是群的内自同构. 它保持群恒等元不变. 它在恒等元处的导数是李代数 (即群在恒等元处的切空间) 到自身的线性映射, 记作

$$Ad_g : \mathfrak{g} \to \mathfrak{g}, \quad Ad_g = (R_{g^{-1}} L_g)_{*e}$$

称为群的伴随表示. 容易验证 Ad_g 是代数同态, 即

$$Ad_g[\xi, \eta] = [Ad_g \xi, Ad_g \eta], \quad \xi, \eta \in \mathfrak{g}.$$

也很清楚 $Ad_{gh} = Ad_g Ad_h$.

可以把 Ad 看作由群到代数上的线性算子空间的映射:

$$Ad(g) = Ad_g.$$

映射 Ad 是可微的. 考虑它在群的恒等元处的导数. 这个导数是由代数 g 到 g 上之线性算子空间的线性映射. 记它为 ad, 而它在代数之元 ξ 上的像记作 ad_ξ. 于是 ad_ξ 是代数空间的自同态, 我们还有

$$ad = Ad_{*e} : \mathfrak{g} \to \mathrm{End}\mathfrak{g}, \quad ad_\xi = \left.\frac{d}{dt}\right|_{t=\delta} Ad_{e^{t\xi}},$$

$e^{t\xi}$ 是具有切矢量 ξ 的单参数群. 由上述公式容易得出 ad 仅用代数中的元的表达式

$$ad_\xi \eta = [\xi, \eta].$$

我们现在考虑李代数 $\mathfrak{g}$ 的对偶空间 $\mathfrak{g}^*$. 它是李代数上的实线性泛函之空间. 换言之, $\mathfrak{g}^*$ 是群在恒等元处的余切空间 $\mathfrak{g}^* = T^*G_e$. 群在点 g 的余切空间的元 ξ 在同一点上之切空间上的元 η 上之值将用圆括号表示:

$$(\xi, \eta) \in \mathbb{R}, \quad \xi \in T^*G_g, \quad \eta \in TG_g.$$

左右平移在余切空间上诱导出 L_{g*} 和 R_{g*} 的对偶算子. 我们记之为: 对任意 $h \in G$ 有:

$$L_g^* : T^*G_{gh} \to T^*G_h, \quad R_g^* : T^*G_{hg} \to T^*G_h.$$

这些算子是由以下的恒等式来定义的:

$$(L_g^*\xi, \eta) = (\xi, L_{g^*}\eta), (R_g^*\xi, \eta) \equiv (\xi, R_{g^*}\eta).$$

算子 Ad_g 的对偶把 G 在恒等元处的余切空间映到其自身. 我们记之为

$$Ad_g^* : \mathfrak{g}^* \to \mathfrak{g}^*,$$

而且用下面的恒等式来定义它:

$$(Ad_g^*\xi, \eta) \equiv (\xi, Ad_g\eta).$$

当 g 遍取李群 G 中的元时, 算子 Ad_g^* 成为群的一个表示, 即适合关系式

$$Ad_{gh}^* = Ad_h^* Ad_g^*.$$

这个表示称为群的余伴随表示而在所有涉及群的 (左) 不变度量的问题中起重要的作用.

考虑算子 Ad_g^* 对 g 在恒等元处的导数. 这个导数是一个线性映射, 而由代数映到此代数之对偶空间的线性算子空间上. 用 ad^* 记这个线性映射, 它在代数的元素 ξ 上的像用 ad_ξ^* 来表示. 于是 ad_ξ^* 是这个代数的对偶空间上的线性算子

$$ad_\xi^* : \mathfrak{g}^* \to \mathfrak{g}^*.$$

容易看到 ad_ξ^* 是 ad_ξ 的伴随算子:

$$(ad_\xi^*\eta, \zeta) \equiv (\eta, ad_\xi\zeta), \quad \text{对一切 } \eta \in \mathfrak{g}^*, \zeta \in \mathfrak{g}.$$

有时, 用花括弧来记 ad^* 的作用是方便的:

$$ad_\xi^*\eta = \{\xi, \eta\}, \quad \xi \in \mathfrak{g}, \quad \eta \in \mathfrak{g}^*.$$

于是花括弧是 $\mathfrak{g} \times \mathfrak{g}^*$ 到 $\mathfrak{g}^*$ 的双线性函数, 而与代数中的交换子之间有恒等式

$$(\{\xi, \eta\}, \zeta) = (\eta, [\xi, \zeta]).$$

我们现在考虑群在代数的对偶空间中的余伴随表示的轨道. 在轨道的每点上都有一个自然的辛构造 (称为基里洛夫 (А. А. Кириллов) 形式, 因为首先是他用这个形式来研究幂零李群的表示). 于是, 余伴随表示的轨道总是偶数维的. 还要注意, 考查不同李群的一切可能的轨道会得到许多辛流形的例子.

余伴随表示的轨道上的辛构造由以下作法来定义. 令 x 为代数的对偶空间之一点. ξ 为在此点切于轨道的矢量. 因为 $\mathfrak{g}^*$ 是一矢量空间, 可以把 ξ (它其实属于 $\mathfrak{g}^*$ 在 x 处之切空间) 认为是在 $\mathfrak{g}^*$ 中的矢量.

矢量 ξ 可以用多种方式表为点 x 在具有速度矢量 $a \in \mathfrak{g}$ 的单参数群 e^{at} 的余伴随作用下的运动的速度矢量. 换言之, 每个切于 x 在群的余伴随表示下的轨道之矢量 ξ 都可以用代数中的适当矢量 a 表示如下:

$$\xi = \{a, x\}, \quad a \in \mathfrak{g}, \quad x \in \mathfrak{g}^*.$$

现在就可以定义辛 2–形式 Ω 在一对切于 x 之矢量 ξ_1, ξ_2 上之值了. 具体说来, 用以上公式将 ξ_1, ξ_2 用代数的元 a_1, a_2 表示, 然后即得数量

$$\Omega(\xi_1, \xi_2) = (x, [a_1, a_2]), \quad x \in \mathfrak{g}^*, \quad a_i \in \mathfrak{g}.$$

容易验证 (1) 双线性形式 Ω 是适当定义的, 即其值与 a_i 的选法无关; (2) Ω 是斜对称的, 因此是轨道上的 2–微分形式; (3) Ω 是非退化且闭的 (证明例如可见附录 5). 因此形式 Ω 是余伴随表示的一个轨道上的辛构造.

B. 左不变度量

李群 G 的黎曼度量如果为一切左平移所保持就称为*左不变的*, 亦即左平移的导数将任一矢量变为同样长度的矢量时称此度量为*左不变的*.

左不变度量只需在群的一点例如恒等元处给出就够了; 然后再用左平移把度量移到其他点上. 所以代数上有多少欧氏构造, 群上就有多少左不变黎曼度量.

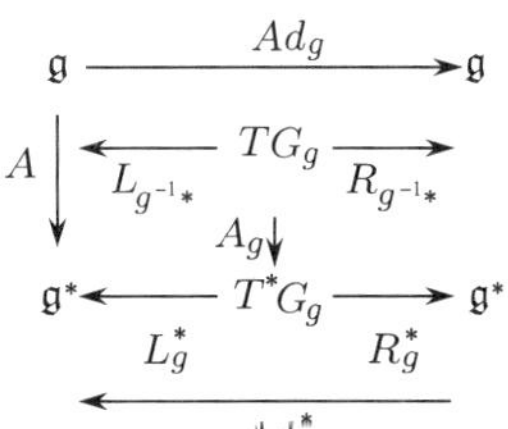

代数上的欧氏构造可用由此代数到其对偶空间的对称正定算子来定义. 于是, 令 $A : \mathfrak{g} \to \mathfrak{g}^*$ 为一个对称正定算子

$$(A\xi, \eta) = (A\eta, \xi) \text{ 对 } \mathfrak{g} \text{ 中一切 } \xi, \eta \text{ 成立.}$$

(A 为正定并不很重要, 但在力学应用中, 二次型 $(A\xi, \xi)$ 总是正定的.)

我们用左平移来定义一个对称算子 $A_g : TG_g \to T^*G_g$:

$$A_g \xi = L_{g^{-1}}^* A L_{g^{-1}*} \xi.$$

于是我们得到以下的线性算子的可换图式,

我们用尖括弧来表示算子 A_g 决定的数量积:

$$\langle\xi,\eta\rangle_g=(A_g\xi,\eta)=(A_g\eta,\xi)=\langle\eta,\xi\rangle_g.$$

这个数量积给出了群 G 上的左不变黎曼度量. 代数上的数量积就简单地用 $\langle,\rangle$ 表示. 我们再用以下的恒等式来定义算子 $B:\mathfrak{g}\times\mathfrak{g}\to\mathfrak{g}$

$$\langle[a,b],c\rangle\equiv\langle B(c,a),b\rangle,\quad \text{对 } \mathfrak{g} \text{ 中一切 } b.$$

算子 B 显然是双线性的, 而当第一个变元固定后, 它对第二个变元是斜对称的

$$\langle B(c,a),b\rangle+\langle B(c,b),a\rangle=0.$$

C. 例子

令 $G=SO(3)$ 为三维欧氏空间的旋转群, 即固定在一点的刚体的构形空间. 刚体的运动于是由群中一条曲线 $g=g(t)$ 来表示. G 的李代数是一切可能的旋转的角速度的三维空间. 这个代数中的交换子就是通常的矢量积.

刚体的旋转速度 $\dot g$ 是群在点 g 的切矢量. 为了得出角速度, 必须将它移到群在恒等元处的切空间即代数上去. 但这可用左、右平移两个方法来完成. 结果在代数中得出两个不同的矢量

$$\omega_c=L_{g^{-1}*}\dot g\in\mathfrak{g},\quad \omega_s=R_{g^{-1}*}\dot g\in\mathfrak{g},$$

这两个矢量恰好就是 “刚体内的角速度” (所以有下标 c: corps) 和 “空间中的角速度” (所以有下标 s: space).

群 G 的元素 g 对应于刚体由初始状态 (相应于群之恒等元并可任意选定) 经运动 g 达到的位置. 令 ω 为代数中的一个元.

令 $e^{\omega t}$ 为角速度为 ω 的单参数旋转群; ω 是这个单参数群在恒等元处的切矢量. 注意由位移 g 再以角速度 ω 旋转一个短时间 τ 所得的位移

$$e^{\omega\tau}g,\quad \text{这里 } g=g(t)\in G,\quad \omega\in\mathfrak{g} \text{ 而 } \tau\ll 1.$$

若 $\dot g$ 就是矢量

$$\left.\frac{d}{d\tau}\right|_{\tau=0}e^{\omega\tau}g,$$

ω 就叫做相对于空间的角速度并记作 ω_s. 故 ω_s 可由 $\dot g$ 作右平移而得. 类似地可以证明刚体内的角速度是代数中矢量 $\dot g$ 的左平移.

在我们的例子中代数的对偶空间 $\mathfrak{g}^*$ 就是角动量空间.

刚体的动能是由刚体内的角速度矢量决定的而与刚体在空间中的位置无关. 因此动能给出群上一个左不变黎曼度量. 由它决定的对称正定算子 $A_g:TG_g\to T^*G_g$ 称为惯量矩算子 (或惯量矩张量). 它与动能之间有关系式 $T=\frac{1}{2}\langle\dot g,\dot g\rangle_g=\frac{1}{2}\langle\omega_c,\omega_c\rangle=$

$\frac{1}{2}(A\omega_c, \omega_c) = \frac{1}{2}(A_g\dot{g}, \dot{g})$, 其中 $A: \mathfrak{g} \to \mathfrak{g}^*$ 是 A_g 当 $g = e$ 时之值. 矢量 $\dot{g}$ 在惯量矩算子 A_g 作用下的像称为角动量记作 M. 矢量 M 位于群在 g 处的余切空间中, 而既可用左平移也可用右平移移到群在恒等元处的余切空间中. 这样我们得到两个矢量

$$M_c = L_g^* M \in \mathfrak{g}^*, \quad M_s = R_g^* M \in \mathfrak{g}^*.$$

这两个在代数的对偶空间中的矢量正是相对于刚体的角动量 (M_c) 和相对于空间的角动量 (M_s). 这很容易由以角动量和角速度表示动能的式子看出:

$$T = \frac{1}{2}(M_c, \omega_c) = \frac{1}{2}(M, \dot{g}).$$

由最小作用原理, 刚体在惯性下的运动 (即无外力) 是具有上述左不变度量的旋转群上的测地线.

我们将把任意李群在任意左不变黎曼度量下的测地线看成 "广义刚体" 的运动, 其构形空间为 G. 这样一个 "具有群 G 的刚体" 由其动能 (即李代数上的正定二次型) 决定. 准确些说, 我们把群 G 上的左不变度量 (由其代数上的二次型 $\langle\omega, \omega\rangle$ 给出) 的测地线看作具有群 G 的动能为 $\langle\omega, \omega\rangle/2$ 的刚体的运动.

相应于广义刚体的运动 $t \to g(t)$ 有四条曲线:

$$t \to \omega_c(t) \in \mathfrak{g}, \quad t \to \omega_s(t) \in \mathfrak{g}, \quad t \to M_c(t) \in \mathfrak{g}^*, \quad t \to M_s(t) \in \mathfrak{g}^*,$$

称为在刚体内与空间中的角速度与角动量矢量的运动. 这些曲线所满足的微分方程是由欧拉对任意刚体发现的. 然而它们对任意群这样一个最一般的情况也是成立的, 我们将称之为广义刚体的欧拉方程.

注　在通常的刚体理论中, $\mathbb{R}^3, \mathbb{R}^{3*}, \mathfrak{g}, \mathfrak{g}^*, TG_g, T^*G_g$ 这六个不同的三维空间是等同的. 刚体在其中运动的空间 $\mathbb{R}^3$ 与其运动群的李代数 $\mathfrak{g}$ 之维数相同是偶然的, 而且只在维数为 3 时适用; 在 n 维情况下, $\mathfrak{g}$ 的维数是 $n(n-1)/2$.

李代数 $\mathfrak{g}$ 与其对偶空间 $\mathfrak{g}^*$ 的等同有更深刻的基础. 事实是: 在旋转群上存在 (而且除相差一个乘法外是唯一的) 双侧不变黎曼度量. 这个度量一劳永逸地给出了矢量空间 $\mathfrak{g}$ 与 $\mathfrak{g}^*$ 的人们特别愿意用的同构 (对 TG_g 与 T^*G_g 也一样). 这使我们可以把角速度与角动量看成在同一欧氏空间中. 这样把两个空间等同以后, $\{,\}$ 就只是代数的交换子, 但差个负号.

任意紧李群上都有一个双侧不变度量存在. 因此, 为了研究具有紧群的刚体的运动, 可以把角速度和角动量空间视为同一个. 但在应用于微分同胚的非紧 (或无限维) 群时, 不能视之为相同.

D. 欧拉方程

欧拉的结果 (他自己仅得到 $G = SO(3)$ 时的特例) 可以陈述为关于具有群 G 的广义刚体的角速度、角动量的定理如下:

定理 1 关于空间的角动量矢量在运动中守恒:

$$\frac{dM_s}{dt} = 0.$$

定理 2 关于刚体的角动量矢量满足欧拉方程:

$$\frac{dM_c}{dt} = \{\omega_c, M_c\}.$$

这些定理对广义刚体和对普通刚体的证明方法完全相同.

注 1 刚体内的角速度矢量 ω_c 可通过惯量矩算子之逆用刚体内的角动量矢量 M_c 表出: $\omega_c = A^{-1}M_c$. 所以, 欧拉方程可以看作为是仅仅关于刚体内的角动量矢量的方程; 其右方对 M_c 是二次的.

我们也可以把这个结果表述如下. 考虑刚体的相流 (其相空间维数是群 G 维数或角动量空间 $\mathfrak{g}^*$ 的维数 n 之二倍). 于是 $2n$ 维流形上的相流可按 n 维矢量空间 $\mathfrak{g}^*$ 上欧拉方程的流分解.

所谓流形 X 上的相流 g^t 用流形 Y 上的相流 f^t 分解, 即一个由 X 到 Y 的光滑映射, 把 g^t 映到 f^t 上, 而且使以下图式可换:

$$\begin{array}{ccc} X & \xrightarrow{g^t} & X \\ {\scriptstyle\pi}\downarrow & & {\scriptstyle\pi}\downarrow \\ Y & \xrightarrow[f^t]{} & Y \end{array}, \quad \text{即 } \pi g^t = f^t \pi.$$

在我们的情况下 $X = T^*G$ 是刚体的相空间, $Y = \mathfrak{g}^*$ 是角动量空间. 投影 $\pi : T^*G \to \mathfrak{g}^*$ 由左平移定义 ($\pi M = L_{g^*}M, M \in T^*G_g$), g^t 是所考虑的刚体在 $2n$ 维空间 T^*G 上之相流, f^t 是 n 维角动量空间 $\mathfrak{g}^*$ 上欧拉方程的相流.

换言之, 关于刚体的角动量矢量的运动只依赖于角动量矢量对于刚体的初始位置, 而与刚体在空间中的位置无关.

注 2 关于空间的角动量矢量守恒也可以这样表述, 即此矢量关于空间 $\mathfrak{g}^*$ 的某个坐标系的一切分量都守恒. 这样我们得到刚体运动方程的一组首次积分. 特别是, 李代数 $\mathfrak{g}$ 的每个元都相应于空间 $\mathfrak{g}^*$ 上的一个线性函数, 从而是一个首次积分. 容易看到, $\mathfrak{g}^*$ 上函数的泊松括弧也是 $\mathfrak{g}^*$ 上的函数. 我们这样得到李代数 $\mathfrak{g}$ 的 (无穷维) 扩张, 由 $\mathfrak{g}^*$ 上之函数构成. $\mathfrak{g}$ 本身包含在此扩张中即 $\mathfrak{g}^*$ 上的线性函数之李代数. 当然, 在 $2n$ 维空间的相流的所有首次积分中, 只有 n 个是函数独立的. 例如可以取 $\mathfrak{g}^*$ 上的 n 个线性函数, 即 $\mathfrak{g}$ 之基, 作为这 n 个独立的积分.

因为可能在无穷维情况中有应用, 我们愿避免使用坐标而内蕴地叙述关于首次积分的命题. 把定理 1 重述如下即可做到这一点.

定理 3 群在其代数的对偶空间中的余伴随表示的轨道是此空间中由欧拉方程给出的流的不变流形.

证 $M_c(t)$ 是从 $M_s(t)$ 由余伴随表示作用而得, 而 $M_s(t)$ 是守恒的. □

例 在通常刚体的情况下群在角动量空间中的余伴随表示的轨道是球面 $M_1^2+M_2^2+M_3^2=$ 常数. 这时定理 3 就化为角动量矢量的长度守恒. 这定理指出, 若初始点 M_c 位于某轨道上 (在此情形即在球面 $M^2=$ 常数上), 则其轨迹上一切点在欧拉方程作用下都保持在同一轨道上.

现在转到任意群 G 的一般情况, 并回忆一下, 余伴随表示的任意轨道都有辛构造 (参见 A). 此外刚体的动能可以用相对于刚体的角动量来表示. 结果我们得到角动量空间上的二次型

$$T=\frac{1}{2}(M_c,A^{-1}M_c).$$

现在固定余伴随空间的一个轨道 V. 把动能看作这个轨道上的函数:

$$H:V\to\mathbb{R},\quad H(M_c)=\frac{1}{2}(M_c,A^{-1}M_c).$$

定理 4 *欧拉方程在余伴随表示的每个轨道上, 都是以 H 为哈密顿函数的哈密顿方程.*

证 在点 M 切于 V 的每个矢量 ξ 都可写成 $\xi=\{f,M\},f\in\mathfrak{g}$, 特别是欧拉方程右方的矢量场可写成 $X=\{dT,M\}$ (这里函数 T 在 $\mathfrak{g}^*$ 上一点 M 处的微分可看作是 $\mathfrak{g}^*$ 之对偶空间中的矢量, 即李代数 $\mathfrak{g}$ 之元). 由辛构造 Ω 和 $\{\ ,\ \}$ 的定义 (见 A) 即知对于每一个在 M 点切于 V 的矢量 ξ 有

$$\Omega(\xi,X)=(M,[f,dT])=(dT,\{f,M\})=(dH,\xi).\qquad\square$$

欧拉方程也可以用惯量算子之逆从代数的对偶空间上移到代数本身上去. 结果得到欧拉方程用算子 B 的表达如下 (见 B):

定理 5 *刚体内角速度矢量的运动只依赖于这个矢量初始位置而与刚体之初始位置无关. 刚体内的角速度矢量满足一个右方为二次型的方程:*

$$\dot{\omega}_c=B(\omega_c,\omega_c).$$

我们将把这方程叫做角速度的欧拉方程. 注意到在算子 $A^{-1}:\mathfrak{g}^*\to\mathfrak{g}$ 的作用下, 余伴随表示的轨道变为角速度的欧拉方程的不变流形; 这些流形又有辛构造等等. 然而, 与 $\mathfrak{g}^*$ 中的轨道不同, 这些不变流形并不是仅由李群 G 本身决定, 还依赖于刚体的选取 (即依赖于惯量算子).

由能量守恒定律, 我们有

定理 6 *关于角动量与角速度的欧拉方程都有一个二次型的首次积分, 其值等于动能*

$$T=\frac{1}{2}(M_c,A^{-1}M_c)=\frac{1}{2}(A\omega_c,\omega_c).$$

E. 恒定旋转及其稳定性

刚体的恒定旋转即刚体内的角速度不变 (从而其在空间中的角速度也不变, 二者可以互推) 的旋转. 我们从 $\mathbb{R}^3$ 中刚体的旋转的通常的理论知道, 恒定旋转就是绕惯量椭球主轴的旋转. 以下我们给出这个定理对具有任意群的广义刚体的推广. 我们要注意, 恒定旋转即左不变度量的测地线, 它们是单参数子群. 我们还要注意, 惯量椭球主轴之方向可以在定长度角动量矢量的球面上考虑动能之驻定点来决定.

定理 7 恒定旋转关于刚体的角动量 (角速度) 是动能在余伴随表示的轨道 (从而也在此轨道在算子 A^{-1} 下的像) 上的临界点. 反之, 动能在轨道上的每个临界点都决定一个恒定旋转.

直接计算或用定理 4 即可得证.

我们要注意把角动量空间分成余伴随表示的轨道, 在一般群的情况下并不如在通常刚体的简单情况下那么容易做; 在那里只不过是把三维空间分割成以 O 为心的球面和 O 点. 在一般情况下, 轨道的维数可能不同, 而在某些点分成轨道又不一定是纤维化; 在三维情况下, 在 O 点就已出现了这样的奇异性.

我们称角动量空间的点 M 为正规点, 如果在 M 点附近划分为轨道微分同胚于欧氏空间划分为平行平面 (特别是, 点 M 附近的所有轨道维数相同). 例如对三维空间的旋转群, 角动量空间除了原点外, 所有点都是正规点.

定理 8 设角动量空间的正规点 M 是能量在余伴随表示的一个轨道上之临界点, 而能量在此点的二阶微分 d^2H 是正定或负定形式. 则 M 是欧拉方程的 (李雅普诺夫) 稳定平衡位置.

证 由轨道在此点附近的正规性知在每一个靠近的轨道上, 在 M 附近都有一点是能量的条件极大或极小. □

定理 9 把动能限制在余伴随表示的轨道在代数上的像上, 其二阶微分在临界点 $\omega \in \mathfrak{g}$ 上可表示为

$$2d^2H|_\omega(\xi) = \langle B(\omega, f), B(\omega, f)\rangle + \langle [f, \omega], B(\omega, f)\rangle,$$

ζ 是像上的一个切矢量, 而可用 f 表示为

$$\xi = B(\omega, f), \quad f \in \mathfrak{g}.$$

F. 具有左不变度量的群的黎曼曲率

令 G 为具有左不变度量 (由代数上的数量积 $\langle\ ,\ \rangle$ 给出) 的李群. 我们注意, 群 G 在任一点的黎曼曲率可以由恒等元处的曲率决定 (因为左平移将群等距地映为自身). 所以只需对李代数中的二维平面计算曲率就够了.

定理 10 群在由代数中的一对标准正交矢量 ξ, η 所决定的方向上的曲率, 可由下式给出

$$K_{\xi,\eta} = \langle\delta, \delta\rangle + 2\langle\alpha, \beta\rangle - 3\langle\alpha, \alpha\rangle - 4\langle B_\xi, B_\eta\rangle,$$

其中 $2\delta = B(\xi,\eta) + B(\eta,\xi), 2\beta = B(\xi,\eta) - B(\eta,\xi), 2\alpha = [\xi,\eta], 2B_\xi = B(\xi,\xi), 2B_\eta = B(\eta,\eta)$, 而 B 是节 B 中定义的算子.

证明是冗长然而直接的计算. 它是基于关于协变导数的容易验证的公式

$$(\nabla_\xi \eta)_e = \frac{1}{2}([\xi,\eta] - B(\xi,\eta) - B(\eta,\xi)),$$

左边的 ξ,η 是左不变矢量场, 右边则是它们在恒等元处之值.

注 1　在双侧不变度量情况下, 曲率公式特别简单

$$K_{\xi,\eta} = \frac{1}{4}\langle[\xi,\eta],[\xi,\eta]\rangle.$$

注 2　具有右不变黎曼度量的群的曲率公式和左不变情况的公式相同. 事实上, 一个群上的右不变度量就是具有相反的乘法规则的群 ($g_1 * g_2 = g_2 g_1$) 上的左不变度量. 过渡到相反群会改变代数中交换子和 B 的符号. 但是曲率公式的每一项中都是两个要变号的运算之积. 所以在右不变情况下曲率公式相同.

在欧拉方程中, 过渡到右不变情况时, 其右方要变号.

G. 对微分同胚群的应用

令 D 是一个黎曼流形上的有界区域. 考虑保持体积元素的 D 的微分同胚群. 我们将记之为 SDiff D.

相应于群 SDiff D 的李代数是 D 上一切散度为零的矢量场组成的, 它们还应切于 D 之边缘 (如果边缘非空). 我们将定义李代数中两个元 (即两个矢量场) 的数量积为

$$\langle v_1, v_2\rangle = \int_D (v_1, v_2)dx,$$

(,) 是由 D 上的黎曼度量给出的数量积,dx 是黎曼体积元素.

现在我们考虑 D 上均匀理想流体 (即不可压缩非粘性流体) 之流. 这个流由群 SDiff D 中的曲线 $t \to g_t$ 来表示. 具体说, 微分同胚 g_t 是把流体中每一个粒子由它在 0 时的位置变到 t 时的位置的映射. 可以得出, 运动流体的动能是微分同胚群 SDiff D 上的*右不变* 黎曼度量.

事实上, 设在时刻 t 流体的运动给出微分同胚 g_t, 此时的速度由矢量场 v 给出. 则在时刻 $t+\tau$ (τ 很小) 由流所实现的微分同胚将是 $e^{v\tau}g_t$, 但相差一个与 τ 比较的小量 ($e^{v\tau}$ 是矢量 v 的单参数群, 即由矢量场 v 给出的微分方程的相流). 因此速度场 v 可以由在 g 点切于群的矢量 $\dot{g}$ 从右平移得出. 这也意味着动能是右不变的, 由定义, 动能是

$$T = \frac{1}{2}\langle v, v\rangle$$

(我们设流体密度为 1).

最小作用原理 (从数学角度看, 此即理想流体的定义) 断言理想流体的流是微分同胚群上的上述右不变度量下的测地线.

严格说来, 无穷维微分同胚群并非流形. 所以要想确切叙述上述定义还需做一些工作: 必需选适当的函数空间, 证明存在与唯一性定理等等. 迄今为止只在流场区域 D 为二维时做到了这点. 然而我们还是当做不存在这些与无穷维相关的困难那样做下去. 所以下面的论证具有启发性. 以后会看到许多结果可以严格地证明, 而与无穷维流形理论无关.

我们将指出上述的一般公式在 $G = \mathrm{SDiff}\, D$ 时的形状,D 是三维黎曼流形上具有有限体积的连通区域. 为此我们必需把节 B 中给出的 $B : \mathfrak{g} \times \mathfrak{g} \to \mathfrak{g}$ 的公式

$$\langle [a, b], c\rangle \equiv \langle B(c, a), b\rangle$$

给以显示的描述.

容易证明, 在三维情况下, 矢量场 $B(c, a)$ 可以用李代数中的矢量场 a 和 c 表示如下:

$$B(c, a) = (\mathrm{curl}\, c) \wedge a + \mathrm{grad}\, \alpha,$$

$\wedge$ 表示矢量积, α 是 D 上的单值函数而由条件 $B \in \mathfrak{g}$ (即 $\mathrm{div}\, B = 0$, 且 B 切于 D 之边缘) 所唯一确定 (但相差一个加法项未定).

我们要注意, 算子 B 与定向的选取无关, 因为定向改变时 curl 和矢量积都要变号.

H. 定常流

在 $G = \mathrm{SDiff}\, D$ 时, 关于 "角速度" 欧拉方程的形状是 $\dot{v} = -B(v, v)$, 因为度量是右不变的. 所以在三维微分同胚群时, 它就是 "伯努利形式的运动方程":

$$\frac{\partial v}{\partial t} = v \wedge \mathrm{curl}\, v + \mathrm{grad}\, \alpha, \quad \mathrm{div}\, v = 0.$$

关于角动量的欧拉方程则写成 "涡度方程"

$$\frac{\partial\, \mathrm{curl}\, v}{\partial t} = [v, \mathrm{curl}\, v].$$

特别是, *定常流的涡度与速度场可交换.*

这个注解迅速地导致对三维空间中理想流体的定常流作拓扑分类如下.

定理 11 *设区域 D 由紧解析曲面围成而速度场是解析的而且不处处与其旋度共线. 这时流场区域可被解析子流形分割成有限多个胞腔, 流在每个胞腔中可以用标准的方法来构造. 具体说胞腔分成两类: 一类可纤维化为在流下不变的环面, 另一类纤维化为在流下不变的与圆柱面 $\mathbb{R} \times S^1$ 微分同胚的曲面. 在每个环面上流线或全为闭, 或全为稠密, 在圆柱面上流线全为闭.*

为证明这个定理, 我们来看 "伯努利曲面" 即函数 α 的等值面. 由流为定常流 $(v \wedge \mathrm{curl}\, v = -\,\mathrm{grad}\, \alpha)$ 可知流线与涡线都在伯努利曲面上. 因为速度场与涡场可交换, 故有群 $\mathbb{R}^2$ 作用在闭伯努利曲面上, 而此曲面必为环面 (参看节 49 中刘维尔定理的证明). 对 D 之边缘上边界条件作类似计算可证, 非闭的伯努利曲面是圆柱面且有闭流线.

注 速度场的解析性并不是本质的, 但速度场不与涡场共线是重要的. 海伦 (M. Henon) 作的计算机实验表明, 三维环面的某个定常流流线的性态比定理所述更为复杂, 这流由公式

$$v_x = A\sin z + C\cos y,\quad v_y = B\sin x + A\cos z,\quad v_z = C\sin y + B\cos x$$

表示. 选择这样的场是使速度场与涡场共线. 海伦的计算结果表明, 有些流线可以稠密地填满一个三维区域.

I. 等涡场

二维和三维流体动力学相差很大. 差别的本质在于二维和三维情况的余伴随表示的轨道的几何有差别. 在二维情况下, 轨道在某种意义下是闭的而其性态举例说就像是函数之等值集族 (准确些说是几个函数, 实际上甚至是无穷多个函数的等值集族). 三维情况下轨道更为复杂; 特别是它们可以是无界的 (可能还稠密). 三维黎曼流形的微分同胚群的余伴随表示的轨道可以这样来描绘: 令 v_1, v_2 是区域 D 中的不可压缩流体的两个速度场. 我们说 v_1 和 v_2 是等涡的, 如果存在一个保持体积的微分同胚 $g: D\to D$ 把 D 中的闭路径 γ 映为 D 中一个新的闭路径, 而且第一个场在原闭路径上的环流等于第二个场在新闭路径上的环流:

$$\oint_\gamma v_1 = \oint_{g\gamma} v_2.$$

容易验证. 余伴随表示的轨道在代数中的像 (即在惯量算子 A^{-1} 作用下的像) 正是等涡于已给场的场的集合.

特别是, 定理 3 就成了以下的环流守恒定律.

定理 12 理想流体在流场中的闭路径上之环流, 当此闭路径被流带到新位置时不变.

我们要注意, 若一个三维理想流体在 D 上的速度场是等涡的, 则相应的微分同胚将一个场的旋度变为第二个场的旋度

$$g_*\operatorname{curl} v_1 = \operatorname{curl} v_2.$$

此外, 若流场是单连通的, 则两个场的等涡性可以定义为涡度场的等价性. 所以三维情况下余伴随表示的轨道问题包括了将散度为零的矢量场相对于保持体积地微分同胚的分类问题. 三维情况下的这一问题困难得令人绝望.

现在我们考虑二维情况. 首先我们把基本公式用便于考虑二维情况的记号重写出来. 我们设流的区域 D 是二维有向的. 度量和定向在 D 上给出了一个辛构造, 速度的矢量场散度为零, 因此是哈密顿场. 所以这个场是由一个哈密顿函数 (当 D 不是单连通时一般是多值的) 给出的. 速度场的哈密顿函数在流体动力学中称为流函数, 记作 ψ. 于是

$$v = I\operatorname{grad}\psi,$$

I 是顺时针转 $90°$ 的旋转算子.

两个场的交换子的流函数恰好是它们的雅可比行列式 (也就是哈密顿形式化中的泊松括弧)

$$\psi_{[v_1,v_2]} = J(\psi_1, \psi_2).$$

在二维情况下, 矢量场 $B(c,a)$ 由下式给出:

$$B = -(\Delta\psi_c)\,\mathrm{grad}\,\psi_a + \mathrm{grad}\,\alpha,$$

ψ_a, ψ_c 是场 a, c 的流函数, $\Delta = \mathrm{div}\,\mathrm{grad}$ 是拉普拉斯算子.

在具有笛卡儿坐标 x, y 的欧氏平面的特例下, 流函数、交换子和拉普拉斯算子形状特别简单:

$$v_x = \frac{\partial\psi}{\partial y}, \quad v_y = -\frac{\partial\psi}{\partial x}, \quad \psi_{[v_1,v_2]} = \frac{\partial\psi_{v_1}}{\partial x}\frac{\partial\psi_{v_2}}{\partial y} - \frac{\partial\psi_{v_1}}{\partial y}\frac{\partial\psi_{v_2}}{\partial x}, \quad \Delta = \frac{\partial^2}{\partial x^2} + \frac{\partial^2}{\partial y^2}.$$

二维速度场的涡度 (旋度) 是一个数量函数 r, 其与有向面积元素之乘积在 D 之有向区域 σ 上的积分等于速度场绕 σ 之边缘的环流:

$$\int_\sigma r dS = \oint_{\partial\sigma} v.$$

容易用流函数算出涡度的表达式

$$r = -\Delta\psi.$$

二维单连通情况下场 v_1 和 v_2 的等涡性恰好意味着函数 r_1 和 r_2(即这些场的涡度) 可用适当的保持体积的微分同胚互变.

具有这种性质的函数 r_1, r_2 在所有情况下都是等测度的, 即

$$\mathrm{mes}\{x \in D : r_1(x) \leqslant c\} = \mathrm{mes}\{x \in D : r_2(x) \leqslant c\}$$

对任意 c 成立. 所以若这两个场都属于余伴随表示的同一轨道之像, 则有一系列泛函相等, 例如涡度的一切幂的积分相等

$$\int_D r_1^k dS = \int_D r_2^k dS.$$

特别是, 二维理想流体的欧拉方程

$$\frac{\partial v}{\partial t} + v\nabla v = -\,\mathrm{grad}\,p, \quad \mathrm{div}\,v = 0$$

的首次积分成一无限集合. 例如速度场的涡度的任意次幂的积分

$$I_k = \iint_D \left(\frac{\partial v_2}{\partial x} - \frac{\partial v_1}{\partial y}\right)^k dx \wedge dy$$

就是这样的首次积分.

这些首次积分的存在 (即余伴随表示的轨道的相对简单构造) 使我们能证明理想流体 (也包括粘性流体) 的二维流体动力学中的存在和唯一性定理等等; 三维情况余伴随表示的轨道的复杂的几何 (或者是对这些轨道所知不多) 使得三维流体动力学的基础成了一个很难的问题.

J. 平面定常流的稳定性

我们要在这里就微分同胚群情况陈述恒定旋转的一般定理 (即上面的定理 7, 8, 9). 这样我们得出以下论断:

1. 理想流体定常流和一切与之等涡的流的区别在于它是动能的条件驻定值 (或临界点).

2. 若 (1) 所说的临界点确为极值即条件极大或极小, (2) 它满足一些正规化条件 (一般都能满足), (3) 极值是非退化的 (二阶微分是正定的或负定的), 则定常流是稳定的 (即为欧拉方程的李雅普诺夫稳定平衡位置).

3. 动能的二阶微分, 在与已给场等涡的场的流形之切空间上, 其公式在二维情况下形状如下. 令 D 为具有笛卡儿坐标 x 和 y 的欧氏平面上的区域. 考虑具有流函数 $\psi=\psi(x,y)$ 的定常流. 那么

$$2d^2H=\iint_D(\delta v)^2+(\nabla\psi/\nabla\Delta\psi)(\delta r)^2dxdy,$$

这里 δv 是速度场的变分 (即上述切空间上的矢量), $\delta r=\operatorname{curl}\delta v$.

我们要注意, 对于定常流, 流函数和拉普拉斯之梯度 (即 $\nabla\psi$ 与 $\nabla\Delta\psi$) 共线. 所以比值 $\nabla\psi/\nabla\Delta\psi$ 有意义. 此外在涡度之梯度不为零的每一点附近, 流函数都是其涡度的函数.

上面提到的论断导致一个结论: 二次型 d^2H 的正定或负定性是所考虑的定常流稳定性的充分条件. 这个结论不能形式地由定理 7, 8, 9 得出, 因为在无限维情况应用任一个公式都需要论证. 幸运的是, 不必论证中间步骤即可论证关于稳定性的最后一个论断. 于是可以严格地证明下面的先验估计 (用初始速度场的小扰动表示定常流的稳定性).

定理 13　设定常流的流函数 $\psi=\psi(x,y)$ 在区域 D 中不仅局部地而且整体地是涡度函数的函数 (即 $\Delta\psi$ 之函数). 设流函数对于涡度函数的导数满足不等式

$$c\leqslant\frac{\nabla\psi}{\nabla\Delta\psi}\leqslant C,\quad 其中\ 0<c\leqslant C<\infty.$$

令 $\psi+\varphi(x,y,t)$ 为另一个流的流函数而不一定是定常的. 设在初始时刻被扰动流 (流函数为 $\psi+\varphi$) 的速度场在 D 的边缘的每个连通分量上的环流等于原来的流 (流函数为 ψ) 的环流. 于是扰动 $\varphi=\varphi(x,y,t)$ 在每一时刻都可用以下公式用初始扰动

$\varphi_0=\varphi(x,y,0)$ 来作估计:

$$\iint_D[(\nabla\varphi)^2+c(\Delta\varphi)^2]dxdy\leqslant\iint_D[(\nabla\varphi_0)^2+C(\Delta\varphi_0)^2]dxdy.$$

若定常流满足不等式

$$c\leqslant-\frac{\nabla\psi}{\nabla\Delta\psi}\leqslant C,\quad 0<c\leqslant C<\infty,$$

则扰动 φ 按以下公式以初始扰动 φ_0 估计

$$\iint_D[c(\Delta\varphi)^2-(\nabla\varphi)^2]dxdy\leqslant\iint_D[C(\Delta\varphi_0)^2-(\nabla\varphi_0)^2]dxdy.$$

这个定理蕴涵了以下事实: 定常流在以下二次型 (φ 在 D 的边缘的每一个连通分支上是常值函数而其梯度通过各边缘分量的通量为零)

$$\iint_D\left[(\nabla\varphi)^2+\frac{\nabla\psi}{\nabla\Delta\varphi}(\Delta\varphi)^2\right]dxdy$$

对于 $\nabla\varphi$ 为正定时是稳定的, 而在二次型

$$\iint_D\left[(\nabla\varphi)^2+\left(\max\frac{\nabla\psi}{\nabla\Delta\psi}\right)(\Delta\varphi)^2\right]dxdy$$

为负定时也是这样.

例 1 考虑在 (x,y) 平面的带形 $Y_1\leqslant y\leqslant Y_2$ 中具有速度剖面 $v(y)$ (即有速度场为 $(v(y),0)$) 的平面平行流. 这个流对任意速度剖面都是定常的. 为了使流的区域为紧, 我们加上一个条件, 即所考虑的一切流的速度场对 x 坐标以 X 为周期.

若速度剖面没有扭转点 (即 $d^2v/dy^2\neq0$) 则定理 13 的条件是成立的. 于是我们得出, 理想流体的平面平行流当速度剖面没有扭转点时是稳定的.

对于线性化问题的类似命题称为瑞利定理.

我们要强调, 定理 13 讲的并不是 “线性近似” 的稳定性问题, 而是真实的严格的李雅普诺夫稳定性 (即对非线性问题的有限扰动而言). 在这情况下, 这两种稳定性的区别是本质的, 因为我们的问题具有哈密顿性质 (见定理 4); 对于哈密顿方程组, 渐近稳定性是不可能的, 所以线性近似的稳定性是中立型的而对于保证非线性问题的平衡位置的稳定性这是不够的[1].

例 2 考虑环面

$$\{(x,y),x\bmod X,y\bmod 2\pi\}$$

上速度场为 $v=(\sin y,0)$ 的平行于 x 轴的平面平行流. 这个场由流函数 $\psi=-\cos y$ 决定而涡度为 $r=-\cos y$. 速度剖面有两个扭转点, 但流函数可以表示为涡度的函数. 比 $\nabla\psi/\nabla\Delta\psi=-1$. 由定理 13, 我们知道若

$$\int_0^{2\pi}\int_0^X(\Delta\varphi)^2dxdy\geqslant\int_0^{2\pi}\int_0^X(\nabla\varphi)^2dxdy$$

[1]线性近似是稳定的, 而原问题是不稳定的, 这也是有的. 参看节 42 和附录 7, 8. —— 日译者注

对一切对 x 有周期 X、对 y 有周期 2π 的 φ 成立, 则定常流是稳定的. 很容易验证当 $X \leqslant 2\pi$ 时这个不等式成立, 而当 $X > 2\pi$ 时不成立 [1].

这样, 定理 13 意味着, 短环面上的正弦定常流当基本流方向上的周期 X 小于流的宽度 2π 时, 是稳定的. 另一方面, 可以直接验证, 在长的环面 $(X > 2\pi)$ 上, 正弦流是不稳定的①. 所以在这个例子中, 定理 13 中关于稳定性的充分条件也是必要的.

我们应该注意, 一般说来不定二次型 d^2H 并不意味着相应流的不稳定性. 一般说来, 哈密顿方程组的平衡位置, 即令哈密顿函数在此点既非极大又非极小, 也还可能是稳定的. 二次哈密顿函数 $H = p_1^2 + q_1^2 - p_2^2 - q_2^2$ 是这方面最简单的例子 [2].

K. 微分同胚群的黎曼曲率

在 E 中讲到的具有单侧不变度量的李群的曲率的表达式对于黎曼域 D 的微分同胚群 SDiff D 也是有意义的. 这群是充满 D 的一个理想流体的构形空间. 动能在 SDiff D 上定义了一个右不变度量. 形式地应用李群曲率公式到无穷维群上所得的数, 自然地就称为群 SDiff D 的曲率.

微分同胚群曲率的彻底的计算只对具有欧氏度量的二维环面上的流形作出过②. 将欧氏平面 $\mathbb{R}^2$ 上相差属于某些格点之集合 (平面的离散子群) 的点视为相同就得到了环面. 具有整数坐标的点之集合就是这种格点集合的一个例子. 一般说来, 把作为上述特殊格点基础的正方形代以平行四边形就可以得出任意格点 Γ.

现在, 我们考虑环面上具有单值流函数且散度为零的矢量场的李代数. 相应的群 $\mathrm{S_0Diff}\, T^2$ 是由使环面质心固定而且保持体积的微分同胚构成的. 它可以嵌入在所有保持体积的微分同胚之群 SDiff T^2 中作为全测地子流形 (即其测地线亦为包含流形的测地线的子流形).

证明在于以下事实, 若在初始时刻理想流体的速度场有单值流函数, 则在一切时刻流函数都是单值的; 这可由动量守恒定律得出.

现在研究群 $\mathrm{S_0Diff}\, T^2$ 过恒等元的一切二维方向的曲率 (在这样的方向上 SDiff T^2 的曲率也相同, 因为子流形 $\mathrm{S_0Diff}\, T^2$ 是全测地子流形).

在 $\mathbb{R}^2$ 上选取一个定向. 群 $\mathrm{S_0Diff}\, T^2$ 的李代数之元可以看成是环面上平均值为零的实函数 (散度为零的场可以把这个函数作为流函数而得出). 所以群 $\mathrm{S_0Diff}\, T^2$ 的切空间上的二维方向可以用一对在环面上的平均值为零的函数定出.

我们将用傅里叶系数来给出这样的函数. 用复域上的傅里叶级数进行计算是方便的. 令 e_k (k 是欧氏平面上一点, 称为波矢量) 为在平面之 x 点值为 $e^{i(k,x)}$ 的函

①例如可见 L. D. Meshalkin, Ya. G. Sinai [1].

②环面 T^m 与球面 S^2 则由 A. M. Лукацким [1] 考虑过.

1) 用分部积分和施瓦兹不等式即得. —— 日译者注

2) 参见附录 8. —— 日译者注

数. 这样的函数若为 Γ 周期的 (即对 x 加上格点 Γ 的一个矢量, 函数值不变), 则它定义环面上的函数.

换言之, 数量积必须对 Γ 之一切点 x 均为 2π 的倍数. 这种矢量属于 $\mathbb{R}^2$ 的格点 Γ^*. 当 $k \in \Gamma^*$ 时, 函数 e_k 成为环面上的复值函数的完全系.

现在将李代数、数量积 $\langle , \rangle$、交换子以及代数中的算子 B, 还有黎曼联络和曲率张量 Ω 都复化, 使所有这些函数都成为复李代数的复矢量空间中的 (重) 线性函数. 函数 e_k 是这个复矢量空间的基底 $(k \in \Gamma^*)$.

定理 14 数量积、交换子、算子 B、联络和群 $\mathrm{S_0Diff}\,T^2$ 上右不变度量的曲率有以下的显式:

$\langle e_k, e_l\rangle = 0$, 当 $k+l \neq 0$ 时.

$\langle e_k, e_{-k}\rangle = k^2 S$;

$[e_k, e_l] = (k \wedge l)e_{k+l}$;

$B(e_k, e_l) = b_{k,l}e_{k+l}$, 这里 $b_{k,l} = (k\wedge l)\dfrac{k^2}{(k+l)^2}$;

$\nabla_{e_k} e_l = d_{l,k+l}e_{k+l}$, 这里 $d_{u,v} = \dfrac{(v\wedge u)(u\cdot v)}{v^2}$;

若 $k+l+m+n \neq 0$ 则 $R_{k,l,m,n} = 0$;

若 $k+l+m+n = 0$ 则 $R_{k,l,m,n} = (a_{ln}a_{km} - a_{lm}a_{kn})S$, 这里 $a_{uv} = (u\wedge v)^2/|u+v|$.

在以上公式中 S 是环面面积, $u \wedge v$ 是 u 和 v 所张的平行四边形面积 (相对于 $\mathbb{R}^2$ 上选定的定向). 圆括弧表示平面上的欧氏内积, 尖括弧表示李代数中的数量积.

定理的证明可见本附录引言中所列的第一篇文章即 Arnold, [6].

以上公式使我们能计算任意二维方向的曲率. 计算表明在绝大多数方向上曲率为负, 但在少数方向上为正. 特别是, 考虑某个流体流动, 即群上的一个测地线. 由雅可比方程, 这测地线的稳定性是由在测地线的各点上过该点速度矢量的一切二维方向的曲率决定的.

现在设所考虑的流是定常流. 则测地线是我们的群的单参数子群. 由此可知, 在测地线各点, 经过该点的速度矢量的一切平面上的曲率, 都等于过测地线在初始时刻的速度矢量的相应平面上的曲率 (证: 右平移到群的恒等元). 于是定常流的稳定性只依赖于李代数中那些二维平面方向的曲率, 它们包含李代数中作为定常流速度场的矢量.

例如考虑最简单的平行正弦定常流. 这个流的流函数是

$$\xi = \frac{e_k + e_{-k}}{2}.$$

考虑代数中任一个实矢量 $\eta = \sum x_l e_l$ $(x_{-l} = \overline{x}_l)$. 由定理 14 我们容易导出

定理 15 在包含 ξ 的任意二维平面上, 群 $\mathrm{S_0Diff}\,T^2$ 的曲率非正. 具体说来

即有

$$\langle\Omega(\xi,\eta)\xi,\eta\rangle = -\frac{S}{4}\sum_l a_{k.l}^2|x_l + x_{l+2k}|^2.$$

由此公式特别可以得出

1. 曲率只对那些与 ξ 同方向的平行流组成的 (即使 $[\xi,\eta]=0$ 者) 二维平面为零.

2. 由流函数 $\xi=\cos kx$ 与 $\eta=\cos lx$ 定义的平面之曲率是

$$K = -\frac{k^2+l^2}{4S}\sin^2\alpha\sin^2\beta,$$

S 是环面面积, α 是 k 与 l 之交角, β 是 $k+l$ 与 $k-l$ 之交角.

3. 特别是, 在由速度场 $(\sin y,0),(0,\sin x)$ 所决定的方向上, 环面 $\{(x,y) \bmod 2\pi\}$ 的微分同胚群的曲率等于

$$K = \frac{-1}{8\pi^2}.$$

L. 讨论

自然地希望微分同胚群的曲率与此群的测地线的稳定性 (即理想流体流动的稳定性) 的关系正像有限维李群的曲率与其上测地线的稳定性的关系一样. 具体说来, 负曲率产生测地线有指数不稳定性. 特征路径长度 (即使得初始条件的误差增加 e 倍的平均路径长度) 与 $1/\sqrt{-K}$ 同阶. 所以知道了曲率我们就能估计, 可以用近似初始速度场来预测理想流体流的发展而且误差不会增长到更高数量级的时间.

应该要强调理想流体流动的不稳定性在这里与在节 K 中理解不同; 这是指流的运动而不是其速度场的指数不稳定性问题. 定常流可以是欧拉方程的李雅普诺夫稳定解, 而相应的流体运动则可以是指数不稳定的. 理由是流体速度场的小变化可能在流体运动中引起指数增长的变化. 在这种情况 (欧拉方程解稳定, 群有负曲率) 我们可以预测速度场但不能预测流体物质的运动从而不大大损失精确性.

上述曲率公式甚至可用来粗略地估计天气的动力气象学长期预报到了多长的时间就不可能了, 只要我们同意几个简化假设. 这些简化假设是:

1. 地球的形状是用正方形格子分解平面所得的环面.

2. 大气是二维均匀不可压缩的非粘性流.

3 大气运动近似地是 “贸易风环流”, 它平行于赤道并有正弦的速度剖面.

为了计算特征路径长度, 我们必须用定理 15 来估计群 $\mathrm{S_0Diff}\,T^2$ 在包含贸易风环流 ξ 的方向上之曲率. 为此我们把 T^2 看作 $\{(x,\ y) \bmod 2\pi\}$, $k=(0,1)$. 换言之, 我们考虑的是 (x,y) 平面上平行于 x 轴并有速度剖面

$$v = (\sin y,\ 0)$$

的定常流的近似的 2π 周期流.

由定理 15 易见群 $S_0\mathrm{Diff}\, T^2$ 在包含贸易风环流 v 的平面上的曲率在以下界限内变化:

$$-\frac{2}{S} < K < 0, \quad \text{这里 } S = 4\pi^2 \text{ 是环面面积.}$$

下限是用很粗糙的估计得到的. 然而曲率为 $K = -1/(2S)$ 的方向确实存在, 而且有许多其他方向, 曲率也接近同样大小. 为了对特征路径长度作一粗略的估计, 我们作一个粗略的猜测即 $K_0 = -1/(2S)$ 是 "平均曲率".

如果同意用值 K_0 为曲率, 则特征路径长度是

$$s = (\sqrt{-K_0})^{-1} = \sqrt{2S}.$$

相对于贸易风环流相应的群, 运动速度是 $\sqrt{S/2}$ (因为正弦的均方值是 1/2). 所以流过特征路径长度所需的时间是 2. 流体中最快的微团用这个时间可以走过 2, 即绕环面整个轨道的 $1/\pi$.

因此, 若取平均曲率值, 则在最快的微团走完整个轨道的时间内, 误差将增加 $e^\pi \approx 20$ 倍. 取 100 公里/小时为贸易风的最大速度, 我们将得出绕整个轨道的时间是 400 小时, 即略少于三星期.

这样, 若在初始时刻所知道的天气状况含有小误差 ε, 则 n 个月后的预报误差的阶为

$$10^{kn}\varepsilon, \quad \text{这里 } k \approx \frac{30 \cdot 24}{400}\pi \log_{10} e \approx 2.5.$$

例如, 要作两个月后的天气预报, 初始数据的精度必须比预报容许误差的精度高五位数字. 在实践中, 这意味着作这样长期的天气计算是不可能的.

很清楚, 这里提到的估计不是很精确的, 我们所取的模型也是很简化的. 选用 "平均曲率" 之值也需要论证.

附录 3　代数流形上的辛构造

经典力学中最常见的辛流形是拉格朗日力学系的相空间, 即构形空间的余切丛.

完全不同的一系列辛空间出现在代数几何中.

例如任意的光滑复代数流形 (由一族复射影空间中的多项式方程给出) 都有自然的辛构造.

代数流形上辛构造的作法是基于这样一件事, 即复射影空间本身就有特殊的辛构造, 具体说就是其埃尔米特构造的虚部.

A. 复射影空间的埃尔米特构造

回忆一下, n 维复射影空间 CP^n 就是 $(n+1)$ 维复矢量空间 $\mathbb{C}^{n+1}$ 中过 O 的复直线所成的流形. 为在 CP^n 上作一个辛构造, 我们要用相应矢量空间 $\mathbb{C}^{n+1}$ 中的埃尔米特构造.

复矢量空间上的埃尔米特数量积 (埃尔米特构造) 就是一对矢量的复值函数, 且 (1) 它对第一个矢量是线性的而对第二个是反线性 (即共轭线性) 的, (2) 交换变元位置时它变为共轭值, (3) 当两个量相等时就成为正定实二次型:

$$\langle\lambda\xi,\eta\rangle=\lambda\langle\xi,\eta\rangle,\quad \langle\eta,\xi\rangle=\overline{\langle\xi,\eta\rangle},\quad \langle\xi,\xi\rangle>0,\quad \text{当 } \xi\neq 0 \text{ 时}.$$

埃尔米特数量积的一个例子是

$$\langle\xi,\eta\rangle=\sum\xi_k\overline{\eta}_k, \tag{1}$$

这里 ξ_k,η_k 是 ξ,η 在某基底下的坐标.

总存在一个基底使埃尔米特数量积成 (1) 形, 这个基底称为埃尔米特标准正交基底.

埃尔米特数量积的实部和虚部都是实双线性型, 前者是对称的, 后者斜对称, 二者都是非退化的:

$$\langle\xi,\eta\rangle=(\xi,\eta)+i[\xi,\eta],\quad (\xi,\eta)=(\eta,\xi),\quad [\xi,\eta]=-[\eta,\xi].$$

二次型 (ξ,ξ) 是正定的.

这样, 复矢量空间上的埃尔米特构造 $\langle\,,\rangle$ 给出一个欧氏构造 $(\,,\,)$ 和一个辛构造 $[\,,]$. 这两个构造与复构造的关系是

$$[\xi,\eta]=(\xi,i\eta).$$

现在我们要在复射影空间上定义一个黎曼度量. 为此, 考虑相应矢量空间 $\mathbb{C}^{n+1}$ 中的单位球面

$$S^{2n+1}=\{z\in\mathbb{C}^{n+1}:\langle z,z\rangle=1\}.$$

这个球面从 $\mathbb{C}^{n+1}$ 中继承了黎曼度量. 每个过 O 点的复直线与此球面交在一个大圆上.

定义　复射影空间中两点的距离就是单位球面上相应大圆之间的距离.

我们要注意, 这两个大圆在以下意义下是平行的, 即从一圆上任一点到另一圆的距离是相同的 (证: 用 $e^{i\varphi}$ 乘 z 保持球面上的度量). 这个情况使我们能立刻写出复射影空间按以上作法定义的黎曼度量的显式 (2).

事实上令 p 表示将矢量空间 $\mathbb{C}^{n+1}$ 之点 $z\neq 0$ 变为过 O,z 的复直线的映射:

$$p:\mathbb{C}^{n+1}\setminus O\to CP^n.$$

每一个在点 pz 切于 CP^n 的矢量 ζ 都可以 (用多种方式) 表为在 z 点的一个矢量的像: 在此映射下

$$\zeta=p_*\xi,\quad \xi\in T\mathbb{C}^{n+1}_z.$$

定理　*矢量 ζ 在以上定义的黎曼度量下长度的平方是*

$$ds^2(\zeta)=\frac{\langle\xi,\xi\rangle\langle z,z\rangle-\langle\xi,z\rangle\langle z,\xi\rangle}{(z,z)^2}.\tag{2}$$

证　先设 z 点在单位球面 S^{2n+1} 上.

把矢量 ξ 分解为两个分量: 一个在由 z 决定的复直线上, 另一在其埃尔米特正交方向上. 注意对矢量 z 的埃尔米特正交即对 z 与 iz 二者同时为欧氏正交. 矢量 z 是球面 S^{2n+1} 在 z 点的欧氏法矢量. 矢量 iz 则切于球面与过 z 的复直线交成的圆. 所以 ξ 的与 z 埃尔米特正交的分量 η 切于球面 S^{2n+1} 而且与球面和直线 pz 所交成的圆欧氏正交.

由 CP^n 上度量的定义, 矢量 ζ 之黎曼长度平方等于 ξ 的与 z 埃尔米特正交的分量 η 的欧氏长度平方.

我们来计算 ξ 的埃尔米特正交于 z 的分量 η. 把分解式写为

$$\xi=cz+\eta,\quad \text{其中 }\langle\eta,z\rangle=0.$$

与 z 作埃尔米特乘积, 我们得到

$$\langle\xi,z\rangle=c\langle z,z\rangle,$$

所以

$$\eta=\frac{\langle z,z\rangle\xi-\langle\xi,z\rangle z}{(z,z)}.$$

计算矢量的埃尔米特平方, 我们得到 $\langle\eta,\eta\rangle=\langle\eta,\xi\rangle$ 而

$$\langle\eta,\eta\rangle=\frac{\langle z,z\rangle\langle\xi,\xi\rangle-\langle\xi,z\rangle\langle z,\xi\rangle}{\langle z,z\rangle}.$$

于是对单位球面上的 z 证明了式 (2). 注意, 用位似变换 $z\to z/|z|$ 就可得到一般情况之证. □

注意, 我们的作法不仅使我们能在 CP^n 的切空间上定义一个欧氏构造, 还可定义埃尔米特构造. 考虑在切空间 $T\mathbb{C}_z^{n+1}$ 中 z 的埃尔米特正交补 $H, z\in S^{2n+1}$. 映射 $p_*:H\to T(CP^n)_{pz}$ 将 H 同构 (上已证明) 映到 CP^n 的切空间上, 而由 H 带过去了埃尔米特构造.

很清楚, 由此埃尔米特构造给出的数量平方就是 (2). 所以, 不需进一步计算即知 CP^n 的切空间上的埃尔米特构造是

$$\langle\zeta_1,\zeta_2\rangle=\frac{\langle\zeta_1,\zeta_2\rangle\langle z,z\rangle-\langle\zeta_1,z\rangle\langle z,\xi_2\rangle}{\langle z,z\rangle^2},\tag{3}$$

ξ_1,ξ_2 是 $T\mathbb{C}_z^{n+1}$ 中适合 $p_*\xi_k=\zeta_k\in T(CP^n)_{pz}$ 的任意矢量. 我们要注意, 在公式 (3) 中点 z 不一定在单位球面上.

在 CP^n 的切空间上作出的欧氏构造和埃尔米特构造 (2) 和 (3) 并非在流形 CP^n 的所有射影变换下都是不变的, 而只在由矢量空间 $\mathbb{C}^{n+1}$ 的酉变换 (保持埃尔米特构造) 所给出的射影变换下不变.

B. 复射影空间的辛构造

我们考虑埃尔米特形式 (3) 的虚部, 并加上系数 $-\frac{1}{\pi}$ (加这个系数的理由在 C 问题 1 中解释):

$$\Omega(\zeta_1,\zeta_2)=-\frac{1}{\pi}\mathrm{Im}\langle\zeta_1,\zeta_2\rangle.\tag{4}$$

和任意埃尔米特形式的虚部一样, 复射影空间的切空间上的实双线性形式 Ω 是斜对称非退化的.

定理 *2–微分形式 Ω 在复射影空间上给出一个辛构造.*

证 我们只需验证 Ω 是闭的.

考虑形式 Ω 的外微分 $d\Omega$. CP^n 上这个 3–微分形式对 $\mathbb{C}^{n+1}$ 中的酉变换诱导出的映射是不变的. 由此可知它等于零.

要看到这点, 我们看 CP^n 在某点 z 的切空间的埃尔米特标准正交基底 $e_1,\cdots,e_n$. 矢量 $e_1,\cdots,e_n,ie_1,\cdots,ie_n$ 构成一个欧氏标准正交 $\mathbb{R}$–基底. 我们要证明 $d\Omega$ 在这个 $\mathbb{R}$–基底的任意三个矢量上之值为零. (我们设 $n>1; n=1$ 时没有什么要证.)

注意在此 $\mathbb{R}$–基底的任意三个 $\mathbb{R}$–基底矢量中至少有一个埃尔米特正交于另外两个. 记它为 e. 容易作出空间 $\mathbb{C}^{n+1}$ 的一个辛变换使之在 CP^n 上诱出一个运动, 保持点 z 和 e 的埃尔米特正交补, 但改变 e 之方向.

由 Ω 之不变性知道 $d\Omega$ 在三个矢量 e, f, g 上之值等于它在 $-e, f, g$ 上之值, 所以此值为零. □

注 复射影空间中同样的辛构造的另一个作法如下. 考虑一个具有 $(n+1)$ 维构形空间的数学摆的小振动. 用能量积分使此力学系的自由度减少 1. 这个运算后所得相空间即 CP^n, 而其上的辛构造与上面作的只差一个因子.

在 CP^n 上作辛构造还有一个方法要用到以下事实: 即此空间可以看作是一个李群的余伴随表示的一个轨道, 而在每一个这样的轨道上总有一个标准的辛构造 (见附录 2A). 我们可取一个 $(n+1)$ 维复空间的酉 (即保持埃尔米特度量的) 算子群作为这个李群. 这时余伴随表示和伴随表示的轨道一样. 在伴随表示中对一超平面作反射 (第一坐标变号而其余坐标不变), 这个算子的轨道就是 CP^n, 因为反射算子是由正交于此超平面的复直线决定的.

C. 代数流形上的辛构造

我们现在将在复射影空间的任意复子流形 M 上得到一个辛构造. 令 $j : M \to CP^n$ 是此子流形到复射影空间中的嵌入. 射影空间中的黎曼构造、埃尔米特构造和辛构造都在 M 上诱导出相应的构造. 例如 M 上的辛构造是由下式给出的:

$$\Omega_M = j^*\Omega.$$

定理 *微分形式 Ω_M 在 M 上给出一个辛构造.*

证 2–形式 Ω_M 之非退化性可由 M 是复子流形这一事实得出. 事实上由 CP^n 之黎曼度量诱导的二次型 $(\xi, \xi) = \Omega_M(\xi, i\xi)$ 是正定的. 所以双线性形式 $(\xi, \eta) = \Omega(\xi, i\eta)$ 是非退化的. 因为形式 Ω 为闭, 所以 Ω_M 也是闭的. □

注 和对复射影空间一样, 可以在它的复子流形之切空间上定义埃尔米特构造; 辛构造是其虚部.

若一复流形的埃尔米特度量之虚部是闭形式 (即辛构造), 则称此流形为*凯勒* (Kähler) *流形*, 其埃尔米特度量称为一个*凯勒度量*. 关于凯勒流形的几何学已得到了许多重要结果; 特别是它们有引人注目的拓扑性质 (例如可见 A. Weil, [1])

并非一切辛流形都有凯勒构造. 但是还不清楚, 凯勒流形的哪一些拓扑性质只依赖于辛构造.

问题 1 计算射影直线 CP^1 的仿射区图 $w = z_1 : z_0$ 上的辛构造.

答 $\Omega = (1/\pi)(dx \wedge dy)/(1 + x^2 + y^2)$, 这里 $w = x + iy$. 形式 Ω 的定义中的系数是选得使可得出复直线的通常定向 $(dx \wedge dy)$, 且 Ω 在整个射影直线上的积分为 1.

问题 2 证明射影空间 $CP^n = \{(z_0 : z_1 : \cdots : z_n)\}$ 的仿射区图 $w_k = z_k z_0^{-1}$ $(k = 1, \cdots, n)$ 上的辛构造 Ω 可由下式给出:

$$\Omega = \frac{i}{2\pi} \frac{\sum_{0 \leqslant k < l \leqslant n} (w_k dw_l - w_l dw_k) \wedge (\overline{w}_k d\overline{w}_l - \overline{w}_l d\overline{w}_k)}{\sum\limits_{k=0}^{n} (w_k \overline{w}_k)^2}.$$

注　复空间上的复值微分形式 (如 dw_k 和 $d\overline{w}_k$) 定义为切矢量的复线性函数; 若 $w_k = x_k + iy_k$, 则

$$dw_k = dx_k + idy_k, \quad d\overline{w}_k = dx_k - idy_k.$$

$\mathbb{C}^n$ 上的这种形式的空间具有复维数 $2n$; 例如 $2n$ 个形式 $dw_k, d\overline{w}_k$ $(k = 1, \cdots, n)$ 构成一个复基底; $2n$ 个形式 dx_k, dy_k 亦然.

外乘积按通常方式定义, 服从通常的规则. 例如

$$dw \wedge d\overline{w} = (dx + idy) \wedge (dx - idy) = -2idx \wedge dy.$$

令 f 是 $\mathbb{C}^n$ 上的实变量光滑函数 (一般是复值的). 这种函数的一个例子是 $|w|^2 = \sum w_k \overline{w}_k$. 函数 f 的微分是一个复 1–形式, 所以可以按基底 $dw_k, d\overline{w}_k$ 分解. 这一分解的系数称为 "对 w_k" 和 "对 $\overline{w}_k$" 的偏导数:

$$df = \frac{\partial f}{\partial w} dw + \frac{\partial f}{\partial \overline{w}} d\overline{w}.$$

在计算外导数时把 d 分成对变量 w 的微分 d' 和对变量 $\overline{w}$ 的微分 d'' 是方便的, 于是 $d = d' + d''$.

例如对于函数 f

$$d'f = \frac{\partial f}{\partial w} dw, \quad d''f = \frac{\partial f}{\partial \overline{w}} d\overline{w}.$$

对于 1–微分形式

$$w = \sum a_k dw_k + b_k d\overline{w}_k,$$

算子 d' 和 d'' 可以类似定义:

$$d'w = \sum d'a_k \wedge dw_k + d'b_k \wedge d\overline{w}_k,$$
$$d''w = \sum d''a_k \wedge dw_k + d''b_k \wedge d\overline{w}_k.$$

问题 3　证明在射影空间 CP^n 的仿射区图 $(w_k = z_k z_0^{-1})$ 上的辛构造可由下式给出:

$$\Omega = \frac{i}{2\pi} d'd'' \ln \sum_{k=0}^{n} |w_k|^2.$$

附录 4　接触构造

奇数维流形没有辛构造. 对于奇数维流形, 辛构造的类似物是一个不太对称但仍很有趣的构造 —— 接触构造.

力学中辛构造的来源是相空间 (即构形空间的余切丛), 其上恒有一个典则的辛构造. 接触构造的来源是构形空间的接触元素之流形.

n 维光滑流形在某一点的接触元素是一个在该点切于此流形的 $(n-1)$ 维平面 (即该点的 n 维切空间的一个 $(n-1)$ 维子空间).

n 维流形的一切接触元素之集有一个很自然的 $2n-1$ 维光滑流形构造. 还发现在这个奇数维流形上有一个有趣的附加的 "接触构造" (下面再讲).

n 维黎曼流形的接触元素流形与这个 n 维黎曼流形的单位切矢量的 $(2n-1)$ 维流形 (亦即质点在其上作惯性运动时的等能集所成的 $(2n-1)$ 维流形) 密切相关. 这些 $(2n-1)$ 维流形上的接触构造与该点的 $2n$ 维相空间 (即原黎曼流形的余切丛) 上的辛构造密切相关.

A. 接触构造的定义

定义　流形上的接触构造即满足后面讲的非退化条件的光滑切超平面场[①].

为了叙述这个条件, 我们看一看一般的 N 维流形一点附近的超平面场是什么样子.

例　令 $N=2$. 这时流形就是一个曲面, 超平面场就是直线场. 在一点附近这样一个场总是相同的, 而且可以很简单地做出来, 即对一平面上的平行直线族的切

[①] 矢量空间的超平面就是低一维的子空间 (亦即一个不恒为零的线性函数之零点集). 切超平面即切空间中的超平面.

线场. 准确些说, 常微分方程局部理论的基本结果之一就是, 流形上的任意光滑切线场在流形的任一点的充分小邻域中都可用微分同胚变为欧氏空间的平行直线族的切线场.

若 $N > 2$, 超平面不再是直线, 问题变得复杂得多. 例如三维空间中的绝大多数二维切平面场都不能微分同胚地映到平行平面场上. 理由在于存在着不可能找到 "积分曲面" 的切平面场, 即不存在在每一点都具有指定切平面的曲面.

对于超平面场, 接触构造定义中的非退化条件就是这样的约定: 超平面场必须最大可能地远离于一个超平面族的切面场. 为了度量这个偏离并且确信存在着没有积分超曲面的场, 我们必须给出一些作法和计算①.

B. 弗罗贝尼乌斯可积性条件

我们将考虑 N 维流形上的一点并试着来作一个曲面, 使它经过此点而且处处切于一个已给的 $(N-1)$ 维平面场 (积分曲面).

为此我们引入此点一邻域上的坐标系, 使在这点上有一个坐标平面切于场中的一个平面. 我们称此平面为水平平面, 而不在其上的坐标轴为铅直轴.

积分曲面的作法. 一个积分曲面, 如果它存在, 将是一个 $N-1$ 变元的函数在原点附近的图像. 为了作出它, 我们可在水平平面上取一光滑路径. 沿此路径的铅直轴构成一个二维曲面 (柱面); 我们的平面场与它相截于一切线场. 我们要求的积分曲面如果存在, 则与此柱面相交于一通过原点的积分曲线. 不论积分曲面是否存在, 这积分曲线总是存在的. 这样沿水平平面上的光滑曲线移动就可以作出其上的积分曲面.

为了从所有的积分曲线得出光滑的积分曲面, 需要我们作出的结果只与路径的端点有关而与路径无关. 特别是沿水平平面原点附近的闭路径一周, 沿柱面的积分曲线应该封闭.

很容易作出平面场的例子使上述积分曲线不封闭, 因而积分曲面不会存在. 这种平面场称为不可积的.

不可积平面场之例. 为了要给出一个平面场并且从数值上量度它对于上述封闭性的偏离, 我们引入以下的记号. 我们首先注意, 超平面场可以局部地用一个 1–微分形式表示. 事实上, 一个切平面定义一个 1–形式 (最多相差一个非零常数因子). 选定常数因子使得此形式在铅直轴的基底矢量上之值为 1.

这个条件在原点的某个邻域中是可以满足的, 因为场在原点之平面并不包含铅直方向. 这一条件唯一地决定此形式 (按照平面场).

在通常的三维空间中没有积分曲面的平面场例如可由以下 1–微分形式给出

$$\omega = xdy + dz,$$

①以下我们将略去 "超" 这个字头. 如果愿意, 可以设我们是在讨论三维空间, 从而超曲面就是一个普通的曲面. 高维情况和三维情况是类似的.

x, y 是水平坐标, z 是铅直坐标. 这个平面场不可积的证明将在以下给出.

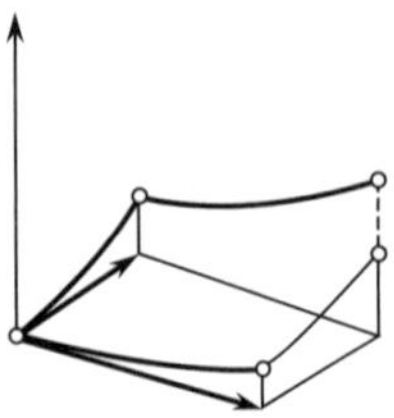

图 236　对不可积平面场作出的积分曲线

量度不可积性的 2–形式的作法　利用给出场的微分形式即可量度不可积的程度. 这可按下述作法来做 (图 236).

考虑从原点发出的位于我们的坐标系的水平平面上的一对矢量. 以它们为棱作平行四边形. 我们得到从原点到相对顶点的两条路径. 在每个路径上各可作出积分曲线 (各有两段) 如图. 结果在相对顶点上方一般有两个不同点. 它们的高之差是这一对矢量的函数. 它是斜对称的, 而且若有一矢量为零它的值也是零. 所以这函数的泰勒级数的线性部分在原点为零, 而二次部分是水平平面上的斜对称双线性形式.

若场是可积的, 则此 2–形式为零. 所以这个 2–形式可以看成是这个场的不可积性的度量.

这个 2–形式是适当定义的. 我们是借助坐标来作出这个 2–形式的. 然而, 它在一对切矢量上的值并不依赖于坐标系, 而只依赖于给出场的 1–形式.

为了确信这一点, 只需证明以下的

定理　*以上定义的 2–形式即 1–形式 ω 在其零空间上的外导数: $d\omega|_{\omega=0}$.*

证　我们要证明沿平行四边形的边的两个运动所得之点的高之差即 1–形式 ω 在平行四边形的四边上的积分, 只相差一个关于边的三阶小量.

为此我们注意, 沿着从原点发出的长为 ε 的路径, 积分曲线高度上升之阶是 ε^2, 因为在原点处场中的平面是水平的. 因此如果边长之阶为 ε, 则 2–形式 $d\omega$ 在平行四边形四边上方的由水平平面和积分曲线所截的铅直面上的积分之阶是 ε^3.

形式 ω 沿积分曲线之积分为零. 故由斯托克斯公式, 沿着平行四边形之边上方的积分曲线, 高度的上升等于 1–形式 ω 在此边上的积分, 而最多相差一个 ε 的三阶的量.

于是由外导数的定义即得定理之证. □

用来作出上述 2–形式时所用的 1–形式 ω 的选取法仍有一些任意性. 具体说, 由平面场定义 ω 时相差一个恒不为零的函数因子 f. 换言之, 也可从 $f\omega$ 开始. 这样我们就会得出 2–形式

$$df\omega = fd\omega + df \wedge \omega.$$

在我们的平面上, 它与 $d\omega$ 相差非零常数因子 $f(0)$.

这样, 在场中平面上所作的 2–形式 $d\omega$ 除了相差一个非零常数因子外, 是不变地定义的.

平面场可积性的条件

定理　*若一超平面场可积, 则以上作的 2–形式在场中的每一平面上为零. 反之, 若所作的 2–形式在场中每一平面上均为零, 则此场可积.*

证 定理的第一个结论由 2–形式的作法是清楚的. 第二个结论的证法与前面证明速度场之泊松括弧为零时相流可交换的推理完全一样. 我们可以简单地引述这个可交换性, 并把它应用到水平平面的坐标方向上方的积分曲线.

定理 平面场的可积条件:

$$\omega = 0 \text{ 时} \quad d\omega = 0$$

等价于弗罗贝尼乌斯条件:

$$\omega \wedge d\omega = 0.$$

证 考虑上述 3–形式在任意三个不同的坐标矢量上之值. 这些矢量中只有一个可能是铅直的. 所以出现在三个矢量的外积之值的定义中之各项, 只有一个非零: 即 ω 在铅直矢量上之值与 $d\omega$ 在一对水平矢量上之值的积. 若此形式所给的场是可积的, 则第二个因子为零, 而我们的 3–形式在任意三个矢量上为零.

反之, 若此 3–形式在任意矢量上为零, 则取任意三个坐标矢量, 其中之一是铅直的, 另外两个是水平的, 它在其上之值也为零, 但此 3–形式在这三个坐标矢量上之值等于 ω 在铅直矢量上之值与 $d\omega$ 在一对水平矢量上之值的积. 第一个因子不为零故后一因子必为零, 即 $d\omega$ 在场中的平面上为零. □

C. 非退化超平面场

定义 超平面场称为在一点是非退化的, 若在场中过此点的平面上, 2–形式 $d\omega|_{\omega=0}$ 的秩等于平面的维数.

这意味着对此平面上任一非零矢量, 必可在平面内找到另一矢量, 使 2–形式在这一对矢量上不为零.

定义 若一平面场在一流形之各点上非退化, 就说它在流形上非退化.

注意, 在偶数维流形上不会有非退化超平面场; 在这样的流形上超平面是奇数维的, 而在奇数维空间上每个斜对称双线性形式之秩均小于空间维数 (参见节 44).

奇数维流形上确实存在非退化超平面场.

例 考虑一个 $2m+1$ 维欧氏空间, 其坐标为 x, y 和 z (x, y 是 m 维空间的矢量而 z 是数). 1–形式

$$\omega - xdy + dz$$

定义一个超平面场. 场中过原点的平面方程为 $dz = 0$. 取 x 和 y 为此超平面上的坐标. 因此在场中的这个平面上可将我们的 2–形式写作

$$d\omega|_{\omega=0} = dx \wedge dy = dx_1 \wedge dy_1 + \cdots + dx_m \wedge dy_m.$$

这形式的秩是 $2m$, 所以我们的场在原点非退化, 故在原点附近也如此 (事实上这个场在整个空间上都是非退化的).

我们现在可以最后给出接触构造的定义了: 流形上的接触构造就是一个非退化的切超平面场.

D. 接触元素流形

"接触构造" 这个词来自以下事实: 一个光滑 n 维流形的接触元素的流形上总有这种构造.

定义 在某点切于一个 n 维流形的超平面 ($n-1$ 维) 称为接触元素, 此点称为接触点.

n 维流形的一切接触元素之集合具有一个 $2n-1$ 维光滑流形的构造.

事实上, 具有固定接触点的接触元素之集即 n 维矢量空间的一切 $(n-1)$ 维子空间的集, 亦即 $n-1$ 维射影空间. 因此要给出一个接触元素, 我们需给出接触点的 n 个坐标和在 $(n-1)$ 维射影空间中定义一点的 $n-1$ 个坐标 —— 共 $2n-1$ 个坐标.

n 维流形的一切接触元素之流形是一个纤维丛, 底空间是此流形. 纤维是 $n-1$ 维射影空间.

定理 接触元素丛即余切丛的射影化: 可以从余切丛中将每个 n 维余切空间变为 $(n-1)$ 维射影空间 (其点即余切空间中过原点之直线) 而得.

接触元素是由切空间上的 1–形式给出的, 而此元素即该形式的零值集. 这个形式不为零而只定义到相差一个非零因子. 但切空间上的形式即余切空间的一个矢量. 所以切空间上一个定义到相差一个非零因子的非零形式即余切空间的一个非零矢量. 它也只定义到相差一个非零因子, 亦即射影化余切空间的一点.

接触元素流形上的接触构造. 在接触元素流形的切空间中有一特定超平面, 称为接触超平面, 定义如下.

在 n 维流形的 $(2n-1)$ 维接触元素流形中固定一点. 我们可以视它为原 n 维流形的 $(n-1)$ 维切平面.

定义 在接触元素流形的一个定点处的切矢量, 如果它到 n 维流形上的投影位于该 $(n-1)$ 维平面 (即接触元素流形之定点) 内, 则它属于接触超平面.

换言之, 如果一个接触元素的接触点的速度不论此元素怎样变动均在此接触元素内, 则此接触元素的位移属于接触超平面.

例 取 n 维流形的某个子流形以及所有切于它的 $(n-1)$ 维平面 (即接触元素). 所有这些接触元素构成接触元素的 $(2n-1)$ 维流形的光滑子流形. 这个子流形的维数是 $n-1$, 不论原来子流形的维数是多少 (可以也是 $n-1$ 维的, 也可以维数较少甚至是曲线或点).

接触元素的 $(2n-1)$ 维流形的这个 $(n-1)$ 维子流形在其所有点上都切于接触超平面场 (根据接触超平面之定义). 所以 $(2n-2)$ 维接触超平面场有一 $(n-1)$ 维积分流形.

问题　这个平面场有无维数较高的积分流形?

答　没有.

问题　可不可以用接触元素流形上的 1–微分形式给出接触超平面场?

答　不可以, 即使原来的 n 维流形是一个欧氏空间 (例如通常的二维平面) 也不行.

我们下面要证明一个 n 维流形的接触元素所成的 $(2n-1)$ 维流形的接触超平面场是非退化的.

证明要用到余切丛的辛构造. 问题在于, 接触元素流形可用一简单方法与余切丛空间 (其射影化就是接触元素流形) 联系起来. 此外射影化丛的接触平面场的非退化性又与给出余切丛以辛构造的 2–形式的非退化性密切相关.

我们提到的作法将在后面更广泛一些的情况下作出. 具体说来, 对于任意具有接触构造的奇数维流形我们可以作出它的 "辛化" —— 高一维的辛流形. 这两个流形 —— 奇数维接触流形和偶数维辛流形的相互关系, 和具有接触构造的接触元素流形以及具有辛构造的余切丛之间的关系是一样的.

E. 接触流形的辛化

考虑任意的接触流形, 即一个奇数 N 维的具有非退化 (偶数 $N-1$ 维) 切超平面场的流形. 我们称这些平面为*接触平面*. 每个接触平面在一点, *接触点*, 切于接触流形.

定义　*接触形式*就是流形在接触点处的切空间上的线性形式, 其零值集即接触平面.

应该强调, 接触形式并不是一个微分形式而只是在一个切空间上的代数线性形式.

定义　接触流形的*辛化*即此流形的一切接触形式的集, 它具有以下定义的辛构造.

我们首先要注意, *接触流形上的一切接触形式之集有一个自然的偶数 $N+1$ 维光滑流形构造*. 具体地说, 我们可以把所有接触形式的集看作原接触流形的一个丛的空间. 它到底空间的投影就是把接触形式射到接触点的映射.

这个丛的纤维就是具有公共接触点的接触形式之集. 所有这些形式可以乘以非零的数而互相得出 (这样它们才定义同一个接触平面). 所以丛的纤维是一维的: 它是直线除去一点.

我们也要注意非零实数群以乘法运算作用在一切接触形式之流形上, 即是说, 一个接触形式和一个非零数之积仍是一个接触元素. 这样, 群作用在此丛上并使纤维不变 (当接触形式乘以常数时, 接触点不变).

注　迄今没有用到平面场的非退化性. 它只在保证辛化所得流形为辛流形时需要.

例 考虑 n 维光滑流形的一切接触元素所成的 ($2n-1$ 维) 流形. 在接触元素流形上有一超平面场 (前面定义并称为接触超平面). 因此我们可以辛化接触元素流形.

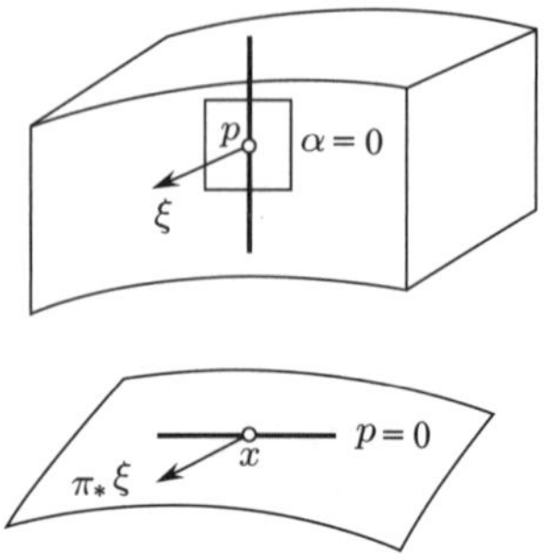

图 237 接触流形的辛化

辛化的结果得到一个 $2n$ 维流形. 它是原 n 维流形的余切丛空间除去零矢量. 非零实数群以乘法作用在纤维上就归结为用非零实数去乘余切空间中的矢量.

在余切丛上有一个特殊的 1–形式 “pdq”. 在由接触流形辛化而得的任意流形上也有一个类似的 1–形式.

辛化空间上的典则 1–形式.

定义 接触流形的辛化空间上的典则 1–形式是一个 1–微分形式 α, 它在切辛化空间于某点 p 的矢量 ξ (图 237) 上之值定义如下: 视 p 为接触流形之切空间上的 1–形式, π 为辛化空间到接触流形上的投影, 于是定义

$$\alpha(\xi) = p(\pi_*\xi).$$

定理 接触流形的辛化空间上的典则 1–形式的外导数是一个非退化 2–形式.

系 接触流形的辛化空间上有一个辛构造, 它由该奇数维流形的接触构造所典则地 (即唯一而无任意性地) 决定.

定理的证明 因为定理的论断是局部性的, 只需在一点的小邻域上证明就行了: 在接触流形一点的小邻域中, 可由接触流形上的一个微分形式 ω 给出一个接触平面场. 我们固定一个 1–形式 ω.

我们可以用同样的记号表示接触流形在该邻域上的辛化空间, 即该邻域与去掉一点的直线的直积. 具体说, 对于 (x, λ) —— x 是接触流形上一点, λ 是非零数 —— 有一接触形式由 x 点的切空间上的 1–微分形式 $\lambda\omega$ 给出. 于是在辛化空间的这一部分, 我们定义了一个值不为零的函数 λ. 需要强调, λ 只是辛化流形的一个局部坐标, 而且不是典则定义的: 它依赖于 ω 的选取. 典则 1–形式 α 用我们的记号可以写作

$$\alpha = \lambda\pi^*\omega,$$

而与 ω 的选取无关. 于是典则 1–形式 α 的外导数为

$$d\alpha = d\lambda \wedge \pi^*\omega + \lambda\pi^* d\omega.$$

我们要证明 2–形式 $d\alpha$ 非退化, 即对辛化空间的任一切矢量 ξ, 可以找到矢量 η 使 $d\alpha(\xi,\ \eta) \neq 0$. 我们在以下类型的切于辛化空间的矢量中来找 η. 若 ξ 切于纤维, 即 $\pi_*\xi = 0$, 我们称它是铅直的. 若 ξ 切于 λ 的等值面, 即 $d\lambda(\xi) = 0$, 我们称它为水平的. 若 ξ 在接触流形上的投影在接触平面内, 即 $\omega(\pi_*\xi) = 0$ (换言之, $\alpha(\xi) = 0$), 我们就称 ξ 为接触矢量.

我们来计算形式 $d\alpha$ 在一对矢量 (ξ,η) 上的值:

$$d\alpha(\xi,\eta)=(d\lambda\wedge\pi^*\omega)(\xi,\eta)+(\lambda\pi^*d\omega)(\xi,\eta).$$

设 ξ 不是接触矢量. 取 η 为非零铅直矢量: $\pi_*\eta=0$, 于是第二项为零而第一项等于

$$-d\lambda(\eta)\omega(\pi_*\xi),$$

因为 η 是非零铅直矢量而 ξ 不是接触矢量故它不为零. 故当 ξ 不是接触矢量时已经找到了 η 使 $d\alpha(\xi,\eta)\neq 0$.

今设 ξ 是接触矢量但非铅直的. 则可取 η 为任意接触矢量. 这时第一项为零, 而和即第二项, 化为 $\lambda d\omega(\pi_*\zeta,\pi_*\eta)$. 因为 ξ 不是铅直的, 故矢量 $\pi_*\xi$ 在接触平面内而不为零. 但 2–形式 $d\omega$ 在接触平面内是非退化的 (由接触构造的定义). 所以存在一个接触矢量 η 使 $d\omega(\pi_*\xi,\pi_*\eta)\neq 0$. 因为 $\lambda\neq 0$, 我们就找到了一个矢量 η 使 $d\alpha(\xi,\eta)\neq 0$.

最后, 若 ξ 是非零的铅直矢量, 取 η 为任意的非接触矢量即可. □

注 1–形式 α 和 2–形式 $d\alpha$ 的作法适用于任意的具有超平面场的流形而与非退化条件无关. 然而 2-形式 $d\alpha$ 只在超平面场非退化时才定义一个辛构造.

证 设场是退化的, 即在场中一平面上存在非零矢量 ξ' 使对该平面中一切矢量 η', $d\omega(\xi',\eta')=0$. 对于这种 $\xi', d\omega(\xi',\eta')$ 作为 η' 的线性函数, 是一个在场中此平面上恒为零的线性形式. 所以存在一个不依赖于 η' 的数 μ 使对切空间中的一切矢量 η' 有

$$d\omega(\xi',\eta')=\mu\omega(\eta').$$

现在取 ξ 为辛化流形的切矢量使 $\pi_*\xi-\xi'$. 这矢量 ζ 可以加一个待定的铅直矢量项, 我们要证明, 适当取这一项就会有

$$d\alpha(\xi,\eta)=0\quad 对一切\ \eta\ 成立.$$

$d\alpha$ 公式的第一项等于 $d\lambda(\xi)\omega(\pi_*\eta)$ (因为 $\omega(\pi_*\xi)=0$). 第二项等于 $\lambda d\omega(\pi_*\xi,\pi_*\eta)=\lambda\mu\omega(\pi_*\eta)$. 选 ξ 的铅直分量使 $d\lambda(\xi)=-\lambda\mu$. 这样 ξ 将是斜正交于所有 η 的.

于是, 若 $d\alpha$ 是一辛构造, 则相关的超平面是一个接触构造. □

系 接触超平面场在任意光滑流形的所有接触元素的流形上定义一个接触构造.

证 利用 n 维光滑流形上的 $(2n-2)$ 维接触平面场作出的所有接触元素成为一个 $(2n-1)$ 维流形, 根据其作法, 它的辛化是该 n 维流形的余切丛空间除去零余切矢量. 辛化空间上的典则 1–形式 α 就是余切丛上过去记为 "pdq" 的 1–形式, 它在哈密顿力学中是基本的 (见节 37). 所以它的外导数 $d\alpha$ 就是定义相空间的通常的辛构造的形式 $dp\wedge dq$. 所以形式 $d\alpha$ 是非退化的, 而由前面的注知, 接触超平面场是非退化的. □

F. 接触微分同胚和矢量场

定义 一个接触流形到其自身的微分同胚称为接触微分同胚, 如果它保持接触构造, 即变超平面场的所给构造中的每个平面为同一场中的平面.

例　考虑一个 n 维光滑流形的接触元素的 $(2n-1)$ 维流形以及其通常的接触构造. 每个接触元素把原 n 维流形的切空间分成两半, 选定一半称为 “正侧”.

我们称定了侧的接触元素为 (横截) *有向接触元素*.

n 维流形的有向接触元素构成一个 $(2n-1)$ 维光滑流形并有自然的接触构造 (它是通常的未定向接触元素之流形的二重覆盖).

现在设原来的 n 维流形上给了黎曼度量. 于是在定向接触元素的流形上有 “测地流” ①. 这个流在时间 t 以后所成的变换定义如下. 我们从接触元素的接触点沿着正交于此元素的测地线向正侧方向往外走. 在 t 时间内我们都是将接触点沿测地线移动并使此元素正交于测地线. 在时间 t 后就得到了新的有向元素. 这样我们定义了有向接触元素的测地流.

定理　*有向接触元素的测地流由接触微分同胚构成.*

这里不给出证明了, 因为它只不过是惠更斯原理用新的术语来重述 (参看节 46).

定义　接触流形上的矢量场称为*接触矢量场*, 如果它是接触微分同胚的单参数 (局部) 群的速度场.

定理　*接触矢量场的泊松括弧仍是接触矢量场. 接触矢量场构成接触流形上一切光滑矢量场的李代数之子代数.*

证明由定义直接可得.

G. 接触微分同胚和接触矢量场的辛化

对接触流形的每一个接触微分同胚, 都有其辛化流形的一个典则地作出的辛微分同胚. 这个辛微分同胚与辛化流形上非零实数群的乘法作用可换, 并可按下述作法来定义.

回忆一下, 辛化流形上的一点就是原接触流形上的一个接触形式.

定义　*接触点为 x 的接触形式 p* 在接触流形到其自身的接触微分同胚 f 作用下的像就是形式

$$f_! p = (f^*_{f(x)})^{-1} p.$$

用简单的话讲就是: 把形式 p 从 x 的切空间用微分同胚 f (它在 x 点的导数定义了 x 与 $f(x)$ 处切空间的同构) 搬到 $f(x)$ 的切空间上. 因为 f 是接触微分同胚, 所以 $f_! p$ 仍是接触形式.

定理　*以上定义的接触流形之辛化空间到其自身的映射 $f_!$ 是一个辛微分同胚, 而且与非零实数群的乘法作用可换, 并保持辛化空间上的典则 1–形式.*

证　这定理的结论由以下事实可得: 典则 1–形式、辛 2–形式与非零实数群的作用都是由接触构造自己决定的 (作它们时并没有用到坐标与非不变的工具), 而微分

①严格地说, 我们需要黎曼流形是完全的, 即测地线可以无限地拓展.

同胚 f 则保持接触构造. 由此可知 $f_!$ 保持所有应用接触构造不变地做出来的对象, 其中就有: 1–形式 α, 其导数 $d\alpha$ 以及群的作用. □

定理 接触流形的辛化流形的每一个与乘法群的作用可换的辛微分同胚都 (1) 作为接触微分同胚而投影在原接触流形上; (2) 保持典则 1–形式 α.

证 每个与乘法群的作用可换的微分同胚都投影为接触流形的微分同胚. 为证明它是接触微分同胚, 只需证明定理的后一论断 (因为只有使 $\alpha(\xi)=0$ 的矢量才投影到接触平面上).

为证明第二个论断, 我们把 α 沿任一路径 γ 的积分用辛构造 $d\alpha$ 来表示:

$$\int_\gamma \alpha = \lim_{\varepsilon\to 0}\iint_{\sigma(\varepsilon)} d\alpha,$$

这里二维链 $\sigma(\varepsilon)$ 是由 γ 乘以区间 $[\varepsilon,1]$ 中的一切数而得. σ_ε 的边缘除 γ 外还有两个铅直区间以及路径 $\varepsilon\gamma$. α 在铅直区间上积分为零, 而在 $\varepsilon\gamma$ 上的积分随 ε 趋于零.

由 2–形式 $d\alpha$ 的不变性及微分同胚 F 与乘法群作用的可换性即知对任意路径 γ 有

$$\int_{F_\gamma}\alpha = \int_\gamma \alpha,$$

因此微分同胚 F 保持 1–形式 α. □

定义 接触矢量场的辛化由以下作法定义: 把这个场看作接触微分同胚的单参数群的速度场. 辛化这些微分同胚. 考虑所得辛微分同胚的单参数群之速度场, 它称为原矢量场的辛化.

定理 接触矢量场的辛化是一个哈密顿矢量场. 可以选取哈密顿函数使它在非零实数的乘法群作用下是一次齐性的:

$$H(\lambda x) = \lambda H(x).$$

反之, 辛化接触流形上的每一个哈密顿场, 若其哈密顿函数是一次齐性的, 都可以投影到接触流形上成为一个接触矢量场.

证 接触微分同胚的辛化为辛微分同胚这一事实导出接触场的辛化为哈密顿场. 哈密顿函数的齐性可由辛微分同胚的齐性 (来自它与乘以 λ 的可换性) 导出. 因此定理的第一个论断可由接触微分同胚的辛化之定理得出.

第二部分也可以这样由齐性辛微分同胚得出. 定理证毕. □

系 矢量场的辛化是接触矢量场的李代数到所有局部哈密顿矢量场 (但其哈密顿函数是 1 次齐性的) 的李代数的同构.

证明是明显的.

H. 接触构造的达布定理

达布定理是关于接触构造的局部唯一性定理. 它可以用以下三种方式的任一种来表述.

定理 所有同维数的接触流形都是局部接触微分同胚 (即是说, 一个接触流形之任一点的充分小邻域必可微分同胚地映到另一同维接触流形之任一点的一个邻域上, 且把前者的指定点变为后者的指定点, 把前一邻域的平面场变成后一邻域的平面场).

定理 每个 $2m-1$ 维接触流形均局部接触微分同胚于 m 维空间的接触元素流形.

定理 每个定义 $2n+1$ 维流形的非退化超平面场的 1–微分形式都可在某个局部坐标中写为

$$\omega = xdy + dz,$$

这里 $x=(x_1,\cdots,x_n), y=(y_1,\cdots,y_n)$ 和 z 是局部坐标.

很清楚, 前两个定理可以由第三个得出. 我们将从辛构造的 2–形式的标准形式的类似的达布定理 (参看节 43) 得出它.

达布定理的证明 将流形辛化. 在新的 $(2n+2)$ 维辛流形上有典则 1–形式 α, 非退化 2–形式 $d\alpha$, 到原接触流形上的投影 π 和每点一个铅直方向.

在接触流形上给的 1–形式 ω 在每点上定义一个接触形式. 它们构成辛流形的 $(2n+1)$ 维子流形. 投影 π 将此子流形微分同胚地映到原接触流形, 而铅直方向与此子流形交角不为零.

在刚才作的曲面上 (在辛流形内) 取一点使在我们关心的接触流形之点上方. 我们可在辛流形该点附近取一局部坐标系使

$$d\alpha = dp_0 \wedge dq_0 + \cdots + dp_n \wedge dq_n,$$

而且坐标平面 $p_0=0$ 与 $(2n+1)$ 维流形重合 (参看节 43, 那里在证明辛达布定理时第一个坐标可以任意选取).

现在我们注意, 1–形式 $p_0dq_0+\cdots+p_ndq_n$ 的导数是 $d\alpha$, 于是局部地有

$$\alpha = p_0dq_0 + p_1dq_1 + \cdots + p_ndq_n + dw.$$

w 是一个函数而在原点可取为零. 特别是, 在曲面 $p_0=0$ 上,α 之形状为

$$\alpha|_{p_0=0} = p_1dq_1 + \cdots + p_ndq_n + dw.$$

用投影 π 可以把坐标 $p_1,\cdots,p_n;q_0;q_1,\cdots,q_n$ 和函数 w 搬到接触流形上去. 准确些说, 可以用公式

$$x_i(\pi A) = p_i(A), \quad y_i(\pi A) = q_i(A), \quad z(\pi A) = w(A)$$

来定义函数 x, y 和 z, A 是曲面 $p_0 = 0$ 上一点.

于是我们得到

$$w = xdy + dz,$$

余下的只是要验证 $(x_1, \cdots, x_n; y_1, \cdots, y_n; z)$ 构成坐标系. 为此只需验证 w 对 q_0 的偏导数不为零, 换言之即验证 1–形式 α 在坐标方向 q_0 的矢量上不为零. 后者等价于 2–形式 $d\alpha$ 在下面的一对矢量上不为零: q_0 方向的基底矢量和铅直矢量.

但坐标方向 q_0 的矢量斜正交于坐标平面 $p_0 = 0$ 上的一切矢量. 若它也斜正交于铅直矢量, 则它将斜正交于一切矢量, 这与 $d\alpha$ 之非退化性矛盾. 于是 $\dfrac{\partial w}{\partial q_0} \neq 0$ 而定理证毕. □

I. 接触哈密顿函数

设一接触流形的接触构造是由 1–微分形式 ω 给出的, 而且此形式是固定的.

定义　接触流形在其辛化中的 ω–嵌入即一映射, 将接触流形的点映为 ω 在此点切平面上的限制.

定义　具有固定 1–形式 ω 的接触流形上的接触矢量场的*接触哈密顿函数*就是此流形上的一个函数 K, 它在每点的值即此场的辛化之齐性哈密顿函数 H 在此点的 ω 嵌入的像上之值:

$$K(A) = H(\omega|_A).$$

定理　*具有给定 1–形式 ω 的接触流形上的接触矢量场 X 的接触哈密顿函数 K 等于形式 ω 在此接触矢量场上的值:*

$$K = \omega(X).$$

证　我们将要用到把通常的哈密顿函数在一路径上的增量表为矢量场与接触构造的式子 (见节 48B). 为此作经过辛化上的 B 点之铅直区间 $\{\lambda B\}, 0 < \lambda \leqslant 1$, 我们正是要在 B 点计算哈密顿函数. 这个区间在场 X 的辛化流作用下在一小段时间 τ 内的移动盖满一个二维区域 $\sigma(\tau)$. 哈密顿函数在 B 点的值等于极限

$$H(B) = \lim_{\tau \to 0} \tau^{-1} \iint_{\sigma(\tau)} d\alpha,$$

因为当 $\lambda \to 0$ 时 $H(\lambda B) \to 0$. 但形式 $d\alpha$ 在此区域上的积分等于 1–形式 α 在由 B 之轨迹所成的边上的积分 (边缘其他部分上积分为零). 因此这个二重积分就是 1–形式 α 沿轨迹区间上的积分, 而其极限即 α 在辛化场的速度矢量 Y 上之值. 于是 $K(\pi B) = H(B) = \alpha(Y) = \omega(X)$, 是所求证. □

J. 计算公式

现在设用达布定理中的坐标, 而 ω 有标准形式

$$\omega = xdy + dz, \quad x = (x_1, \cdots, x_n), \quad y = (y_1, \cdots, y_n).$$

问题 求具有给定接触哈密顿函数 $K = K(x, y, z)$ 的接触场的分量.

答 接触流之方程形为

$$\begin{cases} \dot{x} = -K_y + xK_z, \\ \dot{y} = K_x, \\ \dot{z} = K - xK_x. \end{cases}$$

解法 辛化中的一点可由 $2n+2$ 个数 x_i, y_i, z 与 λ 给出, (x, y, z) 是接触流形中点的坐标, λ 是必须用以乘 ω 才能得到辛化空间中已知点的数.

在这些坐标中 $\alpha = \lambda xdy + \lambda dz$. 故在坐标 $\boldsymbol{p}, \boldsymbol{q}$ 中, 这里

$$\begin{aligned} \boldsymbol{p} &= (p, p_0), \quad p = \lambda x, \quad p_0 = \lambda, \\ \boldsymbol{q} &= (q, q_0), \quad q = y, \quad q_0 = z, \end{aligned}$$

形式 α 取标准形

$$\alpha = \boldsymbol{p}d\boldsymbol{q}, \quad d\alpha = d\boldsymbol{p} \wedge d\boldsymbol{q}.$$

乘法群的作用 T_μ 现在化为用一数去乘 $\boldsymbol{p}$:

$$T_\mu(\boldsymbol{p}, \boldsymbol{q}) = (\mu\boldsymbol{p}, \boldsymbol{q}).$$

接触哈密顿函数 K 可以用通常哈密顿函数 $H = H(p, q, p_0, q_0)$ 表示为

$$K(x, y, z) = H(x, y, 1, z).$$

函数 H 对 $\boldsymbol{p}$ 是一次齐性的. 因此 K 在点 (x, y, z) 的偏导数与 H 在点 $(p = x, p_0 = 1, q = y, q_0 = z)$ 的偏导数间有

$$\begin{aligned} H_q &= K_y, \quad H_{q_0} = K_z, \\ H_p &= K_x, \quad H_{p_0} = K - xK_x \end{aligned}$$

这样的关系式. 因此以 H 为哈密顿函数的哈密顿方程组在所考虑的点上的形状是

$$\begin{aligned} \dot{x} + x\lambda = -K_y, &\quad \dot{\lambda} = -K_z, \\ \dot{y} = K_x, &\quad \dot{j} = K - xK_x, \end{aligned}$$

由此即可得以上答案.

问题 求具有接触哈密顿函数 K 和 K' 的两个接触场的泊松括弧的接触哈密顿函数.

答 $(K, K') + K_zEK' - K'_zEK$, 圆括弧表示对变量 x 和 y 的泊松括弧, E 是欧拉算子: $EF = F - xF_x$.

解法 用上题解法的记号, 我们必须把齐性哈密顿函数 H, H' 在点 $(p = x, p_0 = 1, q = y, q_0 = z)$ 处的通常的泊松括弧用接触哈密顿函数 K 和 K' 表示出来. 我们有

$$\begin{aligned}(H, H') &= H_q H'_p - H_p H'_q \\ &= H_q H'_p - H_p H'_q + H_{q_0} H'_{p_0} - H_{p_0} H'_{q_0}.\end{aligned}$$

将前题中的偏导数值代入, 即知在所讨论的点上

$$(H, H') = K_y K'_x - K_x K'_y + K_z (K' - x K'_x) - K'_z (K - x K_x).$$

K. 勒让德流形

辛相空间的拉格朗日子流形在接触情况下对应于一类有趣的流形, 称为勒让德流形, 因为它们和勒让德变换密切相关.

定义 $(2n+1)$ 维接触流形的*勒让德子流形*就是接触平面场的 n 维积分流形.

换言之它是非退化平面场的维数最高的积分流形.

例 1 切于 m 维流形的一个任意维子流形的所有接触元素之集是一切接触元素之 $(2m-1)$ 维的流形的 $(m-1)$ 维勒让德子流形.

例 2 设在坐标为 $(x_1, \cdots, x_n, f)$ 的 $(n+1)$ 维欧氏空间中有函数 $f = \varphi(x)$, 作切于其图像的所有平面, 又作图像所在空间的一切非铅直超平面元素, 而成一个 $(2n+1)$ 维空间, 上述图像的切平面之集就是其勒让德子流形 (接触构造由以下 1–形式

$$\omega = p_1 dx_1 + \cdots + p_n dx_n - df$$

给出. 坐标为 (p, x, f) 的元素平行于平面 $f = p_1 x_1 + \cdots + p_n x_n$ 而经过点 (x, f)).

勒让德变换可以用它们表示如下:

考虑另一个坐标为 (P, X, F) 的 $(2n+1)$ 维接触空间, 其接触构造由下式给出

$$\Omega = P dX - dF.$$

*勒让德对合*就是一个映射, 它把第一空间中坐标为 (p, x, f) 之点, 变为第二空间之点

$$P = x, \quad X = p, \quad F = px - f.$$

很容易算出, 勒让德对合把第一个接触构造变成第二个. 很清楚, 我们有

定理 *若一个接触流形到另一个接触流形上的微分同胚变接触平面为接触平面, 则也把勒让德流形变为勒让德流形.*

特别是, 在勒让德对合下切于函数图像的平面元素所成的勒让德流形变成新的勒让德流形. 新流形称为原流形的*勒让德变换*.

新流形在坐标为 (X, F) 的空间 (平行于 P 方向) 的投影一般不是光滑流形而有奇性. 这个投影称为*函数 φ 的图像的勒让德变换*.

若函数 φ 为凸, 则投影本身也是一个函数 $F=\Phi(X)$ 的图像. 这时 Φ 称为*函数 φ 的勒让德变换*.

另一个例子是, 考虑有向接触元素在黎曼流形的测地流作用下的运动. 我们以这黎曼流形的某个光滑子流形 (维数任意) 作为 "初始波前". 切于此子流形的有向接触元素在所有接触元素的空间中构成一个勒让德流形. 由前之定理有

系 *切于一个波前的元素之族在测地流作用下经时间 t 被变化为所有接触元素空间的一个勒让德流形.*

应该要注意, 这个新勒让德流形可能不是切于某光滑流形的所有元素的族, 因为波前可能产生奇性.

这样产生的勒让德奇性可以用类似于描述拉格朗日奇性 (见附录 12) 的方法去描述. 一个 $(2n+1)$ 维接触流形的*勒让德纤维化*是纤维为 n 维勒让德流形的纤维化.*勒让德奇性*就是 $(2n+1)$ 维接触流形的一个 n 维勒让德子流形到勒让德纤维化的 $(n+1)$ 维底空间上投影的奇性.

考虑具有 $\alpha=xdy+dz$ 所给出的接触构造的空间 $\mathbb{R}^{2n+1}, x=(x_1,\cdots,x_n), y=(y_1,\cdots,y_n)$. 投影 $(x,y,z)\to(y,z)$ 给出了一个勒让德纤维化.

勒让德纤维化的等价就是纤维化全空间的一个微分同胚而将第一个丛的接触构造与纤维变为第二个丛的接触构造与纤维. 可以证明, 每一个勒让德丛在丛空间每点附近均等价于上面作出来的特殊的丛.

纤维化全空间的接触构造给纤维以射影空间的局部构造. 勒让德等价保持这个构造, 即定义了局部的纤维之间的射影变换.

以下的定理使我们能用生成函数来局部地描述勒让德子流形和映射.

定理 *将指标集 $(1,\cdots,n)$ 任意分划为两个不相交子集 $I+J$, 则对 n 个变量 $x_i, y_i, i\in I, j\in J$ 的任意函数 $S(x_I, y_J)$,*

$$y_I=\frac{\partial S}{\partial x_I},\quad x_J=-\frac{\partial S}{\partial y_J},\quad z=S-x_I\frac{\partial S}{\partial x_I}.$$

定义 *$\mathbb{R}^{2n+1}$ 的一个勒让德子流形. 反之, $\mathbb{R}^{2n+1}$ 的每个勒让德子流形在每一点附近都可以用至少一种 I (共有 2^n 种可能的 I) 按以上公式来定义.*

证明基于这样一个事实, 即在一个勒让德流形上 $dz+xdy=0$, 从而 $d(z+x_Iy_I)=y_Idx_I-x_Jdy_J$. □

在以上定理的公式中, 可以把 S 代以附录 12 中所列举的简单拉格朗日奇性. 我们就会得到勒让德奇性而为勒让德映射 $(x,y,z)\to(y,z)$ 的小变形所保持 (即在函数

S 有小变形时仍被变为等价的奇性). 当 $n<6$ 时, 每个勒让德映射都可用一个映射去逼近, 而此映射的奇性都局部地等价于 A_k $(1\leqslant k\leqslant 6)$, D_k $(4\leqslant k\leqslant 6)$ 与 E_6 之奇性.

特别是我们可得出在维数小于 7 的空间中处于一般位置的波前的奇性的表.

在通常的三维空间中, 这个表是

$$A_1: S=\pm x_1^2,\quad A_2: S=\pm x_1^3,\quad A_3: S=\pm x_1^4+x_1^2y_2,\quad I=\{1\},\quad J=\{2\},$$

而 $n=2$.

这里指出的勒让德流形到勒让德丛的底空间的投影 (即到坐标为 y_1,y_2,z 的空间的投影) 是: 在 A_1 时是一个简单点, A_2 时是尖点边缘, A_3 时是 "燕尾" (参见图 246).

所以在三维空间中, 一般位置的波前只会以尖点和燕尾为奇点. 在波前运动的个别的时刻, 我们可以看到 A_4, D_4^- 和 D_4^+ 三种类型之间的转换 (参见附录 12, 那里画出了波前运动中由奇性所生成的聚焦面).

问题 1 在平面椭圆每一个内法线上取一段长为 t 的区间, 画出所得曲线并研究其奇性以及当 t 变化时的转换.

问题 2 对三维空间的三轴椭球作同样的事.

L. 接触化

除了接触流形的辛化外, 还有辛构造上同调于零的辛流形的接触化.

辛流形 (M^{2n},ω^2) 的接触化 E^{2n+1} 就是作 M^{2n} 上以 $\mathbb{R}$ 为纤维的空间. 令 U 是 M 中 x 点的充分小邻域而在 U 上有典则坐标系 p,q 使 $\omega=dp\wedge dq$. 考虑直积 $U\times\mathbb{R}$, 其坐标为 p,q,z. 令 $V\times\mathbb{R}$ 是在另一个 (或即同一个) 邻域 V 上作的同样直积, 坐标为 P,Q,Z; $dP\wedge dQ=\omega$. 若 U 与 V 在 M^{2n} 上相交, 则我们把交集处的有两种表示的纤维看成等同的, 而形式 $dz+pdq=dZ+PdQ=\alpha$ 定义在整个交集上 (这是可能的, 因为在 $U\cap V$ 上 $PdQ-pdq$ 是全微分).

容易验证, 这样把小邻域粘起来后就得到 M^{2n} 上的丛 E^{2n+1} 而 α 在 E^{2n+1} 上定义一个接触构造. 流形 E^{2n+1} 称为辛流形 M^{2n} 的接触化. 若 ω^2 的上同调类是整数, 则可以定义以 S^1 为纤维的接触化.

M. 一阶偏微分方程的求积

令 M^{2n+1} 为接触流形, E^{2n} 为其中的超曲面. M^{2n+1} 的接触构造在 E 上定义某个几何构造 —— 特别是所谓特征方向场. 分析这个几何构造就可将求解一般的一阶非线性偏微分方程化为求积一个常微分方程组.

我们设流形 E^{2n} 在各点均横截于接触平面. 这时 E^{2n} 各点的切平面与接触平面之交的维数为 $2n-1$, 于是在 E^{2n} 上有一超平面场. 此外 M^{2n+1} 的接触构造在 E^{2n} 上定义一个位于这些 $(2n-1)$ 维平面内的直线场.

事实上, 令 α 为在 M^{2n+1} 上局部给出接触构造的 1–形式; 令 $\omega = d\alpha$ 而 $\mathbb{R}^{2n}$ 为 $x \in E^{2n}$ 处的接触平面. 令 $\Phi = 0$ 为 E^{2n} 的局部方程 (从而在 x 点 $d\Phi \neq 0$). $d\Phi$ 在 $\mathbb{R}^{2n}$ 上的限制定义了 $\mathbb{R}^{2n}$ 上的一个线性形式. 2–形式 ω 给 $\mathbb{R}^{2n}$ 以辛空间的构造, 从而也给出 $\mathbb{R}^{2n}$ 与其对偶的同构. 非零 1–形式 $d\Phi|_{\mathbb{R}^{2n}}$ 相应于 $\mathbb{R}^{2n}$ 上的非零矢量 ξ, 使 $d\Phi(\cdot) = \omega(\xi, \cdot)$. 矢量 ξ 称为流形 E^{2n} 在 x 的特征矢量. 它位于 $\mathbb{R}^{2n}$ 与 E^{2n} 的切平面的交内, 故 $d\Phi(\xi) = 0$.

矢量 ξ 并不能由流形 E^{2n} 和 M 上的接触构造唯一地决定, 而是相差一个非零数因子. 事实上, 正如 $\mathbb{R}^{2n}$ 上的 2–形式 ω 一样, $\mathbb{R}^{2n}$ 上的 1–形式 $d\Phi$ 也只定义到相差一个非零数因子.

特征矢量的方向 (即包含它的直线) 由流形 E 在各点的接触构造唯一地决定. 于是在接触流形 M 的超曲面 E 上有特征方向场. 这个方向场的积分曲线称为特征.

现在设在我们的超曲面 E^{2n} 中有一个 $(n-1)$ 维子流形 I, 它是接触场的积分 (于是 I 在每点的切平面包含在接触平面内).

定理 *若在 I 上一点 x 处 E^{2n} 的特征不切于 I, 则在 x 的一个邻域中, 过 I 上各点的 E^{2n} 的特征构成 M^{2n+1} 的一个勒让德子流形.*

证 令 ξ 是 E^{2n} 上由特征矢量形成的矢量场. 由同伦公式 (见节 36G), 在 E^{2n} 上有

$$L_\xi \alpha = d i_\xi \alpha + i_\xi d\alpha.$$

但因特征矢量属于接触平面从而 $i_\xi \alpha = 0$. 所以在 E^{2n} 上有 $L_\xi \alpha = i_\xi \omega$. 但 1–形式 $i_\xi \omega$ 在 E^{2n} 的切平面与接触平面之交上为零 (因为在接触平面上 $i_\xi \omega = d\Phi$ 而在切平面上 $d\Phi = 0$). 故在 E^{2n} 的切平面上 $i_\xi \omega = c\alpha$. 于是在超曲面 E 上

$$L_\xi \alpha = c\alpha$$

(c 是在 x 的邻域中光滑的函数).

现令 $\{g^t\}$ 是场 ξ 的 (局部) 相流, 矢量 η 切于 E^{2n}. 记 $\eta(t) = g^t \cdot \eta, y(t) = \alpha(\eta(t))$. 则函数 y 满足线性微分方程

$$\frac{dy}{dt} = c(t)y(t).$$

若 $\eta(0)$ 切于 I, 则 $y(0) = \alpha(\eta(0)) = 0$. 这意味着 $y(t) = \alpha(\eta(t)) = 0$, 即 $\eta(t)$ 对一切 t 位于接触平面内. 故 $g^t I$ 是接触场的积分流形. 故对小的 t, $\{g^t I\}$ 构成的流形是勒让德流形. □

例 考虑坐标为 $x_1, \cdots, x_n; p_1, \cdots, p_n; u$ 的空间 $\mathbb{R}^{2n+1}$, 且 1–形式 $\alpha = du - pdx$ 定义一接触构造. 函数 $\Phi(x, p, u)$ 定义一个微分方程 $\Phi(x, \partial u/\partial x, u) = 0$ 及 $\mathbb{R}^{2n+1}$ 的子流形 $E = \Phi^{-1}(0)$ (称为 $\mathbb{R}^n$ 上的函数之 1–节 (jet) 空间).

方程 $\Phi = 0$ 的*初始条件*即在坐标为 $x_1, \cdots, x_n$ 的 n 维空间的 $(n-1)$ 维超曲面 Γ 上指定 u 之值 f.

初始条件在 Γ 上每点的 $n-1$ 个独立方向上决定了 u 的导数. 横截于 Γ 的方向上 u 之导数一般可由方程决定; 若隐函数定理的条件满足, 则初始条件称为非特征的.

非特征初始条件定义了形式 α 的一个 $(n-1)$ 维积分子流形 I (即映射 $u=f(x), p=p(x), x\in\Gamma$ 的图像) E 上与 I 相交的特征构成 $\mathbb{R}^{2n+1}$ 的勒让德子流形, 即 $u=u(x), p=\dfrac{\partial u}{\partial x}$ 之像. 函数 $u(x)$ 是方程 $\Phi\left(x,\dfrac{\partial u}{\partial x},u\right)=0$ 在初始条件 $u|_\Gamma=f$ 下的解.

注意, 为了找出函数 u, 我们只需求解 E 上的特征的一组 $2n$ 个一阶常微分方程, 再作一系列 "代数" 运算.

附录 5　具有对称性的动力系统

由诺特定理, 动力系统的单参数对称群决定首次积分. 若一系统有较大的对称群, 则有几个首次积分. 这些首次积分的等值流形在相空间中之交是相流的不变流形. 对称群中把这个不变流形映到自身的映射, 组成一个子群作用在此流形上. 在许多情况下我们可以考虑流形对此不变流形的商流形, 以及这个子群在其上的作用. 这个商流形称为化约相空间, 并有自然的辛构造. 原来的哈密顿动力系统在化约相空间中又诱导出一个哈密顿系统.

相空间分划成几个首次积分的等值流形的交, 一般会出现奇点. 相平面之分划为等能曲线是一个例子.

我们将在这个附录中简要地讨论化约相空间中的动力系统及其与原空间的不变流形之关系. 所有这些问题雅可比和庞加莱都研究过 (例如多体问题中 "结点的消去", 有对称性的方程组之 "降价", 刚体之 "恒定旋转" 等等). 使用当代术语的详细的叙述可在以下各文中找到: S. Smale, [2] 以及 J. Marsden, A. Weinstein, [1].

A. 李群的泊松作用

考虑一个辛流形 (M^{2n},ω^2) 并设李群 G 作为辛微分同胚群作用其上. 于是, G 的每个单参数子群都作为局部哈密顿相流作用在 M 上. 在许多重要情况下, 这些流具有单值的哈密顿函数.

例　设 V 为光滑流形, G 是 V 上微分同胚的李群. 因为微分同胚变 V 上的 1–形式为 1–形式. 故群 G 也作用在余切丛 $M=T^*V$ 上.

回忆一下, 在余切丛上恒有典则 1–形式 α ("pdq") 和自然的辛构造 $\omega=d\alpha$. 群 G 在 M 上的作用是辛变换, 因为它保持 α 从而也保持 $d\alpha$.

G 的单参数子群 $\{g^t\}$ 定义 M 上的相流. 容易验证它有单值的哈密顿函数. 事实上, 诺特定理中的公式给出了这个哈密顿函数:

$$H(x)=\alpha\left(\left.\frac{d}{dt}\right|_{t=0} g^t x\right),\quad x\in M.$$

现在设有李群 G 在连通辛流形 M 上的辛作用, 使对 G 之李代数的每个元 a 相应一个具有单值哈密顿函数 H_a 的辛微分同胚的单参数群. 这些哈密顿函数可以加一个待定常数, 而且可选此常数使 H_a 对 a 的关系是线性的. 为此只需对 G 之李代数的一组基底矢量的哈密顿函数任选以上常数, 再定义代数中任意元素的哈密顿函数是基底函数的线性组合.

这样, 给定了李群 G 的辛作用以及 M 上的一个单值哈密顿函数, 就可作出由 G 的李代数到 M 上的哈密顿函数的李代数的线性映射. 对应于李代数中两个元的交换子 $[a,b]$ 的 $H_{[a,b]}$ 等于泊松括弧 (H_a,H_b), 或与之相差一个常数:

$$H_{[a,b]}=(H_a,H_b)+C(a,b).$$

注　上述公式中出现常数 C 是一个有趣的现象之结果: 即 (整体) 哈密顿场的李代数有二维上同调类存在.

量 $C(a,b)$ 是李代数上的双线性斜对称函数. 由雅可比恒等式有

$$C([a,b],c)+C([b,c],a)+C([c,a],b)=0.$$

李代数上具有这个性质的双线性斜对称函数称为李代数的二维上循环.

若另取哈密顿函数中的常数, 则上循环 C 将变成 C', 这里

$$C'(a,b)=C(a,b)+\rho([a,b]).$$

ρ是李代数上的线性函数. 这样一个上循环 C' 称为上同调于 C. 一类彼此上同调的上循环称为李代数的上同调类.

因此, 有单值哈密顿函数的群 G 之辛作用定义了 G 之李代数的一个二维上同调类. 这个上同调类度量了群的作用与以下的作用偏离的程度, 即交换子的哈密顿函数等于哈密顿函数之泊松括弧的那一种群作用.

定义　一个连通李群在辛流形上的作用称为泊松作用, 如果单参数子群的哈密顿函数是单值的, 而且选取得线性依赖于李代数之元, 并使交换子的哈密顿函数等于哈密顿函数的泊松括弧:

$$H_{[a,b]}-(H_a,H_b)$$

换言之, 群的泊松作用定义了群的李代数与哈密顿函数的李代数的同态.

例　令 V 为光滑流形, 李群 G 作为微分同胚群作用在 V 上. $M=T^*V$ 是 V 之余切丛并有通常的辛构造 $\omega=d\alpha$. 单参数子群的哈密顿函数的定义是:

$$H_a(x)=\alpha\left(\left.\frac{d}{dt}\right|_{t=0} g^t x\right),\quad x\in T^*V.\tag{1}$$

定理　此作用是泊松的.

证 由 1–形式 α 的定义, 哈密顿函数 H_a “对动量 p” 是线性的 (即在每个余切空间上是线性的). 所以其泊松括弧也是线性的. 这样函数 $H_{[a,b]}-(H_a,H_b)$ 对 p 是线性的. 但因它是常数, 所以等于零. □

同样可证任一接触作用的辛化是泊松的.

例 令 V 为三维欧氏空间, G 为其六维运动群. 下面六个单参数子群构成李代数的基底: 沿坐标轴 q_1,q_2,q_3 的速度为 1 的平移, 以及绕这三个轴角速度为 1 的旋转. 由 (1), 相应的哈密顿函数 (用通常记号) 是 p_1,p_2,p_3; M_1,M_2,M_3, 其中 $M_1=q_2p_3-p_2q_3$ 等. 定理指出了, 六个函数每一对的泊松括弧等于相应单参数群的交换子的哈密顿函数.

群 G 在辛流形 M 上的泊松作用定义了 M 到 G 的李代数的对偶空间内的映射:

$$P:M\to g^*$$

即是说, 固定 M 中的 x 点并考虑一函数, 它在李代数的元 a 处取的值是哈密顿函数 H_a 在定点 x 之值:

$$p_x(a)=H_a(x)$$

p_x 是李代数上的线性函数, 即李代数之对偶空间相应于 x 的元:

$$P(x)=p_x.$$

按照 Souriau 的说法 (见 Souriau [1]), 我们称映射 P 为矩. 注意矩之值总是空间 g^* 的元.

例 令 V 为一光滑流形, 李群 G 作为微分同胚群作用在 V 上, $M=T^*V$ 为余切丛,H_a 是上面作的 G 在 M 上的作用的哈密顿函数.

这时 “矩” 映射 $P:M\to g^*$ 可以描述如下: 考虑 G 的所有元作用在 M 中定点 x 上生成的映射 $\Phi:G\to M$ ($\Phi(g)=gx$). M 上的典则 1–形式 α 在 G 上诱导出 1–形式 $\Phi^*\alpha$. 它在 G 的恒等元上的限制是李代数上的线性形式.

故对 M 中每一点 x 我们都附加上了李代数上的一个线性形式. 容易验证, 这个映射就是泊松作用的矩.

特别是, 若 V 是三维欧氏空间,G 是绕点 O 的旋转群, 矩之值即通常的角动量; 若 G 是绕一轴的旋转, 则矩之值即对于该轴的角动量; 若 G 是平移群, 矩之值即动量矢量.

定理 在矩映射 P 之下, 连通李群的泊松作用变成 G 在其李代数之对偶空间 g^* 上的余伴随作用 (参看附录 2), 即以下图式可换:

$$\begin{array}{ccc} M & \xrightarrow{\ g\ } & M \\ \downarrow{\scriptstyle P} & & \downarrow{\scriptstyle P} \\ \mathfrak{g}^* & \xrightarrow{Ad^*_{g^{-1}}} & \mathfrak{g}^* \end{array}.$$

系　设哈密顿函数 $H: M \to \mathbb{R}$ 在 M 上群 G 的泊松作用下不变. 这时矩是以 H 为哈密顿函数的方程组的首次积分.

定理之证　定理断言, 单参数群 h^{-1} 的哈密顿函数被微分同胚 g 变为单参数群 $dh^t g^{-1}$ 的哈密顿函数 $H_{Ad_g a}$.

令 g^s 是以 H_b 为哈密顿函数的单参数群. 只需证明 $H_a(g^s x)$ 和 $H_{Ad_{g^s} a}(x)$ 对 s 的导数当 $s=0$ 时相等即可. 第一个导数是 (H_a, H_b) 在 x 之值, 第二个导数是 $H_{[a,b]}(x)$. 因为作用是泊松的, 定理得证. □

系的证明　在哈密顿函数为 H 的相流方向上, 矩的各分量之导数均为零, 因为它等于函数 H 在相应于 C 的单参数群之相流上的导数.

B. 化约相空间

设有群 G 在辛流形 M 上的泊松作用. 考虑矩的等值集, 即某点 $p \in g^*$ 在 P 下之原像. 记此集为 M_p, 于是 (图 238)

$$M_p = P^{-1}(p).$$

在许多重要情况下集 M_p 是一个流形. 例如当 p 是矩的正则值 (即若 P 之微分在集 M_p 各点均映 M 的切空间到 $\mathfrak{g}^*$ 的整个切空间) 时就是这样.

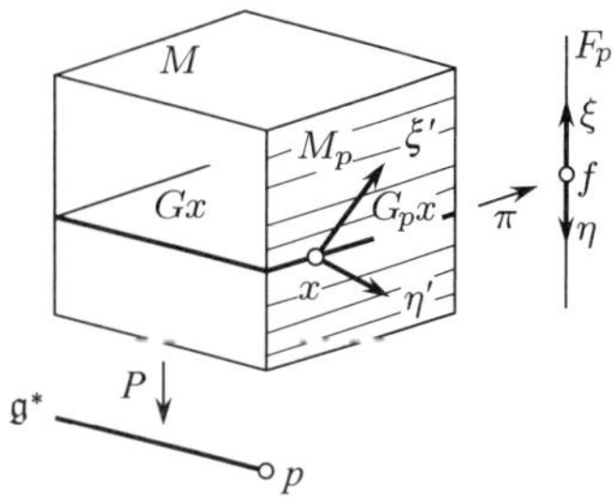

图 238　化约相空间

一般说来, 作用在 M 上的李群 G 把一个 M_p 映到别的 M_p. 然而余伴随表示中的点 p 的恒定子群 (即由群 G 之适合 $Ad_g^* p = p$ 的元 g 所成的子群) 使 M_p 不变. 我们用 G_p 记此恒定子群. 群 G_p 是一个李群, 它作用在矩的等值集 M_p 上.

将 M_p 对群 G_p 的作用求商, 即可得到化约相空间. 为使这个求商有意义, 要作几个假设. 例如只需下面的假设就够了:

1. p 是正则值, 从而 M_p 是一流形.
2. 恒定子群 G_p 为紧.
3. G_p 之元作用在 M_p 上没有固定点.

注　这些条件可以减弱. 例如, 代替群 G_p 的紧性, 我们可以要求其作用为适当的 (即在映射 $(g,x) \to (g(x), x)$ 下, 紧集的原像仍为紧). 例如群由左、右平移作用在其自身上总是适当的.

若条件 (1), (2), (3) 满足, 容易给 G_p 在 M_p 上作用的轨道集以光滑流形构造. 具体说, 在点 $x \in M_p$ 的邻域中对轨道 $G_p x$ 作局部横截面即可给出一个区图. 此横截面的维数应等于轨道之余维数.

所得轨道流形称为具有对称性的力学系之化约相空间.

我们用 F_p 记相应于矩之值 p 的化约相空间. 流形 F_p 是从 $\pi: M_p \to F_p$ 的底空间, 纤维微分同胚于 G_p.

化约相空间 F_p 上有自然的辛构造. 具体说, 考虑在 f 点切于 F_p 的矢量 ξ 与 η. 点 f 是群 G_p 在流形 F_p 上的一轨道. 令 x 为其上一点. 对于 M_p 之某点 x 的切矢量 ξ',η' 施用投影 $\pi: M_p \to F_p$ 即可得到切于 F_p 的矢量 ξ 与 η.

定义 在同一点切于化约相空间的矢量 ξ 和 η 的斜数量积即相应的切于原流形的矢量 ξ',η' 的斜数量积

$$[\xi,\eta]_p = [\xi',\eta'].$$

定理① *矢量 ξ 和 η 的斜数量积既不依赖于点 x 的选择也不依赖于代表它们的 ξ',η' 的选择, 并给化约相空间以辛构造.*

系 *化约相空间是偶数维的.*

定理的证明 我们考虑 M 在 x 的切空间之以下两个子空间:

$$T(M_p): \text{等值流形} M_p \text{的切空间},$$
$$T(Gx): \text{群 } G \text{ 的轨道的切空间}.$$

引理 *这两个空间在 TM 中互为斜正补交.*

证 矢量 ζ 在群轨道的切平面之斜正交补中当且仅当 ζ 和群 G 的哈密顿流的速度矢量的斜数量积为零 (定义). 但这些斜数量积等于相应的哈密顿函数在 ζ 方向上的导数. 所以矢量 ζ 在 G 的轨道的斜正交补中当且仅当矩在 ζ 方向的导数等于零, 亦即 ζ 在 $T(M_p)$ 中. 引理的第一个论断得证, 第二个是显然的.

代表元 ξ' 和 η' 的选取可相差一项, 即加上群 G_p 轨道的切平面上的矢量. 但这个切平面是轨道 G_x 与流形 M_p 切平面之交 (A 之最后一个定理). 因此对 ξ' 加上 $T(G_px)$ 中的一个矢量不改变它与 $T(M_p)$ 中矢量 η' 的斜数量积 (因为由引理, $T(G_px)$ 与 $T(M_p)$ 斜正交). 于是我们证明了与代表元的无关性.

量 $[\xi,\eta]_p$ 与轨道 f 上的点 x 的无关性来自群 G 在 M 上的作用的辛性质及 M_p 的不变性. 于是我们在 F_p 上定义了一个 2–微分形式:

$$\Omega_p(\xi,\eta) = [\xi,\eta]_p.$$

它是非退化的, 因为若对一切 η, $[\xi,\eta]$=0, 则相应的代表元 ξ' 斜正交于 $\tau(M_p)$ 中的一切矢量. 故 ξ' 必属于 $T(M_p)$ 在 TM 中的斜正交补. 由引理 $\xi' \in T(Gx)$. 从而 ξ'=0.

形式 Ω_p 是闭的. 为了证明这点, 考虑一个区图, 即子流形 M_p 的横截于 G_p 在一点的轨道的一小块.

---

①这定理的这种表述首先是由 Marsden 和 Weinstein 给出的. 自雅可比以后考虑过它的许多特例, 并曾由庞加莱及其后继者在力学中用过, 基里洛夫 (Кириллов) 和科斯坦特 (Kostant) 在群论中用过, 法捷耶夫 (Фадеев) 在广义相对论中用过.

在这一区图中, Ω_p 由一个 2–形式表示, 它是由在全空间 M 上定义辛构造的 2–形式 ω 通过子流形的嵌入诱导出来的. 因为 ω 是闭的, 它诱导的形式也是闭的, 定理证毕. □

例 1　令 $M=\mathbb{R}^{2n}$ 为 $2n$ 维欧氏空间, 坐标为 p_k, q_k, 2–形式为 $\sum dp_k \wedge dq_k$. 令 $G = S^1$ 是圆周, 而 G 在 M 上的作用由谐振子的哈密顿函数给出:

$$H = \frac{1}{2}\sum(p_k^2 + q_k^2).$$

这时矩映射就是 $H: \mathbb{R}^{2n} \to \mathbb{R}$, 非零的矩的等值流形是球面 S^{2n-1}, 商空间即复射影空间 CP^{n-1}.

前面的定理在此复射影空间上定义一个辛构造. 容易验证它与附录 3 中作出的辛构造是一致的, 最多相差一个倍数.

例 2　令 V 为一李群的余切丛, G 为同一群而作用则为左平移. 于是 M_p 是 G 的切丛中这样的矢量构成的子流形: 它们在右平移到群的恒等元上以后, 在李代数的对偶空间中定义同样的元素.

于是, 流形 M_p 微分同胚于群本身而且是余切丛的右不变截面. 所有 p 值都是正则值.

点 p 的恒定子群 G_p 由群的下面这些元素组成: 用这些元素对 p 作左、右平移结果相同. G_p 的非恒等元素在 M_p 上的作用没有不动点 (因为群到自身的用非恒等元作的右平移没有不动点).

群 G_p 的作用是适当的 (见上注). 因此, 群 G_p 在 M_p 上的轨道是辛流形.

但是容易把这个轨道空间与点 p 在余伴随空间中的轨道空间等同起来. 实际上, 用左平移将余切丛的右不变截面 M_p 映到群的恒等元的余切空间中. 我们得到一个映射

$$\pi: M_p \to \mathfrak{g}^*.$$

这映射的像是点 p 在余伴随表示中的轨道, 纤维则是群 G_p 的作用的轨道. 这样, 化约相空间的辛构造在余伴随表示的轨道中定义一个辛构造.

不难用直接计算来验证, 这和附录 3 中讨论的是同一构造.

例 3　令群 $G = S^1$ 是圆周而且没有不动点地作用在流形 V 上. 于是有圆周在余切丛 $M = T^*V$ 上的作用. 我们可定义矩等值流形 M_p (在 M 中余维数为 1) 及商流形 F_p (维数较 M 之维数小 2).

此外, 若视构形空间 V 上群的每个轨道上之点相同, 即可作商流形. 记此商流形为 W.

定理　化约相空间 F_0 辛同胚于商构形流形 W 的切丛; F_p 微分同胚于 F_0.

证　令 $\pi: V \to W$ 为商映射, $\omega \in T^*W$ 是在 W 上一点 $\omega = \pi v$ 处的 1–形式. V 上 v 点的 1–形式 $\pi^*\omega$ 属于 M_0 而映射到商 F_0 中一点. 反之, F_0 的元是 V 上之在轨

道上为零的不变 1–形式; 它们定义 W 上的 1–形式. 我们已作出了映射 $T^*W \to F_0$; 容易看见这是一个辛微分同胚.

$p \neq 0$ 的情况可化为 $p=0$ 的情况如下. 考虑 V 上一个对 G 不变的黎曼度量. M_p 与 V 在点 v 的余切平面之交是一个超平面. 由此度量定义的二次型在此超平面上有唯一最小点 $S(v)$. 减去矢量 $S(v)$ 可将超平量 $M_p \cap T^*V_v$. 映入 $M_0 \cap T^*V_v$. 我们就得到了一个微分同胚 $F_p \to F_0$.

C. 在研究恒定旋转与不变流形的分枝上的应用

设有群 G 在辛流形 M 上的泊松作用; 令 H 是 M 上在 G 作用下不变的函数. 令 F_p 是一化约相空间 (我们设使它能有定义的条件都满足).

具有哈密顿函数 H 的哈密顿场切于矩的各个等值流形 M_p (因为矩是首次积分). 在 M_p 上诱导的场对 G_p 不变而在化约相空间 F_p 上定义一个场. F_p 上的这个矢量场称为化约场.

定理 化约相空间上的化约场是哈密顿场. 化约场的哈密顿函数在化约相空间任一点上的值等于原哈密顿函数在原来相空间的相应点上的值.

证 在具有辛形式 ω 的流形 M 上定义以 H 为哈密顿函数的哈密顿场 X_H 的关系式: 对一切 ξ 均有

$$dH(\xi) = \omega(X_H, \xi),$$

由 F_p 上辛构造的定义可得对化约场的类似关系. □

例 考虑固定在一恒定点的非对称刚体受重力 (或任何对铅直轴对称的有势力) 的作用.

绕铅直线旋转的群 S^1 作用在构形空间 $SO(3)$ 上. 哈密顿函数在旋转下不变, 由此我们得到化约相空间上的化约方程组.

这时的化约空间是商构形空间的余切丛 (见上面例 3). 构形空间被绕铅直轴的旋转作用的分解是泊松按以下方法作出的.

我们通过给定一个标准正交标架 $(\boldsymbol{e_1}, \boldsymbol{e_2}, \boldsymbol{e_3})$ 的位置来确定刚体的位置. 基底矢量的三个铅直分量给出了三维欧氏空间的一个矢量, 这矢量之长为 1 (为什么?). 泊松矢量 γ① 可决定原标架但相差一个绕铅直线的旋转 (为什么?).

于是, 商构形空间可以由二维球面 S^2 表示, 而化约相空间即余切丛 T^*S^2. 余切丛的化约哈密顿函数可以表示为 “化约运动的动能” (它对余切矢量是二次的) 与 “有效位能” (它是位能与绕铅直直线旋转的动能之和) 之和.

①泊松证明了, 有重量的刚体的运动方程可以通过 γ 写成特别简单的形状, 即 “欧拉–泊松方程”

$$\frac{d\boldsymbol{M}}{dt} - [\boldsymbol{M}, \boldsymbol{\omega}] = \mu g[\gamma, \boldsymbol{l}], \quad \frac{d\gamma}{dt} = [\gamma, \boldsymbol{\omega}].$$

这个情况下, 转到化约相空间几乎完全可以化为 "消去循环坐标 φ". 差别在于通常的消去程序要求构形空间或相空间是圆上的直积, 而在我们的情况则是一个丛. 缩小构形空间 (例如引进在极点有奇性的坐标) 可以把丛变为直积; 上面方法的优点在于, 它使我们清楚了, 在极点附近 (除了坐标系的奇点以外) 没有真实的奇点.

定义 M 中投影到化约相空间 F_p 上的化约方程组的平衡位置的相曲线称为原方程组的相对平衡.

例 固定在质心的刚体的恒定旋转是相对平衡. 同样有重刚体绕铅直轴的常速旋转也是相对平衡.

定理 具有 G–不变哈密顿函数的方程组的相曲线是相对平衡当且仅当它是 G 的一个单参数子群在原相空间中的轨道.

证 很清楚, 是轨道的相曲线投影到一个点. 若相曲线 $x(t)$ 投影到一点, 它可以唯一地写成 $x(t) = g(t)x(0)$ 的形状, 而容易看到 $\{g(t)\}$ 是一个子群. □

系 1 在轴对称势场中固定在场轴一点的非对称刚体, 至少有两个恒定旋转 (就相对于对称轴的角动量的每个值而言). □

系 2 在有势力场中的对称刚体若固定在其对称轴上之一点 (就相对于对称轴的角动量的每个值而言), 至少有两个恒定旋转.

这两个系都可从球面上的函数至少有两个临界点这一事实得出.

相对平衡的另一个应用是, 可以用它来研究在矩和能量值变化时, 其不变流形的拓扑性质有什么变化.

定理 矩–能量映射

$$P \times H : M \to g^* \times \mathbb{R}$$

在矩的正则等值集上之临界点就是相对平衡.

证 映射 $P \times H$ 的临界点即 H 在矩的等值流形 M_p 上的相对驻定值 (因为这等值流形是正则的, 即对任一 $x \in M_p$, 我们有 $P_*TM_x = T\mathfrak{g}_p^*$).

用 G_p 分解以后, H 在 M_p 上的条件驻定值定义了化约哈密顿函数的临界点 (因为 H 在 G_p 下是不变的). □

详细研究相对平衡和矩–能量映射的奇点是不简单的, 至今没有完全完成, 甚至在重力场中非对称刚体的运动这样一个经典问题上也是这样. 重心在某一个惯量主轴上的情况在 С. Б. Каток 为本附录一开头所引的 Smale [2] 一文的俄文译文所写的附录① 中讨论过. 在这个问题中相空间的维数为 6, 群是圆周; 化约相空间 T^*S^2 是四维的.

化约相空间的非奇异等能流形有以下四种形状 (视矩和能量之值而定): $S^3, S^2 \times$

①Успсхи Матем. Наук т27. вып. 2 (1972) 78~133.

S^1, RP^3 以及由三维球面 S^3 加上两个 “柄” 所得的流形.

$$S^1 \times D^2 \quad (D^2 = 圆盘\{(x,y) : x^2 + y^2 \leqslant 1\}).$$

附录 6　二次哈密顿函数的标准形式

在这个附录里我们要列举出可用实的辛变换将二次哈密顿函数化成的标准形式的清单. 这个清单是由加林 (Д. М. Галин) 根据威廉逊 (J. Williamson) [1] 一文编成的. 威廉逊的文章给出了辛空间中任意域上的二次型可以化成的标准形式.

A. 记号

我们将把哈密顿函数写成

$$H=\frac{1}{2}(Ax,x),$$

$x=(p_1,\cdots,p_n;q_1,\cdots,q_n)$ 是在辛基底下写出的矢量, A 是对称线性算子. 典则方程的形状是

$$\dot{x}=IAx,\quad I=\begin{pmatrix}0 & -E\\ E & 0\end{pmatrix}.$$

哈密顿函数的本征值即指线性无穷小辛算子 IA 的本征值. 同样, 若尔当方块即指 IA 的若尔当方块.

哈密顿函数的本征值有四种类型: 实的 $(a,-a)$, 纯虚的 $(ib,-ib)$, 四元组 $(\pm a\pm ib)$ 和零本征值.

相应于同一对或同一四元组的两个或四个本征值的若尔当方块构造相同.

若一本征值的实部为零, 我们必须区别偶数阶和奇数阶的若尔当方块. 具有零本征值的奇数阶方块有偶数个, 它们可以自然地分成对.

标准形式的一个完整的清单如下.

B. 哈密顿函数

对本征值 $\pm a$ 的一对 k 阶若尔当方块, 哈密顿函数是

$$H=-a\sum_{j=1}^{k}p_jq_j+\sum_{j=1}^{k-1}p_jq_{j+1}.$$

对应于本征值 $\pm a\pm bi$ 的一组四个 k 阶若尔当方块, 哈密顿函数是

$$H=-a\sum_{j=1}^{2k}p_jq_j+b\sum_{j=1}^{k}(p_{2j-1}q_{2j}-p_{2j}q_{2j-1})+\sum_{j=1}^{2k-2}p_jq_{j+2}.$$

对应于一对具有零本征值的 k 阶若尔当方块, 哈密顿函数是

$$H=\sum_{j=1}^{k-1}p_jq_{j+1}\quad (k=1 \text{ 时 } H=0).$$

对于有零本征值的一对 k 阶若尔当方块, 哈密顿函数是以下两种不等价类型之一:

$$H=\pm\frac{1}{2}\left(\sum_{j=1}^{k-1}p_jp_{k-j}-\sum_{j=1}^{k}q_jq_{k-j+1}\right)-\sum_{j=1}^{k-1}p_jq_{j+1}\quad \left(\text{当 } k=1 \text{ 时},\quad H=\pm\frac{1}{2}q_1^2\right).$$

对于一对纯虚本征值 $\pm bi$ 的奇数 $2k+1$ 阶若尔当方块, 哈密顿函数是以下两种不等价类型之一:

$$H=\pm\frac{1}{2}\left[\sum_{j=1}^{k}(b^2p_{2j}p_{2k-2j+2}+q_{2j}q_{2k-2j+2})-\sum_{j=1}^{k+1}(b^2p_{2j-1}p_{2k-2j+3}+q_{2j-1}q_{2k-2j+3})\right]$$
$$-\sum_{j=1}^{2k}p_jq_{j+1}\quad \left(\text{当 } k=0 \text{ 时},\quad H=\pm\frac{1}{2}(b^2p_1^2+q_1^2)\right).$$

对于一对纯虚本征值 $\pm bi$ 的偶数 $2k$ 阶若尔当方块, 哈密顿函数是以下两种不等价类型之一:

$$H=\pm\frac{1}{2}\left[\sum_{j=1}^{k}\left(\frac{1}{b^2}q_{2j-1}q_{2k-2j+1}+q_{2j}q_{2k-2j+2}\right)\right.$$
$$\left.-\sum_{j=1}^{k-1}(b^2p_{2j+1}p_{2k-2j+1}+p_{2j+2}p_{2k-2j+1})\right]-b^2\sum_{j=1}^{k}p_{2j-1}q_{2j}+\sum_{j=1}^{k}p_{2j}q_{2j-1}$$
$$\left(\text{当 } k=1 \text{ 时},\ H=\pm\frac{1}{2}\left(\frac{1}{b^2}q_1^2+q_2^2\right)-b^2p_1q_2+p_2q_1\right).$$

这里取不同的 $\pm$ 号的哈密顿函数不能用实的辛变换互变.

威廉逊定理 具有已给二次型 H 的实辛矢量空间可以分解为逐对斜正交的实辛子空间的直和, 使形式 H 可以表为这些子空间的以上列举形式的二次型之和.

C. 不可去若尔当方块

一个单独的 "一般位置" 的哈密顿函数没有重本征值而可化为一简单形状 (所有若尔当方块均为一阶). 但若考虑的不是一个哈密顿函数而是一族含参数的方程组, 则对参数的某些例外值, 可能出现较复杂的若尔当构造. 对此族稍加改变可以除去其中某些若尔当构造; 另一些则不能除去而只在此族变化时小有改变. 如果族中参数个数 l 是有限的, 则在 l 参数族中不可去类型的数目也是有限的. 下面提出的加林的定理使我们能对任意固定 l 算出所有这些类型.

我们以 $n_1(z) \geqslant n_2(z) \geqslant \cdots \geqslant n_s(z)$ 记本征值 $z \neq 0$ 的各若尔当方块的维数, 以 $m_1 \geqslant m_2 \geqslant \cdots \geqslant m_u$ 和 $\widetilde{m}_1 \geqslant \widetilde{m}_2 \geqslant \cdots \geqslant \widetilde{m}_v$ 记本征值为零的若尔当方块的维数, 但 m_i 为偶, $\widetilde{m}_i$ 为奇 (在每一对奇数维方块中只考虑一个).

加林定理　在所有哈密顿函数的空间中. 具有指定维数的若尔当方块的哈密顿函数所成的流形的余维数为

$$c = \frac{1}{2}\sum_{z}\sum_{j=1}^{s(z)}(2j-1)n_j(z) + \frac{m-k}{2},$$

其中 k 是非零的不同本征值的个数, m 是具有零本征值的奇数阶若尔当方块的个数 (参见 H. Koçak, [1], [2]).

系　在一般位置的线性哈密顿方程组的 l–参数族中, 只出现具有以下性质的若尔当方块的方程组, 即按上式算出的 c 不大于 l: 一切具有更大的 c 的情况均可用族的微小改变来消去.

系　在单参数或两参数族中, 不可去若尔当方块只可能有 12 个类型出现:

$$l = 1:\quad (\pm a)^2,\quad (\pm ia)^2,\quad 0^2$$

(这里若尔当方块是用其行列式来表示的; 例如 $(\pm a)^2$ 表示一对二阶若尔当方块, 其本征值为 a 和 $-a$);

$$\begin{aligned} l = 2:\ &(\pm a)^3,\quad (\pm ia)^3,\quad (\pm a \pm bi)^2,\quad 0^4,\quad (\pm a)^2(\pm b)^2,\\ &(\pm ia)^2(\pm ib)^2,\quad (\pm a)^2(\pm bi)^2,\quad (\pm a)^2 0^2,\quad (\pm ai)^2 0^2 \end{aligned}$$

(其余本征值都是简单的)

加林也算出了任意光滑地依赖于参数的线性哈密顿方程组所可以化成的标准形式, 变换时用坐标的光滑地依赖于参数的线性辛变换. 例如对于最简单的若尔当方块 $(\pm a)^2$, 哈密顿函数的标准形式将是

$$H(\lambda) = -a(p_1q_1 + p_2q_2) + p_1q_2 + \lambda_1 p_1 q_1 + \lambda_2 p_2 q_1$$

(λ_1, λ_2是参数).

附录 7 哈密顿方程组在驻定点和闭轨附近的标准形式

研究哈密顿方程组的解在平衡位置附近的性态时, 只考虑线性化方程时常是不够的. 事实上由关于体积守恒的刘维尔定理知, 哈密顿方程组不可能有渐近稳定的平衡位置. 因此线性化方程组的稳定性总是中立型的: 即哈密顿矢量场在稳定平衡位置的线性部分的本征值都在虚轴上.

对于一般形式的微分方程组, 这种中立型稳定性可以因加上任意小非线性项而被破坏. 对于哈密顿方程组情况就更复杂些. 例如设哈密顿函数在平衡位置的二次部分 (它决定矢量场的线性部分) 是 (正或负) 定的. 这时哈密顿函数在平衡位置有极小或极大. 因此这个平衡位置不但对线性化方程组, 而且对整个非线性方程组是李雅普诺夫稳定的, 但非渐近稳定.

另一方面哈密顿函数在稳定平衡位置处二次部分可能是不定的. 函数 $H = p_1^2 + q_1^2 - p_2^2 - q_2^2$ 就是一个简单的例子. 为了研究有这种类型的二次部分的方程组的稳定性, 必须考虑哈密顿函数的泰勒级数中次数 $\geqslant 3$ 的项 (即相速度矢量场的次数 $\geqslant 2$ 的项). 为了进行这种研究, 用变量的适当的典则变换把哈密顿函数 (从而也把哈密顿矢量场) 化为尽可能简单的形状是有用的. 换言之, 在平衡位置附近选择一个典则坐标系使哈密顿函数和矢量场的形状尽可能简单是有用的.

对一般的 (非哈密顿) 矢量场类似的问题很容易解决: 一般情况是: 矢量场在平衡位置附近在适当坐标下是线性的 (庞加莱和西格尔 (Siegel) 的有关定理可在 C. L. Siegel, J. Moser [1] 中找到).

哈密顿情况就复杂些. 第一个困难在于, 用变量的典则变换把哈密顿场化为线性标准形式一般是不可能的. 我们通常能除去哈密顿函数的三次部分, 但是不能完全除去四次项 (这与以下事实有关: 在线性方程组中振动频率与振幅无关, 而在非线性方程组中一般是有关). 这个困难可通过选取将频率变化考虑在内的非线性标准形式来克服. 结果 (在 "非共振" 情况下) 在平衡位置附近我们可引入作用量–角变量使方程组在除去泰勒级数的充分高次项以后成为可积的.

这个方法使我们能在初始条件接近于平衡时在很长的时间区间内研究方程组的性态. 然而, 只决定一个方程组是否李雅普诺夫稳定是不够的 (因为泰勒级数被舍去的余项会在无限的时间区间内破坏稳定性). 用精确地化为类似标准形而不舍去余项即可得到这种稳定性. 然而我们可以证明, 这种精确的化约一般是不可能的, 而化方程组为标准形的典则变换的形式级数一般是发散的.

这些级数的发散与以下事实有关: 化为标准形后相曲线的性态比较事实上发生的情况更简单些 (它们一定是环面的条件周期螺旋线). 相曲线在平衡位置附近的性态将在附录 8 中讨论. 在这个附录里我们将给出直到相当高次项的标准化的形式结果.

化哈密顿方程组为标准形式的想法可以回溯到林斯德特 (Lindstedt) 和庞加莱①; 平衡位置附近的标准形式曾由伯克霍夫 (G. D. Birkhoff) 详尽地研究过 (见 G. D. Birkhoff [1] 一书).

退化情况下的标准形式可见布鲁诺 (А. Д. Брюно) 的工作 (А. Д. Брюно [1]).

A. 保守系在平衡位置附近的标准形式

设一个 n 自由度的哈密顿方程组的平衡位置的线性近似是稳定的, 而且 n 个本征频率 $\omega_1, \cdots, \omega_n$ 互异. 哈密顿函数的二次部分可用典则的线性变换化为

$$H = \frac{1}{2}(\omega_1(p_1^2 + q_1^2) + \cdots + \omega_n(p_n^2 + q_n^2))$$

(有些 ω_k 可能为负).

定义 *本征频率 $\omega_1, \cdots, \omega_n$ 满足一个 K 阶共振关系*, 如果存在不全为零的整数 k_l 使得

$$k_1\omega_1 + \cdots + k_n\omega_n = 0, \quad |k_1| + \cdots + |k_n| = K.$$

定义 *哈密顿函数的 s 次伯克霍夫标准形式*是典则坐标 (P_l, Q_l) 的 s 次多项式而且实际上是变量 $\tau_l = (P_l^2 + Q_l^2)/2$ 的 ($[s/2]$ 次) 多项式.

例如一个自由度的方程组的 $2m$ 次 (或 $2m+1$ 次) 标准形式是

$$H_{2m} = H_{2m+1} = a_1\tau + a_2\tau^2 + \cdots + a_m\tau^m, \quad \tau = (P^2 + Q^2)/2.$$

二自由度方程组的四次伯克霍夫标准形式是

$$H_4 = a_1\tau_1 + a_2\tau_2 + a_{11}\tau_1^2 + a_{12}\tau_1\tau_2 + a_{22}\tau_2^2,$$

①参看 H. Poincaré [1] 一书.

系数 a_1, a_2 是本征频率, 而系数 a_{ij} 描述频率对振幅的依赖性.

定理 1 设本征频率 ω_l 不满足阶数为 s 或更小的任何共振关系. 这时在平衡位置附近有一典则坐标系使哈密顿函数化为次数为 s 的伯克霍夫标准形式而最多相差 $s+1$ 阶项:

$$H(p,q) = H_s(P,Q) + R, \quad R = O(|P| + |Q|)^{s+1}.$$

证 在下述复坐标系下定理很容易证明:

$$z_l = p_l + iq_l, \quad w_l = p_l - iq_l$$

(变到这个坐标系时, 哈密顿函数必须乘以 $-2i$). 若标准形式中次数低于 N 的项未消完, 作生成函数为 $Pq + S_N(P,q)$ (S_N 是 N 次齐性多项式) 的变换只影响哈密顿函数的泰勒展开式中次数为 N 和更高的项.

在此变换下, 容易算出, 哈密顿函数中的 N 次单项式

$$z_1^{\alpha_1} \cdots z_n^{\alpha_n} w_1^{\beta_1} \cdots w_n^{\beta_n} \quad (\alpha_1 + \cdots + \alpha_n + \beta_1 + \cdots + \beta_n = N)$$

的系数变成

$$s_{\alpha\beta}[\lambda_1(\beta_1 - \alpha_1) + \cdots + \lambda_n(\beta_n - \alpha_n)],$$

这里 $\lambda_l = i\omega_l$, $s_{\alpha\beta}$ 是 $S_N(P,q)$ 按 z, w 展开时 $z^\alpha w^\beta$ 的系数.

在无共振的假设下, 方括号的系数 $s_{\alpha\beta}$ 非 0, 除非我们的单项式可写成积 $z_l w_l = 2\tau_l$ (即所有 α_l 等于 β_l) 之形状. 这样我们可以除去所有 N 次项, 而只留下可用 τ_l 表示的. 令 $N = 3, 4, \cdots, s$ 即得证. □

为应用伯克霍夫定理, 注意到标准形式的哈密顿函数是可积的是有帮助的. 考虑"典则极坐标" τ_l, φ_l, 即将 P_l, Q_l 表示为

$$P_l = \sqrt{2\tau_l}\cos\varphi_l, \quad Q_l = \sqrt{2\tau_l}\sin\varphi_l.$$

因为哈密顿函数可以仅用作用量变量 τ_l 表示, 方程组是可积的而且描述环面 $\tau =$ 常数上的条件周期运动, 频率为 $\omega = \dfrac{\partial H}{\partial \tau}$. 特别是平衡位置 $P = Q = 0$ 对标准形式是稳定的.

B. 典则变换在驻定点附近的标准形式

考虑二维平面到其自身的一个典则 (即保持面积) 映射. 设在此变换下原点不动, 而其线性部分的本征值是 $\lambda = e^{\pm i\alpha}$ (即在坐标为 p, q 的适当辛基底下旋转角 α). 我们称这样一个变换是椭圆的.

定义 变换的 s 次伯克霍夫标准形式是平面到自身的一个典则变换, 它是旋转一个变角, 此角是典则极坐标系下的作用量变量的次数不超过 $m = [s/2] - 1$ 的多项式:

$$(\tau, \varphi) \to (\tau, \varphi + \alpha_0 + \alpha_1\tau + \cdots + \alpha_m\tau^m),$$

其中

$$p=\sqrt{2\tau}\cos\varphi,\quad q=\sqrt{2\tau}\sin\varphi.$$

定理 2 若椭圆典则变换的本征值 λ 不是 s 次或更低次单位根, 则它可用典则变量变换化为 s 次伯克霍夫标准形式, 误差项次数不低于 $s+1$.

椭圆变换的高维推广是本征值为 $\lambda_l=e^{\pm i\alpha_l}$ 的 (p_l,q_l) 平面上的椭圆旋转 (共 n 个) 的直积. s 次伯克霍夫标准形式是

$$(\tau,\varphi)\to\left(\tau,\varphi+\frac{\partial S}{\partial\tau}\right),$$

S 是作用量变量 $\tau_1,\cdots,\tau_n$ 的次数不高于 $[s/2]$ 的多项式.

定理 3 若高维椭圆典则变换的本征值 λ_l 中没有以下形状的共振

$$\lambda_1^{k_1}\cdots\lambda_n^{k_n}=1,\quad |k_1|+\cdots+|k_n|\leqslant s,$$

则此变换可以化为 s 次伯克霍夫标准形式 (映射在 $p=q=0$ 处的泰勒展开式中的 s 次项有误差).

C. 具有周期系数的方程在平衡位置附近的标准形式

令 $p=q=0$ 是一个方程组的平衡位置, 其哈密顿函数是时间的 2π 周期函数. 设线性化方程可以用线性的时间周期辛变换化为自治的标准形式而本征频率为 $\omega_1,\cdots,\omega_n$.

我们说一个方程组是 $K>0$ 阶共振的, 若有整数 $k_0,k_1,\cdots,k_n,|k_1|+\cdots+|k_n|=K$ 存在, 使得

$$k_1\omega_1+\cdots+k_n\omega_n+k_0=0.$$

定理 若一方程组不是 s 阶或更低阶共振的, 则存在一个对时间为 2π 周期的依赖于时间的典则变换将它在一个平衡位置附近化为 s 次伯克霍夫标准形式, 而且此形式与方程组为自治情况时是一样的, 差别只在于 $s+1$ 次和更高次余项 R 周期也依赖于时间.

最后, 设我们有自治哈密顿方程组的一个闭轨. 这时, 在闭轨附近我们可以用以下两法之一将方程组化为标准形:

1. 等能化简: 固定一个能量常数并考虑闭轨在 $2n-1$ 维等能流形上的一个邻域, 把这个流形看成周期依赖于时间的 $n-1$ 个自由度的方程组的扩充相空间.

2. 截曲面: 固定能量常数和一个坐标的值 (使闭轨与所得 $(2n-2)$ 维流形相横截). 这时, 在已知轨道附近的相曲线定义了这个 $(2n-2)$ 维流形到自身的一个映射, 而在闭轨上此映射有不动点. 这个映射保持此 $(2n-2)$ 维流形上自然的辛构造而我们可以用节 B 中的标准形式去研究它.

在研究自治哈密顿方程组的闭轨时, 会出现一个与周期系数方程组的平衡位置的一般理论不相同的新现象. 事实是, 自治系统的闭轨不会是孤立的, 而 (作为一个规律) 成为一个单参数族. 族中的参数就是能量常数. 事实上, 设选取某个能量常数值使闭轨在 $(2n-1)$ 维等能流形上横截于上面说的 $(2n-2)$ 维流形. 这时对相近的能量值也存在类似的闭轨. 由隐函数定理, 我们甚至可以证明这一闭轨光滑地依赖于能量常数.

如果现在我们想用伯克霍夫标准形式来研究单参数闭轨族, 就会遇到以下的困难. 当描述此族的参数变化时, 线性化问题的本征值一般也会变化. 所以对于某些参数值, 不可避免地会遇到共振而阻碍化到标准形式.

特别危险的是低阶共振, 因为它们影响到泰勒展开式的以前几项. 如果我们对本征值接近于满足低阶共振关系的闭轨有兴趣, 则伯克霍夫标准形式就必须多少加以修改. 具体说, 在 N 阶共振时, 为了在哈密顿函数中消除 N 阶项, 表达式

$$k_0-[\omega_1(\beta_1-\alpha_1)+\cdots+\omega_n(\beta_n-\alpha_n)],\quad |\alpha|+|\beta|=N$$

可能变为零, 而又必须用此表达式作为分母. 对于非共振然而接近于共振的参数值, 本征频率的这一组合一般不是零但是很小 (所以这个组合就称为 “小分母”).

用小分母作除法导致以下的困难:

1. 化到标准形的变换不连续地依赖于参数 (对参数的共振值它有极点);
2. 能用伯克霍夫标准形来准确地描述方程组的区域在共振值时缩小到零.

为了避免这些缺点, 我们必须放弃消除哈密顿函数的某些项的企图 (具体说, 即那些在参数取共振值时成为共振的项). *不仅在共振时而且在参数接近共振值时, 也必须保留这些项*①. 这样得到的标准形式比通常的多少复杂些, 但在许多情况下会给我们关于共振附近的解的性态以有用的信息.

D. 例: 3 阶共振

作为简单的例子我们看一个具有二自由度的自治哈密顿方程组的闭轨在能量常数的一个值附近会发生什么, 而此值使它的邻近于闭轨的轨道之振动周期是闭轨周期的三倍. 由上面所说的, 这个问题可以化为研究具有一个自由度的非自治哈密顿单参数方程组, 它在平衡位置附近 2π 周期地依赖于时间. 对参数的一切值均可取这个平衡位置为原点 (为此要作一个依赖于参数的变量变换).

此外, 在平衡位置的线性化方程组可以用一个 2π 周期依赖于时间的线性典则变换化为常系数方程组. 在新坐标中线性化方程组的相流被表示为绕平衡位置的匀速旋转. 旋转的角速度 ω 依赖于参数.

在参数的共振值处 $\omega=1/3$ (即在 2π 时间内我们绕原点只走了 1/3 路程). 角速度对参数的导数一般不是零. 所以我们可取角速度为参数, 取它与 1/3 的差更好.

①这里说的方法不仅对研究哈密顿方程组有用, 而且对微分方程的一般理论都是有用的. 例如参看 В. И. Арнольд, [12].

记此差为 ε, 称之为频率偏离或失谐. 参数的共振值就是 $\varepsilon=0$. 我们关心的是方程组在 ε 很小时的性态.

如果舍去哈密顿方程的非线性项和频率偏离 ε, 则方程组的所有轨道在旋转三圈后都闭合 (即周期为 6π). 我们现在要研究非线性项和频率偏离对轨道性态的影响. 很清楚, 一般情况下并非所有轨道均为闭. 为了研究其性态, 注意标准形式是有用的.

在所取的坐标系中, $z=p+iq$, $\overline{z}=p-iq$, 而哈密顿函数之形状为

$$-2iH=-i\omega z\overline{z}+\sum_{\alpha+\beta=3}\sum_{k=-\infty}^{+\infty}h_{\alpha\beta k}z^{\alpha}\overline{z}^{\beta}e^{ikt}+\cdots,$$

$\cdots$ 表示高于三阶的项, $\omega=\dfrac{1}{3}+\varepsilon$.

化为标准形时可以除去一切三次项, 除了那些具有在共振时会变为零的小分母

$$\omega(\alpha-\beta)+k$$

的项. 这些项也可以说成是: 在略去频率偏离和非线性项以后得到的周期运动的轨道上为常数的项. 它们称为共振项. 于是对 $\omega=\dfrac{1}{3}$, 使得

$$\alpha-\beta+3k=0$$

的就是共振项. 在三次项中, 只有 z^3e^{-it} 和 $\overline{z}^3e^{it}$ 是共振项. 所以我们可以把哈密顿函数化为

$$-2iH=-i\omega z\overline{z}+hz^3e^{-it}-\overline{h}\overline{z}^3e^{it}+\cdots$$

(h 与 $\overline{h}$ 之共轭相应于 H 为实这一事实).

注意, 为了把哈密顿函数化成这个标准形式, 我们用了一个 2π 周期地依赖于时间的光滑典则变换, 它甚至在共振时也光滑地依赖于参数. 它与恒等变换之差对于与闭轨的偏离是二阶小量 (其生成函数与恒等变换的生成函数只差三次项).

对哈密顿方程组的解的性态可以进一步研究如下. 首先我们丢掉哈密顿函数的高于三次的项并研究所得的截断方程组的解. 然后我们必须考查舍去的项怎样影响轨道的性态.

在复的 z–平面上引入以角速度 $\dfrac{1}{3}$ 的匀速旋转的坐标系 (即作代换 $z=\zeta e^{it/3}$) 可以简化截断方程组的研究. 然后对变量 ζ 我们会得出一个自治的哈密顿方程组, 其哈密顿函数为

$$-2iH_0=-i\varepsilon\zeta\overline{\zeta}+h\zeta^3-\overline{h}\,\overline{\zeta}^3,\quad 这里\ \varepsilon=\omega-\frac{1}{3}.$$

在旋转坐标系下截断方程组是自治的这件事是很幸运的. 完整的哈密顿方程组 (包含哈密顿函数中高于三次的项) 在旋转坐标系下不仅不是自治的而且甚至对时间不是 2π 周期 (只是 6π 周

期) 的. 具有哈密顿函数 H_0 的自治系本质上是原方程组在 $\varepsilon = 0$ 的线性方程组 (舍去了高于三次的项) 的闭轨道上平均化的结果.

系数 h 可以 (通过坐标系旋转) 变成实的. 这样, 在实坐标 (x, y) 下, 哈密顿函数化成了

$$H_0 = \frac{\varepsilon}{2}(x^2 + y^2) + a(x^3 - 3xy^2).$$

系数 a 依赖于频率偏离 ε (作为一个参数). $\varepsilon = 0$ 时这系数一般不是零. 因此作一个光滑地依赖于一参数的坐标变换可以使此系数变为 1. 所以我们必须研究在 (x, y) 平面上哈密顿函数为

$$H_0 = \frac{\varepsilon}{2}(x^2 + y^2) + (x^3 - 3xy^2)$$

的方程组的相图对小参数 ε 的依赖性.

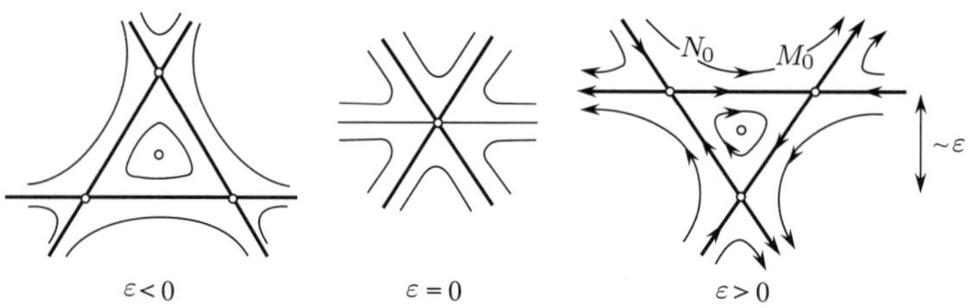

图 239 通过共振 3:1

容易看到这种依赖性如下 (图 239). 当 $\varepsilon = 0$ 时函数 H_0 的零等值集是三条交角为 60° 的通过 O 点的直线. ε 变化时等值集中总有三条直线, 当 ε 变化时, 这三条直线总是成为一个正三角形移动而中心总在原点处. 三角形的顶点是哈密顿函数的鞍点. 当 ε 通过零 (即通过共振) 时, 位于原点的临界点从极小变为极大.

所以对于哈密顿函数为 H_0 的方程组, 原点对参数的一切值除共振外是稳定的平衡位置, 而在共振时原点不稳定. 对接近共振的参数值, 靠近原点的其中充满了闭的相曲线的三角形是很小的 (与 ε 同阶), 所以原点的 "稳定半径" 随 $\varepsilon \to 0$ 而趋于零: 初始条件的小 (ε 阶) 扰动就足以使相点走出三角形而开始离平衡位置远去.

回到原来的周期轨道问题, 我们得到以下结论 (当然这不能算是证明, 因为我们舍去了高于三次的项, 但是这些结论是可以论证的):

1. 在通过共振 3:1 时, 周期轨道一般会失去稳定性.

2. 当参数值接近于共振时, 在此等能流形上的所考虑的周期轨道附近有一个不稳定的周期轨道. 在原轨道上转三周则在此轨道上转了一周而闭合. 对参数的共振值, 这个不稳定轨道就是原轨道.

3. 当接近共振时, 这个不稳定的周期轨道与原轨道的距离缩小为对频率偏离一阶的量 (以对参数与共振值之差为一阶).

4. 经过这个不稳定周期轨道时, 在同一个三维等能流形上, 有两个二维不变曲面, 其中之一被 $t \to +\infty$ 时趋向这个不稳定的周期轨道的轨道所填满, 另一个被 $t \to -\infty$ 时趋向这个不稳定周期轨道的轨道所填满.

5. 分界面的位置是这样的: 它与一个横截于原轨道的流形相交时得到一个图形, 它接近于一等边三角形三边及其延线. 这个三角形的三个顶点即不稳定周期轨道与横截流形的交点.

6. 对于由分界流形所成的三角形之内的初始条件, 相点将在一个长的时间内 (阶数不低于 $1/\varepsilon$) 停留在原来的周期轨道近旁 (距离与 ε 同阶), 对三角形外的初始条件, 它很快地离开到一个比 ε 更大的距离处.

E. 分界流形的分裂

事实上, 我们在上面 4, 5, 6 各点中讲到的分界流形, 其构造十分复杂 (由于我们在近似中舍去了的高于三次的项的影响) 为了了解这个情况, 注意一个在原闭轨的某点与之横截的 (同时完全位于等能流形上的) 二维曲面是方便的①. 从这个曲面上一点发出的轨道会与它再次相交, 所需时间接近于环绕原来闭轨的时间. 于是我们得到了曲面上与闭轨交点的邻域到其另一部分上的映射. 这映射有一个不动点 (即闭轨与曲面之交点), 而且近似于绕此点 (取为曲面上的原点) 旋转 120°.

我们现在考虑上述映射的三次方. 它仍是曲面原点的邻域到曲面一部分的映射, 而且使原点不动. 但是现在这映射接近于旋转 360°, 即恒等映射: 它是由我们方程组的轨迹在接近原闭轨的三个周期后所实现的.

以上的计算将给出 "三周期后的映射" 之构造的非平凡的信息. 事实上, 舍去了哈密顿函数四次和更高次的项也就改变了映射的三次和更高次的项. 然而截断的哈密顿函数的三周期后的映射近似于三周期后的真正映射 (有三次方误差).

但是我们知道相应于截断哈密顿函数的三周期后的映射的性质, 因为它就是以 $H_0(x,y)$ 为哈密顿函数的相流在 6π 时间后的映射 (证明基于如下事实, 即在 6π 时间后, 旋转坐标系回到原来的位置). 我们现在注意在三阶小量 (阶是相对于到不动点的距离而言) 的摄动下哪一些性质仍然保留, 哪一些则否.

令 A_0 表示截断方程组的三个周期后的映射, A 表示三个周期后的真实映射.

1. 映射 A_0 包括在一个流中: 即以 H_0 为哈密顿函数的相流在 6π 时间后的变换.

没有理由认为 A 包括在一个流中

2. 映射 A_0 在旋转 120° 下对称: 即存在一个非平凡的微分同胚 g, $g^3 = E$, 而且 g 与 A_0 可换.

没有理由认为 A 与一个满足 $g^3 = E$ 的非平凡的微分同胚可换.

3. 映射 A_0 有三个不稳定不动点在距原点 ε 处, 而且接近于一等边三角形的顶点. 在与共振的偏离 (即 ε) 充分小时, 映射 A 也有三个不稳定不动点靠近一个等边

①这里有如下的一般现象: 考虑一个周期后的映射并且用流来进行计算更为方便.

三角形的顶点. 这可由隐函数定理得知.

4. 对接近于 (但不同于) 共振的参数值, 映射 A_0 之不动点的分界流形构成的图形接近于一个等边三角形之三边及其延线. 若从此三角形一边上的某点开始反复作 A_0, 就会得到三角形同一边上的一串点而且趋向此边上的一个顶点, 记为 M_0. 若作 A_0^{-1}, 则将得到趋向另一顶点 N_0 的序列.

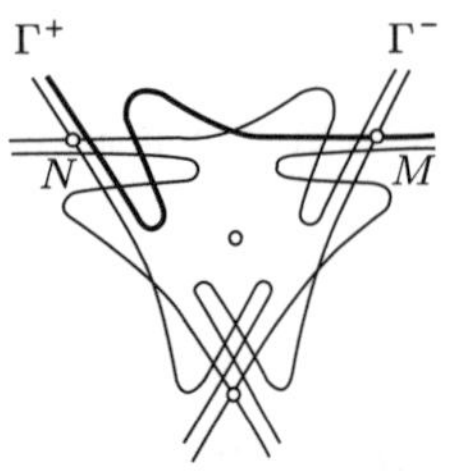

图 240 分界流形的分裂

映射 A 的三个不稳定不动点也各有分界流形, 接近于一个三角形的三边 (图 240). 具体说, 平面上那些经 $A^n, n \to +\infty$ 作用后趋向不动点 M 的点构成一个光滑曲线 Γ^+, 它在 A 下不变而且通过 M, 在 M 附近则接近于 A_0 的分界流形 M_0N_0. 在映射 $A^n, n \to -\infty$ 下趋向 N 的点构成另一个光滑曲线 Γ^-, 经过 N 而且在 N 附近接近于 M_0N_0.

然而 Γ^+ 和 Γ^- 虽然二者都接近 M_0N_0, 却不一定重合. 分界流形的分裂现象说明截断方程组和整个方程组性态之差别.

分裂的量随 ε 而指数地减小; 所以在 "摄动理论" 的各种计算方法中很容易忽视. 然而这个现象在基本的问题中十分重要. 例如, 由它的存在立即可知其数值级数发散 (因为如果收敛, 就不会有分裂现象了).

一般说来摄动理论中级数的发散 (但起始几项给出很好的近似) 通常与以下事实有关: 我们所求的东西事实上并不存在. 如果我们想使一个现象适合于一个方案, 而此方案又与该现象的基本特征矛盾, 则我们的级数发散也就不足为奇了.

伯克霍夫级数 (即不限于哈密顿函数的泰勒级数起始各项的规范化而无限地继续下去而得的级数) 就是一个摄动理论法中一个形式上有意义, 而实际发散的例子. 如果这些级数收敛, 则具有周期系数的单自由度的一般振动系统在平衡位置附近就可化为自治的标准形式, 而不会有分界流形的分裂了 (但事实上是有的).

回到原来的闭轨, 我们看见映射 A 的三个不稳定不动点对应于不稳定闭轨而接近于原来的闭轨三重. 当 $t \to +\infty$ 时有一族轨道趋近这个不稳定轨道, 当 $t \to -\infty$ 时则有另一族轨道趋近于它

这两个曲面也就是在命题 4, 5, 6 中提到的两个分界流形. 用我们的横截曲面去截它们就得到映射 A 的不变曲线 Γ^+ 和 Γ^-. 这两条曲线的交构成一个复杂的网络, 关于它, 庞加莱 (他最先发现分界流形的分离) 写道: "它们的交构成一个网眼无限细的格子、织物和网. 这两条曲线都不一定自交, 但一定以非常复杂的方式反复折回来, 无穷多次地通过每一个网眼".

"这个图形复杂得令人吃惊, 我甚至不想去画它. 没有什么比它更适宜于就三体问题以及一般的动力学问题的复杂本性给我们提供一个概念, 这里没有单值的积分, 波林 (Bohlin) 级数也是发散的" (H. Poincaré, [1] vol.3).

应该提到, 关于分界流形交织的情况, 至今仍有许多不清楚的地方.

F. 高阶共振

高阶共振也可以用标准形式来研究. 在这方面我们注意到, 高于四阶的共振通常不导致不稳定性, 因为在标准形式中有四次项出现, 而甚至在共振时也保证 H_0 有极小或极大.

在阶数 $n>4$ 的共振中, 以 H_0 为哈密顿函数的方程组的相图的典型的发展由以下公式给出

$$H_0 = \varepsilon\tau + \tau^2\alpha(\tau) + \alpha\tau^{n/2}\sin n\varphi,$$
$$2\tau = p^2+q^2, \quad \alpha(0)=\pm 1,$$

而图形如图 241.

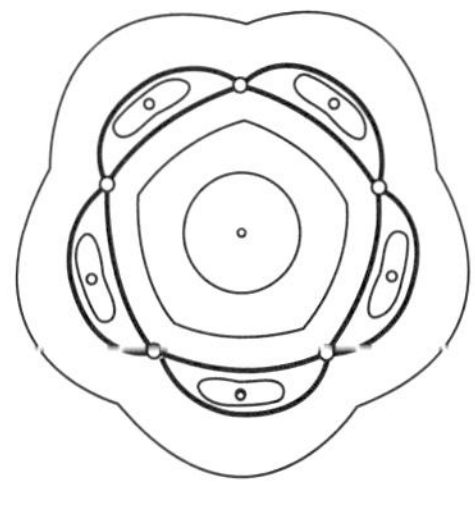

图 241 相振动接近于 5:1 时的平均化哈密顿函数

当频率与共振有小 (与 ε 同阶) 的偏离, 而且在与原点处的平衡位置有小 (与 $\sqrt{\varepsilon}$ 同阶) 的距离时, 函数 H_0 有 $2n$ 个临界点接近于以原点为中心的正 $2n$ 边形的顶点. 这些临界点一半是鞍点, 另一半若原点是极小则是极大, 原点是极大则是极小. 鞍点和稳定点互相交错. 所有 n 个鞍点都在 H_0 的一个等值流形上; 它们的分界流形连接相继的鞍点, 构成 n 个 "岛", 每一个都被包围一个稳定点的封闭相曲线填满. 岛的宽度是 $\varepsilon^{\frac{n}{4}-\frac{1}{2}}$ 阶的. 每个岛中的封闭相曲线称为 "相振动" (因为本质上发生了变化的东西是绕原点的振动的相). 随着频率偏离 ε 的减少, 相振动周期按 $\varepsilon^{-n/4}$ 阶增长.

在岛所成的窄环内侧, 靠近原点处有包围着原点的封闭相曲线; 在环外侧相曲线也是封闭的, 但沿它运动的方向与环内侧的方向相反. 我们注意只要阶数大于 4, 环的半径与 $\sqrt{|\varepsilon|}$ 同阶而与共振阶数无关. 再则岛环只对 ε 的两种符号之一存在.

若从哈密顿函数为 H_0 的方程组过渡到完整的方程组, 分界流形也会如上面讲的三阶共振那样分裂. 分裂的大小是指数型的小量 (即与 $e^{-1/\varepsilon^{n/4}}$ 同阶), 但是分裂对稳定性的研究有基本的重要性, 特别是在多维情况下.

回到原来的封闭轨道, 我们有以下的图像. 当我们沿 ε 轴从一侧趋向共振时①, 从我们的周期轨道会分裂出两个周期轨道来: 一个稳定, 一个不稳定. 这些新轨道当沿原轨道转 n 圈后又会封闭起来而位于离原轨道的距离为 $\sqrt{|\varepsilon|}$ 阶处. 在稳定轨道附近有一个缓慢的相振动带, 周期与 $e^{-n/4}$ 同阶, 振幅在方位角方向上是 π/n 阶的, 而在动径方向上是 $\varepsilon^{n/4-1/2}$ 阶的. 原来的周期轨道在通过共振时不发生失稳, 至少在我们的近似范围内是这样.

四阶共振的情况多少有些例外. 这时在标准形式的四次项中既有共振项又有非共振项. 截断方程组的相曲线的形状依赖于在标准形式中哪种项起决定作用, 是共振项还是非共振项. 在第一种情况下其变化和三阶共振是一样的, 只除了要用一个正方体代替三角形. 在第二种情况, 其变化和 $n>4$ 时是一样的.

①和三阶共振不一样, 在那里在共振值的两侧都各分裂出一个不稳定周期轨道来.

总之, 越是接近共振 ($\varepsilon \ll 1$), 而且初始点离周期轨道的偏离越小, 所给的标准形式就给出越好的近似. 即是说, 当闭轨道的周期与邻近它的轨道的振动周期越接近于准确的可通约, 而且初始条件越靠近闭轨道, 则我们的近似能够准确描述相曲线性态的时间区间也越长.

从我们的论证中, 对于非闭相曲线在无限时间区间上的性态得不出任何结论 (例如关于原周期轨道的李雅普诺夫稳定性就得不出结论), 因为在化为标准形时被舍去的高阶项, 在无限长时间区间内, 可能完全改变运动的特性. 事实上, 在所考虑的条件下, 原来的周期轨道是李雅普诺夫稳定的, 但是证明需要伯克霍夫标准形式以外的本质上新的技巧 (参看附录 8).

附录 8 条件周期运动的摄动理论和柯尔莫戈洛夫定理

我们能精确解出的 “可积” 问题为数不多 (其中有一维问题、质点在有心场中的运动、刚体的欧拉和拉格朗日运动、两个固定的吸引中心问题、沿椭球面上之测地线运动问题). 然而, 借助于这些 “可积情况”, 以可积问题作为一次近似, 对许多重要的力学系的运动可以得出有意义的信息.

行星在万有引力定律下绕太阳的运动就是这种情况的一个例子. 所有的行星质量加起来大约只有太阳质量的 0.001, 所以在一次近似中可以略去行星彼此间的作用而只考虑太阳的引力. 这样我们就得到了无相互作用的行星绕太阳运动这一个精确可积的问题; 各行星都各自描出开普勒椭圆而与其他行星无关, 整个系统的运动作为整体来看, 是条件周期的. 如果我们考虑行星之间的相互作用, 每个行星的开普勒运动将稍有变化.

天体力学的摄动理论中就需要研究这种相互作用.

很清楚, 如果我们在千年数量级的时间里作计算, 不会有基本的困难. 然而, 如果我们想研究更长的时间区间, 特别是若对运动方程的精确解在无限时间区间的性质的定性问题有兴趣, 就会出现基本的困难. 问题在于摄动在一个比千年数量级更长的时间区间中的累积, 会完全改变运动的特征. 举例来说, 行星可能落入太阳之内, 会从太阳系逃逸或彼此相撞.

注意, 运动方程的解在无限时间区间上的性态问题与真实的行星运动问题只有间接的关系. 理由在于, 在几十亿年的区间后, 牛顿方程中没有考虑到的小的非保守的效应变成重要的了. 这样, 行星的重力相互作用的效果, 只有当有限时间区间 (此区间与非保守力效果显现的时间相比还是小的) 内它们就能使运动的图形大为改变时, 才有真正的重要性.

在计算这样的有限时间的运动时, 计算机是很有用的, 它可以很快地决定行星在未来和过去几千年的运动.

然而我们应该看到, 若相点落入了指数不稳定性区域, 即使应用现代的计算方法也无法预测摄动的影响.

在研究带电粒子在磁场中的运动时, 渐近的和定性的方法更有价值, 因为这些粒子超出计算机能力范围之外而且可以作出这样多的轨道, 以至即令不出现指数不稳定性也不可能计算其轨道.

在天体力学中制定了一系列计算摄动的方法 (详细的分析可见 H. Poincaré, [1]). 所有这些方法共同的困难在于出现发散级数, 因而若把无限时间区间上的运动作为一个整体来对待, 它们给不出任何信息.

摄动理论中级数发散的原因是 "小分母": 计算摄动影响时必须用未摄动运动的频率之整系数线性组合作分母. 在严格地出现共振 (频率可通约) 时, 分母为零, 而摄动理论的级数的相应项变成无穷. 接近共振时, 级数中这样的项变得很大.

例如, 木星和土星一天绕太阳各走 299 与 120.5 秒的弧. 因此分母 $2\omega_{木} - 5\omega_{土}$ 与这两个频率相比很小. 这就造成了这两个行星间长周期 (周期约 800 年) 的很大的摄动: 拉普拉斯对这个效果的研究是摄动理论最初的成果之一.

我们要注意, 小分母所引起的困难是很本质的. 有理数构成处处稠密集; 所以在非摄动问题相空间中导致共振与使小分母为零的初始条件构成稠密集. 因此摄动理论的级数所给出的函数之奇点是一个处处稠密集.

这里提到的困难不仅是天体力学问题所特有, 而且是所有接近可积的问题 (例如非对称刚体陀螺极快旋转问题) 都具有的. 庞加莱本人把研究力学系的条件周期运动的摄动问题 [其哈密顿函数在作用量–角变量 I 和 φ 中是

$$H = H_0(I) + \varepsilon H_1(I, \varphi), \quad \varepsilon \ll 1]$$

称为动力学的基本问题. H_0 是非摄动问题的哈密顿函数, εH_1 是对角变量 $\varphi_1, \cdots, \varphi_n$ 为 2π 周期的摄动. 在非摄动问题中 $(\varepsilon = 0)$, 角 φ 以常值频率

$$\omega_k = \frac{\partial H_0}{\partial I_k}$$

匀速变动, 而所有作用量变量都是首次积分.

我们必须研究以下哈密顿方程的相曲线:

$$\dot{I} = -\frac{\partial H}{\partial \varphi}, \quad \dot{\varphi} = \frac{\partial H}{\partial I},$$

其相空间是坐标为 I 的 n 维空间的一个区域和一个 n 维的角坐标为 φ 的环面的直积.

这个摄动问题的相曲线的研究的一个本质进展是柯尔莫戈洛夫的文章: А. Н. Колмогоров, [1]. 在这个附录里我们要介绍这一领域后来的进展. 证明可以在以下

各文中找到 Arnold, [1], [2], [3]; Arnold and Avez, [1]; J. Moser, [1], [2], [3]; Siegel and Moser, [1]; Sternberg, [1].

在陈述我们的结果之前, 我们先简短地讨论一下已经在第十章研究过的非摄动问题的相曲线的性态.

A. 非摄动运动

具有哈密顿函数 $H_0(I)$ 的方程组有 n 个对合的首次积分 (n 个作用量变量). 它们的等值集是 $2n$ 维相空间的 n 维环面. 这环面对非摄动方程组的相流不变: 从环面上一点出发的相曲线恒停留在此环面上.

相点在不变环面 $I=$ 常数上的运动是条件周期的. 其频率是非摄动哈密顿函数对作用量变量的导数:

$$\dot{\varphi}_k=\omega_k(I),\quad \omega_k=\frac{\partial H_0}{\partial I_k}.$$

所以, 相曲线稠密地填满一个环面, 其维数等于算术无关的频率的个数.

我们注意到频率依赖于我们考查哪个环面, 即固定哪个首次积分之值. n 个变量 I 的 n 个函数组一般是函数无关的; 这时可以简单地用频率为环面编号, 而在作用量变量 I 的空间所考虑的点附近以变量 ω 为坐标.

频率为函数无关的情况称为*非退化情况*. 非退化条件的形状是

$$\det\left|\frac{\partial\omega}{\partial I}\right|=\det\left|\frac{\partial^2 H_0}{\partial I^2}\right|\neq 0.$$

于是在非退化情况下, 运动是条件周期的, 在非摄动问题的相空间中, 不同的不变环面上有不同的频率. 特别是算术无关的频率数目最大 (为 n) 的不变环面是相空间的稠密集; 称为*非共振环面*.

可以证明非共振环面是全测度集, 即非摄动的非退化方程组的一切共振环面之并的勒贝格测度为零, 然而不变共振环面是存在的而且与非共振环面交织在一起, 它们也成为稠密集. 此外, 算术无关频率数目分别为 1 到 $n-1$ 的共振环面之集也都是稠密的. 特别是其上相曲线都是封闭 (即独立频率数为 1) 的不变环面也是稠密集. 虽如此, 在非摄动方程组的相空间中, 随机地选取初始点而碰上共振环面的概率为零 (因为随机选一实数而碰上有理数的概率为 0). 这样舍去零测度集以后我们可以说, 在非退化的非摄动方程组中, 几乎所有不变环面都是非共振的, 而且其上有 n 个算术无关频率.

在非共振环面上, 条件周期运动的轨道是稠密的. 这样对几乎所有初始条件, 非退化的非摄动方程组的相曲线将稠密地填满一个不变环面, 其维数等于自由度的数目 (即相空间维数之半).

为更好地理解总的图景, 考虑二自由度 ($n=2$) 的情况. 这时相空间是四维的而等能集是三维的. 固定一个等能集. 这个三维流形, 以二维环面为纤维, 可以在通常的三维空间中表示为一族同心的互相包着的环面族 (图 242).

图 242 在一个三维等能集中的不变环面

相曲线是这些环面上的螺线, 环绕的两个频率在各环面上都不同. 一般说, 不仅这两个频率, 还有它们的比都随环面而变. 若频率比对于给环面 (在函数 H_0 的给定等值集上) 编号的作用量变量的导数不为零, 我们就说此方程组是等能非退化的. 容易算出, 等能非退化性的条件是

$$\det \begin{vmatrix} \dfrac{\partial^2 H_0}{\partial I^2} & \dfrac{\partial H_0}{\partial I} \\ \dfrac{\partial H_0}{\partial I} & 0 \end{vmatrix} \neq 0.$$

非退化条件与等能非退化条件是彼此独立的; 即一个非退化方程组可能是等能退化的, 而等能非退化方程组也可以退化. 在高维情况 ($n > 2$), 等能非退化意味着以下映射的非退化性:

$$I \to (\omega_1(I) : \omega_2(I) : \cdots : \omega_n(I)),$$

它映 n 个作用量变量的函数 H_0 的 $(n-1)$ 维等值流形到 $(n-1)$ 维射影空间.

现在考虑一个 2 自由度的等能非退化方程组. 容易在三维等能集中作出一个与上述二维环面族横截的平面区域 (以三维欧氏空间为模型, 截口就是同心圆族).

从这样一个平面区域中一点出发的相曲线绕环面一周后又回到此平面. 结果又得到环面交此平面而成的同圆周上的新点. 这样出现一个平面到其自身的映射.

在此映射下, 平面与不变环面相交而成的同心子午圆都不变. 每个圆都旋转了同一角度, 此角与旋转一周之比即沿环面的子午线的频率与沿环面的赤道的频率之比.

若此方程组是等能非退化的, 则交平面上的不变圆周的旋转角随圆而异. 因此, 在一些圆上这角与旋转一周可通约, 在另一些圆上则为不可通约. 每一类圆都是稠密的, 但在几乎所有 (勒贝格测度意义) 圆上, 旋转角与旋转一周是不可通约的.

可通约性与不可通约性以下面的形式表现为: 圆周上的这两类点在截面到其自身的映射下有不同性态. 若旋转角与旋转一周可通约, 则在几次作映射后此点将回到原位置 (旋转角与旋转一周的比之分母越大, 所需的映射次数也越多). 若旋转角与旋转一周不可通约, 则在反复作此映射时, 此点的各次映射之像将稠密地填满子午圆.

我们进一步还可注意到, 可通约性对应于共振环面, 不可通约性对应于非共振环面. 还有, 共振环面的存在蕴涵着以下性质. 考虑我们的截平面到自身的由相曲线引起的映射之某次幂. 令指数为一个共振环面上的频率比的分母. 映射的上述次幂有整个一个圆周 (即所考虑的共振环面的子午圆) 全是由不动点构成的.

不动点的这种性态对任一类一般形式的映射甚至对典则映射都是不自然的 (不动点通常是孤立的). 在所给的情况, 出现不动点构成的整个圆周是因为我们考虑的是非摄动的可积方程组. 对任意小的一般形式的摄动, 映射的这个性质 (整个圆周上都是不动点) 一定会失去. 不动点的圆周一定弥散而只有有限个留下来.

换言之在可积方程组的小摄动下, 我们可以期望相曲线的定性图景会改变, 至少在以下各点上: 由闭相曲线填满的整个不变环面会解体, 只留下有限多个闭曲线在非摄动方程组的闭相曲线附近, 其余的相曲线会变得更复杂. 在附录 7 中讨论共振附近的相振动时, 我们已经遇到过这个情况.

我们现在考虑在哈密顿函数的小摄动下非共振不变环面如何. 形式地运用平均化原理 (即经典的摄动理论的一次近似, 参看节 52) 会得出非共振环面不会演化的结论.

我们注意到这样一件事: 摄动是哈密顿的, 这一点是本质的, 因为对非保守摄动, 作用量变量显然是会演化的. 在天体力学中, 它们的演化意味着开普勒椭圆的长半轴有长期变化, 即行星或者会落入太阳、或者会碰撞或者会在反比于摄动的时间内逃逸很大的距离. 若保守的摄动在一次近似中就会导致这种演化, 则它在 1000 年数量级的时间内就会在行星的命运上显现出来. 很幸运, 非保守摄动的量级大小要小得多.

下面的柯尔莫戈洛夫定理, 对从非严格摄动理论得出的作用量变量不演化的结论, 提供了一个论证.

B. 摄动方程组的不变环面

定理　*若非摄动方程组是非退化的, 则在充分小的保守的哈密顿摄动下, 绝大多数非共振不变环面不会消失而只略微变形, 故在摄动方程组的相空间中也有不变环面存在, 而被条件周期的围绕它们的相曲线所稠密填满, 其上的算术无关频率数等于自由度数.*

这些不变环面在以下意义下占大部分, 即指其并的余集之测度当摄动很小时也是很小的.

柯尔莫戈洛夫对此定理的证明基于以下两点:

1. 固定非摄动方程组的一个非共振频率集, 使它们不仅算术无关, 而且不会近似地满足任意低阶共振条件.

准确地说, 选定一组频率 ω 使有 C 和 ν 存在而对一切整矢量 $k \neq 0$ 有 $|(\omega, k)| > C|k|^{-\nu}$.

可以证明, 若 ν 充分大 (例如 $\nu = n + 1$), 则 (在固定有界域内) 当 C 很小时使以上条件被破坏的那些矢量之集的测度也很小.

其次, 在非摄动方程组的对应于固定频率的非共振环面附近找摄动方程组的一个不变环面使其上有频率恰为此固定值的条件周期运动而且满足以上的非共振条件.

这样, 与通常摄动程序 (即引入依赖于摄动的频率) 不同, 我们必须使非共振频率固定, 而使初始条件依赖于参数以保证具有以上频率的运动存在. 只要初始条件有小的改变 (当摄动很小时) 就可以作到这一点, 因为由非退化条件, 频率随作用量变量而改变.

2. 第二点是, 求不变环面时, 不像通常那样用摄动参数的幂级数展开, 而可以用一个近似于牛顿切线法的迅速收敛方法.

用牛顿切线法求代数方程近似根时, 若有初始误差 ε, 则在 n 次近似后, 将得出阶为 ε^{2^n} 的误差. 这种极快的收敛将使每次近似出现的小分母的影响无从为害, 最后不仅能作出无限多次近似, 而且能证明整个程序的收敛性.

这样做所要的假设是: 非摄动哈密顿函数是解析的且非退化, 而摄动哈密顿函数 $\varepsilon H_1(I,\varphi)$ 也解析且对角变量 φ 有周期 2π. 小参数 ε 的出现并不重要, 重要的是摄动当 ρ 在 φ 的实平面的某个很小的复邻域中, 而 φ 也很小 (小于某个函数 $M(\rho,H_0)$).

莫泽 (J. Moser) 指出, 如果把牛顿法和纳什 (J. Nash) 的思想结合起来就能用充分高阶的可微性来代替解析的要求, 这个想法就是在每一步近似时用一次光滑化算子.

所得摄动方程组的具有固定频率的条件周期运动将是摄动参数 ε 的光滑函数. 所以不用牛顿法似乎也可在 ε 之幂级数之中去找出它们. 这级数的系数称为林斯特德 (Lindstedt) 级数, 而确实可以找出; 但只能借助牛顿近似而间接证明其收敛性.

C. 不稳定带

摄动问题的相空间中有不变环面意味着在一个接近可积的方程组中对于绝大多数初始条件, 运动仍是条件周期的且有最大的频率集.

自然地产生一个问题, 即其余相曲线发生了什么, 这些曲线初值落在代替非摄动问题的共振不变环面的那些不变环面的间隙里.

频率数比最大数小 1 的共振环面的分解, 在一阶摄动理论中容易研究. 为此必须在共振环面所分解而成的且由非摄动方程组的相曲线所稠密地填满的 $(n-1)$ 维不变环面上对摄动作平均. 平均后就得到一个自由度的保守方程组 (参看附录 7 中关于共振附近的相振动的研究), 而这是容易研究的.

在所考虑的近似中, 在分解了的 n 维环面附近, 既有稳定的也有不稳定的 $(n-1)$ 维环面, 且有围绕着稳定环面的相振动. 相应的条件周期运动有一组完全的 n 个频率, 其中 $n-1$ 个是原来振动的快频率, 另一个是相振动的慢 (与 $\sqrt{\varepsilon}$ 同阶) 频率.

然而决不可得出结论说非摄动与摄动方程组的差别只在于有相振动的 "岛" 出现. 事实上, 真实的现象比上述一次近似复杂得多. 摄动问题的相曲线的这种复杂性态的表现之一就是附录 7 中讨论过的分界流形的分裂.

为在不变环面之外研究摄动方程组的运动, 必须区别两个或更多自由度的情况. 对于两个自由度, 相空间的维数是四, 等能流形则是三维的. 因此不变二维环面把每个等能集都分开. 这样, 若一个相曲线从摄动方程组的两个不变环面之间出发, 它将永远被束缚在这些环面之间. 不论这曲线多么复杂, 它也不能离开这个间隙, 相应的作用量变量也就永远接近于初始条件.

若自由度数大于 2, n 维不变环面不能把 $(2n-1)$ 维等能流形分隔开, 而是如点在平面上或直线在空间中那样安置在其内. 这时, 相应于不同共振的 “间隙” 彼此连通, 而不变环面并不妨碍原来接近共振的相曲线远离它. 所以没有理由希望: 沿着这样一条相曲线作用量变量永远接近于初始值.

换言之, 在二自由度的方程组 (满足一般都能适合的等能非退化性条件) 的充分小摄动下, 不仅是沿相轨道的作用量变量在摄动理论的任意近似中都没有长期摄动 (即在阶为 $(1/\varepsilon)^N$ 的时间区间中变化极小, N 是任意数,ε 是摄动的大小), 而且这些变量永远接近初始值. 不论对于条件周期地填满二维环面 (并占据了绝大部分相空间) 的非共振相曲线或其余的初始条件都是这样.

同时, 也存在自由度多于 2 且满足所有的非退化条件的方程组, 对于它虽然对绝大多数初始条件运动是条件周期的, 对某些初始条件, 作用量变量可以缓慢地漂移离开初始值. 在已知的例子①中, 这种漂移的平均速度是 $e^{-1/\sqrt{\varepsilon}}$ 阶的, 它下降得快于摄动参数的任意幂. 所以不足怪: 在摄动理论的任意近似中这种漂移不出现 (所谓平均速度即指作用量变量的增量与时间之比, 所以我们实际上处理的是在 $e^{1/\sqrt{\varepsilon}}$ 阶的时间内有与 1 同阶的增量).

聂霍洛谢夫最近的工作②中包含了对一般的 n 个自由度的接近可积的哈密顿方程组的作用量变量平均漂移速度的上界.

这个上界和上面提到的下界一样, 形如 e^{-1/ε^d}; 所以当时间与 $e^{1/\varepsilon^d}, \varepsilon < \varepsilon_0$, 比较很小时, 作用量变量的增加也很小. ε 是摄动的大小, d 是 0 与 1 之间的数, 而且和 ε_0 一样是由非摄动哈密顿函数 H_0 决定的. 此外, 对非摄动哈密顿函数要加一个非退化条件 H_0 在子空间上的限制只有有限重临界点; 只需非摄动哈密顿函数有二次凸性, 即 H_0 的二阶微分为正定或负定, 就可以了.

由这个上界可看清, 在摄动理论的任意近似中都不能发现作用量变量的长期变化, 因为这种变化的平均速度是指数地小. 我们又注意到, 作用量变量的长期变化没有方向性, 而或多或少地可用不变环面间的共振区域中的随机漫游来表示. 这里产生的问题的详细讨论可在 Zaslavskii, Tchirikov, [1] 一文中找到.

D. 关于不变环面的定理的变形

对非自治的具有周期系数的方程以及对辛映射都证明了与自治方程组不变环面守恒的定理相似的命题. 在自治方程组和周期系数方程组平衡位置附近的小振动理论和在相流的闭相曲线附近以及在辛映射的不动点的附近都有类似的命题成立.

①见 Arnold, [4].

②见 Nekhoroshev, [1].

在不同情况下, 所需的非退化条件是不同的. 所以我们现在给出这些非退化条件作为参考. 我们将限于最简单的非退化条件, "一般位置下的" 方程组将能满足所有这些条件. 在许多情况下, 非退化条件可以减弱, 但这样做的好处被公式的复杂性抵消了.

1. 自治方程组 哈密顿函数是

$$H = H_0(I) + \varepsilon H_1(I, \varphi), \quad I \in G \subset \mathbb{R}^n, \quad \varphi\,(\mathrm{mod}\, 2\pi) \in T^n.$$

非退化条件

$$\det\left|\frac{\partial^2 H_0}{\partial I^2}\right| \neq 0$$

保证了在小摄动下 ($\varepsilon \ll 1$) 绝大多数不变环面可以保持①

等能非退化条件

$$\det\begin{vmatrix} \dfrac{\partial^2 H_0}{\partial I^2} & \dfrac{\partial H_0}{\partial I} \\ \dfrac{\partial H_0}{\partial I} & 0 \end{vmatrix} \neq 0$$

则保证了在每个等能流形上有余集测度很小的一族不变环面存在. 这些环面上的频率一般依赖于摄动的大小, 但频率之比不随 ε 而变化.

若 $n = 2$, 则等能非退化条件也保证了作用量变量在如下意义下的稳定性: 当摄动充分小时, 它们永远靠近其初始值.

2. 周期方程组 哈密顿函数是

$$H = H_0(I) + \varepsilon H_1(I, \varphi, t), \quad I \in G \subset \mathbb{R}^n, \quad \varphi\,(\mathrm{mod}\, 2\pi) \in T^n;$$

摄动不仅对 φ 而且对 t 都有周期 2π. 很自然的, 会在 $(2n+1)$ 维空间 $\{(I, \varphi, t)\} = \mathbb{R}^n \times T^{n+1}$ 中考虑非摄动方程组. 不变环面的维数是 $n+1$. 非退化条件

$$\det\left|\frac{\partial^2 H_0}{\partial I^2}\right| \neq 0$$

保证了在小摄动 ($\varepsilon \ll 1$) 下可保持绝大多数 $(n+1)$ 维不变环面.

若 $n = 1$, 非退化条件也保证了作用量变量在以下意义下的稳定性: 即摄动很小时它永远停留在初始值附近.

3. "$2n$ 维环" 的映射 $(I, \varphi) \to (I', \varphi')$ 它的生成函数是

$$S(I', \varphi) = S_0(I') + \varepsilon S_1(I', \varphi), \quad I' \in G \subset \mathbb{R}^n, \quad \varphi \in T^n.$$

非退化条件

$$\det\left|\frac{\partial^2 S_0}{\partial I^2}\right| \neq 0$$

①理解为在摄动下这些环面只有小的变形.

保证了在小摄动下 ($\varepsilon \ll 1$) 非摄动映射 $(I,\varphi) \to (I, \varphi + (\partial S_0/\partial I))$ 的不变环面绝大部分能保持.

若 $n=1$ 就得到通常的环到其自身的保持面积的映射. 非摄动映射在每个圆周上表示为一旋转. 这时, 非退化条件意味着在各个圆周上旋转角不同.

$n=1$ 时的不变环面即普通的圆周. 这时, 定理保证了在累次作此映射后, 只要摄动充分小, 一点的像总在原来的点所在的圆周附近.

4. 平衡位置的附近 (自治情况) 假设平衡位置在线性近似下是稳定的, 从而定义了 n 个本征频率 $\omega_1, \cdots, \omega_n$. 设本征频率之间没有下面形状的共振关系:

$$k_1\omega_1 + \cdots + k_n\omega_n = 0, \quad k_i \text{ 为整数而且 } 0 < \sum |k_i| \leqslant 4.$$

这时哈密顿函数可化为伯克霍夫标准形 (见附录 7)

$$H = H_0(\tau) + \cdots,$$

$H_0(\tau) = \sum \omega_k \tau_k + \dfrac{1}{2}\sum \omega_{kl}\tau_k\tau_l, \cdots$ 表示对于到平衡位置的距离的四次以上的项.

非退化条件

$$\det |\omega_{kl}| \neq 0$$

保证了在平衡位置的充分小邻域有几乎全测度的不变环面集的存在.

等能非退化条件

$$\det \begin{vmatrix} \omega_{kl} & \omega_k \\ \omega_l & 0 \end{vmatrix} \neq 0$$

保证了在每个等能集 (充分接近于临界点) 上有这样一族不变环面存在.

在 $n=2$ 时, 等能非退化条件成为: H_0 的二次部分不能被线性部分整除. 这时等能非退化件保证了平衡位置的李雅普诺夫稳定性.

5. 平衡位置的附近 (周期情况) 这里我们再假设线性近似的稳定性, 从而定义了 n 个本征频率 $\omega_1, \cdots, \omega_n$. 我们设在本征频率和系数对时间的依赖性的频率 (设为 1) 之间无共振关系:

$$k_1\omega_1 + \cdots + k_n\omega_n + k_0 = 0, \quad 0 < \sum_{i=0}^{n} |k_i| \leqslant 4.$$

这时哈密顿函数可以和自治情况一样化为伯克霍夫标准形式, 但余项对时间有周期 2π.

非退化条件

$$\det |\omega_{kl}| \neq 0$$

保证了在 $(2n+1)$ 维扩充相空间中表示平衡位置的圆 $\tau = 0$ 附近有 $(n+1)$ 维不变环面存在.

$n=1$ 时非退化条件变成: 小振动周期对其振幅平方的导数不为零. 这时, 非退化性保证了平衡位置是李雅普诺夫稳定的.

6. 映射的不动点 这里我们假设典则变换在不动点处的线性化的所有 $2n$ 个本征值之模均为 1 而且不满足任何下面形式的低阶共振关系

$$\lambda_1^{k_1}\cdots\lambda_n^{k_n}=1, \quad |k_1|+\cdots+|k_n|\leqslant 4$$

($2n$ 个本征值是 $\lambda_1,\cdots,\lambda_n,\overline{\lambda}_1,\cdots,\overline{\lambda}_n$).

如果我们把不动点处的泰勒级数中高于三次的项舍去, 则映射可写为伯克霍夫标准形式

$$(\tau,\varphi)\to(\tau,\varphi+\alpha(\tau)), \quad \alpha(\tau)=\frac{\partial S}{\partial\tau},$$

$S=\sum\omega_k\tau_k+\dfrac{1}{2}\sum\omega_{kl}\tau_k\tau_l$ (平衡位置附近的普通坐标是 $p_k=\sqrt{2\tau_k}\cos\varphi_k, q_k=\sqrt{2\tau_k}\sin\varphi_k$).

非退化条件

$$\det|\omega_{kl}|\neq 0$$

保证了 (在靠近环面 $\tau=$ 常数处) n 维不变环面的存在, 而且在平衡位置的充分小邻域中构成几乎全测度集.

若 $n=1$ 则得一通常的平面到自身的映射, 不变环面变成圆周. 非退化条件意味着, 对于典则形式, 圆周的旋转角对此圆的面积的导数不为零 (指在不动点处的导数, 从而在其附近的导数也不为零).

$n=1$ 时的非退化条件保证了映射的不动点的李雅普诺夫稳定性. 我们要注意, 这时不发生低阶共振的条件成为

$$\lambda^3\neq 1, \quad \lambda^4\neq 1.$$

所以平面到其自身的保持面积的映射, 若其线性部分是一个旋转而转角不是 90° 或 120° 的倍数, 则它是李雅普诺夫稳定的, 但是还要伯克霍夫标准形式中的系数 ω_{11} 不为零 (保证旋转角对半径的非平凡的依赖性).

我们没有触及这些定理中所假设的光滑性条件. 任一情况下所需的最少的光滑性条件都不知道. 例如, 我们可以指出, 上面的关于平面到其自身的映射的不动点之稳定性最初是莫泽 (J. Moser) 在 333 次可微的假设下证到的, 后来才 (由莫泽和吕斯曼 (Rüssman)) 将导数的个数减少到 6.

E. 关于不变环面的定理之应用和推广

对许多力学问题都可以应用以上提出的定理. 其中最简单的一个是摆在周期变化的外场作用下或在悬挂点铅直振动作用下的运动问题.

众所周知, 在无参数共振时, 摆的低的平衡位置在线性近似中是稳定的. 这一位置对非线性效应的稳定性 (在进一步假设了没有 3 阶和 4 阶共振后) 只能用关于不变环面之定理来证明.

类似地, 我们可以用不变环面定理来研究相互作用的非线性振子系的条件周期运动.

近似于椭球面的凸曲面上的测地流是另一个例子. 这个系统有两个自由度, 我们可证明在近于 3 轴椭球面的曲面上绝大多数测地线在近于曲面的曲率线的两条“聚焦线”之间振动, 而且稠密地填满了其间的环. 同时, 在曲面变形 (没有 3 阶与 4 阶共振) 时, 包含椭球面长度居中的轴的两个椭圆变成两个闭测地线, 我们也能得出关于它们的稳定性的定理.

再举一个例子, 我们可以看任意凸形弹子球台上的闭轨道. 在这些闭轨道中有一些在线性近似中是稳定的, 我们可以得出结论, 在一般情况下它们实际上是稳定的. 这种稳定的弹子球轨道的一个例子是椭圆的短轴; 因此若一个弹子球台几乎是椭圆形的, 则其上接近于椭圆短轴的闭弹子球轨道是稳定的.

把不变环面定理用到非对称有重刚体的旋转问题上使我们能考虑快速旋转物体的不可积情况. 快速旋转问题在数学上等价于在弱重力场中的中速运动问题: 起本质作用的参数是位能与动能之比. 若此参数很小, 我们就可以用刚体的欧拉运动作为一次近似.

把不变环面定理用到由于消去循环坐标 (绕铅直轴的旋转) 而得到的二自由度问题, 对于快速运动物体可得以下结论: 若物体旋转动能比位能充分大, 则其角动量矢量之长及其与水平面的倾角永远接近于其初始值.

由此可知物体的运动永远接近于欧拉–普安索运动和方位角进动的组合, 然而要除去动能和总动量的初值接近于使物体可绕中间的对称轴旋转的情况. 这个情况只在某些特殊的初始值时有可能, 在中间轴附近分界流形的分裂意味着对于中间轴的波动比欧拉–普安索运动更复杂.

不变环面定理的一种推广可导出在具有周期变化参数的一维振动系统的作用量变量永久的绝热不变性的定理. 这里我们必须假设参数变动的规则是由一个缓慢时间的光滑周期函数给出的, 而问题中的小参数是本征振动周期与参数变化周期之比. 这时, 若参数变化周期充分大, 则相点的绝热不变量的变化在无限的时间区间内很小.

同样地我们可以证明在轴对称磁场中的带电粒子问题的作用量变量的永久的绝热不变性. 破坏这个问题的轴对称性将使自由度的数目由 2 变成 3, 而不变环面不再分割等能流形, 相曲线则在共振带附近游荡.

最后, 对三体 (或多体) 问题应用这个理论, 我们就能找到“行星型”的条件周期运动. 为了描述这些运动, 我们必须先对行星运动问题的开普勒近似之后的下一个近似说几句话. 为简单计, 我们仅限于平面问题.

对每个开普勒椭圆, 考虑连接椭圆焦点 (太阳) 到其中心的矢量. 这个矢量称为*拉普拉斯矢量*, 它既标志了轨道离心率之大小又标志了近日点的方向.

行星的相互作用使开普勒椭圆 (以及拉普拉斯矢量) 缓慢地改变. 此外, 长半轴与拉普拉斯矢量的变化有很大的区别: 开普勒椭圆的长轴没有长期摄动, 即在一次近似中它只围绕着其平均值有微小振动 ("拉普拉斯定理"). 拉普拉斯矢量则既有周期振动又有长期运动. 要想得到长期运动, 可将每个行星按其通过轨道各部分所需的时间成比例地 "铺开" 在轨道上, 并以所得的 "环" 的引力代替行星的引力, 也就是说将摄动沿快速运动平均化. 把长期运动加上小振动就得到拉普拉斯矢量的真实的运动; 如果我们注意的是小的时间区间 (以年计), 则小振动是主要的, 但若考虑长的时间区间 (以千年计), 其效应与长期运动的效应比较是小的.

计算 (拉格朗日早就做了) 表明, 在同一平面上 n 个行星各自的拉普拉斯矢量的长期运动是这样构成的 (略去轨道离心率之平方, 它与离心率本身比较很小): 在行星的轨道平面上必须安放 n 个定长矢量, 按各自的角速度匀速旋转, 拉普拉斯矢量即为其和[1)].

其所以能这样描述拉普拉斯矢量是因为对描述拉普拉斯矢量运动的哈密顿方程组, 在对快速运动平均化以后, 在相应于零离心率处有平衡位置. 拉普拉斯矢量的运动之上述的描述, 就是平衡位置附近小振动按本征振动的分解. 拉普拉斯矢量的匀速旋转的分量的角速度就是本征振动的频率, 其长度决定本征振动的振幅.

我们注意到, 地球的拉普拉斯矢量的运动显然是冰期出现的因素之一. 理由是, 当地球轨道离心率增加时, 它接近太阳的时间减少, 远离太阳的时间增加 (面积速度定律): 所以当离心率增加时, 气候变得严酷. 这个效果的大小是: 离心率减少时, 列宁格勒纬度 (60°N) 的年日照量可以达到现在相当于基辅 (50°N) 的年日照量, 而当离心率增加时, 则与泰米尔半岛 (80°N) 相当. 离心率变化的特征时间长度 (约一万年) 也与冰期的间隔一致.

由不变环面定理还可得知, 当行星质量充分小时, 在问题的相空间中, 有一个正测度集填满了条件周期相曲线, 使行星的相应运动接近于在缓慢变化的小离心率椭圆上的运动, 而拉普拉斯矢量的运动接近于上述的近似所描述的运动. 此外, 若行星质量充分小, 则这种类型的运动充满了相空间的大部分区域, 相应于行星在不相交的小离心率椭圆上同公转方向的运动的开普勒近似.

n 个行星的平面问题自由度为 $2n$ (视太阳不动). 角动量首次积分使我们可消去一个循环坐标, 然而变量仍然太多使不变环面不能分割等能流形 (即令只有两个行星, 等能流形也是五维的, 而不变环面是三维的). 所以在这个问题中对于长半轴在无限时间区间上是否对一切初始条件都能保持, 得不出任何结论, 只能对大多数初始条件作出这个结论.

[1)] 确切些说, 将第 k 个行星的拉普拉斯矢量 e_k 表为 $e_k = \sum_{j=1}^{n} e_{kj}, e_{kj}$ 是长度一定的匀速旋转的矢量, 其角速度 ν_j 与 k 无关, 详见 Arnold, [3] 第三章, §1 以及本书节 51C 问题的脚注. —— 日译者注

进一步理想化可以得到一个 2 自由度问题. 把两个行星之一代以 "小行星", 它在第二个行星 ("木星") 的场中运动而不扰动这个场.

这样的小行星运动问题称为*限制三体问题*. 平面限制三体问题可化为小行星的周期依赖于时间的 2 自由度方程组. 若此外木星的轨道还是圆形的, 则在和木星一同旋转的坐标系中, 对小行星的运动将得到一个 2 自由度的自治哈密顿方程组 —— 称为圆形平面限制三体问题.

这个问题中有一个小参数 —— 木星与太阳的质量比. 参数的零值对应于小行星的非摄动开普勒运动, 它由在四维相空间中的一个二维环面上的条件周期运动来表示 (因为坐标系是旋转的). 这个条件周期运动的频率之一对一切初始条件都是一样的; 这就是旋转坐标系的角速度, 即木星绕太阳旋转的频率. 第二个频率依赖于初始条件 (这就是小行星绕太阳的频率), 它在哈密顿函数的一个固定的三维等值流形上变化. 因此, 非退化条件在我们的问题中不成立, 但等能非退化条件成立. 柯尔莫戈洛夫定理是适用的, 而我们的结论是: 具有无理数的频率比的绝大部分不变环面当摄动行星 (木星) 的质量不是零而只是很小时仍是保持的.

此外, 二维不变环面可以分割哈密顿函数的三维等值流形. 因此*小行星的开普勒椭圆的长半轴与离心率将永远在其初始值附近, 只要在初始时刻开普勒椭圆与摄动行星的轨道不相交, 而且摄动行星 (木星) 的质量充分小.*

此外, 在恒定坐标系中, 小行星的开普勒椭圆可以缓慢地旋转, 因为我们的方程组只是等能非退化的. 因此在不变环面的摄动下, 频率是不能保持的, 而只有它们的比能保持. 摄动的结果, 小行星近日点的方位角运动在恒定坐标系中可以与木星的频率稍有不同[1)], 这时在恒定坐标系中近日点将缓慢地旋转.

[1)]在旋转坐标系中, 小行星近日点的方位角的运动频率, 在非摄动时, 由于旋转系坐标系的选取方法, 与木星旋转的频率是一致的. 要注意, 木星的旋转频率在摄动后也是不变的. —— 日译者注

附录 9　庞加莱的几何定理，它的推广和应用

庞加莱在研究天体力学问题的周期解时，作出了一个很简单的然而包含了这个问题的基本困难的模型. 这模型就是平面圆环到自身的保面积映射. 这种形状的映射会在研究 2 自由度动力系统时出现. 事实上，可定义一个二维截面到自身的映射如下: 过截面上 p 点作相曲线与此截面再相交，映 p 点到此交点 (参看附录 7). 这样，闭相曲线相应于此映射或其幂的不动点. 反之，此映射或其幂的不动点决定一个闭相曲线.

这样，动力学问题中周期解的存在问题化为圆环到其自身的保面积映射的不动点问题. 庞加莱在研究这个问题时得到了以下定理.

A. 圆环到自身的映射之不动点

定理　*设有平面圆环到自身的保面积同胚映射. 设圆环的两个边缘圆周在映射下按不同方向旋转，则此映射至少有两个不动点.*

边缘圆周按不同方向旋转意味着，若取环上的坐标为 $(x, y\,(\mathrm{mod}\,2\pi))$ 使边缘圆周为 $x = a$ 和 $x = b$，则映射可用以下公式来定义

$$(x, y) \to (f(x, y), y + g(x, y)),$$

f, g 是连续的且对 y 以 2π 为周期，而且对一切 y 有 $f(a, y) \equiv a, f(b, y) \equiv b$，以及 $g(a, y) < 0$, $g(b, y) > 0$.

庞加莱在去世前不久宣布他已得到这个定理的证明，但只是后来才由伯克霍夫给出 (参看 G. D. Birkhoff, [1]).

关于这个定理迄今仍有许多未解决的问题; 特别是希望将它推广到高维情况, 这对研究多自由度问题的周期解是很重要的. 问题在于, 庞加莱用以得出此定理的讨论可以应用到一系列其他问题上. 然而伯克霍夫给出的巧妙的证明很难推广. 因此, 不知道庞加莱的论证所提示的结论在二维圆环之外是否仍成立. 所说的论证如下.

B. 映射的不动点与生成函数的临界点的关系

我们将借助生成函数 $Xy+S(X,y)$ 来定义环的辛微分同胚

$$(x,y)\to(X,Y).$$

这里 S 对 y 有周期 2π. 要它是微分同胚需要 $\partial X/\partial x\neq 0$. 这时

$$dS=(x-X)dy+(Y-y)dX,$$

所以微分同胚的不动点即函数 $F(x,y)=S(X(x,y),y)$ 的临界点. 可以用 $(x-X)dy+(Y-y)dX$ 的积分来作为 F. 由反向旋转条件, 它的梯度在两个边缘圆周上同时指向环内或环外.

但是在圆环两边缘上梯度同时指向环内 (或环外) 的每一个环上的光滑函数必在环内有临界点 (极大或极小). 此外可以证明环上的这种函数的临界点个数至少为 2. 所以若能肯定 F 的每个临界点都是映射的不动点, 则可以断定我们的微分同胚至少有两个不动点.

不幸的是这只在条件 $\partial X/\partial x\neq 0$ 下, 即是在可以用 X,y 表示 F 时成立. 因此我们的论证对与恒等映射相差不大的映射成立. 例如只需设生成函数 S 的导数小于 1 即可[1)].

将此论证给以改进 (选用不同的生成函数)[①] 只需要雅可比矩阵 $D(X,Y)/D(x,y)$ 的本征值不是 -1, 即此映射在任一点均不将切空间完全翻转即可. 不幸, 对一切与恒等映射相当不同的映射, 这些条件在某些点均不成立, 在一般情况下证明庞加莱定理要用完全不同的方法.

映射的不动点与生成函数的临界点的联系似乎是比二维圆环到自身的映射更为深刻的事实. 下面给出几个例子, 其中上述联系给出一些有意义的结论, 它们在一些限制下成立, 但这些限制是否必要并不清楚.

C. 环面的辛微分同胚

考虑环面上保持重心不变的辛微分同胚

$$(x,y)\to(x+f(x,y),y+g(x,y))=(X,Y),$$

---

① $d\Phi=\dfrac{1}{2}\begin{vmatrix}X-x & Y-y\\ dX+dx & dY+dy\end{vmatrix}.$

1) 恐系 $\det|\partial^2S/\partial y\partial X|<1$ 之误. —— 日译者注
又法译本作 "F 的导数小于 1" 似亦不正确. —— 中译者注

这里 x 与 $y \pmod{2\pi}$ 是环面上的角坐标, "辛" 意味着雅可比行列式等于 1, 保持重心的条件意味着函数 f, g 的平均值为零.

定理 这样的微分同胚按重数计至少有四个不动点, 其中至少有三个位置各异, 至少当假设雅可比矩阵的本征值处处 $\neq -1$ 时是这样.

证明的基础是考虑由下式定义的环面上的函数

$$\Phi(x, y) = \frac{1}{2}\int (X - x)(dY + dy) - (Y - y)(dX + dx),$$

以及环面上的光滑函数至少有四个临界点 (按重数计) 而且至少有三个几何位置不同这一事实.

试图对本征值不加限制来证明这个定理遇到的困难很像庞加莱在证明关于圆环的定理时遇到的困难.

我们注意, 关于圆环的定理可以由关于环面的定理得出, 如果可以丢掉后者中关于本征值的条件. 事实上, 可以把两个同样的圆环放在一起然后在两个边缘圆周处各嵌入一个窄的圆环把它们联结起来就得出一个环面.

然后我们可以把圆环的映射拓展为环面上的辛微分同胚使得, (1) 在两个大的圆环上微分同胚与原来的相同, (2) 在每个窄的圆环上没有不动点, 而且 (3) 重心保持不动.

作环面上的这个微分同胚要用到边缘圆周沿相反方向旋转的事实. 在每一个联结圆环上都按其边上旋转的方向平移. 因为两个联结圆环上平移的方向相反所以可以选择平移的大小使重心不变.

于是在环面的四个不动点中有两个在原来的圆环上, 而我们从环面的定理得出了关于圆环的定理.

上述关于环面的定理可以推广到其他辛流形上, 不论是二维还是高维的. 为了提出这个推广我们必须首先重新陈述保持重心不变的条件.

令 $g: M \to M$ 是辛微分同胚, 我们说 g 同伦 1) 于恒等映射, 如果可用辛微分同胚 g_t 所成的 t 的曲线将它与恒等同胚连续起来, 而且在每个时刻 t 速度场 $\dot{g}_t$ 均有单值的哈密顿函数. 可以证明, 同伦于恒等映射的辛微分同胚构成流形上的辛微分同胚群之含恒等元的连通分支的交换子群.

在流形是二维环面的情况下, 同伦于恒等映射的辛微分同胚正是保持重心不变的辛微分同胚.

这样我们就得到了庞加莱定理的如下的推广.

定理 一个紧辛流形上的同伦于恒等映射的辛微分同胚的不动点数, 至少与此流形上的光滑函数的临界点数一样多 (至少当此微分同胚与恒等映射相差不太远时是这样) ①.

① 证明见 Arnold, [16] 和 Weinstein, [2].

1) 原文是同调. —— 中译者注

要注意同伦于恒等映射的条件是不可少的, 因为我们从环面上的平移的例子中已看到这一点, 在那里根本没有不动点.

至于最后一个限制 (即与恒等映射相差不太远), 还不清楚它是否必不可少的. 当流形是二维环面时, 只要微分同胚的雅可比矩阵 (在 $\mathbb{R}^{2n}$ 的任意整体辛坐标系中) 的本征值都不等于 -1 就够了.

这种限制在高维问题中可能是必要的. 很可能庞加莱定理是由于一种本质上是二维的效果而来①, 如同下述的 A. I. Snirel'man (А. И. Шнирельман) 和 N. I. Nikishin (Н. А. Никищин) 定理一样: *二维球面到自身的保面积微分同胚至少有两个几何上不同的不动点.*

这定理的证明基于以下的事实: 二元光滑函数梯度场在孤立临界点上的指标不能大于 1 (虽然它可以等于 $1, 0, -1, -2, -3, \cdots$), 以及二维球面到自身的保定向微分同胚所有不动点处的指标之和为 2. 另一方面, 多元光滑函数的梯度在临界点的指标可以是任意整数.

D. 拉格朗日流形的交

如果在圆环的每个半径上只考虑径向移动的点, 则可以给庞加莱的论证稍许不同的形式. 在每个半径上都有这样的点, 因为环的边缘圆周依相反方向转动. 设可以作一径向移动点的光滑曲线而将圆环的内外边缘分开. 这个曲线在所述映射下的像必与其本身相交 (因为此曲线把圆环分成的两个区域被映为等面积的区域).

若此曲线与其像和每个半径只交一次, 则曲线与其像的交点显然就是映射的不动点.

这种论证的某些部分可以用于高维情况, 而给出动力学中周期解问题有益的结果. 高维情况下圆环将由以下的相空间来代替: 欧氏空间的一个区域与同维数环面的直积 (圆环也是区间和圆周的直积). 相空间上的辛构造按通常的方式来定义, 即为 $\Omega = \sum dx_k \wedge dy_k$ 之形式,x_k 是作用量变量, y_k 是角变量.

不难说明我们的相空间的哪些辛微分同胚同伦于恒等映射. 具体说, 一个辛微分同胚 A 如果可以从恒等映射连续变形而得, 而且

$$\oint_{\gamma} x dy = \oint_{A\gamma} x dy$$

对任意闭曲线 γ (不一定同调于零) 成立, 则 A 同伦于恒等映射. 此映射同伦于恒等映射使它不可能系统地沿 x 方向移动 (“角变量的演化”), 但可以沿环面移动.

我们考虑 n 维环面 $x = c =$ 常数之一并对它施以同伦于恒等映射的辛微分同胚. *结果是原来的环面与其像至少交在 2^n 个点 (计重数) 上, 其中至少有 $n+1$ 个几何位置各异, 至少在假设像环面的方程可写为 $x = f(y)$ 而 f 为光滑时是这样.*

当 $n = 1$ 时这个结论意味着构成圆环的两个同心圆与其像各交于至少两点. 这也可从保持面积得出, 因此, 像具有方程 $x = f(y)$ 是不必要的.

---

①过去没有强调这一点.

高维时这个假设是否必要还不知道. 若作了这个假设, 证明可以进行如下.

我们注意原来的环面是相空间的拉格朗日子流形. 微分同胚是辛映射, 所以像环面也是拉格朗日子流形. 故其上的 1–形式 $(x-c)dy$ 为闭. 此外, 环面上的这个形式是某个光滑单值函数 F 的全微分, 因为此微分同胚同伦于恒等映射, 所以对任意闭曲线 γ 我们有

$$\begin{aligned}\oint_{A\gamma}(x-c)dy &= \oint_{A\gamma} xdy - \oint_{A\gamma} cdy\\ &= \oint_{\gamma} xdy - \oint_{A\gamma} cdy\\ &= c\oint_{\gamma} dy - c\oint_{A\gamma} dy = 0.\end{aligned}$$

我们注意, 环面及其像的交点是函数 F 的临界点 (因为在交点上 $dF=(x-c)dy=0$).

由像环面单值射影的条件 (即像环面有方程 $x=f(y)$) 可得, F 的临界点反过来也是这两个环面的交点. 事实上, 在这些条件下 y 可取为环面上的局部坐标, 所以 dF 在一切切于像环面的矢量上为零就蕴涵了 $x=c$.

光滑函数在 n 维环面上至少有 2^n 个临界点 (计及重数) 且其中至少有 $n+1$ 个位置不同 (例如参看 Milnor, [1]).

所以这两个环面至少交于 2^n 个点 (按重数计) 而且至少有 $n+1$ 个位置不同.

完全同样的证法可表明: 任一拉格朗日环面与其像至少交在 2^n 个点 (其中至少有 $n+1$ 个位置不同). 但需设原环面和像环面可单值投影到 y 空间, 即可分别写成 $x=f(y)$ 和 $x=g(y)$.

此外, 这个命题可借助于典则变换 $(x,y)\to(x-f(y),y)$ 化为前一命题.

E. 对决定不动点和周期解的应用

我们现在考虑来自动力学可积问题的以下特殊形状的同伦于恒等映射的辛变换:

$$A_0(x,y)=(x,y+\omega(x)),\quad \omega=\frac{\partial S}{\partial x}.$$

这里 $x\in\mathbb{R}^n$ 是作用量变量, $y\,(\mathrm{mod}\,2\pi)\in T^n$ 是角变量.

我们设环面 $x=x_0$ 上的所有频率都可通约:

$$\omega_i(x_0)=\frac{k_i}{N}2\pi,\quad k_i, N \text{ 为整数};\quad \omega(x_0)\neq 0,$$

而且满足非退化条件

$$\det\left|\frac{\partial\omega}{\partial x}\right|_{x_0}\neq 0.$$

定理 每一个同伦于恒等映射且充分接近 A_0 的辛微分同胚在环面 $x=x_0$ 附近有至少 2^n 个 N 周期点 ξ (即 $A^N\xi=\xi$), 这里要按重数计.

证 可化为研究 $4n$ 维辛空间 $(\mathbb{R}^n\times T^n\times\mathbb{R}^n\times T^n)$, $\Omega=dx\wedge dy-dX\wedge dY$ 中两个拉格朗日子流形的交, 其中之一是对角线子流形 $(X=x,Y=y)$, 另一个是 A^N 之像.

然而, 容易在环面上直接作出适当的函数. 事实上, 映射 A_0^N 的形状是

$$(x,y)\to(x,y+\alpha(x)),\quad \alpha(x_0)=0,\quad \det\left|\frac{\partial\alpha}{\partial x}\right|_{x_0}\neq 0.$$

由隐函数定理, 映射 A^N 在环面 $x=x_0$ 附近有一环面只作径向移动 $((x,y)\to(X,y))$, 方程为 $x=f(y)$; 其像也由同样形状的方程 $x=g(y)$ 给出. 用此记号后有: $X(f(y),y)=g(y),Y(f(y),y)=y$.

因为 A 同伦于恒等映射, 故 A^N 有单值整体生成函数 $Xy+S(X,y),S$ 对 y 以 2π 为周期.

函数 $F(y)=S(X(f(y),y),y)$ 在环面上至少有 2^n 个临界点 y_k. 所有的点 $\xi_k=(f(y_k),y_k)$ 都是 A^N 的不动点. 事实上

$$dF=(x-X)dy+(Y-y)dX=(x-X)dy=(f(y)-g(y))dy.$$

故由 $dF\mid_{y_k}=0$ 有 $f(y_k)=g(y_k)$ 即 $A^N\xi_k=\xi_k$. □

现在我们转到保守系的闭轨. 用附录 8 的术语, 我们可将结果表述如下.

系 当一个由等能非退化方程组的闭轨填满的 n 维环面分解时, 至少形成摄动问题的 2^{n-1} 个闭轨 (计重数) , 其中至少有 n 个位置不同; 至少当摄动充分小时是这样.

证明可借助于一个 $2n-2$ 维截面归结为前述定理. 我们需先选角变量 y_k 使非摄动问题在环面上的闭轨的方程是 $\dot y_2=\cdots=\dot y_n=0$, 再由 $y_1=0$ 定义一个截面.

在 2 自由度时, 用二维截面与不变环面交成圆环再用庞加莱定理即得以下结果:

在 2 自由度方程组的两个二维不变环面的间隙里, 若两环面上条件周期运动之频率比不同, 则必至少有两个闭相轨道在其中.

这样, 在一切 2 自由度问题中我们得出许多周期解, 只要能找到不变环面 (例如在圆限制三体问题中、在闭测地线问题中等等). 甚至有这样的猜测: "一般形状" 的具有紧相空间的哈密顿方程组的闭相曲线成一稠密集[1]. 然而, 即令此事为真, 绝大多数这种曲线之为闭并不重要, 因为其周期极大.

作为应用庞加莱方法到自由度高于 2 的方程组之例, 伯克霍夫有一个定理, 即接近已知的线性稳定的一般形式周期解处有无穷多周期解存在 (或一空间到自身的

[1] C. Pugh 和 C. Robinson 宣称他们已证明了 C^1 拓扑下的稠密性. —— 英译者注

线性稳定非退化辛映射的不动点附近有无穷多周期点存在). 证明时, 先用标准形式去逼近此映射, 再用映射的不动点和生成函数的临界点的联系.

知道了周期解使我们能证明除经典的首次积分外动力学的许多问题中不存在首次积分. 例如设在已知积分的某等值流形上找到了不稳定的周期轨道. 它的分界流形一般地构成复杂的网络, 我们在附录 7 中已经考虑过了. 如果发现了分界流形的分裂, 而且如果我们能证明分界流形除了包含在我们所考虑的等值流形之外, 不再包含于任何比等值流形更低维的流形中, 我们就可以肯定方程组没有新的首次积分.

相曲线的复杂性态, 阻碍了首次积分的存在, 时常一眼看到它的图像就可看出, 而不必借助于周期解, 这图像是用计算机算出的, 由相曲线与截曲面的交形成[1)].

F. 生成函数的不变性

我们已经指出, 生成函数对辛流形上典则坐标系的选取没有不变性, 这是很麻烦的. 另一方面, 我们又反复地应用了映射的不动点和生成函数的临界点的关系.

结果是, 虽然生成函数一般地与映射并非不变地联系着的, 但在不动点附近却有不变的关系. 更准确些说, 设有一个辛微分同胚使某点不动. 在这点的邻域中, 定义一个 "生成函数"

$$\Phi = \frac{1}{2}\int \sum \begin{vmatrix} X_k - x_k & Y_k - y_k \\ dX_k + dx_k & dY_k + dy_k \end{vmatrix},$$

这里用了辛坐标系 (x, y)[①]. 用另外的辛坐标系 (x', y'), 我们可以同样地作出一个生成函数 Φ'.

定理 *若辛微分同胚在不动点处的线性化没有本征值 -1, 则函数 Φ 和 Φ' 在不动点的邻域中是等价的, 即是说存在一个微分同胚 g (一般不是辛微分同胚) 使得*

$$\Phi(z) = \Phi'(g(z)) + 常数.$$

证明可见 A. Weinstein, [1].

应该注意, 两个具有生成函数的微分同胚, 即令在不动点的邻域中等价, 在辛微分同胚类中也不一定等价.

有些命题, 在本书第一版中还只是对于环面和二维流形的假设, 现在已得到了证明. 可参看 Conley C. C., Zehnder E. The Birkhoff-Lewis fixed point theorem and a conjecture of V. I. Arnold, Invent. Math. 1983, Vol.73, 33 ~ 49; Landenbach F., Sicorav J. C., Persistance d'intersection avec la section nulle au cours d'une isotopic hamiltonienne dans un fibré cotangent, Invent. Math. 1985, Vol.82, 349~358. 又见

①这函数沿任意弧的增量等于定义辛构造的形式在一个带上的积分, 这个带是用直线区间将弧上各点与其像联结起来而成的. 因此, 函数 Φ 与此映射的联系相对于线性典则坐标变换是不变的.

1)见 Arnold and Avez, [1] §20 和 O. Lanford. —— 日译者注

Арнольд В. И. Первые шаги симплектической топологии, УМН, 1985, Т.41, №.6, 3 ∼ 18. Hofer, Floer, Gromov, Eliashberg, Viterbo, Weinstein, Givental 等人关于这个问题的发展已可能写成整整一本书.

附录 10　依赖于参数的本征频率的重数以及椭球

在这本教程中我们已经几次遇到欧氏空间中的椭球族. 例如在研究小振动本征频率对参数的依赖性时, 我们遇到了等势面, 它们是欧氏空间中的椭球面, 依赖于该力学系的刚性 (空间的度量由动能来定义). 另一个例子是惯量椭球 (参数是刚体的形状和质量分布).

这里我们遇到了一个一般问题, 即如何描述使本征值谱退化的参数值, 亦即使相应椭球变为旋转椭球的参数值. 我们注意, 欧氏空间中的二次型的本征值 (或椭球主轴的长度) 当系统的参数 (二次型的系数) 连续变化时也是连续变化的. 自然地可以设想在依赖于参数的系统中, 在参数变化的某时刻, 某个本征值将与另一个重合, 所以系统在这些参数值上将有重谱.

例如我们想通过把一个可调节的质量沿一个刚性附着于刚体的弧移动 (从而有一个可任意变化的参数 p) 来使刚体的惯量椭球变为旋转椭球. 三个主轴 a, b, c 将是此参数的连续函数. 初看起来, 似乎对此参数的适当的值 (p) 可使两个主轴相等: $a(p) = b(p)$. 然而结果并不如此, 一般说来, 至少要有两个可调节的质量才能使惯量椭球变为旋转椭球.

一般说来只有在有两个以上参数的典型的二次型族中才能有重谱, 而在一般形式的单参数族中对一切参数值都只有单谱. 在典型的单参数族中当参数变化时, 本征值可以很接近, 但近到一定程度后似乎彼此又互相排斥. 本征值又重新分离, 使那些想通过改变参数而得到重谱的人大失所望.

在这个附录里我们要考虑本征值的这个似乎奇特的性态的原因, 同时简短地讨论具有各种对称群的系统的类似问题.

A. 旋转椭球流形

考虑 n 维欧氏空间 $\mathbb{R}^n$ 的一切可能的二次型之集. 此集有一个自然的 $n(n+1)/2$ 维矢量空间构造. 例如平面上的二次型构成一个三维空间 ($Ax^2+2Bxy+Cy^2$ 以三个数 A,B,C 为坐标).

正定型成为一切二次型空间的开集 (例如在平面情况就是在由退化形式构成的锥面 $B^2=AC$ 的一叶内部).

每个以原点为心的椭球都定义一个正定二次型, 使此椭球就是它取值 1 的等值集; 反之给定一正定二次型, 其取值 1 的等值集即是一个椭球. 所以我们可将正定二次型集与中心在原点的椭球集等同起来. 这样我们就给中心为 $O\in\mathbb{R}^n$ 的椭球集以一个 $n(n+1)/2$ 维光滑流形构造 (它可以用一个区图即二次型空间的一个区域来覆盖).

现在考虑旋转椭球集. 我们说它在所考虑的空间中余维数为 2, 即由两个独立方程给出而不是乍看之下可由一个方程给出. 准确些说, 我们有

定理 1　*旋转椭球集是有限个光滑子流形之并, 它在一切椭球所成的流形中的余维数不小于 2.*

子流形的余维数即包围它的空间与该子流形的维数之差.

证　先考虑 n 维空间中具有两个相等轴的椭球, 其他的轴则各异. 要决定这个椭球既要知道这些相异轴的方向, 即有

$$(n-1)+(n-2)+\cdots+2=\frac{(n+1)(n-2)}{2}$$

个不同的参数, 还要知道这些轴的大小, 于是又有 $n-1$ 个参数. 参数总数是

$$\frac{n^2-n-2+2n-2}{2}$$

比椭球空间维数 $n(n+1)/2$ 少 2. 参数个数的计算也指出恰有两轴相等的椭球集是一个流形. □

等轴数更多的椭球很清楚构成一个维数更小的集. 严格的证明可由以下引理给出:

引理　*具有 ν_2 个二重轴、ν_3 个三重轴、ν_4 个四重轴等等的椭球集是一切椭球所成的流形的光滑子流形, 其余维数为*

$$2\nu_2+5\nu_3+9\nu_4+\cdots=\sum\frac{1}{2}(i-1)(i+2)\nu_i.$$

它的证明可以归结为与以上类似的参数个数的计算, 而在上面的特例 ($\nu_2=1,\nu_3=\nu_4=\cdots=0$) 中已分析过了. 读者可以容易地完成这个计算, 首先注意由

n 维矢量空间的一切 k 维子空间的所成的子流形 (即格拉斯曼流形) 维数是 $k(n-k)$ (因为 n 维空间中的一般位置的 k 维平面可以看成是由一个 k 维空间到一个 $(n-k)$ 维空间的映射的像, 此映射由一个 $k\times(n-k)$ 矩阵给出). □

例 考虑 $n=2$ 的情况即平面上的椭圆. 一个椭圆由三个参数决定 (例如两轴之长与一轴之方向). 所以平面上的椭圆成一个三维流形, 由公式看也是这样.

然而一个圆只由一个参数 (半径) 决定. 因此椭圆空间中由所有的圆构成的流形是三维空间中的一直线, 而不是乍看起来的曲面.

这个 "怪事" 从下面的计算中也许看得更清楚. 具有相同本征值的二次型 $Ax^2+2Bxy+Cy^2$ 构成坐标为 A,B,C 的三维空间的子流形而由一个方程 $\lambda_1-\lambda_2=0$ 给出, $\lambda_{1,2}(A,B,C)$ 是本征值. 然而此式左方是两个平方之和, 可由特征方程的判别式看出:

$$\Delta=(A+C)^2-4(AC-B^2)=(A-C)^2+4B^2.$$

所以 $\Delta=0$ 一个方程决定二次型空间中的一条直线 $(A=C,B=0)$ 而不是一个曲面.

旋转椭球流形之余维数为 2 这一事实有一个简单的推论: 即它不能分割一切椭球之空间 (具有重谱的二次型流形并不分割二次型空间), 正如直线不能分割三维空间一样. 因此我们不仅可以断定 "一般位置" 的椭球三轴长不同, 而且任意两个不等轴椭球都可用椭球空间中的全由不等轴椭球所成的光滑曲线连接起来. 此外, 若将两个一般位置的椭球用椭球空间中的光滑曲线连接起来, 而此曲线上有一点为旋转椭球, 则将此曲线作任意小移动都可使它离开旋转椭球集, 而在新曲线上所有点都是没有两轴相等的椭球.

当系统刚度增加时本征频率也增加这一定理有一个简单的证明, 且可以作为以上所说的推论. 一个二次型的非重本征值对参数的导数由二次型在相应本征方向上的导数决定. 若刚度增加, 位能在各个方向包括本征方向都增加. 于是本征频率也增加. 这样, 在下面的情况下, 即若可能从原系统避免重谱而变为刚度更大的系统, 这时我们已证明了频率增加的定理. 有重谱出现时定理可以通过求极限来证明, 这要基于以下的事实, 即从原系统到刚度更大的系统的路径可以在区域的内域由任意小的摄动从重谱移开.

总之我们可以说, 典型的单参数椭球族 (欧氏空间的二次型族) 中不包含旋转椭球 (有重谱的二次型). 把这应用到惯量椭球我们就得出了前面的必须加上两个可调节质量的结论.

现在我们转到 2 参数族. 由我们的计算可知, 在一个典型的 2 参数族中, 只在参数平面上的孤立点处可遇到旋转椭球.

例如考虑三维欧氏空间中的凸曲面. 曲面的第二基本形式在各点的切空间上定义一个椭圆. 故有一个 2 参数椭圆族 (在曲面一点附近选一局部坐标可将此族移到一个平面上去). 我们得出一个结论: 在曲面上除某些孤立点外椭圆轴长不同. 因此在一般形式的曲面会出现两个正交方向 (即椭圆的主轴) 场而这两个场都具有孤立奇点. 在微分几何中这两个方向称为主曲率方向, 奇点称为脐点. 例如在椭球面上有四个脐点; 它们位于包含最长、最短主轴的椭圆上, 其中两个可在椭球面的测地线的图上清楚地看见 (图 207).

完全同样, 在典型的 3 参数族中, 旋转椭球只在三维参数空间的某些曲线上遇到. 例如若在三维欧氏空间之每点上有一椭球 (即一个 2 指标对称张量), 则主轴场的奇点一般地是在某些曲线上 (那里三个方向场中有两个有间断). 这些曲线, 如前例中的脐点那样可分成好几种类型. 它们的分类 (对于典型的椭球场) 可以从附录 12 中讲的拉格朗日投影的奇性的分类得出.

在典型的四参数族中, 旋转椭球可在参数空间的二维曲面上出现. 这些曲面除了在参数空间的孤立点上横截相交外没有奇点; 参数的这些值对应于有 (不同的) 两对相等主轴的椭球.

三重轴在 5 个参数时第一次出现在参数空间的孤立点上. 对应于二重轴椭球的参数值, 形成五维参数空间中的三维流形, 而有两类奇性: 沿某曲线横截相交的两枝和某些 (不在此曲线上的) 孤立点上的锥奇性; 即参数空间中对应于三等轴椭球的点.

这些锥奇性有以下构造: 令三维旋转椭球流形与中心在奇点的小半径四维球面相截, 我们得到两叶射影平面. 所得出的射影平面在四维球面上的嵌入微分同胚于二维球面上的五个二次球面调和所给出的嵌入 (即球面 $x_1^2+x_2^2+x_3^2=1$ 上的函数空间中标准的正交函数 x_ix_j 的五个线性组合, 而且正交于 1, 给出 S^2 到 S^4 的一个偶映射, 从而给出 RP^2 到 S^4 的嵌入 [1)]).

余下的是要描述一个典型的 2 参数族中的二次型的本征值当参数趋向使两个本征值重合的奇点时的性态. 稍微作些计算即知我们考虑的这一对本征值的图像, 在参数平面的奇点附近, 形如一个二叶锥面, 其顶点对应于奇点, 每一叶对应于一个本征值 (图 243).

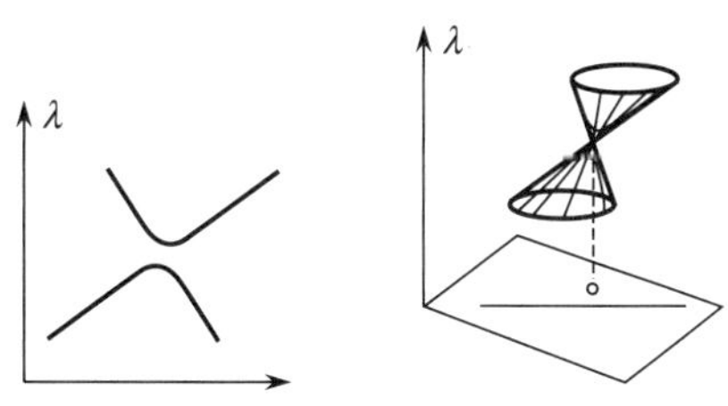

图 243　单参数和二参数的一般形式的振动系统族的本征频率

我们的二维族的典型的单参数子族, 在参数平面上形如一个不经过任意奇点的曲线. 每一个包含奇点的单参数族经过一个小摄动就会离开这个奇点; 所得的单参数族是参数空间中从奇点附近通过的曲线. 参数平面上接近于奇点的曲线上的本征值的图像是由锥面上投影到这个曲线上的点组成. 因此在奇点附近, 这图像接近于

---

1) 令 $y_1=\sqrt{3}(x_1^2-x_2^2)/2$, $y_2=\sqrt{3}x_1x_2$, $y_3=\sqrt{3}x_2x_3$, $y_4=\sqrt{3}x_3x_1$, $y_5=x_3^2-(x_1^2+x_2^2)/2$, $(x_1,x_2,x_3)\longrightarrow(y_1,y_2,y_3,y_4,y_5)$ 给出偶映射 $S^2\to S^4$. —— 日译者注

一双曲线, 很像一对相交的直线 (当单参数族通过奇点时就得到一对相交的直线).

对 2 参数的二次型族的本征值的讨论可以解释当一个参数变化时本征频率的奇特的性态: 一般地 (除了完全奇异的情况外), 当一个参数变化时, 本征频率可以彼此接近但不会重合; 然后它们又必定按不同方向分开.

B. 在研究连续介质的振动中的应用

在研究描述连续介质的振动的力学系的本征频率对参数的依赖性时这些力学系是无限多自由度的, 以上的一般论证都有应用. 这些应用的基础在于以下事实, 即具有已知重数的轴的椭球之流形的余维数由重数决定而不依赖于空间的维数.

例如, 在一切椭球之流形中, 旋转椭球集的余维数在任意维空间中都是 2; 因此自然假设在无限维希尔伯特空间中的椭球之无限维 "流形" 中, 旋转椭球之集余维数为 2(因此没有重轴的椭球之空间是连通的).

这一类讨论当然需要严格的论证. 但是我们不打算从事于此, 只是要看一看, 如果把它用到连续介质的振动问题上, 上面的讨论会有什么结论.

充满一个紧区域 D 的连续介质的动能可用点 x 对平衡位置的偏离 u 表示为

$$T = \frac{1}{2}\int_D \dot{u}^2 dx.$$

为确定起见, 取此连续介质为膜 (这时区域 D 是二维的, 偏离 u 是一维的). 动能在构形空间 (即函数 u 的空间) 中定义一个欧氏空间构造. 位能由狄利克雷积分给出:

$$U = \frac{1}{2}\int_D (\nabla u)^2 dx$$

(从数学观点看来这些都已含于膜的定义中).

膜的本征频率的平方就是二次型 U 在构形空间 (其中的度量由动能定义) 上的本征值. 我们假设一个典型的膜对应于一个典型的二次型 (这假设意味着相应于各个膜的二次型流形与具有重本征值的二次型流形是横截的)[1)]. 如果我们相信这个关于一般位置的性质, 就可得出以下结论.

1. 对一般位置的膜, 所有本征频率都不同. 我们可以沿一个完全由具有简单谱的膜所构成的连续路径从一个一般位置的膜走到另一个. 此外连接任意两个膜的典型路径上甚至一个具有重谱的膜也没有 (端点可能除外).

2. 改变膜的两个参数可以使两个本征频率重合; 要得到三重频率必须有五个独立参数供处理; 四重频率则要十个参数, 等等.

3. 若从一个具有简单谱的膜加以连续变形而沿着任一个一般位置的路径走到另一个具有简单谱的膜, 则其结果, 所得的第二个膜的第 k 大的本征频率总是从原来的膜的第 k 大的本征频率变来而与变形的路径无关; 然而本征函数的拓展一般地依赖于变形路径 (即当改变路径时, 所得本征函数的符号可能改变).

1) 参看 Arnold, [11], [12]; 又见 D 下的日译者注. —— 日译者注

特别是, 若从一个具有简单谱的膜开始, 加以变形, 而且在膜的空间中沿一闭路绕过具有重谱的膜的集 (其余维数为 2), 回到原来的膜, 则第 k 大本征频率回到原来的值, 而第 k 个本征函数可能变号 (英译者注: K. Uhlenbeck, [1] 证明过类似的结论 [1]).

C. 对称性对谱的重数的影响

重谱对一般形状的系统虽是例外, 但若系统是对称的而且对称性在小扰动下保持, 则不可能在小扰动下除去重谱.

例如, 考虑等边三角形顶点上的三个等质量质点, 各用同样的弹簧彼此联结且联结到中心, 而且可在三角形的平面上运动. 这个系统有三阶旋转对称. 所以有一个线性算子 g 作用到构形空间 (维数为 6) 上, 其三次幂为 1 而且保持构形空间的欧氏构造, 在构形空间中给出位能的椭球也不变.

因此, 这个椭球必为旋转椭球, 若令 g 表示构形空间上的所述算子, ξ 为椭球主轴上的矢量, 则 (因为 g 把椭球体变为自身) $g\xi$ 仍为主轴.

对 $g\xi$ 有两种可能性: 或者 $g\xi=\xi$, 或者 ξ 与 $g\xi$ 线性无关而在构形空间中交角 120°. 在第二个情况下, ξ 与 $g\xi$ 所张的平面上的矢量全是主轴. 所以, 相应于这些轴的本征值至少是二重的.

我们的讨论表明, 具有三阶旋转对称的系统的振动可以是两个类型的: 或者在旋转 120° 后不变 ($g\xi=\xi$) , 或者在此旋转下变为频率相同的独立的本征振动 ($g\xi$ 与 ξ 独立). 在第二个情况下其实有三个同频率的本征振动形式 ($\xi, g\xi$ 和 $g^2\xi$), 但其中独立的只有两个:

$$\xi+g\xi+g^2\xi=0,$$

因为平面上三个等长而交角为 120° 的三矢量之和必为零.

这个系统的本征频率数一般为 6. 为了找出其中有几个是第一型 (对称) 的和第二型 (非对称) 的, 我们可论证如下. 考虑每个质点均与其他质点独立地振动这个极限情况. 这时选构形空间的标准正交基即六个本征振动, 每个质点有两个, 即一个质点运动, 其余两个不动. 用 ξ_i 和 η_i 表示相应于第 i 点的本征矢量, 本征频率分别为 a 和 b, x_i, y_i 为在标准正交基 ξ_i, η_i 中的坐标. 这时位能可写为

$$U=\frac{1}{2}(a^2x_1^2+b^2y_1^2)+\frac{1}{2}(a^2x_2^2+b^2y_2^2)+\frac{1}{2}(a^2x_3^2+b^2y_3^2).$$

对称算子 g 使坐标轴换位

$$g\xi_1=\xi_2,\quad g\xi_2=\xi_3,\quad g\xi_3=\xi_1,$$

$$g\eta_1=\eta_2,\quad g\eta_2=\eta_3,\quad g\eta_3=\eta_1.$$

[1] 现在有限维情况下举一个例. 二次型 $(3-\cos\theta)x^2-2(\sin\theta)xy+(3+\cos\theta)y^2=1$ 的本征值 2 对应于本征矢量 $e(\theta)=\left(\cos\frac{\theta}{2},\sin\frac{\theta}{2}\right)$, 当 θ 从 0 变到 2π 时, 它从 $(1,0)$ 变为 $-(1,0)$, 见 K. Uhlenbeck 的上文. —— 日译者注

现在我们可以把这个六维空间表为两条直线和两个二维平面的正交直和, 而在对称算子 g 下不变. 即是说不变直线由矢量

$$\xi_1+\xi_2+\xi_3 \quad 和 \quad \eta_1+\eta_2+\eta_3$$

的方向决定, 不变平面则是它们在各由矢量 ξ_i 和 η_i 所张的空间中的正交补. 第一条直线相应于频率 a 的对称本征振动的方向, 第二个则是相应于 b 的对称本征振动的方向. 完全同样, 第一个平面中的每个矢量是相应于频率 a 的本征振动的方向, 但旋转 120° 后成为独立的同频率的振动; 对第二个平面的每个矢量, 振动频率为 b, 也不是对称的.

这样在这三个独立点的退化情况下, 有两个对称型的独立本征振动和四个非对称的, 而后者又分为两对. 每一对中的振动频率都相同而可以由这三个点的平面旋转 120° 而互变.

我们要指出以上结论当这三个点按任何规律相互作用时都成立, 只要作用是对称的, 即只要系统的位能当平面旋转 120° 时不变, 则总是这样.

事实上, 构形空间中在 g 下面不变的矢量, 构成一个二维平面. 这个平面的四维正交补中的每一个矢量, 在用 g 作用后, 就旋转 120°. 位能也就按 g 的这两个二维和四维的不变子空间分解为形式的直和. 六个本征方向是这样选取的. 六个矢量中恰有两个相应于对称振动, 其他四个则在它们的四维正交补中, 互相由旋转 120° 而互变. 取这六个矢量中的任一个. 对它用算子 g 作用, 就与原本征振动的方向组成一对. 然后在这一对矢量所成的平面的四维正交补中任取一个矢量, 用 g 作用于其上, 得到一对矢量. 这样我们就得到了具有所需性质的六个本征振动的系统.

这样, 在具有 3 阶旋转对称的平面上的三个点的一般形式的系统中, 有四个不同的本征频率, 两个是简单的, 两个是二重的. 每个简单频率对应于一个对称本征振动, 每个二重的则对应于三个本征振动而可由旋转 120° 互相得出, 且其和为零 (所以其中只有两个是独立的).

问题 将具有等边三角形对称性 (不但可旋转 120° 而且可对三角形之高作反射) 的系统的本征振动分类.

问题 将对称群是立方体的 24 个旋转的系统的本征振动分类.

答 振动有五个类型. 在旋转下, 从一个振动可以得到一组 8、6、4、2 或 1 个独立振动 (最后的情况下振动是完全对称的).

注 为了对具有任意对称群的系统之振动分类, 发展了一个特殊的工具 (所谓群表示理论). 例如可参看 Любарский Г. Я., Теория групп и ее применение в физике, М.: Физматгиз, 1958. 其中有必须的表.

D. 对称系统的频率在保持对称性的参数变化下的性态

现在设我们的对称系统一般地依赖于几个参数, 其变化不影响对称性. 这时不

同重数的本征频率也将依赖于参数, 而产生了它们何时重合的问题. 我们将只提出具有三阶旋转对称这一最简单情况的结果 (对任意 $n \geqslant 3$ 阶的旋转对称, 答案是相同的). 细节可在以下诸文中找到: Arnold [11]; Karpushkin [1].

任何具有 3 阶旋转对称的系统的本征振动可分两类: 对称振动以及在旋转 $120°$ 后变出来的独立的振动. 对于一般的具有 3 阶旋转对称的系统 (特别是, 如果没有其他对称性), 所有第一类本征频率都是简单的, 第二类则是二重的. 进一步的结果是, 如果一个系统一般地依赖于一个参数, 而且对此参数的一切值都是对称的, 则当参数变化时, 对称振动的本征频率不会重合, 非对称振动的二重本征频率也不会分裂. 此外, 非对称振动的二重本征频率在参数变化时也不会重合. 然而, 对称振动和非对称振动的本征频率在参数变化时都独立地变动, 所以对于某些离散的参数值, 对称振动的本征频率和非对称振动的 (二重) 本征频率可以重合 (然后又互相越过).

为了使两个对称振动的本征频率重合, 我们必须使至少两个参数变化; 而为了使两个非对称振动的本征频率重合, 必须至少变动三个参数.

一般说来, 在一族典型的具有三阶旋转对称性的系统中, 为了使 i 个简单本征频率 (即 i 个对称振动) 以及 j 个二重频率 (即 j 个非对称振动) 重合, 族中的参数个数至少应是

$$\frac{(i-1)(i+2)}{2}+j^2.$$

我们把这应用到对称膜的振动上去. 这里我们将设膜是一般形状的, 允许旋转 $120°$, 而且对应于构形空间的椭球空间中的一般形状的椭球, 也允许由膜的旋转所诱导的构形空间中的变换.

这个假设的准确的陈述是: 对所有的膜除一个余维数为无穷的集外, 由对称膜空间到对称椭球空间的映射, 横截于每一个具有几个重合主轴的椭球的流形.

如果我们同意这个假设, 则关于对称膜的振动就会得到以下的结论:

1. 对于一般形状的允许 $120°$ 旋转的膜, 渐近地有 $1/3$ 本征频率是简单的 (计重数), 相应的本征振动允许旋转 $120°$. 其余的本征频率是二重的; 每一个二重本征频率相应有三个本征函数, 其和为零, 而且在旋转 $120°$ 时互相转变.

2. 在这种对称膜的一般的单参数族中, 对于孤立的参数值, 有一个简单频率与一个二重频率重合, 但不会有简单频率 (或二重频率) 的互相重合.

3. 要使本征频率的更复杂的重合 (不能用保持对称性的小扰动来消除) 可能实现, 膜族的参数的最小个数是

$$\sum_{i,j}\left[\frac{(i-1)(i+2)}{2}+j^2\right]\nu_{ij},$$

ν_{ij} 是 i 个简单频率和 j 个二重频率重合的点数.

特别是, 对于保持圆形膜 3 阶旋转对称的典型小变形, 有 $1/3$ 本征值 (相应于本征函数之方位角部分为 $\cos 3k\varphi$ 和 $\sin 3k\varphi$ 的) 立即分离. 作进一步的单参数变形,

简单本征频率和二重本征频率可以互相越过, 但是两个简单频率 (或两个二重频率) 不会互相重合.

E. 讨论

一般位置和对称性这两个概念的重要性特别是在于在那些找不到精确解的问题中, 它们使我们能得到一些信息. 特别是, 几乎没有一个膜我们知道其本征振动的形状. 然而用一般的论证, 例如关于本征值的重数, 我们多少可以说上一点.

研究连续介质的高频振动在许多领域 (如光学、声学等) 中是很重要的, 而且已发展了一些近似决定本振频率的形状的特殊的方法. 其中之一 (称为准经典近似) 是局部地寻求近似于短波长的简单谐波的振动, 它的振幅与波前方向逐点稍有不同.

经过分析 (这里不作了) 以后表明, 在有些情况下可以作出具有所述性质的本征函数方程的近似解. 近似解的意义是它们几乎满足本征函数方程[1)] (而不是它们接近于真的本征函数).

特别是, 如果膜的形状是三个角磨得很光很钝的正三角形, 我们可以作出一个上述的近似解, 而且只在三角形的一个高附近与零有相当的出入 (物理学家称它为在三角形高上运动的光线之波近似; 这个光线就是与膜形状相同的弹子球台上的稳定[①] 轨道; 参看关于短波渐近见下一个附录).

由对称性和一般位置的论证可知, 典型的具有三阶旋转对称的膜没有上述类型的真实的本征振动. 设膜有一个本征振动集中在一个高附近 (但不是在膜的中心附近). 则旋转 120° 和 240° 我们将得到三个本征频率相同的本征振动. 这三个振动是独立的 (由它们的和非零可得). 因此本征频率的重数是 3, 这对于具有三阶旋转对称的典型的系统是不会发生的.

从这个论证很清楚, 建立本征函数的严格的高频渐近的企图是没有什么希望的事; 我们能够希望做到的是得到几乎本征振动的近似公式. 这样一个几乎本征振动与真正的本征振动可以相差很大, 但是若我们给出了相应于它的初始条件, 则它在很长一个时间里很像一个驻波 (本征振动).

几乎本征振动的一个例子就是用很弱的弹簧连接起来的两个完全一样的摆中之一的运动. 若在初始时刻, 使第一个摆运动而让第二个摆固定, 则在一个相当长的时间里, 看起来只有一个摆在振动, 而此振动是几乎本征的. 对真正的本征振动, 两个摆以相同的振幅振动.

把膜的几何形状与其本征振动的性质联系起来的问题近年来由许多作者作了广泛的研究 (包括 H. Weyl, S. Minakshisundaram and A. Pleijel, A. Selberg, J. Milnor, M. Kac, I. Singer, H.

[①] 弹子球轨道线性稳定的条件形状如下:

$$(r_1 + r_2 - l)(r_1 - l)(r_2 - l) > 0,$$

l 是轨道区间的长, r_1, r_2 是轨道两端的台壁的曲率半径.

[1)] 见 Arnold: D 中所引第一文, §6. —— 日译者注

McKean, M. Berger, Y. Colin de Verdiere, J. Chazarain, J. J. Duistermaat, V. F. Lazutkin, A. I. Shnirelman 和 S. A. Molchanov).

关于最简单的问题: "你能听出鼓的形状吗?" 答案是否定的[1]: 存在着具有相同的谱的不等距的黎曼流形. 另一方面, 流形的有些性质可以从拉普拉斯算子的本征值和本征函数反推出来 (例如全部闭测地线的长度都可以反推出来).

[1] 见 M. Kac, [1]. —— 日译者注

附录 11　短波渐近

从物理光学的观点看来, 几何光学中对光的传播的描述, 无论用光线 (即哈密顿典则方程), 还是用波前 (即哈密顿–雅可比方程) 都只是近似. 按物理光学的观念, 光是电磁波而几何光学只是一次近似, 而且只在波长与所考虑的物体的大小比较很小时, 才是对现象的好的近似.

这些物理观念的数学翻版就是相应微分方程解的渐近公式 —— 它们对高频振动 (即短波) 给出更好的近似. 这些渐近公式既可用光线 (即某个哈密顿动力系统的运动) 又可用波前 (即哈密顿–雅可比方程的解) 来写出.

类似的短波渐近对许多描写各种波动过程的数学物理方程都存在. 在物理和数学的不同领域中这种近似有不同的名称. 例如在量子力学中, 短波渐近称为准经典近似; 它们可用 WKBJ (G. Wentzel, H. A. Kramers, L. Brillouin, H. Jeffreys) 方法来决定, 虽然刘维尔、格林、斯托克斯、瑞利等人早得多就应用过它.

短波渐近的作法是基于这样的想法, 即局部地看来, 在每处都可看到一系列几乎正弦形的波, 虽然其振幅和波前方向在各点上缓慢地变化. 把这种形状的函数形式地代入描述波动过程的偏微分方程, 则 (在短波长的一次近似下) 归结为波前的哈密顿–雅可比方程. 求更高阶近似使我们也能决定振幅对点的依赖性.

当然, 整个这个程序需要数学论证. 相应定理的准确的陈述和证明绝非易事. 特别是由于 "聚焦面" (也就是焦点或共轭点或转点等等) 引起了巨大的困难.

聚焦面就是光线族的包络; 让光线从一个光滑的弯曲表面反射到墙上, 就可以看得见它. 若在描述波时产生的光线相交而形成聚焦面, 则在聚焦面附近必须对渐近公式稍加修改. 具体说, 每条光线上的振动的相, 在光线每通过聚焦面一次时, 都会发生一个标准的跳跃 (1/4 波长).

利用相空间的拉格朗日子流形及其到构形空间上的投影就能很方便地得出所有这些现象的准确的描述. 这里聚焦面解释为表示这一族光线的拉格朗日子流形由相空间到构形空间投影的奇性. 这样, 将在附录 12 中介绍的拉格朗日投影的奇性的标准形式就给出了 "一般位置" 的光线族所成的聚焦面的奇性的分类.

在这个附录里我们将介绍 (但不给出证明) 量子力学中薛定谔方程的短波渐近的最简单的公式. 更详尽的叙述可以在以下文章里找到: J. Heading, [1] (特别是 V. P. Maslov 为其俄译本所写的附录 2); Maslov, [1]; Arnold, [7]; Hörmander, [1].

A. 薛定谔方程的准经典近似解

粒子在欧氏空间中一个位能为 U 的场中的薛定谔方程是关于复值函数 $\psi(q,t)$ 的一个方程

$$ih\frac{\partial\psi}{\partial t}=-\frac{h^2}{2}\Delta\psi+U(q)\psi,\quad q\in\mathbb{R}^n,\quad t\in\mathbb{R}.$$

这里 h 是一个实常数, 它也是所考虑的问题中的小参数, Δ 是拉普拉斯算子.

我们设初始条件具有短波形式

$$\psi|_{t=0}=\varphi(q)e^{\frac{i}{h}s(q)},$$

$\varphi(q)$ 是光滑函数而且只在某个有界区域内不为零. 下面我们要求薛定谔方程满足这个初始条件的解的渐近 ($h\to 0$ 时) 公式.

首先我们考虑在位能为 U 的场中的经典粒子的运动, 即考虑 $2n$ 维相空间中的哈密顿方程

$$\dot q=\frac{\partial H}{\partial p},\quad \dot p=-\frac{\partial H}{\partial q},\quad H=\frac{1}{2}p^2+U(q).$$

这些方程的解决定一个相流 (关于位能我们将假设满足一些条件; 这些条件能使粒子不致在有限时间内跑到无穷远处去).

相应于短波初始条件, 我们作相空间的一个拉格朗日子流形 (即一个维数与构形空间维数相同而且定义辛构造的 2–形式 $dp\wedge dq$ 在其上恒为零的流形). 具体说, 我们定义相应于初始条件的 "动量" 为相函数的梯度, 即

$$p(q)=\frac{\partial s}{\partial q}.$$

引理 对任意光滑函数 s, 函数 $p(q)$ 在相空间 $\mathbb{R}^{2n}=\{(p,q)\}$ 中的图像是一个拉格朗日流形. 反之, 若一拉格朗日流形可微分同胚地映到 q–空间上 (即它是一个 q 的函数的图像), 则它必由一个生成函数 s 按上式给出.

我们用 M 记从初始条件 (具有函数 s) 作出的拉格朗日流形. 在时间 t 后, 相流 g^t 把 M 变为另一个流形 g^tM. 因为相流保持辛构造, 所以新流形仍是拉格朗日流形.

对于小的 t, 新拉格朗日流形和老的一样可以微分同胚地投射到构形空间上. 然而 t 变大以后就不一定对了 (图 244).

换言之, 新拉格朗日流形的几个点都可以投影到构形空间的同一点 Q. 我们假设只有有限多个这种点而且它们是非退化的 (即在拉格朗日流形的投影到 Q 的各点上, 投影到构形空间的映射的导数非退化).

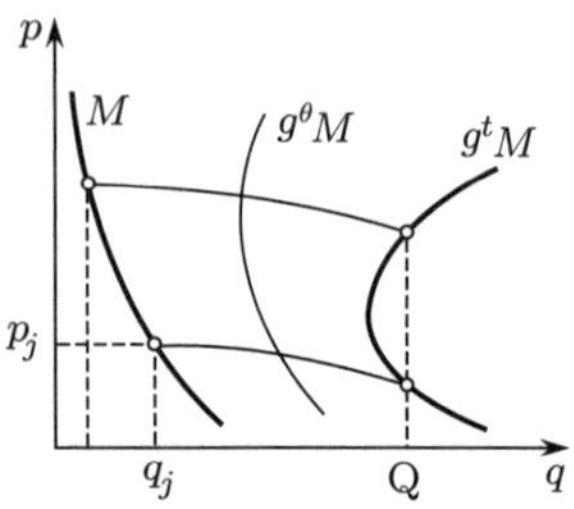

图 244 相流对拉格朗日流形的变换

非退化条件对几乎所有的点 Q 都成立. 使它不成立的例外点 Q 成为构形空间中的零测度集. 一般情况下, 这个集是比构形空间维数少 1 的曲面. 这个曲面在我们的问题中起着聚焦面的作用, 其本身可以有很复杂的奇性.

新拉格朗日流形上投影到 Q 的点是由相流从原拉格朗日流形 (由初始条件作出) 的好几个点变来的. 换句话说, 在时刻 t, 初始条件在原拉格朗日流形上的经典粒子有好几条轨道都到达 Q.

用 (p_i, q_i) 记相空间的这些初始点, S_j 是沿着从 (p_j, q_j) 出发的相流轨道上的作用量. 更准确些说, 令

$$S_j(Q,t) = s(q_j) + \int_o^t L d\theta, \quad L = \frac{\dot{q}^2}{2} - U(q), \quad g^\theta(p_j, q_j) = (p(\theta), q(\theta)).$$

则当 $h \to 0$ 时, 薛定谔方程的适合由函数 s 和 φ 给出的振荡初始条件的解有渐近形式

$$\psi(Q,t) = \sum_j \varphi(q_j) \left| \frac{DQ}{Dq_j} \right|^{-1/2} \exp\left\{ \frac{i}{h} S_j(Q,t) - \frac{i\pi}{2}\mu_j \right\} + O(h),$$

μ_j 是一个整数 (莫尔斯指数), 将在下面定义.

为了解释这个公式, 我们先考虑时间 t 区间很小的情况. 这时上面的和化为一项, 因为原拉格朗日流形由相流在小时间后变换而得的拉格朗日流形仍微分同胚地映到构形空间上. 换言之, 相应于薛定谔方程的初始条件的粒子族中, 只有一个在小时间 t 后到达 Q.

对小的 t, 莫尔斯指数为零 (从下面的定义中可以看到). 这样函数 $\psi(Q,t)$ 和初始条件一样有快速振荡形式. 这样定义在时间 t 的波前的函数 S 就是哈密顿–雅可比方程的解在时间 t 的值, 此解的初始条件是由定义初始时刻的波前的函数 s 给出的. 波在时间 t 在 Q 处的振幅可由初始时刻位于到达 Q 的轨道的起点处的振幅乘上一个因子来决定. 这个因子是这样选择的: 使得在粒子相应于初始条件的运动下, 函数 ψ 之模的平方在相空间的一个被粒子充满的区域上的积分不随时间而变 (这里我们假设在初始时刻在构形空间中选定了一个区域, 然后在原拉格朗日流形上选定相点使其投影到构形空间上正落在这个区域内; 找出这些相点在相流作用下在时间 t 后的像; 最后这些像在构形空间中的投影就成为 "在时间 t 被粒子充满" 的区域).

B. 莫尔斯指数和马斯洛夫指数

数 μ_j 定义为由 (p_j, q_j) 出发的相曲线在区间 $[0, t]$ 内对流形 M 的焦点个数.

对流形 M 的焦点定义如下. 选一点 Q 使得在由 M 经过时间 t 投影所得的拉格朗日流形, 在此点满足非退化条件. 然后若我们考虑由 (p_j, q_j) 出发的整个相曲线, 则在由 0 到 t 之间的某一时刻 θ, 拉格朗日流形 $g^\theta M$ 上的点 $(p(\theta), q(\theta))$ 处非退化条件可能不满足. 这种点就称为沿此相曲线对于 M 的*焦点*.

我们要注意, 对 M 的焦点和莫尔斯指数的定义并不依赖于薛定谔方程, 而只与构形空间的余切丛中的相流的几何性质有关 (或者说与变分问题有关. 这都是一回事).

特别是我们可以取余切丛的过点 (p_0, q_0) 的纤维 $(q = q_0)$ 为拉格朗日流形 M. 这时, 在过 (p_0, q_0) 的相曲线对 M 的焦点称为原来点的*共轭点* (更准确些应说, 焦点在构形空间中的投影是点 q_0 沿着构形空间中从 q_0 出发的动量为 p_0 的驻定曲线的共轭点). 在更特殊的沿黎曼流形的测地线运动的情况, 对于余切丛纤维的焦点称为测地线上的初始点沿此测地线的共轭点. 例如球面上的南极就是北极沿任意子午线的共轭点.

一段测地线的莫尔斯指数, 等于初始点的共轭点数, 在变分学中起重要的作用. 具体说把作用量的二阶微分看作我们讨论的测地线的变分空间 (端点固定) 上的二次型. 这个二次型的负惯性指数就等于莫尔斯指数 (例如参看 J. Milnor, [1]).

这样, 测地线在到第一个共轭点前是作用量的最小值, 这就说明了力学中许多变分原理称为 "最小作用原理" 是合理的.

我们要注意, 在计算莫尔斯指数时, 焦点个数需计重数 (一般位置的焦点重数为 1).

莫尔斯指数是所谓*马斯洛夫指数*的特例, 它的定义和构形空间的余切丛之拉格朗日子流形的任意曲线的相流无关.

考虑 n 维拉格朗日流形到 n 维构形空间上的投影. 这是同维数流形间的光滑映射. 它可能有奇点即导数映射降阶之点, 在奇点附近投影不是微分同胚.

结果是, 一般地说, 奇点集是 $n-1$ 维的, 它是由简单奇点 (秩只减少 1) 组成的 $(n-1)$ 维光滑流形和有限多个维数分别为 $n-3$ 或更小的光滑流形之并. 这里 "一般地" 是指对拉格朗日流形作任意小扰动但保持其为拉格朗日流形就会有这些性质.

我们应该指出. 奇点集分解成的各个维数不同的小块中没有 $n-2$ 维的. 在构成 $n-1$ 维流形的最简单的奇点之后, 就是秩下降 2 的点; 它们构成 $n-3$ 维流形. 但奇点集到构形空间上的投影 (即聚焦面) 一般说来包括从 0 维到 $n-1$ 维的小块而没有遗漏.

此外, 最简单奇点的 $n-1$ 维流形在拉格朗日流形中有两侧; 即是说, 我们可以对其各点的法线规定一个指向如下.

考虑拉格朗日流形上的某简单奇点. 在此点在构形空间的投影附近取一个坐标系 $q_1, \cdots, q_n$. 令 $p_1, \cdots, p_n$ 为余切丛的纤维中的相应坐标. 在此奇点的一个邻域中, 可以把拉格朗日流形看成变量 $(p_1, q_2, \cdots, q_n)$ 的矢量函数 $(q_1, p_2, \cdots, p_n)$ 的图像 (当然也可以是另一个形状类似的矢量函数的图像, 不过特殊的坐标不是第一个而是另外一个).

于是, 此点附近的奇点由条件 $\dfrac{\partial q_1}{\partial p_1}=0$ 定义. 对于一般位置的拉格朗日流形, 当从奇点流形在所述的简单奇点附近的一侧穿到另一侧时, $\dfrac{\partial q_1}{\partial p_1}$ 会变号. 我们称此导数为正的一侧为正侧.

要注意, 必须证明在不同点附近正方向之定义互相一致. 此外, 也必须证明一点附近正方向是适当定义的, 即与坐标系无关. 这些都可以用直接计算来做到 (见前引作者之文).

拉格朗日流形上有向曲线的马斯洛夫指数定义为它由奇点流形的负侧穿到正侧的次数减去相反方向穿过的次数. 这里我们要设曲线的端点不是奇点, 而且只与简单奇点流形以非零交角相交. 对这类曲线定义了指数后, 我们就能对连接两个非奇点的任意曲线定义指数. 为此只需用一个只以非零角与简单奇点流形相交的曲线去逼近此曲线. 可以证明, 指数不依赖于逼近曲线的选取.

问题 求由参数 t $(0\leqslant t\leqslant 2\pi)$ 定向的圆 $p=\cos t, q=\sin t$ 在相平面之拉格朗日流形 $p^2+q^2=1$ 中的指数.

答 $+2$.

最后, $\mathbb{R}^{2n}$ 中的相曲线的莫尔斯指数可定义为一个适当的 $(2n+2)$ 维相空间中的一个 $(n+1)$ 维拉格朗日流形上曲线的马斯洛夫指数. 我们可取 $(p_0,p;q_0,q)$ $((p,q)\in\mathbb{R}^{2n})$ 为此空间的坐标. 若令 $q_0=t, p_0=-H(p,q)$ 而 (p,q) 在 $\mathbb{R}^{2n}$ 的一个 n 维拉格朗日流形 (由原流形经相流作用在时间 t 后得出) 上, 则当 t 变化时, $\mathbb{R}^{2n+2}$ 中的相应点构成一个 $(n+1)$ 维拉格朗日流形. 一个相点在相流作用下运动的图像可以视为这个 $(n+1)$ 维拉格朗日流形上的曲线. 可以验证此图像的马斯洛夫指数就是原来的相曲线的莫尔斯指数.

C. 闭曲线的指数

线性相空间的拉格朗日子流形上的闭曲线的指数也可以用复构造来计算. 在线性相空间 $\mathbb{R}^{2n}=\{(p,q)\}$ 上除了辛构造 $dp\wedge dq$ 外, 我们再引入一个欧氏构造 (其数量积平方为 p^2+q^2) 和一个复构造, 其中乘以 i 的运算定义为 $\mathbb{R}^{2n}$ 上的同构 I 如下:

$$I:\mathbb{R}^{2n}\to\mathbb{R}^{2n},\quad I(p,q)=(-q,p);\quad z=p+iq,\quad \mathbb{C}^n=\{z\}.$$

这三个构造之间有关系式

$$[x,y]=(Ix,y),$$

方括弧记斜数量积.

相空间中保持这些构造的任意两个 (从而也保持所有三个) 的线性变换称为酉变换. 这种变换变拉格朗日平面为拉格朗日平面.

每个拉格朗日平面均可用酉变换从另一个 (例如方程为 $q=0$ 的实平面 $\mathbb{R}^n$) 得出. 此外变实平面为同一拉格朗日平面的两个酉变换 A, B 相差一个同时为正交变换

的酉变换:

$$B = AC, \quad C\mathbb{R}^n = \mathbb{R}^n.$$

反之, 先作一个正交变换不会改变此平面在酉变换下的像.

现在我们注意正交变换的行列式等于 ±1. 所以变实平面为一已知的拉格朗日平面的酉变换之行列式的平方只依赖于此拉格朗日平面而与酉变换的取法无关.

在作了这些初步说明之后, 我们再回到拉格朗日流形及其上的有向闭曲线. 曲线上的每一点都有一个平面切于辛矢量空间的拉格朗日流形. 变实平面为此切平面的酉变换之行列式平方是一个模为 1 的复数. 当点沿闭曲线运动时, 这个复数也变化. 绕行曲线一周后, 行列式的平方也绕复平面的原点绕某整数周, 这里规定从 1 到 i 是正向. 这整数就是闭曲线的指数.

闭曲线的指数出现在定常问题 (本征振动) 的渐近公式中. 设相应于位能 U 的相流有一个不变拉格朗日流形于等能面 $H = E$ 上. 这时方程

$$\frac{1}{2}\Delta\psi = \lambda^2(U(q) - E)\psi$$

有一系列本征值 $\lambda_N \to \infty$ 且有渐近式 $\lambda_N = \mu_N + O(\mu_N^{-1})$, 只要对拉格朗日流形上的闭周界 γ 我们有同余式

$$\frac{2\mu_N}{\pi}\oint\limits_{\gamma} pdq \equiv \mathrm{ind}\gamma\,(\mathrm{mod}\,4).$$

在一维情况下, 拉格朗日流形是圆周, 指数为 2, 上述公式就化为所谓 "量子化条件"

$$\mu_N \oint\limits_{\gamma} pdq = 2\pi\left(N + \frac{1}{2}\right).$$

相应于这些本征值的本征函数也与拉格朗日流形有联系, 但这联系不这么简单. 事实上我们写不出本征函数的渐近公式而只能写出近似地满足本征函数方程的函数. 这些函数在拉格朗日流形对构形空间的投影之外很小. 渐近公式在投影所成的聚焦面附近有奇性.

然而真正的本征函数的性态可能完全不同, 至少当本征值是重的或接近于重的时是这样 (参见附录 10).

马斯洛夫指数可以看作是斯图姆振动理论的高维推广. 请参看 Arnold, V. I., [22].

附录 12　拉格朗日奇性

拉格朗日奇性就是拉格朗日流形到构形空间的投影之奇性. 在研究哈密顿–雅可比方程的整体解、研究聚焦面、焦点或共轭点、分析固体介质中间断性或激波的传播, 以及在研究短波渐近 (附录 11) 时都会遇到这种奇性.

为了描述拉格朗日奇性, 我们必须先谈一谈一般的光滑映射的奇性. 我们从最简单的例子开始.

A. 曲面到平面上的映射的奇性

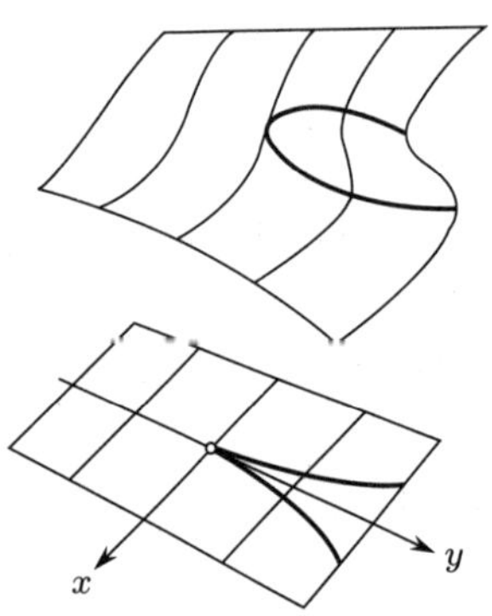

图 245　惠特尼皱折

在球面到平面的正投影中, 赤道上点都是奇点 (因为导数之秩减少 1 而成为 1). 结果在投影平面上形成一个曲线 (称为视轮廓) 将具有不同个数的原像点的区域分开: 平面上视轮廓内的点有两个原像, 其外之点则没有原像.

"视轮廓" 较复杂的情况可能有更复杂的奇性. 例如考虑三维空间 (坐标为 x, y, z) 中由方程

$$x = yz - z^3$$

给出的曲面 (图 245) 以及它的平行于 z 轴到 (x, y) 平面的投影.

投影的奇点形成曲面上的光滑曲线 (方程为 $3z^2 = y$). 然而它在 (x, y) 平面上的像并不是光滑曲线. 此像是半立方抛物线, 以 $(0,0)$ 为尖点, 方程为

$$27x^2 = 4y^3.$$

这曲线将平面分为两部分: 较小的 (尖点内) 部分和较大的 (尖点外) 部分. 在较小部分内每一点上方有曲面上的三个点, 在较大部分每一点的上方只有一点.

我们现在考虑曲面的小变形. 可以证明与此曲面相近的任意曲面, 投影的视轮廓都有类似的奇性 (半立方尖点) 位于接近于原曲面的视轮廓的尖点处. 换言之, 这个奇性不可能由曲面的小扰动消除.

更进一步, 也可以不对曲面作变形, 而任意变动曲面到平面的映射本身 (而不再问它是否投影), 但要求它仍是光滑的, 而且变形很小. 可以证明: 对于这样的变形尖点也不会消失而只会稍微变形.

这里提出的例子已经穷尽了曲面到平面的映射所有典型的奇性. 可以证明所有更复杂的奇性都可用小扰动消除. 所以, 对任意光滑映射稍加变形, 我们总可以做到在曲面任一点的邻域中, 映射或者没有奇性, 或者在构造上类似于球面赤道附近到平面的正投影, 或者在构造上类似于上述曲面的在视轮廓上有立方尖点的投影映射.

"构造上类似于" 是指, 在原像曲面和像平面上, 可以选局部坐标 (在我们的点及其像附近), 使在这些坐标下映射可以写成特别的方式. 具体说, 曲面到平面的映射在上述三种点附近可以化成的标准形式是 $y_1 = x_1$, $y_2 = x_2$ (非奇点), $y_1 = x_1^2$, $y_2 = x_2$ (如球面赤道处那样的折叠), $y_1 = x_1x_2 - x_1^3$, $y_2 = x_2$ (视轮廓上有光点的 "皱折"). 这里 (x_1, x_2) 是原像的局部坐标, (y_1, y_2) 是像的局部坐标.

这个定理的证明 (属于惠特尼 (H. Whitney)) 及其高维推广可以在光滑映射奇点理论的书中找到, 例如 Arnold [8]; Arnold, Varchenko, Gusein-Zade [1]; Thom and Levine [1]; Golubitsky and Guillemin [1].

B. 拉格朗日流形投影的奇点

我们现在考虑一个 n 维构形空间, 相应的 $2n$ 维相空间和一个 n 维拉格朗日子流形 (即一个 n 维子流形而在其上定义相空间的辛构造的 2–形式恒为零).

将拉格朗日子流形投影到构形空间上, 我们即得一个 n 维流形之间的光滑映射. 在绝大多数点上, 它是局部微分同胚, 但在拉格朗日流形的某些点上, 其微分的秩下降. 这些点称为奇点. 在奇点集到构形空间的投影下, 形成一个 "视轮廓" 称为拉格朗日情况下的聚焦面.

聚焦面可能有复杂的奇性; 然而和在通常的光滑映射的奇点理论中一样, 可以用小扰动来除去太复杂的奇性 (这里所谓小扰动是指拉格朗日流形在相空间中的小变形而仍保持其为拉格朗日流形).

这以后只留下最简单的不可去奇性, 我们可以写出它们的标准形式而且可以一劳永逸地研究它们. 当考虑一般位置的问题而不具有任意特殊的对称性时, 自然可以设想将只出现这些最简单的不可去奇性.

例如, 考虑由一个点源发出而被一个光滑的弯曲曲面在墙上反射 (这里四维相空间是由以一切方向与墙表面相交的直线构成的, 拉格朗日子流形则由从光源发出的光线与墙表面相交而成) 形成的聚焦面. 移动光源, 我们可以看到, 聚焦面一般只有简单的奇点 (半立方尖点), 而更复杂的奇点只有当光源在特殊的例外的位置时才出现.

我们下面将在 $n \leqslant 5$ 时给出 $2n$ 维相空间的 n 维拉格朗日子流形到 n 维构形空间上的投影的奇点之标准形式. 这些标准形有有限多个而且 (以相当神秘的方式) 与简单李群、函数的简单退化临界点、正多面体和许多其他东西的分类有关. $n \geqslant 6$ 时某些奇点的标准形必然含有参数. 更详细的细节可以参看以下诸文:

Arnold [10] 及 V. I. Arnold, Critical points of smooth functions and their normal forms. YMH 30:5 (1975).

C. 维数 $n \leqslant 5$ 的拉格朗日流形的投影之典型奇点的标准形式表

我们将用以下的记号: $(q_1, \cdots, q_n)$ 是构形空间的坐标; $(p_1, \cdots, p_n)$ 是相应的动量. 于是 p, q 合起来成为相空间的辛坐标系.

我们将用一生成函数 F, 由

$$q_i = \frac{\partial F}{\partial p_i}, \quad p_j = -\frac{\partial F}{\partial q_j}$$

给出一个拉格朗日子流形, 这里的指标 i 遍取 $\{1, \cdots, n\}$ 某个子集中的值, j 取其余集中之值. $i = 1, j > 1$ 的奇性在表中用 A_k 表示, $i = 1, 2, j > 2$ 的用 D_k, E_k 表示.

用这样的记号, 同一个式子 $F(p_i, q_j)$ 可以认为是表示了不同维数空间中的拉格朗日流形; 我们可以添上任意多个变元 q_j 而 F 实际上不依赖于它.

典型奇性的标准形式表如下: 当 $n = 1$ 时,

$$A_1 : F = p_1^2, \quad A_2 : F = \pm p_1^3;$$

$n = 2$ 时, 除上述两个以外还有

$$A_3 : F = \pm p_1^4 + q_2 p_1^2;$$

$n = 3$ 时, 除前三个以外还有

$$A_4 : F = \pm p_1^5 + q_3 p_1^3 + q_2 p_1^2,$$
$$D_4 : F = \pm p_1^2 p_2 \pm p_2^3 + q_3 p_2^2;$$

$n = 4$ 时, 除了以上五个以外还有

$$A_5 : F = \pm p_1^6 + q_4 p_1^4 + q_3 p_1^3 + q_2 p_1^2,$$
$$D_5 : F = \pm p_1^2 p_2 \pm p_2^4 + q_4 p_2^3 + q_3 p_2^2;$$

$n=5$ 时, 除了以上七个以外还有

$$A_6: F = \pm p_1^7 \pm q_5 p_1^5 + \cdots + q_2 p_1^2,$$
$$D_6: F = \pm p_1^2 p_2 \pm p_2^5 + q_5 p_2^4 + q_4 p_2^3 + q_3 p_2^2,$$
$$E_6: F = \pm p_1^3 \pm p_2^4 + q_5 p_1 p_2^2 + q_4 p_1 p_2 + q_3 p_2^2.$$

D. 标准形式的讨论

A_1 型的点是非奇异的.

A_2 型的奇性是折叠奇点. 若取 $(p_1, q_2, \cdots, q_n)$ 为拉格朗日流形上的坐标, 则投影映射可写为

$$(p_1, q_2, \cdots, q_n) \to (\pm 3p_1^2, q_2, \cdots, q_n).$$

A_3 型的奇性是在视轮廓上有半立方尖点的皱折. 为了看清这一点, 只需把相应的由二维拉格朗日流形到平面的映射写出来就行了:

$$(p_1, q_2) \to (\pm 4p_1^3 + 2q_2 p_1, q_2).$$

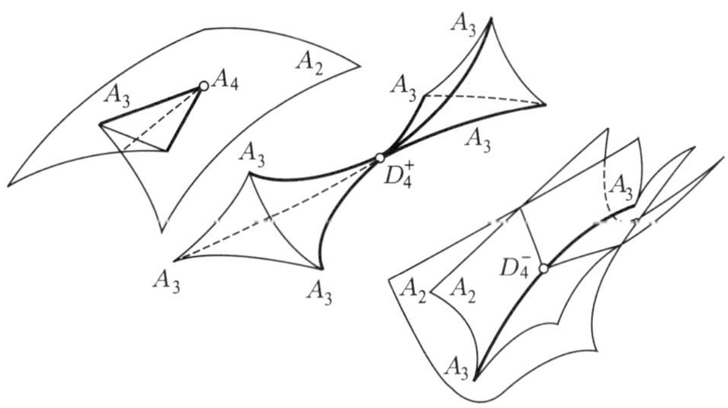

图 246　三维空间中聚焦面的典型奇点

A_4 型的奇性在三维情况第一次出现, 相应的聚焦面由三维空间的一个曲面 (图 246) 表示, 它有一个称为 “燕尾” 的奇点 (我们已在节 46 见过它).

三维空间中有 D_4 型奇点的聚焦面可用一个具有三个尖点型棱 (A_3 型且切于一点) 的曲面来表示; 这些尖点型的棱中有两个可能是虚的, 所以 D_4 型聚焦面有两种式样.

E. 拉格朗日等价性

我们现在必须说明以上提出的例子在什么意义下是拉格朗日流形之投影的典型奇性的标准形式. 首先我们要定义哪些奇性应看作 “构造相同”.

拉格朗日流形到构形空间上的投影映射简称为拉格朗日映射. 设有两个同为 n 维的流形的拉格朗日映射 (相应的拉格朗日流形一般说来位于不同的相空间中, 它

们是不同构形空间的余切丛). 如果有这两个相空间的辛微分同胚把第一个余切丛的纤维变为后一个的纤维并把第一个拉格朗日流形变为第二个, 就说这两个拉格朗日映射是*拉格朗日等价的*. 这个辛微分同胚称为*拉格朗日等价映射*.

我们要注意, 两个拉格朗日等价的拉格朗日映射可以用原像空间和像空间的微分同胚互变 (或者如在分析学中的说法, 用原像空间和像空间的坐标变换互变). 事实上把上述辛微分同胚限制在拉格朗日流形上就给出原像之间的微分同胚, 又因为纤维映为纤维, 所以又得到像空间的微分同胚.

特别是, 两个拉格朗日映射的聚焦面是微分同胚的, 因此按拉格朗日等价性作的分类就给出聚焦面的一个分类. 然而按拉格朗日等价性的分类比聚焦面的分类细, 因为聚焦面的微分同胚一般地并不一定给出映射的拉格朗日等价性. 此外按拉格朗日等价性的分类比原像和像就微分同胚的分类也细, 因为并不是每一对微分同胚都是由相空间的辛微分同胚实现的.

在某个选定的点的邻域中的拉格朗日映射称为*在该点拉格朗日等价于*另一个拉格朗日映射 (也有一个选定点), 如果有第一个映射在第一点的某个邻域到第二点的某个邻域上的第二个映射的拉格朗日等价性, 而且变第一点为第二点.

现在我们就能提出维数 $\leqslant 5$ 时的拉格朗日映射奇点的分类定理.

每一个 n 维拉格朗日流形 $(n \leqslant 5)$ 都可以用拉格朗日流形类中的任意小扰动变成这样的, 使得到构形空间上的投影在每一点都拉格朗日等价于以上列出的拉格朗日映射之一.

特别是, 一个二维拉格朗日流形可以在拉格朗日流形类中用任意小扰动变到 "一般位置", 而使得到 (二维) 构形空间的投影映射除折叠 (它可用拉格朗日等价映射化为标准形式 A_2) 或皱折 (可用拉格朗日等价映射化为标准形式 A_3) 外没有奇点.

我们注意, 这个关于二维拉格朗日映射的结论不是由一般的 (非拉格朗日) 映射之分类定理得来的. 首先, 拉格朗日映射只是一切光滑映射中很特殊的一类, 所以它们可以有 (当 $n > 2$ 时确实有) 典型的奇点而对一般形式的映射则非典型的奇点, 其次, 可以用原像和像的微分同胚化为标准形式并不意味着可以用拉格朗日等价性化为标准形式.

这样, 一个在一般位置的二维拉格朗日流形的聚焦面只可能有半立方尖点 (和横截自交点) 的奇点. 所有更复杂的奇点都会在拉格朗日流形的小扰动下消失, 而所得出的聚焦面的尖点和自交点用小扰动就再不能消除而只能稍加变形.

奇点的标准形式 $A_4, D_4, \cdots$ 也能类似地用来研究高维拉格朗日流形的聚焦面和研究含参数的低维拉格朗日流形的聚焦面当参数变动时的发展.

本节的公式在勒让德奇点的理论即波前的奇点、勒让德变换、包络以及凸包等等的理论中都可找到其他应用。拉格朗日和勒让德奇点的理论不仅可以直接应用于几何光学和振荡积分的渐近理论, 而且可以应用于变分法、非线性偏微分方程的间断解、优化问题、追逐问题等等。多姆 (R. Thom) 对奇点理论、分枝理论及其应用给出了一个总的名称: "*突变理论*".

附录 13　泊松构造

函数除了有经典的泊松括弧外, 还有更一般的 (退化的) 括弧. 一个典型的例子是角动量矢量的分量 M_i 的函数 F 与 G 的泊松括弧: $\{F,G\}=\sum\frac{\partial F}{\partial M_i}\frac{\partial G}{\partial M_j}\{M_i,M_j\}$. 这种退化的括弧可以看作是在一族辛流形上的函数的一族通常的括弧. 然而这些族一般说来是有奇性的 (即非叶层构造); 其中含有不同维数的辛流形 (即为叶), 而用包含空间已给的退化泊松括弧的光滑性条件联结起来 (在上面给出的例中, 叶就是同心球面和中心).

在这个附录中, 我们将要给出有限维流形上的泊松构造的最简单的基本性质. 然而应该记住, 在应用中 (特别是在连续介质的数学物理问题的应用中), 时常会遇到无限维流形上的泊松构造, 其叶 (辛空间) 或为有限维, 或有有限余维.

A. 泊松流形

流形上的*泊松构造*, 即其上的光滑函数空间的李代数构造 (即它们的斜对称且满足雅可比条件的 "泊松括弧"), 使得算子 $ad_a\{a,\quad\}$ (即与一固定函数 a 作泊松括弧而成的缩并运算) 是沿某个矢量场 v_a 求导的运算.

这时, 矢量场称为以 a 为哈密顿函数的*哈密顿矢量场*. 映射 $a\mapsto v_a$ 是函数的李代数到矢量场的李代数的同态. 具有泊松构造的流形就称为*泊松流形*.

泊松流形上的两个点若能用哈密顿场的相曲线段作折线联结起来, 就称为*等价的*. 等价的点的类称为泊松流形的*叶*.

泊松流形上的每一点上之所有可能的哈密顿场矢量构成一个矢量空间, 即叶的切空间. 所以叶是光滑流形, 但它们一般是非闭的而且有不同维数.

李代数 (有限维的) 之对偶空间是泊松流形的经典的例子 (李在 1890 年明显地指出了它, 但是实质上雅可比已考虑过了). 代数本身的元可以看作是此空间上的线性函数. 泊松构造可以看成是李代数构造由光滑函数空间的这个有限维子空间 (即对偶于原来的李代数的空间) 向光滑函数的全空间的拓展. 这种拓展是存在的且为唯一: 若 $\omega_1, \cdots, \omega_n$ 是原来的李代数的基底, 则

$$\{a, b\}_{\text{泊松}} = \sum \frac{\partial a}{\partial \omega_i} \frac{\partial b}{\partial \omega_j} [\omega_i, \omega_j]_{\text{李}}.$$

在此例中, 叶就是李群在其李代数的对偶中的余伴随表示的轨道.

泊松流形的每个叶都有自然的辛构造 (即在叶上的闭的非退化的 2–形式). 其定义如下: 在叶的一点上考虑两个哈密顿场矢量. 所求的 2–形式在这一对矢量上之值, 即定义为它们的哈密顿函数在该点的泊松括弧之值 (此值并不作依赖于哈密顿函数的选取, 而仅依赖于此矢量). 此形式在叶上的闭性可以由雅可比恒等式得出, 而其非退化性则可由下面的事实得出 —— 若任意函数沿某矢量之导数均为零, 则此矢量必为零矢量). 哈密顿场的相流恒保持叶上的辛形式不变.

于是, 泊松流形的叶均为偶数维的, 它可以看成辛流形 (一般说来其维数不同) 之并, 其辛构造则由包含空间的泊松括弧之光滑性协调起来.

例如在群 $SO(3)$ 的余伴随表示的轨道 (心在原点的球面) 上, 可以选出协调的达布局部坐标: 在非原点处的邻域中, 在适当的局部坐标下, 泊松构造的形状可以是 $\{x, y\} = 1, \{x, y\} = \{y, z\} = 0$. 角动量空间的泊松构造的这个标准形式在多体问题的消除结点过程中用起来很方便 (请参看 Arnold V. I. [3] 的 III.5.5 节).

雅可比就已认识到, 任意哈密顿系统的首次积分的 (经典的) 泊松括弧可以看作一个泊松构造 (上文第 VI 章, §1 第 3 段就讨论了这个构造).

在对偶于李代数的空间上, 作出泊松构造, 又得到一个李代数. 所以这种作法可以重复下去, 得到整个一系列新的 (无限维) 泊松构造. 更为一般地, 设在流形上已给出某个泊松构造. 这时, 这个流形上的函数空间就有了一个李代数的构造. 这意味着这一函数空间的对偶空间有泊松构造 (作为这一函数李代数之对偶空间). 函数空间的对偶空间的元素可以解释为原流形上的分布. 这样, 泊松流形上 (例如在辛相空间上) 的分布空间就有了自然的泊松构造. 有了这一构造, 就可以对弗拉索夫类型的方程应用哈密顿形式化, 这种方程描述了粒子在它们自己产生的场的作用下其布分的演化.

B. 泊松映射

设已给两个泊松流形. 由其一到另一个的映射如果与泊松构造相容 (即对第二个流形上的一对函数之在第一个流形上之拉回的泊松括弧等于泊松括弧之拉回), 就称此映射为*泊松映射*.

例如泊松流形的每一个辛叶的嵌入映射就是一个泊松映射.

泊松流形的直积有自然的泊松构造, 而由直积到每个直积因子的射影都是泊松映射 (函数由不同因子到直积上的拉回之泊松括弧为零).

李证明了, 所有泊松流形局部地 (即在辛叶之维数为局部常值的点附近, 例如在秩为局部最大的一般点的邻域中) 均可分解为一个辛叶与其上所有的泊松括弧均为 0 的补空间之直积.

在这样的邻域中可以引入坐标 p_i, q_i, c_j, 使得 $\boldsymbol{p}$ 与 $\boldsymbol{q}$ 具有通常的辛泊松括弧, 而每个函数 c_j 与任意函数的泊松括弧均为 0. 在物理学中, 坐标 p_i 与 q_i 称为克莱布什变量[1)], 而 c_i 称为卡西米尔函数. (克莱布什引入他的变量是为了对理想流体的流体动力学作哈密顿描述, 而卡西米尔则是为了考虑一已给的李代数之对偶空间上的函数的李代数的中心子群.)

在泊松流形的非一般位置的点上, 辛叶之维数要小于一般位置点的辛叶的维数. 在泊松流形的这种点附近必可表为两个因子之直积[2)], 其一是此点在其辛叶上的邻域, 另一个是在一个具有余维数的泊松的一个指定点的邻域. 换言之在泊松流形的最小横截流形上必有一局部泊松构造 (除相关一个微分同胚外是唯一的) —— 即所谓横截泊松构造 (见 Weinstein A. The local structure of Poisson manifolds. J. of Diff. Geom. 1983, V.18, 523~557)①. 在横截构造中, 所有的泊松构造在该点 (坐标原点) 均为零. 这个构造可由坐标的泊松括弧给出. 这种括弧的泰勒级数开始各项是

$$\{x_i, y_j\} = \sum c_{i,j}^k x_k + \cdots ,$$

这里 $c_{i,j}^k$ 是有限维李代数 (即线性横截构造) 的构造常数.

自然产生一个问题: 可否通过适当坐标系以消去泰勒级数的高阶项?

横截构造的形状问题早由作者在上引文 VI.1.3 中讨论过了.

如果线性化代数是半单的, 而泊松构造是解析的, 则可用解析的坐标变换消去泰勒级数的高阶项 (见 Conn J. Linearization of analytic Poisson structure. Annals of Math. 1984, V.119, 577~601). 当李群为紧时, 类似的结果在光滑情况下也成立.

A. Weinstein 先前在对形式级数证明类似结果时, 提出了一个猜想, 即为了消除级数的非线性项, 半单是必要的. 然而在研究平面上 (一般的则是在余秩为 2 的构造上) 的泊松构造之奇点时, 则得到了不同的结论.

C. 平面上的泊松构造

从微分几何的观点看来, 泊松构造是由流形上的光滑的双矢量场给出的. 事实上, 在每一点, 泊松括弧对于一对余切矢量都给以一个数. 所以它是切空间上的外二次形式的截口, 即双矢量场.

①注意, Givental' 指出, 本文定理 3.1 不正确 (英译者注, 进一步的讨论可见 Weinstein A. Lie algebras and Poisson structure. Astérisque. 1985, 257~271).

1) 克莱布什变量一词也表示辛流形之被投影到泊松流形上而不是嵌入于其内的典则坐标. —— 英译者注

2) 原文作直和. 英译本也是直积. —— 中译者注

雅可比恒等式表示这个双矢量场的某种 “封闭性”. 在二维流形上这个封闭性条件总是自动满足的, 所以平面上的任意光滑双矢量场都会给出泊松构造. 这个情况使我们在对平面上的泊松构造分类时, 可以应用通常的关于一般位置的考虑 (例如横截性等等). 在坐标 x, y 中双矢量场可以表为 $f \cdot (\partial_x \wedge \partial_y)$, 其中 f 为光滑函数. 相应的泊松构造则由条件

$$\{x, y\} = f(x, y) \tag{1}$$

决定.

平面上的泊松构造也可用 2–微分形式 $dx \wedge dy/f$ 来定义. 这个微分形式和双矢量场一样是不变地与泊松构造相联系的, 但与后者不同, 它在曲线 $f = 0$ 上有极奇性. 这时的叶是: 曲线 $f = 0$ 上的点以及此曲线在平面上的余集[1]. 曲线 $f = 0$ 上之点称为泊松构造的奇点. 在非奇点的邻域中, 平面上的泊松构造可以化为标准形式 $\{x, y\} = 1$.

平面上的泊松构造在奇点附近奇性的分层之开始部分如下:

$$\begin{array}{ccccccccccccccccc}
A_0 & \leftarrow & A_1^a & \leftarrow & A_2 & \leftarrow & A_3^a & \leftarrow & A_4 & \leftarrow & A_5^a & \leftarrow & A_6 & \leftarrow & A_7^a & \leftarrow & A_8 & \leftarrow \cdots \\
 & & & & & & & \nwarrow & & \nwarrow & & \nwarrow & & \nwarrow & & \nwarrow & \\
 & & & & & & & & D_4^{a,b} & \leftarrow & D_5^a & \leftarrow & D_6^{a,b} & \leftarrow & D_7^a & \leftarrow & D_8^{a,b} & \leftarrow \cdots \\
 & & & & & & & & & & & \nwarrow & & \nwarrow & & \nwarrow & \\
 & & & & & & & & & & & & E_6 & \leftarrow & E_7^a & \leftarrow & E_8
\end{array}$$

图中每一个字母都表示一个泊松构造, 它在适当的坐标系 (以所考虑的奇点为原点) 下可以写成 $\{x, y\} = f$, 函数 f 则由下表给出:

A_0	A_{2k}	A_{2k-1}^a	$D_{2k}^{a,b}$
y	$x^2 + y^{2k+1}$	$\frac{x^2 \pm y^{2k}}{1+ay^{k-1}}$	$\frac{x^2y \pm y^{2k-1}}{1+ax+by^k}$
D_{2k+1}^a	E_6	E_7^a	E_8
$\frac{x^2y+y^{2k}}{1+ax}$	$x^3 + y^4$	$\frac{x^3+xy^3}{1+ay^2}$	$x^3 + y^5$

定理　*二维流形上的泊松构造或者在每点附近均可化为上表中所列的标准形式之一, 或者属于泊松构造空间的一个余维数为 8 的集合.*

因此, 一般位置的泊松构造在每一点附近或者可化为标准形式 $\{x, y\} = 1$ (非奇点), 或 $\{x, y\} = y$ (A_0 点). 在一位置的单参数族中还对构造的参数的个别值会遇到 A_1:$\{x, y\} = b \cdot (x^2 \pm y^2), b \neq 0$; 在二参数族中会遇到 A_2 等等.

注 1　在二维情况下, 所有的泊松构造构成一个线性空间, 所以可以谈得上一般位置的构造或族, 即指属于构造 (或族) 的空间的一个处处稠密开集中之构造 (或族). 在三维或更高维空间中的泊松构造的分类问题, 从一般位置的观点来看, 不能唯一地提出, 因为所有这些构造并不构成一个单一的流形 (可以找到 “不同维数” 的分支, 如李代数的分类一样).

[1]英译本在余集二字后加上了 “之连通分支” 字样. —— 中译者注

注 2　A_0 型构造 $\{x,y\}=y$ 是直线的仿射变换群之李代数的对偶空间上的标准的泊松构造. 这个构造是在 1965 年研究群上的左不变度量之欧拉方程时遇到的 (在这个情况下即半平面上的罗巴切夫斯基度量). 当时就已看到这构造是稳定的, 而且局部等价于任意的形为 $\{x,y\}=y+\cdots$ 的构造, 这里 $\cdots$ 表示高阶项. 这个 (显然的) 事实与 A. Weinstein 的前面谈到的一个猜想矛盾, 按此猜想, 用形式坐标变换即可除去任意高阶项, 这种可能性乃是半单李代数的对偶空间上的线性泊松构造所特有的.

注 3　上表中的参数 a,b 是模 (即连续依赖于此构造的不变量). 更准确些说, 等价于某一构造的诸构造, 当参数变动时只会遇到有限多次. 于是即使在平面上的一般位置的单参数族中, 也会遇到具有连续统势那么多互相不局部等价的泊松构造.

上表中的分式也可以换成多项式, 但这样做不甚方便. 分子中模的个数比曲线 $f=0$ 的不可约分支数少 1. 这个情况并非偶然. 平面上的泊松构造的一种不变量是按形式 $dx\wedge dy/f$ 作出的留式 (residue) (先在每个分支上计算留式, 再在原点计算其留数). 各个分支的留式之和为 0. 所以模的数目要比分支的数目少 1.

D. 体积形式之幂

平面上的泊松构造的分类可以看成是 $f(dx\wedge dy)^{-1}$ 型的微分形式的分类. 更一般地说, 考虑形为

$$f(dx)^{\alpha}=f(x_1,\cdots,x_n)(dx_1\wedge\cdots\wedge dx_n)^{\alpha} \tag{2}$$

的形式也是有意义的, 这里 α 是一般取复值的定数. 这种形式的分类及其变形, 在一维情况不久前由 В. П. Костов 得出, 他解释了 α 的共振值 (即某些负有理值的作用) (Функц. анализ и его прил. 1984. Т.18, вып.4. 81~82).

例如, 共振情况 $n=1,\alpha=-1$ 相应于直线上的矢量场之奇点及其分枝的分类, 即微分方程 $\dot{x}=v(x)$ 的奇点及其解的有限参数族之分枝. 一般位置的单参数族可以对于光滑 (全纯) 地依赖于参数的变量 x 作光滑 (全纯) 的变量变换与参数变换化为 $\dot{x}=x^2+\varepsilon+c(\varepsilon)x^3$ (对于 k 个参数的情况, 相应的微分方程是 $\dot{x}=x^{k+1}+\varepsilon_1x^{k-1}+\cdots+\varepsilon_k+c(\varepsilon)x^{2k+1}$).

С. Ландо 对任意的 n 与 α 研究了非共振情况: 他指出, 函数 f 的几乎每一个遍有 (versal) 变形 [1)], 在乘以 $(dx)^{\alpha}$ 后, 只要 α 是非共振的, 都定义微分形式的一个遍有变形 (Функц. анализ и его прил. 1985. Т.19, вып.2. 78~79).

$\alpha=-1$ 时的情况对于泊松构造是有意义的, 一般说来它们是共振的. 除了如 (2) 那样的体积形式的幂, 我们还将对以下形状的微分形式分类:

$$f^{\beta}dx,\quad \beta=\frac{1}{\alpha}, \tag{3}$$

它显然等价于形式 (2) 的分类.

---

1) 关于遍有变形请参看 Arnold V. I., Varchenko A. N., Gusein-Zade, S. M. [1] 第一卷. —— 中译者注

超曲面 $f=0$ 不变地与形式 (3) 相联系. 所以分类将从将奇性流形 $f=0$ 化为标准形式开始. 超曲面的奇点的分层的开始部分是已知的. 在适当的局部坐标下, 超曲面是由下表中的某一个方程给出的:

$$\begin{aligned}
&A_\mu: \pm x_1^{\mu+1} \pm x_2^2 \pm \cdots \pm x_n^2 = 0, \quad \mu \geqslant 0;\\
&D_\mu: x_1^2 x_2 \pm x_2^{\mu-1} \pm x_3^3 \pm \cdots \pm x_n^2 = 0, \quad \mu \geqslant 4;\\
&E_6: x_1^3 + x_2^4 \pm x_3^2 \pm \cdots \pm x_n^2 = 0;\\
&E_7: x_1^3 + x_1 x_2^3 \pm x_3^2 \pm \cdots \pm x_n^2 = 0;\\
&E_8: x_1^3 + x_2^5 \pm x_3^2 \pm \cdots \pm x_n^2 = 0.
\end{aligned}$$

把超曲面化为标准形式后, 我们就将形式 (3) 或 (2) 的分类化成了以下形状的微分形式之分类:

$$f^\beta h(x_1, \cdots, x_n) dx, \quad h(0) \neq 0, \tag{4}$$

$f=0$ 是所选定的奇性超曲面的方程, h 是光滑 (全纯) 函数, 它还有待于化为标准形式.

E. 准齐性情况

我们现在来考虑奇性超曲面 $f=0$ 为准齐性的情况 (A, D, E 诸情况都适合这个条件).

定义　函数 f 称为权为 p 的准齐性函数, 且对变量 x_i 有权 w_i, 如果它是准齐性欧拉矢量场 ε 对本征值 p 的本征函数 (或为零):

$$\varepsilon f = pf, \quad \varepsilon = \sum w_i x_i (\partial/\partial x_i).$$

准齐性多项式称为非退化的, 如果临界点 0 是有限重的 ($\mathbb{C}$–孤立的). 我们以下将设权 w_i 为正.

定理　令 f 为非退化的权为 1 的准齐性多项式. 则微分形式 $f^\beta h dx$ (这里 $dx = dx_1 \wedge \cdots \wedge dx_n, h$ 在函数的零点附近全纯, 而在零点上不为 0) 可以用在零附近双全纯坐标变换化为 $f^\beta(1+\phi)dx$ 的形状, 这里 ϕ 是权为 $-\beta-\sigma, \sigma = w_1 + \cdots + w_n$ 的准齐性多项式.

ϕ 的权是这样选定的, 使形式 $f^\beta \phi dx$ 之权为零.

对于光滑的 h (和光滑的坐标变换), 也有类似定理成立, 只不过在实的情况需以 $\pm 1 + \phi$ 代替 $1+\phi$.

例 1　若 β 为正, 则 $\phi \equiv 0$, 使复形式可以化为 $f^\beta dx$ 的形状.

更为一般的情况下, 若 β (可能为复数) 不是负有理数, 也可使 $\phi \equiv 0$; 这时不会出现非零的权为 $-\beta-\sigma$ 的准齐性多项式. 因此 β 的共振值只能是负有理数. 若多项式 f 是固定的 (甚至只要其准齐性型 w 是固定的), 则 β 之共振值构成有限的负有理数的算术数列 (对其余的 β, 形式 $f^\beta h dx$ 可化为 $f^\beta dx$ 之形).

例 2　若 $\beta=-1$, 则 ϕ 中的单项式可以用 f 的牛顿图式的内部整点来排序. 单项式 $x^m=x_1^{m_1}\cdots x_n^{m_n}$ 对应于图式上之点 $(m_1+1,\cdots,m_n+1)$ (即 $x^m dx$ 之指数).

例 3　令 $\beta=-1, n=3$ 而 f 是上述多项式 A,D,E 之一, 它们定义了简单奇性. 计算权以后, 可以得出 $-\beta-\sigma<0$, 所以 $\phi\equiv 0$, 由此可得

系 1　有极性奇性的形式

$$\frac{h(x,y,z)dx\wedge dy\wedge dz}{f(x,y,z)},\quad h(0)\neq 0,$$

f 为多项式 A,D,E 之一, 可以用全纯 (光滑) 的坐标变换化为 $dx\wedge dy\wedge dz/f$.

用完全同样, 对任意的 $n\geqslant 3$, 在原点不为 0 的因子 $h(x_1,\cdots,x_n)$ 可以化为 1.

系 2　简单的 (即无模的) 形如 $dx_1\wedge\cdots\wedge dx_n/f(x_1,\cdots,x_n)$ 的形式, 其中 f 是在 0 点的全纯 (光滑) 函数, 可以选用适当的局部坐标在 0 点附近化为一标准形式, 其中的 f 或者为 1, 或者为 A,D,E 之一.

系 3　n 维空间 $(n>2)$ 中的简单的 (即无模的) n–矢量场局部等价于标准形式 $f(\partial_1\wedge\cdots\wedge\partial_n)$, 其中 f 或者为 1, 或者为多项式 A,D,E 之一, 而 $\partial_k=\partial/\partial x_k$.

系 4　当 $l\leqslant 6$ 时, 在 n 维空间 $(n>2)$ 中的含 l 参数的一般位置的 n–矢量场中, 场在每个参数值在每点的邻域中均等价于上述诸简单场之一.

系 5　当 $l\leqslant 6$ 时, 在含 l 参数的一般位置的微分形式族 $dx\wedge dy\wedge dz/f(x,y,z)$ 中, 只会遇到这样的形式, 它们在每点的邻域中, 在适当坐标系下, 可以化为以下 26[1] 种形状之一:

$$\begin{array}{llll}
\dfrac{dx\wedge dy\wedge dz}{1}, & \dfrac{dx\wedge dy\wedge dz}{x}, & \dfrac{dx\wedge dy\wedge dz}{x^2+y^2\pm z^2}, & \dfrac{dx\wedge dy\wedge dz}{x^3+y^2\pm z^2},\\
\dfrac{dx\wedge dy\wedge dz}{x^4\pm y^2\pm z^2}, & \dfrac{dx\wedge dy\wedge dz}{x^5+y^2\pm z^2}, & \dfrac{dx\wedge dy\wedge dz}{x^2y\pm y^3+z^2}, & \dfrac{dx\wedge dy\wedge dz}{x^6\pm y^2\pm z^2},\\
\dfrac{dx\wedge dy\wedge dz}{x^2y+y^4\pm y^2}, & \dfrac{dx\wedge dy\wedge dz}{x^7+y^2\pm z^2}, & \dfrac{dx\wedge dy\wedge dz}{x^2y\pm y^5+z^2}, & \dfrac{dx\wedge dy\wedge dz}{x^3\pm y^4\pm z^2}.
\end{array}$$

当 $n=2,\beta=-1$ 时, 此定理形状如下:

系 6　设 f 是权为 1 的非退化准齐性多项式而对其两个变元有任意的权 w_1,w_2, 这时, 形式

$$\frac{h(x,y)dx\wedge dy}{f(x,y)},\quad h(0,0)\neq 0,$$

(其中 h 是原点邻域中的光滑 (全纯) 函数) 必可用 0 附近的光滑 (全纯) 坐标变换; 化为 $h=\pm 1+\phi$ 之形, 其中 ϕ 是权为 $1-w_1-w_2$ 的准齐性多项式.

[1] 原书作 24 种形状. —— 中译者注

相应于此, 双矢量场与泊松构造可以局部地化为以下形式:

$$\frac{f(x,y)(\partial_x \wedge \partial_y)}{\pm 1+\varphi(x,y)}, \quad \{x,y\}=\frac{f(x,y)}{\pm 1+\varphi(x,y)}.$$

对于二元函数 f 计算简单奇点 A, D, E 的权就可由此系得出 360 页的表. 例如, 对于 A_1, 我们有 $w_1=w_2=1/2, \varphi$ 之权为 0, 即 φ 为常数.

形如 $h dx \wedge dy/f$ 的等价类空间的维数等于权为 $1-\sigma$ 的准齐性多项式空间的维数, 以上 $h(0)\neq 0, f$ 为固定的非退化准齐性多项式.

F. Varchenko 定理

A. N. Varchenko (А. Н. Варченко) 对上面的定理给出了一系列推广 (见Функп. анализ и его прил. 1985. Т.19, вып.4. 23~31).

1. 设 f 是权为 1 的准齐性多项式, 对其变元 $x_1, \cdots, x_n$ 之权则为 $w_1, \cdots, w_n$. 设对重指标的某个集合 I, 单项式 $x^m, m\in I$ 之剩余类生成幂级数代数

$$\mathbb{C}[[x_1,\cdots,x_n]]/\left(\frac{\partial f}{\partial x_1},\cdots,\frac{\partial f}{\partial x_n}\right)$$

的因子代数 (作为一个线性空间).

定理 所有的芽 $f^\beta h dx$ 均等价于形为 $f^\beta(1+\sum\lambda_{m,l}x^m f^l)dx$ 的芽, 这里 l 是非负数, $m\in I$, 使得 $f^\beta x^m f^l dx$ 之权为零.

2. 我们把因子空间

$$\left(f,\frac{\partial f}{\partial x_1},\cdots,\frac{\partial f}{\partial x_n}\right)\Big/\left(\frac{\partial f}{\partial x_1},\cdots,\frac{\partial f}{\partial x_n}\right)$$

的维数称为芽 f 的非准齐性幂.

定理 对几乎所有 β, 形式 $f^\beta h dx_1\wedge\cdots\wedge dx_n$ (β 与 f 为固定, h 为任意, 且 $h(0)\neq 0$) 的模的个数等于芽 f 的非准齐性幂. β 的例外值 (即共振值) 中含有有限多个负有理数的公差为 -1 的算术数列. 特别是, 对于 $\beta\geqslant 0$, 模的数目等于 f 的非准齐性幂.

3. **例** 当 $\beta=0$ 时我们得到

系 形式 $h dx$ ($h(0)\neq 0$) 相对于保持 f 之芽的微分同胚群的模的数目, 等于 f 之非准齐性幂 (若 f 等价于一准齐性多项式, 则此数为 0).

4. 在共振情况下, 结果较为复杂.

定理 平面上具有给定奇性曲线 $f=0$ 的泊松构造之芽的模的数目等于 f 之芽的非准齐性幂, 加上曲线 $f=0$ 的不可约分支的数目减去 1.

在共振情况下, 模的数目的性态相当规则即成为一个公差为 -1 的算术数列. 即是说, 当 β 减少 1 时, 模的数目会增加 (不一定是严格增加), 但是不会达到最大值

(对某个 $\beta > -n$) 这个最大值超过原来的值 (即非准齐性幂) 加上函数 f 的单值化算子 (monodromy operator) 之本征值 $e^{2\pi i\beta}$ 的若尔当方块数.

G. 泊松构造与周期映射

全纯函数的临界点的周期映射是泊松构造的有趣的来源 (见 Varchenko A. N., Givental' A. B. [1]).

周期映射使我们能把纤维丛的纤维上之 (上) 同调空间的某些构造转移到其底空间上. 这样, 在纤维的中间维数同调的相交形式 (intersection form), 当此形式为斜对称时, 在底空间上产生了泊松构造.

周期映射是由以下构造来定义的. 没有局部平凡的纤维丛. 与之相关, 在同样的底空间上有纤维的复系数的同调与上同调丛. 这些纤维丛不仅是局部平凡的, 而且是典则地局部平凡的 (即纤维的整系数循环可以唯一地与邻近的纤维同调之整系数循环等同起来). 周期映射就定义为上同调丛之截面.

现设在光滑纤维丛的全空间中给定了一个在每个纤维上为闭的微分形式. 这个形式的周期映射对底空间之每一点给出在此点的纤维上微分形式的一个上同调类.

若在纤维丛的底空间上给定了一个矢量场, 则每一个 (光滑的) 周期映射都可以沿此场求导, 其导数也是一个周期映射. 事实上, 上同调丛的邻近的纤维可以用上述的 "整系数" 局部平凡化彼此等同起来. 所以一个截面可以 (局部地) 看作是映到一个纤维上, 因此可以如像通常的 (矢量值) 函数那样求导.

现设底空间是一个复流形, 其复维数与上同调丛之纤维维数相同. 一个周期映射若其沿任意的 $\mathbb{C}$—— 线性无关的矢量之导数在每一点都线性无关, 则称为非退化的. 换言之, 一周期映射为非退化的, 只要相应的由底空间到一个纤维的局部映射为微分同胚.

于是, 非退化的周期映射之导数把底空间的切丛同构地映到上同调丛. 其对偶的同构则把同调丛映到底空间的余切丛上. 这个同构就把同调群的附加结构转移到底空间上.

现设原纤维丛的纤维是实的可定向偶数维流形并考虑中间维数的同调. 这时, 每个纤维的同调空间上都可以定义一双线性形式: 即相交指数. 如果纤维的维数是 4 的倍数, 此形式为对称的; 否则为斜对称的. 若纤维为闭的 (即紧且无边的), 此形式是非退化的, 否则可能退化. 现在设此形式为斜对称的.

在这个情况下, 非退化周期映射将在底空间上诱导出泊松构造. 事实上, 上面作出的底空间的余切空间与同调群 (其上有斜对称的相交形式) 之同构将定义一对余切矢量的双线性斜对称形式. 两个函数在一点的泊松括弧则定义为此形式在这两个函数的微分上的值.

这个括弧在底空间上定义了泊松构造 (秩为常数). 这一点由下面的事实就可以看清楚: 底空间会被周期映射局部地与纤维上的上同调群等同起来, 由此在底空间上给出了局部坐标, 其泊松括弧是常数.

Varchenko 与 Givental' 注意到, 如果按上面的方法, 用一般位置的 1–形式在一个二元函数的临界点的遍有变形的判别式轨迹在底空间的余集上构造一个泊松构造, (如果需要, 也可以在用一个典型奇性的波前集的全集上构造它). 这个构造可以全纯地拓展到这个判别式轨迹 (或波前) 上. 我们将限于这样产生的泊松构造的最简单的例子.

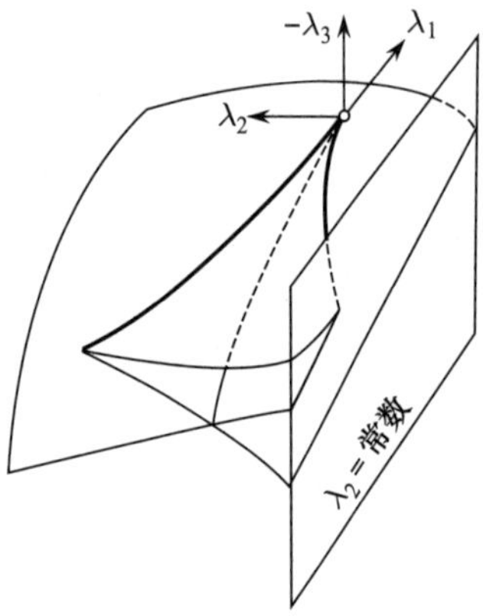

图 247　泊松构造与燕尾

考虑三维的多项式空间

$$\mathbb{C}^3=\{x^3+\lambda_1x^2+\lambda_2x+\lambda_3\},$$

λ_k 是系数. 具有重根的多项式组成判别式曲面 (燕尾, 图 247), 由周期映射产生的泊松构造可以 (用保持燕尾的微分同胚) 化为以下形状: 辛叶是平面 $\lambda_2=$ 常数, 其辛构造为 $d\lambda_1\wedge d\lambda_3$.

这里讲到的纤维丛是由复曲线 $\{(x,y),y^2=x^4+\lambda_1x^2+\lambda_2x+\lambda_3\}$ 构成的, 而周期映射则例如由 ydx 给出 (见 Arnold V. I., Varchenko A. H., Gusein-Zade, S. M. [1], 第二卷, §15).

由周期映射产生的燕尾空间的泊松构造, 可以局部地确定为在所有一般位置的构造中具有以下性质的构造: 燕尾的自交曲线完全位于一个辛叶上.

这里需要的一般位置条件是: 辛叶在零点的切平面与燕尾在零点的切平面并不重合. 所有在燕尾的自交曲线上为常数, 而且在燕尾于零点的切平面上有非 0 微分的光滑函数, 都在零点附近可以用保持燕尾的微分同胚化为 λ_2+ 常数 的形状, 而在平面 $\lambda_2=$ 常数. 上的一族全纯辛构造都可以化为 $d\lambda_1\wedge d\lambda_3$ 之形用三维空间中保持纤燕尾和平面 $\lambda_2=$ 常数 上的纤维不变的全纯的局部微分化为 $d\lambda_1\wedge d\lambda_3$ (见 УМН. 1985. Т.40, вып.5. 236).

可以猜想, 其他在奇点的遍有变形的底空间上的泊松造构 (特别是辛构造), 只要是由无穷小稳定的周期映射之相交形式诱导而来, 都可以用限制在判别式层上的泊松构造的自然的秩条件来刻画 (最多相差一个保持分枝集的微分同胚). 在上述三维空间的例子中, 所谓 "自然的" 条件就是: 燕尾的自交曲线含于一个辛叶中. 在四维空间中, 以下条件显然会起类似的作用, 即某个子流形是拉格朗日流形, 这就是在多项式 $x^5+\lambda_1x^3+\lambda_2x^2+\lambda_3x+\lambda_4$ 的辛空间中具有两个临界点并以零为临界值的多项式所成的子流形.

附录 14　关于椭圆坐标

欧氏空间的每一个椭球面上都有一个雅可比椭圆坐标, 用这些坐标可以求积这个椭球面上的测地球方程, 还有一些其他方程, 如点在具有平方位势的力作用下在球面上运动的方程, 或点在均匀引力作用下在抛物面上运动的方程.

这就导致了一个想法, 即每一个无限维希尔伯特空间的每一个对称算子, 都与自己的一类可积方程组相关. 为了研究这些方程组, 需要把椭圆坐标的理论移到无限维情况. 而为此首先需要用无坐标形式来叙述有限维的二次共焦曲面的通常的理论.

为了过渡到无限维情况, 需要处处都以希尔伯特空间中的自伴算子理论代替有限维欧几里得空间中的对称算子理论. 这时, 因为椭圆坐标并不是与算子本身而是与其预解式相联系, 原算子 (可能是微分算子) 的无界性并不成为严重的障碍.

在有限情况下, 这样得出的椭圆坐标成为一个可数组. 然而也可能有连续谱的情况, 这时所得的坐标组成为一个连续统. 这时, 由原来的希尔伯特空间 (可以是泛函空间) 中的点到其成为连续统的椭圆坐标组的过渡可以看成是泛函空间的非线性变换. 这个变换与傅里叶变换相类似, 可以称为雅可比变换, 把原来的函数变成这样一个函数, 它把成为连续统的椭圆坐标表为某个连续 "指标" (即谱参数轴上的数) 的函数. 很可能, 研究雅可比正变换与逆变换的泛函解析性质不久即可做到.

与椭圆坐标一般理论同时, 下面还要讨论其在位势理论上的应用.

这个附录的基础是作者在纪念 L. D. Faddeev 五十寿辰的文集 Записки научных семинаров ЛОМИ (Л. Изд-во ЛОМИ. 1984. Т.133. 38~50) 中的论文 Несколько замечаний об эллиптических координатах, 以及报告 Интегрируемые гамильтоновы системы, связанные с квадриками (по Ю. Мозеру) (УМН. 1979. Т.34, вып.5. 214), 还有 Some algebro-geometrical aspects of the Newton attraction theory (见丛书 Progress in Mathematics. Boston: Birkhäuser, 1983. V.36 (纪念 I. R. Shafarevich volume. 1~4)). Магнитные аналоги теорем Ньютона и Айвори. УМН. 1983. Т.38. вып.5. 145~146).

本附录的结果的细节可在以下诸文中找到:

Melrose R. B. Equivalence of glancing hypersurfaces. Invent. Math. 1976. V.37. 165~191.

Мозер Ю. Некоторые аспекты интегрируемых гамильтоновых систем. УМН. 1981. Т.36, вып.5. 109~151.

Арнольд В. И. Лагранжевы многообразия с особенностями, асимптотические лучи и раскрытый ласточкин хвост. Функциональный анализ и его приложения. 1981. Т.15, № 4. 1 ~ 14.

Арнольд В. И. Особенности в вариационном исчислении. Итоги науки. Современные проблемы математики. М. ВИНИТИ. 1983. Т.22. 3~55.

Гивенмалъ А. Б. Полиномиальность электростатических потенциалов. УМН. 1984. Т.39, вып.5. 253~254.

Арнольд В. И. О ньютоновском потенциале гиперболических слоев. Труды Тбилисского университета. 1982. Т. 232~233, 23~28.

Вайнщмейн А. Д., Шапиро Б. З. Многомерные аналоги теоремы Ньютона и Айвори. Функциональный анализ и его приложения. 1984. Т.18, № 4.

A. 椭圆坐标与共焦二次曲面

欧几里得空间中的椭圆坐标可以用共焦二次曲面来定义. 共焦二次曲面的几何又可由欧几里得空间中的二次型来的几何 (即由椭球的主轴理论或由小振动理论) 通过转移到共轭空间而得到.

定义 1 欧几里得空间 V 中的二次曲面束 (二次型束) 即单参数二次曲面族

$$\frac{1}{2}(A_\lambda x, x) = 1$$

(二次型族 A_λ), 这里

$$A_\lambda = A - \lambda E.$$

A 是对称算子

$$A : V \to V^n, \quad A^n = A.$$

定义 2 对偶于欧几里得空间中一个二次曲面束的二次曲面族 (即所考虑的空间的对偶空间中的二次曲面族)

$$\frac{1}{2}(A_\lambda^{-1}\xi, \xi) = 1$$

称为欧几里得空间的共焦二次曲面族.

因此, 共焦于一个二次曲面的二次曲面也构成一个单参数族, 但是其中的二次曲面是非线性地依赖于此参数的.

例　共焦于一椭圆的平面曲线. 即所有具有相同焦点的椭圆与双曲线.

图 248 左方是一个共焦族的曲线, 右方则是相应的欧几里得束中的曲线.

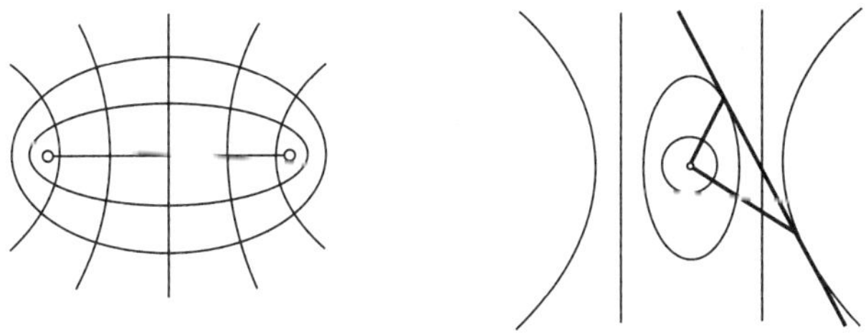

图 248　共焦族与欧几里得束

一点的椭圆坐标就是 λ 的值使得一个固定的共焦二次曲面族中相应于此 λ 值的二次曲恰好通过此点.

现在在欧几里得空间取定一个各个轴的长度均不相同.

定理 1 (雅可比)　*经过 n 维欧几里得空间中的每一点, 恰有 n 个二次曲面. 共焦于所选定的椭球. 光滑的共焦二次曲面以直角相交.*

证　空间的非零的点对应于对偶空间中的仿射超平面, 即在此点等于 1 的线性形式. 用对偶空间的语言来说, 定理 1 表示, 在 n 维欧几里得空间中不经过 0 的超平面, 必恰好切于欧几里得约束中的 n 个二次曲面, 而且由 0 到这些切点的矢量互相正交 (图 248 右).

欧几里得束的这一性质的证明基于: 这些矢量定义了经过此点的二次型 $B = \frac{1}{2}(Ax, x) - \frac{1}{2}(l, x)^2$ 之主轴, 这里 $(l, x) = 1$ 是所考虑的超平面的方程.

事实上, 在任意二次型 B 的相应于本征值 λ 的主轴上, 二次型 $B - \lambda E$ 与其梯度同时为 0. 这个二次型本身在主轴与超平面之交点上为 0 表示切点位于二次曲面 $\frac{1}{2}(A_\lambda x, x) = 1$, 而其梯度为 0 则表示二次曲面在此点与超平面相切. □

定理 2 (沙尔 Chasles)　*n 维欧几里得空间中一般的直线必切共焦二次曲面族中的 $n-1$ 个不同的二次曲面, 而在直线与它的切点处与此二次曲面相切的平面互相正交.*

证　将共焦族中的二次曲面沿一平行直线束投影到与此直线束垂直的超平面上. 于是每个二次曲面将定义其视轮廓 (即此二次曲面投影的临界值). 对一般位置的投影方向, 这个投影是超平面上的二次曲面, 即其投影. □

引理　*共焦二次曲面族的视轮廓也组成共焦二次曲面族.*

证　在过渡到对偶后, 截口变成投影, 反之亦然. 所以共焦二次曲面族沿平行直线来投影的视轮廓对偶于对偶的二次曲面族被过原点的一超平面所截的截口.

但是欧几里得二次曲面束被过 0 的超平面所截的截口, 构成此超平面上的欧几里得二次曲面束. 由对偶性即得引理之证. □

应用此引理于沿定理 2 所说的直线束的投影. 按此引理, 定理 2 中的共焦二次曲面族之投影的视轮廓在超平面上构成共焦二次曲面族. 按定理 1. 这些视轮廓以直角相交. 从而定理 2 得证.

定理 3 (雅可比与沙尔) *在 n 维空间一个二次曲面的测地线上, 过其上所有点所作的切线, 除与此二次曲面相切外, 还与 $n-2$ 个与此二次曲面共焦的二次曲面相切. 对测地线上的所有点, 这 $n-2$ 个二次曲面都是相同的.*

证明第一部分 考虑欧几里得空间中有定向直线所成的流形. 这个流形是欧几里得空间中按惯性运动的自由粒子的相空间的超曲面 $p^2=1$ 的特征之流形, 而且有自然的辛构造.

(所谓辛流形中的超曲面之特征就是特征方向场的积分曲线, 即超曲面的切平面之斜正交补的场, 也就是此超曲面上的哈密顿方程的相曲线, 其哈密顿函数在此超曲面上一阶为 0.

辛流形之超曲面的特征流形上之辛构造是根据这样的事实来定义的: 切于原来流辛形的超曲面的两个矢量之斜数量积等于它们在特征流形上的投影的斜数量积.)

引理 A *切于欧几里得空间中一给定超曲面的所有直线所成的流形的每一个特征, 都是由于超曲面的一条测地线在其各点上的切线构成的.*

引理 A 的证明 为简单起见, 我们用欧几里得空间的欧几里得构造把余切矢量与切矢量等同起来, 这样原来的相空间就可以看作是作用于欧几里得空间的点上的矢量之空间 (即把动量与速度等同起来). 在超曲面之各点上的切于此超曲面的单位矢量在相空间中形成一个余维数为 3 的子流形. 这个子流形的特征在超曲面上定义了测地流.

作一映射, 把一个矢量映为其所在的直线, 就把上述余维数为 3 的子流形映到切于此超曲面的直线之流形. 在此映射下, 特征变成 (按直线之空间的辛构造而言的) 特征. 引理证毕.

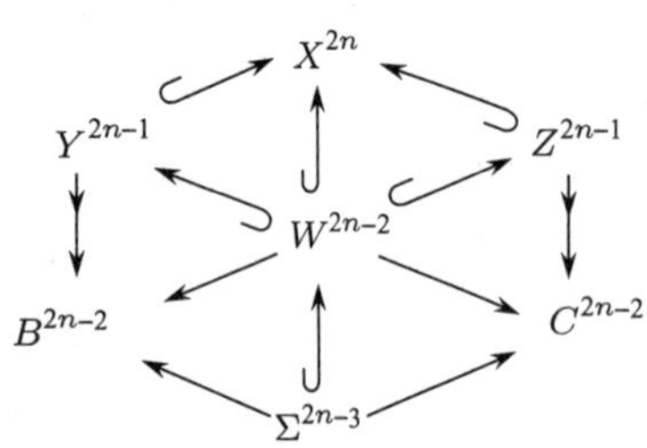

注 以上的讨论很容易推广到以下的一般情况. 这是首先由 Melrose 考虑的. 令 Y, Z 为辛流形 X 的一对超曲面, 横截交于子流形 W 上. 考虑超曲面 Y 与 Z 的特征流形 B 与 C 以及在特征上的典则的商纤维丛 $Y\to B$ 与 $Z\to C$. 流形 B 与 C 从 X 得到辛构造.

在截面 W 上可以分出 X 的一个 (余维数为 3) 的超曲面. 在它的点上 X 之辛构造在 W 上的限制退化. W 的这个超曲面 Σ 也可以定义为复合映射 $W\hookrightarrow Y\to B$ (也可以说是 $W\hookrightarrow Z\to C$) 奇点之集合这些对象构成如上面的可换图式.

在这个情况下, 引理 A 的类似物指出, 映射 $\Sigma \to B$ 与 $\Sigma \to C$ 的像的特征是 Σ 上的同一曲线 (即辛流形 X 的子流形之子流形 Σ 的特征).

在下面的特例下, 以上所述就是引理 A: $X = \mathbb{R}^{2n}$ 是 $\mathbb{R}^n$ 中的自由粒子的相空间, 超曲面 Y 由单位矢量构成 (单位矢量的条件为 $p^2 = 1$, 即自由粒子的哈密顿函数的等值面), 超曲面 Z 则由位于 $\mathbb{R}^n$ 中所研究的超曲面上之点处的所有矢量组成. 这时 B 是欧几里得空间中所有可定向直线所成的流形, 而 Σ 则是单位切矢量的流形. 映射 $\Sigma \to B$ 把单位矢量映为包含它的直线. 流形 C 则是余切丛, $\Sigma \to C$ 则把单位球纤维丛嵌入到此空间内 (换一种名词来说, 就是动能的等值超曲面的嵌入, 即具有约束的哈密顿运动).

在研究辛几何的约束时, 记住这个图式是有用处的.

定理 3 证明的继续　设在欧几里得空间 (构形空间) 中给定一光滑函数, 而它在某直线上的限制有非退化的临界点. 在这个情况下, 它在每一条邻近的直线上都有这样的临界点 (即直线与函数的等值面的切点). 所以函数在临界点的值将是直线的函数. 我们称它为 (原来的点函数的)*诱导直线函数*.

引理 B　*如果欧几里得空间中的若干个点函数有以下性质, 即在它们的等值面的某点的切平面*①*上有互相正交的直线, 则其诱导直线函数的泊松括弧在相应于这个点的直线上为* 0.

引理 B 的证明　我们来计算第二个诱导函数沿第一个诱导函数 (作为哈密顿函数) 的相流的导数. 第一个诱导函数在其等值面上的相曲线就是此曲面的特征. 第一个诱导函数的等值面是由这样一些直线组成的: 它们都切于第一个点函数之固定的等值流形

当点在曲面上的测地线上作无穷小位移时, 测地线的切线将要在此切线与法线所成的平面上旋转 (可以相差一个高阶无穷小量). 由假设, 第二个函数的等值面在此曲面与上述直线相切的切点上与第一个函数的等值面的切平面垂直. 所以, 在上述的无穷小旋转后, 直线仍与第二个函数的上述等值面相切 (可以相差一个高阶无穷小). 所以第二个诱导函数在第一个函数给出的相流作用下的变化速度, 在直线所成的空间中的所研究的点上为 0. 引理 B 得证.

定理 3 证明的最后部分. 在 $\mathbb{R}^n$ 中选定一般位置的直线. 按定理 2, 它在 $n-1$ 个点上与共焦族中的 $n-1$ 个二次曲面相切. 在这 $n-1$ 个点的每一个点之邻域中, 作一无临界点的光滑函数, 使其等值面恰好是共焦族中的二次曲面.

固定这些二次曲面的一个 (作为前述的 "第一个") 并在直线空间中考虑哈密顿方程, 而其哈密顿函数就是第一个诱导直线函数. 在此哈密顿函数的等值面上, 每一条相曲线都是由此二次曲面的一条测地线之切线组成 (引理 A). 按引理 B, 其他的诱导函数与此函数的泊松括弧均为 0 (因为由定理 2 在共焦的曲面与一直线相切的各点上, 切平面互相垂直).

① 每个函数的切点各不相同.

所以, 所有的诱导函数约为其中之一生成的哈密顿方程组之首次积分. 因为切于第一个二次曲面的测地线的直线构成第一个方程组之相流, 所有的诱导函数在其上均取常值. 定理 3 由此得证, 而且同时还证明了以下的结果. □

定理 4 欧几里得空间中的二次有心曲面的测地流是刘维尔意义下的完全可积方程组 (它的对合的独立积分的个数与其自由度个数相同).

注 严格说来, 我们只对一般位置下的直线证明了定理 3, 但是这些结果可以用连续性拓展到例外情况 (特别是拓展到这次二次曲面的渐近线上去). 完全同样, 定理 4 开始时只是对具有不相等主轴的二次曲面证明的, 但是通过求极限, 也可推广到更对称的旋转二次曲面 (以及无心的抛物面) 上去.

B. 牛顿和艾弗里 (Ivory) 定理的磁类比

用椭圆坐标可以把熟知的牛顿关于球面的引力定理推广到椭球面上去.

定义 椭球面的 homeoidal[1] 密度 即由此椭球面与同心的位似的无限接近的椭球面所成的一层之密度.

艾弗里定理 具有有限质量的分布于一有 homeoidal 密度的椭球面, 对椭球面所围成的椭球内部各点引力为 0, 而对其外部各点的引力与具有同样总质量的也具有 homeoidal 密度但较小的共焦椭球面的引力一样.

这里, 引力按牛顿定律或库伦定律确定: 在 n 维欧几里得空间中, 引力正比于 r^{1-n} (这就是拉普拉斯方程的基本解).

关于内点上的引力的牛顿定理也可以移用于双曲 homeoidal 层, 以及分布在任意次双曲多项式的等值面上质量的引力.

[m 次多项式 $f(x_1,\cdots,x_n)$ 称为双曲 (关于 0 点) 多项式, 即指它限制在过 0 的任意直线上时只有实根.

双曲面 $f=0$ 上的电荷的 homeoidal 密度是这样定义的, 即在超曲面 $f=0$ 与 $f=\varepsilon\to 0$ 之间的均匀的无限薄层的密度 (电荷的符号要这样选取, 使得相继的卵形面上有电荷反号).

homeoidal电荷对 0 点没有引力 (对最内层卵形面内部各点也无引力), 而且若将密度乘以任一个次数不超过 $m-2$ 的多项式时, 这个性质不变.

推广 若对 homeoidal 密度乘以 $m-2+r$ 次多项式, 则这一电荷之位势在最内层卵形面内是一 r 次调和多项式 (A. B. Givental', A. Б. Гивенталь, 1983). 位势的高阶导数在以后的区域中是代数函数 (V. A. Vasiliev, B. A. Васильев, 1989) $n=2$.]

当试图将艾弗里关于共焦椭球层的引力的定理推广到双曲面, 就可以看清楚双曲面的拓扑结构起了本质的作用. 当过渡到不同符号数的双曲面时, 就将以考虑双

---

[1] homeoidal 一词找不到适合的中文名词, 故原文照录. —— 中译者注

曲面上不同次数的调和微分形式代替 homeoidal 密度, 而代替牛顿或库伦位势的是按比奥–萨瓦尔 (Biot-Savart) 定律相应地推广了的位势.

在三维欧几里得空间中的单叶双曲面这个最简单而又不平凡的情况, 结果如下:

这个双曲面把空间分为两部分: “内域” 与 (不是单连通的) “外域”. 考虑椭圆坐标曲线, 其等值面是与一固定的双曲面共焦的二次曲面.

这个双曲面与椭球面相截而得的椭圆坐标曲线 (即双曲面上的闭曲率线) 称为此双曲面的纬线, 与双叶双曲面相截而得出的与它们正交的线称为子午线.

虽然椭圆坐标 (在族中二次曲面的每一个对称平面上) 都有奇性, 双曲面可以光滑地用纬线纤维化 (纬线微分同胚于圆周), 也可用子午线纤维化 (子午线微分同胚于直线).

在双曲面的管子形状的内域也可以用 (正交于共焦椭球面族的) 子午线光滑地纤维化, 而环形的外域则用 (正交于双叶双曲面的) 纬线光滑地纤维化.

定理　*具有适当电流密度的沿双曲面子午线之电流会产生一个磁场, 它在双曲面的管状内域中为 0, 而在其环形的外域中取纬线方向. 具有适当电流密度的沿着双曲面纬线的电流, 则在外域中产生 0 磁场, 而在内域中磁场方向则沿着子午线.*

产生这种磁场的电流按以下方式推广了椭球面上的 homeoidal 密度.

与三维欧几里得空间中的共焦二次曲面相关有两个焦点曲线 (focal curves): 椭圆与双曲线 (图 249) 共焦椭圆是椭球族的极限的边缘: 令一个短轴趋于 0 (对于双叶双曲面用类似方法可得共焦双曲线).

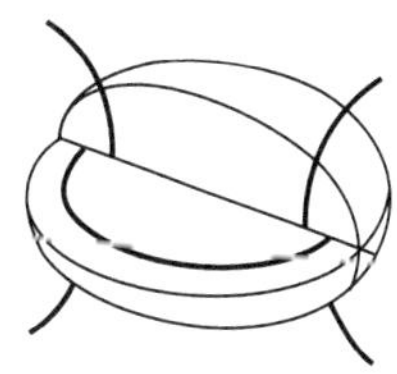

图 249　焦点椭圆与焦点双曲线

在共焦椭圆上可定义 homeoidal 密度如下. 先考虑一个非平面的纬线, 它是共焦椭球面与单叶双曲面的非平面的截线. 在此纬线上的 homeoidal 密度定义为一无限细的 “导线” 上的密度. 这条线是这样得出的, 即一方面考虑此椭球面与相邻的无限接近的位似而且同心的椭球面所夹的一层, 另一方面则考虑此单叶双曲面与相邻的无限接近的位似而且同心的单叶双曲面所夹的一层, 二者相交就得出这条线. 纬线上的密度需要规范化使得其总质量为 1.

现将焦点椭圆看成非平面纬线的极限. 可以得知, 当纬线趋向于焦点椭圆时, 纬线上的规范化 homeoidal 密度有一确定的极限. 这个极限密度就称为焦点椭圆上的 homeoidal 密度.

用类似的方法可以定义焦点双曲线上的 homeoidal 密度.

现在我们可以描述产生定理中所说的磁场的电流了. 单叶双曲面可以以焦点椭圆为底空间纤维化 (一点上的纤维即过此点的双叶双曲面的子午线).

定理中所说的子午线电流, 通过双曲面上任意曲线的流量就等于焦点椭圆上的 homeoidal 密度形式沿此曲线在焦点椭圆 (沿一双叶双曲面) 上的投影积分.

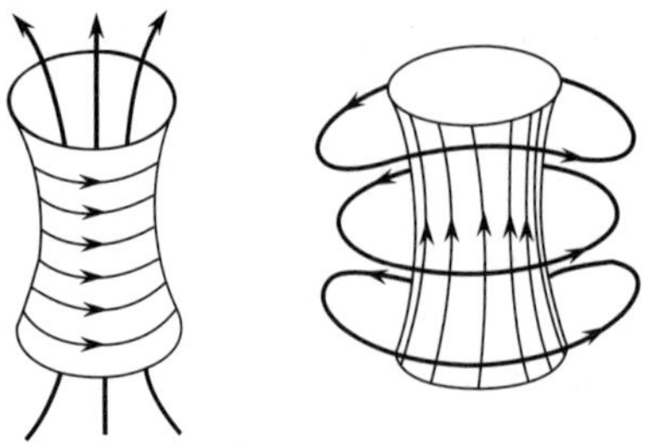

图 250 双曲面的电流之磁场

沿纬线上的电流密度也可类似地由焦点双曲线上的 homeoidal 密度导出 (图 250).

注 具有上述电流密度的纬线电流在双曲面的管状区域内的磁场在每一个共焦椭球之外 (除相差一个符号外) 都与按 homeoidal 密度分布于此椭球面上的电荷所产生的牛顿或库伦场相同①.

完全相同在单叶双曲面外侧的环形区域中子午线电流的磁场, 在每个共焦双叶双曲面的两叶之间所产生的磁场, 除相差一个符号外, 也等于两个大小相同但符号相反的电荷各按 homeoidal 密度分布于一叶上所得的库伦场 (O. P. Shcherbak, О. П. Щербак)

以上的结果最近由 B. Z. Shapiro (Б. З. Шапиро) 与 A. D. Weinstein (А. Д. Вайнштейн) 推广到任意维欧几里得空间的双曲面上. 对于 $\mathbb{R}^n$ 中微分同胚于 $S^k\times\mathbb{R}^l$ 的双曲面, 作出了在外域 (微分同胚于 S^h 与半空间之积) 中调和的 k–形式与内域中调和的 l–形式.

在相应的 k 维焦点椭球与 l 维焦点双叶双曲面上也定义了 homeoidal 密度, 也是从无限接近的位似二次曲面夹成的层的截口求极限而得, 上面只说明了 $k=l=1$ 的情况.

这些非计算的几何定理的证明, 甚至在三维空间的磁场这一特例也是未为人知的.

注 在双曲面及其余集的区域上出现了特定的调和形式启发我们, 在非紧的 (甚至可能是有奇点的) 实代数流形或半代数流形上, 在微分形式空间中, 有可能找出一个滤过结构 (filtration), 类似于出现在混合 Hodge 结构中出现的那种.

①这个密度正是同样电荷在导体椭球上分布的密度.

附录 15　射线族的奇性

射线族的最简单的例子就是欧几里得空间中曲面的法线族.

在光滑曲面附近, 法线族构成光滑的纤维丛, 但在距曲面一定距离处, 不同的法线开始相交 (图 251). 早在阿基米德, 就已经研究过由此组成的复杂图景, 但是直到 1972 年后才弄清楚射线族的奇性与反射组成的群的联系.

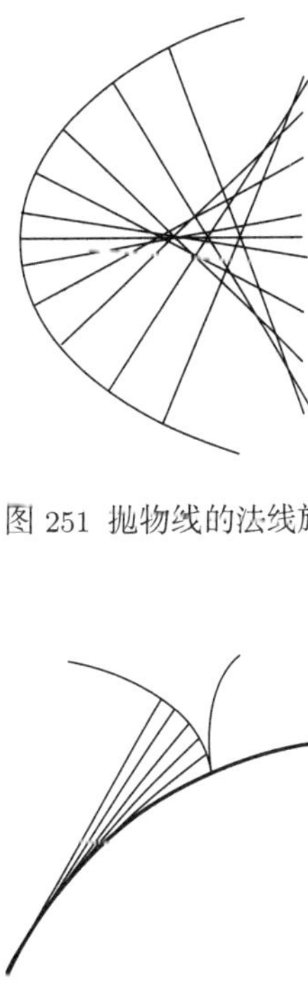

图 251　抛物线的法线族

对这种联系的存在看不到有什么先验的征兆 (可以说其令人吃惊, 犹如切线与面积有联系). 它是研究函数临界点的有力工具. 到 1978 年, 说明了由反射生成的群也控制着惠更斯渐开线的奇性.

惠更斯 (1654 年) 发现了, 平面曲线的渐开线在渐开线与曲线相遇处有转折点 (图 252). 渐开线及其高维的推广就是有边流形的波前面. 波前面的奇性, 与射线族的奇性一样, 是按反射生成的群来分类的.

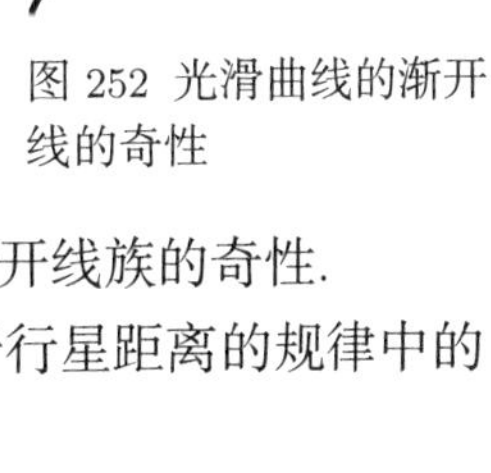

图 252　光滑曲线的渐开线的奇性

正如在无边流形上的射线与波前与外尔 (Weyl) 系列的群 A, D 与 E 有联系, 渐开线的奇性则是由群 B, C, F (它们在邓肯 (Dynkin) 图上有双线联系) 来表示.

由反射生成的其他的群 ($I_2(p), H_3, H_4$) 直到不久以前, 还没有在奇点理论中找到应用. 到 1982 年秋以后, 情况有了变化. 发现了二十面体对称群 H_3 控制了平面曲线扭转点附近渐开线族的奇性.

深藏在曲线的扭转点附近的二十面体, 一如在开普勒关于行星距离的规律中的二十面体一样神秘. 但是二十面体在 1984 年出现在研究射线族与波前族的更复杂的奇性并非偶然, 在这里发现了唯一剩下的群 H_4.

在本附录中将简略地描述射线族的奇性理论. 更详细的叙述可见以下绪文 [1)]:

Арнольд В. И. Особенности систем лучей. УМН. 1983. Т.38, вып.2. 77∼147.

Арнольд В. И. Особенности в вариационном исчислении. Современные проблемы математики. М.: ВИНИТИ. 1983. Т.22. 3∼55 (此卷与 Т.33 (1988) 都是关于奇点理论).

Ляшко О. В. Классификация критических точек функций на многообразии с особым краем. функц. анализ и его ириложения. 1983. Т.17, № 3. 28∼36.

Щербак О. П. Особенности семейства зволъвент в окрестности точки перегиба кривой и группа H_3, порожденная отражениями. Функц. анализ и его приложения. 1983. Т.17, № 4. 70∼72.

Щербак О. П. Волновые фронты и группы отражений. УМН. 1988. Т.43, вып.3. 125∼160.

Варченко А. Н. Чмумов С. В. Конечные неприводимые группы, порожденные отображениями, суть группы монодромии подходящих особенностей. Функц. анализ и его приложения. 1984. Т.18, № 3. 1∼13.

Арнольд В. И. Особенности решений вариационных задач. УМН. 1984. Т.39, вып.5. 256.

这里讲的结果都是关于如此简单的几何对象, 何以没有被经典大师们注意到, 真令人惊奇. 例如, 三维空间中一般位置的曲面的投影的局部分类, 直到 1981 年才得到. 这些射影的不等价芽为数有限, 共 14 个: 从空间的不同点去看一个曲面, 在此曲面的一般位置的点附近, 曲面竟然可以表现为这么多种不同的样子!

A. 辛流形与射线族

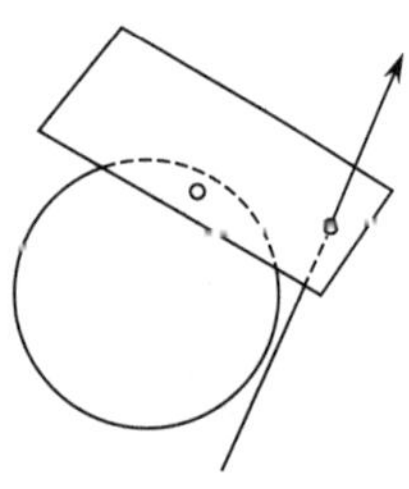

图 253 有向直线的空间

1. 欧几里得空间中有向直线的空间 (图 253) 可以与球面的余切丛等同起来, 从而具有辛构造.

2. 较为一般地, 我们考虑辛空间的任意超曲面. 它的切空间的斜正交补称为特征方向, 超曲面的特征方向场之积分曲线称为其特征. 特征的流形也由原流形得到了辛构造.

3. 特别是, 一般变分问题的极值线场有辛构造.

4. 考虑奇数次二元形式 (即两个变量的齐次多项式) 空间. 平面上的线性变换群作用在这个偶数维矢量空间上. 在这个空间存在唯一的 (除相差一个乘数外) 非退化斜对称双线性型, 且对于行列式为 1 的线性变换群 $SL(2)$ 为不变的. 这个形式给奇数次二元形式的流形以自然的辛构造.

[1)] 这里的文献全是俄文的. 读者可以参看 Arnold V. I., Singularities of caustics and wave fronts, Kluwer Academic Publisher, 1990. —— 中译者注

5. x 和 y 的二元形式中, x^{2k+1} 的系数为 1 者形成了此空间的一个超平面. 这个超平面的特征流形自然地等同于 x 的偶数次多项式 $x^{2k}+\cdots$ 之流形. 我们前已在这个多项式空间中定义了自然的辛构造.

6. 沿 x 轴的平移之单参数群保持上述辛构造. 这个群的哈密顿函数是一个二次函数 (早就由希尔伯特得到了 (1893 年)). 哈密顿函数之等值面的特征流形自然地等同于 x 的次数为 $2k-1$ 且首项系数为 1 根之和为 0 的多项式流形. 在这个多项式空间中我们也有自然的辛构造.

B. 辛流形之子流形

把辛构造限制在一子流形上, 我们仍有一个闭的 2–形式, 但不一定非退化. 在欧几里得空间中, 子流形除有内蕴几何外, 还有广泛的外曲率理论. 在辛几何中情况就比较简单:

定理 (A. B. Givental' (A. Б. Гивенталь), 1981 年) 辛流形的子流形芽可由辛构造在其上的限制得到, 最多相差一个辛微分同胚.

中间的定理, 其中用到辛构造在不切于子流形的矢量上之值, 早前已由 A. Weinstein 证明过 (1973 年). Givental' 的定理与 Weinstein 的定理不同, 可以用来对辛空间的一般位置的子流形的芽进行分类; 其中只需用到 J. Martinet 和他的学生们对辛构造的退化性质的分类.

例

1. 辛空间中一般位置的二维曲面, 在其每一点附近均 (在达布坐标中) 微分同胚于曲面 $p_2=p_1^3, p_3=q_3=\cdots=0$.

2. 在四维子流形中, 可以稳定地遇到 Martinet 的椭圆与双曲奇点的曲线, 其标准形式为

$$p_2=p_1p_3\pm q_1q_2+\frac{q_3^3}{6},\quad p_3=0,\quad p_4=q_4=\cdots=0.$$

椭圆性与双曲性是关于不变地联系于子流形的动力系统的运动特性的. 由此产生的三维空间中的无散度矢量场有整条的奇点曲线. 奇点曲线的分类不像奇点分类有那么多病态 (后者的难度近于天体力学).

以上是光滑子流形的辛奇点理论最初几步.

C. 射线族理论的拉格朗日流形

我们再提一下, 所谓拉格朗日流形就是辛流形的这样的子流形: 辛构造在其上为 0, 且有最大可能的维数 (整个辛空间维数的一半).

例

1. 余切丛的纤维均为拉格朗日流形.

2. 欧几里得空间的 (任意维) 光滑子流形的所有有向法线之流形是所有直线之空间的拉格朗日子流形.

3. 所有可被 x^n 整除的多项式 $x^{2n}+\cdots$ 的流形是拉格朗日流形.

若一纤维丛之纤维是拉格朗日流形, 则称之为拉格朗日纤维丛.

例

1. 余切丛是拉格朗日纤维丛.

2. 对欧几里得空间之每一有向直线均对应其上的单位矢量, 这样得到的高斯纤维丛是拉格朗日纤维丛.

所有固定维数的拉格朗日纤维均局部地 (即在全空间每一点的邻域中) 辛微分同胚.

拉格朗日映射就是拉格朗日子流形到拉格朗日纤维丛的底空间的投影, 即是 $V\to E\to B$. 第一个箭头是拉格朗日子流形 V 到拉格朗日纤维丛的浸入 (immersion). 第二个箭头定义了拉格朗日纤维丛的投影.

例

1. 梯度映射$q\mapsto\dfrac{\partial S}{\partial q}$.

2. 法线映射, 即把欧几里得空间的子流形映到此法线端点的映射.

3. 高斯映射, 即将欧几里得空间横截定向曲面的一点映到单位法线矢量 (相应的拉格朗日流形正是由这些法线组成的).

拉格朗日映射的等价性就是纤维空间之间的一个辛映射, 它把纤维映为纤维, 而把第一个拉格朗日流形映为第二个拉格朗日流形.

拉格朗日映射的临界值集称为聚焦曲面. 等价映射的聚焦曲面互相微分同胚.

例 法映射的聚焦曲面就是法线族的包络, 即焦点曲面 (由率中心的曲面).

所有的拉格朗日映射均局部地等价于梯度映射 (法映射, 高斯映射). 一般位置的梯度映射 (法映射, 高斯映射) 的奇性均与一般的拉格朗日映射的奇性相同, 其中最简单的可以按反射群 A_k,D_k,E_6,E_7,E_8 来分类 (见附录 12).

例 考虑尘埃状粒子所成的介质在其惯性下的运动, 且其速度具有势场. 经过时间 t 以后, 原来位于 x 处的粒子走到了 $x+t\frac{\partial S}{\partial x}$ 处, 我们于是得到了一个由 $\mathbb{R}^3$ 到 $\mathbb{R}^3$ 的单参数光滑映射族.

这些映射均为拉格朗日映射. 事实上, 速度的势场给出了余切丛的拉格朗日截口. 牛顿方程的相流会保持拉格朗日性质. 但对于较大的 t, 这个拉格朗日流形就不再是截口了. 它在底空间上的投影将会有奇性. 这个映射的聚焦曲面就是粒子密度成为无限之处①. 根据 Zel'dovich (Зельдовичу) (1970 年), 类似的模型 (考虑到引力和宇宙的扩张) 可以描述物质在宇宙中的分布的整体不均匀性.

①聚焦曲面与尘埃介质密度的联系首先是由 Lifshitz, Sudakov 与 Halatnikov 发现. 他们的总结见 Lifshitz E. M., Halatnikov J. M. Investigations in relativistic cosmology. Adv. Phys, 1963, vol.12, 185.

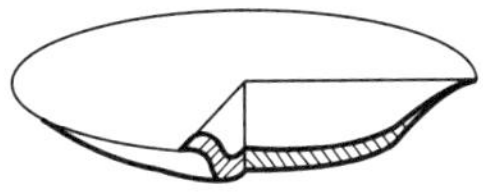

图 254 新产生的聚焦曲面

按照拉格朗日奇性的理论, 新生成的聚焦曲面形如椭圆形的小碟子 (图 254) (在生成后的 t 时间, 小碟子的轴之数量级是 $t^{3/2}$). 小碟子的产生相应于 A_3. 三维空间中的一般的单参数拉格朗日映射下, 聚焦曲的变形可见图 255 (Arnold V. I., Wave Front Evolution and Equivariant Morse Lemma. CPAM. 1976. V.6, №.2. 319~335).

定理 (1972 年) *维数 ⩽5 的一般位置的流形之拉格朗日映射芽在每一点均为简单 (即无模) 而稳定的, 简单稳定的拉格朗日映射芽可按反射群 A, D, E 分类如下.*

D. 射线族与波前之接触几何

回忆一下, 奇数维光滑流形上的所谓*接触构造*就是切空间中的一族非退化的超平面场. 非退化条件是什么并不重要, 因为在一般位置的点附近, 固定的非偶数维的一般位置的所有超平面场都是微分同胚的 (这就是接触达布定理, 见附录 4).

例

1. 光滑流形的*接触元素流形*就是由所有切超平面组成的流形. 若一接触点的位移速度属于一接触元素, 则此元素的位移速度就属于给出这一接触构造的平面.

2. *函数 $y = f(x)$ 的 1–节* (jet) *的流形有接触构造* $dy = pdx$ (对函数 f 之 1–节, $p - \partial f/\partial x$).

接触空间的子流形的外几何学局部地由其内蕴几何决定 (这就是接触的 Givental' 定理).

若一接触构造的积分子流形有最大的可能的维数, 就称之为*勒让德子流形*.

例

1. 切于圆的 (任意维) 子流形的*所有接触元素之集*是一个勒让德流形.

2. 特别是, 附着于一个点的所有接触元素构成一勒让德子流形 (即接触元素丛的纤维).

3. 同一个函数的*所有 1–节之集合*是 1–节空间的勒让德子流形.

若一纤维丛之纤维是勒让德的, 则称此纤维丛为勒让德纤维丛.

例

1. *射影余切丛* (把每一个接触元素映到作用点) 是一个勒让德纤维丛.

2. *在 0–节上的函数的 1–节纤维丛* (所谓 0–节就是忘记导数) 是一个勒让德纤维丛.

所有同一维数的勒让德纤维丛, 必局部地 (即在全空间的每一点的邻域中) 接触微分同胚.

把一个勒让德子流形投影到勒让德纤维丛的底空间上, 称为勒让德映射. 勒让德映射之像称为波前.

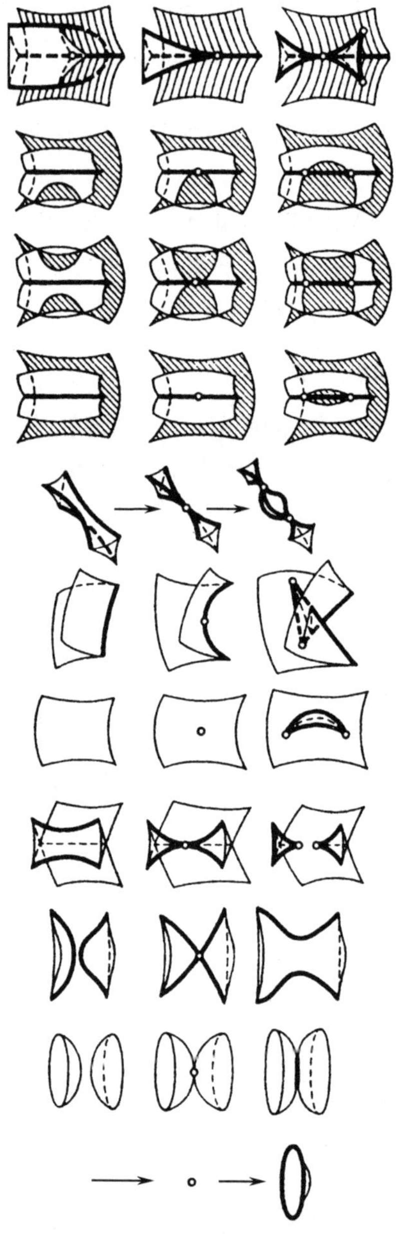

图 255　取焦曲面的典型变形

例

1. 勒让德变换: 把射影空间中的一个超平面投影到其接触元素所成的空间中, 而使此超平面成为一个勒让德子流形. 射影空间中接触元素所成的流形在也可对偶的射影空间中纤维化 (即将一个接触元素映到包含它的超平面). 这是一个勒让德纤维丛. 提升后所得的勒让德流形被投影到对偶于原空间的空间上.

所以, 射影对偶的光滑超平面是勒让德映射的波前.

2. *波前映射*: 在欧几里得空间中的超曲面的每一法线上, 取长为 t 的线段. 我们就得到了一勒让德映射, 其波前与原超曲面等距.

所有的勒让德映射局部地都既等价于一勒让德变换, 也等价于一波前映射. 勒让德奇性理论, 恰好既是勒让德变换的, 也是波前映射的奇性理论. 勒让德映射的等价性、稳定性与简单性都与拉格朗日情况定义一样.

定理 (1973 年)　*维数 $\leqslant 5$ 的一般位置的流形的勒让德映射芽都是简单的, 稳定的. 简单稳定的勒让德映射之芽可用群 A, D, E 分类: 它们的波前 (在复域中) 局部微分同胚于一个群的非正规轨道的流形, 此群由反射生成.*

例　三维空间中典型的波前只有两种奇性, 即半立方抛物线两枝的转折 (A_2) 与"燕尾" (A_3, 见图 256; 在这类奇点附近, 波前微分同胚于多项式 $x^4 + ax^2 + bx + c$ 的空间中由有重根的多项式所成的流形). 当然也可能横截交于具有上述奇性的波前之各枝.

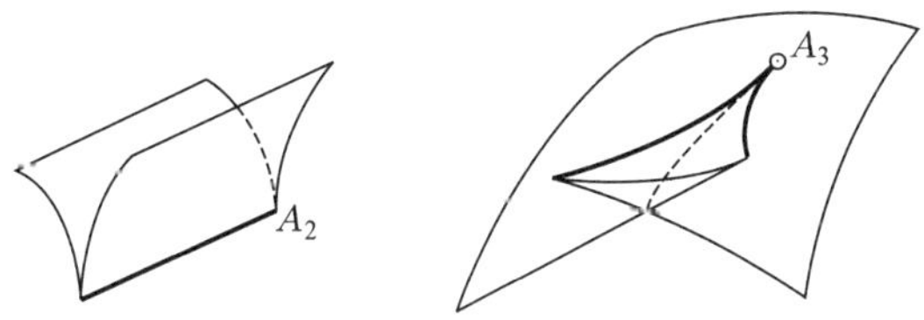

图 256　波前的典型奇性

注　波前的简单奇性的实形状也可以用反射群来讲. E. Looijenga 证明了: 简单的波前芽的余集之各个实分枝可以用反射群的正规化子的对合类 (它们是 2 阶元素) 来编号 (见 Looijenga E. The discriminant of a real simple singularity. Compositio Math. 1978. V.37, Fasc.1. 51~62).

E. 接触几何对辛几何的应用

只要将函数的 1–节空间投影到 0–节空间上去, 即忘记函数值, 使得 1–节空间变成相空间, 而其勒让德流形同构地投影为相空间的拉格朗日流形, 这样就可以由勒让德奇性得到所有的拉格朗日奇性. 特别是, 在纤维为一维的一般的射影化下面, 拉格朗日映射的聚焦面就是勒让德映射的波前的折转的棱的射影.

定理 (Ljashko, Ляшко, 1979 年)　*所有的横截于简单奇性的波前的全纯矢量场, 均可用保持波前不变的全纯微分同胚互相转变.*

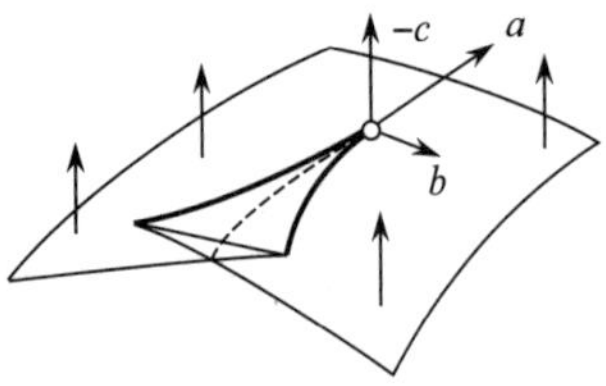

图 257 燕尾附近的矢量场

例 在燕尾 $\{x^4+ax^2+bx+c=(x+d)^2+\cdots\}$ 的一般位置的奇点的邻域中所有的矢量场, 均可用保持其尾不变的全纯微分同胚化为标准形式 $\partial/\partial c$ (图 257).

把各种对象用保持波前或聚焦面的微分同胚化为标准形式, 这是研究射线系和波前的基本手段. 例如, 对运动着的波前的研究, 就基于 "对偶" 于上述结果的.

定理 (1976 年) 在一般位置的所有在 "最奇异" 的点上为 0 的全纯函数, 均可用保持波前的全纯微分同胚局部地互相转变.

例 在燕尾的奇点附近, 一般位置的函数均可用保持燕尾的微分同胚化为标准形式 a.

这个定理是同变莫尔斯引理 (equivariant Morse lemma) 之特例. 它是这样应用的. 瞬时的波前在时–空中构成一个 "大波前". 时间是时–空的函数. 把它用保持大波前的微分同胚化为标准形式, 我们就得到了瞬时波前的变形之标准形式. $\mathbb{R}^3$ 中的波前之变形可见图 258. 可以同样解决一般位置的单参数族中的聚焦曲面的变形问题 (图 255). 这就是用保持 "大波前" 的微分胚把时–空的函数 (时间) 化为标准形的问题. 如果时–空的维数不超过 4, 则大波前只有 A 与 D 型奇性.

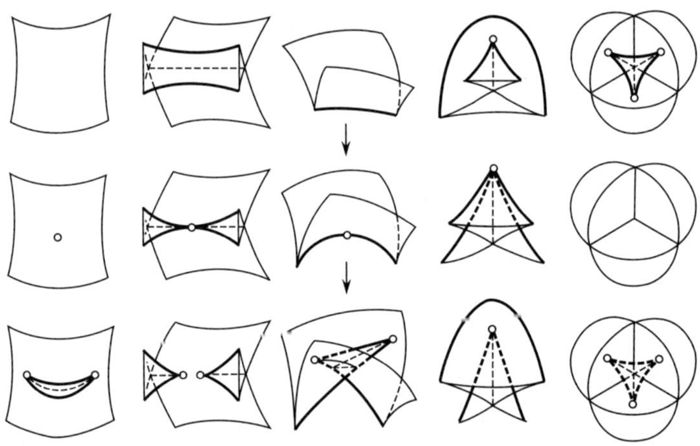

图 258 波前的典型变形

A 系列的拉格朗日聚焦曲面与 A 系列的波前之差别仅在于顺序号要差 1. 所以, 系列 A 的聚焦曲面和系列 A 的波前是一样的.

D 系列的聚焦曲面则与波前不同. 一般位置的函数 (时间) 在 D 系列聚焦曲面奇点附近的标准形式是 V. M. Zakalyukin (В. М. Закалюкиным) 得到的 (1975 年). 函数 (时间) 的拓扑标准形式特别简单.

聚焦曲面	实情况	复情况
D_4^-	$\lambda_1+\lambda_2$	$\lambda_1+\lambda_2$
D_4^+	$\lambda_1\pm\lambda_2, \lambda_1+\lambda_4$	$\lambda_1+\lambda_2$
D_{2k+1}	$\pm\lambda_1$	λ_1
$D_{2k}, k\geqslant 3$	$\lambda_1\pm\lambda_2$	$\lambda_1+\lambda_2$

这里大聚焦面 D_μ 由以下条件给出: $\{\lambda : F(\cdot,\lambda)$ 有退化临界点$\}$, 这里

$$F(x,\lambda)=\pm x_2^2x_1+\frac{1}{\mu-1}x_1^\mu+\frac{\lambda_1}{\mu-2}x_1^{\mu-2}+\cdots+\lambda_{\mu-2}x_1+2\lambda_\mu x_2.$$

把函数 (时间) 的芽化到标准形式, 可以用空间 $\mathbb{R}^{\mu-1}$ ($\mathbb{C}^{\mu-1}$) 的一个局部同胚来实现. 这个同胚能保持大聚焦面而且除在 0 点外, 处处光滑 (见 Бахмин В. И., Вестник МГУ. 1987. Вып.4. 58～61).

J. Nye 在 1984 年注意到, 并非聚焦曲面和波前的所有变形都会在光程方程 (eikonal equation, 也就是哈密顿–雅可比方程) 所决定的波前之运动中实现. 例如, 射线族的聚焦面就不会有具有两个转折点的 “唇” (lips, 这是 R. Thom 的用语). 但是, 拉格朗日映射的聚焦曲面则可能有. 问题在于, 把拉格朗日或勒让德流形嵌入到由哈密顿–雅可比方程 (即光程方程) 所定义的超曲面中, 就对其实现加上了拓扑限制, 因此也就对奇性的变形加上了限制 (特别是在非退化情况下, 如对动量为严格凸, 或哈密顿情况), 虽然奇性本身可以在超曲面上实现.

保持波前的微分同胚相应于切于此波前的矢量场.

研究这些矢量场将导致一种特别的运算: 群的 “不变量的卷积” (convolution of invariants), 此群由反射生成: 对于一对不变量 (即轨道空间上的函数), 必可作出新的不变量: 即这些函数的梯度的数量积 (由轨道空间提升到原来的欧几里得空间).

这个运算的线性化定义了由轨道空间之余切丛到其自身的一个双线性对称映射.

定理 (1979 年) *由反射生成的群之不变量的线性化卷积, 作为双线性映射, 同构于其相应奇点的局部代数上的如下的运算: $(p,q)\mapsto S(p,q)$, 其中 $S=D+(2/h)E$, 求导运算 D 是欧拉准齐性的, h 是 Coxeter 数.*

1981 年 A. N. Varchenko (А. Н. Варченко) 与 A. B. Givental' (А. Б. Гивенталь) 给出了这个定理很深远的推广 (后者还把它推广到例外群上). 他们把欧几里得构造换成了遍有函数族的 Milnor 纤维丛之纤维上的全纯微分形式族的适当的非退化周期映射的相截形式 (intersection forms). 非退化的相截形式或者定义了局部平面的伪欧几里得度量, 它在勒让德波前形上有标准的奇性, 或者定义了可以全纯拓展到波前上的辛构造, 全由变量个数之奇偶性决定.

例　最高次项系数为 1 且根之和为 0 的奇数次多项式空间还有一个辛构造. 在此辛构造下, 具有可能最多的二重根的多项式流形是拉格朗日流形.

在相截形式为退化时, 辛构造应该代以泊松构造 (见附录 13).

F. 切向奇性 [1)]

第一批应用, 自 1966 年以来是为了发展拉格朗日和勒让德奇性理论, 其中有短波渐近, 包括振荡积分的渐近性质. 这些应用的综述 (直到如何在扭转点附近对积分作一致估计; 用牛顿多面体计算渐近性; 构造混合 Hodge 构造; 在数论以及凸多面体理论中的应用; 矢量场奇点的指数的估计以及代数曲面奇点个数的估计) 都可以在 Arnold V. I., Varchenko A. N., Gusein-Zade S. M. [1] 的第二卷以及 Arnold V. I. 在 1983 年在华沙召开的国际数学家大会中的报告: Особенности систем лучей 中找到.

这里将讨论拉格朗日和勒让德奇性的另外一些应用 —— 应用来研究射影流形和切于它的不同维数的切平面的相互位置. 会引导到这个问题的有具有单侧约束的变分问题以及 Nekhoroshev 非摄动哈密顿函数的旋转指数的研究 (见附录 8).

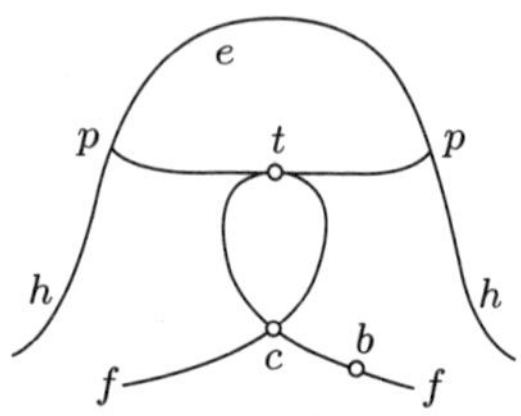

图 259 曲面上的点的分类

考虑三维射影空间中的一般位置的曲面 (图 259). 抛物点 (p) 的曲线把曲面分为椭圆点 (e) 区域和双曲点 (h) 区域, 其中还有渐近线扭转点 (f) 的曲线, 其上有扭转点 (b), 自交点 (c) 以及与抛物曲线相切的点 (t).

由这个分类可以导出曲率指数的估计与射影化的分类.

定理 (O. A. Platinova (O. A. Платнова) 与 O. P. Shcherbak (O. П. Щербак), 1981 年) $\mathbb{R}P^3$ 中任意的一般位置的光滑曲面之射影, 不论射影中心如何选取 (但不能选在此曲面上), 在任一点处必等价于曲面 $z = f(x, y)$ 按平行于 x 轴方向的射影. f 是以下 14 个函数之一:

$$
\begin{gathered}
x, \quad x^2, \quad x^3 + xy, \quad x^3 \pm xy^2, \quad x^3 + xy^3, \\
x^4 + xy, \quad x^4 + x^2y + xy^2, \quad x^5 \pm x^3y + xy, \\
x^3 \pm xy^4, \quad x^4 + x^2y + xy^3, \quad x^5 + xy.
\end{gathered}
$$

这里的射影理解为 $V \to E \to B$, 即由嵌入和射影组合而成, 射影的等价性则理解为一个可换的 3×2 图式, 其每一纵列均为微分同胚.

由一般位置的点作射影, 其奇性只可能是 Whitney 的 "折" (fold, складки) 或 "尖点" (cusp, сборки) [2)]. 沿渐近方向射影时, 就会出现 "尖点". 只在从某些点作射影时才会出现其他的奇性. 射影的奇点为数有限 (从而视轮廓的奇点也为数有限) 早

1) 这一段及以下用到的一些概念和名词之解释, 请参看本节开始时的中译者注所引用的 Arnold 的书. —— 中译者注

2) 折与尖点的典型形状是 $y_1 = x_1, y_2 = x_2^2$ 与 $y_1 = x_1, y_2 = x_1^3 + xy$. 详细的说明例如可见 Arnold V. I., Varchenko A. N., Gusein-Zade S. M. [1]. 第一卷. —— 中译者注

先并不显然, 因为在曲面到平面的一般的三参数映射族中, 不等价奇点集具有连续统势.

将视点空间分划成一些区域, 使得由不同区域中的点来看曲面一般位置的, 其形状不同, 这些曲面芽的相应形状 (在最复杂的情况下), 列在图 260 上.

如果用辛几何和接触几何的语言重述, 切面之分为层次就更易懂了. R. Melrose 证明了 (1976 年), 射线曲面的切面可以用辛相空间中的一对超曲面来描述: 其一是 $p^2 = 1$, 它定义度量, 另一则为曲面 (见附录 14 引理 A 的注).

渐近性的几何的很大一部分都可以用这一对超曲面来重新陈述. 这样我们就能把曲面几何学的概念移用于辛空间任意一对超曲面这个一般情况, 就可以把曲面理论中积累起来的几何直观用于研究一般的具有单侧相约束的变分问题.

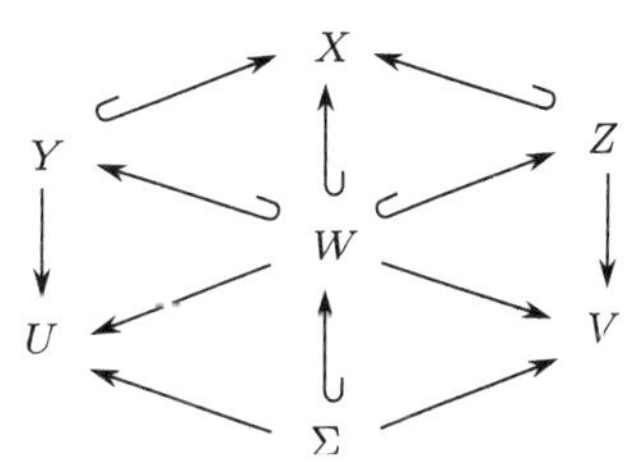

令 Y, Z 为辛空间 X 中的超曲面, 它们在子流形 W 上横截相交. 把 Y, Z 投影到它们的特征流形 U, V 上, 就得到侧方六角形的图式. 其中 Σ 是指 W 投影到 U 和 V 上的奇点的一般流形.

例　令 $X = \{q, p\}$ 为欧几里得空间中的自由粒子的相空间 (q 为粒子位置, p 为其动量); Y 为单位矢量流形 ($p^2 = 1$); Z 为边缘上的矢量之流形 (q 位于超曲面 Γ 上). 这时. U 是射线的流形, V 是切矢量的流形, W 是边缘上的单位矢量流形, Σ 是切单位矢量之流形.

如果切单位矢量不是渐近的, 则两个射影 $W \to U$ 与 $W \to V$ 在其邻域中的奇性就是 "折". 每个射影在 W 上都定义一个对合, 而此对合在 Σ 上为不动.

例　在平面凸曲线 W 的边缘切矢量流形上都出现两个对合 σ 与 τ (图 261).

它们的乘积就是伯克霍夫的台球变换 (1927 年).

Melrose 使用这一对对合找到了辛空间中一对超曲面在所述情况下的局部标准形式 (但是是 C^∞ 的提法下, 因为在解析情况下级数发散, 例如在 Ecalle (1975 年) 的理论和 S. M. Voronin (С. М. Воронин) 关于共振动力系统的理论 (1981 年) 中都是这样).

对于更复杂的奇性 (例如在渐近的单位矢量附近), 一对超曲面有模. 对于在 "折" 以后的两个奇性, 可以 (至少在形式上) 把一对超曲面化为标准形 (第一个是超曲面, 第二个则迹在其上). 这样就可以研究以下映射的奇性, 这映射在渐近与双渐近单位矢量附近, 把边缘单位矢量映为它所决定的射线. 这个映射在直线的辛空间中的临界值, 可由以下定理描述.

定理 (1981 年)　*在燕尾与矢量空间的直积的点附近, 所有的一般位置的辛构造都是形式微分同胚的.*

因为在双渐近射线附近, 切射线之流形局部微分同胚于燕尾与直线之积.

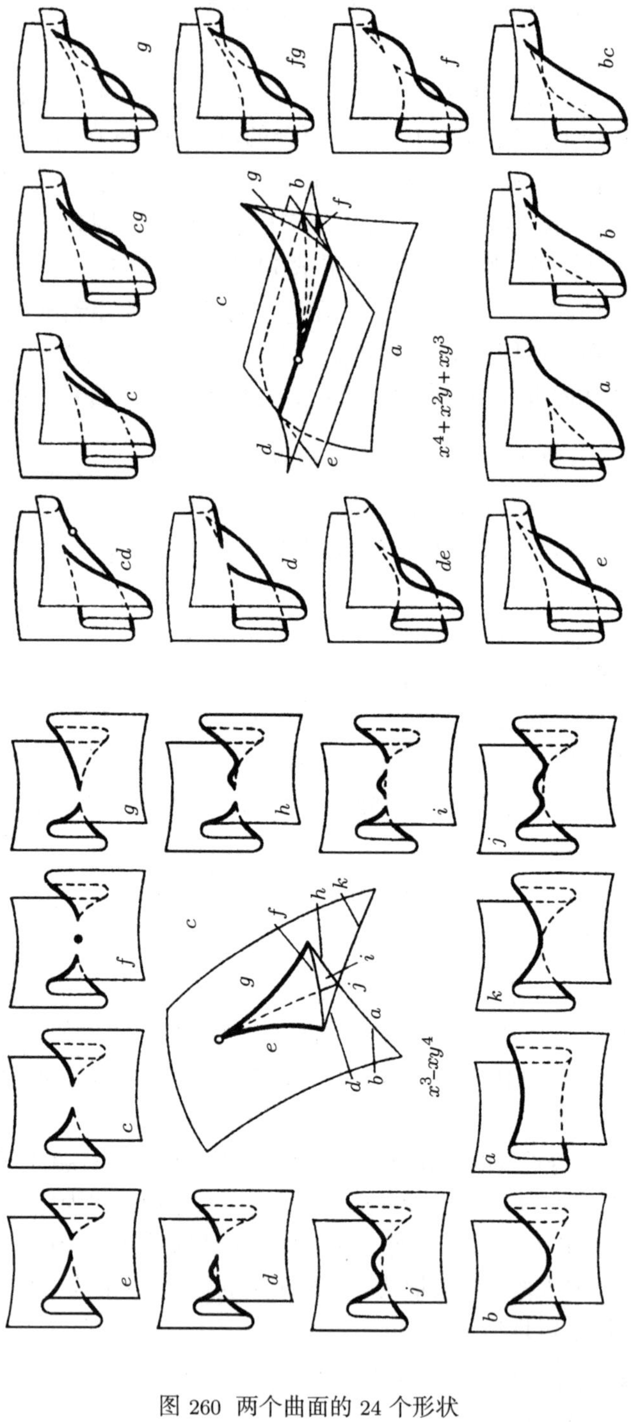

图 260　两个曲面的 24 个形状

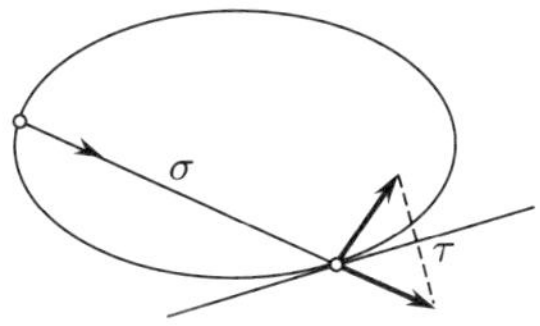

图 261　台球变换看作两个对合的乘积

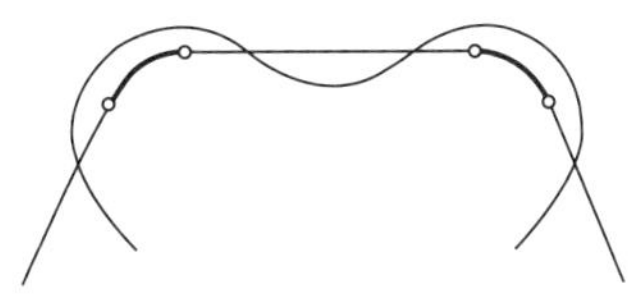

图 262　绕过障碍的最短路径

G. 绕过障碍问题

考虑欧几里得空间中的光滑曲面围成的障碍. 绕过障碍问题就是研究由一动点到固定的初始集合的绕过障碍的最小距离的奇性 (见 Givental' A. B. Особые лагранжевы многообразия и их лагранжевы отображения. Современные проблемы математики. Новейшие достнжения. 1988. T.33, ВИНИТН. 55~112).

最短路径是由直线段和障碍的表面上的测地线段构成的 (图 262). 所以我们来考虑障碍表面上的正交于固定的波前的测地线族. 切于这些测地线的射线族, 是直线 (以及变分问题的所有极值曲线族) 的辛流形的拉格朗日子流形. 如果说在通常的变分问题中, 拉格朗日流形是光滑的 (甚至在出现聚焦面时也是这样), 那么在绕过障碍问题中, 拉格朗日流形则有奇性.

由上面的定理可得

推论 (1981 年)　*在绕过障碍问题中的拉格朗日流形, 在一般位置下, 在渐近射线附近有半立方型的扭转棱, 而在双渐近射线附近则有微分同胚于燕尾 "展开" (unfurled) 的奇性.*

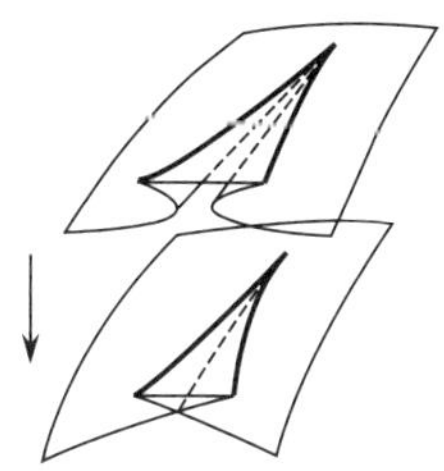

图 263　燕尾的展开

所谓燕尾展开, 是多项式 $x^5+Ax^3+Bx^2+Cx+D$ 的空间中的一个流形, 它由具有三重根的多项式构成. 多项式的求导将展开了的尾变为通常的点; 在展开时, 燕尾的棱仍得保持, 但自交点将会消失 (图 263).

定理 (1981 年)　*一般位置的波前运动时, 瞬间波前的扭转棱会在四维时空中缝成展开了的燕尾 (在聚焦面的通常是燕尾上方).*

定理 (O. P. Shcherbak (О. П. Щербак), 1982 年)　*考虑一般的单参数空间曲线族, 并设对于参数 (时间) 的某个值, 有一条曲线有 (t^1, t^2, t^3 型) 的双展平 (biflatten) 点. 这里, 射影对偶的曲线在时–空中构成一个曲面, 局部地微分同胚于展开的燕尾.*

展开的尾部是一大系列奇性的第一个代表. 在多项式 $x^n+\lambda_1x^{n-2}+\cdots+\lambda_{n-1}$ 的流形中, 考虑具有一定余重数 k 的重根的多项式 $(x-\alpha)^{n-k}(x^k+\cdots)$. 对多项式求导将保持根的余重数不变.

定理 (A. B. Givental' (А. Б. Гивенталь), 1981 年)　*具有固定余重数的多*

项式之空间的序列, 自 $n = 2k + 1$ 起 (即由自交点分裂时起), 幂虽然增长, 空间则不变.

例 展开的燕尾是通常燕尾上方的第一个稳定的流形.

在绕过障碍的问题中出现展开的燕尾可以公理化成为 Givental' 三元组理论.

定义 辛三元组 (H, L, l) 是辛流形中的光滑超曲面 H, 拉格朗日流形 L, 而 L 沿一个子流形 l 与 H 一阶相切, l 是 L 的余 L 维超曲面.

l 在超曲面 H 的特征流形上之像称为此三元组生成的拉格朗日流形 (它可能有奇点).

例 1 考虑绕过具有边缘 $\Gamma \subset \mathbb{R}^n$ 的障碍的问题. 沿测地线到初始波前的距离为函数 $s : \Gamma \to \mathbb{R}$ 所有的 1–形式由 Γ 到 $\mathbb{R}^n$ 上的拓展构成流形 L. 再令 H 为超曲面 $p^2 = 1$, 这就得出一个三元组.

这个三元组恰好生成射线的流形, 这些射线在 Γ 上与极值曲线相切.

例 2 考虑偶数次 $d = 2m$ 次多项式 $F = x^d + \lambda_1 x^{d-1} + \cdots + \lambda_d$ 所成的辛流形. 其中可被 x^m 整除的多项式构成其拉格朗日流形 L.

考虑沿 x 轴的平移的哈密顿函数. [这是 λ 的多项式 $h = \sum(-1)^i F^{(i)} F^{(j)}, i + j = d, F^{(i)} = d^i F/dx^i$.] 超曲面 $k = 0$ 沿空间 l 切于 L, l 是由可被 x^{m+1} 整除的多项式构成. 如此又得一个三元组.

这个三元组生成 $m - 1$ 维的展开的燕尾这一拉格朗日流形 (这就是具有重数超过幂的一半的重根的多项式 $x^{d-1} + a_1 x^{d-3} + \cdots + a_{d-2}$ 所生成的流形).

定理 (A. B. Givental' (А. Б. Гивенталь), 1982 年) 例 2 中的三元组是稳定的. 一般位置的三元组芽在所有点上均辛微分同胚于例 2 中的三元组.

系 切于一般位置的绕过障碍问题的测地极值线之射线的流形, 局部辛微分同胚于展开的燕尾之拉格朗日流形.

在接触几何中有两个与绕过障碍问题有关的有奇性的勒让德流形: 即波前的接触元素之流形与时间函数的 1–节的流形. 其第一个可微地覆盖展开地燕尾的拉格朗日流形, 其二可微地覆盖第一个流形下面的柱面.

例 考虑平面上绕过障碍的问题, 其中的障碍是由有扭转点的曲线围成. 波前是此曲线的渐开线. 它有两个反转点: 即曲线上的通常的半立方扭转点 (阶为 3/2) 以及在扭转切线上的阶为 5/2 的奇性 (图 264). 在曲线上方勒让德流形没有奇点, 而在扭转点的切线上方勒让德流形有阶为 3/2 的扭转点.

定理 (1978 年) 平面的接触元素空间中的曲面若在此平面上纤维化, 是由一般位置的渐开线在曲线的扭转点附近的所有接触元素构成的, 它局部微分同胚于多项式 $x^3 + ax^2 + bx + c$ 空间中的具有重根的多项式所成的曲面, 此曲面可以纤维化, 纤维是平行于 b 轴的直线.

这个曲面 (图 265), 连同位于此曲线的元素所成的曲面 $c = 0$, 组成反射群 B_3 的非正规轨道流形. 这个事实引导到边缘奇性理论 (1978 年).

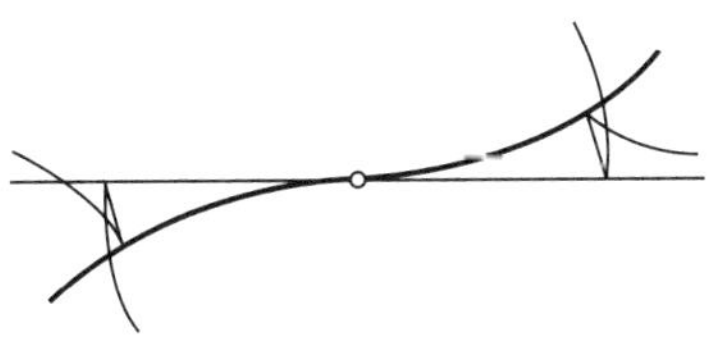

图 264 立方抛物线的渐开线

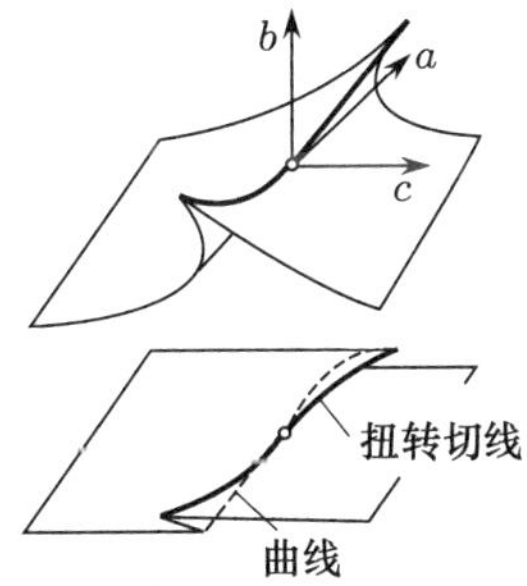

图 265 有重根的多项式所成的曲面

例 (I. G. Shcherbak (И. Г. Щербак), 1982 年) 考虑三维欧几里得空间中一般位置的曲面上的曲线. 在个别点上, 曲线的方向与曲率线的方向一致. 由拉格朗日边缘奇性理论可知, 有 Weyl 群 F_4 与这种点相关二曲面的焦点 (A_2), 曲线的焦点 (A_2') 以及曲面在曲线各点上的法线 (B_2), 在曲率中心附近组成聚焦面 F_4 (图 266).

我们不详细讨论边缘奇点理论, 但是要提到: "拉格朗日对偶性", 它把函数与其在边缘上的限制对换 (但可以相差一个稳定的等价性 (stable equivalence)). 这就是拉格朗日乘子规则的现代的讲法 (I. G. Shcherbak, И. Г. Щербак).

回到平面曲线的扭转点, 我们再看绕过障碍问题中的多值时间函数的图像. 时间的等值线就是渐开线. 所以这图像形如图 267, 即具有两个扭转棱的曲面 (其阶分别为 3/2 与 5/2). Givental' 在我画的这个图上看出了 Ljashko 所画的群 H_3 (二十面体对称群) 的非正规轨道的流形 Σ. 于是 Givental' 的猜想立即得证:

定理 (O. P. Shcherbak (О. П. Щербак), 1982 年) 绕过障碍问题 (障碍由

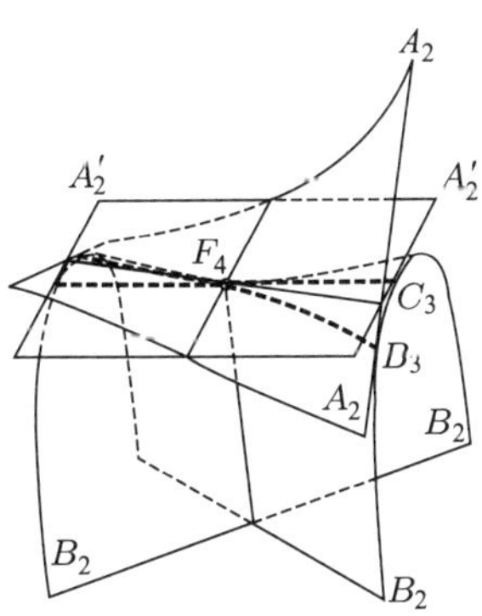

图 266 有边缘的曲面之焦点

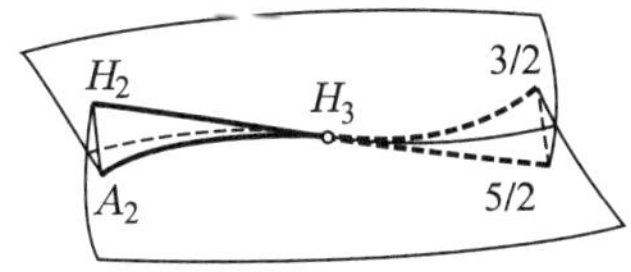

图 267 在障碍边缘扭转点附近时间函数的图像

一般位置的平面曲线围成) 的 (多值) 时间函数的图像在曲线的扭转点附近微分同胚于流形 Σ.

证明时要用到

定理 (O. V. Ljashko (O. B. Ляшко), 1981 年) *流形 Σ 微分同胚于具有重根的多项式 $x^5+ax^4+bx^2+c$ 所成的流形.*

Ljashko 的定理描述了群 H_3 的非正规轨道流形, 它是空间曲线 (t,t^3,t^5) 的切线之并, 而 Shcherbak 的定理则指出此曲线是 $(t+o(t),t^3+o(t^3),t^5+o(t^5))$.

一般位置的波前在渐近射线与 $\mathbb{R}^3$ 中的障碍曲面相切的点附近, 也有这样的奇性.

最后我们要叙述一下可归结为 H_4 奇性的变分问题 (仿照 Shcherbak).

群 H_4 由 $\mathbb{R}^4$ 中的正多面体的对称组成. 它的 120 个顶点位于 $S^3\approx SU(2)$ 上, 而构成二元 (binary) 二十面体群 (二元群双层覆盖二十面体旋转群, 此覆盖为 $S^3\to SO(3)$).

考虑欧几里得空间中由光滑曲面围成的障碍. 联结障碍外的点与绕过障碍时的所有点的极值曲线, 将在障碍曲面上构成一个测地线束 (即单参数族). 沿着驻定路径 (不一定是极值曲线) 由几段测地线及其切线到固定初始流形 (例如一个点) 的距离称为时间函数, 它可看成是空间有限远点的 (多值) 函数 (即哈密顿–雅可比方程之解).

定理 (O. S. Shcherbak (O. C. Щербак), 1984 年) *对于一般位置的障碍, 时间函数的图像在以下点的附近微分同胚于群 H_4 之非正规轨道的流形 Σ, 此点即在曲面的抛物点上渐近切于测地线束的焦点.*

Σ 的显式的参数式是

$$\left(a,\frac{b^2}{2}+ac,\frac{c^2}{2}+ab^3,\frac{b^5}{5}+\frac{c^3}{3}+ab^3c\right).$$

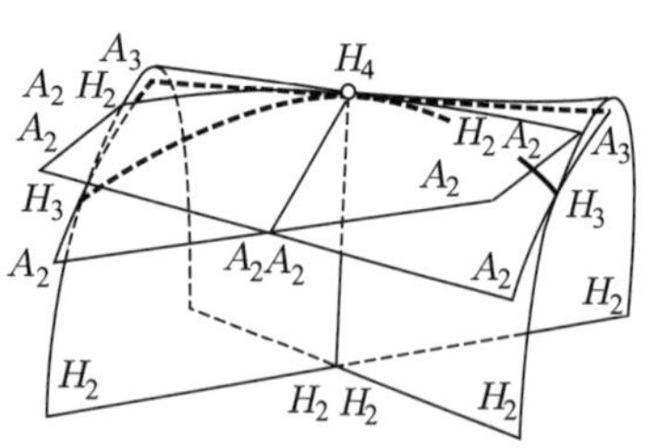

图 268 群 H_4 的聚焦曲面

图 268 上是相应的聚焦曲面. 群 H_4 与遍有变形 E_8 之基底的四维空间有关 (在Арнольд В. И., Индексы особых точек 1–форм на многообразии с краем, сворачивание инвариантов групп, порожденных отражениями, и особые проекции гладких поверхностей. УМН. 1979. Т.34, вып. 2. 3~38 一文 §9 的注 7 中即已指出这种联系).

相应于此四维子空间的局部代数 D_4 在局部代数 E_8 中的嵌入, 首先导出的正是旋转不变式 H_4 给出的分层. Shcherbak 证明了, 这个联系提出了 H_4 的非正规轨道流形的另一种表示法.

定理　考虑使曲线 $x^5+y^3+\lambda_1x^3y+\lambda_2x^3+\lambda_3y+\lambda_4=0$ 为奇异的 λ 值. 这个三维超曲面 $\{\lambda\}$ 的一个不可约分支微分同胚于群 H_4 之非正规轨道之流形.

图 269 上画出了 H_4 的非正规轨道流形的三个典型的截口.

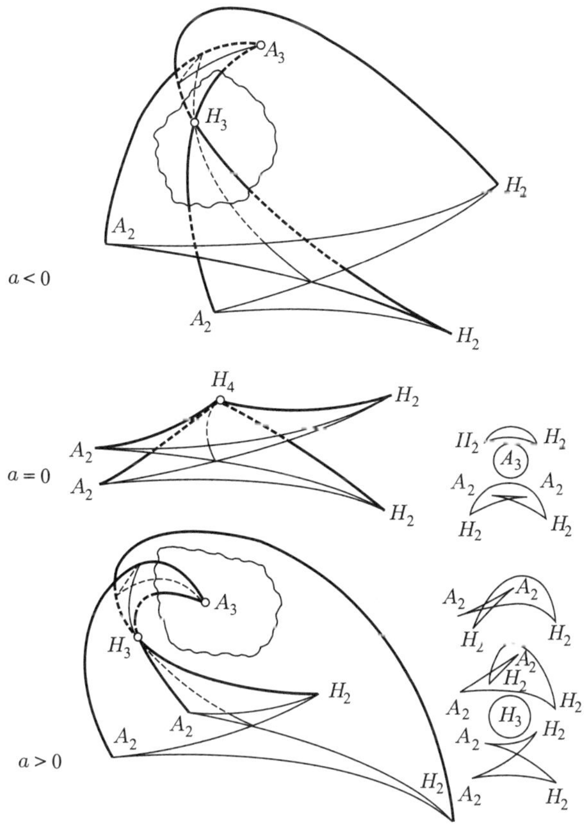

图 269　绕过障碍时波前的典型变形

附录 16 Korteweg-de Vries 方程

经典力学方程的首次积分并不是都可用该问题的明显的对称性 (例如开普勒问题、椭球面上的测地线问题等等的特定首次积分) 来解释的. 这时我们就说有"隐对称性"[1)].

Korteweg-de Vries 方程 (简称 KdV 方程) 提供了这种隐对称性的有趣的例子

$$u_t = 6uu_x - u_{xxx}. \tag{1}$$

这个非线性偏微分方程第一次出现在浅水波理论中; 后来发现在一系列数学物理问题中都遇到这个方程[2)].

由于许多数值实验, 发现了这个方程在无穷远处适合零边值条件的解的引人注目的性质: 当 $t \to +\infty$ 和 $t \to -\infty$ 时, 这些解分解为"孤立子" —— 即具有一定形状和不同速度的波.

想求一个速度为 c 的孤立子, 只需以函数 $u = \varphi(x - ct)$ 代入方程 (1). 然后得到 φ 的方程 $\varphi'' = 3\varphi^2 + c\varphi + d$, d 是一个参数. 这是具有三次方位能的牛顿方程. 在相空间 (φ, φ') 有一个鞍点. 由这个鞍点到使得 $\varphi = 0$ 的鞍点的分界流形决定了一个当 $x \to \pm\infty$ 时趋向零的解, 它是一个孤立子.

孤立子在碰撞时有很复杂的非线性相互作用. 然而数值实验的结果表明, 孤立子的大小和速度并不因碰撞而改变. 由此可以预想有某种守恒律存在. 事实上 Kruskal,

---

[1)]英语文献中时常称为"意外 (accidental) 对称性". —— 英译者注

[2)]测地流的欧拉方程也是 Korteweg-de Vries 方程. 相应的无限维群称为 Virasoro 群. 它是圆的微分同胚群的一维中心扩张. 可参看 Овсиенко В. Ю., Хесин Б. А., Суперуравнение Кортевега-де Фриза как уравние Эйлера, Функц, анализ и его Прилож. 1987, Т.21. no.4, 81–82. 又见 D. J. Korteweg, G. de Vries, [1]. —— 日译者注

Zabusky, Lax, Gardner, Green 和 Miura 找到了 Korteweg-de Vries 方程的一系列首次积分. 它们的形状是 $I_s = \int P_s(u, \cdots, u^{(s)})dx, P_s$ 是一个多项式. 例如, 容易验证, 以下都是方程 (1) 的首次积分:

$$I_{-1} = \int udx, \quad I_0 = \int u^2 dx,$$

$$I_1 = \int \left(\frac{u'^2}{2} + u^3\right) dx, \quad I_2 = \int \left(\frac{u''^2}{2} - \frac{5}{2}u^2u'' + \frac{5}{2}u^4\right) dx.$$

出现首次积分的无穷序列很容易由 Lax 的以下定理[①]来解释. 我们用一个 x 的函数记号本身来记乘以这个函数的乘法算子, 对 x 的微分运算记作 ∂. 考虑含有函数 $u(x)$ 的斯图姆–刘维尔算子 $L = -\partial^2 + u$. 我们可以直接验证

定理 Korteweg-de Vries 方程等价于方程 $\dot{u} = [L, A], A = 4\partial^3 - 3(u\partial + \partial u)$.

由 Lax 的这个定理直接可得

系 由方程 (1) 的一个解作出的算子 L 对一切 t 互相酉等价; 特别是, 在无穷远处有零边值条件的斯图姆–刘维尔问题 $Lf = \lambda f$ 的本征值 λ 均为 Korteweg-de Vries 方程的首次积分.

Gardner, V. E. Zakharov 和 L. D. Faddeev 注意到 (1) 是一个完全可积的无限维哈密顿方程组, 并找到了相应的作用量–角变量[②]. 在无穷远处为零的函数空间上有一个辛构造由斜数量积 $\omega^2(\partial w, \partial v) = \frac{1}{2}\int(w\partial v - v\partial w)dx$ 给出. 积分 I_1 就是方程 (1) 的哈密顿函数. 换言之, 方程 (1) 可写成 x 的函数的函数空间中的哈密顿方程的形式: $\dot{u} = (d/dx)(\delta I_1/\delta u)$[1)].

每个积分 I_s 都这样给出 "高阶 Korteweg-de Vries 方程" $\dot{u} = Q_s[u]$, $Q_s = (d/dx)\ (\delta I_s/\delta u)$ 是导数 $u, u', \cdots, u^{2s+1}$ 的多项式. 积分 I_s 互相对合, 相应于它们的在函数空间上的流是交换的.

多项式 P_s, Q_s 的显式以及作用量–角变量的显式 (从而还有方程 (1) 的解) 都可以用位能为 u 的散射理论的正和反问题的解表示出来.

Q_s 的显式可以由 Lax 定理的推广 Gardner 定理得出. 在 x 的函数之空间中考虑形如 $A = \sum p_i\partial^{m-i}$ 的微分算子, 其中 $p_0 = 1$, 其余系数则为 u 以及 u 对 x 的导数的多项式. 结果是, 对任意 s 都有一个 $2s+1$ 阶算子 A_s 使得它与斯图姆–刘维尔算子 L 的交换子即乘以函数 $[L, A_s] = Q_s$ 的算子.

算子 A_s 可以由这些条件唯一决定但相差一个 $A_r, r < s$ 的线性组合; 同样, 多项式 Q_s 也可以定义到相差其前面的各个 Q_r 的一个线性组合.

---

① 见 P. D. Lax, [1].

② 见 Zakharov, Faddeev, [1].

1) 这种哈密顿形式和上述 Lax 表现还有非线性傅里叶变换是 KdV 方程解法的三个途径. 关于它们的相互关系之说明, 可见 Flaschka, H. Newell, [1]. —— 日译者注

V. E. Zakharov, A. B. Shabat, L. D. Faddeev 和其他人应用 Lax 的方法和散射理论反问题的技巧研究过一系列在物理上重要的方程, 包括方程 $u_{tt}-u_{xx}=\sin u$, $i\psi_t+\psi_{xx}\pm\psi|\psi|^2=0$ 等等.

研究 Korteweg-de Vries 方程的周期边值问题使 S. P. Novikov ① 发现了一类有趣的有限多自由度的完全可积方程组. 这些方程组的作法如下:

考虑首次积分的任意有限线性组合, $I=\sum c_i I_{n-i}$ 并令 $c_0=1$. 以 I 为哈密顿函数的函数空间上的流的恒定点集在哈密顿函数为 I_s 的相流下, 包括在方程 (1) 的相流下是不变的.

另一方面, 这些恒定点又可由方程 $(d/dx)(\delta I/\delta u)=0$ 或 $\delta I/\delta u=d$ 来决定. 后一方程是包含 n 阶导数的泛函 $I-dI_{-1}$ 的欧拉–拉格朗日方程 1), 因此其阶数为 $2n$ 而可以写成 $2n$ 维欧氏空间中的哈密顿方程组.

这样得出的 n 个自由度的哈密顿方程组有 n 个互相对合的积分, 而可以用适当的作用量–角变量坐标完全积出. 这样, 我们可以得到 Korteweg-de Vries 方程的含有 $3n+1$ 个参数 ($2n$ 个相坐标和 $n+1$ 个其他参数 $c_1,\cdots,c_n;d$) 的有限维特解族.

这些特解, 正如 Novikov 指出的, 有值得注意的性质: 例如, 在周期问题中, 它们给出函数 $u(x)$, 使得具有周期系数的线性微分方程

$$-X''+u(x)X=\lambda X$$

在 λ 轴上有有限多个参数共振带 (参见节 25) 2).

可积系统的现代研究状况发表在以下丛书中: Современные проблемы математики, Фундаментальные направления, т.4 (M.: ВИНИТИ, 1985) 及 т.16 (M.: ВИНИТИ, 1987). 作者有 Б. А. Дубровин, И. М. Кричевер, С. П. Новиков, М. А. Ольщанецким, А. М. Переломов, М. А. Семенов-Тян-Шанским, В. В. Трофимов 和 А. Т. Фоменко.

---

①见 S. P. Novikov, [1].

1)参看节 12, A, B. —— 日译者注

2)关于可用散射理论的反问题来作出 KdV 方程周期解的方法, 可见 Dubrovin, Matveev, Novikov, [1]. 关于 KdV 方程, 日文书中也有一些很好的书, 如田中俊一、伊达悦朗 (Tanaka, Date, [1])、户田盛和 (Toda, [1]). —— 日译者注

书 (按: 指第一版) 出版后, 对这个附录中所讨论的问题又进行了大量的研究, 特别是有 Novikov, Doubrovin, Krichever, Manakov, Matveev, Its, Dikii, Manin, Drinfeld, Gelfand, Lax, Moser, Mc Kean, Van Moerbeke, Adler, Perelomov, Olshanetskii 等人. 其中 Manakov 对任意 n 解出了 $\mathbb{R}^n$ 中刚体的欧拉方程: 它们是完全可积的. 详见 Novikov 及其合作者即将出版的新书. —— 英译者注

英译者注中提到的一些苏联作者的主要文章已由 G. Wilson 收集并英译为 “Integrable System” 一书 (London Math. Soc. Lecture Note Series, No.60. Cambridge Univ. Press, 1981) 中, 其中并有详尽的参考文献. —— 中译者注

参考文献

有 + 号者, 是日译本所加

有 * 号者, 是中译本所加

Abraham, R., Marsden, J. E.

[1]+ Foundation of Mechanics, Benjamin, 1967. 2nd edition 1978.

Andronov, A., Pontryagin, L.

[1]+ Systemes grossiers, Dokl. Akad. Nauk SSSR, 14(1937), 247–251.

Anosov, D. V. (Аносов, Д. В.)

[1] Геодезические потоки на замкнутых римановых многообразиях отрицательной кривизны, Труды МИАН им. В. И. Стеклова, 90(1967). (英译, Geodesic flows on closed Riemannian manifolds with negative curvature, Proc. of the Steklov Institute of Mathematics. 90(1967), AMS.)

Arnold, V. I. (Арнольд, В. И.)

[1] Малые знаменатели I, Об отображениях окружности на себя, Известия АНССР, 25–1(1961), 21–86. (英译, Small denominators I, Mappings of the circumference onto itself, American Mathematical Society Translations Series 2, vol. 46, 213–284.)

[2] Малые знаменатели II, Доказательство теоремы А. Н. Колмогорова о сохранении условно-периодических движений при малом изменении функции Гамильтона, УМН, 18–5(1963), 3–40. (英译, Proof of a theorem of A. N. Kolmogorov on the invariance of the Hamiltonian, Russian Math. Survey, 18–5(1963), 9–36.)

[3] Малые знаменатели III, Малые знаменатели и проблемы устойнивости в классической и небесной механике, УМН, 18–6(1963), 81–192, (英译, Small denominators and

problems of stability of motion in classical and celestial mechanics, Russian Math. Survey, 18–6(1963), 86–192.)

[4] Неустойчивость динамических систем со многими степенями свободы, ДАН АН СССР, 156–1(1964), 9–12(英译, Instability of dynamical systems with several degrees of freedom, Soviet Math., 5(1964), 581–585.)

[5] Об одной априорной оценке теории гидродинамической устойчивости, Известия вузов, Математика, 54–5(1966), 3–5.

[6] Sur la géometrie différentielle des groupes de Lie de dimension infinie et ses applications à l'hydrodynamique des fluides parfaits Annales de l'Institut Fourier, 26–1(1966), 319–361.

[7] О характеристическом классе входящем в условия квантования; функц. анализ и его приложения, т. 1, вып. 1(1967), 1–14. (英译, Characteristic classes enterring in quantization conditions, Functional Analysis and its Applications, 1–1(1967), 1–13.)

[8] Особенности гладких отображений, УМН, 23–1(1968), 3–44. (英译, Singularities of smooth mappings, Russian Math. Survey, 23–1(1968), 1–43.)

[9] Гамильтоновость уравнений Эйлера динамики твердого тела и идеальной жидкости, УМН, 24–3(147)(1969), 225–226.

[10] Нормальные формы функций вблизи вырожденных критических точек, группы Вейля A_k D_k E_k и лагранжевы особенности, функц. анализ и его приложения, 6–4(1972), 3–25. (英译, Normal forms for functions near the critical points, Weyl groups of A_k D_k E_k and Lagrangean singularities, Functional Analysis and its Applications, 6–4(1972), 254–272.)

[11]+ Моды и квазимоды, функц. анализ и его приложения, 6–2(1972), 12–20. (英译, Modes and quasimodes Functional Analysis and its Applications, 6(1972), 94–101.)

[12] Лекция о бифуркациях и версальных семействах, УМН, 27–5(1972), 119–184. (英译, Lecture on bifurcations and versal families, Russian Math. Survey, 27–5(1972), 54–123.)

[13] Замечания о поведении течений трехмерной идеальной жидкости при малом возмущении начального поля скоростей, ПММ, 36–2(1972), 255–262.

[14]+ Замечания о методе стационарной фазы и числах Коксетера, УМН, 28–5(1973), 17–44. (英译, Remarks on the stationary phase method and Coxeter numbers, Russian Math. Survey, 28–5(1973), 19–48.)

[15]+ Critical points of smooth functions, Proc. of Int. Congress of Math. Vancouver, 1974.

[16]+ Sur les propriétés topologiques des applications globalement canoniques de la mécanique classique, C. R. Acad. Sci. Paris, 1965.

[17]+ Дополнительные главы теории обыкновенных дифференциальных уравнений, Москва, Наука, 1978. (英译, Geometrical Methods in the Theory of Ordinary Differential Equations, Springer-Verlag, 1983; 中译, 常微分方程续论, 科学出版社, 1989.)

[18]* Обыкновенные Дифференциальные Уравнения, Наука, 1973. (英译, Ordinary

Differential Equations, MIT, 1975, 中译, 常微分方程, 科学出版社, 1985.)

[19]* Singularity Theory, selected papers, LMS Lecture Note Series, 53, Cambridge Univ. Press, 1987.

[20] Замечания о теории возмушений для задач типа Матые, УМН. 1983. Т. 38, № 4. 89~ 203

[21] Замечание о поведении течений трехмерной идеальной жидкости при малом возмущении начального поля скоростеи, ЛММ. 1972. Т. 36, № 2. 255~262

[22] Теоремы Штурма и симплектическая геометрия, Фунц. Анал. и его приложения. 1985. Т. 19, № 4. 1~10.

Arnold, V. I., Avez, A.

[1]+ Problémes ergodiques de la mécanique classique, Paris, 1967.

Arndd, V. I., Varchenko, A. N., Gusein-Zade, S. M. (Арнольд, В. И., Варченко, А. Н., Гусейн-заде, С. М.)

[1]* Особеиности Дифференцирусмых Отображений, Л. I и II Наука, Москва, 1982, 1986. (英译, Singularities of differentiable maps. Vol 1,2, Birkhaüser, Boston, 1985, 1987.)

Arnold, V. I., Khesin, B. A.

[1] Topological Methods in Hydrodynamics, Springer, 1998

Beletskii, V. V. (Белецкий, В. В.)

[1] Очерки о движении космических тел, Наука, 1972.

Birkhoff, G. D.

[1] Dynamical Systems, AMS Coll. Publ., vol. 9, New York, 1927.

Bröcker, Th.

[1]+ Differential germs and catastrophes, London Math. Soc. Lecture Note Series 17, Cambridge Univ. Press, 1975.

Bruno, A. D. (Брюно, А. Д.)

[1] Аналитическая форма дифференциальных уравнений, Труды Московского Математического общества, т. 25, т. 26. (英译, Analytical form of differential equations, Moscow Math. Society, 25(1971), 131–288, 26(1972), 199–238.)

Charlier, C. V. L.

[1] Die Mechanik des Himmels, Band 1, 1902, Band 2, 1907, Verlag Veit & Comp. Leipzig, 即, La mécanique céleste, 1963, Paris.

Chow, W. L.

[1]+ On compact complex analytic varieties, Amer. J. Math., 71(1949), 893–914.

Dikii, L. A. (Дикий, Л. А.)

[1] Замечание о гамильтоновых системах, связанных с группой врашений, функц. анализ и его приложения, 6–4(1972), 83–84. (英译, Hamiltonian systems connected with the rotation group, Functional Analysis and its Applications, 6(1972), 326–327.)

Dubrovin, B. A., Matveev, V. B., Novikov, S. P. (Дубровин, Б. А., Матвеев, В. Б., Новиков, С. П.)

[1]+ Нелинейные уравнения типа Кортевега-де фриза, конечнозонные линейные операторы и абелевы многобразия, УМН, 31–1(1976), 59–136. (英译, Nonlinear equations of Korteweg-de Vries type, finite zone linear operators and abelian varieties, Russian Math. Survey, 31–1(1976), 59–146.)

Duistermaat, J. J.

[1]+ Fourier integral operators, Lecture Note, Courant Institute Math. Sci., New York Univ. 1973.

Ebin, D. G., Marsden, J.

[1] Groups of diffeomorphisms and the motion of an incomp ressible fluid, Ann. of Math., 92–1(1970), 102–163.

Faddeev, L. D. (фаддеев, Л. Д.)

[1] К теории устойчивости стационарных плоско-параллельных течений идеальной жидкости, Краевые задачи математической физики, т. 5. (Записки научных семинаров, ЛОМИ, т. 21) Наука, 1971, 164–172.

Faschka, H., Newell, A. C.

[1]+ Integrable systems of nonlinear evolution equations, Dynamical Systems, Theory and Applications, Lecture Notes in Physics, 38(1975). Springer.

Gallavotti, G.

[1]+ Lectures on the billiard, Dynamical Systems, Theory and Applications, Lecture Notes in Physics, 38(1975), 236–295. Springer.

Gelfand, I. M., Fomin, S. V. (Гельфанд, И. М., Фомин, С. В.)

[1]+ Курс Вариацонного Исчисления, Гостехиздат, Москва, 1956. (英译, Calculus of Variations, Printice–Hall, 1963.)

Godbillon, C.

[1]* Géometrie Différentielle et Mécanique Analytique, Hermann, Paris, 1969.

Golubitsky, M., Guillemin. V.

[1]+ Stable Mappings and their Singularities, GTM, 14(1973). Springer.

Halmos, P. K.

[1] Ergodic Theory, Publications of Mathematical Society of Japan, 3, 1959.

Heading, J.

[1] An introduction to phase integral methods, London, 1962. Hilbert, D., Cohn-Vossen, S.

[1]+ Anschauliche Geometrie, Springer, 1932. (中译, 直观几何, 上、下, 人民教育出版社, 1959.)

Hörmander, L.

[1] Fourier integral operator I, Acta Mathematica, 127(1971), 79–183.

Jacobi, C.

[1] Vorlesungen über Dynamik, Gesammelte Werke, Supplement Band, Chelsea, 1969.

Kac, M.

[1]+ Can one hear the shape of a dram? Amer. Math. Monthty, 73(1966), No. 4, part II, 1–23.

Karpushkin, V. N.(Карпушкин, В. Н.)

[1] Об асимптотике собственных чисел симметричных мно гообразий и о наиболее вероятных представлениях конечных групп, Вестник МГУ, Сер. Мат., 1974, no. 2, 9–13. (英译, On the asymptotic behavior of eigen-values of symmctric manifolds and on the most probable representation of finite groups, Moscow University Mathematics Bulletin.)

Kirillov, A. A.

[1]+ Elcmonts of the Theory of Representations, Grund. Math. Wiss., 220(1976), Springer.

Koçak, H.

[1] Normal forms and versal deformations of linear Hamilton systems, J. Diff. Equ., 1984, vol. 51, no. 3, 359–407.

[2] Quadratic integrals of linear Hamiltonian systems, Monatschefte Math., 1984, vol. 98, no.1,53–63.

Kolmogorov, A. N. (Колмогорова, А. Н.)

[1] О сохранении условно-периодических движений при малом изменении функции Гамильтона, ДАН, 98–4(1954), 527–530.

Korteweg, D. J., de Vries, G.

[1]+ On the change of the form of long waves advancing in a rectangular canal and a new type of long stationary waves, Phil. Mag., 39(1895), 422–443.

Kostant, B.

[1]+ Quantization and unitary representations, Lecture Notes in Math., 170 (1970), 87–208, Springer.

Krein, M. G. (Крейн, М. Г.)

[1] Обобщение некоторых исследований А. М. Ляпунова о линейных дифференциальных уравнениях с периодическими коэффициентами, ДАН, 73(1950), 445–448.

Kruskal, M.

[1]+ Nonlinear wave equations, Dynamical Systems, Theory and Applications, Lecture Notes in Physics, 38(1975), 310–354, Springer.

Kubo, I.

[1]+ 撞球问题, Seminar on Probability, vol. 37, 1972.

[2]+ Perturbed billiard systems I, The ergodicity of the motion of a particle in a compound central field, Nagoya Math. J., 61(1976), 1–57.

Kubo, I., Murata, H.

[1]+ Perturbed billiard systems II, Bernoulli properties, to appear in Nagoya Math. J., 81(1981)

Ladyzhenskaya, O. A. (Ладыженская, О. А.)

[1] О разрешимости в малом нестационарных задачах для несжимаемых идеальных и вязких жидкостей и исчезающей вязкости, Краевые задачи матсматической физики, т. 5. (Записки научных семинаров, ЛОМИ, 21(1971))65–78.

Landau, L. D., Lifshitz, E. M(Ландау, Л. Д., Лифшиц, Е. М.)

[1] Механика, физматгиз, 1958. (英译, Mechanics, 3rd ed. Pergamon Press, 1976; 中译, 力学, 高等教育出版社, 1959.)

Lanford, O.

[1]+ Computer pictures of the Lorentz attractor, Lecture Notes in Math., 615 (1977), 113–116, Springer.

Lax, P. D.

[1] Integrals of nonlinear equations of evolution and solitary waves, Comm. Pure and Appl. Math., 21(1968), 467–490.

Leray, J.

[1]* Lagrangian Analysis and Quantum Mechanics, MIT Press, 1981.

Lukatskii, A. M. (А. М. Лукацкии)

[1] Функу. анализ, 13–3(1979); УМН. 36–2(1981).

Lyubarskii, G. Ya. (Любарский, Г. Я.)

[1] Теория групп и ее применение в физике, физматгиз, 1958.

MacLane, S.

[1]* Hamiltcnian mechanics and geometry, Am. Math. Monthly, 77(1970), 570–586.

Marsden, J. E.

[1]+ Attempts to relate Navier-Stokes equations to turbulence, Turbulence Seminar, Berkeley 1976/77, Lecture Notes in Math., 615(1977), Springer.

Marsden. J., Weinstein, A.

[1] Reduction of symplectic manifolds with symmetries, Reports on Math. Phys., 5(1974), 121–130.

Maslov, V. P. (Маслов, В. П.)

[1] Теория возмущений и асимптотические методы, МГУ, 1965.

Maslov, V. P., Fedoryuk, M. V. (Маслов, В. П., Федорюк, М. В.)

[1]* Квазиклассическое Приближение для Уравнений Квантовой Механики, Наука, 1976 (英译, Quasiclassical Approximation of Equations of Quantum Mechanics, MIT Press, 1986.)

Mather, J.

[1] Stability of C^∞–mappings, I–VI. I. Ann. of Math., 87(1968), II. Ann. of Math., 89(1969), III. Publ. Math. I. H. E. S., 35(1968), IV. Publ. Math. I. H. E. S., 37(1969), V. Advances in Math., 4(1970), VI. Proc. of Liverpool Symp. I, Springer, Lecture Notes in Math., 193(1971).

Meshalkin, L. D., Sinai, Ya G. (Мешалкин, Л. Д., Синай, Я. Г.)

[1] Исследование устойчивости стационарного течения одной системы уравнений плоского движения несжимаемой вязкой жидкости, Прикладная Математика и механика, No. 6(1961), 1140–1142. (英译, Investigation of the stability of a stationary solution of a system of equations for the plane movement of an incompressible viscous fluid, Journal of Applied Mathematics and Mechanics, 25 2(1961), 1700–1705.)

Milnor, J.

[1] Morse Theory, Princeton, 1963. (中译, 莫尔斯理论, 科学出版社, 1988.)

Mishchenko, A. S. (Мищенко, А. С.)

[1] Интегралы геодезических потоков на группах Ли, функц. анализ и его приложения. 4–3(1970), 73–78. (英译, Integrals of geodesic flows on Lie groups, Functional Analysis and its Applications, 4(1970), 232–235.)

Moser, J. K.

[1] On invariant curves of area-preserving mappings of an annulus, Nachr. Akad. Wiss. Göttingen, Math. -phys. Kl., lla, No. 1(1962), 1–20.

[2] A rapidly convergent method and nonlinear differential equations, Annali della Scuola Norm. Super. de Pisa, Ser. III, 20, No. 2(1966). 265–715, No. 3(1966), 499–535.

[3] Convergent series expansions for quasi-periodic motions, Math. Ann., 169(1967), 136–176.

[4]+ Lectures on Hamiltonian Systems, AMS, 1968.

Nekhoroshev, N. N.(Нехорошев, Н. Н.)

[1] О поведении гамильтоновых систем, близких к интегрируемым, функц. анализ и его приложения, т. 5, вып. 4(1971), 82–83. (英译, Behavier of Hamiltonian systems close to integrable, Functional Analysis and its Applications, 5(1971), 338–339.)

Niwa, T., Ootsuki, N.

[1]+ Seminar on Probability, vol. 30, 1969.

Novikov, S. P. (Новиков, С. П.)

[1] Периодическая задача для уравнения Кортевега-де фриза 1, функц. анализ и его приложения, 8–3(1974), 54–66. (英译, The periodic problem for the Korteweg-de Vries equation, Functional Analysis and its Applications, 8(1974), 236–247.)

Obukhov, A. M. (Обухов, А. М.)

[1] Об интегральных инвариантах в системах гидродинамического типа, ДАН, 184–2(1969).

Ornstein, D., Weiss, B.

[1]+ Geodesic flows are Bernoullian, Israel Journal Math., 14(1973), 184–198. Randomness, Ergodic Theory and Dynamical Systems, Yale Lecture Note.

Poincaré, H.

[1] Les méthodes nouvelles de la mécanique céleste, vol. I, vol. II, vol. III, Gauthier-Villars, 1899.

Pontryagin, L. S. (Понтрягин, Л. С.)

[1]+ Обыкновенные дифференциальные уравнения, Наука, 1965.

Ratner, M.

[1]+ Anosov flows with Gibbs measures are also Bernoullian, Israel Journal Math., 17(1974), 380–391.

Schiff, L. I.

[1]+ Quantum Mechanics, McGraw–Hill, 1955.

Shilov, G. E. (Шилов, Г. Е.)

[1] 英译, Mathematical Analysis; a special course, International Series of Monographs in Pure and Applied Mathematics, 77, Pergamon, 1965.

Siegel, C. L.

[1] Vorlesungen uber Himmelsmechanik, Springer, 1956.

Siegel, C. L., Moser, J. K.

[1] Lectures on Celestial Mechanics, Springer, 1971.

Sinai, Ya. G. (Синай, Я. Г.)

[1] Динамические системы с упругими отоброжениями, УМН, 25–2(1970), 141–192. (英译, Dynamical systems with elastic reflections, Russian Math. Survey, 25(1970), 137–189.)

Sinai, Ya. G.(Синай, Я. Г), Chernov, N. I. (Чернов, Н. И.)

[1] УМН, 1987, 42–3.

Smale, S.

[1]+ Differentiable dynamical systems, Bull. AMS, 73(1969), 747–817.

[2]+ Topology and mechanics, Inventiones Mathematicae, 10–4(1970), 305–331, 11–1(1970), 45–64.

Smale, S., Hirsch, M. W.

[1]+ Differential Equations, Dynamical Systems and Linear Algebra, Academic Press, 1974. (中译, 微分方程, 动力系统和线性代数, 上、下, 高等教育出版社, 1986, 1987.)

Smith, J.

[1] Mathematical Ideas in Biology, Cambridge, 1968.

Souriau, J. M.

[1]+ Structures des systémes dynamiques, Dunod, 1970.

Sparrow, C.

[1]* The Lorenz Equations, Bifurcations, Chaos and Strange Attractors. Springer, 1983.

Sternberg, S.

[1] Celestial Mechanics I, II, New York, Benjamin, 1969.

Tanaka, S., Date, E.

[1]+ KdV 方程式, 非线型数理物理入门, 纪伊国屋数学丛书, 纪伊国屋书店, 1979.

Thirring, W.

[1]* A Course in Mathematical Physics, Vol. 1, Classical Dynamical Systems, Springer,

1978.

Thom, R., Levine, H. I.

[1] Singularities of differentiable mappings I, Bonner Math. Schriften, 6,1959. Proc. of Liverpool sing. Symposium I, Springer, Lecture Notes in Math., 192(1971).

Toda, M.

[1]+ 非线形格子力学, 应用数学丛书, 岩波书店, 1978.

Uhlenbeck, K.

[1]+ Generic properties of eigenfunctions, Amer. J. Math., 98(1976), 1059–1078.

Varchenko, A. N., Givental', A. B.(Варченко, A. H., Гивенталь, A. B.)

[1] Отображение Периогов и форма пересе енуй. Функц. анализ и его прил., 1982, T. 16, ВЫП. 2, 7–20.

Weil, A.

[1] Introduction á l'étude des variétés kahlérienne, Hermann, Paris, 1958.

Weinstein, A.

[1] The invariance of Poincaré's generating function for canonical transformatious, Inventiones Mathematicae, 16–3(1972), 202–214.

[2]+ Symplectic manifolds and their Lagrangian submanifolds, Advances in Math., 6(1971), 329–346.

Weiss, B.

[1]+ The geodesic flows on surface of negative curvature, Lecture Notes in Physics, 38(1975), Springer.

Whittaker, E. T.

[1]+ A Treatise on the Analytical Dynamics of Particles and Rigia Bodies, 4th ed., Cambridge Univ. Press, 1970.

Williamson, J.

[1] On an algebraic problem, concerning the normal forms of linear dynamical systems, Amer. J. of Math., 58–1(1963), 141–163.

Wilson, G.

[1]* Integrable System, London Math. Soc. Lecture Note Series, No. 60, Cambridge Univ. Press, 1981.

Zakharov. V. E., Faddeev, L. D. (Захаров B. E., Фаддеев, Л. Д.)

[1] Уравнения Кортевега-де фриза-вполне интегрируемая гамильтонова система, функц. аализ и его приложения, 5–4(1971), 18–27. (英译, Kortewegde Vries equation is

a completely integrable Hamiltonan system, Functiona Analysis and its Applications, 5(197), 280–287.)

Zasiavskii, G. M., Tchirikov, B. V. (Заславский, Г. М., Чириков, Б. В.)

[1] Стохастическая неустойчивость нелинейных колеваний, УФН, 105–1(1971), 3–39.

索　引

D

F

G

H

J

K

L

M

N

O

P

Z

译后记

本书第一版的俄文本在 1974 年出版 (而中译本则于 1992 年出版), 至今已 31 年, 期间除了流传很广的英译本 (K. Vogtmann and A. Weinstein, Mathematical Methods of Classical Mechanics, 1978 年已由 Springer 收入 GTM 丛书, 并已根据第二版修订) 以外, 还有日文和法文译本. 2003 年原书已修订为第四版, 虽然主要内容未变, 主题则更鲜明: 辛几何与辛拓扑, 反映了几十年来数学科学在一个方面的发展. 特别是 16 个附录都属于专题介绍性质, 更是作者和他的学生们在有关方面近年来研究工作的总结. 所以本书除了仍是一本优秀教材外, 更是一部专著, 其价值在数学界早有定评.

现在根据最新的俄文第四版修订补充, 有以下几点应加以说明.

1. 一些记号特别是矢量的旋度, 依照英译本记作 curl, 而不用俄文原来的 rot, 因为 curl 更为通用.

2. 书中文献仿日文本的格式列在书末, 以便读者查阅. 但有一些 (主要在附录中), 因为主要涉及的是正文某一部分内容, 仍列在正文之内, 或在附注 (特别是译者为中译本增加的附注) 中.

3. 书中的人名, 在正文中均译为汉语, 但在附录中, 则时常用其原文. 鉴于时下读者熟悉俄文者不多, 俄文名字尽可能按通例用英文拼写, 再附以俄文原名. 实在不能确定英文拼写的, 只好直接用俄文了. 总之目的在于方便读者查找文献.

4. 俄文文献时常有英文译文, 译者尽可能找出英文篇目 (个别只有英文篇目未找到俄文原文). 只有中文译本者也尽译者所知加以注明. 但错漏必多, 尚盼指正.

5. 有个别专业词条找不到适当中文译名者只好直接用英文甚至俄文. 这主要出现在附录中. 但有一个词: generic, 作者常用 in general position, общее положенце. 因为 generic 一词并无通用中译法, 故均译为 “一般位置”. 类似者还有 versal, 译为 “遍有”. 也盼读者指正.

中译者于 2005 年 8 月

经典力学的数学方法

JINGDIAN LIXUE DE
SHUXUE FANGFA

图字：01-2005-6201 号

策划编辑 李华英
责任编辑 李华英
封面设计 张申申
责任校对 王巍
责任印制 存怡

图书在版编目 (CIP) 数据

经典力学的数学方法：第 4 版 / (俄罗斯) 阿诺尔德著；齐民友译. — 北京：高等教育出版社，2025.3.
ISBN 978-7-04-063756-4
I. O31
中国国家版本馆 CIP 数据核字第 2024MQ1195 号

出版发行 高等教育出版社
社　　址 北京市西城区德外大街 4 号
邮政编码 100120
印　　刷 北京华联印刷有限公司
开　　本 787mm×1092mm　1/16
印　　张 27
字　　数 520 千字
购书热线 010-58581118
咨询电话 400-810-0598
网　　址 http://www.hep.edu.cn
http://www.hep.com.cn
网上订购 http://www.hepmall.com.cn
http://www.hepmall.com
http://www.hepmall.cn
版　　次 2025 年 3 月第 1 版
印　　次 2025 年 3 月第 1 次印刷
定　　价 79.00 元

物 料 号　63756-00